CAN통신

차내 네트워크 트러블 점검 정비

파형분석과 리버스

GoldenBell
www.gbbook.co.kr

머리말

이제 자동차는 전기와 전자 그리고 통신으로 이동하는 스마트 '전자제품'이다. 보다 정밀한 제어와 안전을 보장하기 위해 시스템 간 정보의 공유가 많아지면서 신호나 데이터의 전달이 절대적이다.

이때 전선의 부담을 줄이기 위한 방법으로 CAN(Controller Area Network) 통신이 등장하였고, 현재는 자동차뿐만 아니라 산업계에도 실시간 제어 네트워크의 사실상 표준이다.

CAN의 적용은 1990년대 초반 차량에 접목하여 이제는 모든 차량에 적용하고 있다.

문제는 CAN과 관련된 진단 정보와 방법에 대한 체계적인 기술 교육이 거의 없었으므로 운행 중 발생하는 결함에 대한 진단에서 많은 어려움을 겪고 있는 것이 현실이다.

자동차용 고속 CAN 시스템에서 직관적으로 판단할 수 있도록 네트워크의 전기적 결함인 **단선, 단락, 저항**이 발생한 **상태의 파형**을 제시하고 있다. 아울러 데이터의 **송 · 수신 과정**에서 발생할 수 있는 **결함에 대한 사례별 파형**을 제시하고 분석하였다.

한마디로 실무적 진단과 수리 시 현장 지침이 될 수 있도록 정리하였다.

네트워크의 결함뿐만 아니라 **자동차 내 · 외부 시스템 결함의 진단**에서 자동차의 **운행 환경과 조건, 시스템 내부 정보** 등을 보다 구체적으로 **판단**하거나 **기록**할 수 있다.

새로운 장비나 자동차 옵션의 연구개발 등에서 자동차 내 · 외부 시스템 정보를 활용하여 개발할 수 있도록 CAN analyzer를 이용한 Reverse **방법**도 수록하였다.

자동차의 해킹과 운행 중 데이터 변경으로 인한 사고의 위험성 등을 고려하여 Reverse Engineering의 초 · 중급 수준의 내용만 수록하였지만 학습자의 기술 역량을 향상시키고, 역설계 분야에 충분히 활용할 수 있도록 하였다.

부디 이 책의 학습을 통해 네트워크 전문가로 도약하는데 계기가 되고, 엔지니어로서의 성공에 큰 도움이 되었으면 한다.

끝으로 전문 도서 출판 환경이 녹록지 않음에도 불구하고, 쾌히 출간에 도움을 준 (주)골든벨 대표이사와 편집팀에게 고마움을 전한다.

2025. 5.

저자 김인옥

C·O·N·T·E·N·T·S

PART I CAN 통신이란?

PART II CAN 파형 분석

PART Ⅱ
CAN 파형 분석

C·O·N·T·E·N·T·S

PART III

CAN reverse

부록

용어해설 및 약어풀이

CAN Communication
Waveform Analysis & Reverse

CAN Communication Waveform Analysis & Reverse

I CAN 통신이란?

CAN 통신은 멀티 마스터 프로토콜로 twist pair 사용하고, 차동 전압으로써 통신하기 때문에 전기적인 노이즈에 매우 강한 특성이 있다. ID는 송 · 수신처의 의미도 있지만 그 뒤에 오는 기능 또는 데이터의 의미가 더 강하다 할 수 있다. ID의 숫자가 낮을수록 CAN 버스에 우선 송신할 수 있다.
전송되었으나 결함이 있는 메세지는 자동적으로 재전송하며 결함이 추정되는 노드들은 일정 기간 네트워크를 자동 이탈 후 문제가 없는 경우 복귀할 수 있다.

CHAPTER 01

CAN 통신의 개요

1 CAN의 장점 및 특징

자동차 기술적 요구와 기능에 부합하는 시리얼 통신 시스템의 필요성에 따라 개발된 CAN(Controller Area Network)은 1986년 SAE에서 보쉬사가 제안하였다. 1992년 벤츠 자동차에 최초로 적용되어 출시하면서부터 현재는 사실상 표준에 해당할 정도로 대부분의 자동차 제조사에서 채택하고 있을 뿐만 아니라 산업용으로도 널리 사용하고 있다.

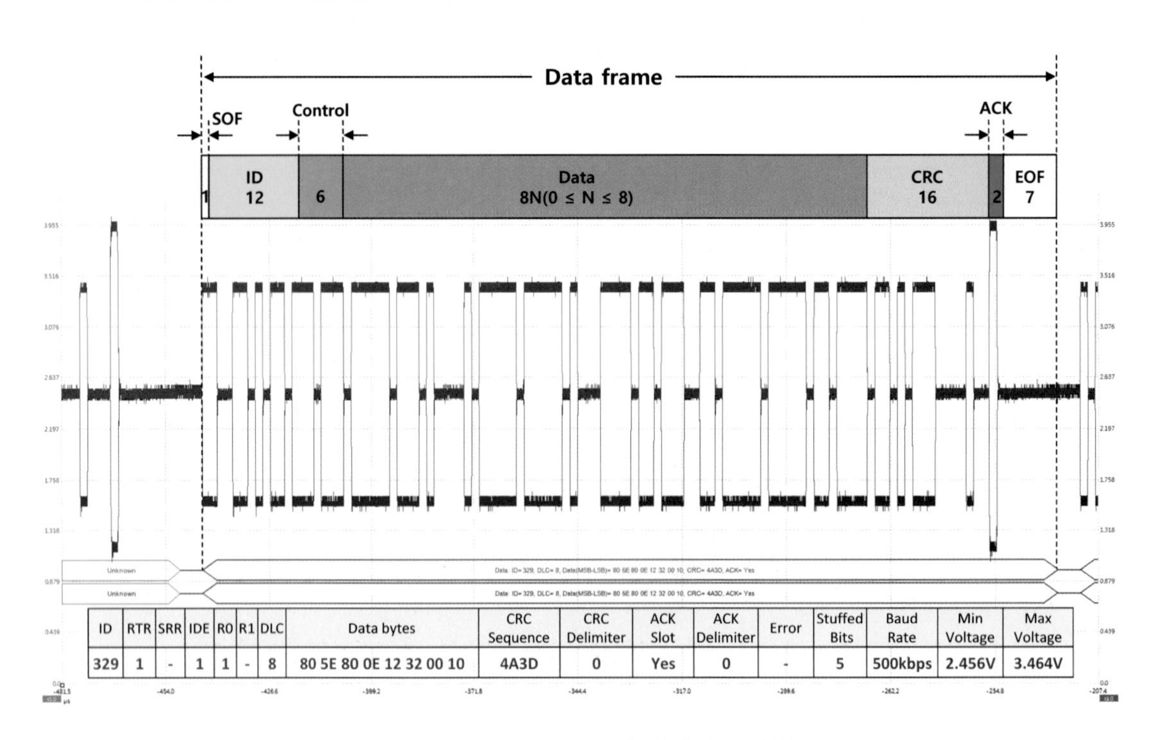

그림 I - 1 CAN 2.0A의 데이터 프레임

CAN은 신호의 전송을 위한 기존 시스템에 비해 전선의 양을 획기적으로 줄일 수 있어 저비용이며 Plug & Play를 제공한다. 컨트롤러들은 언제든 CAN 버스에 데이터를 전송할 수 있는 Master 역할을 하여 Multi Master 통신 시스템에 해당한다. 인터넷과 같이 데이터를 특정한 그룹의 수신자들에게 동시에 전송하는 Multicast 방식을 사용한다.

Twist pair 사용하여 전기적 Differential 통신하기 때문에 전기적인 노이즈에 매우 강한 특징을 가지며, 통신 속도가 빨라(고속 CAN인 경우 1Mbps) 실시간 메시지 통신이 가능하다. 또한 하드웨어적인 오류 보정이 있으며 하드웨어적인 수신 필터에 따라 정해진 ID, 특정 그룹 또는 전체 노드가 수신할 수 있다.

ID는 송 · 수신처의 의미도 있지만 그 뒤에 오는 기능 또는 데이터의 의미가 더 강하다 할 수 있다. ID의 숫자가 낮을수록 우선(예 : ID 329보다 316이 우선, 열성이 "1"이고 우성이 "0"인 이유) 송신된다.

전송되었으나 결함이 있는 메세지는 자동적으로 재전송하며 결함이 추정되는 노드들은 일정 기간 네트워크를 자동 이탈 후 문제가 없는 경우 복귀할 수 있다.

2 CAN 데이터 전송의 개요

CAN의 Protocol은 그림 I – 2와 같이 어떤 회의 진행 과정을 보면 이해하기 쉽다. 각각의 분야를 담당하는 6명의 사람이 모여 협업을 위한 회의를 진행하고자 한다. 다만 회의 참석자들은 누가 참석하는지 모르고 있으며 회의 진행 시 상대방을 볼 수 없도록 안대로 눈을 가리고 있다.

눈이 보이지 않는 관계로 오로지 말하고 듣는 것만으로 회의를 진행해야만 한다. 여기서 말하는 입은 **송신부**에 해당하고 듣고 있는 귀는 **수신부**, 공기를 매질로 음파로서 상대방에게 정보를 전달하기 때문에 공기는 **전송 선로**에 해당할 수 있다.

구강으로부터 발생하는 음파로 적당한 정보를 송신하고자 하는 경우 뇌에서는 자신이 한 말에 대하여 귀를 통해 정확하게 출력되었는지 피드백할 수 있어 질문이나 말하는 순서 등에서 오류가 있는 경우 스스로 잘못됨을 판단할 수 있다.

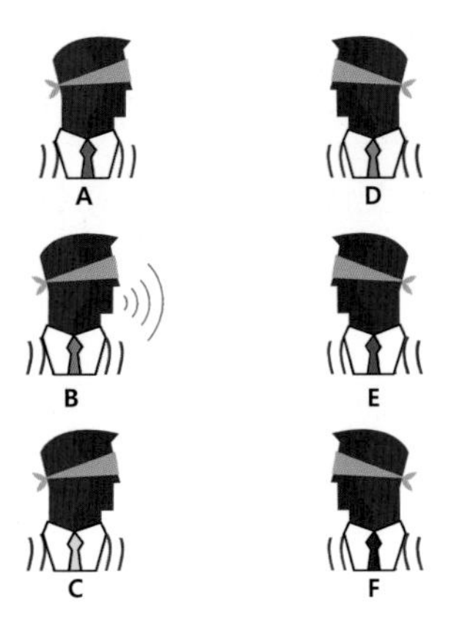

방법

- ▶ 누군가 발언하고 있다면 그 외 사람은 발언할 수 없다
- ▶ 아무도 발언하지 않으면 누구나 발언할 수 있다
- ▶ 누군가 발언하고 있다면 회의 참석자 모두 경청한다

발언절차

- ▶ 발언을 요구한다("저요"라고 외친다)
- ▶ 반드시 자신의 소속과 용건을 말한다
- ▶ 말하는 시간을 스스로 결정하고 그 시간만큼만 말한다
- ▶ 다른 사람이 말한 내용을 인지하였는가 확인한다
- ▶ 알아듣지 못하면 다시 말하고 인지 여부를 묻는다
- ▶ 말하기가 끝났음을 전달하고 종료

저요 ➡ 노조대표로 임금협상안을 말씀드리겠습니다 ➡ 5분간 발언하겠습니다 ➡ ~5분경과~ ➡ 들었나요? ➡ 발언을 마치겠습니다

그림 I – 2 **회의 방법과 절차**

한편 듣고 있는 측에서는 상대편의 말을 경청하고 있기 때문에 듣는 순간 상대편 말의 순서나 논리 등 잘못된 부분을 판단할 수 있으며 잘못됨이 발견된 즉시 잘못되었다고 말할 수 있다. 간단한 내용이지만 CAN 프로토콜의 이해에 큰 도움을 주는 내용이다. 지금까지의 얘기는 네트워크에 참여하는 각 **노드**(node)가 기본적으로 갖추고 있는 기능에 해당한다.

회의 방법은 누군가 발언하는 경우 회의 참석자 전원은 모두 경청해야 하는 **브로드캐스트**(broadcast) 방식이며 K–line이나 LIN(Local Interconnect Network)의 경우는 마스터가 하나이지만 CAN에서는 아무도 발언하지 않는 경우 누구나 발언할 수 있는 기회가 주어지는 **멀티 마스터**(multi–master) **방식**이다. 멀티 캐스트 네트워크는 모든 노드가 동일한 메시지를 수신하고 그 메시지에 대해 각각의 노드가 조치를 취하는 방식으로 노드 자신이 처리해야 할 정보만을 필터링하여 조치하는 기능을 가진다.

한편 회의에서는 대부분 누군가의 발언 내용을 계기로 발언하는 경우가 많다. CAN에서도 마찬가지며 누군가의 요청에 응답하는 **이벤트 트리거**(event trigger) **방식**의 송 · 수신 방식도 있다.

누구도 발언하지 않고 있는 휴식 상태에서 누군가 발언을 하고자 하는 경우 그림 Ⅰ – 3과 같이 우선 '저요 또는 제가 말하겠습니다'라고 외친 후 용건의 내용에 따라 발언의 기회를 획득할 수 있기 때문에 자신의 소속과 용건을 말한다.

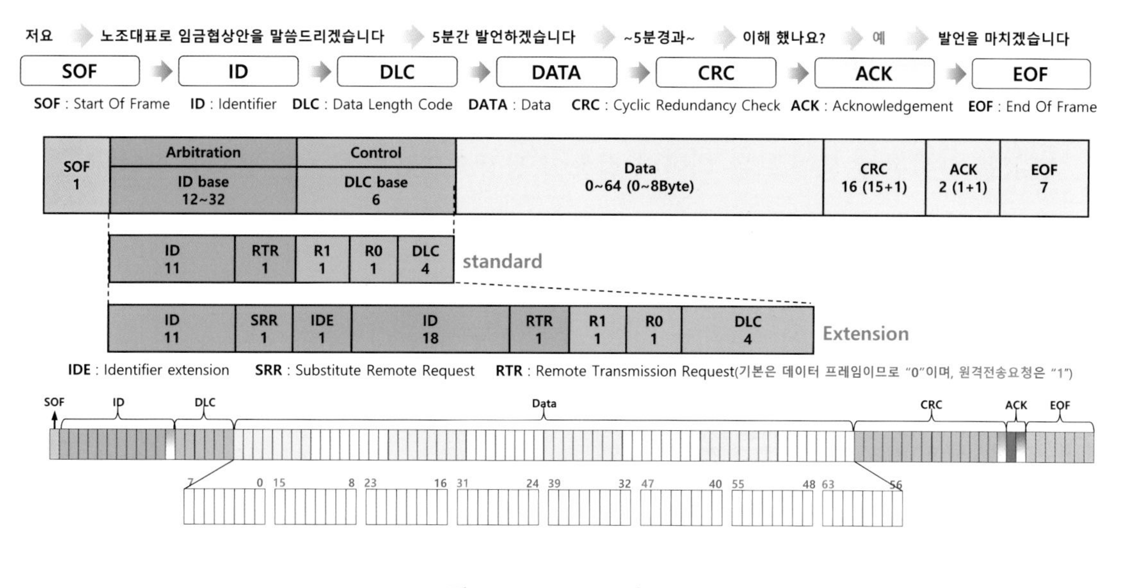

그림 Ⅰ – 3 Frame의 구조

회의 참석자들 사이에 발언권 경쟁이 없음을 확인 후 발언 시간을 스스로 결정하고 참석자들에게 알린다. 스스로 정한 발언 시간만큼 발언 후 발언 내용을 정확하게 인식하였는지에 대한 회신을 기다린다. 만약 인식에 대한 회신이 없는 경우 다시 말한다.

모두 알아들었다고 말하면 발언을 마친다고 말하고 발언을 종료한다. 이때 발언은 표준어를 사용해야 하며 말하는 속도 또한 일정해야만 한다.

마찬가지로 CAN에서도 일정한 규칙을 가지고 있으며 발언 절차에서와 같이 '저요 또는 제가 말하겠습니다'라고 외치듯 어떤 노드가 송신을 개시하고자 하는 경우 CAN에서는 휴식 상태에서 하나의 우성(dominant : '0') 신호인 SOF(Start Of Frame)를 송신함으로써 메시지 전송을 개시한다. 전송이 시작되면 소속과 말하고자 하는 용건에 해당하는 ID와 발언 시간에 해당하는 DLC(Data Length Code)를 차례로 전송한 후 실제 Data를 전송한다.

한편 전송된 데이터가 정상적인 신호의 인지 여부를 판단하고 수신 노드가 메시지를 정상적으로 인식하였는지를 판단할 수 있는 CRC(Cyclic Redundancy Check : 순환 반복 검사) 코드를 추가로 전송함으로써 정상적인 송수신이 이루어졌는지를 묻는다.

수신 노드는 수신된 데이터를 CRC 코드로 검증하게 되며 정상적인 신호이고 정확하게 인식하였다면 ACK(Acknowledgement : 인식) 신호를 프레임에 추가한다. ACK를 수신한 송신 노드는 데이터 전송이 정상적으로 이루어진 것으로 판단하고 데이터 전송을 마친다는 의미의 EOF(End Of Frame)를 보냄으로써 하나의 데이터 프레임의 전송을 마친다.

3 CAN 메시지 구조

고속 CAN 표준 프레임은 SOF, ID field, Control field, Data field, CRC field, ACK field, EOF의 순으로 구성되어져 있으며, 11bit의 ID를 사용하는 표준 사양과 29bit를 사용하는 확장형이 있다.

① SOF는 프레임의 시작을 알리기 위한 것으로 항상 1bit의 dominant 신호이다.

② ID는 11bit 또는 29bit로 구성되며, 상호 호환성을 위해 29bit ID는 앞쪽 11bit와 뒤쪽 18bit 길이로 구성된다. 앞쪽 11bit와 뒤쪽 18bit 사이에 ID 확장자인 IDE(Identifier Extension)로써 두 개의 ID 필드를 구분한다. ID 필드 직후 다른 노드로부터 회신을 요청하는 **원격 전송 요구** RTR(Remote Transmission Request) bit가 전송된다. 일반 데이터 프레임의 경우 우성(dominant : '0') 원격 전송 요청의 경우 열성(recessive : '1')으로 송신하며, 원격 전송 요구의 경우 메시지를 요청한 것이므로 데이터 필드를 포함하지 않는다.

③ Control field는 6bit로 구성되며 향후에 사용하기 위해 예약된 두 개의 '0' 값을 가지는 R0와 R1, 데이터 필드의 바이트 수를 가리키는 4bit의 데이터 길이 코드 (DLC : Data Length Code)로 구성되어 진다.

④ Data field는 다른 노드에 전송하고자 하는 데이터를 포함하고 있으며 표준에서는 0 ~ 8byte를 전송하고, 1byte는 8bit이므로 0 ~ 64 bit까지 나타날 수 있다.

⑤ CRC(Cyclic Redundancy Check, 순환 반복 체크) field는 ID ~ Data field까지 무결성임을 검증하기 위한 15bit의 암호 코드를 가지며, 코드 이후 CRC 필드의 끝을 알리는 **열성**(recessive : '1')의 delimiter(데이터의 시작과 끝을 나타내는 매개 변수 구분자)가 추가된다.

⑥ ACK field는 데이터를 수신한 노드가 반드시 회신하여야 하며, 2bit로 구성되어 있다. 첫 번째 bit는 성공적으로 수신한 경우 **우성**(dominant : '0'), 수신하지 못한 경우 **열성**(recessive : '1')으로 회신하고, 두 번째 bit는 ACK 필드의 끝을 알리는 열성(recessive : '1')의 delimiter가 추가된다.

⑦ EOF는 프레임의 끝을 선언한 것으로 7bit로 구성되며 모두 열성(recessive : '1')의 값을 가진다. EOF 이후 3bit의 열성(recessive : '1') 신호인 프레임 중단 필드(Intermission Field)가 지나면 모든 노드는 CAN bus가 자유상태로 인식하고 누구든 데이터를 송신할 수 있게 된다.

4 고속 CAN의 표준

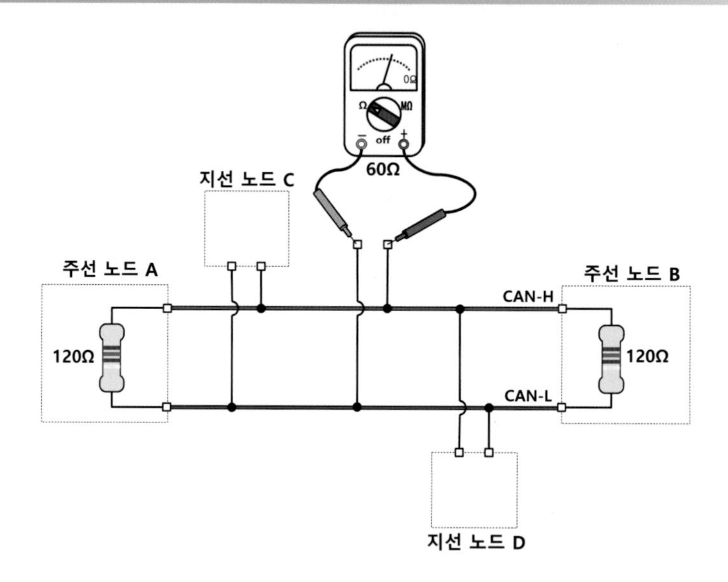

그림 I – 4 CAN의 Termination

1Mbps까지인 고속 CAN은 ISO 11898에 규정되어져 있듯 twisted pair wire를 사용하고 있다. 회로의 임피던스는 120Ω(Min. 85Ω, Max. 130Ω)으로 종단 저항 역시 동일한 저항을 사용하고 있어 병렬로 연결된 라인의 종단 저항 점검 시 약 42.5 ~ 65Ω의 범위가 정상 범위이다.

라인에 사용하는 전선의 저항은 70mΩ/m로 1m당 약 40회의 꼬임선으로 구성되어져 있으며, 고전압과 30cm 이상 이격 상태이어야 하고, 명복 신호 전파시간은 5ns/m이다.

CAN 버스 라인의 전압은 유휴 상태일 때 공통적으로 2.5V이지만 신호가 송신될 때 CAN–H는 3.5V로 상승하고, CAN–L는 1.5V로 낮아진다.

각 컨트롤러와 노드는 한 쌍의 전압을 입력받아 CAN–H 측 전압과 CAN–L 측 전압의 차이값인 **차동 전압**을 인식하게 되어져 있다. 즉, 두 개의 입력단을 가진 차동증폭기에 의해 두 라인의 차동 전압을 컨트롤러 내부로 전송한다. 유휴 상태일 때 버스 라인의 전압은 공통적으로 2.5V이기 때문에 차동 전압(= $V_{CAN-H} - V_{CAN-L}$)은 0V가 되고, 송신할 때 CAN–H는 3.5V로 상승하고, CAN–L는 1.5V로 낮아진 관계로 차동 전압은 2V가 된다.

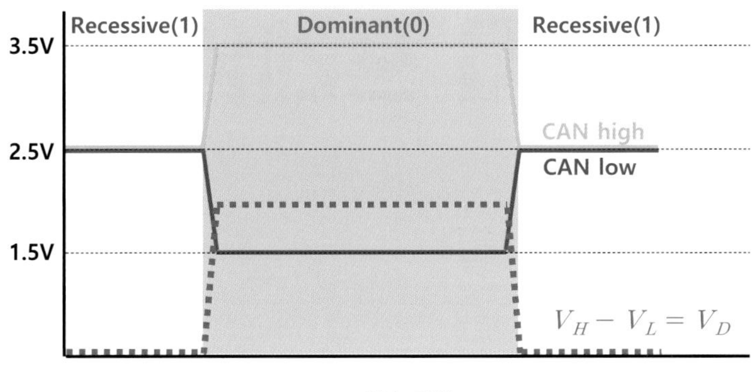

버스 전압

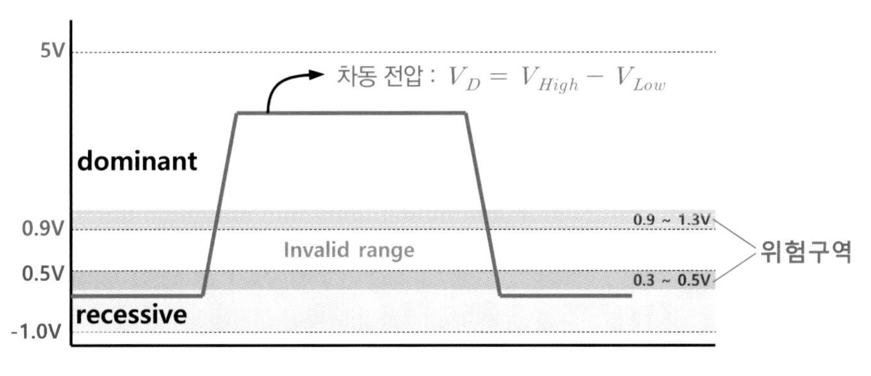

차동 전압

그림 I – 5 **버스의 전압과 차동 전압**

차동 전압에서 '1'과 '0'의 구분을 위한 threshold 전압은 그림 I – 5와 같고, 차동 전압 기준 0.9 ~ 5V는 dominant(우성), 로직으로는 '0'에 해당한다. 한편 차동 전압 기준 –1 ~ 0.5V는 recessive(열성), 로직으로는 '1'의 값에 해당한다.

CAN bus 라인의 dominant와 recessive 상태일 때 전압의 최대 · 최소값 한계는 표 I – 1과 같다.

표 I – 1 CAN 라인의 전압

Signal	recessive state			dominant state		
	min	nominal	max	min	nominal	max
CAN-High	2.0V	2.5V	3.0V	2.75V	3.5V	4.5V
CAN-Low	2.0V	2.5V	3.0V	0.5V	1.5V	2.25V

CHAPTER

02 메시지 프레임의 구조

1 프레임 구조

(1) SOF

데이터를 전송하고자 하는 노드는 우선 하나의 우성(dominant) bit인 SOF(Start Of Frame)를 송신함으로써 메시지 전송을 개시한다. SOF는 단일 bit로 이 신호에 의해 모든 노드는 싱크 되어 수신 및 응답 준비가 완료되어야 한다.

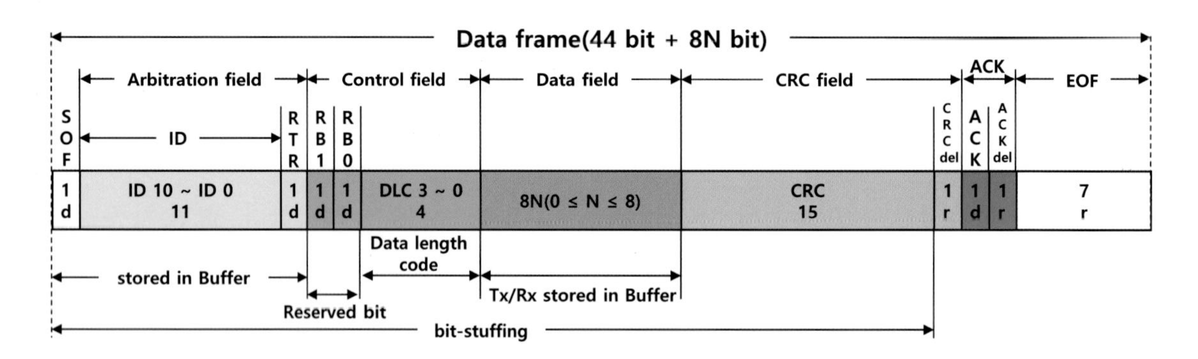

그림 I – 6 CAN 2.0A의 데이터 프레임 구조

(2) ID(Identifier) field

다른 곳에서 ID(식별자)는 대부분 수신 컨트롤러인 노드에 해당하지만 CAN에서의 ID는 메시지나 기능을 의미한다. 즉 데이터 수신 제어기를 의미하는 것이 아니고 데이터의 성격을 의미한다.

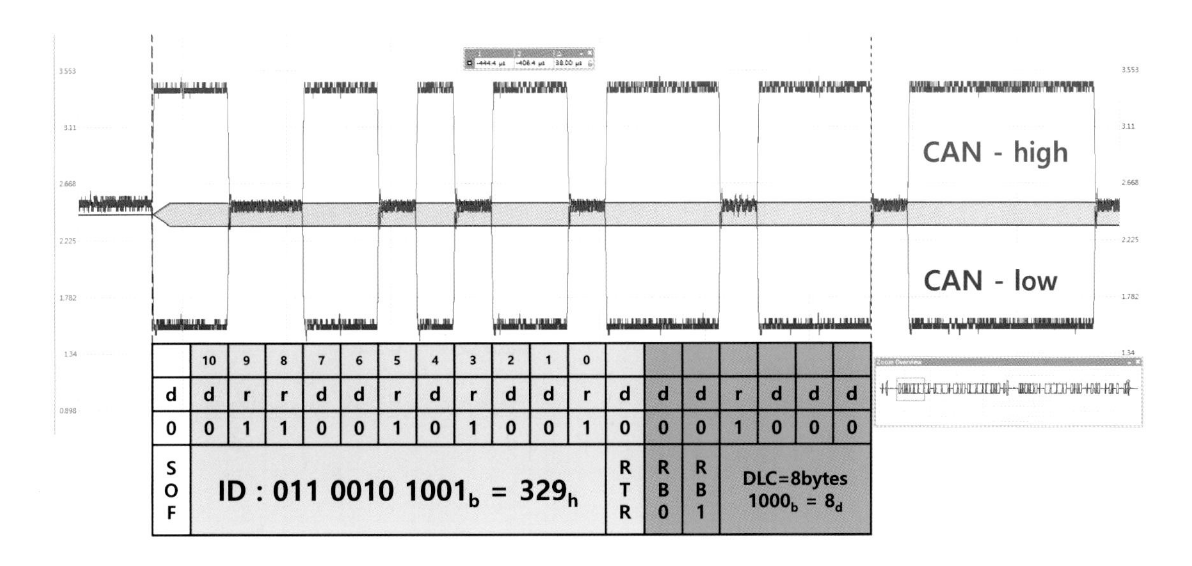

그림 I – 7 ID field와 control field

CAN 2.0A에서 ID는 그림 I – 7에서와 같이 11bit로 구성되어 있으나 2.0B에서는 29bit로 구성되어 있다. 그림 I – 7에서 ID에 해당하는 2진화 부호 11bit 영역을 16진법으로 환산하면 0x329가 되어 표 I – 2에서 보이는 바와 같이 엔진 컨트롤러가 TCU나 VDC 등에 보내는 신호에 해당된다.

엔진 ECU가 변속기나 제동장치의 제어기 등에 공유(또는 제공)해야 할 정보를 살펴보면 엔진의 rpm이나 APS(또는 TPS), 엔진의 부하량 등의 정보라는 것을 짐작할 수 있다.

표 I – 2 대표 ID 예

Massage	ID(hex)	Transmit units	Receiving units
EMS 1	0316	EMS	ABS/TCS, TCU
EMS 2	0329	EMS	ABS/TCS, TCU
EMS 4	0545	EMS	ABS/TCS, TCU
TCS 1	0153	ABS/TCS	EMS, TCU
TCS 2	01F0	ABS/TCS	EMS, TCU
TCU 1	043F	TCU	ABS/TCS, EMS

(3) Control field

표준 CAN에서 컨트롤 필드는 6bit로 구성되어 있으며 첫 번째와 두 번째 bit는 확장될 것을 위해 추가로 준비해 둔 것이다. 나머지 4개의 bit는 DLC(Data Length Code)로 이 코드 뒤에 올 데이터 바이트(bytes)의 수를 표시한다.

표 I – 3 컨트롤 필드의 DLC 코드

Number of Data Bytes		Data Length Code			
		DLC 3	DLC 2	DLC 1	DLC 0
0	0 0 0 0	d	d	d	d
1	0 0 0 1	d	d	d	r
2	0 0 1 0	d	d	r	d
3	0 0 1 1	d	d	r	r
4	0 1 0 0	d	r	d	d
5	0 1 0 1	d	r	d	r
6	0 1 1 0	d	r	r	d
7	0 1 1 1	d	r	r	r
8	1 0 0 0	r	d	d	d

DLC 코드는 표 I – 3과 같은 2진 부호화 코드를 10진법 또는 16진법으로 변환한 값이 byte 수에 해당한다. 그림 I – 7에서 보이는 0b1000의 코드는 10진수로 8을 의미하므로 컨트롤 필드 이후 나타나는 데이터는 8byte가 된다는 의미이다.

만약 컨트롤 필드 뒤에 오는 데이터 바이트가 16개를 초과하는 경우 DLC 4bit로는 표현이 불가하여 확장 bit를 사용하게 될 것이다. 데이터 바이트 수가 17개인 경우 2진 부호로 0b10001이 되어 DLC는 5bit가 요구되기 때문이다.

(4) Data field

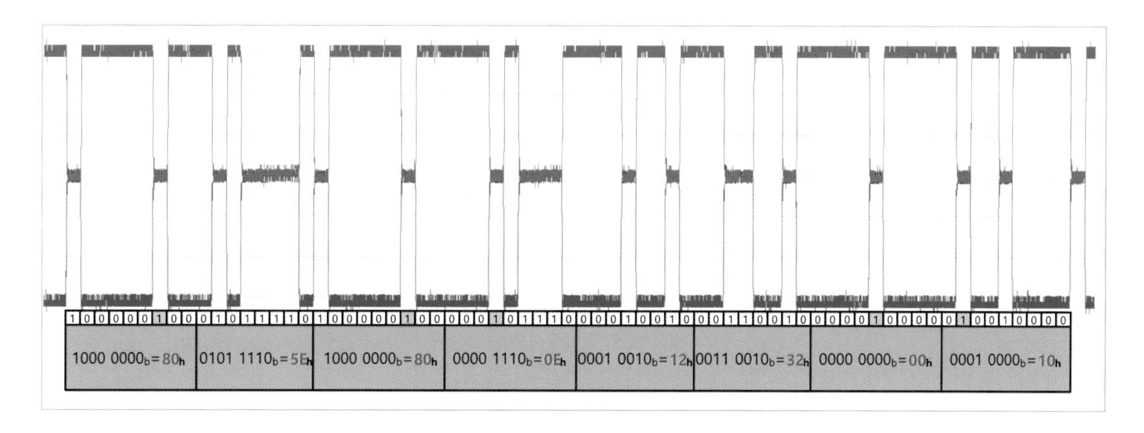

그림 I – 8 Data field

데이터 필드는 8bit의 데이터가 전송되며 DLC에 나타난 길이만큼의 데이터 byte가 전송된다.

(5) CRC field

메시지의 유효성 검증을 위한 방법으로 송신 측에서 보내고자 하는 원래의 정보 이외에 별도의 잉여분 데이터를 추가하여 전송하면 수신 측에서 이 추가된 데이터를 이용해 메시지를 검사함으로써 메시지에 대한 유효성을 검증한다. K-line, LIN 시스템에서는 parity와 checksum 등을 이용하고 있으나 CAN에서는 **순환중복검사**(CRC : Cyclic Redundancy Check)를 이용한다.

(6) Acknowledgement field

ACK **필드**는 그림 I – 9에서와 같이 ACK bit와 ACK 구분자로 구성되어 있다. ACK은 메시지를 수신함으로써 확인 응답하는 것으로 송신 노드가 아닌 **수신 노드**가 **응답**해주는 것이다. 만약 어떤 노드가 메시지를 수신하지 못했다면 오류 프레임이 대신 생성된다. 이것은 송신 측 CRC 시퀀스를 통해 '알아들었습니까?'라는 물음에 응답하는 형태라 할 수 있다.

한편 어떤 메시지를 여러 노드가 수신한다고 했을 때 하나의 노드만 수신하지 못했다면 해당 노드의 에러일 확률이 높다. 반면 해당 메시지를 수신해야 할 모든 노드가 메시지를 수신하지 못했다면 송신 노드의 결함이 예상된다.

ACK의 특징은 그림 I – 9에서 보이는 바와 같이 하나의 bit로 구성되어 있으며, 여러 개의 노드가 동시에 송신함에 따라 다른 bit에 비해 진폭이 큰 특징을 가지기 때문에 파형 분석 시 쉽게 구분할 수 있다.

수신 노드는 수신한 메시지에 대하여 CRC를 통해 검증했을 때 이상이 없는 경우 ACK 필드에 1개의 우성(dominant : 0) bit를 CAN 버스의 데이터 프레임에 추가하고 그렇지 않은 경우는 열성(recessive : 1)을 추가한다. 즉 정상적으로 수신한 경우 ACK 필드의 신호는 구분자를 포함(ACK + ACK 구분자)하여 '01'이지만 수신이 불량한 경우 '11'이 되어 전압 레벨은 idle 상태와 같다.

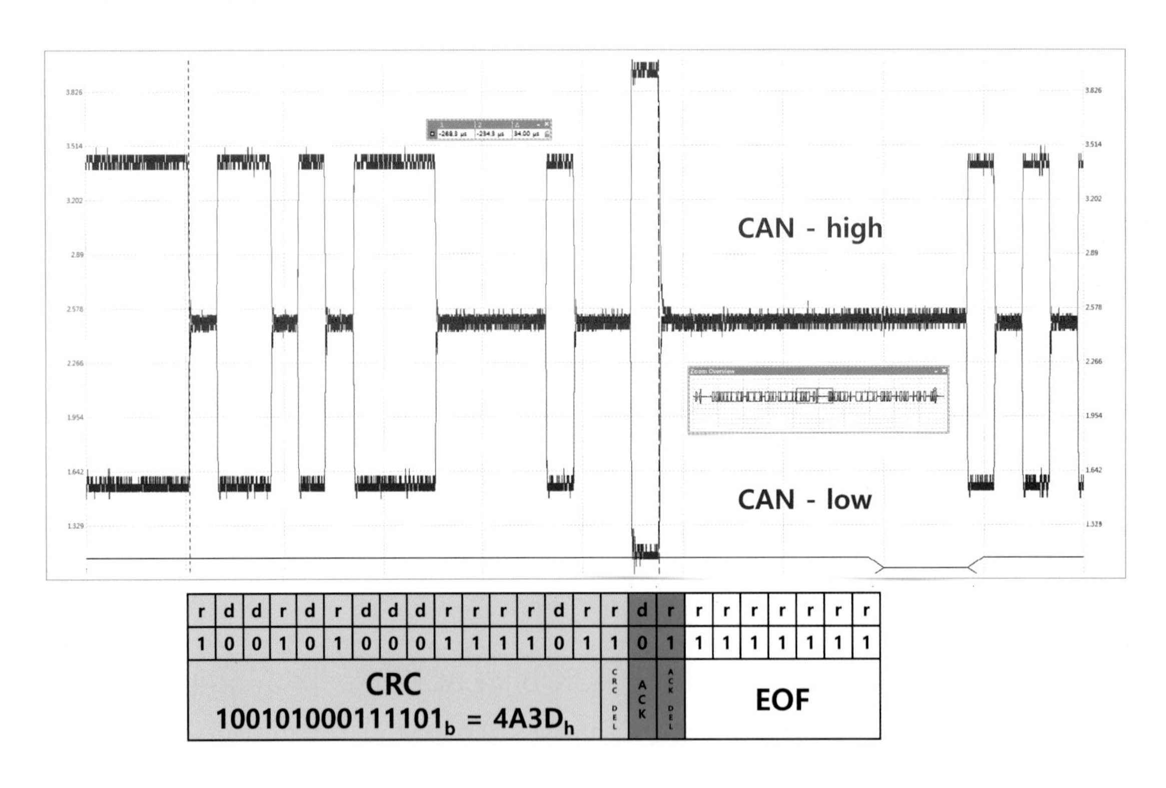

그림 I – 9 CRC와 ACK

CAN 전송 속도의 판단은 한 프레임 중 최소 bit의 시간을 측정하여 판단할 수 있지만 정상 신호의 프레임 중 판단하기 쉬운 ACK의 신호를 가지고 판단한다. ACK

은 1bit이기 때문으로 ACK bit의 시간이 2μs인 경우 1초 ÷ 2μs = 500,000bit가 되어 통신 속도는 500kbps가 된다. 반대로 통신 속도를 알고 있는 상태에서 한 개 bit의 시간을 구하고 싶다면 통신 속도의 역수가 1bit의 시간에 해당한다.

(7) EOF

EOF는 7개의 열성(recessive : 1) bit 시퀀스로 구성된 플래그(flag)에 의해 끝난다. 이 영역에서는 고정된 구조이므로 코딩(송신할 때)과 디코딩(수신할 때)을 위한 bit 채워 넣기 논리가 사용되지 않는다.

2 중재 방법

그림 I – 2의 회의장에서 만약 B와 E가 동시에 발언하겠다고 외쳤다고 가정했을 때 둘 중 한 사람만 발언할 수 있도록 중재가 필요하다. E는 '점심 식사' 거리에 대해서 말하려 하고 B는 '임금 협상안'에 대하여 말하려고 한다고 가정한다면 점심 식사보다는 임금 협상안이 더 중요 사안에 해당하므로 대부분 발언권은 B에게 제공할 가능성이 높다.

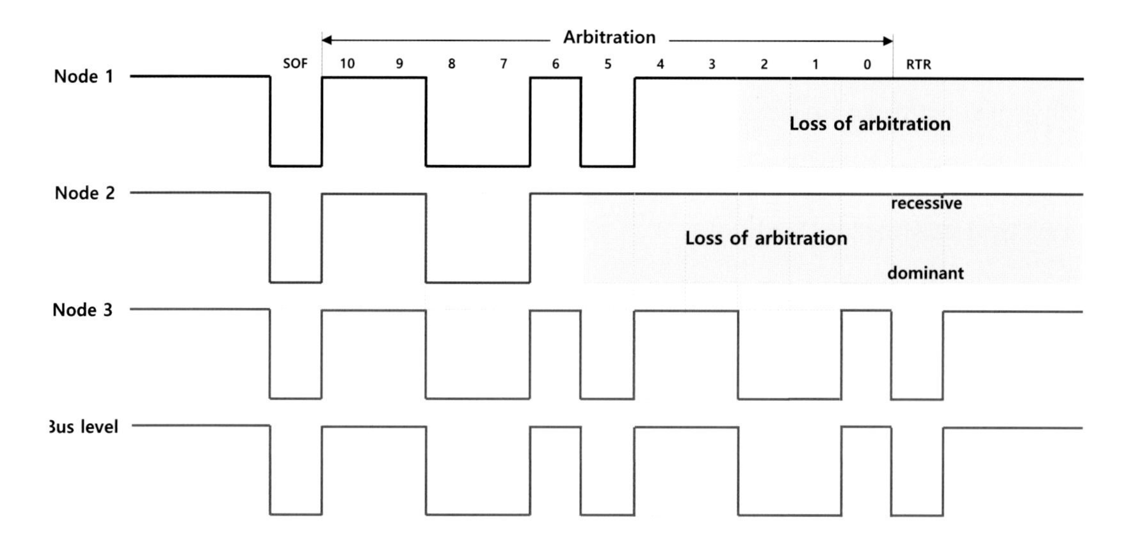

그림 I – 10 우선권의 조정 방식

같은 방법으로 두 개 이상의 노드가 버스에 접근할 경우 충돌을 해결하기 위해 CAN에서는 ID에 따라 버스에 접근할 수 있는 **우선 순위**를 두고 있다. 송신기는 송신된 bit의 레벨과 버스를 모니터링한 전압 또는 논리 레벨을 비교할 수 있기 때문인데 ID의 각 bit에서 우성 bit가 앞에 나타난 ID가 송신의 우선권을 갖는다. **우성**은 2진 부호로 '0'이기 때문에 결과적으로 ID 숫자가 낮을수록 우선권이 있다는 얘기이다. 버스 레벨이 같은 경우 송신을 계속하지만, 송신한 신호의 우 · 열성 전압 레벨과 모니터링한 신호의 전압 레벨이 다르면 즉시 송신을 중지한다.

그림 I – 10과 같이 노드 1과 2가 동시에 송신을 하겠다고 SOF를 **송신**한 경우 첫 번째부터 다섯 번째 bit까지는 서로 같은 레벨을 보이기 때문에 같이 전송하지만 그림에서 5번 bit인 여섯 번째 bit에서 노드 1은 우성이지만 노드 2는 열성이므로 노드 2는 송신을 중단하고 수신만 한다.

한편 노드 3도 동시에 송신을 개시했다고 가정하면 그림 I – 10의 2번 bit에서 노드 3이 우성이므로 노드 1은 송신을 중단한다. 결국 최종적으로 노드 3만 CAN 버스에 신호를 계속하여 전송할 수 있게 된다. ID의 bit 단위 중재 원칙에 따라 송신하려고하는 레벨은 열성(recessive : 1)인데 상대측에서 우성(dominant : 0)인 경우 송신을 중단하는 방식으로 조정한다.

SOF 이후 우성 신호가 나타날 경우 2진법도 마찬가지이지만 16진법으로도 숫자가 낮아지므로 ID 번호가 낮을수록 우선권을 갖는다. 때문에 시스템 운용에 필수적인 데이터는 ID 숫자가 낮다. 즉 표 I – 1에서와 같이 ECU가 전송하는 ID 0x329와 TCS가 전송하는 ID 0x153이 동시에 송신을 시도하여 충돌할 경우 0x153이 우선한다는 뜻이다.

ID 필드 중 마지막 bit는 RTR(Remte Transmission Request)로 **원격 요청 신호**이다. 이 bit가 열성(recessive : 1)인 경우 ID에 해당하는 신호를 요청하는 메시지라는 뜻이다.

3 스터핑 규칙

CAN에 참여하는 노드들은 상대편의 송신이 잘못을 판단할 수 있을 뿐만 아니라 스스로 진단하여 수신만 할지 아니면 버스에서 이탈할지를 결정한다. 이때 자신의 상태를 알리는 에러 프레임을 전송하며 에러 신호는 상태에 따라 연속한 6개 이상의 우성 또는 열성 신호를 송신한다.

결국 똑같은 값을 가진 6개 이상의 bit가 전송될 경우 수신 노드는 이상이 있다고 판단하는 오류가 발생한다. 이런 이유 때문에 데이터 프레임에서는 한 가지 극성만으로 6개 이상의 신호를 전송하지 않는 규칙을 가지고 있다.

◆ 전송해야 할 데이터 프레임

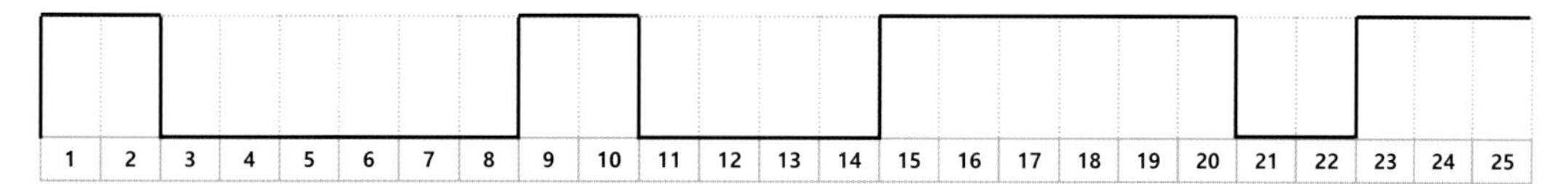

◆ 채워 넣기가 비트가 들어간 프레임

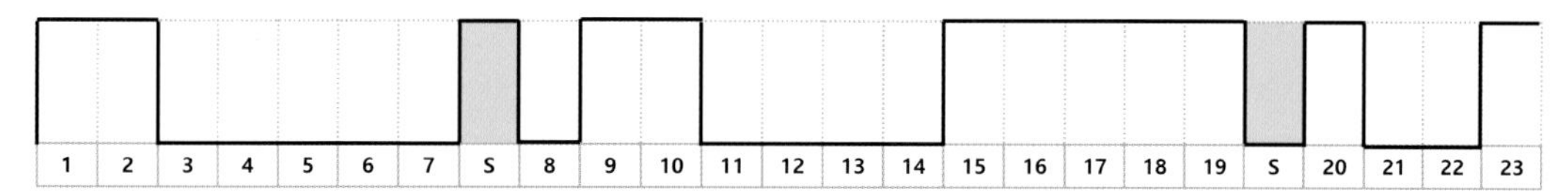

◆ 수신될 때 채워 넣기가 제거된 프레임

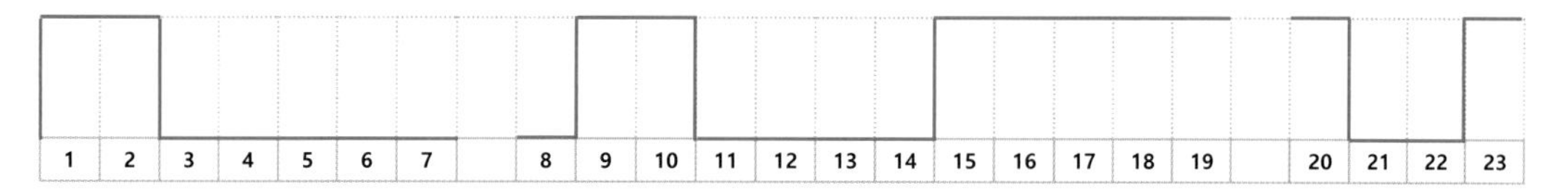

그림 I – 11 stuffing 규칙

즉 송신자가 전송되는 bit 흐름에 있어 우성 또는 열성 bit 신호가 5개 연속으로 같은 값을 가질 경우 자동적으로 전송 중인 bit 흐름에 반대 극성의 bit를 채워 넣는다. 이것을 스터핑(stuffing : 채워 넣기 또는 끼워 넣기)이라 한다.

스터핑의 방법은 똑같은 값의 5개 bit 이후 이 연속적인 같은 값의 리듬을 끊어 주기 위해 인위적으로 반대 값을 가진 bit를 채워 넣는다. 전송해야 할 데이터가 그림 I – 11의 맨 위 그림과 같이 3번 ~ 8번까지는 우성, 15번 ~ 20번까지는 열성으로 같은 극성의 신호가 6개일 경우 자동으로 같은 극성 5개 이후 하나의 다른 극성을 채워 버스에 전송한다.

수신 노드 측에서는 수신 데이터 중 같은 극성 5개 이후 나타나는 bit를 스터핑 bit로 판단하고 버린 후 데이터를 판단한다. 한편 수신된 신호가 스터핑 규칙이 잘못된 경우 수신 노드는 송신 측의 스터핑 에러를 판단하고 에러 신호를 출력한다. 스터핑 규칙은 데이터 프레임과 원격 프레임 외 다른 프레임에는 bit들의 구조가 고정되어 있어 이 규칙을 따르지 않는다.

그림 I – 8에서 첫 번째 바이트 영역에서 원래 신호 8bit와 스터핑 bit를 포함한 0b100000100의 9개 bit 신호가 전송되었음을 알 수 있고 수신 노드는 해당 신호 중 스터핑 bit를 무시한 나머지 8bit 0b10000000의 신호를 진짜 신호로 판단한다. 이 신호는 다시 16진수로 변환하면 0x80이 된다. 이런 방법으로 8개 바이트 모두 계산하면 그림과 같이 각각 0x80, 0x5E, 0x80, 0x0E, 0x12, 0x32, 0x00, 10x0이 된다.

4 순환중복검사

메시지의 유효성 검증을 위한 방법으로 송신 측에서 보내고자 하는 원래의 정보 이외에 별도의 잉여분 데이터를 추가하여 전송하면 수신 측에서 이 추가된 데이터를 이용해 메시지를 검사함으로써 메시지에 대한 유효성을 검증한다.

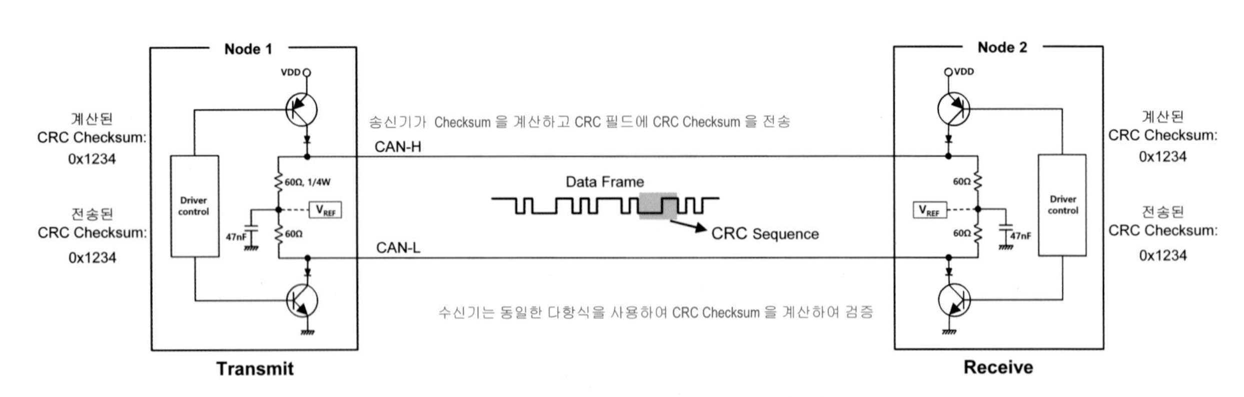

그림 I – 12 CRC를 이용한 메시지의 검증

K-line, LIN 시스템에서는 parity와 checksum 등을 이용하고 있으나 CAN에서는 순환중복검사(CRC : Cyclic Redundancy Check)를 이용한다.

송신 측에서 자신이 전송한 데이터가 정상적인 신호인지를 판단할 수 있게 CRC 코드를 데이터 필드 뒤에 전송하며 이 영역은 CRC 시퀀스 영역과 CRC 구분자(delimiter)로 구성되어 있다.

전송된 메시지에 대한 유효성의 판단은 수신 노드에 의해 이루어지고 있으며 여기서 특별한 다항식과 나눗셈의 나머지를 계산하는 수학적 연산 방식인 모듈로(modlulo) 2를 적용하고 있다. 참고로 모듈로는 어떤 수를 n(divisor, modulus)으로 나누었을 때 그 나머지(residue)를 구하는 연산으로 이때 몫(quotient)은 관심을 두지 않고 오로지 나머지에만 관심을 두는 방식이다.

각 bit의 연산은 XOR(Exclusive-OR, 배타적 논리합)을 이용한다. 이것은 2개의 명제 가운데 1개만 참인 경우를 참으로 판단하는 논리 연산으로 XOR, EOR, EXOR 등으로 표기하고, 컴퓨터 프로그래밍에서 XOR, ⊕, ^ 등의 기호가 사용된다.

그림 I - 12와 같이 노드 1에서 송신하고 노드 2가 수신측이라 했을 때 송신하는 노드 1에서 CRC 생성 다항식을 이용하여 1234를 CRC 코드를 생성했다면 데이터 필드 뒤에 1234라는 시퀀스 데이터를 추가하여 송신하고 수신 측에서는 이 코드를 이용하여 SOF를 포함한 ID 필드에서 데이터 필드까지의 메시지에 대한 유효성을 검증한다.

만약 CRC 코드로 검증했을 때 에러가 발생한 경우 전송된 메시지는 유효하지 않은 것으로 판단하고 메시지를 무시하게 된다.

CRC 코드 생성을 위한 생성식은 아래 다항식과 같다.

$$g(X)= X^{15}+ X^{14}+ X^{10}+ X^{8}+ X^{7}+ X^{4}+ X^{3}+ X^{1}$$

표 I – 4 CRC 코드의 생성과정

ID											RTR	Control						Data								이 지점부터 끝의 CRC까지 15개의 0을 추가														
0	0	0	0	0	0	0	0	0	1	1	0	0	0	0	0	0	1	0	1	0	1	1	0	1	1	0	0	0	0	0	0	0	0	0	0	0	0	0	0	0
									31	30	29	28	27	26	25	24	23	22	21	20	19	18	17	16	15	14	13	12	11	10	9	8	7	6	5	4	3	2	1	0

다항식은 64bit용 32bit용 등 많은 생성 다항식이 있으나 15bit를 사용하는 CAN에서는 앞에 표시된 다항식을 표준으로 사용하고 있다. 이 생성 다항식을 2진법으로 표시하면 g(X)=1100010110011001이 된다. 생성 다항식 g(X)를 통해 다항식 f(X)를 나눈 후 나머지가 15bit의 CRC가 되면 CRC 필드에 전송된다.

ID가 0x03인 데이터 프레임에서 컨트롤 필드는 0x01, 데이터는 0x5B인 경우 표 I – 4에서와 같이 데이터 이후 15개의 '0'을 추가한다. 이 후 그림 I – 13과 같이 생성 다항식의 이진수로 나누어 더 이상 나눌 수 없는 상태인 최종 나머지를 CRC 코드로 사용한다. 그림에서 생성된 코드는 0x2D5F, 2진수로는 0b010110101011111이 된다.

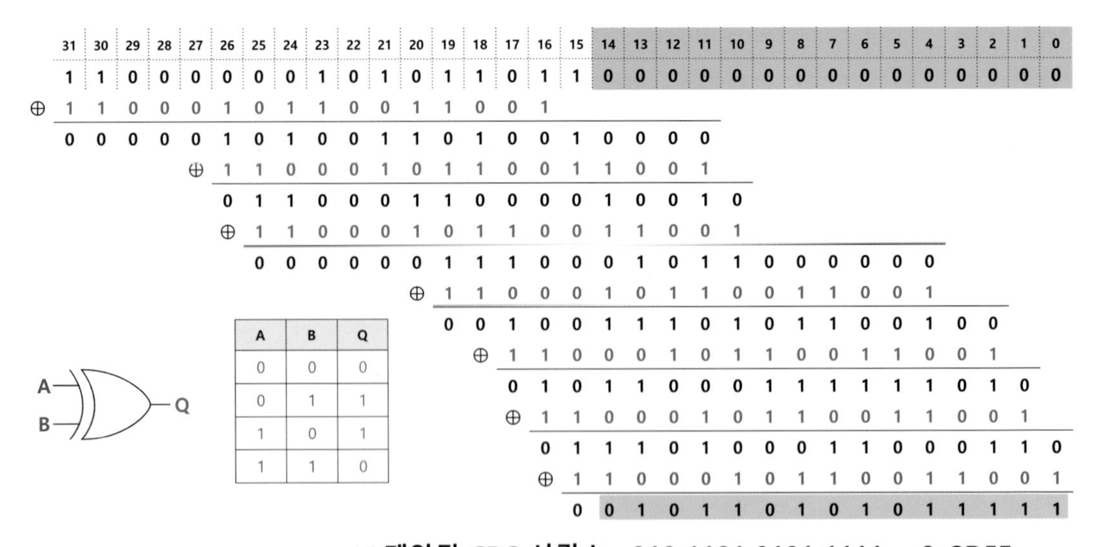

그림 I – 13 모듈로 2를 이용한 CRC 시퀀스 생성

생성된 CRC 코드를 데이터 필드 뒤에 적용하여 전송하면 수신 측에서는 그림 I – 14에서와 같이 유효성을 검증하기 위해 생성 다항식으로 나누었을 때 최종적으로 '0'인 경우만 정상적인 메시지로 판단한다. 만약 '0'이 아닌 경우 전송된 메시지는 무효로 하고 재전송을 요청한다.

지면 관계상 단순한 예를 들었지만 실제 데이터를 수작업으로 계산할 경우 최소 40여회 정도 연산해야만 하는 번거로움이 있지만 이 방법은 그만큼 최적 조건에 가장 가까운 방법이라고 알려져 있어 CAN에서는 표준으로 사용하고 있다.

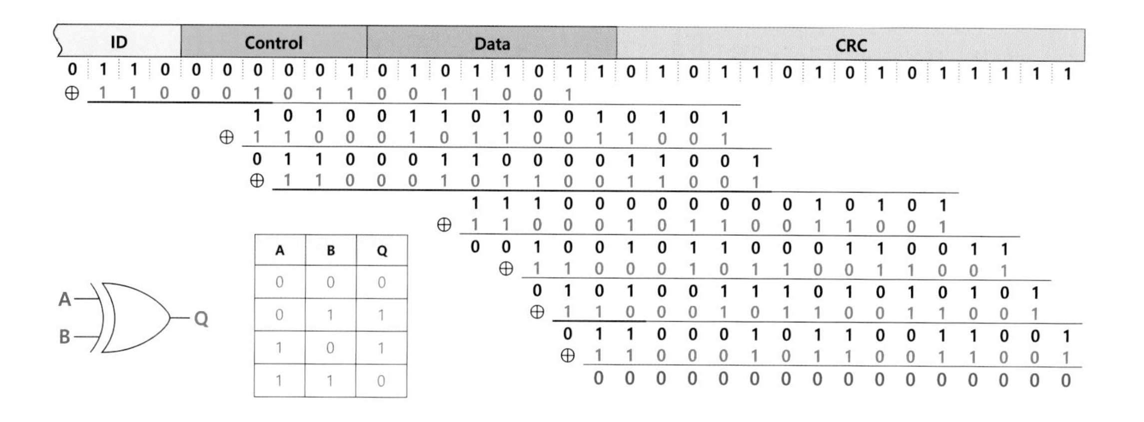

A	B	Q
0	0	0
0	1	1
1	0	1
1	1	0

그림 I – 14 **생성 다항식으로 나누었을 때 0이어야 함**

그림 I – 9는 실제 차량에서 전송되는 데이터를 포착한 것으로 그림 I – 1에서의 CRC 영역을 확대한 것이다. CRC 필드의 15개 bit는 CRC 시퀀스가 0x4A3D임을 보여주고 있으며 마지막 16번째는 CRC 구분자(delimiter)이다.

5 에러 검출과 버스 상태

CAN은 고속이면서 노이즈에 강한 데이터의 무결성 전송을 위해 **차동 전압 인식** 방식을 사용하고 있다. 또한 메시지 송 · 수신 중 오류에 대한 검출 기능을 가지고 있어 송신 노드 또는 수신 노드 중 에러를 발견한 노드는 즉시 상대에게 오류가 있음을 전송하고, 에러가 있는 메시지는 재전송하는 특성을 가지고 있다.

(1) 메시지 전송 프레임의 종류

메시지 프레임은 데이터를 전송하는 데이터 프레임(data frame), 데이터 전송을 요청하는 리모트 프레임(remote frame), 에러 발견 시 전송하는 에러 프레임(error frame), 버퍼 용량을 초과하거나 수신된 데이터 처리에 시간이 더 필요한 경우 전송하는 과부하 프레임(overload frame), 앞서 보낸 프레임과 데이터 프레임이나 원격 프레임을 분리하기 위한 인터 프레임(intermission frame) 등이 있다.

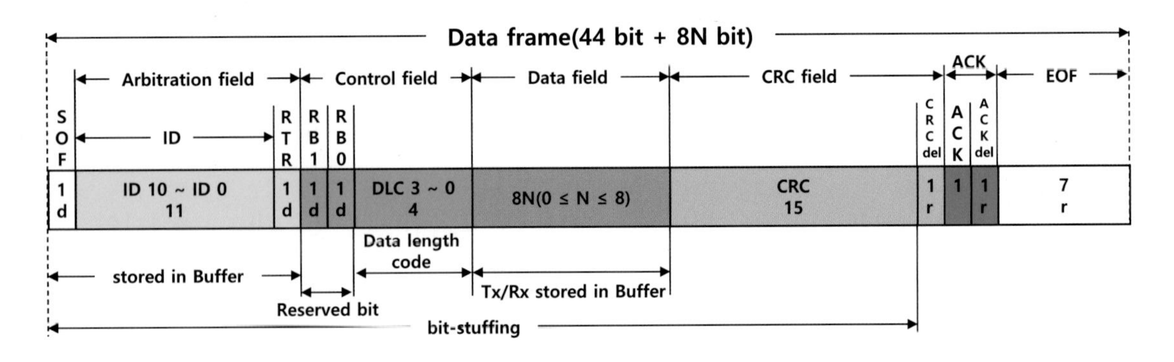

그림 I – 15 CAN 2.0A 표준 메시지 프레임

그림 I – 16 리모트 프레임의 구조

1) 데이터 프레임

하나의 송신 노드로부터 1개 또는 2개 이상의 노드에게 데이터를 전송하는 프레임이다. 그림 I – 15와 같이 CAN 2.0 표준 메시지 프레임은 SOF, RTR, ACK 신호는 각각 1bit로 반드시 dominant, CRC delimiter와 ACK delimiter는 반드시 recessive로 나타나야 한다. 또한 SOF부터 CRC까지는 **스터핑(stuffing) 규칙**을 만족해야 한다.

2) 리모트 프레임

버스 상에서 활성화된 노드가 원격 프레임의 ID와 같은 값을 가진 데이터 프레임의 전송을 요청하기 위해 보내는 프레임으로 요청 직후 **응답 메시지 프레임**이 전송된다. 이 프레임은 데이터를 요청하는 것이기 때문에 Data 필드가 없으며, 리모트 프레임인 것을 구분하기 위해 ID 필드의 맨 끝인 RTR(Remote Transmission Request) bit를 recessive로 전송하기 때문에 데이터 프레임과 동시에 송신될 경우 데이터 프레임의 RTR bit가 dominant이므로 데이터 프레임이 우선하여 전송된다.

3) 에러 프레임

버스 상에서 에러가 검출되자마자 버스 상에 있는 어떤 노드든지 에러 프레임을 전송한다. 다만 active 에러 플래그와 passive 에러 플래그를 보낼지는 노드의 상태에 따라 달라질 수 있다.

4) 과부하 프레임

앞서 보낸 데이터 프레임과 그 후 보내는 데이터 프레임이나 원격 프레임 간에 추가 시차를 요청하기 위해 사용된다. 버퍼 용량을 초과하거나 수신된 데이터의 처리에 시간이 필요함을 알리는 프레임으로 현장에서 보기 힘든 프레임이다.

추가 시간이 필요한 상태일 때 과부하 프레임을 전송하는 방법은 overload가 예상되는 intermission(휴식 기간)의 첫 번째 bit에서만 시작하며, intermission(휴식 기간, 3bit) 중 dominant 신호를 수신한 경우 dominant 신호 감지 후 첫 번째 bit를 시작한다.

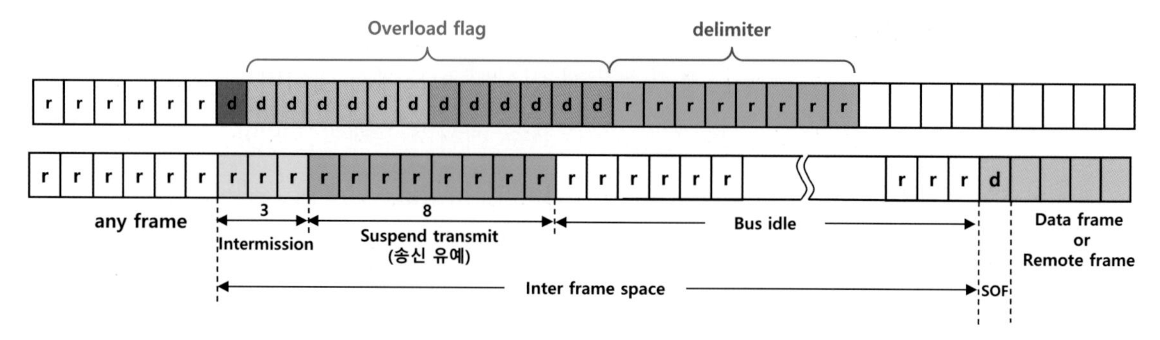

그림 I – 17 overload 프레임

(2) 에러 유형과 감지 범위

에러의 유형에 따른 송신 노드와 수신 노드의 감지 범위는 그림 I – 18과 같다.

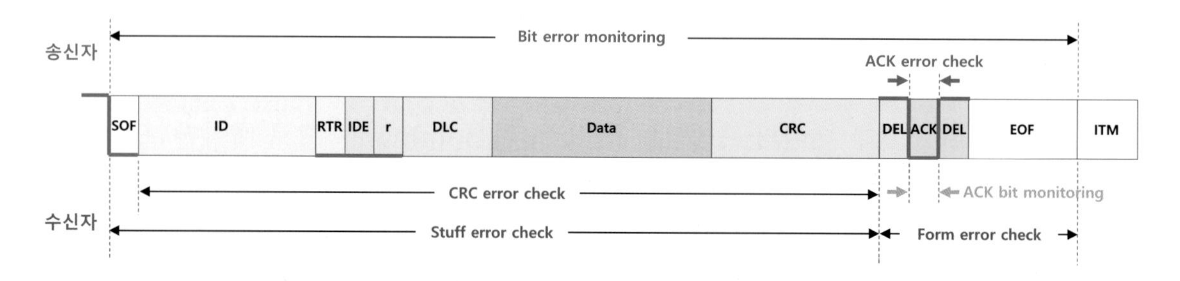

그림 I – 18 송 · 수신 노드별 에러 감지 범위

1) bit error[송신자]

송신 노드 자신이 전송하는 모든 bit를 다시 읽어 자신이 전송한 것과 다른 데이터 bit 수준을 읽는 경우 송신기는 이를 bit 오류로 감지하여 감지 직후 에러 플래그(flag)를 전송한다.

다만 중재(ID 필드) 동안 bit 불일치가 발생하더라도 다른 노드와 송신 경쟁 상태일 수 있으므로 bit 오류로 해석하지 않으며, ACK slot의 경우는 송신 노드가 송신한 recessive bit를 수신 노드가 dominant로 덮어쓸 것을 요구하기 때문에 자신이 송신한 recessive bit와 다르더라도 에러로 판단하지 않는다.

2) ACK error[송신자]

송신 노드가 메시지를 보낼 때 recessive bit의 ACK 필드가 포함된다. 모든 수신 노드는 메시지 수신을 확인하기 위해 이 필드의 ACK 슬롯에 dominant bit를 송신해야 함에도 송신 노드 입장에서 ACK 슬롯에서 dominant bit가 나타나지 않는 경우 송신기는 이를 ACK 오류로 판단한다.

3) bit stuffing error[수신자]

스터핑 규칙이 맞지 않을 때 내용으로 동일한 논리 레벨의 6bit 이상의 시퀀스(sequence)가 CAN 메시지 내의 버스(SOF와 CRC 필드 사이)에서 관찰되는 경우 수신 노드는 bit stuffing error(일명 stuff error)로 판단한다. 6bit의 동일한 논리 레벨로 연속되는 신호를 에러 플래그로 사용하는 이유이기고 하다.

4) form error[수신자]

CAN 메시지의 특정 필드 또는 bit가 항상 특정 논리 수준이어야 함에도 그러하지 않은 때 발생한다. 특히 SOF는 dominant이어야 하고, EOF 필드는 모두 recessive 이어야 한다. ACK 및 CRC 구분자(delimiter) 또한 recessive 이어야 한다. 수신 노드가 이러한 bit 중 하나라도 유효하지 않은 논리 수준임을 발견한 경우 수신 노드는 이를 형식 오류(form error)로 판단한다.

5) CRC error[수신자]

모든 CAN 메시지는 15bit의 순환 중복 체크섬 필드를 포함된다. 송신 노드가 CRC 값을 계산하여 메시지에 추가하고, 모든 수신 노드는 자체적으로 CRC를 계산하여 수신된 CRC 값과 일치하지 않는 경우 수신 노드는 CRC 오류로 판단한다.

(3) 에러 카운트와 노드의 상태

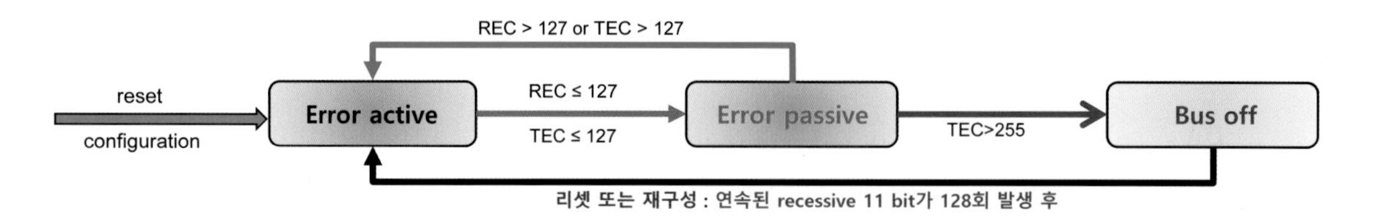

그림 I – 19 **에러 카운트 관리**

CAN에 참여하는 노드들은 상대편 송신 메시지의 에러를 판단할 수 있을 뿐만 아니라 스스로 진단하여 자신의 상태에 따라 버스 상 에러에 대하여 적극적으로 대응하거나, 소극적으로 수신만 할 수 있다. 또한 에러가 너무 많은 경우 해당 노드가 네트워크에 영향을 주지 않도록 스스로 네트워크에서 **일정 기간 단절**(bus off)하는 제어를 한다.

각 노드는 데이터의 송 · 수신이 정상적으로 이루어졌는지 판단하기 위해 버스를 상시 감시하고 있으며 에러의 발생 횟수에 따라 그림 I – 19와 같이 3가지 모드로 관리된다. 각 노드는 REC(Receive Error Counter)와 TEC(Transmit Error Counter)의 8bit 레지스터를 내장하고 있어 에러가 검출되면 그 내용에 따라 카운터 값을 증감하지만 외부에서의 확인은 곤란하다.

카운트 값은 에러가 발생한 경우 8점씩 증가하지만, 에러 없이 1회 송신 또는 수신을 완료한 경우 TEC 또는 REC를 1점씩 감소시키는 방식으로 에러 카운트를 관리한다.

일반적으로는 송신 노드의 에러가 있을 확률이 높으나, 상대편의 송신 에러를 발견하고 에러가 있음을 적극적으로 알린 수신 노드 또한 모든 메시지에 대하여 에러를 전송하는 등 에러를 감지한 노드 자신이 결함을 가지고 있을 수 있기 때문에 1점의 에러 카운트를 부여한다.

error active 상태는 에러 카운트가 127점 이하로 정상적인 송 · 수신이 가능한 상태이다. 모든 노드의 기본 상태라 할 수 있으며, dominant(0)는 recessive(1)보다 우선하기 때문에 오류 감지 시 CAN traffic을 무력화하고, 어떤 신호보다 우선할 수 있는 error active flag(dominant 6bit)를 전송할 수 있는 상태이다.

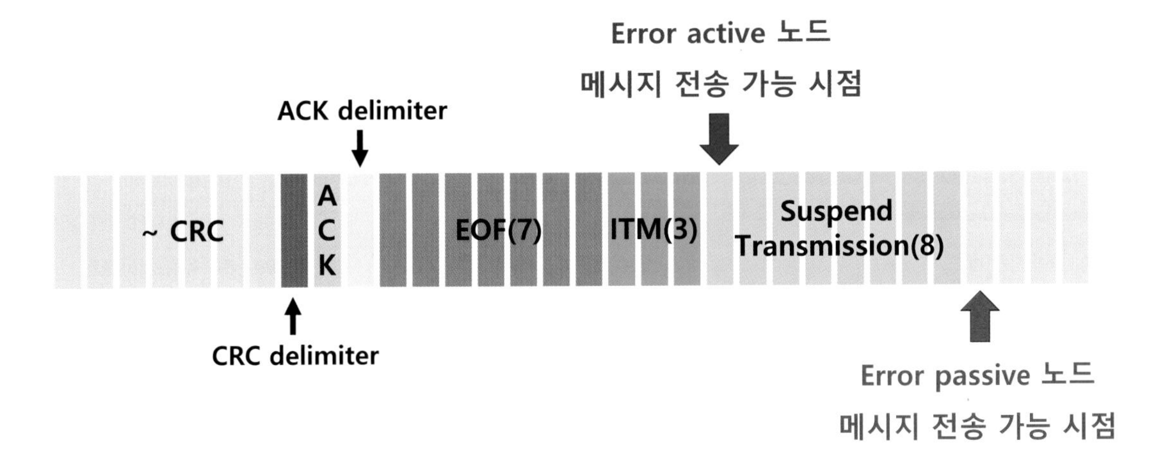

그림 I – 20 **노드 상태별 전송 가능 시점**

error passive 상태는 에러 카운트가 128 ~ 255점으로 여전히 데이터를 전송할 수 있지만 오류 감지에도 불구하고 적극적인 error flag를 전송할 수 없는 상태로 오류 검출 시 다른 노드의 송 · 수신 데이터를 방해하지 않도록 error passive flag(연속된 recessive 6bit)를 전송한다. error active 상태의 노드는 EOF 다음 3bit의 ITM(Intermission, 막간 휴식) 직후 데이터를 전송할 수 있다. 그러나 error passive 상태에서는 그림 I – 20에 보이는 바와 같이 데이터를 전송하거나 원격 프레임을 보내고자 할 때 다른 노드가 bus를 차지할 수 있도록 **전송 중지 기간**(suspend transmission)인 8bit의 시간을 추가로 기다린 후 전송할 수 있다.

CAN 컨트롤러가 고장 나거나 에러가 과도 누적되어 에러 카운트가 255점을 초과한 경우 네트워크에 영향을 주지 않도록 스스로 bus off 상태(데이터 또는 에러 플래그 전송 중지됨)로 전환되며, CAN 노드는 CAN 버스에서 연결이 단절된다. 이 경우 11bit(= error delimiter 8bit + intermission 3bit 값에 해당) 길이의 recessive 신호를 128회 감지하거나, 또는 하드웨어가 재설정되는 경우 오류 활성(error active) 상태로 재진입이 가능하다.

일반적으로 bus off 상태가 감지되면 레지스터를 리셋하여 초기화하지만 일정 횟수 이상으로 bus off가 반복되면 에러 원인을 와이어링 불량이나 하드웨어 문제 등으로 판단하여 고장 코드를 저장하고, 경우에 따라 림프 홈(limp home) 모드로 진입할 수 있다. 림프 홈 모드에서는 최소의 정보를 공유하는 제한적 기능을 수행하고 수신해야 할 변수들은 기본값으로 대체될 수 있다.

표 I－6 에러 카운트

Transmit/receive error counter change conditions		Transmit error counter(TEC)	Receive error counter(REC)
1	수신 노드가 오류를 감지하였을 때	–	1
2	수신 노드가 에러 플래그를 전송한 후 수신된 첫 번째 bit에서 dominant를 검출한 경우	–	8
3	송신 노드가 에러 플래그를 송신한 경우	8	–
4	액티브 에러 플래그 또는 과부하 플래그 전송 시 송신 노드가 에러 bit를 감지한 경우	8	–
5	액티브 에러 플래그 또는 과부하 플래그 전송 시 수신 노드가 에러 bit를 감지한 경우	–	8
6	엑티브 에러 또는 과부하 플래그 시작에서 14개의 dominant를 감지한 경우 (각각의 경우에서 8 bit의 dominant를 감지한 경우)	For a transmit unit +8	For a receive unit +8
7	패시브 에러 플래그 후 8 bit의 dominant를 감지한 경우	For a transmit unit +8	For a receive unit +8
8	송신 노드가 정상적인 메시지를 송신한 경우 (ACK 신호가 받았고 EOF가 나올 때까지 오류 없음)	−1 ±0 when TEC = 0	–
9	수신 노드가 정상적인 메시지를 수신한 경우 (ACK 신호 끝날 때까지 오류 없음)	–	−1 when 1 ≤ REC ≤ 127, ±0 when REC = 0, When REC 〉127 value between 119 to 127 is set in REC
10	버스 off 상태에서 11개의 recessive bit가 128번 있는 경우	Cleared to TEC = 0	Cleared to REC = 0

에러를 유발한 노드는 에러 카운트가 8점씩 증가하기 때문에 16회의 에러만으로 에러 카운트 128점에 도달하여 **오류 수동**(error passive) 상태로 진입할 수 있고, 총 32회의 에러가 발생한 경우 bus off 상태로 진입할 수 있다. 오류 수동(error passive) 상태에서는 정상적인 송 · 수신이 완료된 것을 인지할 때마다 1점씩 감소하여 더 낮은 단계인 **오류 활성**(error active) 상태로 진입할 수 있다.

에러 신호는 노드의 상태에 따라 연속한 6개 이상의 dominant 또는 recessive 신호를 송신한다. 결국 똑같은 값을 가진 6개 이상의 bit가 전송될 경우 이 신호를 수신한 노드는 에러가 있는 것으로 판단한다. 이런 이유 때문에 일반적인 프레임에서는 한 가지 값만으로 6개 bit 이상의 신호를 전송하지 않는 규칙을 가지고 있다.

송신 노드는 전송하고자 하는 bit 흐름에 있어 dominant 또는 recessive 신호가 5개 연속으로 같은 값을 가질 경우 자동적으로 전송 중인 bit 흐름에 반대 값의 bit를 채워 넣는다. 이것을 **스터핑**(stuffing : 채워 넣기)이라 하며, 똑같은 값의 5개 bit 이후 연속적인 같은 값의 리듬을 끊어주기 위해 인위적으로 반대 값을 가진 bit를 채워 넣는다.

CHAPTER

03 CAN 라인의 기본 점검

1 종단 저항의 점검

CAN에서의 종단 저항(terminating resistance)은 ISO11898의 CAN(125k ~ 1Mbps) 사양에 명시되어 있듯 120Ω을 사용하고 있다. 종단 저항에 따라 전압 레벨에도 영향을 줄 수 있지만 종단 처리의 주된 목적은 반사파의 억제에 있다.

따라서 종단 저항은 송신부가 아닌 수신부에 장착하여야 하나 각각의 노드가 송 · 수신이 가능하므로 주선 라인의 맨 끝 양단에 종단 저항을 설치하여 모든 노드가 공유할 수 있도록 하였다.

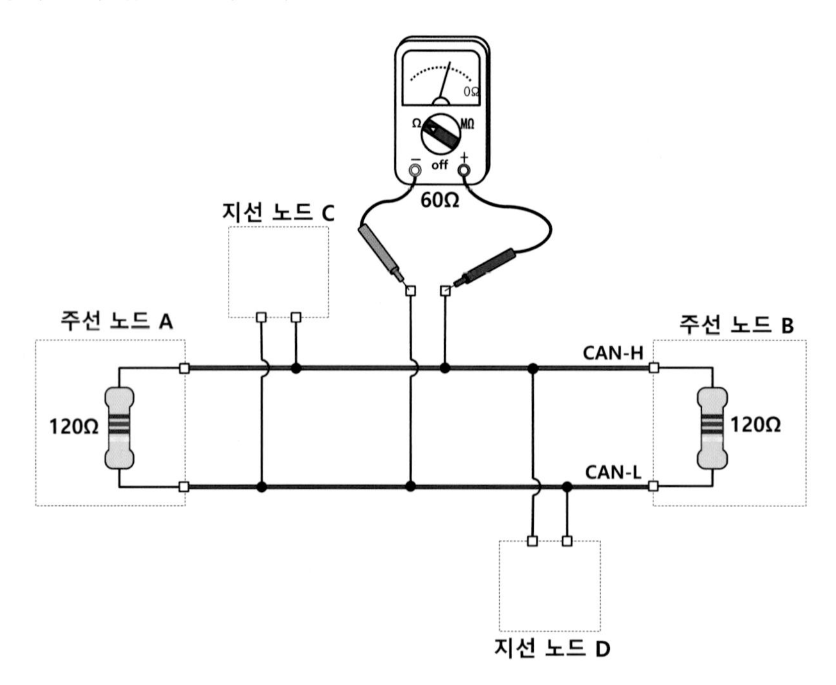

그림 I – 21 CAN의 Termination

종단 저항을 측정하면 120Ω의 저항 2개가 병렬로 연결된 상태이므로 일반적으로 합성저항 60Ω의 값이 측정되지만 실제 회로에서의 저항은 42.5 ~ 65Ω의 범위가 정상적인 **종단 저항**의 합성값이라 할 수 있다. ISO11898 고속 CAN의 사양에 의하면 종단 저항은 Min 85Ω, Max 130Ω의 범위로 되어져 있어 최소값과 최대값 범위에 대한 병렬회로를 계산하면 종단 저항의 **정상 범위**는 42.5 ~ 65Ω이 된다.

CAN 라인은 크게 종단 저항으로 종단 처리(termination)된 주선(간선, trunk line)과 주선으로부터 분기된 지선(drop line)이 있다.

그림 I - 22에 나와 있듯 주선에서 CAN-H 또는 CAN-L 라인에 단선이 존재하는 경우는 120Ω, CAN-H와 CAN-L 라인이 동시에 단선된 경우도 마찬가지 120Ω이 측정된다. 따라서 종단 저항의 점검 시 120Ω이 측정된다면 단선이 숨어 있다는 뜻이 된다. 다만 지선에서의 단선은 자기진단 커넥터 또는 단선이 없는 노드 측에서 종단 저항을 측정하는 경우 정상적인 60Ω이 측정되므로 주의가 필요하다.

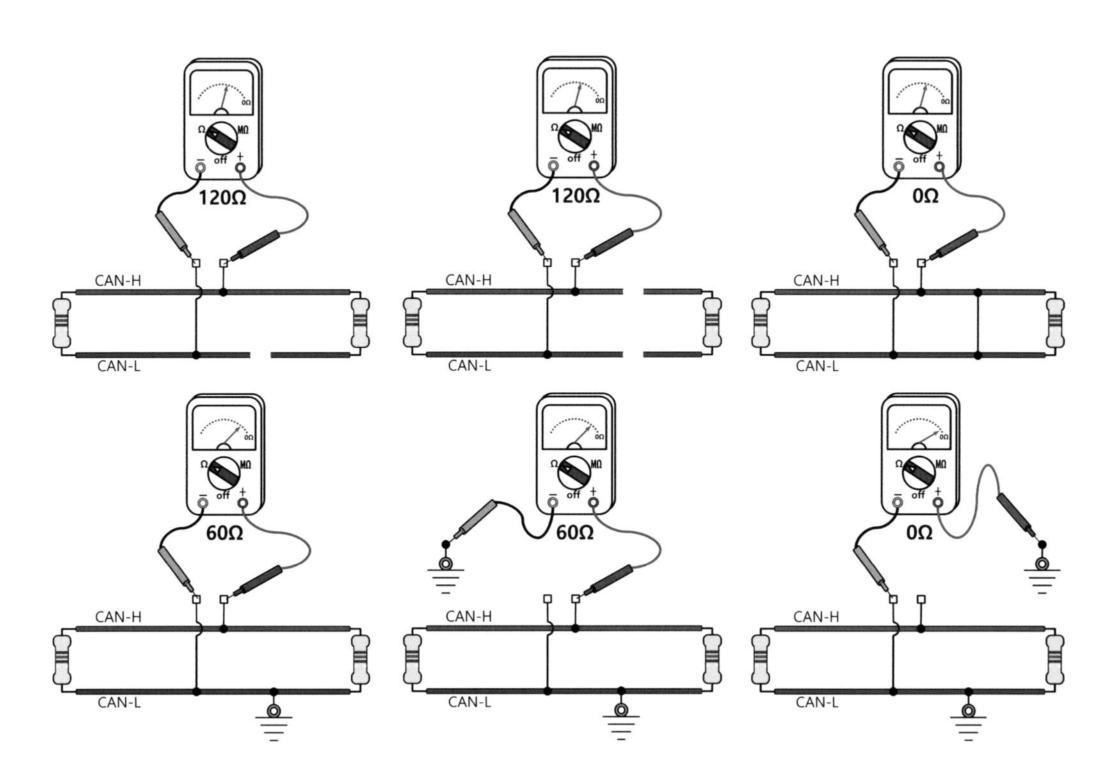

그림 I - 22 고장유형별 종단 저항의 측정 사례

단락(short)의 경우는 주선 또는 지선 어디에서 발생하든 전체 회로에 영향을 주는 특징이 있어 회로의 점검 시 주의를 요한다. 주선 또는 지선 측에서 CAN-H와 CAN-L 라인이 서로 단락된 경우 종단 저항은 0Ω이 측정된다. 그러나 CAN-H 또는 CAN-L 라인이 차체와 단락이 발생한 경우 자기진단 커넥터 또는 각 노드 측에서 종단 저항을 측정하는 방법(라인 간 저항 측정)으로 점검하면 정상적인 60Ω이 계측된다.

이 경우 그림 I - 22의 하단부에 있는 그림과 같이 CAN-L 라인이 차체와 단락된 경우 자기진단 커넥터에서 종단 저항을 측정하면 60Ω이 나타난다. CAN-L 라인이 차체와 단락 상태에서 CAN-H와 차체 간 저항을 측정하면 거의 절연 상태라 할 정도의 큰 저항이 나타나야만 하지만 60Ω이 나타난다. 한편 CAN-L 라인과 차체 간 저항을 측정하면 0Ω에 가까운 저항값이 측정된다.

이렇게 CAN 라인이 차체와 단락되었는지 점검하고자 하는 경우는 CAN-H 또는 CAN-L 라인과 차체 간 저항을 측정하여 0Ω에 가까운 라인이 차체와 단락된 것으로 판단하면 된다.

종단 저항의 측정은 대부분 자기진단 커넥터 또는 각 노드의 커넥터 부분에서 측정하고 있다. 라인의 단선, 라인 간 단락, 라인과 차체 간 단락의 3가지 경우 수에 대한 측정 방법의 유효성을 정리하면 표 I - 6과 같다. 실제 CAN 회로의 점검에서 종단 저항의 측정은 기본 점검에 해당하나 종단 저항의 변화, 주선의 단선, CAN-H와 CAN-L 라인 간 단락, 라인과 차체의 단락 이외는 큰 도움이 되지 않을 가능성

표 I - 6 종단 저항 측정 시 유효(○)성

위치	측정방법	주선측			지선측		
		단선	라인간 단락	차체와 단락	단선	라인간 단락	차체와 단락
OBD 커넥터	라인의 종단 저항	○	○			○	
	라인 ~ 차체 단락시험			○			○
지선 노드	라인의 종단 저항	○	○		○	○	
	라인 ~ 차체 단락시험			○			○

이 높음을 알고 있어야 한다.

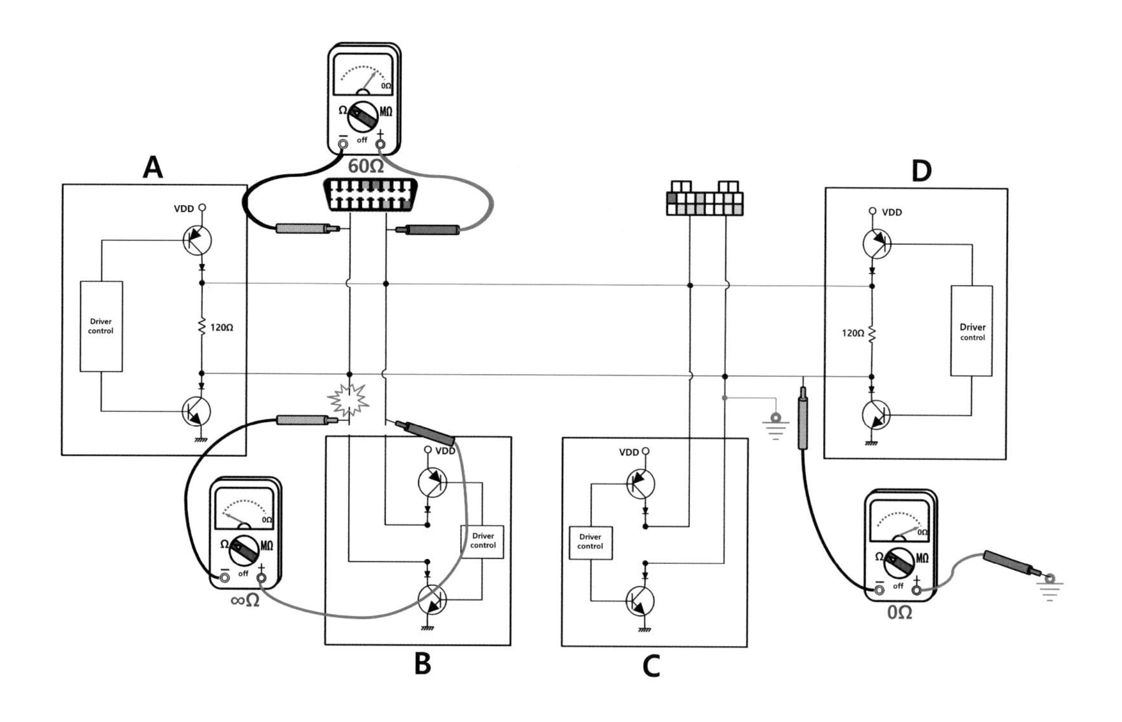

그림 I – 23 **종단 저항의 측정 사례**

2 전압과 전류 파형

CAN 라인은 크게 주선과 지선으로 나눌 수 있다. **주선**은 터미네이션(termination) 처리된 라인으로 터미네이션된 노드에서 전류를 측정하면 송신 ID 또는 수신 ID인가에 따라 정상과 역상의 전류 파형을 확인할 수 있다. 한편 주선에서의 전류 측정 시 지선에 있는 노드가 송신할 때와 수신할 때의 모든 전류 파형이 나타난다.

터미네이션 되어진 주선은 어떤 노드가 송신하든 전압과 전류가 모두 나타나지만 **지선**은 전압 신호만을 감시하는 구조이므로 주선에서의 노드가 송신 시 지선의 CAN High 또는 CAN Low 라인에서 전류를 측정할 경우 전류가 나타나지 않는다. 지선의 라인에서는 오직 지선에 연결된 해당 노드에서 송신하는 경우와 수신 완료 시 ACK 필드에서만 전류가 나타난다.

터미네이션 처리된 노드끼리 통신할 경우 주선에서만 폐회로가 구성되는 관계로 그림 I – 24에서의 단순회로와 같이 지선에서 전류는 나타나지 않으나 전압은 정상 측정이 가능하다. 한편 다른 지선에서의 통신 시에도 마찬가지로 또 다른 지선에서는 전류가 나타나지 않는다.

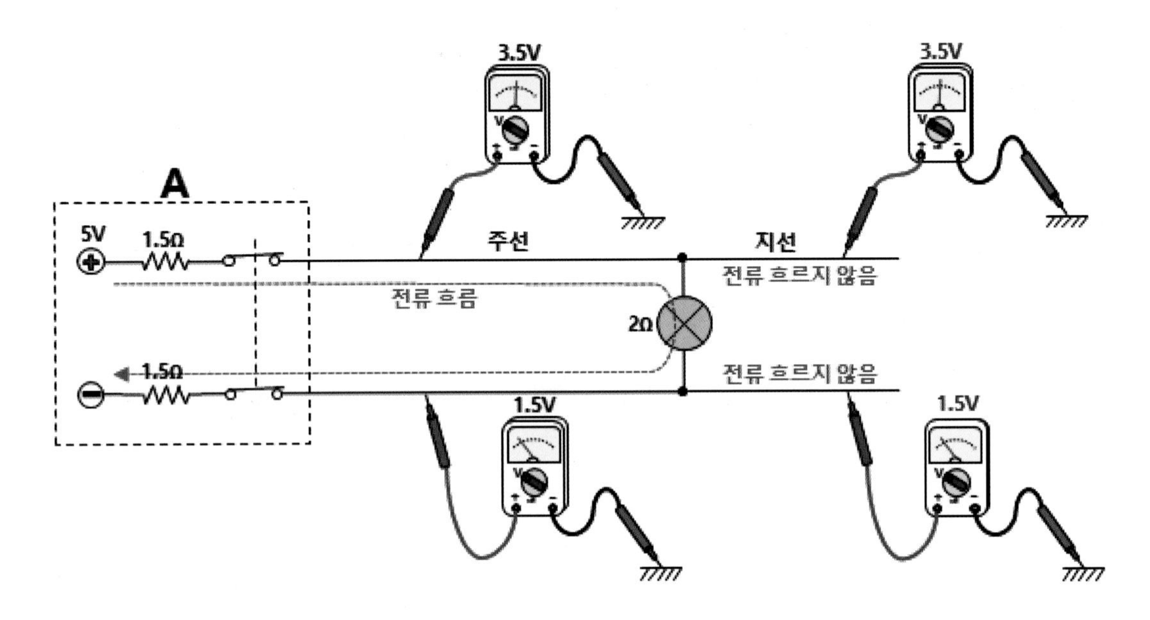

그림 I – 24 **주선에서 통신 시 지선에서의 전류는 흐르지 않음**

그림 I – 24에서 5V를 사용하는 A 노드의 스위치가 on 상태이면 전체 회로의 합성저항은 5Ω이므로 **분압 법칙**에 따라 멀티미터에서 측정되는 전압은 3.5V와 1.5V가 나타나 2Ω 양단에는 스위치 on 상태일 때 2V의 전압강하가 발생하며 1A의 전류가 흐른다.

전구 양단 앞 · 뒤에 연장선을 연결한 것과 같은 지선의 경우 전류가 흐르지 않아 0A가 되지만 전압은 전구의 앞 · 뒤에서 측정한 것과 같으므로 주선과 동일한 전압이 나타나는 원리이다.

전류 측정 시 전류센서의 선택에서 일반형보다 고주파(최소 1MHz 이상)용을 사용해야 한다. 100kHz의 일반형 전류센서로 500kHz의 CAN 라인 전류를 측정한 경우 전류 파형이 에일리어싱(aliasing)현상에 의해 깨지거나 일그러져 전압 파형과 매칭하기 곤란하기 때문이다.

(1) 전압

그림 I – 25는 CAN 라인의 전압과 전류를 이해시키기 위한 단순 회로로 종단 처리된 주선 노드가 송신할 때의 전압과 전류를 보이고 있다.

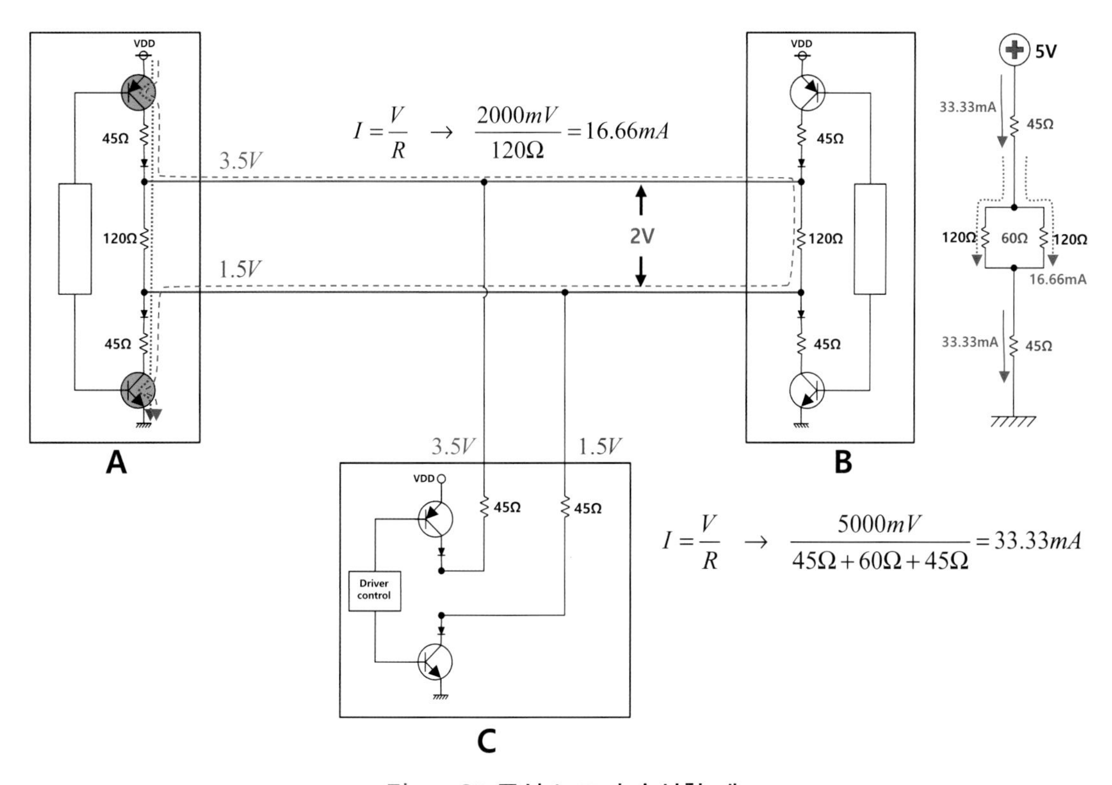

그림 I – 25 주선 노드가 송신할 때

어떤 노드든 송신하지 않는 상태(유휴 상태 또는 idle 상태) 또는 recessive를 송신하는 동안은 모든 라인에 공통 전압인 2.5V의 전압이 계측된다.

A 노드가 dominant를 송신할 때 트랜시버(transceiver)의 동작에 의해 TR이 작동한다. A 노드의 V_{DD}(5V) 전압은 직렬로 연결된 Hi 측 저항 45Ω, 종단 저항 120Ω, Lo 측 저항 45Ω을 통해 접지까지 전류가 흐른다. 한편 A 노드의 종단 저항 120Ω 양단에는 각각 CAN–H 라인과 CAN–L 라인이 반대편 B 노드 내의 종단 저항 120Ω과 병렬로 연결되어 있어 B 노드 측 종단 저항에도 전류가 흐른다.

A 노드가 dominant를 송신할 때 CAN–H 라인과 CAN–L 라인에서 계측되는 전압은 분압 법칙을 이용하여 계산하면 각각 3.5V와 1.5V의 전압이 된다.

$$V_{CAN-H} = \frac{45\Omega + 60\Omega}{45\Omega + 60\Omega + 45\Omega} \times 5V = 3.5V$$

$$V_{CAN-H} = \frac{45\Omega}{45\Omega + 60\Omega + 45\Omega} \times 5V = 1.5V$$

A 노드가 dominant를 송신할 때 전류는 회로의 합성저항이 150Ω인 관계로 그림 I – 25의 우측과 같이 약 33.33mA의 전류가 흐르지만 종단 저항으로 분류된 라인에서는 해당 전류의 절반인 16.666mA의 전류가 흐른다. 다른 각도로 생각하면 A 노드가 dominant를 송신할 때 B 노드의 입구 CAN–H는 3.5V, CAN–L는 1.5V의 전압이 나타나고 B 노드의 종단 저항 120Ω 양단에 가해진 전압은 2V가 되고 전류는 16.666mA가 된다.

그림 I – 25와 같이 A 노드가 dominant를 송신할 때 C 노드 측에는 전류가 흐르지 않는다. 다만 C 노드의 CAN–H와 CAN–L 라인이 주선과 연결되었기 때문에 그림 I – 25에 표시한 것과 같이 각각의 전압은 3.5V와 1.5V의 전압이 나타난다.

CAN은 차동 전압 감지 방식을 사용하고 있기 때문에 지선 노드인 C 노드에 전류가 흐르지 않았음에도 전압을 감지할 수 있어 A 노드가 송신하는 데이터를 수신할 수 있다.

그림 I – 26은 지선 노드인 C 노드가 dominant를 송신할 때의 전압과 전류 흐름을 보이고 있다.

C 노드 트랜시버(transceiver)의 동작에 의해 TR이 작동한다. C 노드의 V_{DD}(5V) 전압은 내부의 Hi 측 저항 45Ω, 주선의 CAN–H 라인과 연결된 A 노드와 B 노드의 종단 저항 120Ω를 지나 CAN–L 라인을 통해 C 노드 Lo 측 저항 45Ω을 통해 접지까지 그림 I – 26과 같이 전류가 흐른다.

전류가 흐르는 라인을 살펴보면 주선 노드인 A 노드가 송신할 때와 동일한 직·병렬 회로의 값을 가지므로 각 부분의 전압은 그림 I – 26에 보이는 바와 같이 3.5V와 1.5V의 전압이 나타난다.

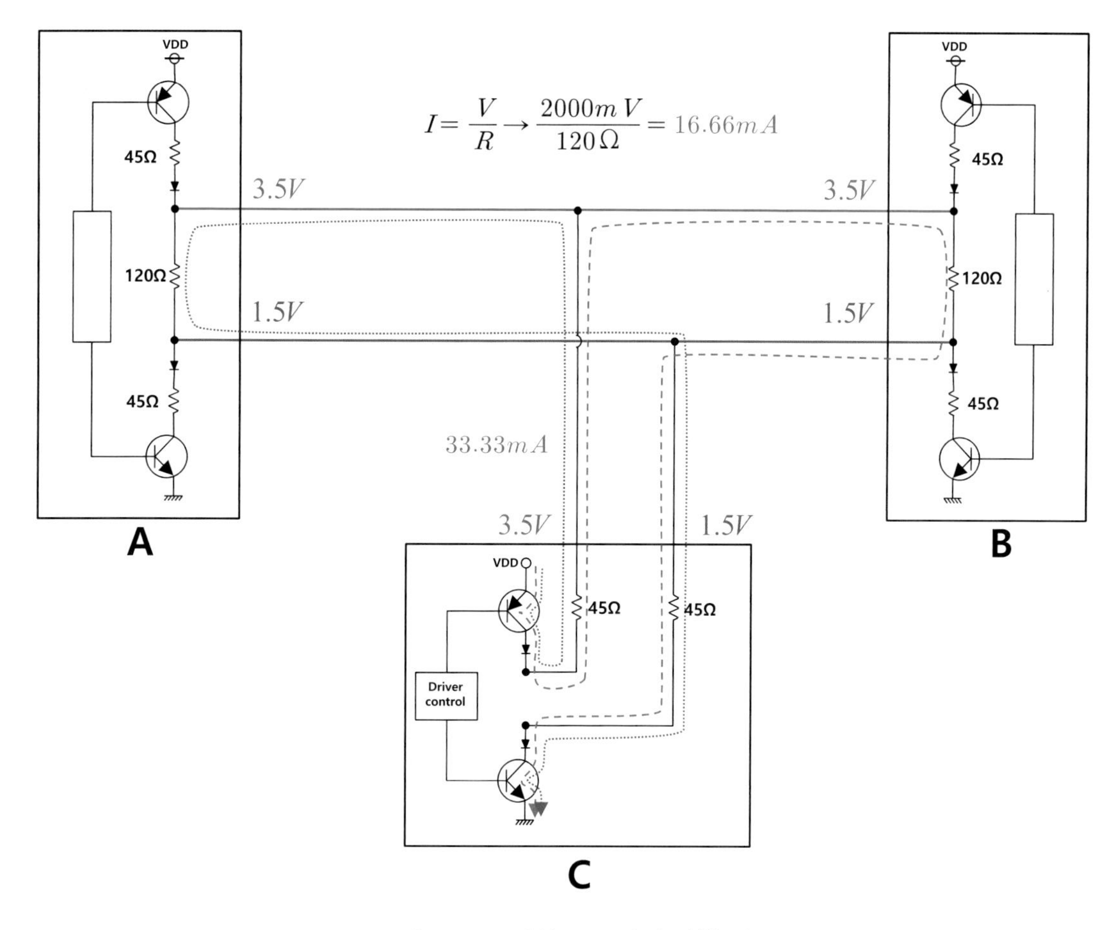

그림 I – 26 **지선 노드가 송신할 때**

C 노드 입구인 CAN–H와 CAN–L 라인에서 전류는 A 노드와 B 노드 측으로 흐르는 전류가 합해지므로 약 33.333mA의 전류가 나타난다.

(2) 주선의 전류

터미네이션 되어 있는 노드의 CAN High 또는 Low 라인의 주선에서 전류를 측정할 경우 가장 큰 특징은 그림 I – 27에서와 같이 정상과 역상의 전류가 나타난다는 것이다. 전류가 흐르는 우성(dominant) 순간 라인간 전압차(차동 전압)가 약 2V이고, 병렬로 연결된 종단 저항 한 라인으로만 흐르는 전류를 감지할 수 있는 관계로 약 16.67mA(2V÷120Ω = 16.666...mA) 또는 –16.67mA 정도의 표준 전류가 흐르게 된다.

이 전류는 라인간 전압차가 2V이고 개별 종단 저항이 제원에 제시된 85~130Ω의 범위라 한다면 전압과 저항을 고려했을 때 전류는 15.38~23.53mA 정도가 정상 범위라 할 수 있다.

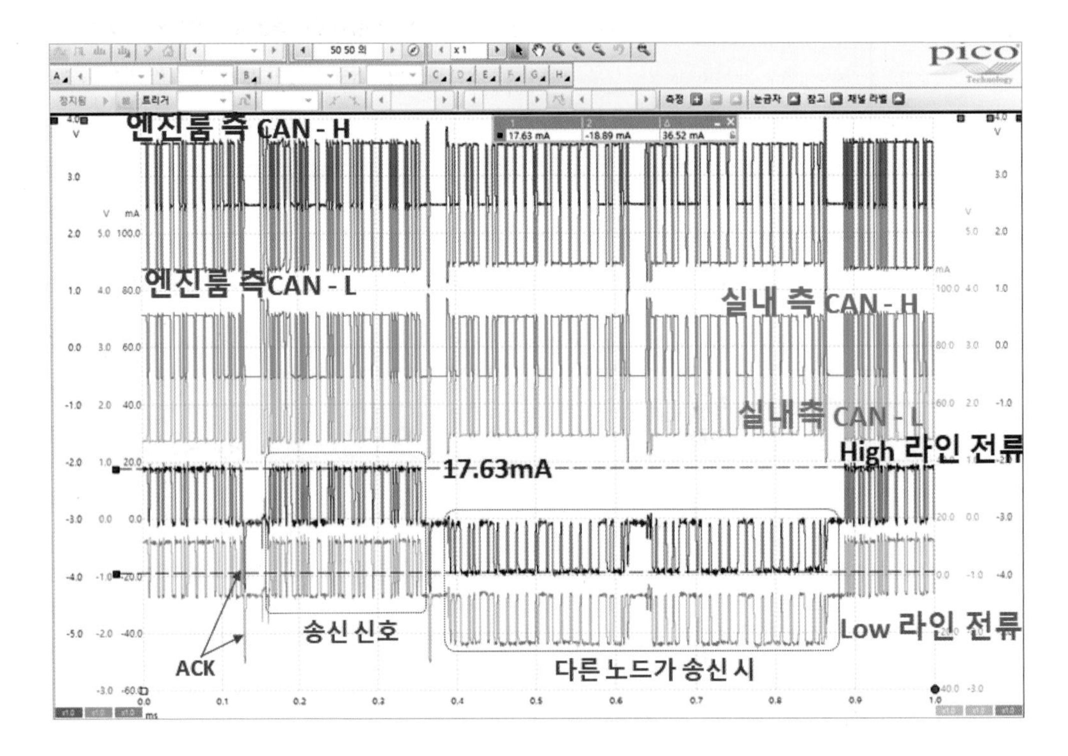

그림 I – 27 주선에서의 정상적인 전압과 전류 파형

주선에서의 전류 파형이 정상과 역상으로 나타나는 이유는 그림 I – 28과 같다. 그림에서 A 노드와 D 노드에서 터미네이션 되어져 있고 두 종단 저항은 병렬로 연결되어진 관계로 A 노드가 송신할 경우는 A 노드의 내부의 종단 저항과 주선으로 연결된 D 노드의 종단 저항을 통해 전류가 흐른다. 따라서 CAN High 라인에서는 A 노드에서 D 노드 방향으로 전류가 흐르고, CAN Low 라인은 D 노드에서 A 노드 방향으로 전류가 흐른다.

반대로 그림 I – 28의 아래 그림과 같이 D 노드가 송신할 경우는 D 노드의 종단 저항과 주선으로 연결된 A 노드의 종단 저항을 통해 전류가 흐르는 관계로 CAN High 라인에서는 D 노드에서 A 노드 방향으로 전류가 흐르고, CAN Low 라인에서는 A 노드에서 D 노드 방향으로 전류가 흐르기 때문이다.

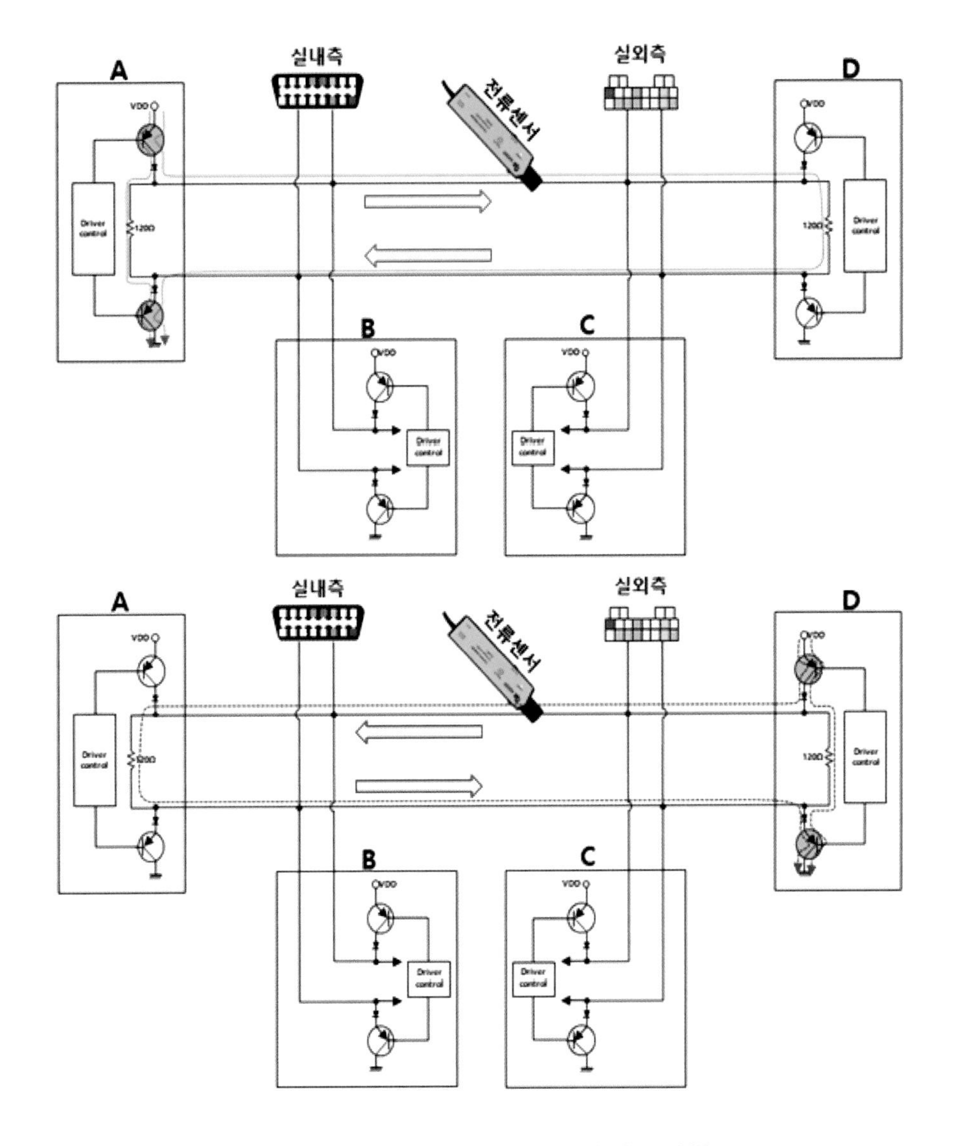

그림 I – 28 **주선에서 송수신 시 전류 방향**

터미네이션 처리된 노드 A가 송신하는 상태에서 주선의 버스 라인에서 High 또는 Low 라인 어딘가에 단선이 존재하면 내부 종단 저항으로만 전류가 흐르기 때문에 컨트롤러 외부에 있는 주선에서의 전류는 나타나지 않고 전압만 검출할 수 있다.

그림 I – 29에서와 같이 주선의 High 라인이 단선인 경우 A 노드가 출력하는 전류가 흐르지 않기 때문에 전류는 각각의 주선 라인에서 나타나지 않는다. 다만 ⓐ, ⓑ, ⓒ점에서의 전압은 검출된다.

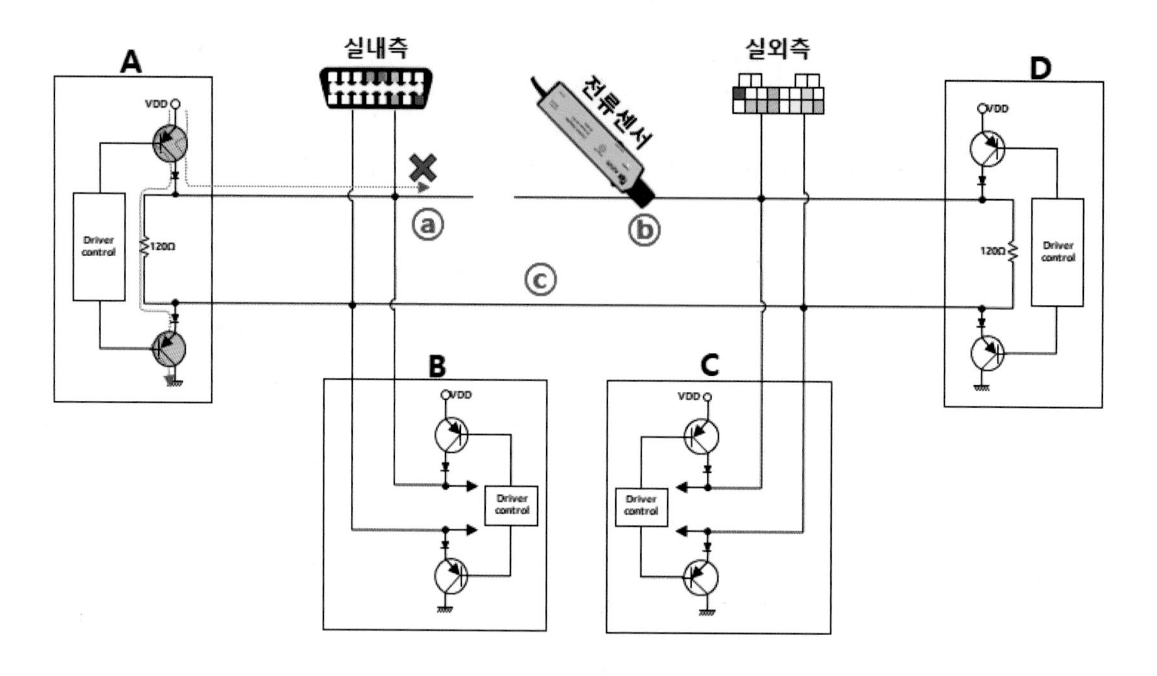

그림 I – 29 **주선의 단선 시 전류 흐름**

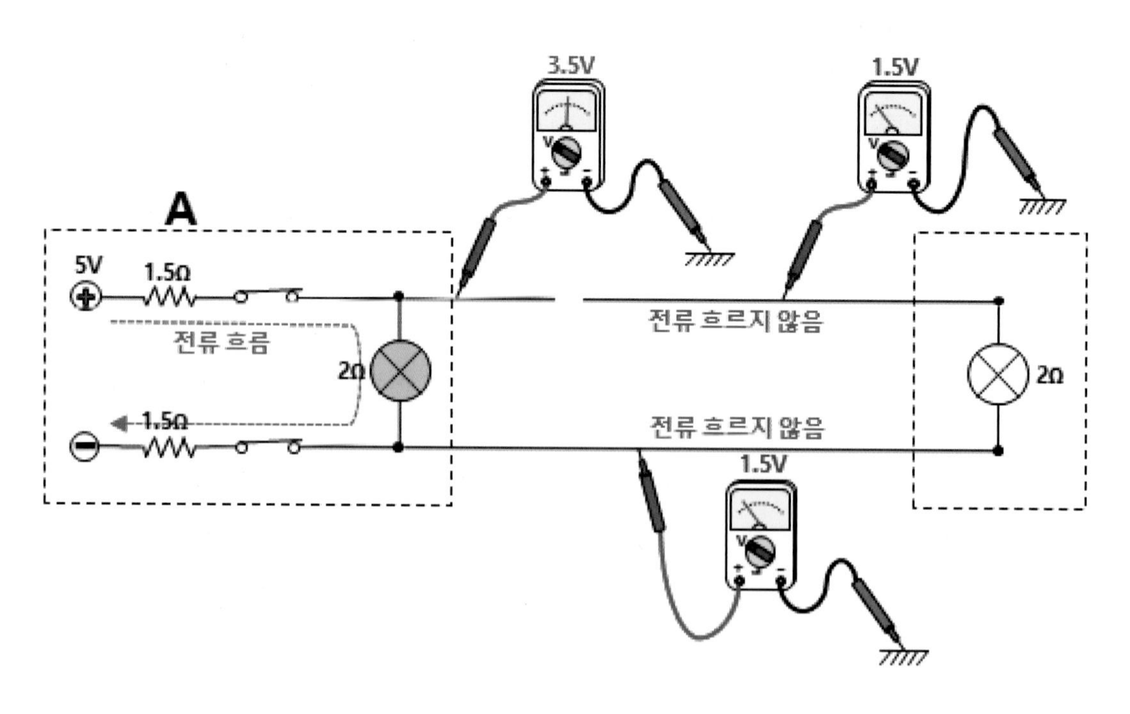

그림 I – 30 **주선 단선 시 전류와 전압**

그림 I – 29에서 A 노드가 우성(d) 신호를 출력할 때 ⓐ점의 경우는 주선의 단선으로 ⓐ점과 ⓒ점 사이의 저항이 병렬의 60Ω에서 직렬의 120Ω으로 증가한 관계로 노드 내부로 흐르는 전류는 낮아지고, 외부에서의 전압은 정상적인 전압보다 다소 높게 나타나는 것이 특징이다.

ⓒ점의 경우는 ⓐ점과 ⓒ점 사이의 저항이 60Ω에서 120Ω으로 증가한 관계로 ⓒ점이 있는 Low 라인에서 접지까지의 저항 양단의 전압 비율이 작아진다. 따라서 정상적인 상태보다 더 낮은 전압으로 나타난다. 그 이유는 그림 I – 30과 같은 단순 회로에서 설명이 가능하다.

5V를 사용하는 A 노드의 스위치가 on 상태이면 폐회로 전체의 합성저항은 5Ω이므로 **분압 법칙**에 따라 멀티미터에서 측정되는 전압은 3.5V와 1.5V가 나타나 2Ω 양단에는 스위치 on 상태일 때 2V의 전압강하가 발생하며 1A의 전류가 흐른다.

점등된 전구 양단 앞 · 뒤에 연장선을 연결한 것과 같은 주선의 경우 전류가 흐르지 않아 0A가 되지만 전압은 전구의 앞 · 뒤에서 측정한 것과 같으므로 분압된 전압이 나타나는 원리이다.

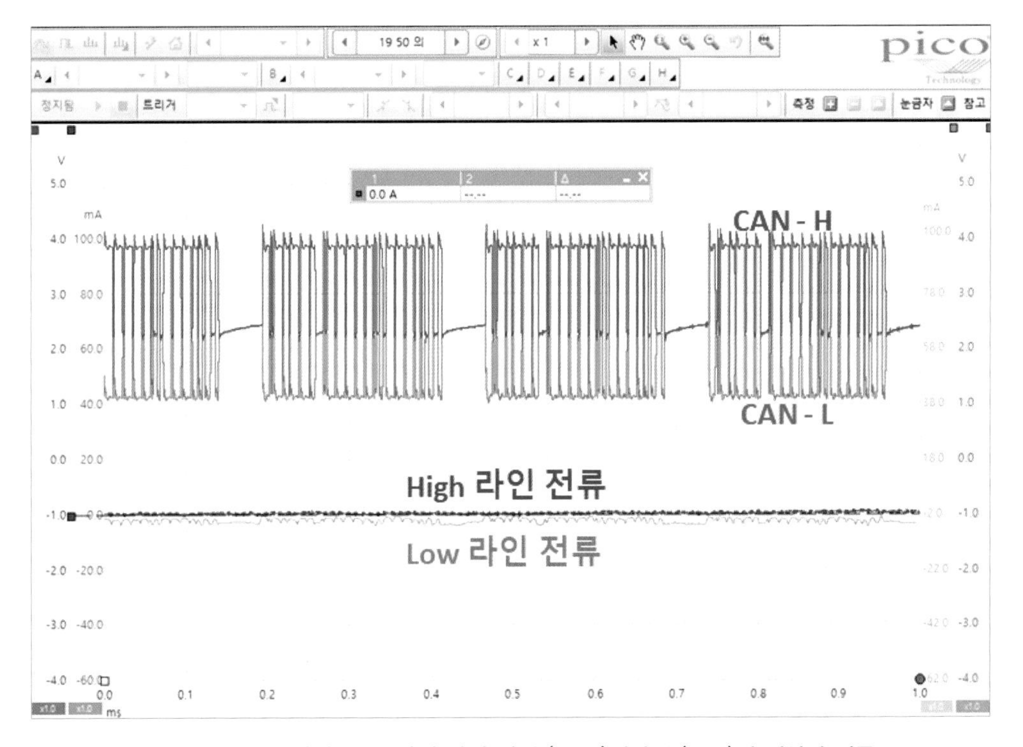

그림 I – 31 **주선의 High 라인 단선 시 ⓐ(High)점과 ⓒ(Low)의 전압과 전류**

한편 전구의 앞 · 뒤에 연장선을 연결한 경우 전류가 흐르지 않는 관계로 연장선에 저항이 있음에도 불구하고 멀티미터는 측정 위치 안쪽에 단선인 상태이므로 전구 양단에 분압된 전압이 그대로 나타난다. 따라서 그림 I – 29에서 ⓑ점의 전압은 ⓒ점의 전압과 동일한 레벨로 나타난다.

한편 그림 I – 29와 같이 단선된 상태에서 C 또는 D 노드가 송신하는 경우 ⓑ에 위치에 있는 전류센서는 종단 저항이 있는 A 노드와 같이 단선된 상태이므로 전류를 감지할 수 없고 그 결과 그림 I – 31에서와 같이 ⓑ점에서는 전류가 나타나지 않고 **전압 신호**만을 검출할 수 있다. 마치 전류가 흐르는 폐회로에서 멀티미터로 전압을 계측하는 원리와 같다.

전류는 폐회로에만 흐르고 멀티미터에는 흐르지 않기 때문이다. 그림 I – 29와 같은 경우 주의할 것은 단선의 위치로 ⓐ점에서 측정되는 A 또는 B 노드가 송신하는 모든 ID의 데이터가 ⓑ점에서는 High 라인임에도 불구하고 ⓒ점의 Low 라인에서 측정한 파형과 같은 파형이 출력된다는 것이다.

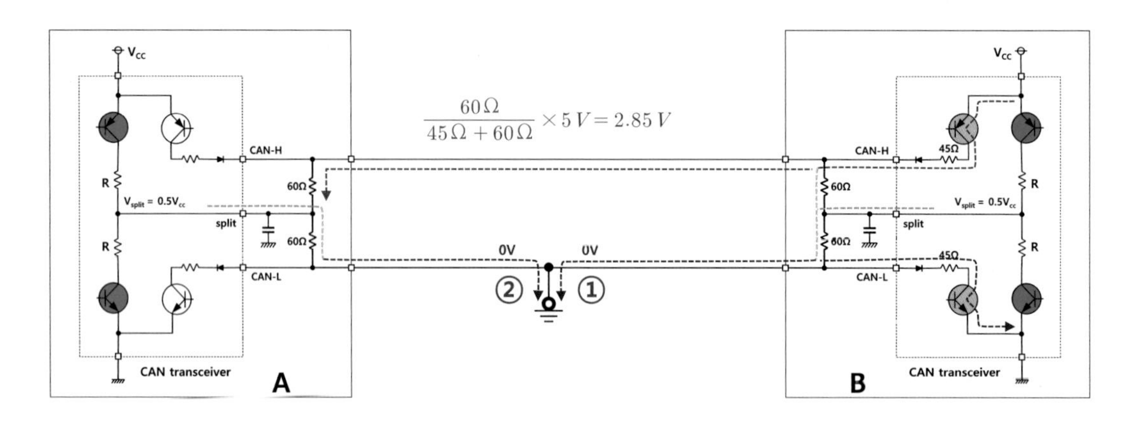

그림 I – 32 주선의 CAN– L 라인에서 차체와 쇼트 시 전류 흐름

그림 I – 33은 그림 I – 32와 같이 주선의 Low 라인에서 접지 측으로 쇼트가 발생한 상태일 때의 전압과 전류 파형이다.

그림 I – 32와 같이 Low 라인에서 접지 측으로 쇼트가 발생한 상태에서 B 노드가 송신할 경우 우성(d) 신호에서 ①번 전류는 B 노드의 내부 CAN–H측 저항과 종단 저항을 통해 단락된 CAN-L 라인을 지나 접지로 흐른다. ②번 전류는 B 노드의 내부 CAN-H측 저항과 반대편 A 노드의 종단 저항을 지나 단락된 CAN-L 라인을 통해 접지로 흐른다.

따라서 전류는 B 노드의 내부 CAN-L측 저항으로 거의 흐리지 않고 단락된 부분을 통해 직접 접지로 전류가 흐르기 때문에 정상적인 전류보다 상대적으로 전류량이 많아진다.

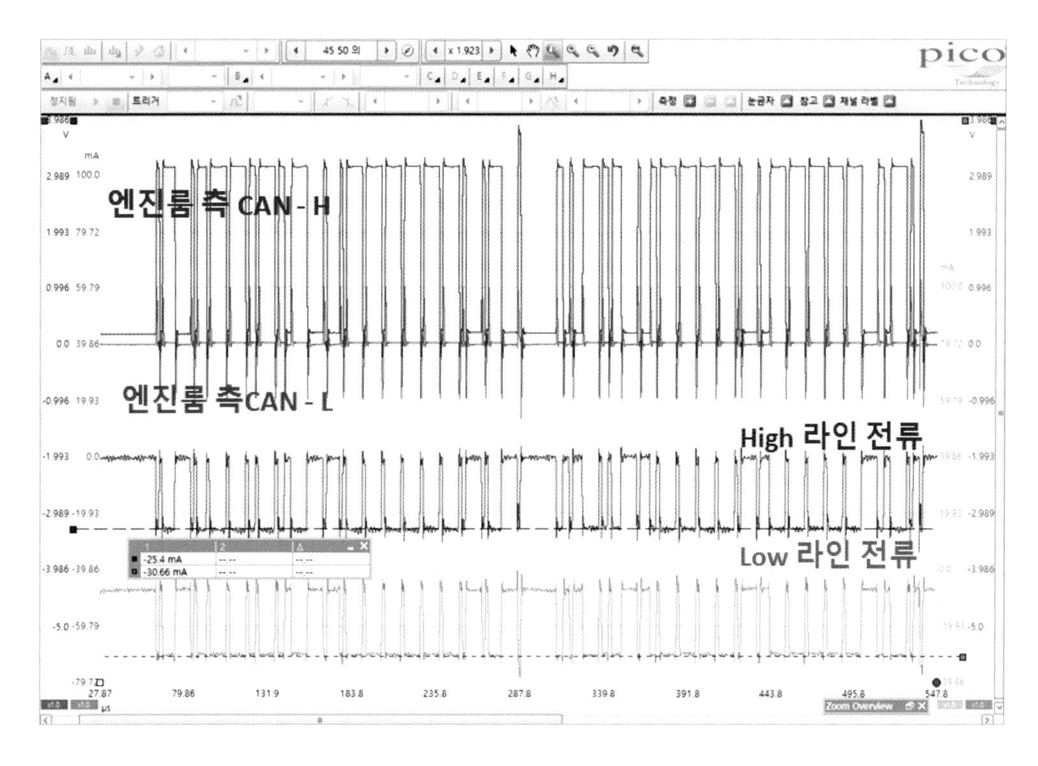

그림 I - 33 주선의 Low 라인이 접지측으로 쇼트 시

(3) 지선의 전류

지선에 위치한 노드가 송신할 때 주선에서의 전류는 병렬로 연결된 종단 저항의 영향으로 분류되어 약 16.67mA가 나타난다. 하지만 지선 노드 측 라인에서 전류를 측정하는 경우는 CAN High와 CAN Low 라인 간 120Ω의 종단 저항이 병렬로 연결되어 합성저항이 60Ω인 관계로 전류는 약 33.3mA(2V÷ 60Ω = 33.33mA)의 전류가 흐른다.

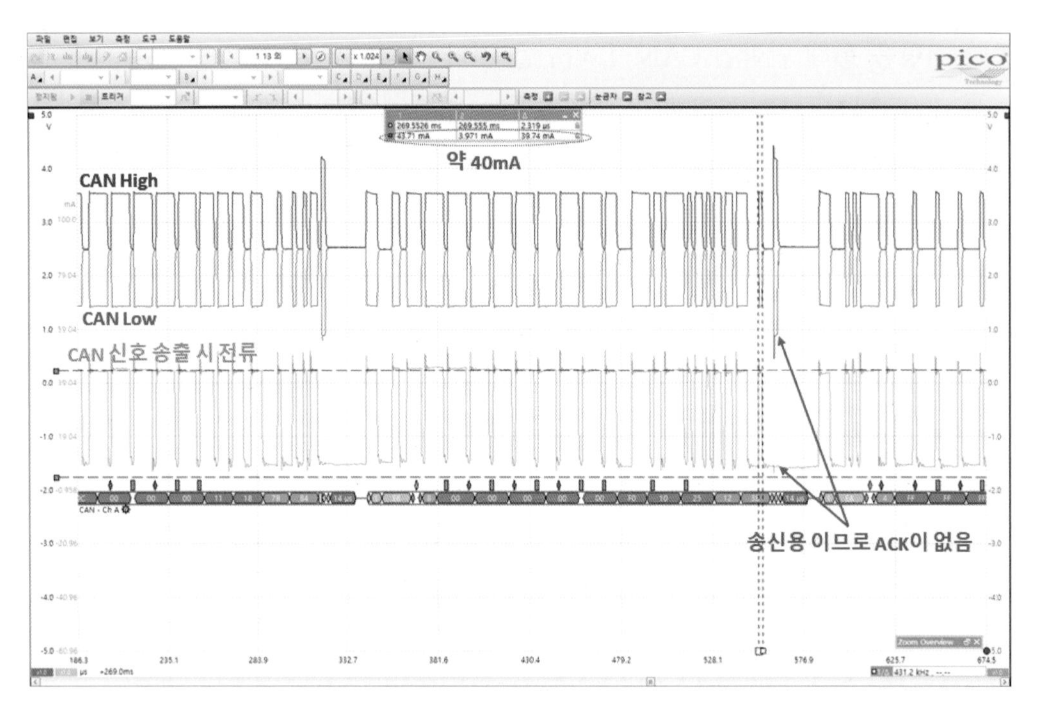

그림 I – 34 **지선의 노드에서 송신 시 전류**

이 전류는 라인 간 전압차가 2V, 합성저항 42.5~65Ω의 범위라 한다면 전류는 30.77~47.06mA 정도가 **정상 범위**라 할 수 있다.

그림 I – 27은 CAN 통신라인 중 주선에서 측정한 전류 파형으로 DC용 전류센서는 방향성을 가지기 때문에 특정 노드 앞에서 측정하고, 해당 노드가 송신할 때 순방향 전류가 나타나게 설치하였다면 해당 노드가 송신하는 것인지 아니면 수신하는 신호인지를 쉽게 구분할 수 있다. 해당 노드가 송신한 데이터를 다른 노드가 수신하는 경우 data 필드에서는 순방향 전류가 나타나고, 수신 노드가 송신한 ACK 슬롯에서의 전류는 송신과 반대인 역방향 전류가 나타나게 된다.

그림 I – 34의 경우는 지선의 노드에서 전류를 측정한 것으로 그림 I – 35와 같은 위치에서 측정한 결과이다. 지선 노드 직전에서 측정한 그림 I – 34의 전류 파형에서 지선 노드가 송신 시 주선에 병렬로 연결된 종단 저항의 영향으로 주선에서의 전류보다 2배가 높은 것을 확인할 수 있다.

한편 그림 I – 34에 나타난 전압과 전류 파형은 해당 노드가 송신하는 경우이므로 ACK 필드에서의 전류가 나타나지 않는다. 지선 노드가 데이터를 수신할 때 전

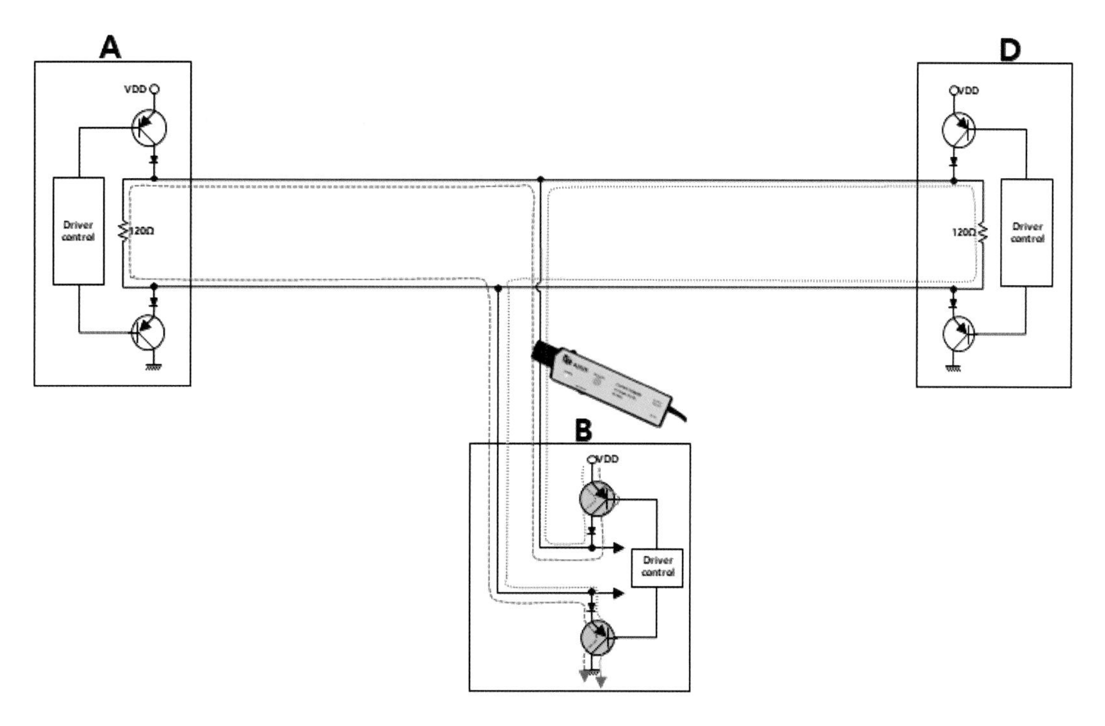

그림 I – 35 **지선에서의 전류 흐름**

류는 그림 I – 36에서와 같이 송신하지 않기 때문에 전류가 나타나지 않다가 수신한 데이터가 정상적일 때 ACK 신호를 출력하는 관계로 전압 파형에서 ACK 슬롯과 일치되는 순간에 전류가 순방향으로 나타남을 볼 수 있다.

그림 I – 37은 데이터를 송신하려다 수신하는 경우로 동시에 CAN 버스를 차지하고자 할 때 ID 필드에서 어떻게 조정하는지 보여주고 있다. 지선에서 측정된 전류 파형은 해당 노드가 다른 노드와 경합에서 ID가 높은 관계로 ID가 낮은 신호에 양보(ID 숫자가 낮은 것이 우선권이 있음)하여 엑세스 하지 못하고 오히려 수신한 경우이다. 따라서 데이터 수신 직후 정상적으로 수신하였다는 ACK를 내보낸 경우의 파형이다.

간단하게 전압 파형과 전류 파형의 관계를 살펴보았다. CAN 라인이 전기적 결함이 발생했을 때 전류로도 유효한 진단이 가능하지만 CAN 라인의 전기적 결함은 전압 파형만으로도 충분한 대응이 가능하다. 그럼에도 고주파 전류센서를 이용하여 전류 파형을 측정하는 이유는 특정 노드가 어떤 ID를 송신하는지와 어떤 ID의 데이터를 수신하는지 구분하기 위한 것이 주된 목적이라 할 수 있다.

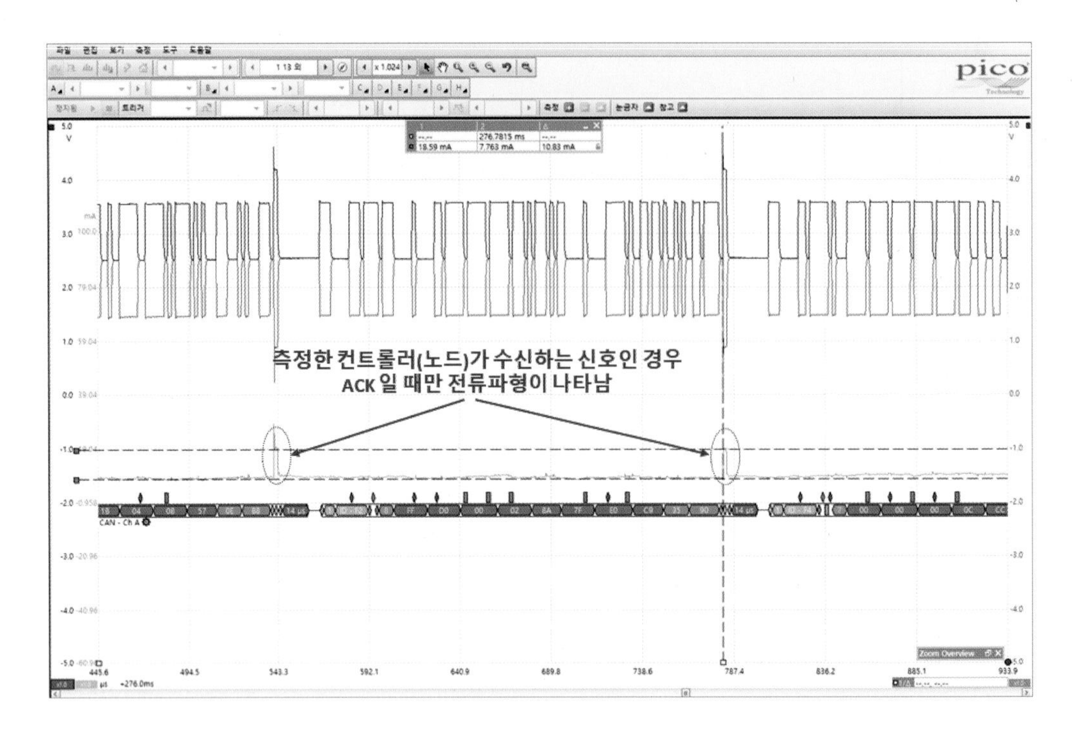

그림 I – 36 지선의 노드에서 타 노드의 신호를 수신한 경우

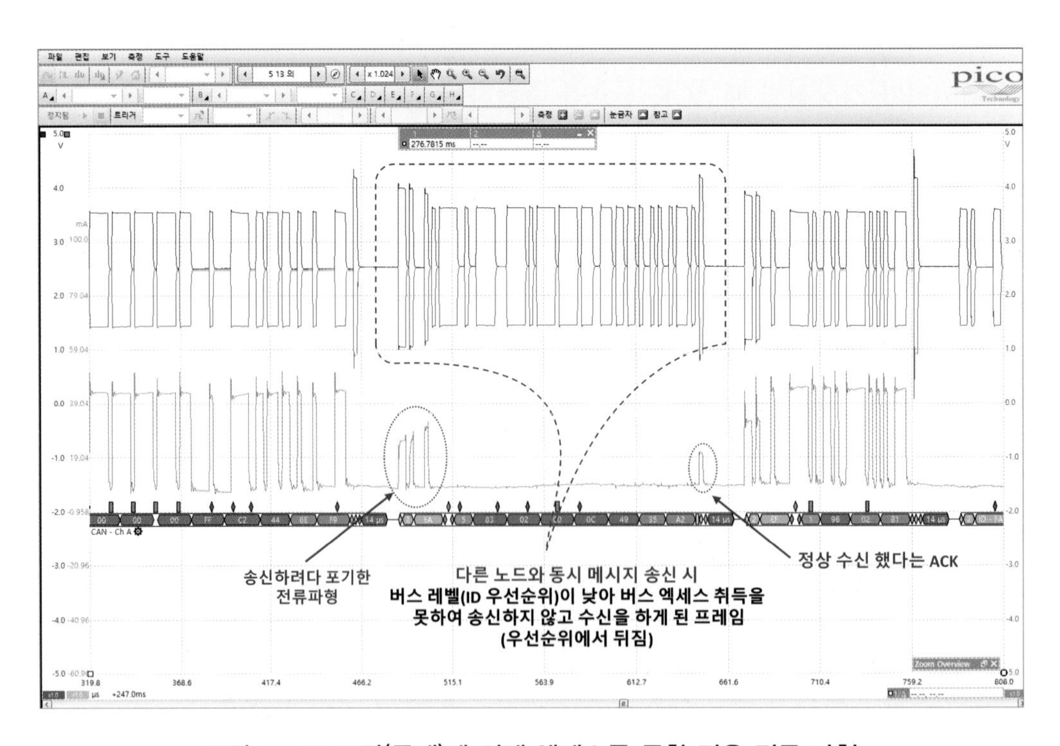

그림 I – 37 조정(중재)에 의해 엑세스를 못한 경우 전류 파형

II CAN 파형 분석

CAN 파형 분석은 4가지 주안점만 기억하면 쉬워진다. 첫 번째 주안점은 단락 여부를 판단하는 공통 전압이 정상(2.5±0.5V)보다 높고 낮음의 여부이다, 두 번째는 결함이 있는 라인을 구분하기 위한 사라진 파형을 찾는 것이다. 세 번째는 단선이나 라인에 저항이 발생하였는지 판단하는 CAN-H와 CAN-L 파형의 겹침의 크기이다. 네 번째는 주선의 결함인지 아니면 지선의 결함인지를 판단할 수 있는 전체 파형의 불량 여부를 보는 것이다.

CHAPTER

01 회로 소자의 영향

단선과 단락, 라인의 저항 등 비정상적인 상태에서의 CAN 파형을 측정하였을 때 임피던스 편차에 의한 **반사파**(reflected wave)와 **링잉**(rining, 입력 신호의 급변에 대하여 과도적으로 진동을 일으키는 현상), 네트워크에 사용하는 **커패시터**(capacitor)의 충 · 방전 파형 등이 복합적으로 나타난다.

이런 복합적인 상태에서 고장의 유형을 특정하는 것은 어려운 일이나 핵심적인 주안점의 기본 지식 몇 가지를 정리하면 신호의 형태에 대한 회로의 상태를 이해하는데 큰 도움이 되고, 진단에 응용할 수 있다. 따라서 기본 지식을 살펴본 후 추가적인 고장 유형에 대하여 설명한다. 우선 라인의 임피던스와 반사파에 대하여 살펴보고, 두 번째로 회로에 사용한 커패시터 때문에 고장 시 파형이 어떻게 변화할 수 있는지 살펴보기로 한다.

1 종단 저항

(1) 종단 처리

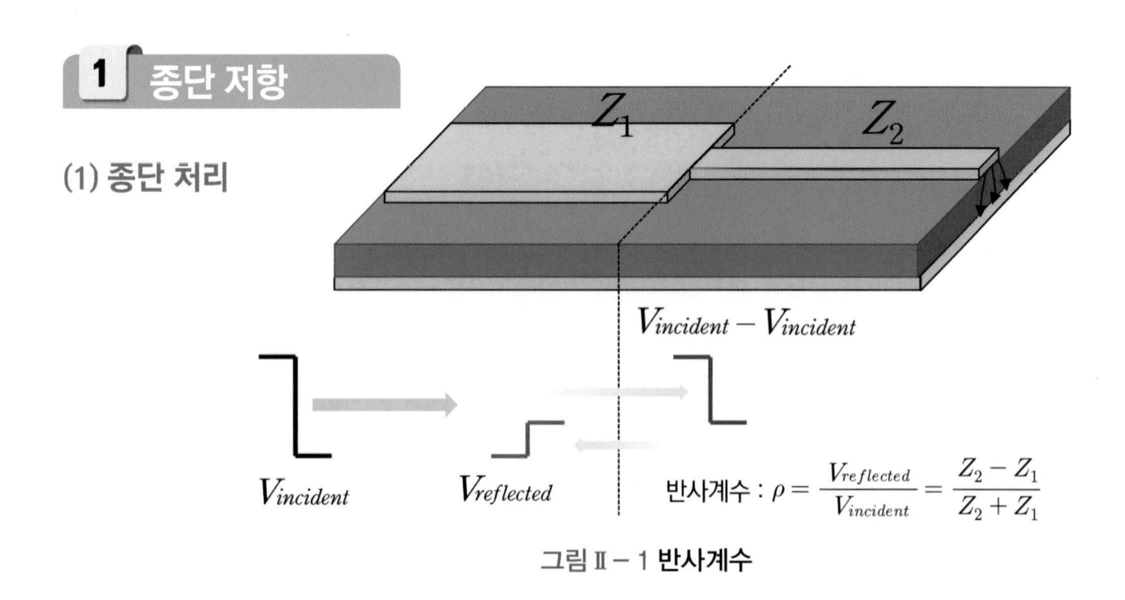

그림 Ⅱ－1 **반사계수**

반사파는 구조물 등의 경계면으로부터 파동의 물리적 현상에서도 볼 수 있지만 전송 선로에서 라인의 임피던스와 종단 저항이 미스매칭(mismatching)된 경우 선로에 전송되는 신호는 overshoot, undershoot, ringing 현상, propagation delay(전송 지연) 등의 문제가 발생하고 이러한 문제는 다른 선로에 간섭하는 crosstalk 문제나 전자파 방해 잡음(EMI, Electro Magnetic Interference) 등의 원인으로 작용하기 때문에 임피던스 매칭은 필수적이다.

반사파와 입사파가 반사된 정도에 대한 설명을 위한 그림Ⅱ-1의 회로 기판에서 아래층은 **접지**이다. 중간층은 **절연체**, 맨 위는 **신호선**으로 특성이 다른 두 개 이상의 도체로 구성된 신호 또는 전력 전달 선로에서 도선에 흐르는 전류로 인해 전기장이 발생하지만 한편으로는 도선과 접지 간 자기장이 형성됨으로써 상호 작용에 의해 특성 임피던스가 발생하게 된다.

공기를 매질로 하는 음파는 벽을 만났을 때 그 벽의 특성에 따라 음의 투과량이 다르고, 되돌아오는 반사량도 다르다. 전기적 신호에서도 마찬가지로 길이 방향으로 그 특성이 일정한 것이 좋으나 그림Ⅱ-1과 같이 서로 다른 임피던스 특성을 갖는 경계를 만났을 때 **반사파**가 발생한다. 즉 좌측에서 우측으로 펄스 신호를 보냈을 때 임피던스 특성의 경계점에서 일정 전압은 투과하여 그대로 전달되지만 투과하지 못한 전압은 원점으로 되돌아가 새롭게 전송되는 신호와 중첩된다.

이때 진폭의 비(입사되는 전압과 반사되는 전압의 비)를 **반사계수**라 하며 이값은 특성 임피던스의 편차와 같다. 전압이 일정하고 연속적인 DC를 보냈을 때는 애기가 다르지만 짧은 순간 on/off를 반복하는 형태의 고속 펄스 신호가 지날 때는 반사파의 영향으로 왜곡이 일어나 시스템의 오작동을 유발하기 때문에 이상적인 반사계수는 0에 해당한다.

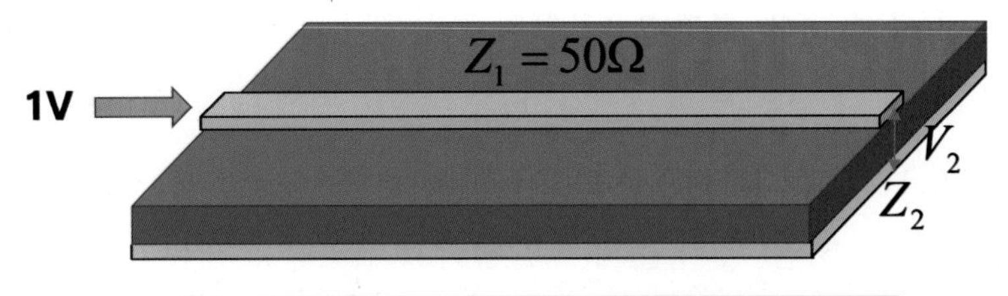

	Z2	V1	ρ	Vρ	V2
open	∞	1V	1	1V	2V
short	0Ω	1V	-1	-1V	0V
matched	50Ω	1V	0	0V	1V
unmatched	25Ω	1V	-0.33	-0.33V	0,67V

$$Z_2 = \infty : \rho = \frac{\infty - 50}{\infty + 50} = 1 \Rightarrow 1V + (1V \times 1) = 2V$$
$$Z_2 = 0 : \rho = \frac{0 - 50}{0 + 50} = -1 \Rightarrow 1V + (1V \times -1) = 0V$$
$$Z_2 = 50 : \rho = \frac{50 - 50}{50 + 50} = 0 \Rightarrow 1V + (1V \times 0) = 1V$$
$$Z_2 = 25 : \rho = \frac{25 - 50}{25 + 50} = -0.33 \Rightarrow 1V + (1V \times -0.33) = 0.67V$$

그림 Ⅱ - 2 single end line에서 반사계수와 전압

그림 Ⅱ - 2는 1V의 순간 전압을 인가했을 때 싱글 엔드(single end) 신호라인에서 **반사계수**의 영향을 보여주고 있다.

선로의 임피던스 Z_1은 50Ω이고 종단부의 임피던스 Z_2가 각각 단선, 단락, Z_1=Z_2, $Z_1 > Z_2$ 등 4가지 경우 수에 대한 종단전압 V_2가 어떻게 나타날지 설명한 것이다. 우선 종단부가 단선인 경우 그림 Ⅱ - 2의 공식을 이용하여 계산하였을 때 반사계수는 '1'이므로 원래의 전압 1V와 합해져 2V의 전압이 나타난다. 이것은 실제 CAN 신호라인이 단선되었을 때 확인할 수 있다. 단락의 경우는 반사계수가 '−1'이 되어 종단부의 전압은 0V를 나타낸다.

한편 두 특성 임피던스가 같은 Z_1=Z_2의 상태에서 반사계수는 '0'되고 V_2의 전압은 원래 송신된 전압과 일치하는 1V가 된다. $Z_1 > Z_2$이고, Z_2=25Ω인 경우 V_2의 전압은 0.67V가 되어 신호값이 낮아진다.

여기서 주목할 사항은 임피던스가 동일한 경우 왜곡 없는 **입사파**가 검출되지만 단선된 경우 입사파의 2배가 되고, 단락된 경우는 0V가 된다.

즉 극단적 고장인 단선과 단락은 입력 전압의 2배 또는 0V의 전압이 나타나고, $Z_1 < Z_2$인 경우는 입력 전압보다 높지만, 그 값은 단선 상태일 때의 결과인 입사파의 2배를 넘지 않으며, 반대로 $Z_1 > Z_2$인 경우 반사된 전압은 입력 전압보다 낮아진다.

그림 Ⅱ－2에서와 같이 종단부의 임피던스가 신호라인의 임피던스와 같아야지만 원신호의 왜곡이 없음을 알 수 있고 $Z_1 = Z_2$의 상태를 임피던스 매칭(정합) 상태라 한다. 전송 선로 특성 임피던스만큼의 저항을 종단부에 연결해 주어야만 반사로 인한 왜곡이 없다는 뜻이다.

현장에서 CAN 라인을 다룰 때 90° 이상으로 급격하게 꺽인 상태로 두거나 특성이 다른 배선으로 교환하는 일은 임피던스의 편차가 발생함으로써 신호의 반사뿐만 아니라 링잉(ringing) 현상을 유발할 수 있기 때문에 유의해야 할 것이다.

(2) 반사파

반사파는 일반적으로 입사 신호와 모양이 같지만 그 부호와 크기는 임피던스 레벨의 변화에 따라 달라진다. 임피던스가 단계적으로 증가하면 반사는 입사 신호와 동일한 부호를 갖지만, 임피던스가 단계적으로 감소하면 반사는 반대 부호 갖는다. 반사의 크기는 임피던스 변화의 양뿐만 아니라 도체의 손실에 따라 달라진다.

선로에서 신호의 전달을 전자기에너지가 도체를 통해 전파되는 것으로 정의한다면 실제는 전자가 이동하는 것이 아니라 전자기에너지가 거의 빛의 속도(299,792,458m/s)로 전달된다고 볼 수 있다. 다만 실제 전선에서는 광속과 동일하지는 않고 도체의 성질에 따라 약 50 ~ 99% 정도의 속도로 전파된다.

실제 전선의 특성에 따라 전파속도는 정해져 있기 때문에 반사된 파형의 크기와 반사파의 유지 시간 및 모양을 분석하면 입사 지점으로부터 반사 지점까지의 거리와 임피던스 변동에 대한 특성을 확인할 수 있다.

이런 반사파를 계측하는 장비로 TDR(Time Domain Reflectometry, 시간 영역 반사파 계측기)이라는 장비가 있다. TDR 장비를 이용하거나 특정 입사파를 가한 후 반사파를 측정하면 회로의 단선과 단락, 저항 존재 여부와 그 크기, 커퍼시터(capacitor) 또는 인덕터(inductor)의 존재 등을 감지할 수 있어 측정 지점으로부터 얼마 떨어진 곳에 어떤 형태의 고장이 있는지 특정할 수 있다.

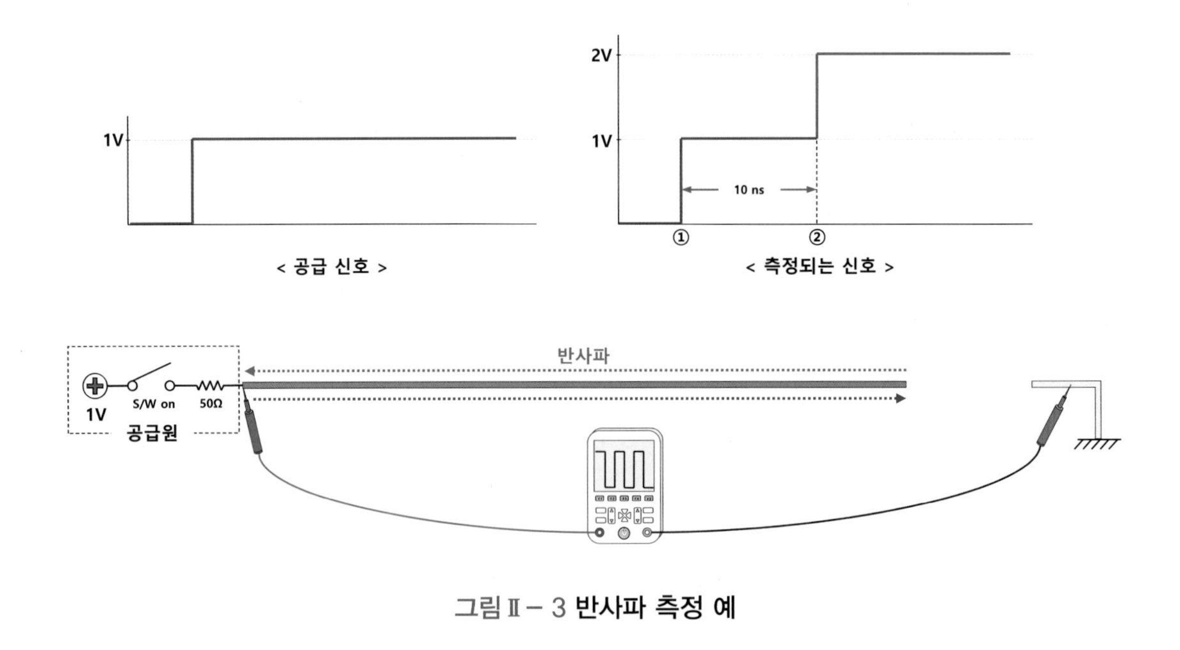

그림 Ⅱ - 3 반사파 측정 예

그림 Ⅱ - 3은 1m 전방에 단선된 상태에서 1V의 전압을 공급고 반사파를 측정하는 상황을 그림으로 표현한 것으로 S/W on 직후 오실로스코프는 1V의 전압을 감지(①의 순간)하게 된다. 이 전압은 1m의 선로를 타고 단선된 위치까지 전달된 이후 단선된 관계로 반사계수 1만큼 반사되어 2V의 전압으로 측정점까지 되돌아간다.

이 전압은 1m의 선로를 지나 오실로스코프가 측정하는 지점까지 도달(②)하면 오실로스코프에는 2V의 전압이 계측된다. ①~②의 시간은 최초 선로에 공급한 1V의 전압을 감지한 시점(①)부터 1m의 선로를 지나 단선된 위치까지 전달된 후 반사계수 만큼 증폭(입사파와 반사파가 합해짐)된 전압 2V가 다시 1m의 선로를 지나 오실로스코프에 계측되는 시점(②)까지 시간으로 되돌아온 시간에 해당한다.

결과적으로 ①~②의 시간은 오실로스코프가 측정한 지점으로부터 단선된 위치까지 왕복한 시간에 해당하므로 ①~②의 시간이 그림에 나타난 것과 같이 10ns라면 전선의 전파속도는 빛의 속도 기준 66.71%의 진행 속도 특성을 가진 전선에 해당한다.

$$\frac{\frac{1m \times 2}{10ns}}{299,792,458\,m/s} \times 100 = 66.71\%$$

따라서 이 전선의 전파속도(VOP, Velocity Of Propagation)는 199,991,548m/s가 된다.

$$전파속도(VOP) = 299,792,458\,m/s \times 66.71\% = 199,991,548.7\,m/s$$

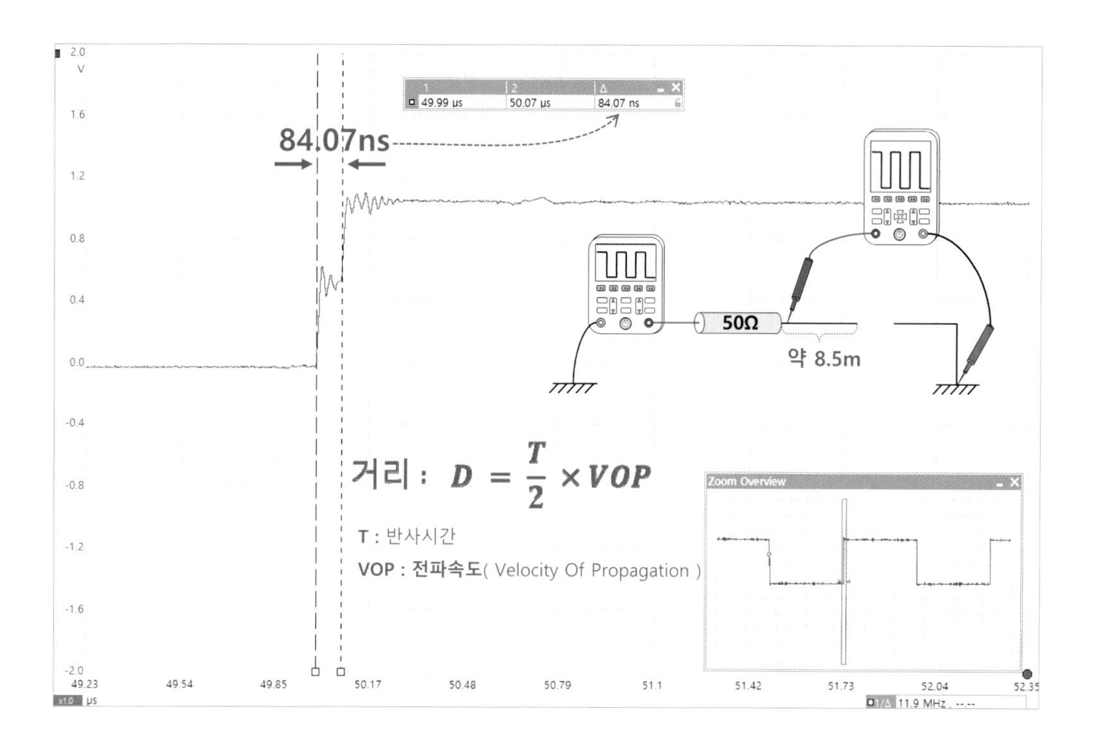

그림 Ⅱ－4 약 8.5m 전방에서 단선된 경우의 반사파

그림 Ⅱ－4는 그림 Ⅱ－3에서의 전선과 동일한 전선으로 8.5m 전방에 단선된 경우로 펑션 제네레이터(Function Generator)를 통해 0.5V의 전압을 고속 on/off하여 전선에 인가한 상태이다. 이때 입사파 전압(0.5V)의 2배인 1V가 나타났으므로 단선을 의미하고, 2배로 증폭된 반사파가 나타나기까지의 시간이

84.07ns(=84.07×10−9초)가 소요되었으므로 단선된 지점까지의 거리는 약 8.5m에 해당한다.

$$거리 : D = \frac{T(왕복시간)}{2} \times 전파속도(VOP) = \frac{84.07\,ns}{2} \times 199{,}991{,}548.7\,m/s = 8.406\,m$$

그림 Ⅱ – 5는 또 다른 전선을 이용하여 약 4m 전방에 단락이 있을 때의 시험으로 64.75ns 후 0V로 낮아짐을 알 수 있다.

그림 Ⅱ – 6은 내부 저항(50Ω)보다 작은 20Ω이 있을 때 상황(Z_1〉Z_2)으로 출력 전압 0.5V보다 낮아진 전압으로 나타나는 것을 볼 수 있다. **분압 법칙**에서 저항이 큰 쪽에 더 많은 전압이 걸리기 때문이다.

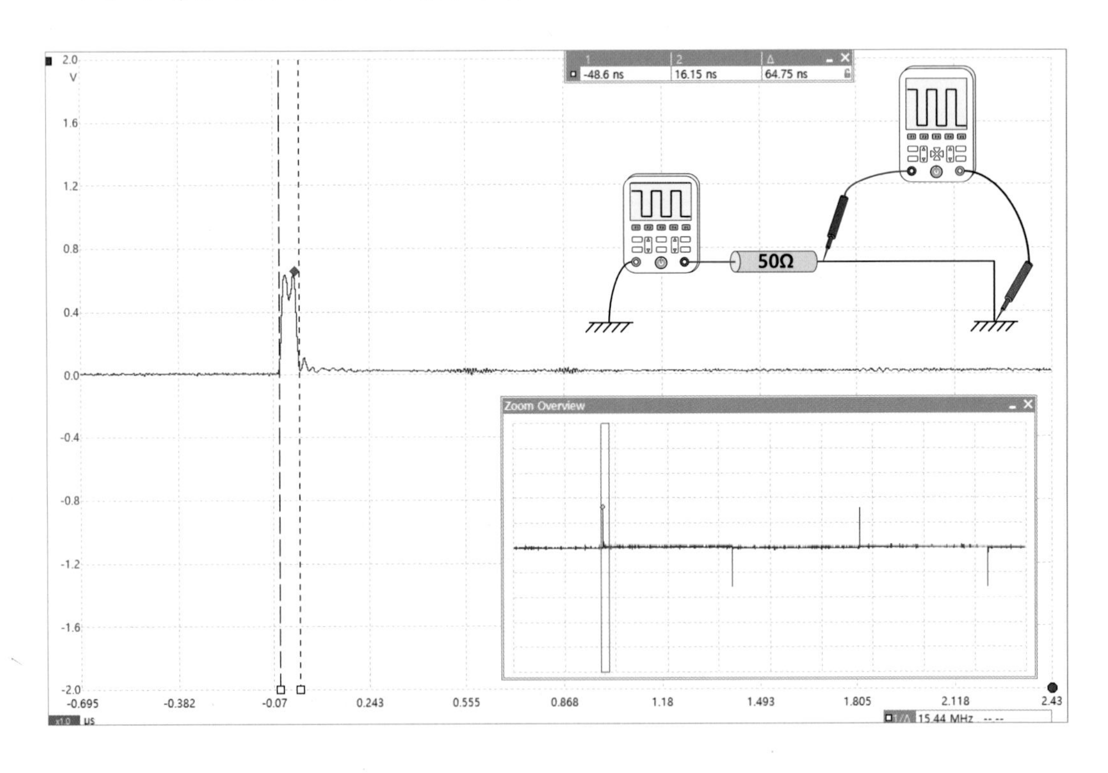

그림 Ⅱ – 5 4m 전방에서 단락이 있을 때

지금까지의 내용을 요약하면 표 Ⅱ – 1과 같다. 라인의 임피던스 값과 종단 저항의 값이 서로 같았을 때 반사파 없이 보내고자 하는 신호를 유지할 수 있으나 임피던스가 다른 경우 비정상적인 반사파가 나타난다.

상대적으로 저항이 큰 경우는 전압이 더 높은 쪽으로 나타나는 특징을 가지며, 저항이 상대적으로 낮은 경우는 **오버슈트**(overshoot)와 **언더슈트**(undershoot)현상이 발생한다.

오버슈트와 언더슈트는 펄스 회로의 기생 커패시턴스 및 인덕턴스가 고유 주파수에서 공명할 때 링잉(ringing)현상을 유발하기 때문이다. 이것은 여분의 전류를 흐르게 하여 에너지를 낭비하고 구성요소를 추가적으로 가열하며 전자파까지 방출할 수 있다. 또한 최종 상태에 도달하는 것을 지연시킬 수 있어 바람직하지 않은 상태이다.

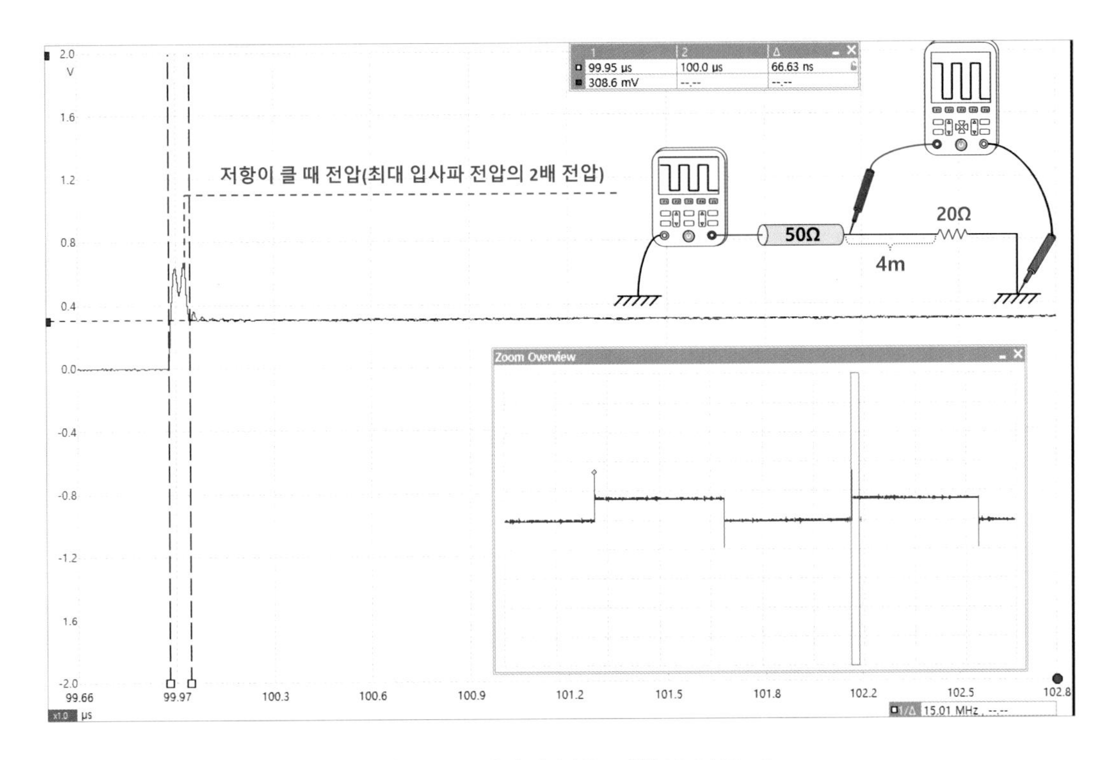

그림 Ⅱ – 6 전방에 낮은 저항이 있을 때

그림 Ⅱ - 8과 같이 라인에 여러 개의 임피던스(폭이 좁은 쪽은 임피던스가 크고, 폭이 넓은 것은 임피던스가 작다)가 존재하는 상태에서 좌측에서 신호를 인가하고 시간에 따른 전압변화를 살펴보았을 때 임피던스의 크기에 따라 전압의 크기가 변동함을 보여주고 있다.

회로에 커패시터 또는 인덕터가 존재하는 경우는 표 Ⅱ - 2와 같다. 커패시터의 대표적인 소자는 콘덴서로 콘덴서는 비워져 있는 경우 마치 저항이 없는 전선과 같아 전류가 흐른다. 전류가 흐르면서 콘덴서는 충전하기 때문에 시간이 흐르면서 충전 전압은 높아진다.

완전 충전 상태에서는 전류가 흐르지 않는 특성이 있어 DC 전류를 차단하는 효과를 가진다. 한편 콘덴서가 보유한 전압보다 회로의 전압이 낮은 경우 방전하며 방전량에 따라 콘덴서 전압은 점차 낮아진다. 이렇게 콘덴서에 전압이 인가된 순간 콘덴서가 비워져 있거나 인가된 전압보다 낮은 전압이 충전되어 있는 경우 임피던스는 낮은 상태이기 때문에 전압은 순간 낮아지나 점차 충전에 의해 전압은 상승한다. 이렇게 콘덴서 성분이 라인에 있는 경우 충전과 방전 파형의 형태를 보이는 특징을 가진다.

인덕턴스의 경우는 전류의 흐름을 방해하는 특성을 가진 소자이기 때문에 전압이 인가됨과 동시에 코일에서는 역기전력에 의해 전류는 흐르지 않는다. 따라서 임피던스가 순간적으로 높아진 형태가 되므로 전압 신호는 단선된 것과 같이 순간적으로 높아진다.

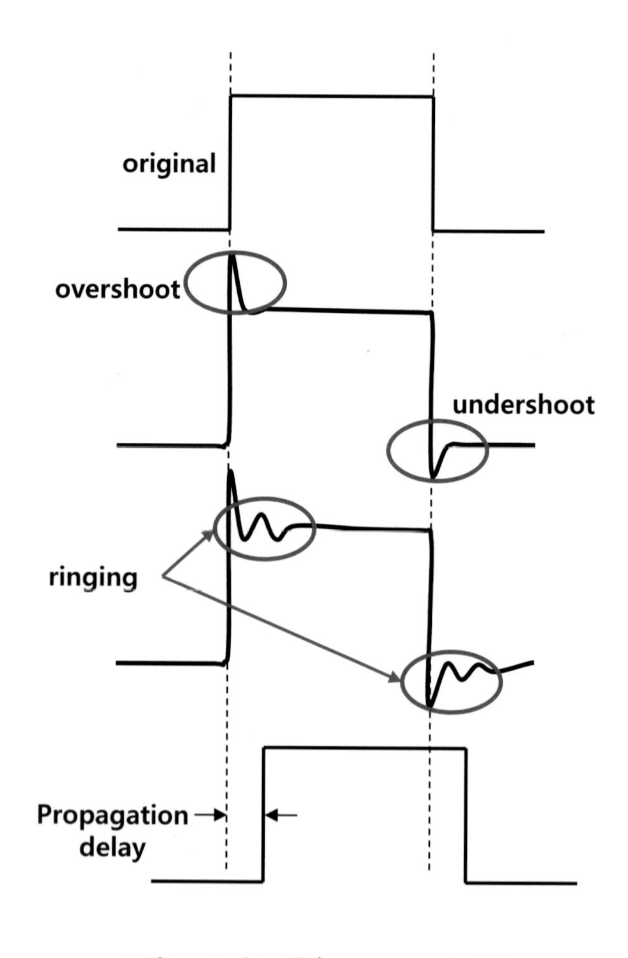

그림 Ⅱ - 7 미스매칭(mismatching) 영향

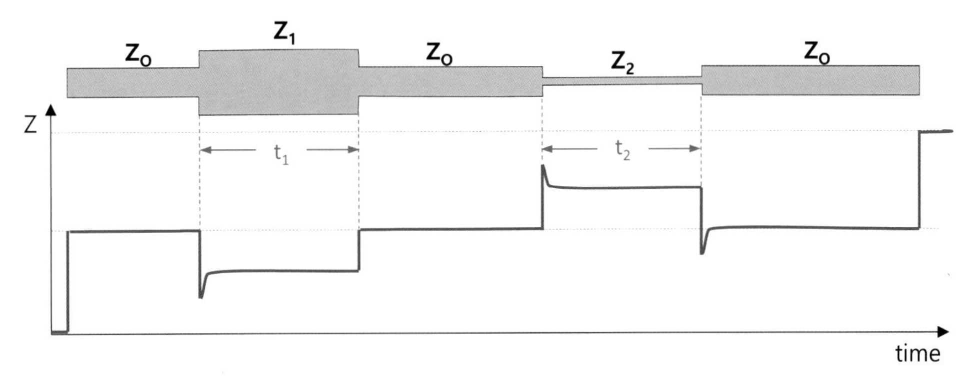

그림 Ⅱ – 8 라인의 임피던스 변화와 반사파 영향

표 Ⅱ – 1 임피던스의 편차와 반사파

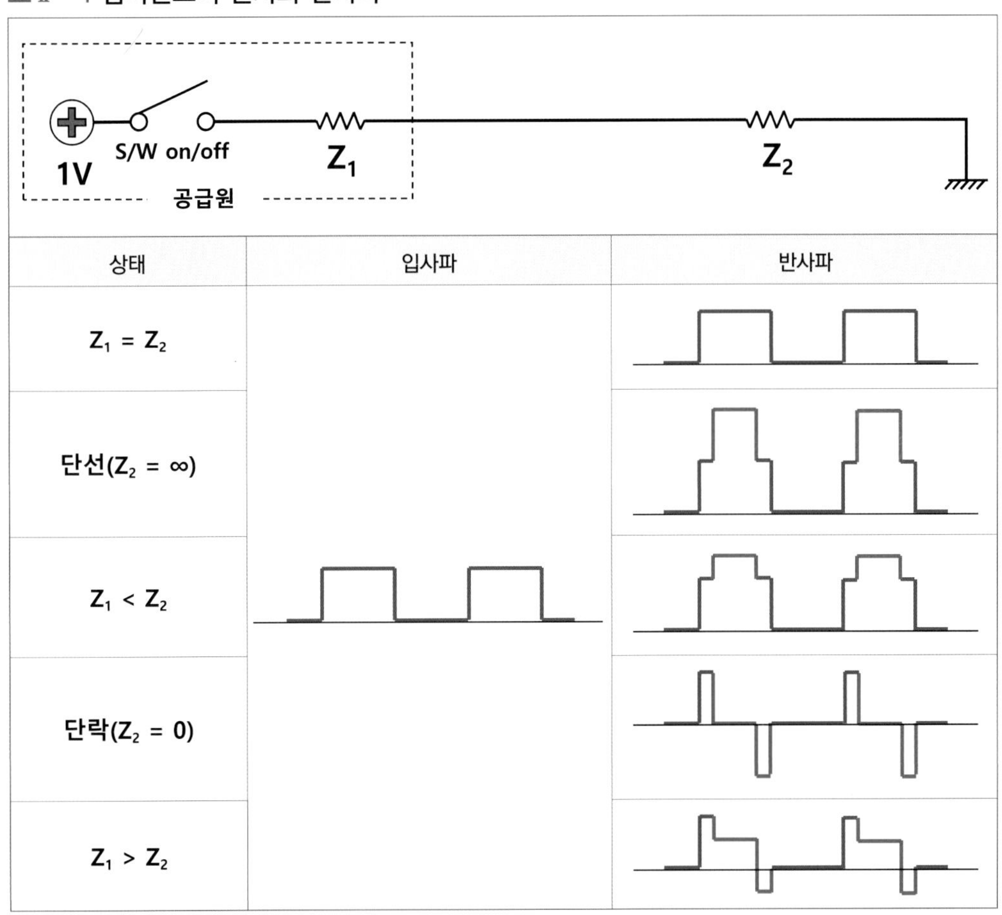

상태	입사파	반사파
$Z_1 = Z_2$		
단선($Z_2 = \infty$)		
$Z_1 < Z_2$		
단락($Z_2 = 0$)		
$Z_1 > Z_2$		

이후 역기전력은 약화되면서 전류가 점차 높아지는 특성을 보이기 때문에 임피던스가 작아진 것과 같은 효과를 낸다. 결과적으로 전압이 순간적으로 높아진 이후 인젝터 파형의 써지전압 직후 파형과 같이 감쇄하는 파형이 발생하는 특징을 가지기 때문에 콘덴서 파형과 구분할 수 있다.

표 Ⅱ-2 R-C, R-L 조합일 때의 반사파

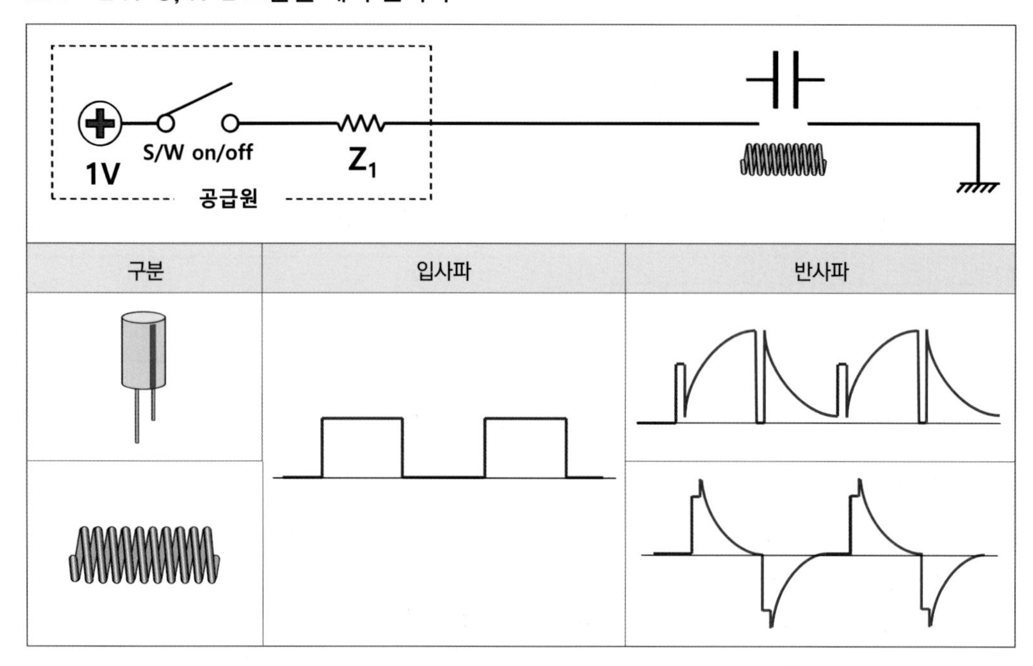

(3) 종단 처리 방식

임피던스가 **미스매칭**(mismatching)된 경우 선로에 전송되는 신호는 overshoot, undershoot, ringing 현상, propagation delay 등의 문제가 발생하고 이러한 문제는 다른 선로에 간섭하는 crosstalk 문제나 **전자파 방해 잡음**(EMI) 등의 원인으로 작용하기 때문에 임피던스 매칭은 필수적이다.

터미네이션은 전송 선로상에서 반사파의 억제를 목적으로 도선의 임피던스와 매칭되도록 도선 끝에 저항을 붙이는 것을 종단 처리를 하고 그 저항을 터미네이터라 한다. 즉 케이블이나 선로 등 도체의 끝 부분에 반사파가 발생하지 않도록 처리하는 것을 **터미네이션**(termination)이라 한다.

선로에 신호를 인가하면 신호는 선을 따라 이동하면서 서서히 감쇄되지만 케이블의 끝을 만나면 임피던스의 급격한 차이로 인해 신호의 반사가 일어난다. 신호별로 특성에 따라 반사 신호가 무시되어도 충분한 경우가 있지만 CAN 신호와 같이 고주파인 경우 반드시 반사 신호를 억제해 주어야만 한다.

케이블이 일정한 특성 임피던스를 가지고 있고 케이블이 무한히 연장되어 있다면 케이블에 인가된 신호는 무한한 케이블을 통해 이동할 것이고 점점 신호가 감쇄한다. 만약 케이블이 무한 길다면 무한히 긴 선로를 따라 감소하다 보면 결국 케이블의 끝 지점에서 보면 신호가 완전히 사라질 것이다. 케이블의 종단부에 케이블 특성 임피던스와 동일한 저항을 달아주면 케이블에 인가된 신호는 모두 종단 저항에서 소모되고 반사가 일어나지 않을 것이다. 마치 케이블이 무한히 연장되어 있는 것과 같은 효과가 발생하기 때문이다.

반사파의 영향을 최소화하기 위한 CAN 라인의 종단 처리는 CAN-H 라인과 CAN-L 라인의 사이에 케이블 차동 모드 임피던스 특성과 일치하는 저항을 수신 라인의 끝에 배치하는 방법이다. 양방향 통신이므로 종단 저항은 네트워크 맨 끝 수신부에 처리하므로 최소 2개가 필요하다. 만약 부적절한 종단 처리의 경우 버스의 논리 레벨 전압 변동에 영향을 미쳐 에러를 유발할 수 있다.
그 예로 종단 저항이 제거된 경우는 recessive(1)에서 dominant(0)로 변환하는데 정상적인 상태보다 2배의 시간이 소요되며 이 시간은 네트워크가 더 클수록 그 지연 시간은 더 증가한다. 저항과 커퍼시터 간의 특성인 RC 지연이 더 느려진 경우 버스의 차동 전압이 아이들 상태(recessive)로 복귀하기 전에 다음 비트의 샘플링 지점이 나타나면 **비트 오류**가 발생할 수 있다.

종단 처리 방식은 그림 Ⅱ - 9와 같이 단일 저항(120Ω)을 사용하는 방법과 60Ω의 저항 두 개로 분할한 방법이 있다. 분할된 종단 처리 방식은 복잡해 보이지만 공통 모드 노이즈에 대한 저역 필터(low pass filter) 기능이 추가됨으로써 전자기 방출을 개선하는데 도움이 된다.

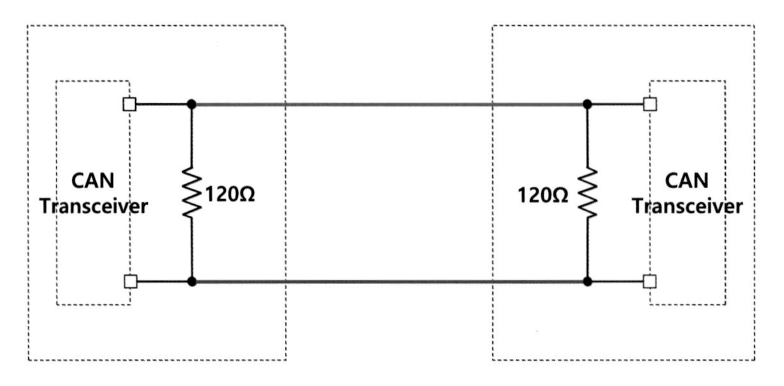

〈Standard Termination〉

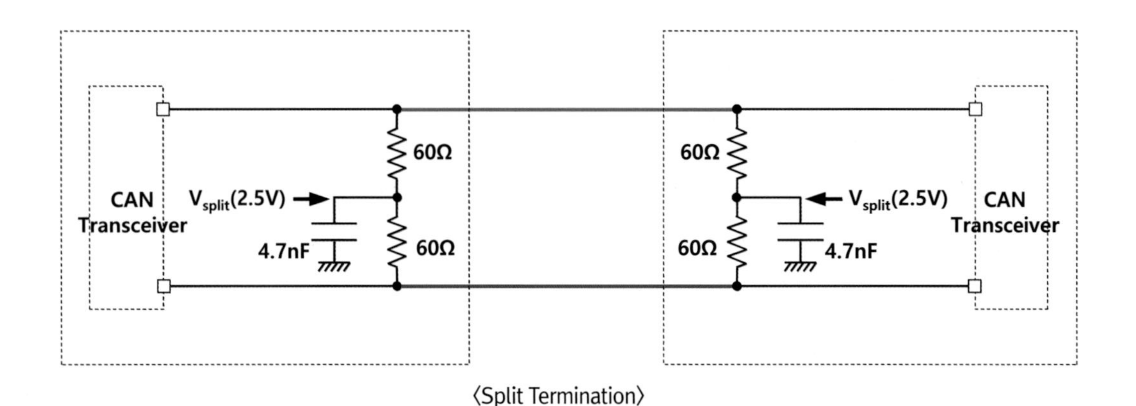

〈Split Termination〉

그림 Ⅱ – 9 표준 종단 방식과 분할 종단 방식

$$\text{low pass filtc} : f_c = \frac{1}{2\pi \times R \times C}$$

이 기술은 공통 모드 지점과 접지 사이에 커패시터(일반적으로 1~100nF)와 함께 케이블 특성 임피던스의 절반인 60Ω(±1%)짜리 두 개의 저항을 사용한다. **분할 저항은 네트워크에 존재하는 공통 잡음을 차동 잡음으로 변환시킬 수 있어 정확히 일치하는 저항을 사용하는 것이 중요하다.** 그림에서의 예는 두 개의 종단 저항 사이에 1Mbps에서 3dB의 필터 효과를 얻기 위한 4.7nF의 커패시터를 사용한 예이다.

2 커패시터

(1) 콘덴서

전기 · 전자 소자 중 에너지를 소비, 축적, 방출 또는 통과하는 단순 소자로 증폭이나 정류 등의 능동적 기능을 수행하지 못하는 수동 소자는 크게 **저항**(R), **인덕터**(L), **커패시터**(C) 3가지가 있다.
저항은 주파수와 무관하지만 인덕터는 주파수가 증가함에 따라 임피던스가 증가하고, 커패시터는 주파수가 빨라짐에 따라 임피던스가 감소하는 특성을 가지고 있어 RC, RL, LC의 조합에 의해 특정 주파수 대역을 통과 또는 차단시킬 수 있는 기능을 부여할 수 있다.

LC **필터**는 열의 형태로 에너지 발산이 없어 주로 전원부 또는 고전력 계통에 많이 사용하고 있으나 대부분 저전력 시스템 신호에 대한 필터링은 RC 회로를 사용한다.

필터는 소자의 구성에 따라 차단 주파수(fc, cutoff frequency, 필터의 출력 진폭이 입력 진폭 보다 3dB(70.7%) 만큼 감소되었을 때의 주파수)까지 최소한의 왜곡 신호를 통과시키는 **저역 필터**(low pass filter)와 차단 주파수 이상의 신호만을 통과시키는 **고역 필터**(high pass filter)로 나눌 수 있다.

계측기뿐만 아니라 대부분의 시스템에서 노이즈 제거 때문에 필연적으로 RC 회로를 볼 수 있고, CAN 시스템에서도 RC 회로가 존재함에 따라 콘덴서의 기능과 역할에 대하여 살펴보고 CAN의 고장진단에 어떻게 활용할지 예비 지식을 살펴본다.

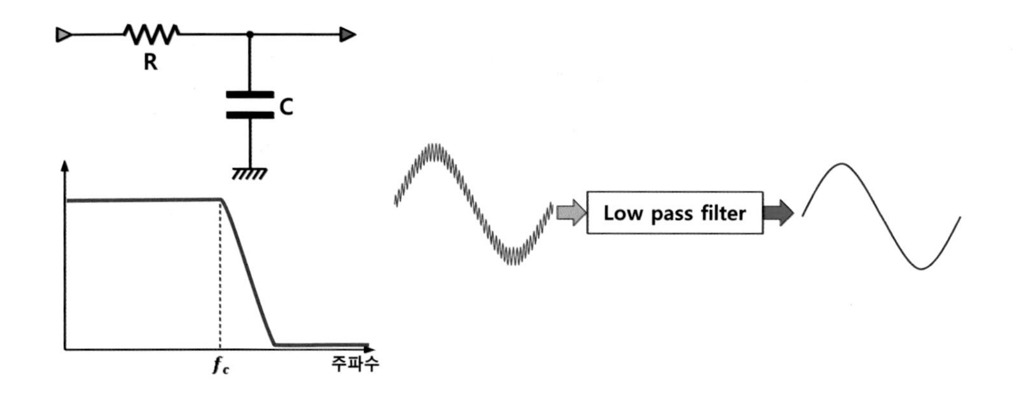

<저역 필터>

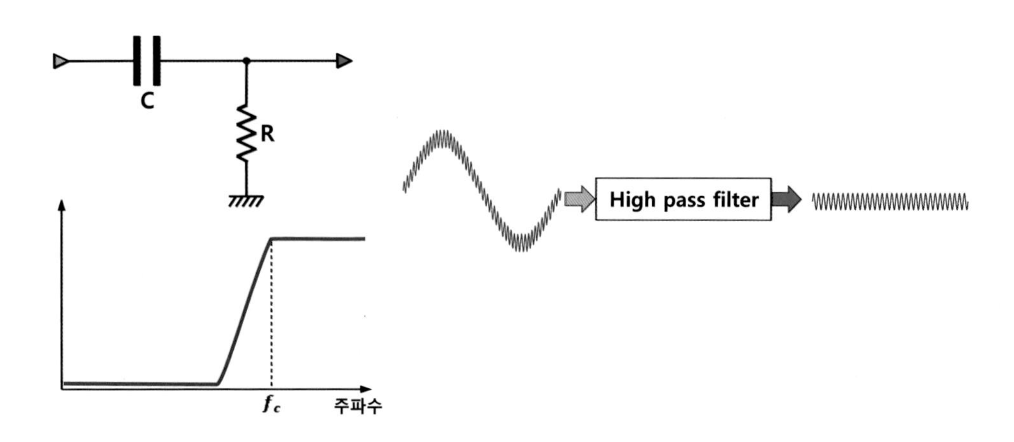

<고역 필터>

그림 Ⅱ – 10 고 · 저역 필터

(2) 콘덴서의 특성

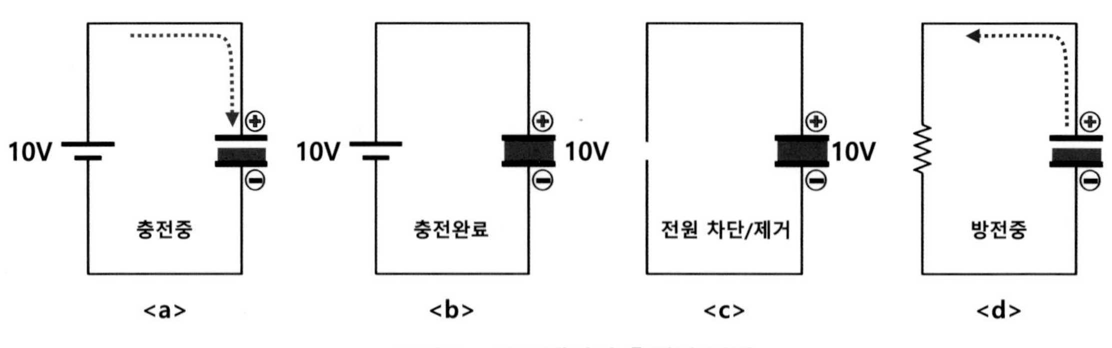

<a> <b> <c> <d>

그림 Ⅱ – 11 콘덴서의 충전과 방전

콘덴서는 전하를 저장할 수 있어 작은 배터리라는 의미에서 **축전기**라는 용어를 사용한다. 콘덴서는 기본적으로 전기를 축적하는 기능을 가지고 있으나 직류는 차단하고 교류를 통과시키려는 목적에도 사용된다. 콘덴서에 충전된 전압보다 낮은 전압이 가해지면 방전하고, 높은 전압이 가해지면 전류를 흘려보내면서 충전하는 기능을 가지고 있다.

DC 회로에서 콘덴서가 완전 방전 상태 즉 충전되지 않은 상태일 때는 일반 전선과 같고, 완전 충전된 경우 단선된 것으로 생각하면 쉽다.

그림 Ⅱ－11의 〈a〉와 같이 10V의 전압을 인가하였을 때 콘덴서에 전류가 흐르기 시작하는 순간 콘덴서가 비워져 있는 상태이면 콘덴서 양단의 전압은 0V가 되어 전선과 같은 상태로 볼 수 있고, 이때 전류는 최대가 된다.

이후 콘덴서에 전하가 모여 충전되면 될수록 콘덴서 양단의 전압은 높아지고 콘덴서의 임피던스는 증가하여 회로의 전류는 낮아진다.

다른 표현으로 콘덴서에 1V가 충전되면 회로에 흐르는 전류는 10V에서 1V를 제한 9V 분량만큼만 흐른다. 따라서 충전이 거듭되어 그림 Ⅱ－11의 〈b〉와 같이 인가된 전원 전압과 같은 전압이 콘덴서에 충전되면 전류는 더 이상 흐르지 않게 된다.

콘덴서에 충전된 전압은 그림 Ⅱ－11의 〈c〉와 같이 전원을 제거하여도 그 전압을 그대로 유지한다. 이후 그림 Ⅱ－11의 〈d〉와 같이 전원부에 저항을 연결하면 폐회로가 구성되어 충전할 때의 전류 방향과 반대 방향으로 방전하게 된다. 이때 방전 전류는 방전 개시 점에서 최대가 되고, 방전에 의해 콘덴서의 전압이 낮아질수록 전류는 작아진다.

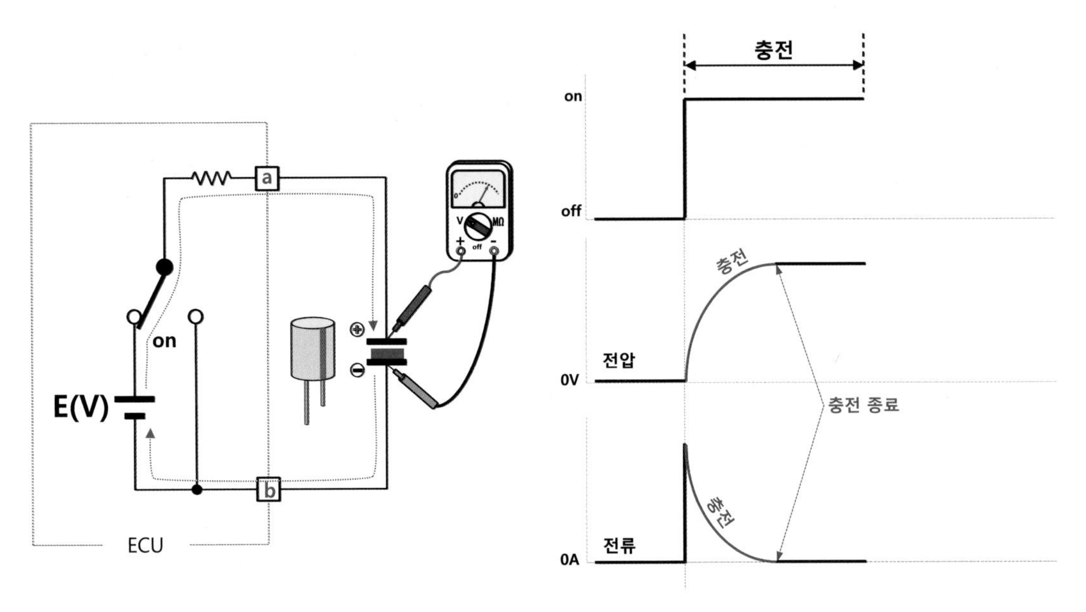

그림 Ⅱ – 12 **콘덴서 충전 시 전압과 전류의 곡선**

그림 Ⅱ – 12는 콘덴서 충전 시 전압과 전류의 곡선을 보이고 있다. 전원과 연결하는 S/W를 on으로 하는 순간 전류는 최대이고 콘덴서 양단의 전압은 0V이다. 점차 콘덴서 양단의 전압 즉 콘덴서의 충전 전압은 상승하지만 전류는 점차 낮아져 완전충전되었을 때 전압은 공급 전원 전압과 같지만 전류는 0A가 되는 것을 알 수 있다. 한편 콘덴서 충전 시 전압과 전류의 변화는 직선적으로 변화하지 않고 지수함수적인 변화를 보인다.

그림 Ⅱ – 13은 콘덴서 방전 시 전압과 전류의 곡선을 보이고 있다. S/W를 off로 하여 전원과의 연결은 차단하고 저항을 연결한 형태로 S/W를 off로 전환한 순간 콘덴서는 충전된 상태이고 방전하지 않은 상태이므로 **최대 전류로 방전**한다.

방전에 의해 전류의 방향은 충전전류 방향의 반대 방향으로 나타나며 점차 콘덴서 양단의 전압은 낮아지고 방전 전류 또한 낮아져 완전 방전 시 0A가 된다. 콘덴서 방전 시 전압과 전류의 변화 또한 직선적으로 변화하지 않고 **지수함수적인 변화**를 보인다.

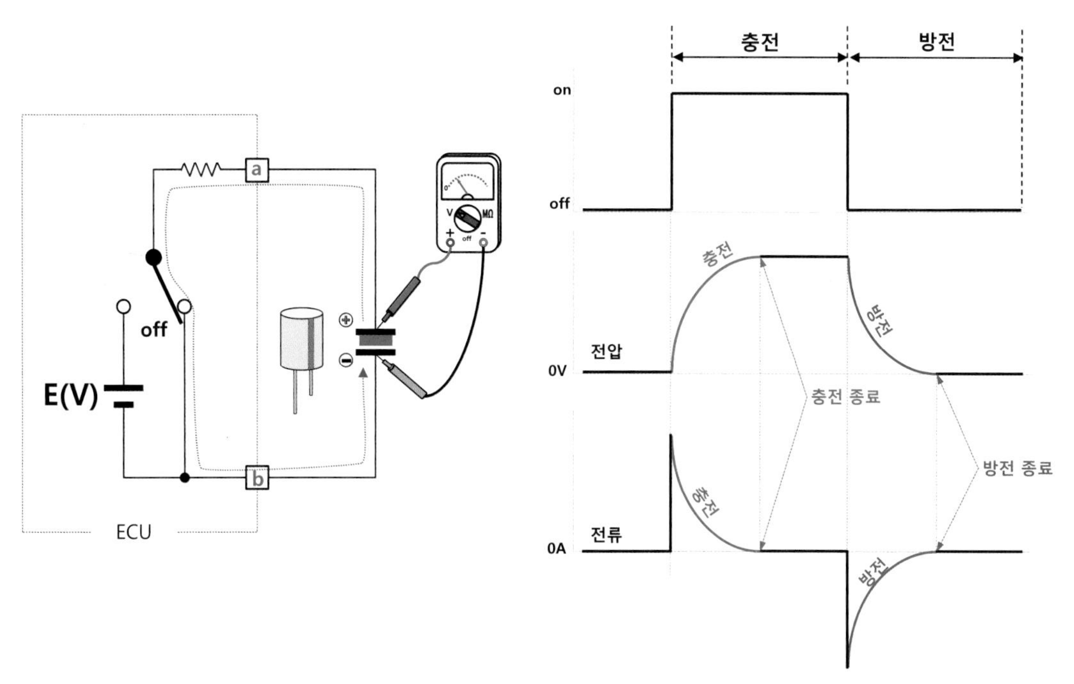

그림 Ⅱ – 13 **콘덴서 방전 시 전압과 전류의 곡선**

콘덴서의 충 · 방전 시 지수함수적으로 전압이 증가 또는 감소하는 내용은 CAN 통신 라인의 진단뿐만 아니라 스위칭 신호의 원리를 이해하는데 반드시 필요한 내용이므로 **충 · 방전 곡선**의 특성을 잘 알아두어야 한다.

지수함수적으로 보이는 이유는 자연의 연속한 성장(growth)은 직선적이지 않고 지수적으로 변화하기 때문으로 시간대별 콘덴서의 충 · 방전 수준에 대한 그래프는 그림 Ⅱ – 14와 같다.

콘덴서가 있는 회로에 갑자기 전압을 가했을 경우 콘덴서 충전 전압은 점차 증가하여 일정한 값에 도달한다.

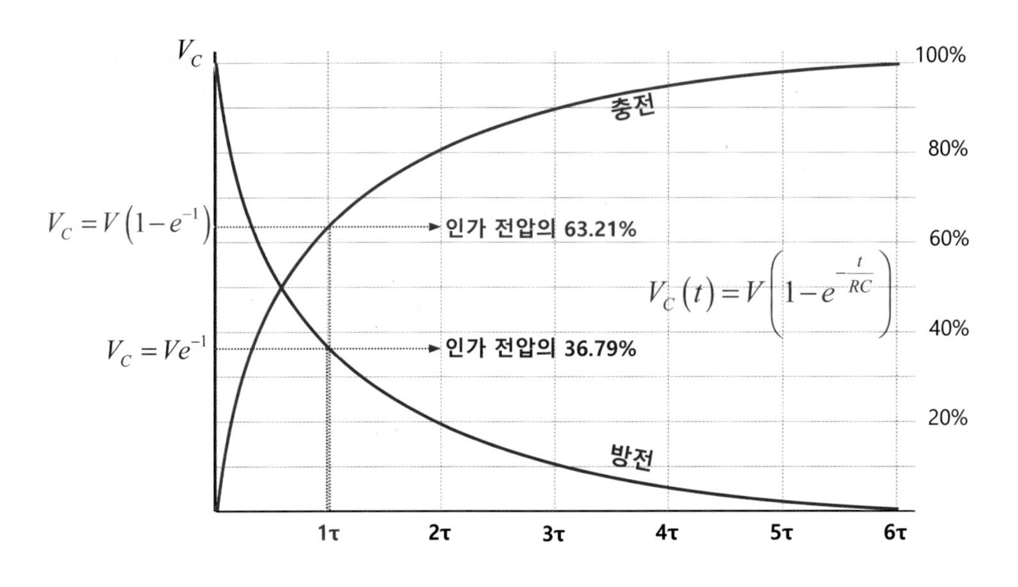

그림 Ⅱ – 14 콘덴서 충 · 방전 시 전압 변화

이때 완전 충전 값의 63.2%에 달할 때까지의 시간(t)을 초 단위로 표시한 것을 **시정수**(time constant: τ)라 한다. 시정수는 **저항**(R)과 **커패시터 용량**(C)의 **곱**(RC)으로 나타내며, 콘덴서에 인가된 전원 전압만큼 충전되는 시점을 100%로 하였을 때 63.21%까지 충전되는 시점에 해당한다.

회로에 전압을 가한 후 특정 시간 t초 후 콘덴서에 충전된 전압은 자연의 연속적 성장의 계산에 사용하는 자연 상수(e, Euler's constant)를 이용하여 다음과 같이 계산한다.

t초 후 콘덴서의 전압[V] : $V_C = V(1-e^{-\frac{t}{RC}})$

시정수(τ=RC) 만큼의 시간(t)이 경과되었을 때 τ=RC=t이므로 계산식에서 지수의 값은 −1이 되어 $1-e^{-1}$= 0.6321=63.21%가 된다. 최종 상태(완전 충전)인 인가된 전압(V)까지 도달하는데 e^{-1}=0.3679 즉 36.79% 만큼 남아있다는 뜻이 된다.

이 계산식은 100% 지점을 완전 충전에서 완전 방전으로 바뀔 뿐 방전 시 일정 시간 후 콘덴서 전압을 계산할 때도 성립한다.

(3) 콘덴서의 용도

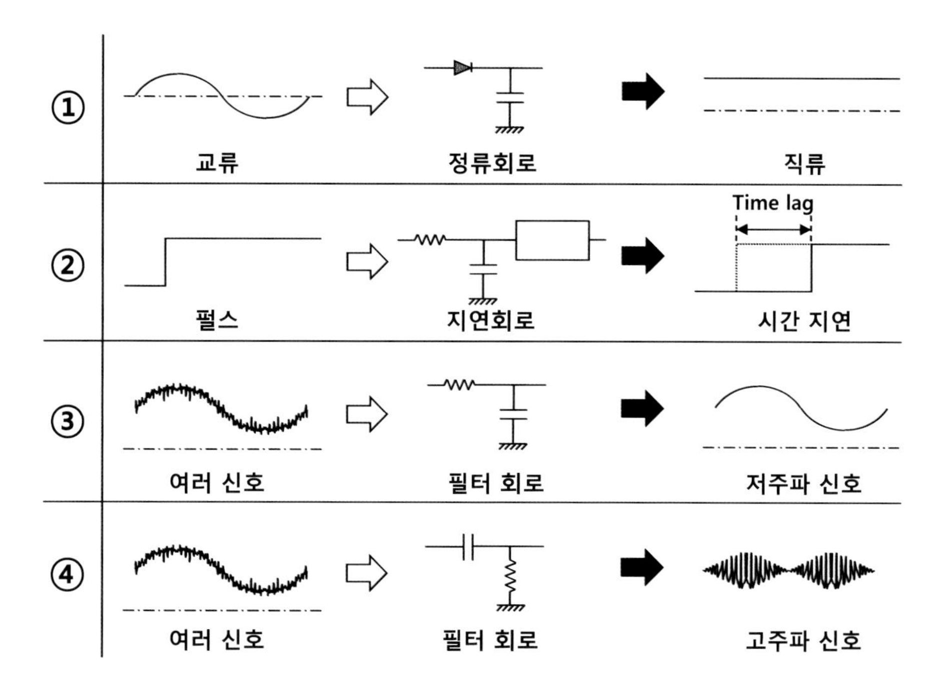

그림 Ⅱ – 15 콘덴서의 주요 용도

콘덴서는 충전된 전압보다 높은 전압이 인가되면 전류를 흘려보내 전압을 낮춘다. 충전된 전압보다 낮은 전압이 인가되면 방전하여 전압을 높여주는 특성을 이용해 전원 안정화나 정류회로에서 맥류를 평활화하는데 쓰인다.

RC 회로에서 콘덴서에 충전되는 전압은 일정한 시간이 소요되는 점을 이용하여 시간 지연회로에도 쓰인다. 한편 저항은 주파수와 무관하지만 콘덴서는 주파수가 빨라짐에 따라 임피던스가 감소하는 특성을 적극적으로 이용한 것이 노이즈 필터이다.

그림 Ⅱ – 16은 발전기와 배터리 사이에 대용량의 콘덴서를 배터리와 병렬로 연결한 경우로 발전기가 불안정한 발전 전압을 출력할 때 콘덴서에 의해 전원 전압이 안정적으로 나타난다. 순간적으로 콘덴서에 충전된 전압보다 발전기 전압이 높은 경우는 콘덴서를 통해 전류가 접지로 흘러 전압을 낮추는 역할을 한다. 콘덴서 전압보다 발전기 출력 전압이 낮은 경우 콘덴서가 방전을 하면서 전압의 맥동이 완화되는 원리이다.

이 원리를 이용하여 회로에서 공통 전원을 사용하고 있는 IC와 IC 사이에 콘덴서를 장착함으로써 IC 동작 시 또는 순간적인 대전력 소모로 인한 전압강하 현상을 방지하여 IC의 안정적인 동작을 지원한다.

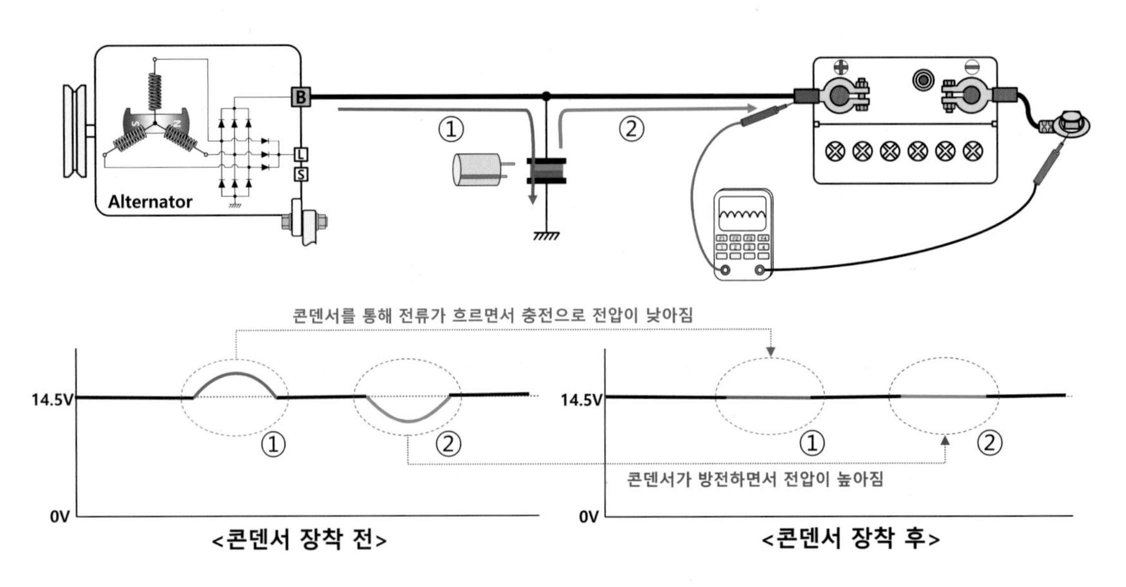

그림 Ⅱ – 16 **발전 전압 안정화**

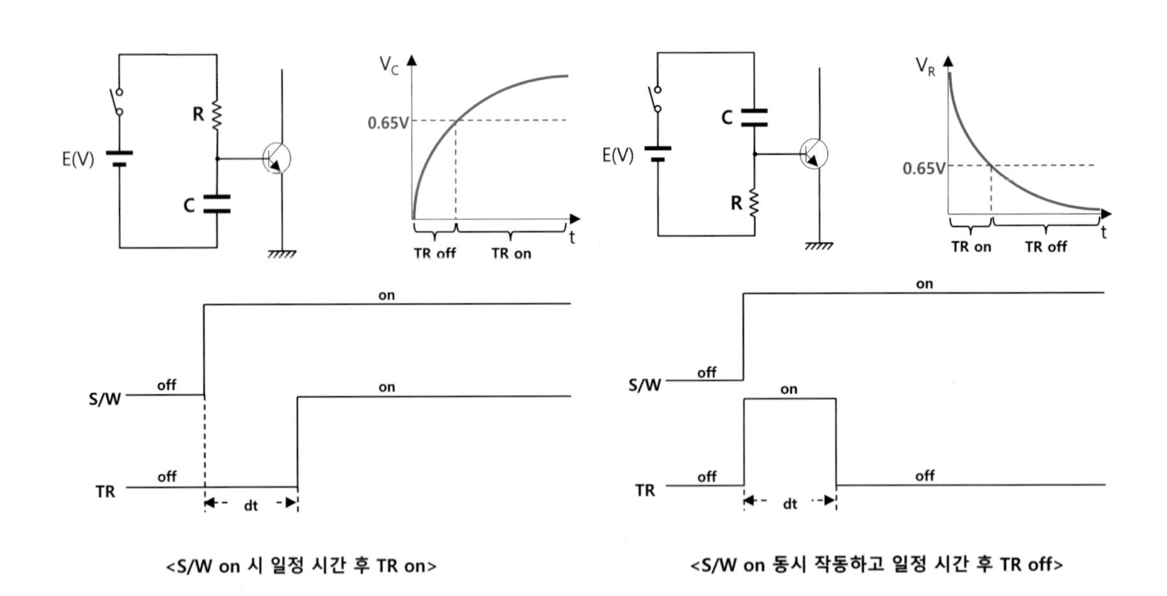

그림 Ⅱ – 17 **시간 지연회로**

그림Ⅱ－17은 RC 회로에서 특정 전압까지 콘덴서에 충 · 방전되는 전압은 저항이 크거나 콘덴서의 용량이 큰 경우 충 · 방전 시간이 더 오래 걸리는 특성을 이용한 **시간 지연회로**이다. TR은 베이스와 이미터간 전압이 약 0.65V 이상일 때 동작하는 특성을 이용한 것이다. 그림Ⅱ－17의 좌측 회로는 전원과 연결된 스위치를 on으로 전환한 후 시간이 흐름에 따라 콘덴서에 충전된 전압(V_C)이 점차 높아져 0.65V 이상일 때 TR이 동작할 수 있는 회로이다.

그림Ⅱ－17의 우측 회로는 전원과 연결된 스위치를 on으로 전환한 직후 콘덴서는 충전되지 않은 상태인 관계로 모든 전압은 저항 양단에 나타나 TR은 즉시 동작한다. 이후 시간의 흐름에 따라 콘덴서 충전 전압은 높아지고 저항 양단의 전압(V_R)은 점차 감소하여 0.65V 이하로 낮아지면 TR이 off 되는 회로이다.

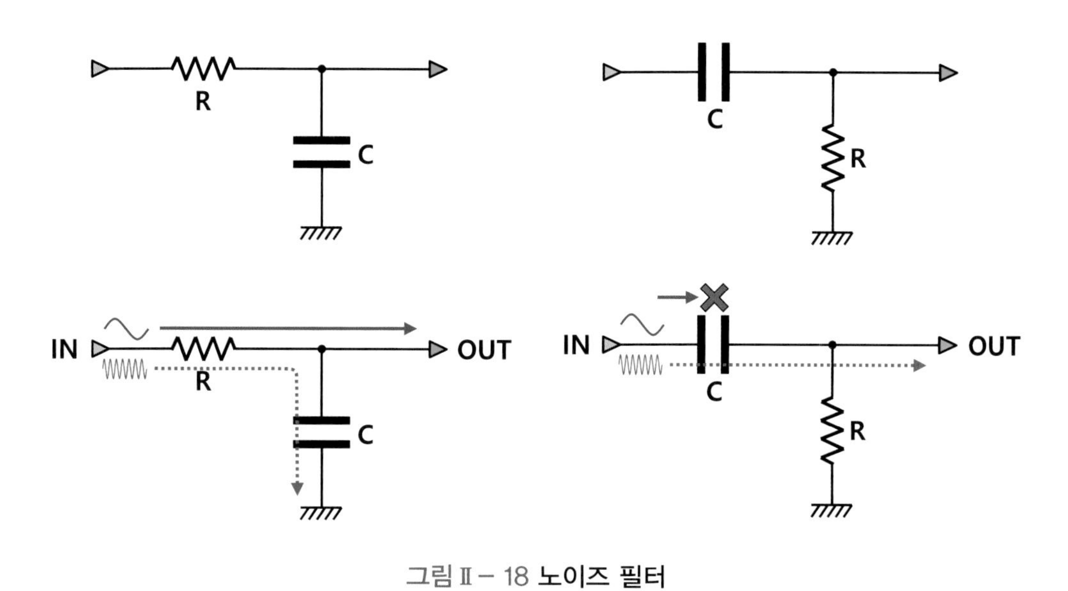

그림Ⅱ－18 **노이즈 필터**

그림Ⅱ－18에서 좌측은 RC 회로를 이용한 저역 필터로 저항은 입력 신호에 직렬로 연결하고 콘덴서는 입력 신호에 대하여 병렬로 연결되어 있다.

콘덴서는 교류 또는 고주파 신호에 대하여 낮은 임피던스의 특성을 가지므로 고주파 신호는 접지 측으로 흐른다. 저주파 또는 DC에 대하여 높은 임피던스로 작용하기 때문에 접지 측으로 흐르지 않아 결과적으로 입력 측에서의 신호 중 저주파 또는 DC 성분의 신호만 출력 측에서 검출된다.

이렇게 저역 필터는 특정 컷오프 주파수 미만의 주파수를 통과시키고 해당 주파수를 초과하는 주파수를 감쇠 또는 차단하는 필터이다.

그림 Ⅱ－18의 우측 회로는 고역 필터로 입력 신호에 대하여 콘덴서가 직렬로 연결되어져 있어 저주파 또는 DC 성분은 차단되고 고주파 신호만 콘덴서를 통과하여 출력 측으로 전송될 수 있는 회로이다.

RC 회로 구성에 따른 노이즈 필터의 차단 주파수(fc, cutoff frequency)는 다음의 계산식에 의해 구해진다.

$$\text{차단 주파수[Hz]} : f_c = \frac{1}{2\pi \times RC}$$

그림 Ⅱ－19는 V_{p-p} 1.2V, 10kHz 사인파와 V_{p-p} 4V, 100Hz 사인파가 합성된 입력 신호에 대하여 고 · 저역 필터 처리 결과의 파형을 보여주고 있다. 차단 주파수 500Hz의 low pass 필터 처리 시 저주파 신호인 V_{p-p} 4V, 100Hz 사인파가 나타난다. 차단 주파수 5kHz의 high pass 필터 처리 시 고주파 신호인 V_{p-p} 1.2V, 10kHz 사인파만 나타나는 것을 확인할 수 있다.

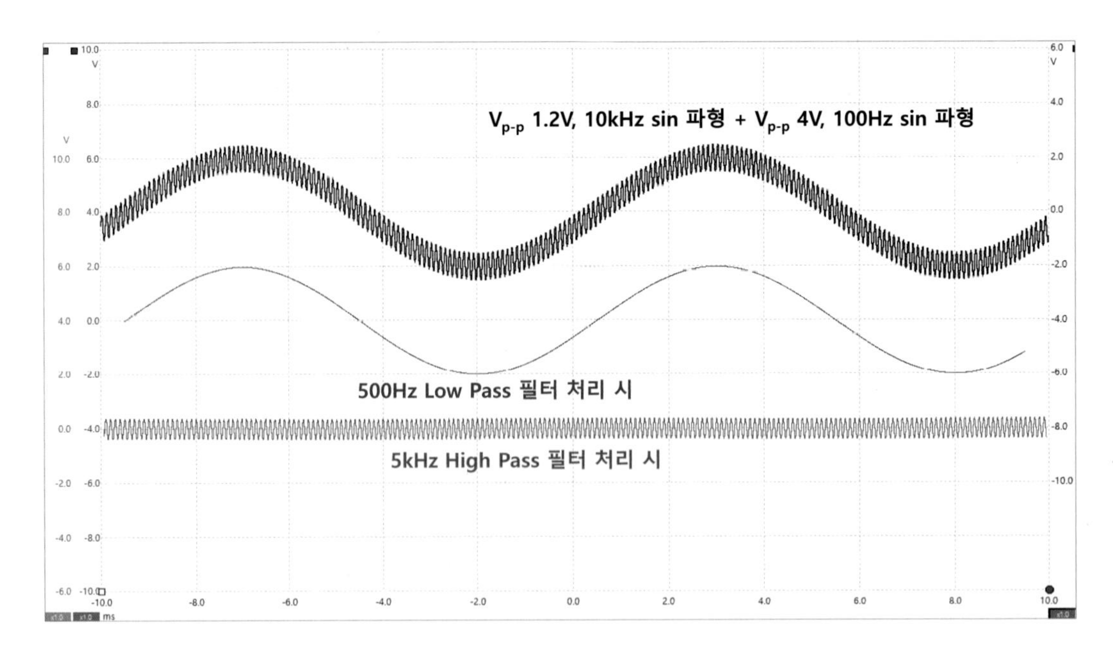

그림 Ⅱ－19 **입력 신호에 대한 필터 처리 시 파형**

(4) 콘덴서 사용 예

그림 Ⅱ－20은 오실로스코프 등에 사용하는 10:1 프로브(probe)에 대한 내용으로 입력 라인에 9:1 비율의 저항을 두고 있어 프로브에서 실제 측정한 전압보다 10배 감소된 전압이 오실로스코프에 입력된다.

이때 오실로스코프에서 10:1 프로브를 사용하는 것으로 설정되어 있다면 입력 전압의 10배를 곱하여 읽어준다. 예를 들어, 탐침에서 10V를 측정하였다면 프로브 라인에서의 분압에 의해 1V의 전압만이 오실로스코프로 입력된다. 오실로스코프는 10:1 프로브를 사용하는 것으로 설정되어 있다면 1V의 전압이 입력되었음에도 10배의 전압인 10V로 읽어준다.

한편 탐침 내부에 가변 콘덴서를 두고 있어 저주파 필터로 작용하고 오실로스코프와 연결하는 BNC(Bayonet Neill－Concelman) 커넥터 부분에도 가변 콘덴서를 설치하여 고주파 필터의 역할을 하고 있다. 또한 프로브의 캘리브레이션(calibration) 작업 시 표준 신호에 대하여 프로브의 가변 콘덴서를 조절하면서 교정하게 되어 있다.

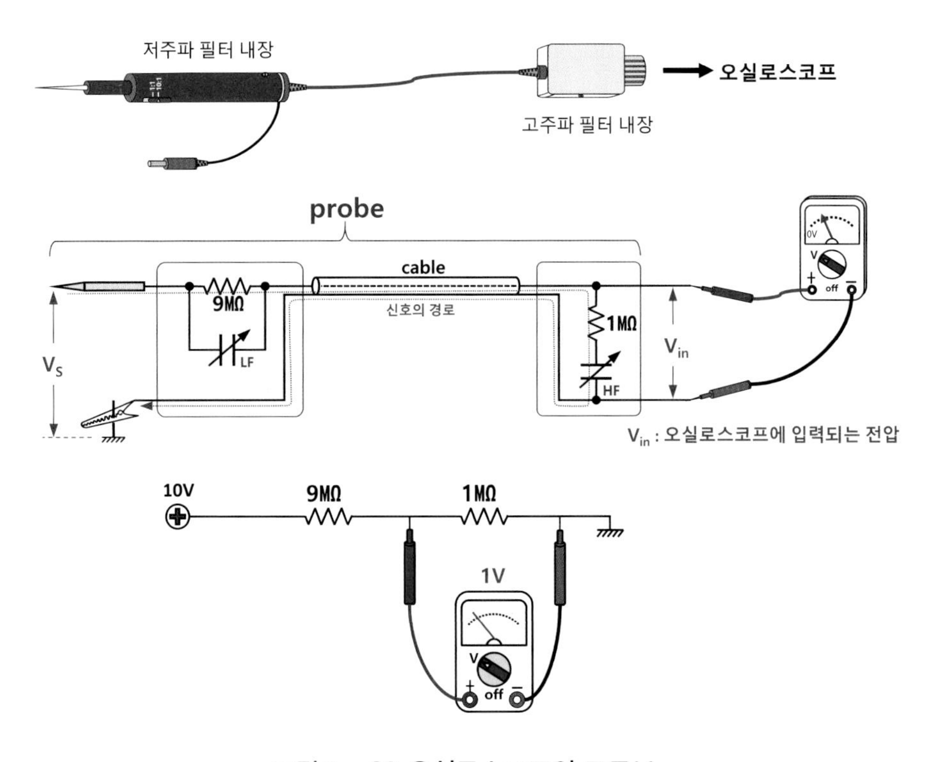

그림 Ⅱ－20 **오실로스코프의 프로브**

그림 Ⅱ-21은 스트로브(strobe) 신호로서 와셔액 스위치 신호 또는 후드 스위치 등 일정한 시간 이상 on 상태를 유지하여야만 진정한 on 상태로 판단하는 타이머 또는 카운터 기능이 탑재된 시스템에 대한 내용이다.

이 회로는 S/W off 시 오실로스코프가 측정한 부위에서 12V의 전압이 나타나다 S/W on 시 0V 가까이 낮아지는 시스템으로 평상시에는 스트로브 파형을 볼 수 없으나 모터 전원부의 휴즈를 제거한 경우에는 일정한 주기의 스트로브 파형이 관측된다.

스트로브 파형의 형태는 실제 주기적인 펄스파에 해당하나, 계측기 내부 저항과 콘덴서에 의해 나타난 파형으로서 프로브로 점검한 부위가 플로팅(floating) 상태일 때 계측기 내부의 콘덴서가 방전하면서 나타나는 파형이다.

그림 Ⅱ-22에서 컨트롤러 내부의 TR은 아주 짧은 시간 동안 on, 나머지는 off 상태를 유지하는 동작을 주기적으로 반복한다.

컨트롤러 내부의 TR이 on 상태일 때 전류는 프로브를 통해 계측기 내부 저항을 통해 접지로 흐른다. 이때 오실로스코프 내부의 콘덴서에도 전류가 흐르게 되어 콘덴서가 충전된다.

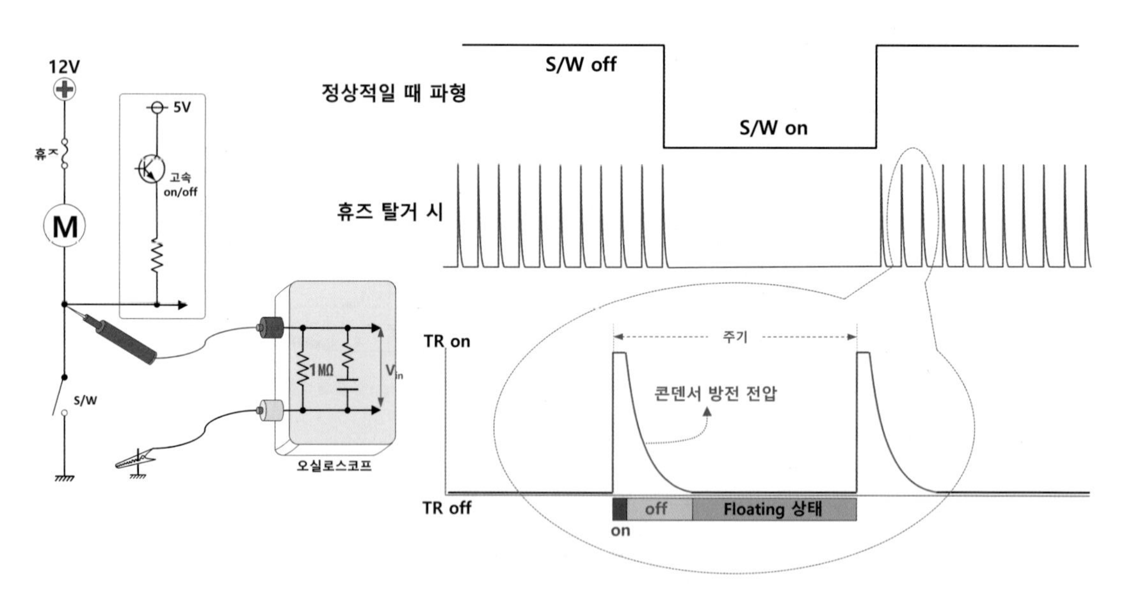

그림 Ⅱ-21 스트로브 신호

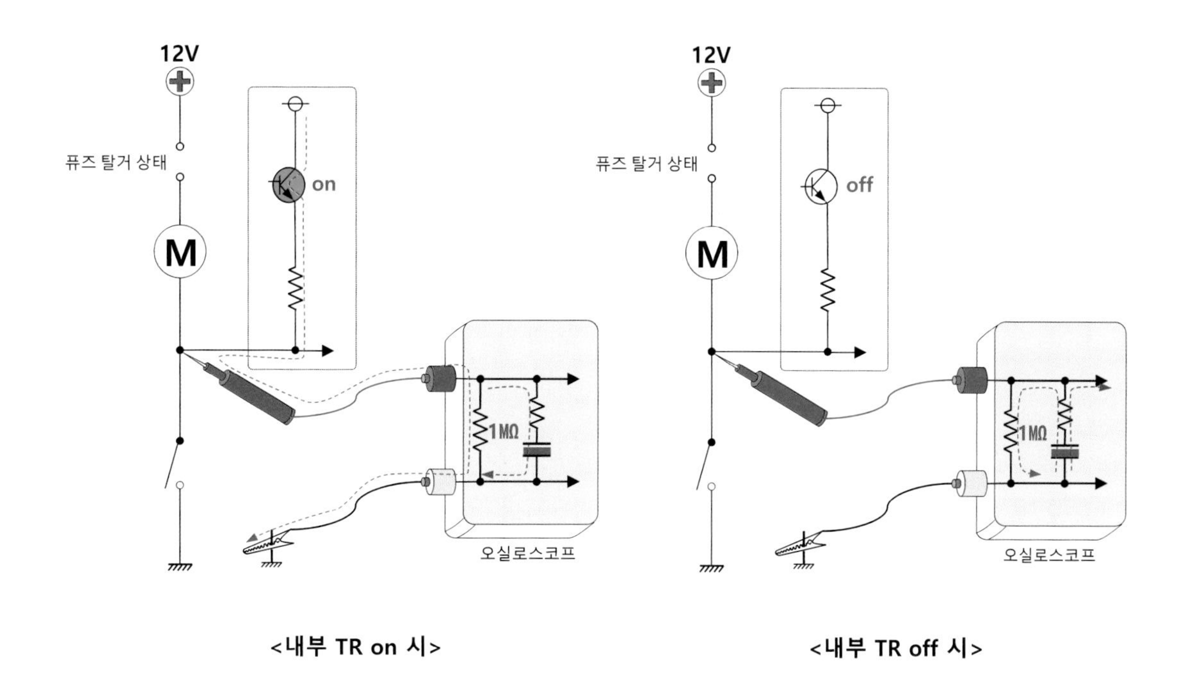

그림 Ⅱ - 22 **스프로브 파형의 형성과정**

이후 TR이 off로 전환되면 퓨즈가 단선된 상태이므로 전원 전압이 인가될 수 없고, S/W는 off 상태이므로 접지와도 차단된 상태이다. 따라서 프로브가 측정한 부분은 어디에도 연결되지 않은 **플로팅**(floating) **상태**가 된다.

이때 콘덴서에 충전되었던 전압은 내부 저항을 통해 방전하게 되고 방전하는 동안 계측기 내부로 콘덴서 방전 시 나타나는 방전 곡선의 전압이 입력되어 디스플레이 된다. 결과적으로 그림 Ⅱ - 21의 최하단 부분에 표시한 파형이 계측된다.

스트로브 파형이 관측되는 시스템은 주로 스위치 작동 시 몇 개 주기의 스프로브 신호가 없어졌는지를 확인하게 된다. 예를 들어 와셔 스위치의 경우 200ms 이상 스위치가 on 되었을 때만 진정한 스위치 on 상태로 판단한다고 가정하였을 때 그림 Ⅱ - 23에서의 스트로브 파형은 한 주기가 20ms이므로 컨트롤러는 최소 10개 주기의 신호가 접지로 연결된 경우 와셔 스위치 신호가 입력된 것으로 판단한다.

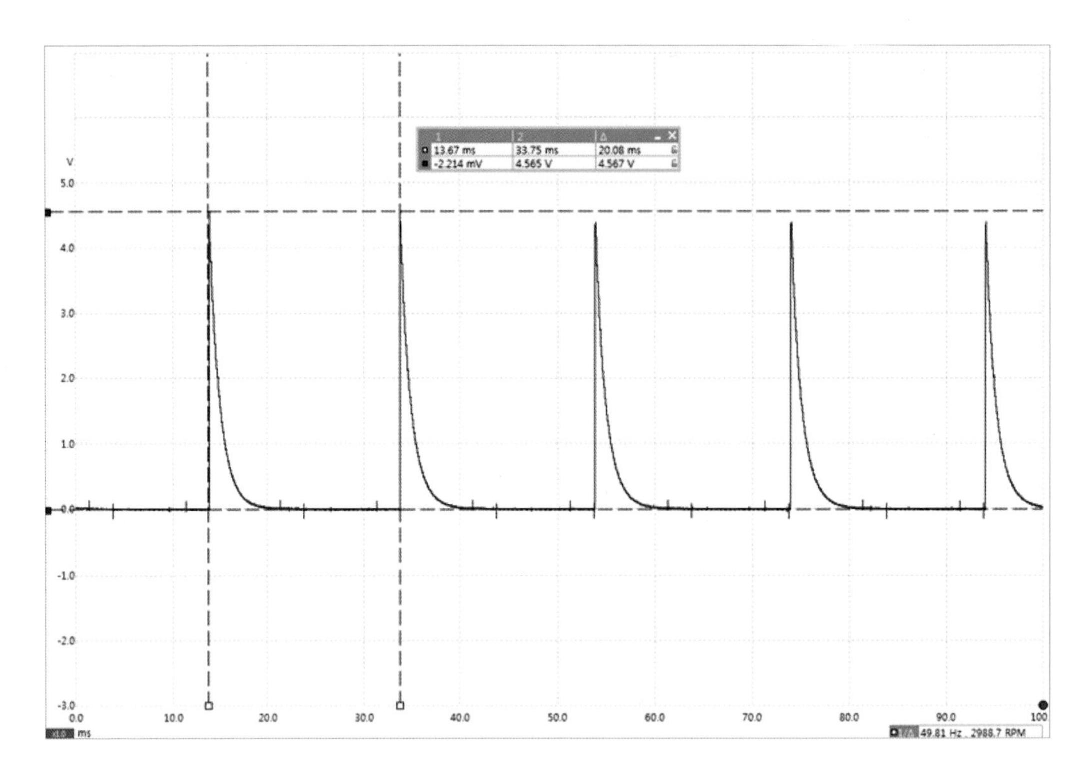

그림 Ⅱ – 23 스프로브 파형

CAN 시스템에서도 노이즈 필터가 있기 때문에 콘덴서 파형을 관측할 수 있다. 그림 Ⅱ – 24는 CAN 라인이 단선일 때 콘덴서 충 · 방전 파형이 나타나고 있음을 보여주고 있다.

시스템의 구성에 의해 콘덴서에는 2.5V의 전압이 충전된 상태로 동작하고 있으나 Low 라인의 단선 상태에서 특정 노드가 dominant 신호를 출력할 때 콘덴서에 충전된 전압보다 높아진 전압으로 인해 콘덴서를 통해 전류가 흐르면서 콘덴서는 충전하게 된다.

데이터 전송 구간에서는 dominant ↔ recessive로의 변화 속도가 빠르기 때문에 잘 나타나지 않지만 라인의 전압이 아이들 상태로 전환될 때 2.5V까지 방전하는 파형이 확실해진다.

Hi 라인이 단선된 상태에서 특정 노드가 dominant 신호를 출력할 때 라인의 전압이 순간적으로 콘덴서에 충전된 전압보다 낮아져 콘덴서는 방전하고, 다시 아이들 상태로 전환될 때 2.5V까지 충전하는 파형이 나타나게 된다.

CAN 시스템의 상태에 따라 아이들 상태로 전환 시 방전 또는 충전 파형이 나타나고, 점검한 라인이 주선의 콘덴서와 연결 여부에 따라 파형이 다르게 나타난다. 자세한 내용은 라인의 단선 내용에서 다룬다.

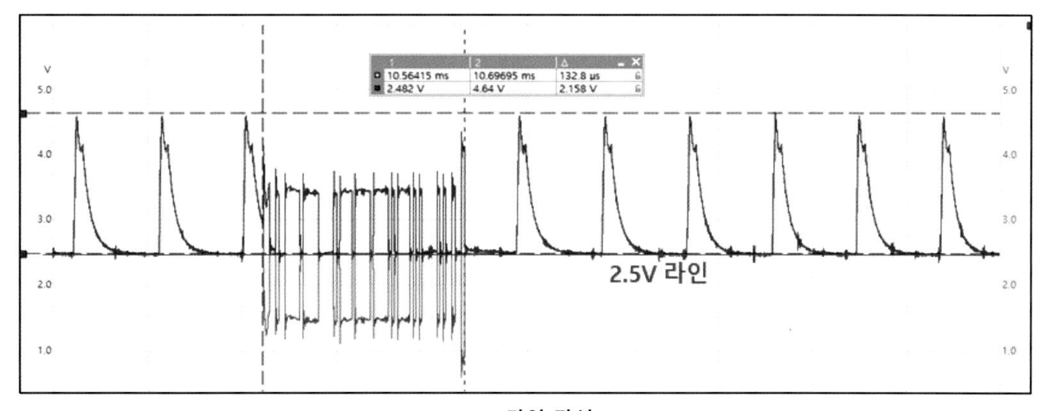

<Low 라인 단선>

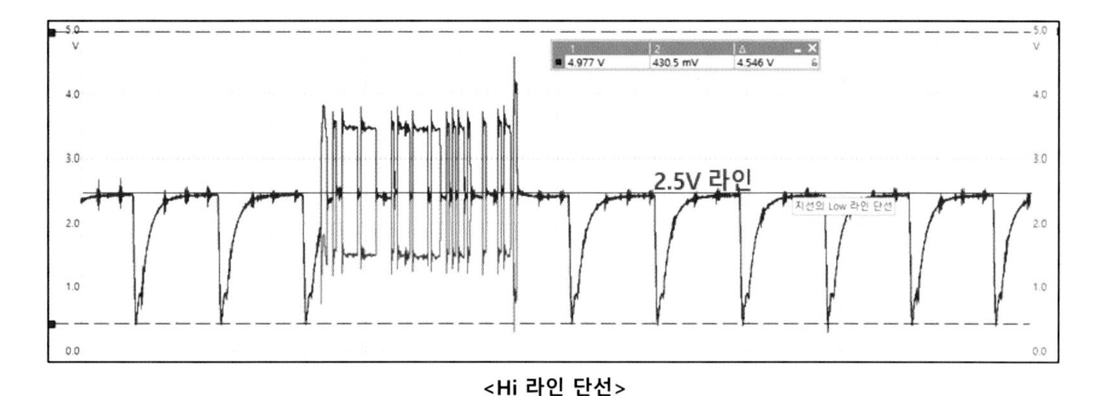

<Hi 라인 단선>

그림 Ⅱ – 24 CAN 라인 단선 시 나타난 콘덴서 충 · 방전 파형

CHAPTER

02 CAN 라인의 단선

CAN의 점검은 멀티미터를 이용한 종단 저항의 점검을 제외하면 크게 오실로스코프를 이용한 파형 분석과 CAN 애널라이저를 이용한 송 · 수신 데이터의 분석 방법이 있다.

오실로스코프를 이용한 CAN 라인의 점검은 파형 분석과 디코딩 등을 통해 CAN 라인에서의 **단선**, **단락**, 라인에 저항이 존재하는지 여부뿐만 아니라 **비트 에러**, **스터핑 에러**, **CRC 에러**, **반사파**와 **임피던스** 미스 매칭의 여부, 그리고 **스큐**(skew) 또는 **지터**(jitter)의 존재 여부 등을 점검하는데 매우 유효한 방법에 해당한다. 더불어 각 컨트롤러간 송 · 수신하는 ID를 구분하는데 유용하다.

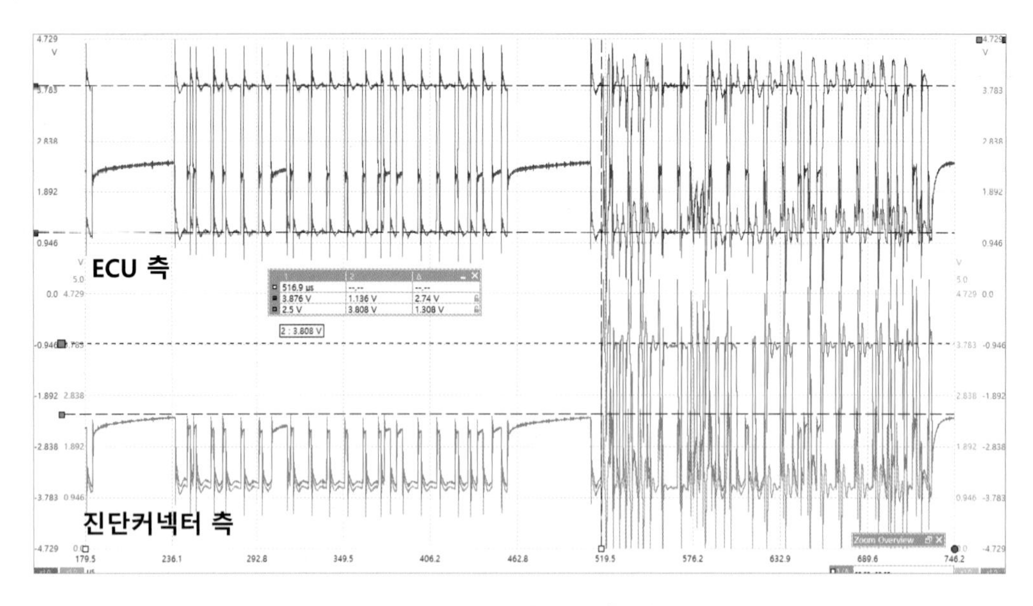

그림 Ⅱ - 25 주선의 Hi 측 단선

CAN 애널라이저는 리버스 엔지니어링(reverse engineering)이 가능하여 네트워크에서 실시간 어떤 신호 값이 송 · 수신되는지 여부, 시스템 제어 사양의 변경 및 업데이트, 시스템의 강제 구동, 컨트롤러가 보유한 각종 정보 등을 추출하거나 제어 상황을 실시간 기록하고 분석하는데 매우 유용하다.

또한 UDS(Unified Diagnostic Services) 프로토콜의 DBC(Data Base Container)를 이용하면 스캔툴과 동일한 센서 데이터를 실시간 확인 가능하다.

CAN 라인의 전기적인 고장은 크게 단선, 단락, 저항이 존재하는 경우이므로 주선과 지선의 각 라인에서 단선일 때, 저항이 존재할 때, 단락이 있을 때의 파형을 예측하고, 각각의 사례별 특징을 우선적으로 살펴보고, CAN 애널라이저와 DBC를 이용한 **응용진단법**도 살펴보기로 한다.

파형 분석에서 단락의 경우는 단순 지식으로 그 부위의 특정이 곤란하지만 라인의 단선과 저항이 존재하는 경우는 직관적인 파형의 분석만으로 어느 라인에서 어떤 형태의 고장이 발생하였는지 쉽게 알 수 있다. 따라서 어느 라인에 어떤 형태의 고장인지를 특정할 수 있도록 고장 유형에 따른 파형을 예측하여 가이드를 제시하

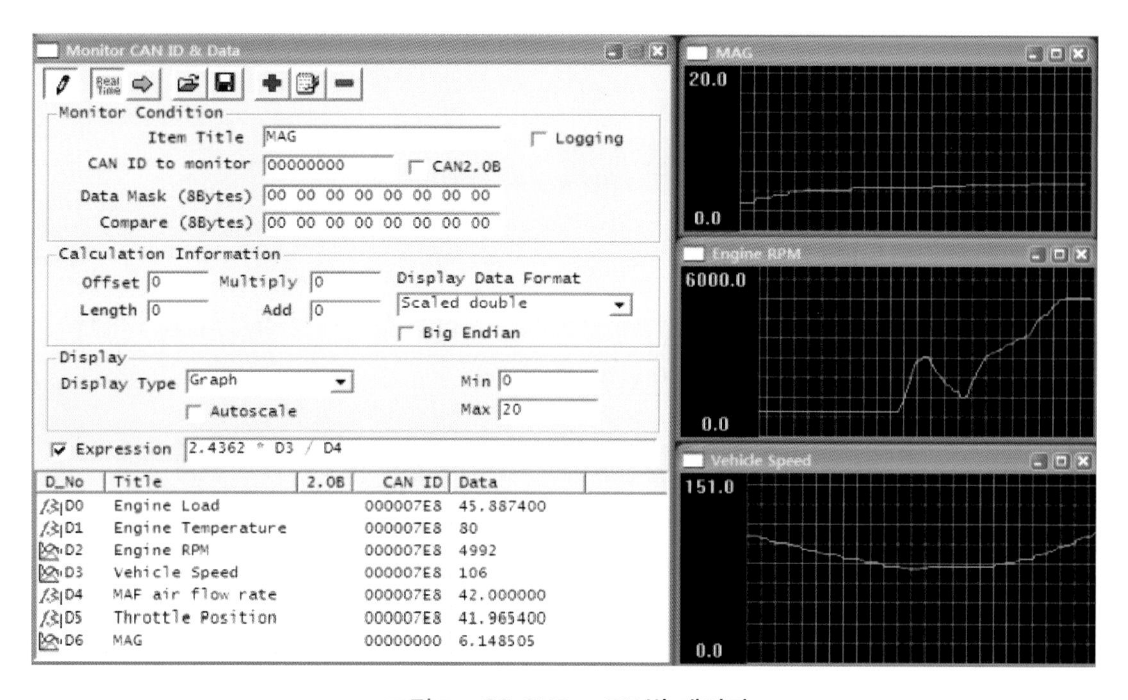

그림 Ⅱ – 26 OBD Ⅱ PID별 데이터

고 실제 파형과 비교를 통해 CAN 파형 분석 능력을 완성하고, 더불어 그 고장에 대한 수리 방법도 살펴본다.

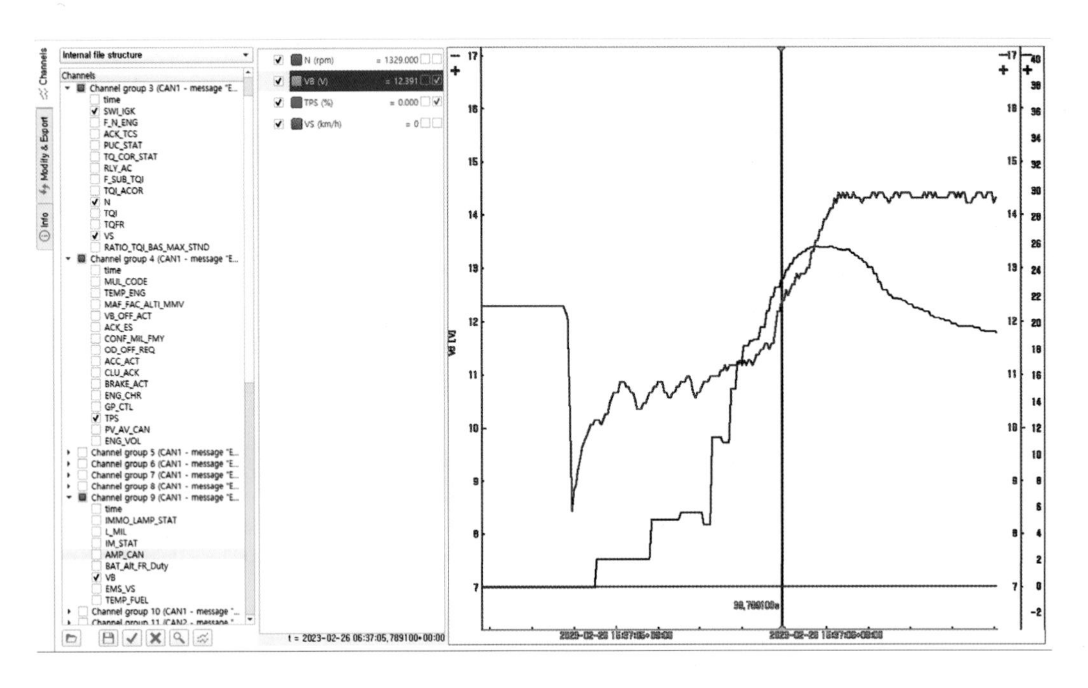

그림 Ⅱ – 27 시동 시 기록된 CAN 데이터(엔진회전수와 배터리 전압)

1 주선의 단선

(1) 주선 CAN-H 라인의 단선

그림 Ⅱ – 28과 같이 주선의 Hi 측에 단선이 존재하는 상태에서 각각의 노드가 한 프레임씩 송신하였을 때 파형의 변화를 살펴본다.

터미네이션 되어진 A 노드가 송신한다고 가정하였을 때 즉, A 노드가 dominant 신호를 출력할 경우 B 노드의 종단 저항과 연결이 차단되어 합성 종단 저항은 60Ω이 아닌 120Ω이 된다.

A 노드의 내부 회로에만 전류가 흐르므로 Hi 라인과 Low 라인에 나타나는 실제 전압은 전원 전압(V_{DD}) 5V가 45Ω – 120Ω – 45Ω,으로 직렬 연결된 회로의 각 부

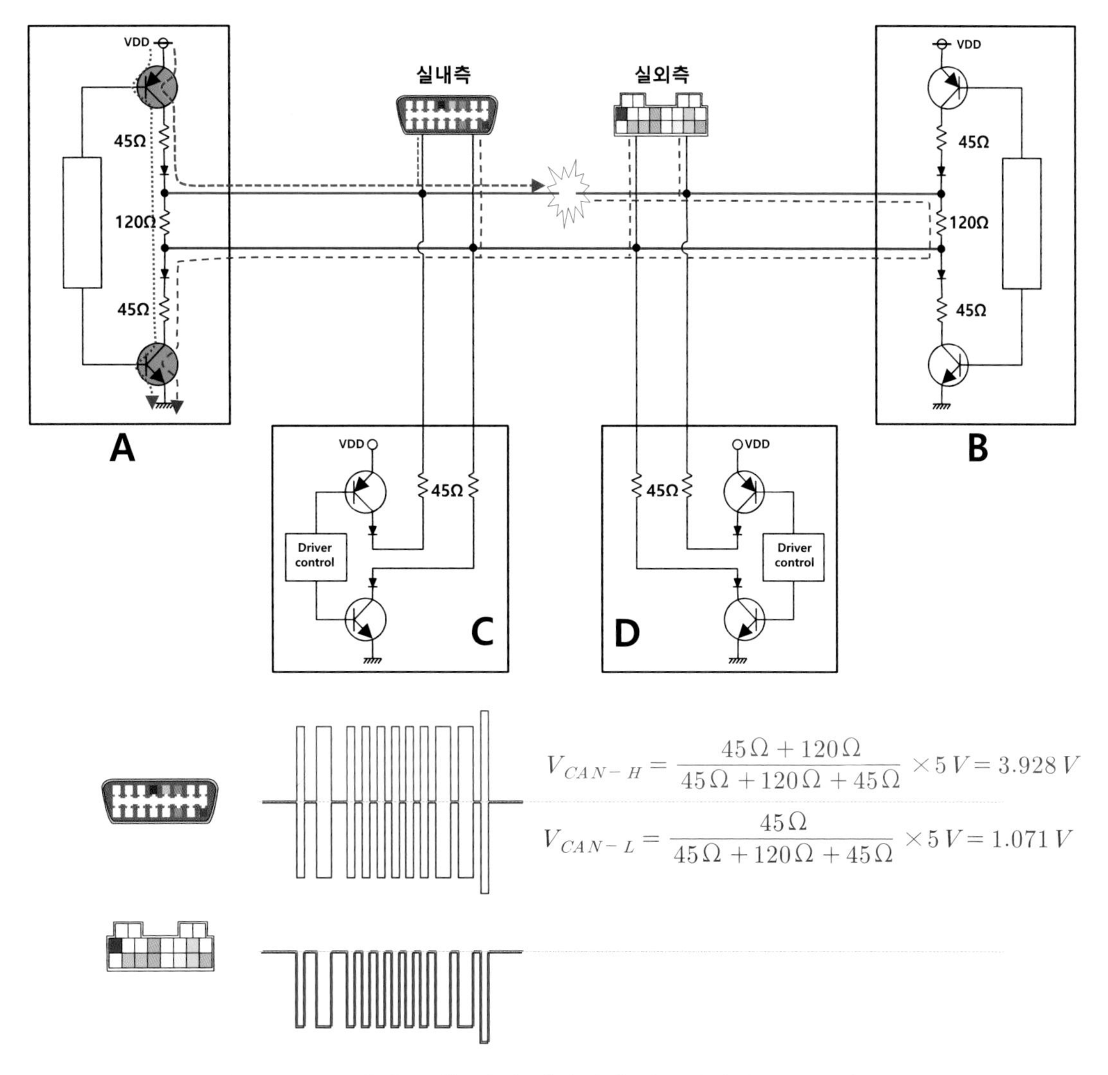

그림 Ⅱ – 28 주선의 Hi 측 단선 상태에서 터미네이션 노드가 송신 시

분에 분압된 전압이 나타난다.

그림 Ⅱ – 28에 풀이된 바와 같이 직렬저항 회로의 **분압 법칙**에 의해 각각 3.93V(CAN–H)와 1.07V(CAN–L)가 되어 정상(CAN–H:3.5V, CAN–L:1.5V)일 때보다 CAN–H는 더 높고, CAN–L는 더 낮은 전압으로 나타난다.

실내 측 자기진단 커넥터에서 신호를 측정하면 CAN–H(3.93V)와 CAN–L(1.07V)의 전압이 각각 계측된다.

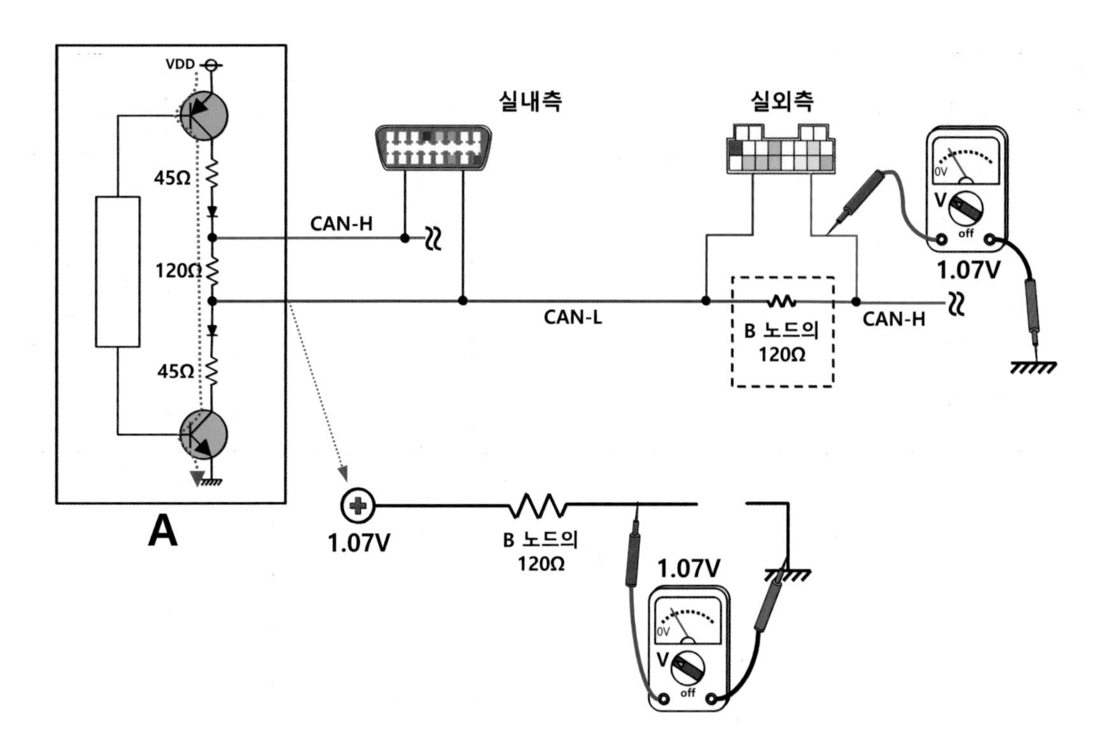

그림 Ⅱ – 29 **실외 측 자기진단에서의 전압**

한편 실외 측 자기진단 커넥터에서 Low 라인은 실내 측 자기진단 커넥터와 동일한 CAN–L 라인에 연결된 관계로 1.07V의 전압이 측정된다. 그러나 CAN–H 라인은 단선되었기 때문에 3.93V의 전압이 연결되지 못하고, 실외 측 자기진단 커넥터의 CAN–H 라인이 B 노드의 종단 저항 120Ω을 통해 CAN–L 라인과 연결된 상태이다. 그러므로 CAN–H 라인임에도 불구하고 그림 Ⅱ – 28과 Ⅱ –29와 같이 1.07V의 CAN–L 전압이 나타난다.

결과적으로 A 노드가 dominant 신호를 출력하는 경우 그림 Ⅱ – 28에 풀이한 것과 같은 전압이 분포되고 recessive일 때는 CAN–H와 CAN–L 모두 공통 전압인 2.5V가 나타난다. A 노드가 한 프레임의 신호를 송신하였다면 그림 Ⅱ – 28의 파형과 같이 실내 측 자기진단 커넥터에서는 CAN–H와 CAN–L 전압 파형이 대칭적으로 나타난다. 그러나 실외 측 자기진단 커넥터에서는 CAN–H와 CAN–L의 신호가 recessive일 때 2.5V, dominant일 때 1.07V가 반복되어 두 개의 신호가 겹쳐 마치 CAN–L의 파형과 같이 나타난다.

그림 Ⅱ – 28과 동일한 단선이 있는 상태에서 그림 Ⅱ – 30과 같이 B 노드가 dominant 신호를 송신하는 경우 A 노드의 종단 저항과 연결이 차단되어 합성 종단 저항은 120Ω이 된다. B 노드의 내부 회로에만 전류가 흐르므로 Hi 라인과 Low 라인에 나타나는 실제 전압은 그림 Ⅱ – 28에 풀이한 바와 같이 직렬회로의 분압 법칙에 의해 각각 3.93V(CAN–H)와 1.07V(CAN–L)가 되어 정상일 때보다 CAN–H는 더 높고, CAN–L는 더 낮은 전압으로 나타난다.

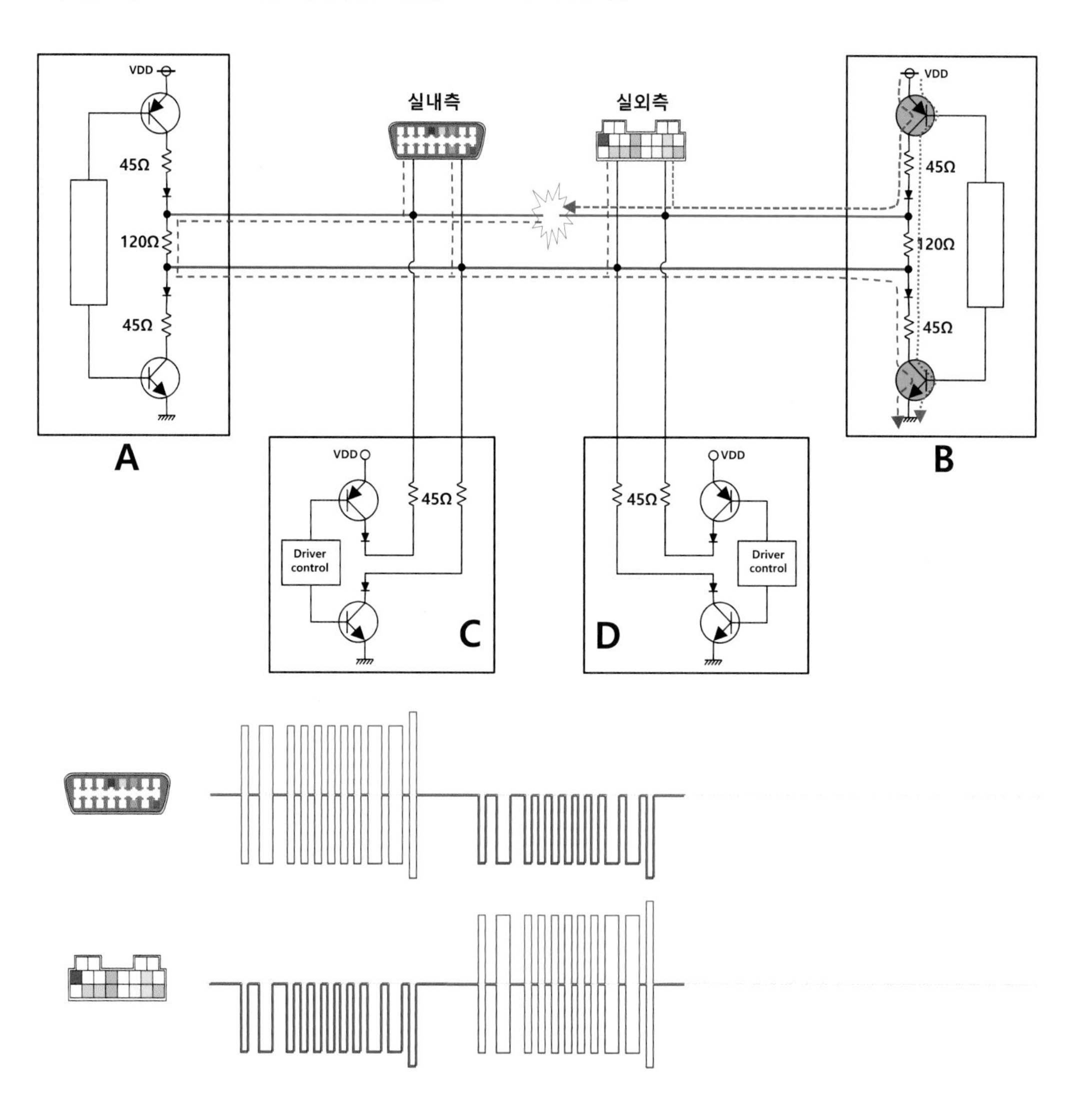

그림 Ⅱ – 30 B 노드가 송신할 때

실외 측 자기진단 커넥터에서 신호를 측정하면 CAN-H(3.93V)와 CAN-L(1.07V)의 전압이 각각 계측된다. 실내 측 자기진단 커넥터에서 Low 라인은 실외 측 자기진단 커넥터와 동일한 CAN-L 라인에 연결된 관계로 1.07V의 전압이 측정된다. 하지만, CAN-H 라인은 단선되었기 때문에 3.93V의 전압이 연결되지 않고, 오히려 A 노드의 종단 저항 120Ω을 통해 CAN-L 라인과 연결된 상태이다. 그러므로 Ⅱ-30에서와 같이 CAN-H 라인임에도 불구하고 1.07V의 CAN-L 전압이 나타난다.

결과적으로 B 노드가 dominant 신호를 송신한 경우 CAN-H는 3.93V, CAN-L는 1.07V의 전압이 나타난다. recessive 신호를 송신하면 CAN-H와 CAN-L 모

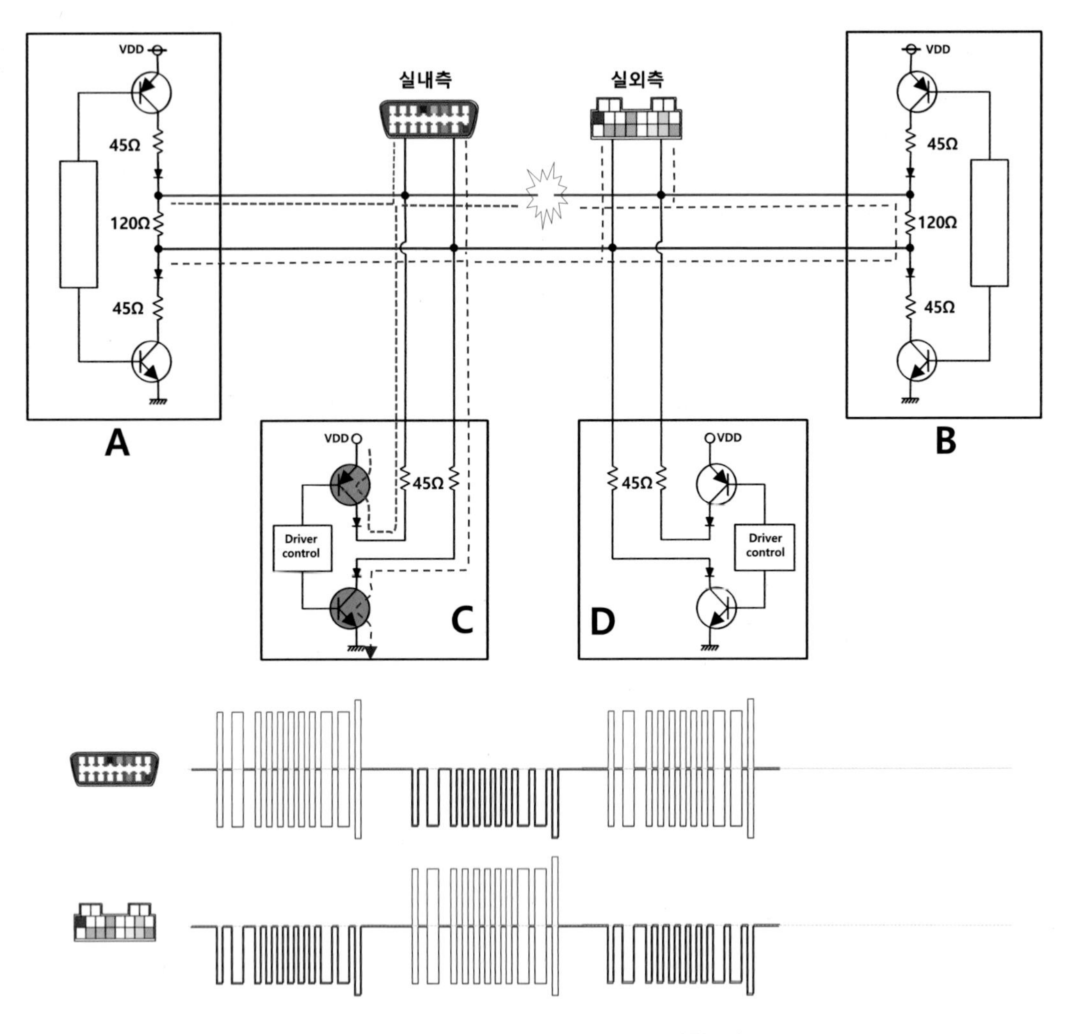

그림 Ⅱ - 31 지선의 C 노드가 송신할 때

두 공통 전압인 2.5V가 나타나므로 B 노드가 한 프레임의 신호를 송신하였다면 그림 Ⅱ－30의 파형과 같이 그림 Ⅱ－28과는 반대로 실외 측 자기진단 커넥터에서 CAN－H(3.93V)와 CAN－L(1.07V)의 전압 파형이 대칭적으로 나타난다. 그러나 실내 측 자기진단 커넥터에서는 CAN－H와 CAN－L의 신호가 recessive일 때 2.5V, dominant일 때 1.07V가 반복되어 마치 두 개의 신호가 겹쳐진 것처럼 나타난다.

그림 Ⅱ－28과 동일한 단선이 있는 상태에서 그림 Ⅱ－31과 같이 지선 노드인 C 노드가 dominant 신호를 송신하는 경우 C 노드의 45Ω 저항을 지나 CAN－H 라인을 거쳐 A 노드의 120Ω 저항과 CAN－L 라인, 그리고 C 노드의 45Ω 저항을 통해 접지까지 전류가 흐른다.

이때 CAN－H 측이 단선된 관계로 B 노드의 120Ω의 저항에는 전류가 흐르지 않는다. 결국 A 노드의 종단 저항 120Ω과 C 노드의 내부 45Ω 저항 2개에만 전류가 흘러 Hi 라인과 Low 라인에 나타나는 실제 전압은 그림 Ⅱ－28에 풀이한 바와 같이 직렬회로의 분압 법칙에 의해 각각 3.93V(CAN－H)와 1.07V(CAN－L)가 되어 정상일 때보다 CAN－H는 더 높고, CAN－L는 더 낮은 전압으로 나타난다.

따라서 지선 노드인 C 노드가 dominant 신호를 출력할 때 실내 측 자기진단 커넥터에서 신호를 측정하면 CAN－H(3.93V)와 CAN－L(1.07V)의 전압이 각각 계측된다.

한편 실외 측 자기진단 커넥터에서 Low 라인은 실내 측 자기진단 커넥터와 동일한 CAN－L 라인에 연결된 관계로 1.07V의 전압이 측정되지만, CAN－H 라인은 단선되었기 때문에 3.93V의 전압이 연결되지 못하고, 실외 측 자기진단 커넥터의 CAN－H 라인이 B 노드의 종단 저항 120Ω을 통해 CAN－L 라인과 연결된 상태이다. 그러므로 CAN－H 라인임에도 불구하고 그림 Ⅱ－31에서와 같이 1.07V의 CAN－L 전압이 나타난다.

지선 노드인 C 노드가 dominant 신호를 출력할 경우 CAN－H는 3.93V, CAN－L는 1.07V의 전압이 나타난다. recessive일 때는 CAN－H와 CAN－L 모두 2.5V가 나타나므로 지선의 C 노드가 한 프레임의 신호를 송신하였다면 그림 Ⅱ－31의 파형과 같이 실내 측 자기진단 커넥터에서는 CAN－H와 CAN－L 전압 파형이 대칭적으로 나타난다. 그러나 실외 측 자기진단 커넥터에서는 CAN－H와 CAN－L의 신호가 recessive일 때 2.5V, dominant일 때 1.07V가 반복되어 마치 두 개의 신호가 겹쳐진 것처럼 나타난다.

그림 Ⅱ－28과 동일한 단선이 있는 상태에서 그림 Ⅱ－32와 같이 지선 노드인 D 노드가 dominant 신호를 송신할 경우 전원(5V)으로부터 D 노드의 45Ω 저항을 지나 CAN－H 라인을 거쳐 B 노드의 120Ω 종단 저항과 CAN－L 라인, 그리고 D 노드의 45Ω 저항을 통해 접지까지 전류가 흐른다.

이때 CAN－H 측이 단선된 관계로 A 노드의 종단 저항 120Ω에는 전류가 흐르지 않는다. 결국 B 노드의 종단 저항 120Ω과 D 노드 내부의 45Ω 저항 2개에만 전류가 흘러 Hi 라인과 Low 라인에 나타나는 실제 전압은 그림 Ⅱ－28에 풀이한 바와 같이 각각 3.93V(CAN－H)와 1.07V(CAN－L)가 되어 정상일 때보다 CAN－H는 더 높고, CAN－L는 더 낮은 전압으로 나타난다.

지선 노드인 D 노드가 dominant 신호를 출력할 때 실외 측 자기진단 커넥터에서 신호를 측정하면 CAN－H(3.93V)와 CAN－L(1.07V)의 전압이 각각 계측된다.

한편 실내 측 자기진단 커넥터에서 Low 라인은 실외 측 자기진단 커넥터와 동일한 CAN－L 라인에 연결되어진 관계로 1.07V의 전압이 측정되지만, CAN－H 라인은 단선되었기 때문에 3.93V의 전압이 연결되지 못한다. 실내 측 자기진단 커넥터의 CAN－H 라인은 A 노드의 종단 저항 120Ω을 통해 CAN－L 라인과 연결되어진 상태이므로 실내 측 자기진단 커넥터의 CAN－H 라인에는 CAN－H 라인임에도 불구하고 그림 Ⅱ－32에서와 같이 1.07V의 CAN－L 전압이 나타난다.

지선 노드인 D 노드가 dominant 신호를 출력하는 경우 CAN－H는 3.93V, CAN－L는 1.07V의 전압이 나타난다. recessive일 때는 CAN－H와 CAN－L 모두 2.5V가 나타나므로 D 노드가 한 프레임의 신호를 송신하였다면 그림 Ⅱ－32의 파형과 같이 실외 측 자기진단 커넥터에서는 CAN－H와 CAN－L 전압 파형이 대칭적으로 나타난다. 그러나 실내 측 자기진단 커넥터에서는 CAN－H와 CAN－L의 신호가 recessive일 때 2.5V, dominant일 때 1.07V가 반복되어 마치 두 개의 신호가 겹쳐진 것처럼 나타난다.

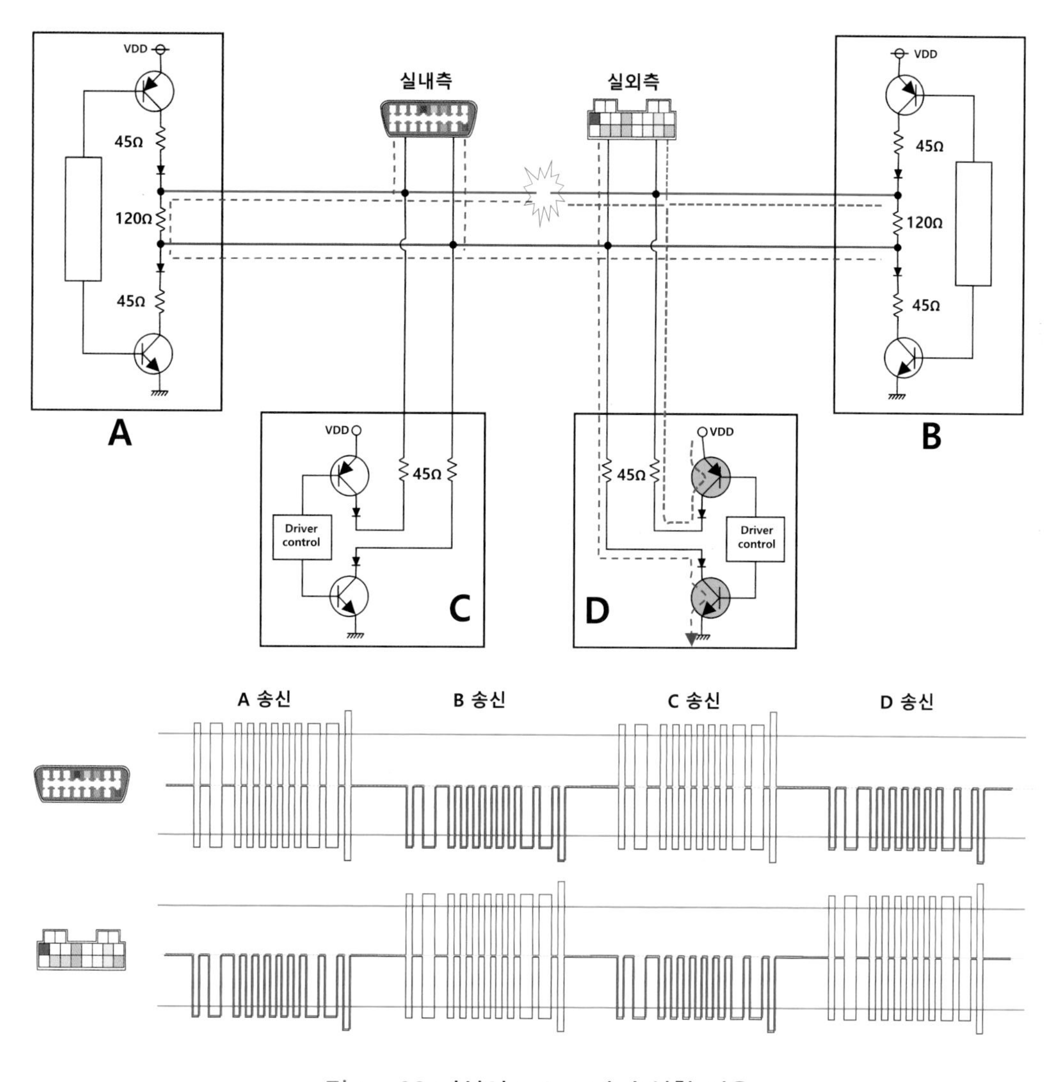

그림 Ⅱ-32 지선의 D 노드가 송신할 경우

지금까지의 내용을 종합하면 주선의 CAN-H 라인이 단선된 경우 가장 큰 특징은 CAN-H와 CAN-L의 신호가 recessive일 때 2.5V, dominant일 때 1.07V가 반복됨으로써 마치 CAN-L의 신호만 존재하는 것처럼 보일 때가 있다는 점이다. CAN-H와 CAN-L의 신호가 대칭적으로 정상과 같이 나타나더라도 CAN-H는 3.93V, CAN-L는 1.07V의 전압이 나타나 정상적인 신호의 진폭보다 커지는 특징을 보인다.

(2) 주선 CAN-L 라인의 단선

CAN 라인 중 주선의 Low 라인에 단선이 있는 경우 그림 Ⅱ – 33의 아래에 나타난 것과 같은 파형이 나타난다.

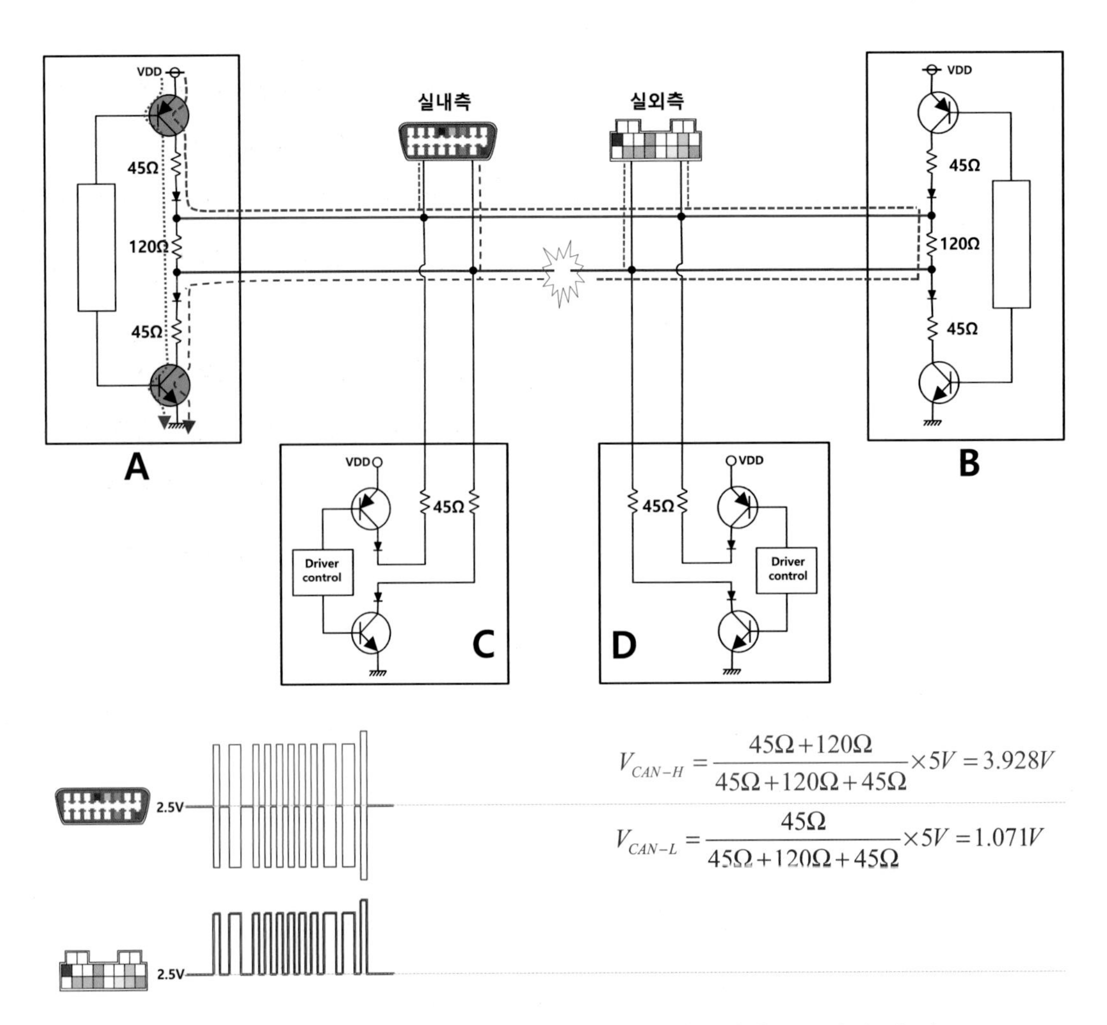

그림 Ⅱ – 33 주선의 Low 측 단선 상태에서 터미네이션 노드가 송신 시

그림 Ⅱ – 33은 A 노드가 dominant를 송신할 때로 정상적인 상태라면 약 16.67mA의 전류가 터미네이션 되어진 주선 Hi 라인의 경우 A 노드에서 B 노드 방향, Low 라인의 경우 B 노드에서 송신 노드인 A 노드 방향으로 흐를 것이다. 그러나 그림 Ⅱ – 33은 Low 라인이 단선된 경우이므로 A 노드가 송신하고 있음에도 불구하고 외부에는 전류가 흐르지 않는다.

A 노드가 dominant를 송신할 때 외부로는 전류가 흐르지 않지만 그림에서 보이는 바와 같이 A 노드의 내부(전원~45Ω~120Ω~45Ω~접지)로는 전류가 흘러 각 저항에 분압된 전압이 Hi 라인에는 약 3.93V, Low 라인에는 약 1.07V의 전압이 나타난다. 따라서 실내 측 자기진단 커넥터와 실외 측 자기진단 커넥터 부분에서 CAN-H 라인에서의 전압은 약 3.93V가 계측된다.

한편 A 노드와 직접 연결되어진 실내 측 자기진단 커넥터의 CAN-L 라인은 1.07V의 전압이 계측되나, 단선으로 인해 실외 측 자기진단 커넥터 CAN-L 라인에는 Low 측 전압이 계측되지 않는다. 하지만 A 노드 내부 저항과 종단 저항에서 분압된 전압은 CAN-H 라인과 B 노드의 종단 저항 120Ω을 통해 B 노드와 직접 연결된 CAN-L 라인에 연결된 관계로 실외 측 자기진단 커넥터 CAN-L 라인에는 CAN-H 라인의 전압인 약 3.93V가 나타난다. 결과적으로 그림 Ⅱ - 33의 하단부에 보이는 바와 같이 recessive일 때 공통 전압인 2.5V의 전압이 나타나지만, dominant 신호일 때 실내 측 자기진단 커넥터 CAN-H 라인(또는 단자)에서 약 3.93V, CAN-L 라인에서는 약 1.07V의 전압이 계측된다. 정상보다 진폭이 커진 형태의 파형이 2.5V를 중심으로 하는 대칭적 펄스파가 나타나고, 실외 측 자기진단 커넥터 측에서는 CAN-H 라인과 CAN-L 라인 모두 약 3.93V의 전압이 나타나 CAN-L 신호가 없는 것과 같은 형태로 두 파형이 겹쳐져 나타난다.

그림 Ⅱ - 34는 B 노드가 dominant를 송신할 때로 CAN-L 라인의 단선으로 인해 외부로는 전류가 흐르지 않는다. 그림에서 보는 바와 같이 B 노드의 내부(전원~45Ω~120Ω~45Ω~접지)로는 전류가 흘러 각 저항에 분압된 전압이 Hi 라인에는 약 3.93V, Low 라인에는 약 1.07V의 전압이 나타난다.

따라서 실외 측 자기진단 커넥터와 실내 측 자기진단 커넥터 부분에서 CAN-H 라인의 전압은 약 3.93V가 계측된다.

한편 B 노드와 직접 연결되어진 실외 측 자기진단 커넥터의 CAN-L 라인은 1.07V의 전압이 계측되나, 단선으로 인해 실내 측 자기진단 커넥터 CAN-L 라인에는 Low 측 전압이 계측되지 않는다.

하지만 B 노드 내부에서 분압된 전압이 CAN-H 라인과 A 노드의 종단 저항

120Ω를 통해 A 노드와 직접 연결된 CAN-L 라인과 연결된 관계로 실내 측 자기진단 커넥터 CAN-L 라인에는 CAN-H 라인의 전압인 약 3.93V가 나타난다.

결과적으로 그림 Ⅱ - 34의 하단부에 보이는 바와 같이 recessive일 때 어디서든 공통적으로 2.5V의 전압이 나타난다. dominant 신호일 때 실외 측 자기진단 커넥터에서는 CAN-H 라인에서 약 3.93V, CAN-L 라인에서는 약 1.07V의 전압이 계측되어 정상보다 진폭이 크고, 공통 전압인 2.5V를 중심으로 하는 대칭적 펄스파가 나타난다.

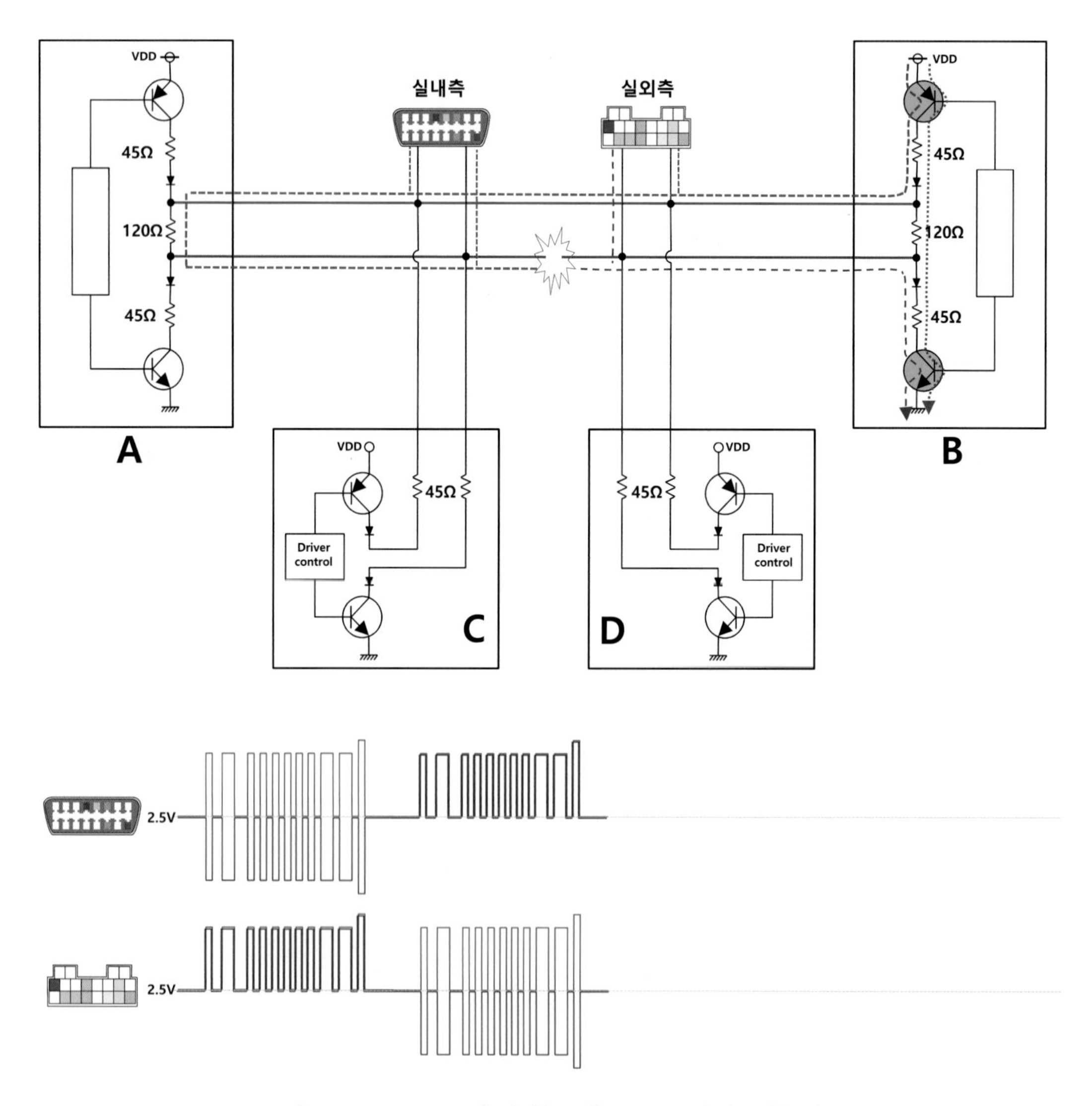

그림 Ⅱ - 34 A 노드 송신 완료 후 B 노드가 송신할 때

실내 측 자기진단 커넥터에서는 CAN-H 라인과 CAN-L 라인 모두 약 3.93V의 전압이 나타나 CAN-L 신호가 없는 것과 같은 형태로 두 파형이 겹쳐진 상태로 계측된다.

그림 Ⅱ - 35는 주선의 CAN-L 라인이 단선된 상태에서 지선 측 노드인 C 노드가 dominant 신호를 전송하는 상황으로 전류는 C 노드의 전원(V_{DD})에서 내부의 45Ω 저항을 거쳐 A 노드와 연결된 주선 측 CAN-H 라인과 A 노드의 종단 저항 120Ω을 통과한다.

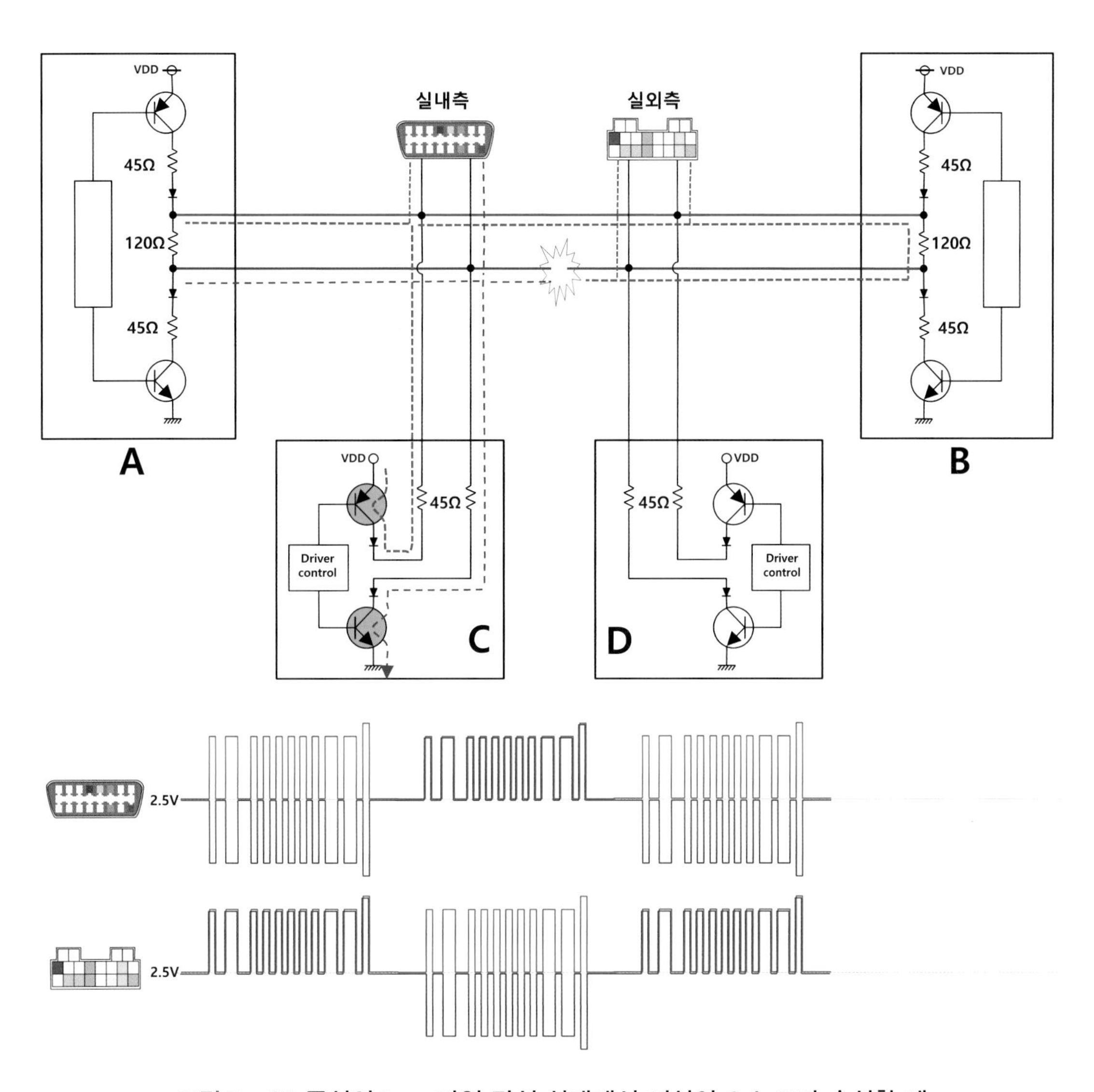

그림 Ⅱ - 35 주선의 Low 라인 단선 상태에서 지선의 C 노드가 송신할 때

A 노드와 연결된 주선 CAN–L 라인을 거쳐 C 노드 내부 45Ω의 저항을 통과 후 접지까지 전류가 흐르게 된다.

결국 전류가 흐르는 폐회로의 전체 저항은 그림 Ⅱ – 33에서와 같은 210Ω(=45Ω+120Ω+45Ω)이 된다. 전원 전압을 5V로 보았을 때 각 저항에 분압된 전압은 그림 Ⅱ – 33에서 제시된 계산식과 동일하게 CAN–H 라인은 약 3.93V, CAN–L 라인은 약 1.07V의 전압이 나타난다.

때문에 A 노드 측에서 두 라인의 전압을 측정한 경우 CAN–H 라인은 약 3.93V, CAN–L 라인은 약 1.07V의 전압이 나타날 것이므로 실내 측 자기진단 커넥터에서는 정상적인 신호일 때보다 진폭이 커진 형태의 2.5V를 중심으로 하는 대칭적 펄스파가 나타난다.

한편 실외 측 자기진단 커넥터의 CAN–H 라인은 실내측 자기진단 커넥터와 동일한 3.93V의 전압이 인가된다. 하지만 단선의 영향으로 실외 측 자기진단 커넥터의 CAN–L 라인은 1.07V의 전압과 연결이 차단된 상태이다.

이때 B 노드는 수신자 입장이므로 송신하지 않기 때문에 TR이 동작하지 않을 것이다. 때문에 실외 측 자기진단 커넥터 CAN–H 라인 3.93V의 전압은 B 노드의 종단 저항 120Ω을 지나 B 노드와 연결된 CAN–L 라인에 인가된 상황이므로 실외 측 자기진단 커넥터의 CAN–L 라인까지 3.93V의 전압이 전달된다.

따라서 실외 측 자기진단 커넥디의 CAN–H와 CAN–L 라인에는 동시에 3.93V의 전압이 나타난다. 그림 Ⅱ – 35의 하단부에 보이는 바와 같이 C 노드가 recessive 신호를 송신할 때 공통 전압인 2.5V가 나타난다. 하지만, dominant 신호를 송신할 때는 공통적으로 3.93V의 전압이 나타난다. CAN–L 신호가 없는 것과 같은 형태로 겹쳐진 상태의 파형이 나타난다.

그림 Ⅱ – 36은 동일하게 주선의 CAN–L 라인이 단선된 상태에서 지선측 노드인 D 노드가 dominant 신호를 전송하는 상황이다. 전류는 D 노드의 전원(V_{DD})에서 내부 45Ω의 저항을 거쳐 B 노드와 연결된 주선 측 CAN–H 라인과 B 노드의 종단 저항 120Ω을 통과한다. B 노드와 연결된 주선 CAN–L 라인을 거쳐 D 노드 내부 45Ω의 저항을 통과 후 접지까지 전류가 흐르게 된다. 결국 전류가 흐르는 폐회로의 전체 저항은 그림 Ⅱ – 33에서와 같은 210Ω(=45Ω+120Ω+45Ω)이 된다.

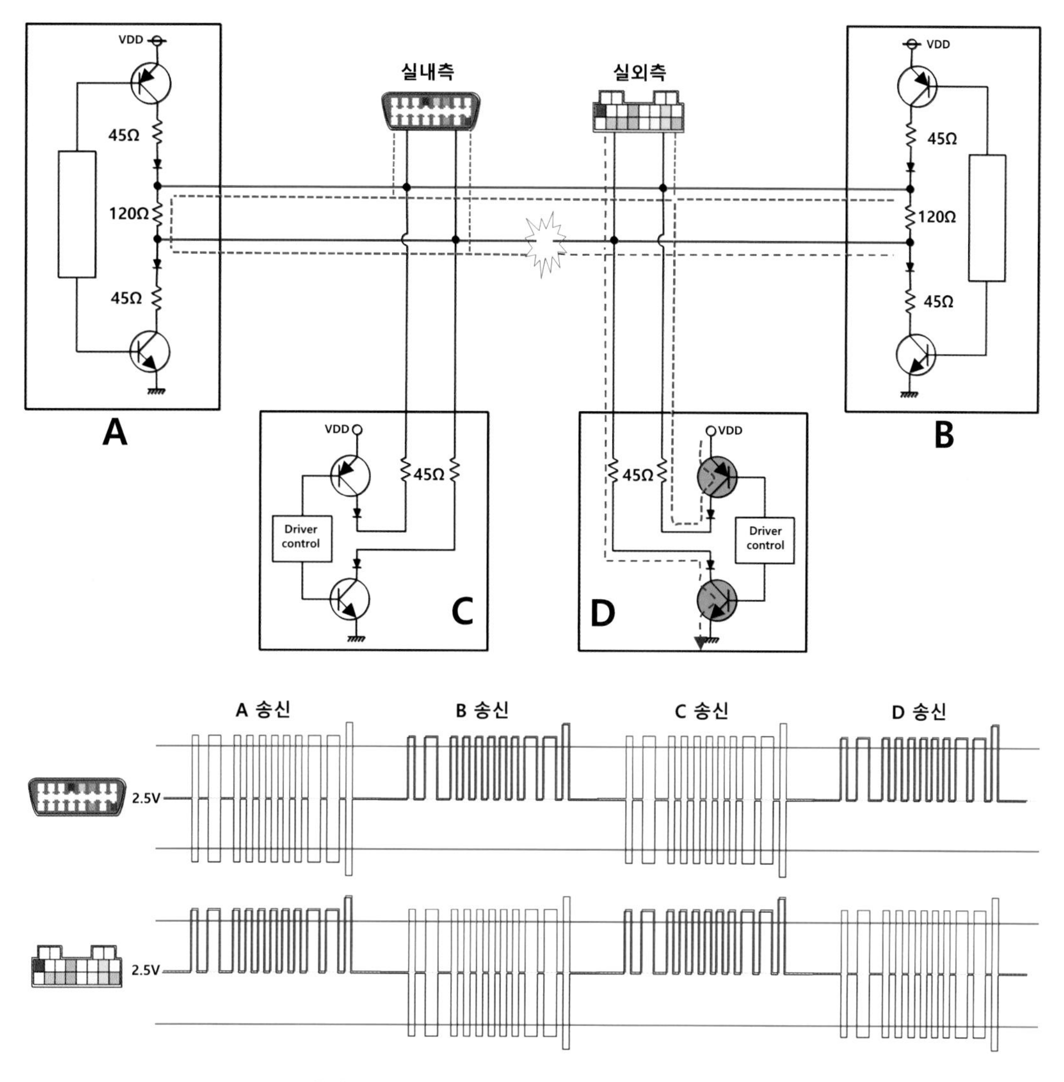

그림 Ⅱ – 36 주선의 Low 라인 단선 상태에서 지선의 D 노드가 송신할 때

전원 전압을 5V로 보았을 때 각 저항에 분압된 전압은 그림 Ⅱ – 33에서 제시된 계산식과 동일하게 CAN–H 라인은 약 3.93V, CAN–L 라인은 약 1.07V의 전압이 나타난다.

때문에 B 노드 측에서 두 라인의 전압 파형을 측정할 경우 CAN–H 라인은 약 3.93V, CAN–L 라인은 약 1.07V의 전압이 나타날 것이다. 따라서 실외 측 자기진단 커넥터에서는 정상적인 신호일 때보다 진폭이 커진 형태의 2.5V(recessive)를 중심으로 하는 **대칭적 펄스파**가 나타난다.

한편 실내 측 자기진단 커넥터의 CAN-H 라인은 실외 측 자기진단 커넥터와 동일한 3.93V의 전압이 인가된다. 하지만 단선의 영향으로 실내 측 자기진단 커넥터의 CAN-L 라인은 1.07V의 전압과 연결이 차단된 상태이다.

이때 A 노드는 수신자 입장이므로 송신을 하지 않기 때문에 TR이 동작하지 않을 것이다. 실내 측 자기진단 커넥터 CAN-H 라인 3.93V의 전압은 A 노드의 종단 저항 120Ω을 지나 A 노드와 연결된 CAN-L 라인에 인가된 상황이 되므로 실내 측 자기진단 커넥터의 CAN-L 라인까지 3.93V의 전압이 전달된다.

따라서 실내 측 자기진단 커넥터의 CAN-H와 CAN-L 라인에는 동시에 3.93V의 전압이 나타난다. 그림 Ⅱ - 36의 하단부에 보이는 바와 같이 D 노드가 recessive 신호를 송신할 때 공통 전압인 2.5V, dominant 신호를 송신할 때는 공통적으로 3.93V의 전압이 나타나 CAN-L 신호가 없는 것과 같은 형태로 두 파형이 겹쳐진 상태로 나타난다.

주선의 Low 라인이 단선되었을 때 내용을 종합하면 CAN-H와 CAN-L의 신호가 recessive일 때 2.5V, dominant일 때 3.93V가 반복됨으로써 마치 CAN-H의 신호만 존재하는 것처럼 두 라인의 파형이 겹친 파형으로 나타나는 특징을 가진다.

CAN-H와 CAN-L의 신호가 대칭적으로 나타나더라도 dominant일 때 CAN-H : 3.5V, CAN-L : 1.5V의 정상적인 진폭보다 큰 CAN-H는 3.93V, CAN-L는 1.07V의 전압이 나타나는 특징을 보인다.

주선에서 CAN-H 또는 CAN-L 라인이 단선일 때 측정 위치에 따라서 동일한 ID이더라도 나타나는 불량 형태는 다를 수 있다. 그러나 공통적인 점은 어떤 노드가 송신하더라도 전체의 신호가 불량하다는 것이다.

CAN-H 라인과 CAN-L 라인의 파형을 측정하였을 때 불량의 형태는 ①진폭 불량, ②겹침 불량으로 나누어 볼 수 있다.

주선에서 단선된 라인이 있는 경우 지금까지 살펴본 바와 같이 그 위치가 어디이고, 어떤 노드가 송신하든 공통적으로 정상적인 진폭보다 커지는 특징을 보인다.

한편 가장 큰 특징은 겹침과 그 방향성으로 CAN-H 라인이 단선인 경우 recessive일 때 두 라인 모두 공통 전압인 2.5V, dominant일 때 두 라인은 약 1.07V가 반복된다. 이때 마치 CAN-L의 신호만 존재하는 것처럼 CAN-H와 CAN-L 파형이 CAN-L의 형태로 겹쳐지는 파형으로 나타난다.

CAN-L 라인이 단선된 경우 recessive일 때 2.5V, dominant일 때 두 라인에서 약 3.93V의 전압으로 나타나는 것이 반복됨으로써 마치 CAN-H의 신호만 존재하는 것처럼 CAN-H와 CAN-L 파형이 CAN-H의 형태로 겹쳐지는 파형이 나타난다.

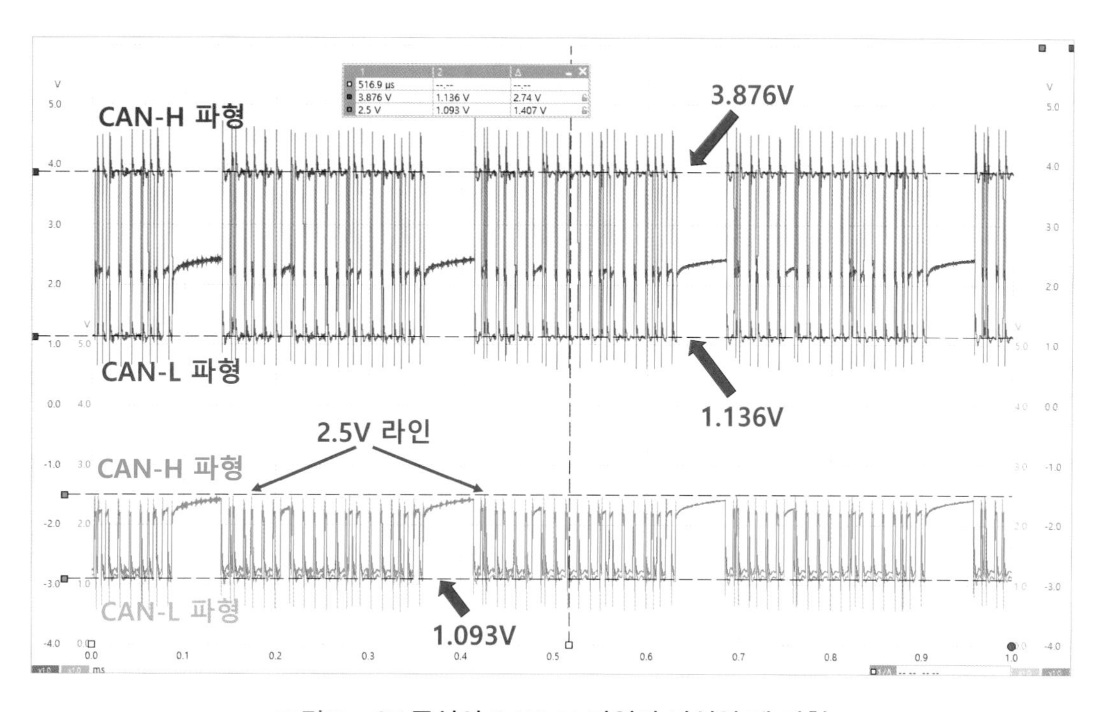

그림 Ⅱ - 37 **주선의 CAN-H 라인이 단선일 때 파형**

그림 Ⅱ - 37은 주선의 CAN-H 라인이 단선일 때의 대표적인 사례이다. 측정 위치를 각각 달리하여 포착한 파형으로 그림 Ⅱ - 33에서 보이는 전압과 약간의 차이는 있다.

recessive일 때 공통적인 전압 2.5V, dominant일 때 CAN-H : 3.5V, CAN-L : 1.5V의 정상적인 진폭보다 커진 것을 알 수 있다. 그림에서 아래에 있는 파형은 위쪽에 있는 파형과 동일한 ID임에도 불구하고 측정 위치가 달라 recessive일 때의 공통 전압인 2.5V의 기준선보다 낮은 상태로 CAN-H와 CAN-L 파형이 CAN-L의 신호 형태로 겹쳤음을 확인할 수 있다.

그림 Ⅱ - 38은 주선의 CAN-L 라인이 단선일 때의 대표적인 사례로 위쪽의 파형에서 정상적인 진폭보다 커진 것을 알 수 있다. 그림에서 아래의 파형은 recessive일 때의 공통 전압인 2.5V의 기준선보다 높은 상태로 CAN-H와 CAN-L 파형이 CAN-H의 신호 형태로 겹쳤음을 확인할 수 있나.

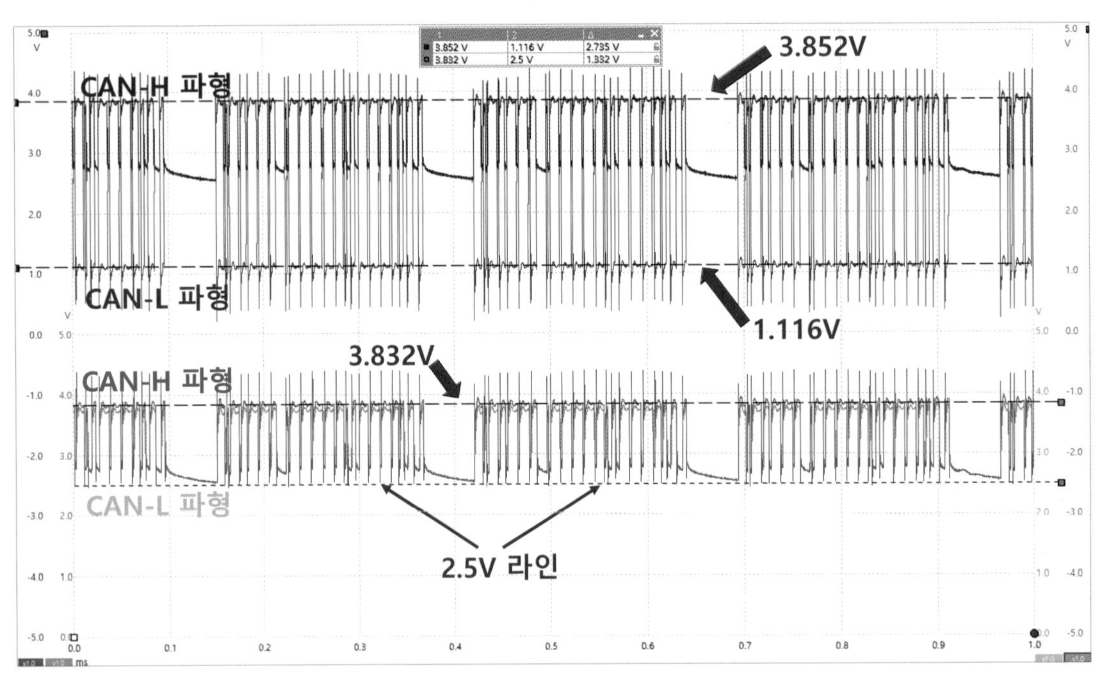

그림 Ⅱ - 38 주선의 CAN-L 라인이 단선일 때 파형

주선의 두 라인 중 하나가 단선일 때 주선의 노드 또는 지선의 노드 어떤 노드가 송신하더라도 dominant일 때 정상적인 진폭에 비해 상대적으로 진폭이 커진다. CAN-H가 단선일 때는 CAN-L 파형과 CAN-H 파형 두 라인의 파형이 CAN-L 파형과 같이 겹치고, CAN-L 라인이 단선일 때는 CAN-H 파형 측으로 두 라인의 파형이 겹쳐 보이는 특징을 가진다.

2 지선의 단선

(1) 지선 CAN-H 라인 단선

그림 Ⅱ - 39는 지선(sub twist pair line, drop line) 노드의 High 라인이 단선된 상황에서 터미네이션(termination) 되어져 있는 A 노드가 dominant 신호를 송신하는 상태를 보인다. A 노드의 내부뿐만 아니라 반대편 B 노드의 종단 저항(120Ω)을 지나 A 노드의 접지까지 전류가 흐를 수 있어 정상적인 상태의 전압(CAN-H:3.5V, CAN-L:1.5V)과 전류 분포를 보이게 된다.

따라서 A 노드에서의 송신 신호가 dominant와 recessive를 반복할 경우 CAN-H 라인이 단선된 C 노드의 입구를 제외한 나머지 어디서든 정상적인 파형이 관측된다.

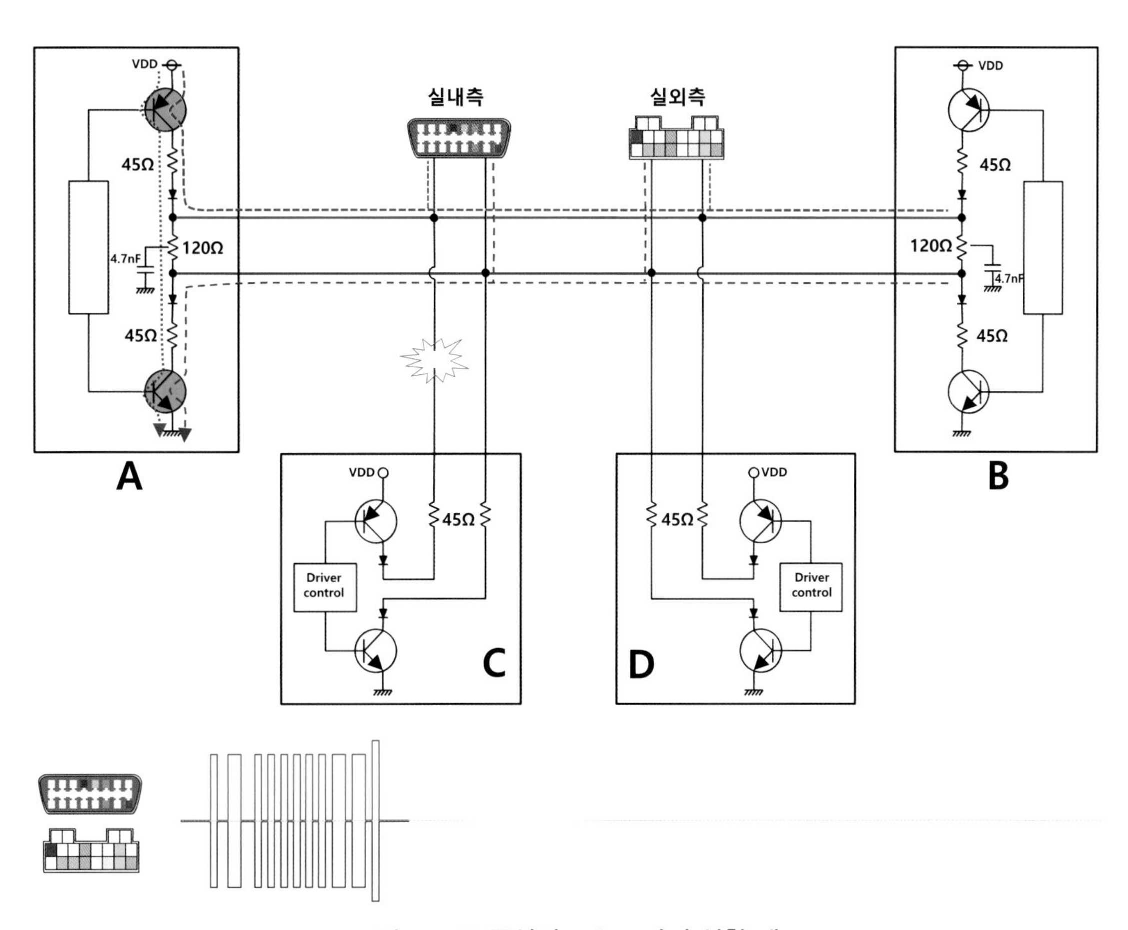

그림 Ⅱ - 39 주선의 A 노드가 송신할 때

결과적으로 실 · 내외 진단커넥터 측에서 파형을 측정하였다면 그림 Ⅱ - 39의 아래쪽에 나타낸 정상적인 전압 파형(CAN-H:2.5V ↔ 3.5V, CAN-L:2.5V ↔ 1.5V)을 관측할 수 있다.

주선의 B 노드가 송신할 때도 그림 Ⅱ - 40에서 보이는 바와 같이 B 노드의 내부뿐만 아니라 반대편 A 노드의 종단 저항(120Ω)을 지나 B 노드의 접지까지 전류가 흐를 수 있다. 정상적인 상태의 전압(CAN-H:3.5V, CAN-L:1.5V)이 나타나므로 B 노드에서의 송신 신호가 dominant와 recessive를 반복할 경우 CAN-H 라인이 단선된 C 노드의 입구를 제외한 나머지 어디서든 정상적인 파형이 관측된다.

결과적으로 실 · 내외 진단커넥터 측에서 파형을 측정하였다면 그림 Ⅱ - 40의 아래쪽에 보이는 정상적인 전압 파형(CAN-H:2.5V ↔ 3.5V, CAN-L:2.5V ↔ 1.5V)을 관측할 수 있다.

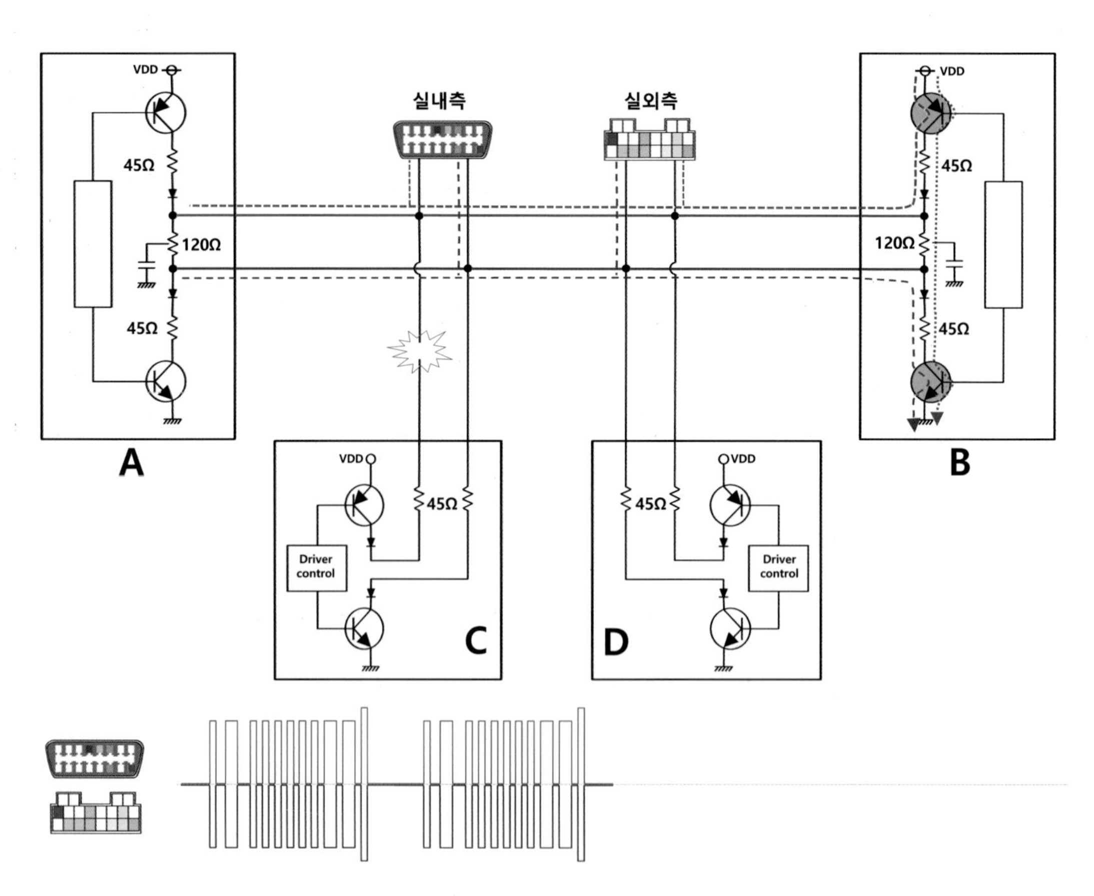

그림 Ⅱ - 40 주선의 B 노드가 송신할 때

그림Ⅱ- 41은 CAN-H가 단선된 지선 측 C 노드가 송신할 경우로 dominant 신호를 출력하는 상태이다. C 노드에서 송출한 내부의 전원은 내부 저항을 거쳐 주선과 연결되어야 하나 CAN-H 라인이 단선된 관계로 주선과 연결될 수 없다.

한편 주선의 CAN-L 라인은 C 노드의 접지까지 연결되는 관계로 전압이 낮아진다. 이때 주선 측 CAN-H 라인은 A 노드와 B 노드 내부의 종단 저항을 지나 CAN-L 라인과 연결되어진 상태이므로 CAN-H 라인의 전압은 CAN-L 라인의 전압과 같아진다.

결과적으로 CAN-H 라인이 단선된 지선 측 C 노드가 송신할 때 idle 상태 또는 recessive 상태의 전압인 2.5V보다 낮은 전압으로 CAN-H 신호와 CAN-L 신호가 완벽히 겹쳐진 파형으로 나타난다. 즉 CAN-H 쪽의 신호가 CAN-L 신호와 완벽히 겹쳐진 상태로 CAN-L 파형처럼 나타난다.

C 노드가 dominant 신호를 출력하는 순간 CAN-L 라인의 전압은 C 노드에서 송출한 전원과 연결이 차단된 상태이다. 그림Ⅱ- 42와 같이 터미네이션 회로 내부에 존재하는 콘덴서의 전압 2.5V가 인가된 상태에서 C 노드 내부 저항을 지나 접지와 연결된 상태이므로 dominant 신호가 길면 길수록 콘덴서의 전압은 거의 0V 가까이 방전하게 된다.

이후 dominant 신호의 송신을 마치고 recessive 신호를 송신할 때 콘덴서가 방전한 상태이므로 공통 전압인 2.5V가 될 때까지 충전된다. 따라서 recessive 상태일 때 그림Ⅱ- 43과 같이 콘덴서 충전 파형이 나타난다. 한 프레임이 끝나거나 C 노드의 송신이 중단되는 경우 방전된 콘덴서에 2.5V의 공통 전압이 충전될 때까지 콘덴서 충전 파형이 나타난다.

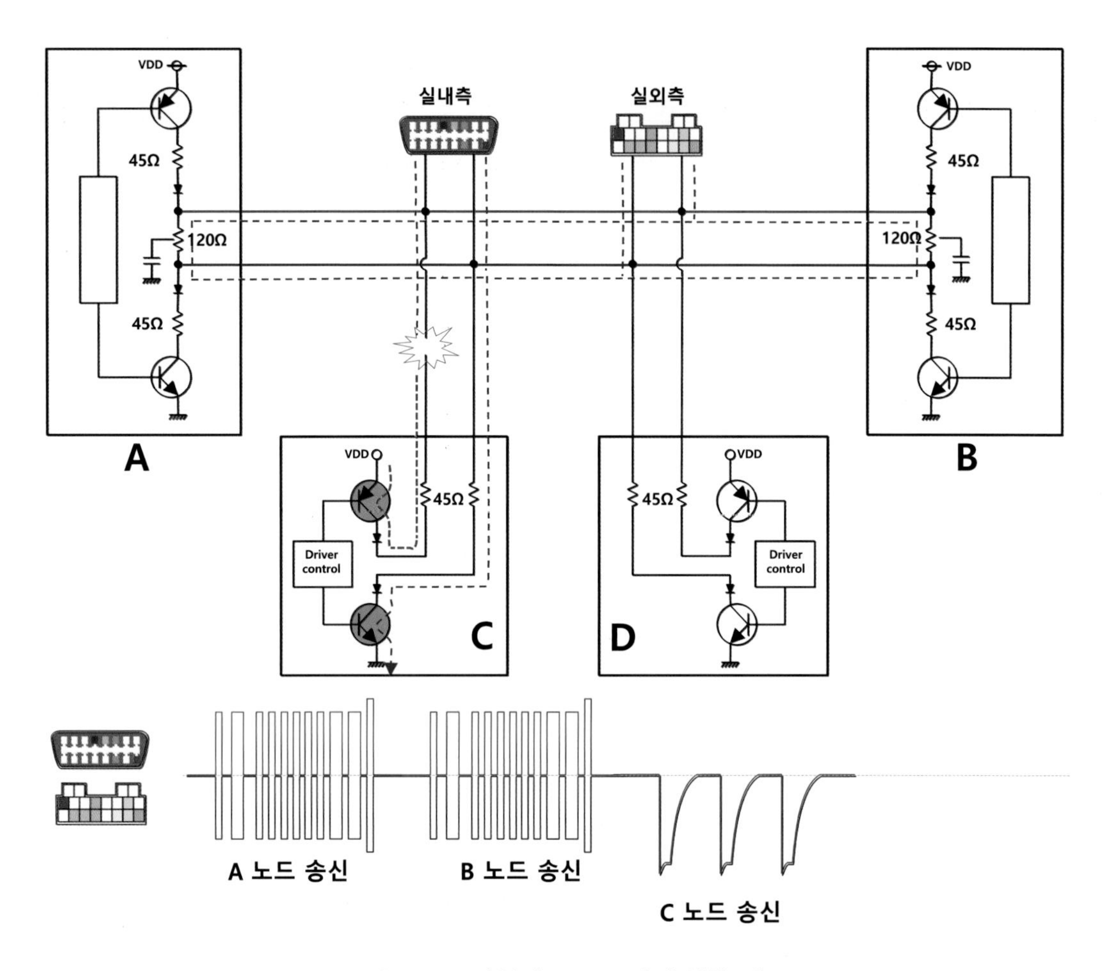

그림 Ⅱ – 41 지선의 C 노드가 송신할 때

CAN은 진송의 보인과 품질을 확보하고 CAN 버스에 의한 정보의 안정성을 높이기 위해 송신자 또는 수신자 스스로 에러를 검출하는 기능을 가지고 있다.

송신자 스스로 전기적 레벨이 실제로 존재하는지 여부를 확인하여 흠이 있는 경우 에러로 판단하는 버스 모니터링 기능도 가지고 있다. 그림 Ⅱ – 43과 같이 주기적으로 약 3~5bit 시간 만에 송신을 포기함에 따라 전압이 수직으로 떨어졌다가 콘덴서 충전 파형을 보이는 톱니파가 발생하는 이유는 버스 모니터링 기능에 의해 에러를 감지했고, 송신을 포기한 것으로 판단할 수 있다.

C 노드가 dominant(CAN–H:3.5V, CAN–L:1.5V) 송출을 하면 할수록 CAN–H 라인이 단선된 관계로 콘덴서의 전압은 방전하게 되고, 정상적인 상태인 2.5V로 재충전을 완료할 때까지 시간이 필요하다. 콘덴서가 아직 충전이 완료되지 않아

낮은 전압을 유지하는 상태에서 C 노드가 recessive(CAN-H:2.5V, CAN-L:2.5V) 신호를 송출한다면 콘덴서 전압이 완전 충전되지 않아 라인의 전압이 낮아진 상태이므로 프레임 중 DLC, Data, CRC filed의 경우 비트 에러로 감지할 수 있다.

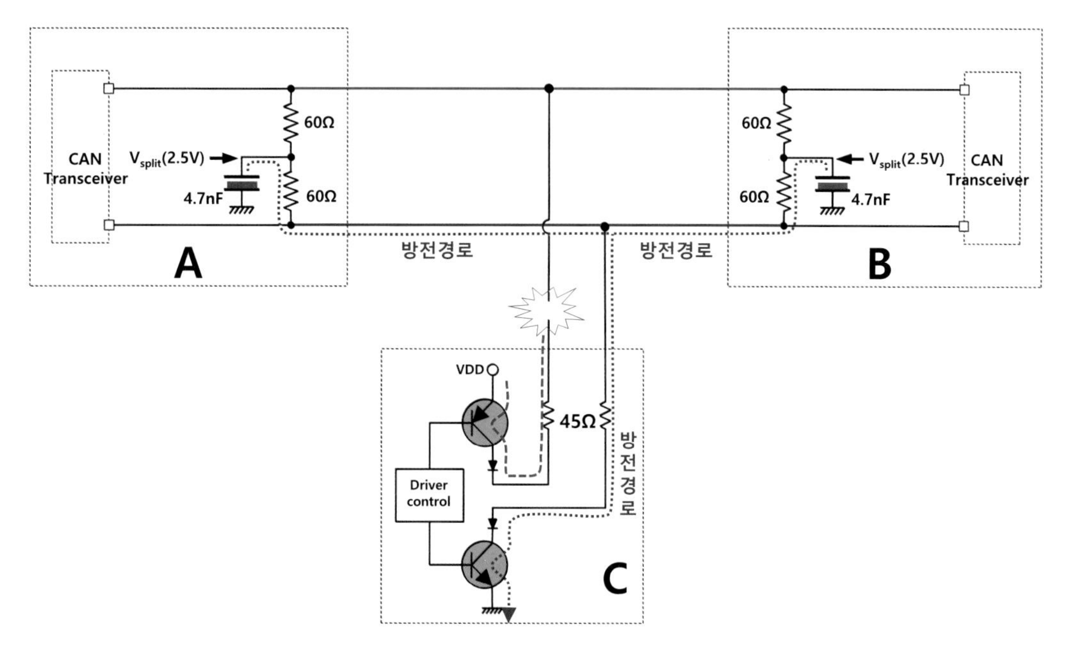

그림 Ⅱ – 42 C 노드 송신 시 콘덴서 방전

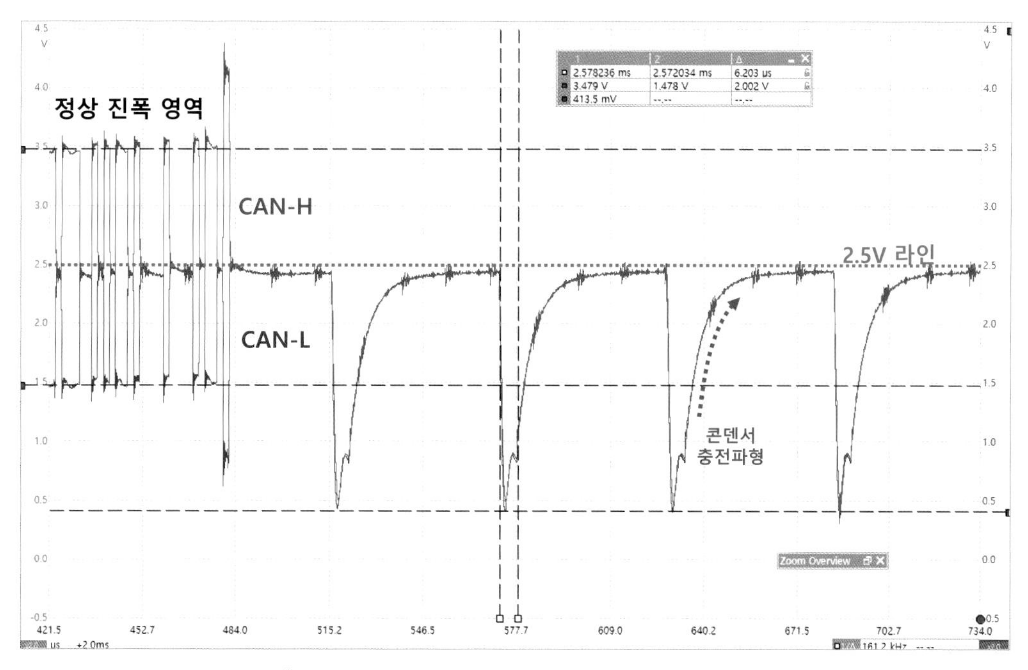

그림 Ⅱ – 43 지선의 CAN-H 라인이 단선되었을 때

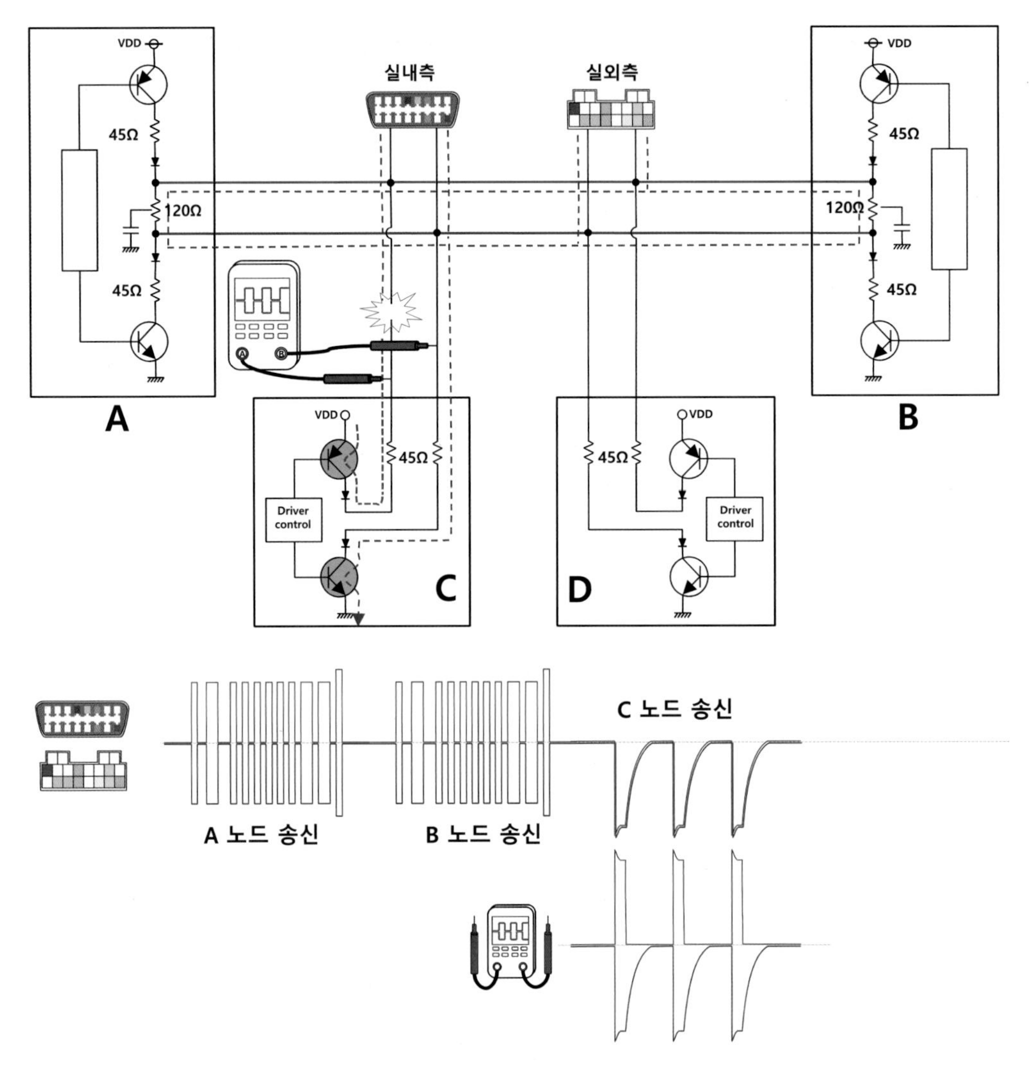

그림 Ⅱ – 44 C 노드가 송신 시 C 노드측에서 신호 측정

중재 기능을 가진 ID filed인 경우 우선권을 가진 타 노드의 ID가 감지된 줄 알고 스스로 송신을 포기할 수 있다. 결과적으로 콘덴서의 방전에 의해 송신하고자 하는 신호와 다른 전압 레벨을 감지한 C 노드가 송신을 포기한다.

잠시 후 버스가 idle 상태임을 감지한 C 노드는 재송신을 시도하지만, 또다시 송신하고자 하는 신호와 다른 전압 레벨을 감지하여 송신을 포기하는 과정을 반복하기 때문에 그림 Ⅱ – 43과 같은 파형이 나타난다.

C 노드 측 CAN–H가 단선된 경우라면 각 시스템에서의 진단 코드(DTC)가 C 노드에 결함이 있음을 지시할 것이다. 또한 각 노드의 전원을 차단(퓨즈 제거 등)하는

방법의 점검에서 C 노드의 전원을 차단한 경우만 비정상적인 파형이 사라지고 정상적인 파형이 나타나게 된다.

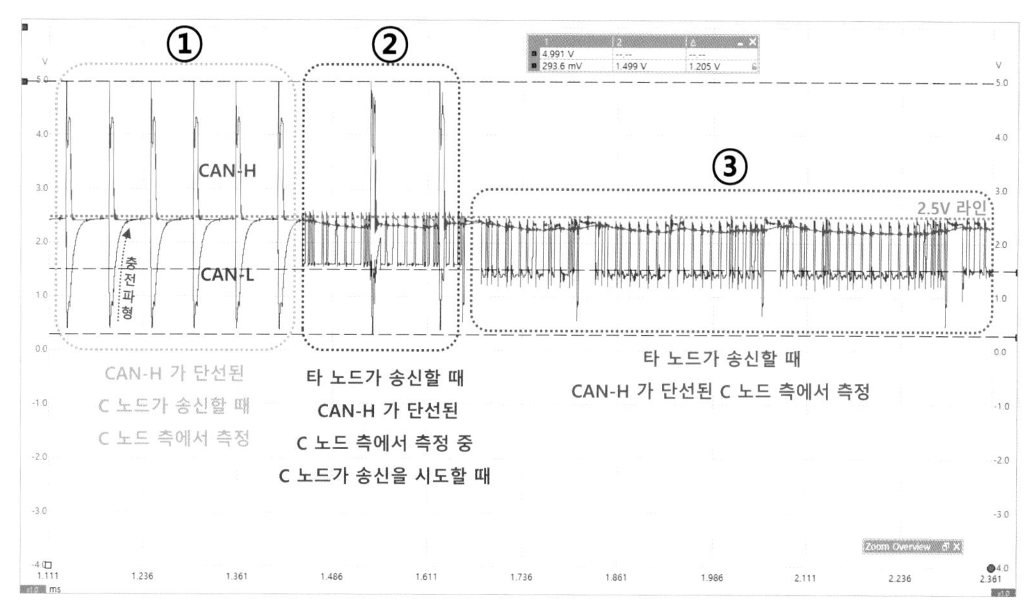

그림 Ⅱ – 45 CAN–H 라인이 단선된 C 노드측에서 측정

어떤 방법이든 C 노드의 결함이 확정되거나 의심되는 상태에서 CAN–H 라인이 단선된 C 노드 측에서 그림 Ⅱ – 44와 같이 각 라인의 전압 파형을 측정하였을 때 C 노드가 송신하는 경우라면 그림 Ⅱ – 45의 ①과 같은 파형을 볼 수 있다.

CAN–L 라인은 터미네이션 회로가 있는 주선과 연결되었기 때문에 콘덴서 충전 파형이 나타나지만 주선과 연결이 차단된 CAN–H 라인에서의 신호는 C 노드가 dominant 신호를 출력할 때마다 전원이 on/off 되듯 펄스파와 비슷한 형태로 나타난다.

따라서 그림 Ⅱ – 45의 ①과 같은 파형으로 콘덴서 파형이 없는 CAN–H 라인에 단선의 결함이 숨어 있음을 판단할 수 있다.

송신하려던 C 노드의 입장에서 몇 bit의 dominant 신호 후 recessive 신호를 송신하려는 순간 그림 Ⅱ – 45의 ①과 같은 파형을 감지하게 되고, bit 모니터링 기능에 의해 전압 레벨뿐만 아니라 차동 전압으로도 에러가 있음을 감지하고 C 노드 스스로 송신을 포기한다. 잠시 후 아무도 통신을 시도하지 않은 상태라고 판단한 C 노드는 재송신을 시도하지만 그림 Ⅱ－45 ①과 같은 파형의 전압 레벨을 감지하기 때문에 송신을 포기하게 되는 과정을 반복하게 된다. 따라서 C 노드 측에서는 그림 Ⅱ－45의 파형이 계측되지만 나머지 라인에서는 그림 Ⅱ－43에 보이는 톱니파가 보이게 된다.

그림 Ⅱ－46과 같이 D 노드가 dominant 신호를 출력할 때 주선의 라인에는 결함이 없는 상태이므로 A 또는 B 노드가 송신할 때와 마찬가지로 정상적인 전압 분포가 나타난다.

D 노드가 송신하는 도중 CAN-H 라인이 단선된 C 노드에서 파형을 측정할 경우 그림 Ⅱ－45의 ③과 같은 파형을 볼 수 있다. C 노드가 송신하지 않은 상태이면 C 노드의 CAN-H 라인은 컨트롤러 내부 IC까지 어디에도 연결되지 않은 플로팅(floating) 상태이므로 2.5V의 허전압이 나타나는 반면 CAN-L 라인은 정상적인 펄스 파형이 나타난다.

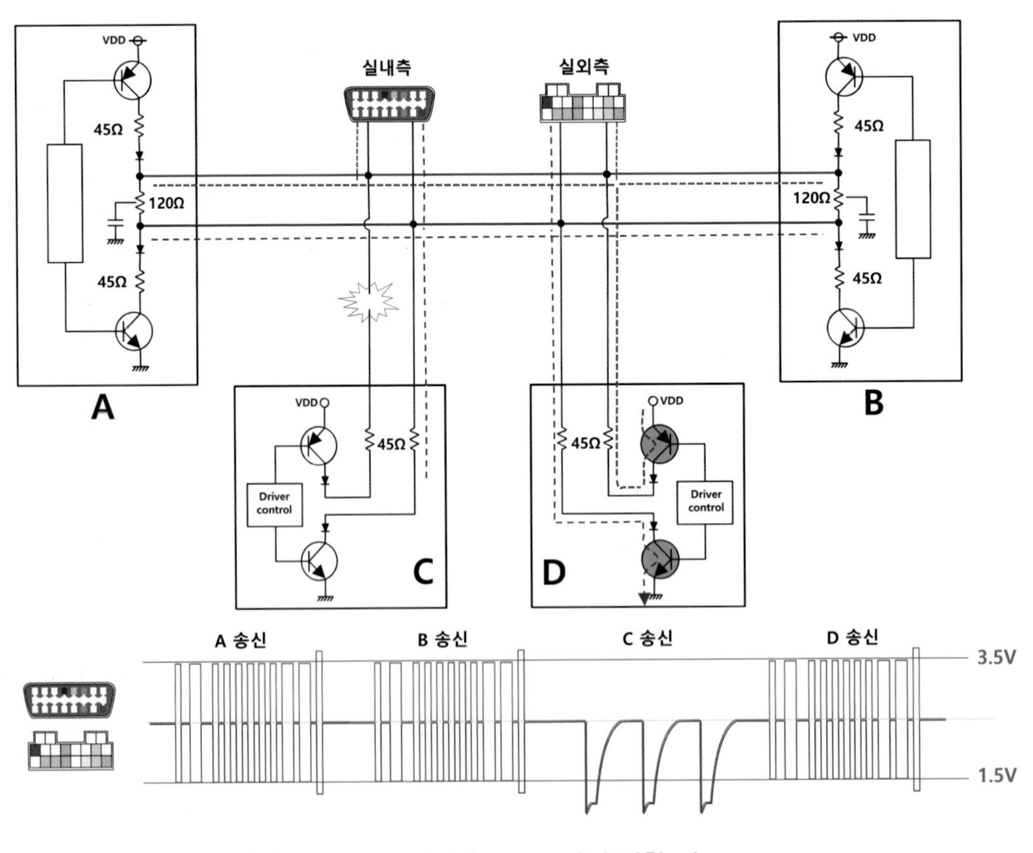

그림 Ⅱ－46 지선의 D 노드가 송신할 때

그림Ⅱ－45의 ③과 같은 파형은 지선의 D 노드뿐만 아니라 주선의 어떤 노드가 송신하여도 동일한 결과로 나타난다.

한편 D 노드가 송신하고 있는 동안 신호를 감지하지 못하는 C 노드는 버스가 유휴 상태인 것으로 알고 송신을 시도할 수 있다. 이때는 D 노드가 송신하는 파형 중간에 그림Ⅱ－45의 ①과 같은 파형이 겹쳐서 나타나 결과적으로 그림Ⅱ－45의 ②와 같은 파형이 검출된다.

주선의 라인 단선은 진폭 불량과 겹침 불량 등으로 모든 신호가 불량인 반면 지선 라인의 단선은 정상적인 진폭을 가진 신호가 존재하며 결함이 있는 노드가 송신할 때만 겹침 불량 신호가 나타나는 특징을 가진다. 바꿔 얘기하면 한 개의 프레임이라도 정상적인 진폭의 파형이 존재한다면 주선의 결함이 아닌 지선의 결함이라는 뜻이다.

(2) 지선 CAN-L 라인 단선

그림Ⅱ－47은 지선(sub twist pair line, drop line) 노드(C)의 Low 라인이 단선된 상황에서 터미네이션(termination) 되어져 있는 A 노드가 dominant 신호를 송신하는 경우이다.

그림Ⅱ－47에서와 같이 단선된 부위와 무관하게 A 노드의 내부뿐만 아니라 반대편 B 노드의 종단 저항(120Ω)을 지나 A 노드의 접지까지 전류가 흐를 수 있어 정상적인 상태의 전압(CAN-H:3.5V, CAN-L:1.5V)과 전류 분포를 보이게 된다.

따라서 A 노드에서 dominant와 recessive의 신호를 반복하더라도 CAN-H 라인이 단선된 C 노드의 입구를 제외한 나머지 어디서든 정상적인 파형이 관측된다.

결과적으로 실·내외 진단커넥터 측에서 파형을 측정하였다면 그림Ⅱ－47의 아래쪽에 나타낸 정상적인 전압 파형(CAN-H:2.5V ↔ 3.5V, CAN-L:2.5V ↔ 1.5V)을 관측할 수 있다.

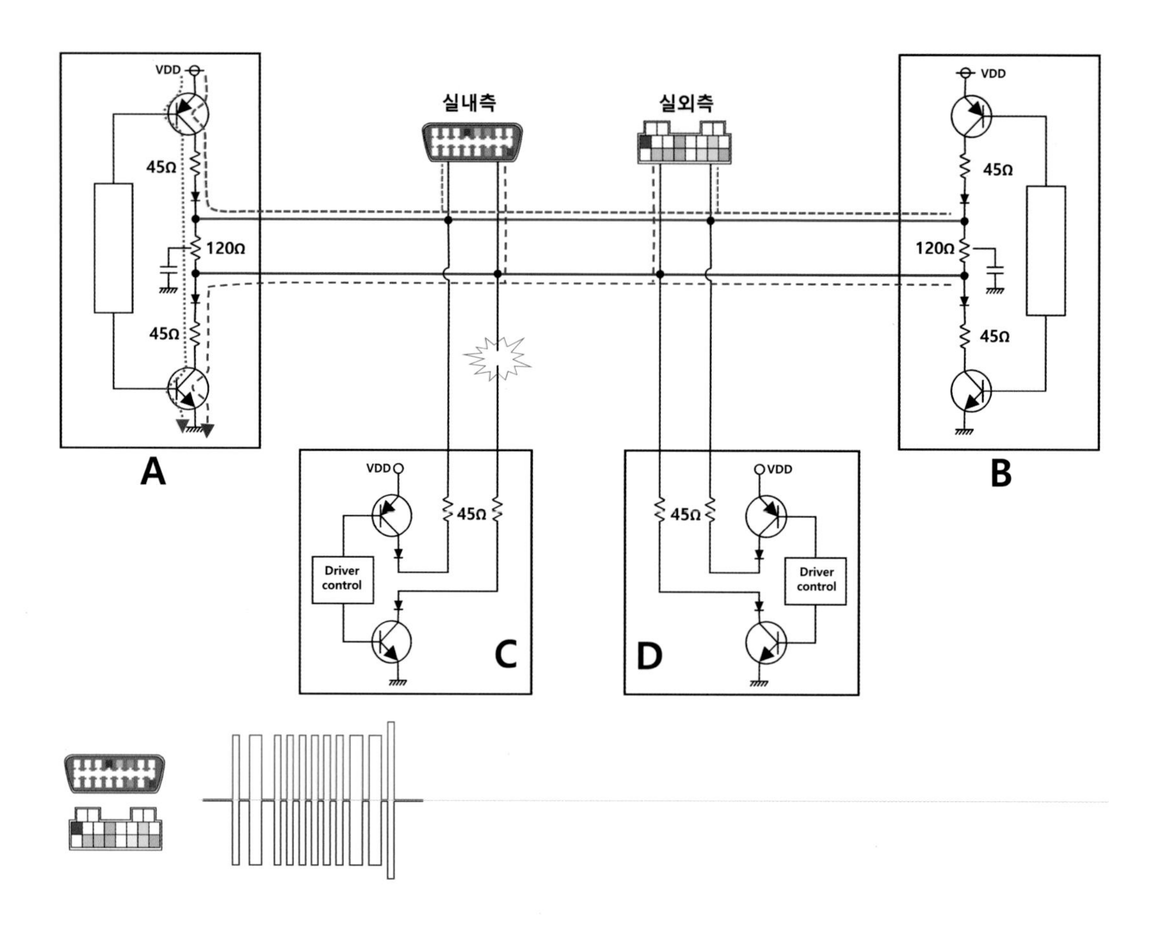

그림 Ⅱ－47 주선의 A 노드가 송신할 때

주선의 B 노드가 송신할 때도 그림 Ⅱ－48에서 보이는 바와 같이 B 노드의 내부뿐만 아니라 CAN－H 라인을 타고 반대편 A 노드의 종단 저항(120Ω)을 지나 주선의 CAN－L 라인을 통과하여 B 노드의 접지까지 전류가 흐를 수 있어 정상적인 상태의 전압(CAN－H:3.5V, CAN－L:1.5V)이 나타나므로 B 노드에서의 dominant와 recessive의 신호를 반복하더라도 CAN－L 라인이 단선된 C 노드의 입구를 제외한 나머지 어디서든 정상적인 파형이 관측된다.

결과적으로 실 · 내외 진단커넥터 측에서 파형을 측정하였다면 그림 Ⅱ－48의 아래쪽에 보이는 정상적인 전압 파형(CAN－H:2.5V ↔ 3.5V, CAN－L:2.5V ↔ 1.5V)을 관측할 수 있다.

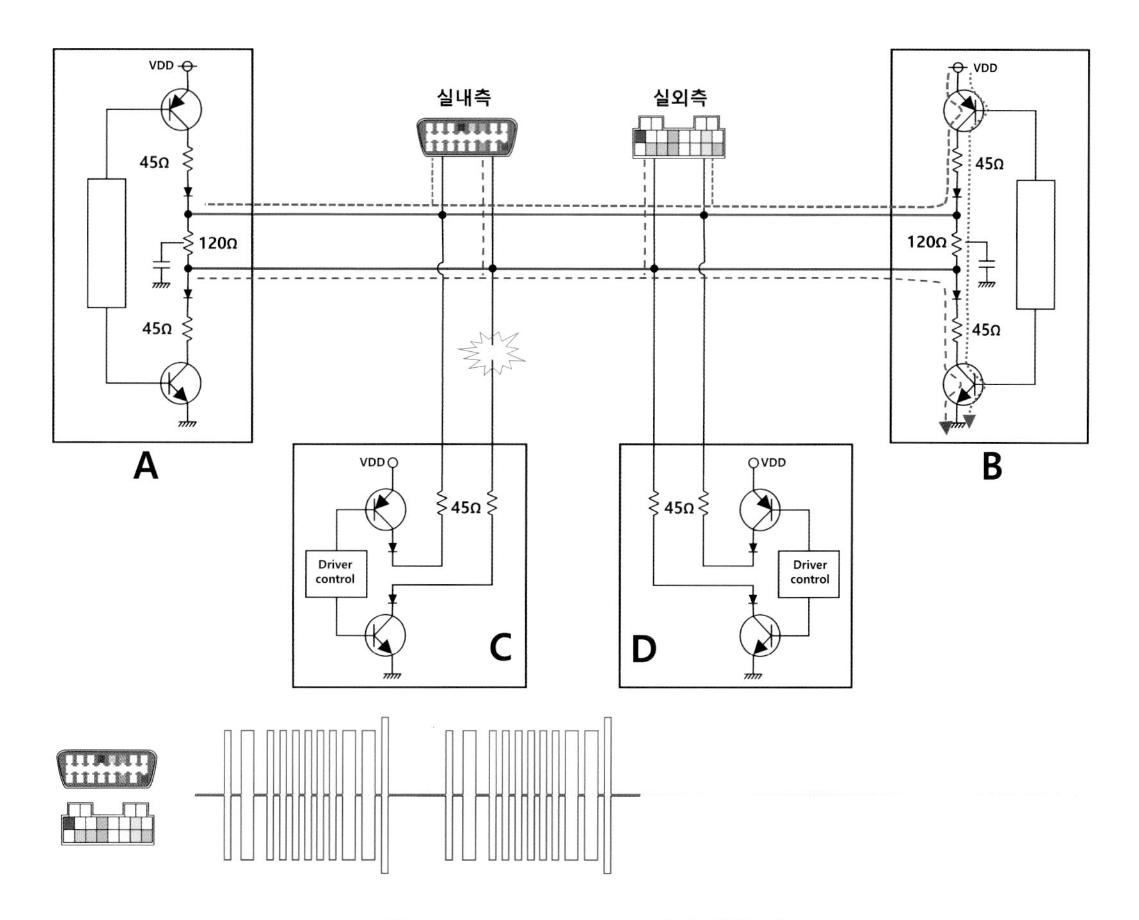

그림 Ⅱ - 48 주선의 B 노드가 송신할 때

그림 Ⅱ - 49는 CAN-L가 단선된 지선 측 C 노드가 송신할 경우로 dominant 신호를 출력하는 상태이다.

C 노드에서 송출한 내부 전원 전압은 C 노드의 내부 저항을 거쳐 주선의 CAN-H 라인과 연결되고 A 노드와 B 노드의 종단 저항을 지나 CAN-L 라인에 전달된다. 이후 C 노드의 접지와 연결되어야 하나 C 노드의 Low 라인이 단선된 관계로 접지까지 연결되지 않는다.

따라서 주선의 CAN-H와 CAN-L 라인 그리고 C 노드의 Low 라인 단선 위치까지 모두 CAN-H의 정상적인 전압보다 높은 C 노드에서 송출한 전압이 나타난다.

결과적으로 CAN-L 라인이 단선된 지선 측 C 노드가 송신할 때 idle 상태 또는 recessive 상태의 전압인 2.5V뿐만 아니라 dominant 때의 전압보다 높은 전압으로 CAN-H 신호와 CAN-L 신호가 완벽히 겹쳐진 파형으로 나타난다. 즉 실내 측 진단 커넥터와 실외 측 진단 커넥터 측에서 파형을 관측하였을 때 CAN-H 쪽의 신호가 CAN-L 신호와 겹쳐진 상태로 CAN-H 파형처럼 나타난다.

C 노드가 dominant 신호를 출력하는 순간 주선의 CAN-H, CAN-L 라인은 C 노드에서 송출한 전원 전압이 인가된 상태가 되어 거의 5V에 가까운 전압이 나타난다.

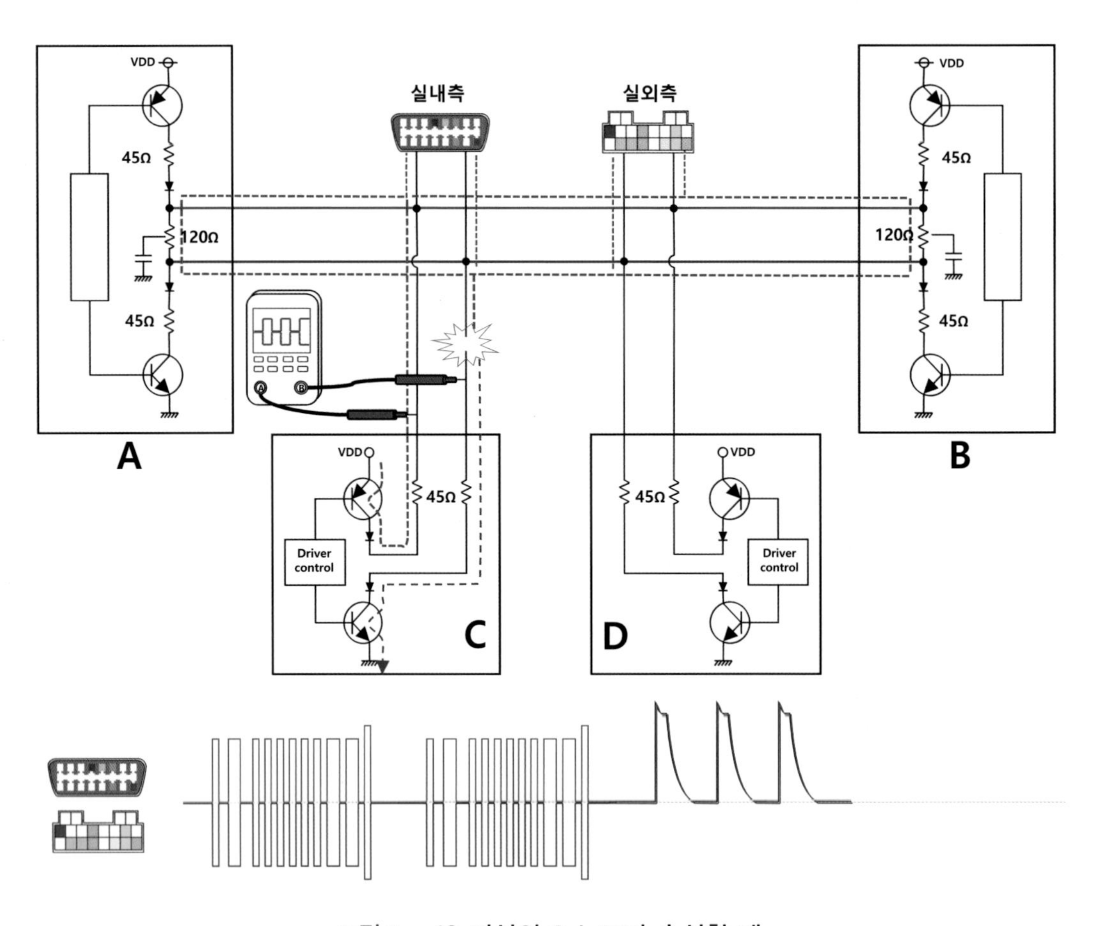

그림 Ⅱ – 49 지선의 C 노드가 송신할 때

이때 콘덴서의 전압은 2.5V이고 접지와 연결된 구조이므로 C 노드가 dominant 신호를 출력하는 동안 그림 Ⅱ – 50과 같이 CAN-H 라인의 높아진 전압에 의해 콘덴서는 충전하게 된다.

이후 dominant 신호가 멈추거나 송신을 마친 경우 콘덴서는 2.5V보다 높은 전압이 충전된 상태이므로 정상상태인 2.5V까지 방전되며, 관측되는 파형 역시 콘덴서 방전 파형을 볼 수 있다.

CAN은 전송의 보안과 품질을 확보하고 CAN 버스에 의한 정보의 안정성을 높이기 위해 송신자 또는 수신자 스스로 에러를 검출하는 기능을 가지고 있다. 송신자 스스로 전기적 레벨이 실제로 존재하는지를 확인하여 흠이 있는 경우 에러로 판단하는 버스 모니터링 기능도 가지고 있다.

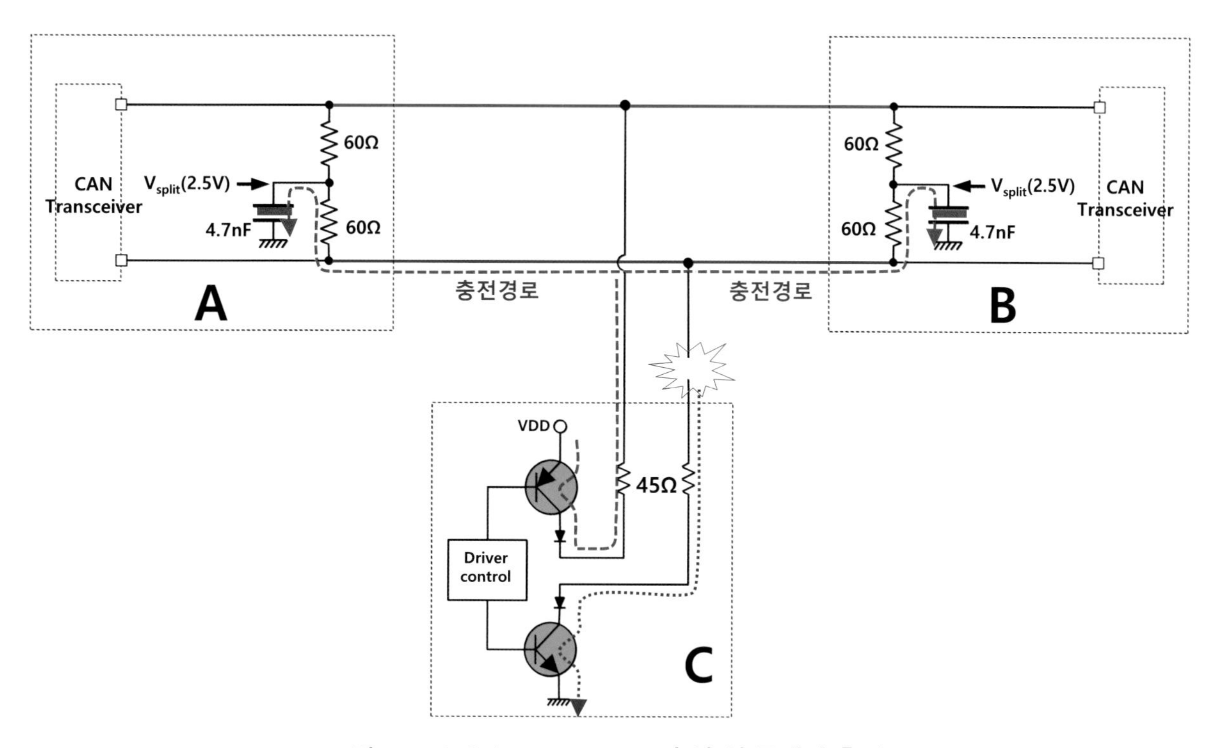

그림 Ⅱ－50 C 노드 dominant 송신 시 콘덴서 충전

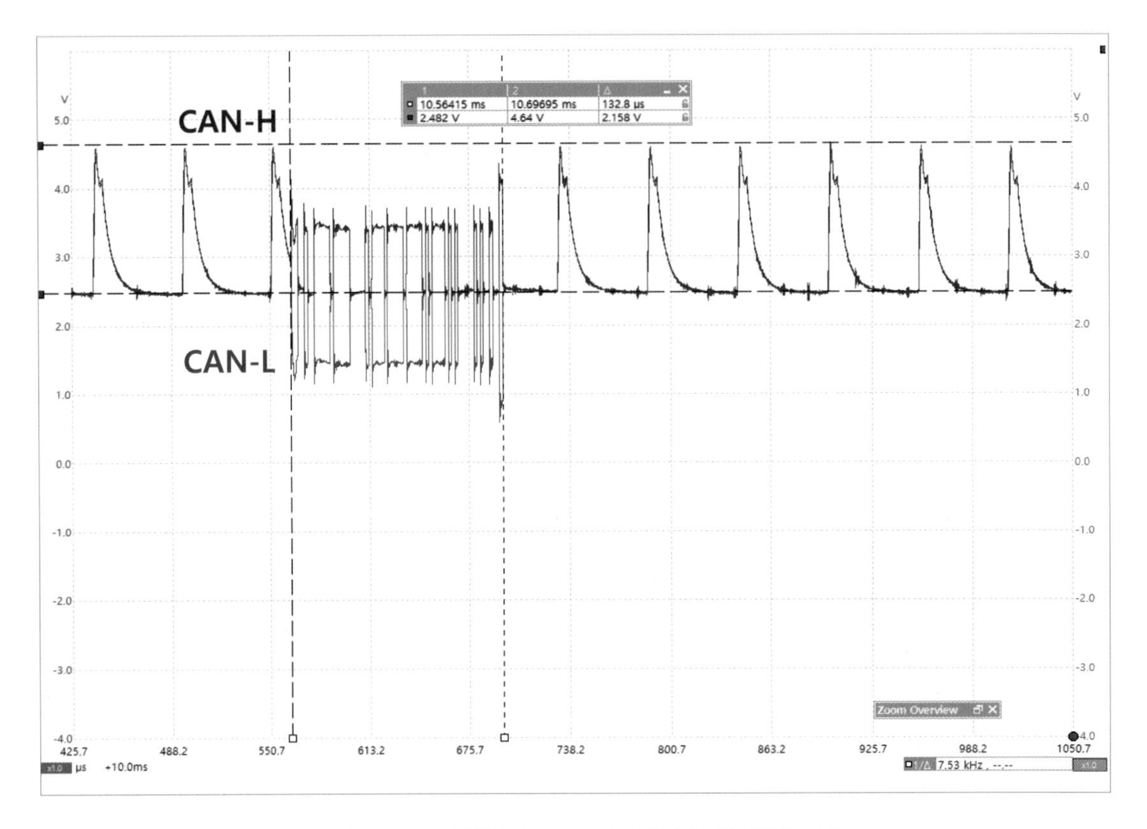

그림 Ⅱ - 51 지선의 CAN-L 라인이 단선되었을 때

그림 Ⅱ - 51과 같이 주기적으로 약 3~5bit 시간 만에 송신을 포기함에 따라 전압이 수직으로 올라갔다가 콘덴서 방전 파형을 보이는 톱니파가 발생하는 이유는 버스 모니터링 기능에 의한 것으로 판단할 수 있다.

C 노드가 dominant 신호를 송출하면 할수록 CAN-L 라인이 단선된 관계로 주선 노드의 콘덴서는 충전하게 되고, 정상적인 상태인 2.5V로 재방전을 완료할 때까지 시간이 필요하다.

콘덴서가 아직 방전이 완료되지 않아 높은 전압을 유지하는 상태에서 C 노드가 recessive 신호를 송신 시 콘덴서 전압이 아직 2.5V까지 방전되지 않아 라인의 전압이 높아진 상태이므로 비트 에러로 감지(비트 에러는 프레임 중 DLC, Data, CRC filed의 경우 비트 에러로 감지)할 수 있다. 중재 기능을 가진 ID filed의 경우 우선권을 가진 타 노드의 ID가 감지된 줄 알고 스스로 송신을 포기할 수 있다.

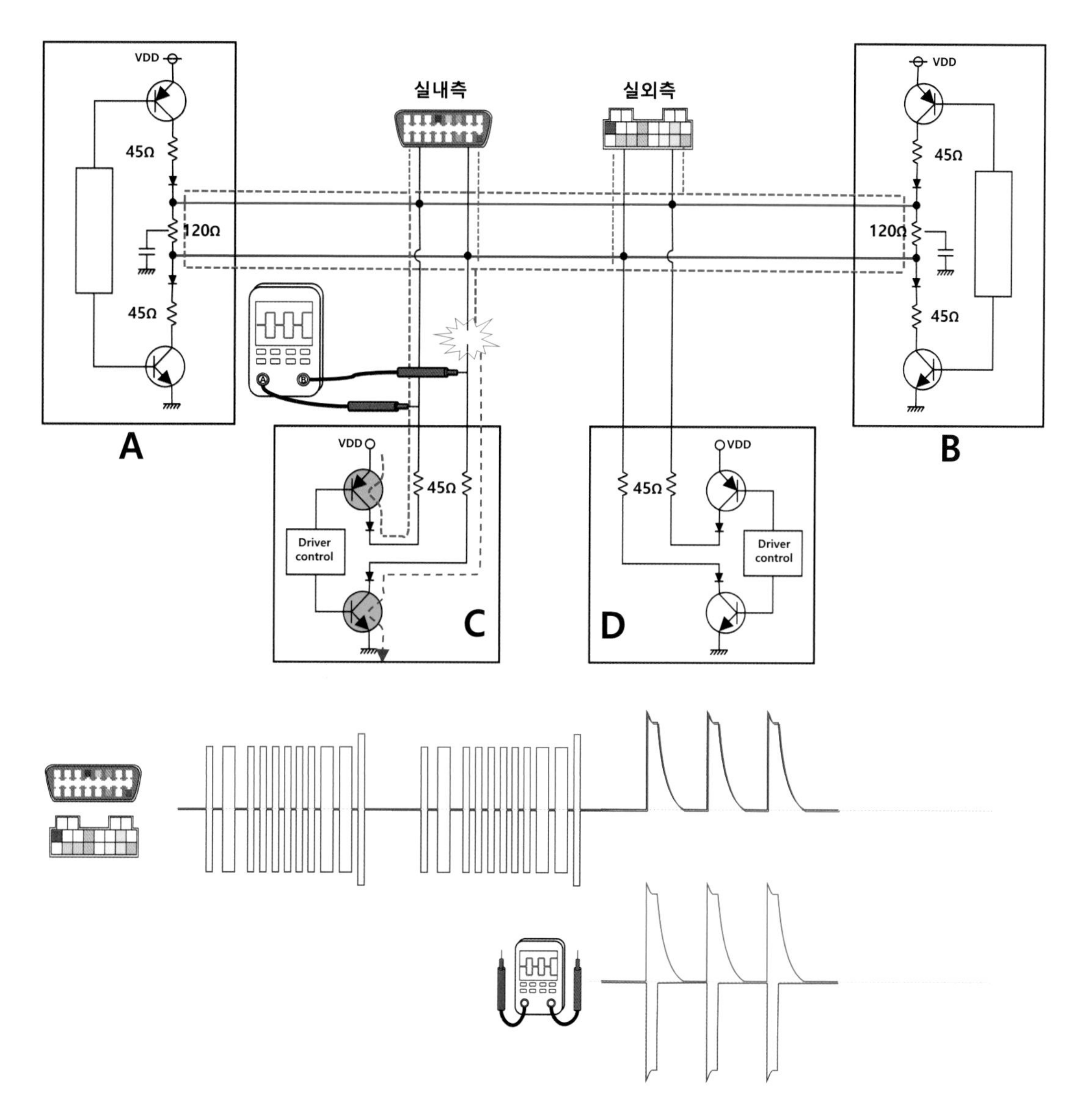

그림 Ⅱ – 52 C 노드가 송신 시 C 노드측에서 신호 측정

결과적으로 콘덴서의 충전 전압에 의해 송신하고자 하는 신호와 다른 전압 레벨을 감지한 C 노드가 송신을 포기한다. 잠시 후 전압이 안정적이고 타 노드가 송신하지 않아 버스가 idle 상태임을 감지한 C 노드는 재송신을 시도한다. 그러나 또다시 송신하고자 하는 신호와 다른 전압 레벨을 감지하여 송신을 포기하는 과정을 반복하기 때문에 그림 Ⅱ – 51과 같은 파형이 나타난 것으로 판단할 수 있다.

C 노드 측 CAN–L 라인이 단선된 경우라면 각 시스템에서의 진단 코드(DTC)가 C 노드에 결함이 있음을 지시할 것이다. 또한 각 노드의 전원을 차단(퓨즈 제거 등)하는 방법의 점검에서 C 노드의 전원을 차단한 경우만 비정상적인 파형이 사라져 정상적인 파형이 나타나게 된다.

어떤 방법이든 C 노드의 결함이 확정되거나 의심되는 상태에서 CAN–L 라인이 단선된 C 노드측에서 그림 Ⅱ – 52에 표시된 위치에서 오실로스코프로 각 라인의 전압을 측정하였을 때 C 노드가 송신하는 경우라면 그림 Ⅱ – 53의 ②과 같은 파형을 볼 수 있다.

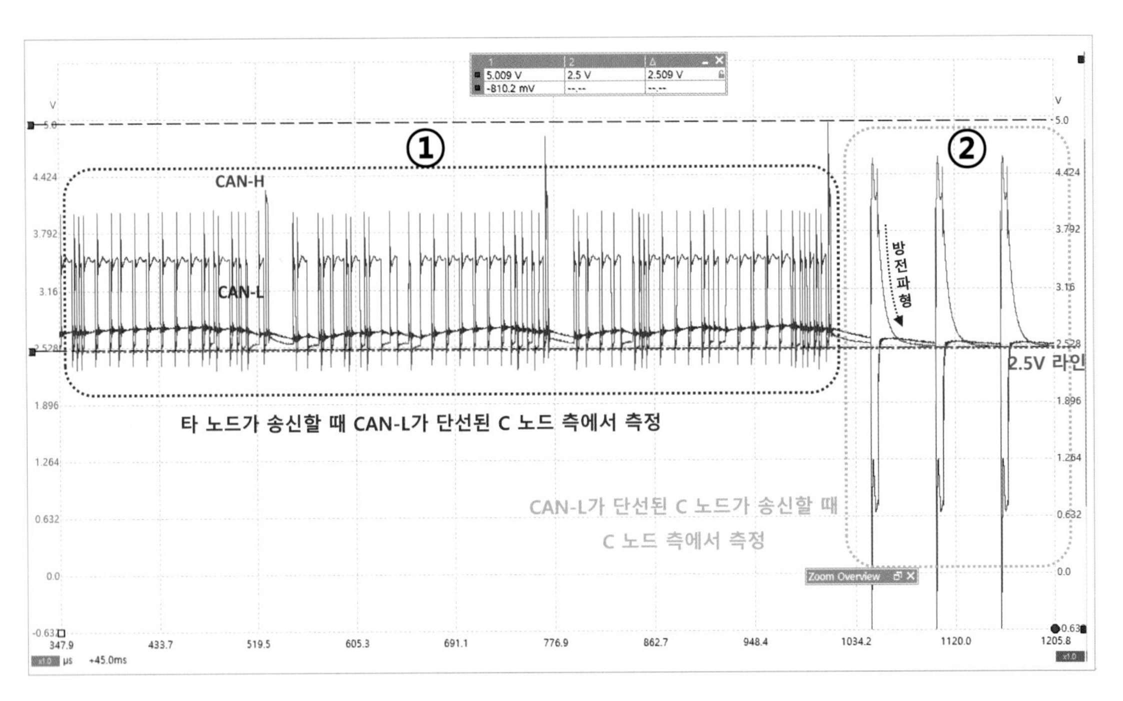

그림 Ⅱ – 53 CAN–L 라인이 단선된 C 노드측에서 측정

CAN–H 라인은 터미네이션 회로가 있는 주선과 연결되었기 때문에 콘덴서 방전 파형이 나타난다. 하지만 주선과 연결이 차단된 CAN–L 라인에서의 신호는 C 노드가 dominant 신호를 출력할 때마다 전원이 on/off 되듯 펄스파와 비슷한 형태로 나타난다.

따라서 그림 Ⅱ – 53의 ②와 같은 파형인 경우 콘덴서 방전 파형이 없는 CAN–L 라인에 단선의 결함이 숨어 있음을 판단할 수 있다.

한편 타 노드가 송신하는 상태에서 그림 Ⅱ – 52의 위치에 있는 오실로스코프에서는 그림 Ⅱ – 53의 ①과 같은 파형이 나타난다. CAN-H의 신호는 정상적으로 관측되지만 CAN-L 신호는 라인이 단선된 관계로 신호가 차단되기 때문으로 Low 측 전압은 C 노드 내부에 잔존하는 프로팅 상태의 허전압이 나타나는 특징을 보인다.

그림 Ⅱ – 54와 같이 D 노드가 dominant 신호를 출력할 때 주선의 라인에는 결함이 없는 상태이므로 A 또는 B 노드가 송신할 때와 마찬가지로 정상적인 전압 분포가 나타난다.

한편 정상적인 신호가 출력되고 있는 도중 신호를 감지하지 못하는 C 노드가 bus 유휴 상태라고 판단하고 송신을 시도할 수 있으며, 이 경우 정상적인 파형과 그림 Ⅱ – 53의 ②의 파형이 혼합된 신호가 관측될 수 있다.

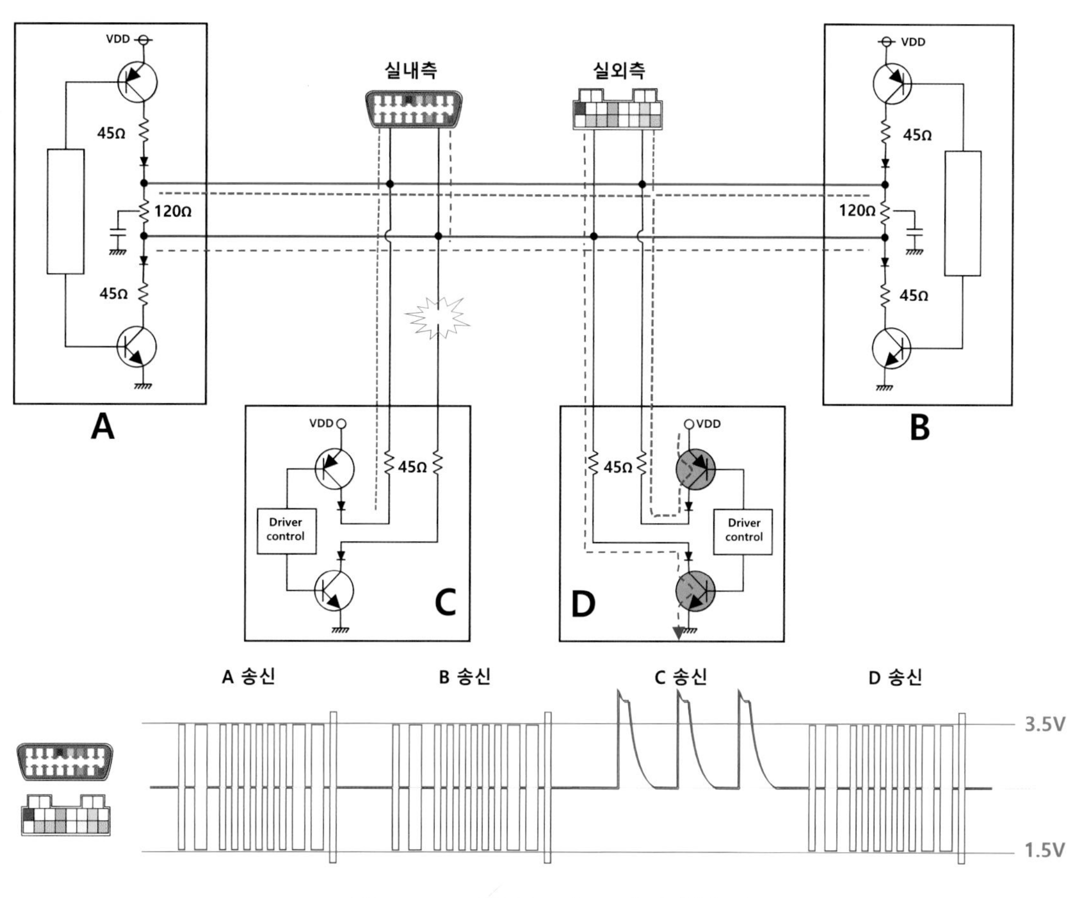

그림 Ⅱ – 54 지선의 D 노드가 송신할 때

지금까지 내용을 정리하면 주선 라인 단선은 진폭 불량과 겹침 불량 등으로 모든 신호가 불량인 반면 지선 라인의 단선은 정상적인 진폭을 가진 신호가 존재한다. 결함이 있는 지선 노드가 송신할 때만 겹침 불량 신호가 나타나는 특징을 가지며 콘덴서가 존재하는 시스템에서는 콘덴서의 충전과 방전 파형이 나타남을 알 수 있다.

CAN 라인의 저항

CHAPTER 03

1 주선의 저항

(1) 종단 저항과 차동 전압

1) 종단 저항

CAN에서의 종단 저항(terminating resistance)은 ISO11898의 CAN(125kbps ~ 1Mbps) 사양에 명시되어 있듯 120Ω을 사용하고 있다. 종단 저항에 따라 전압 레벨에도 영향을 줄 수 있지만 종단 처리의 주된 목적은 반사파의 억제에 있다.

따라서 종단 저항은 송신부가 아닌 수신부에 장착하여야 하나 각각의 노드가 송 · 수신이 가능하므로 주선 라인의 맨 끝 양단에 종단 저항을 설치하여 모든 노드가 공유할 수 있도록 하였다.

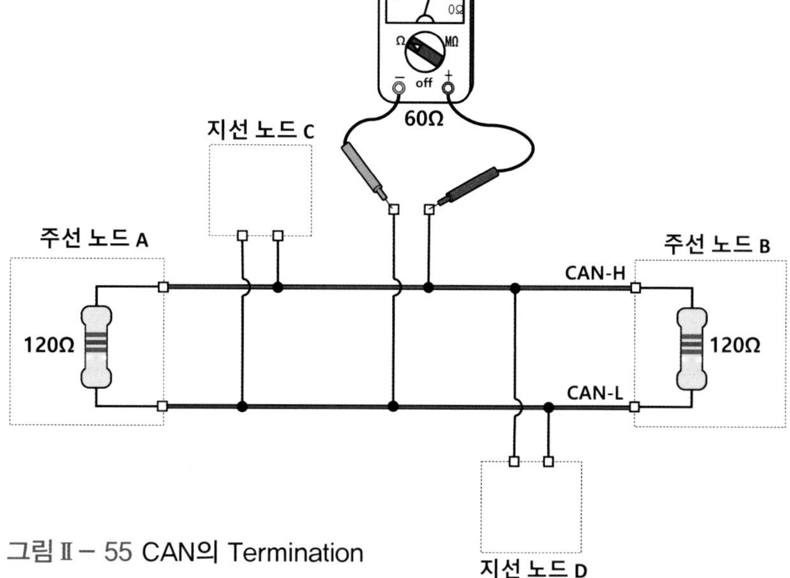

그림 Ⅱ – 55 CAN의 Termination

종단 저항을 측정하면 120Ω의 저항 2개가 병렬로 연결된 상태이므로 일반적으로 합성저항 60Ω이 측정되지만 실제 회로에서의 저항은 42.5 ~ 65Ω의 범위가 정상적인 종단 저항의 합성값이라 할 수 있다.

ISO11898 고속 CAN의 사양에 의하면 종단 저항은 min 85Ω, max 130Ω의 범위로 되어져 있어 최소값과 최대값 범위에 대한 병렬회로의 합성저항을 계산하면 종단 저항의 정상 범위는 42.5 ~ 65Ω이 된다.

그림 Ⅱ – 56에서 나와 있듯 주선에서 CAN-H 또는 CAN-L 라인에 단선이 존재하는 경우는 120Ω, CAN-H와 CAN-L 라인이 동시에 단선된 경우도 마찬가지 120Ω이 측정된다.

따라서 종단 저항의 점검 시 120Ω이 측정된다면 단선이 숨어 있다는 뜻이 된다. 다만 지선에서의 단선은 자기진단 커넥터 또는 단선이 없는 노드 측에서 종단 저항을 측정하는 경우 정상적인 60Ω이 측정되므로 주의가 필요하다.

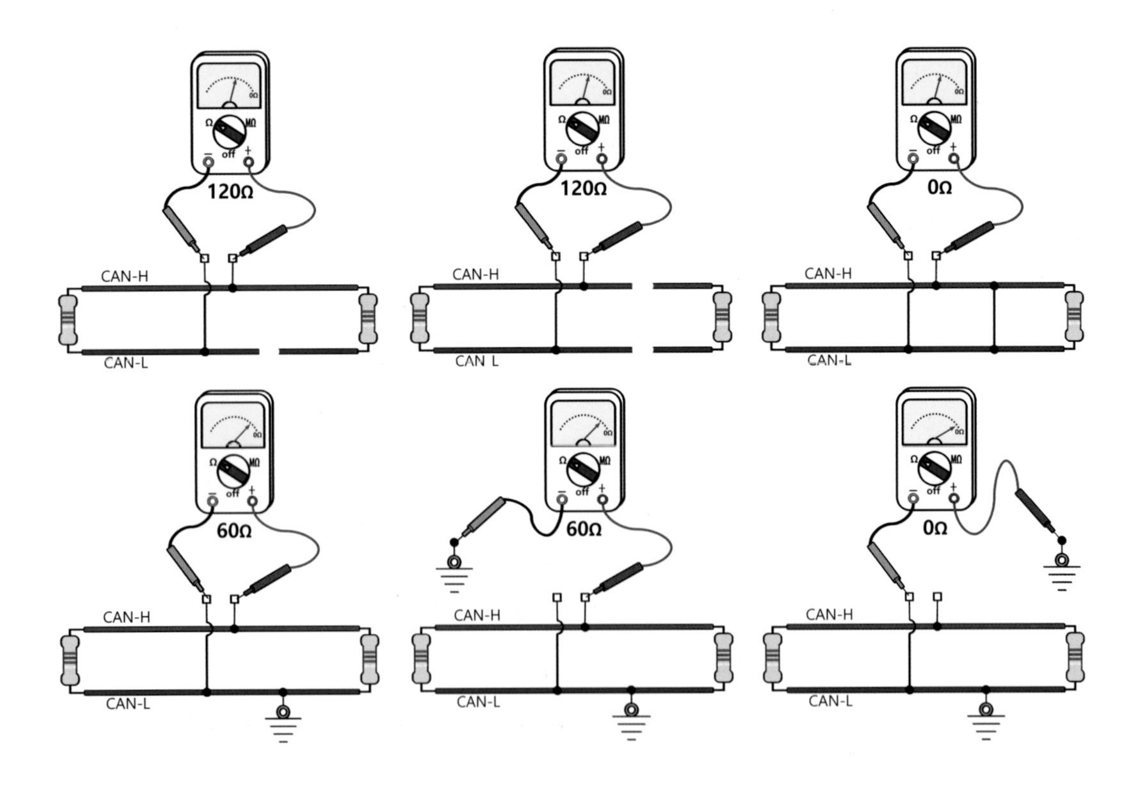

그림 Ⅱ – 56 고장유형별 종단 저항의 측정 사례

단락(short)의 경우는 주선 또는 지선 어디에서 발생하든 전체 회로에 영향을 주는 특징이 있어 회로의 점검 시 주의를 요한다.

주선 또는 지선 측에서 CAN–H와 CAN–L 라인이 서로 단락된 경우 종단 저항은 0Ω이 측정된다. 하지만 CAN–H 또는 CAN–L 라인이 차체와 단락이 발생한 경우 자기진단 커넥터 또는 각 노드 측에서 종단 저항을 측정하는 방법(라인 간 저항 측정)으로 점검하면 정상적인 60Ω이 계측된다.

이 경우 그림 Ⅱ – 56의 하단부에 있는 그림과 같이 CAN–L 라인이 차체와 단락된 경우 자기진단 커넥터에서 종단 저항을 측정하면 60Ω이 나타난다.

CAN–L 라인이 차체와 단락 상태에서 CAN–H와 차체 간 저항을 측정하면 거의 절연 상태라 할 정도의 큰 저항이 나타나야 한다. 그러나 60Ω이 나타날 것이며, CAN–L 라인과 차체 간 저항을 측정하면 0Ω에 가까운 저항값이 측정될 것이다.

이렇게 CAN 라인이 차체와 단락되었는지 점검하고자 하는 경우는 CAN–H 또는 CAN–L 라인과 차체 간 저항을 측정하여 0Ω에 가까운 라인이 차체와 단락된 것으로 판단하면 된다.

종단 저항의 측정은 대부분 자기진단 커넥터 또는 각 노드의 커넥터 부분에서 측정하고 있다. 라인의 단선, 라인 간 단락, 라인과 차체 간 단락의 3가지 경우 수에 대한 측정 방법의 유효성을 정리하면 표 Ⅱ – 3과 같다.

표 Ⅱ – 3 종단 저항 측정 시 유효(○)성

위치	측정방법	주선측			지선측		
		단선	라인간 단락	차체와 단락	단선	라인간 단락	차체와 단락
OBD 커넥터	라인의 종단 저항	○	○			○	
	라인 ~ 차체 단락시험			○			○
지선 노드	라인의 종단 저항	○	○		○	○	
	라인 ~ 차체 단락시험			○			○

실제 CAN 회로의 점검에서 종단 저항의 측정은 기본 점검에 해당하나 종단 저항의 변화, 주선의 단선, CAN-H와 CAN-L 라인간 단락, 라인과 차체의 단락 이외는 큰 도움이 되지 않을 가능성이 높음을 알고 있어야 한다.

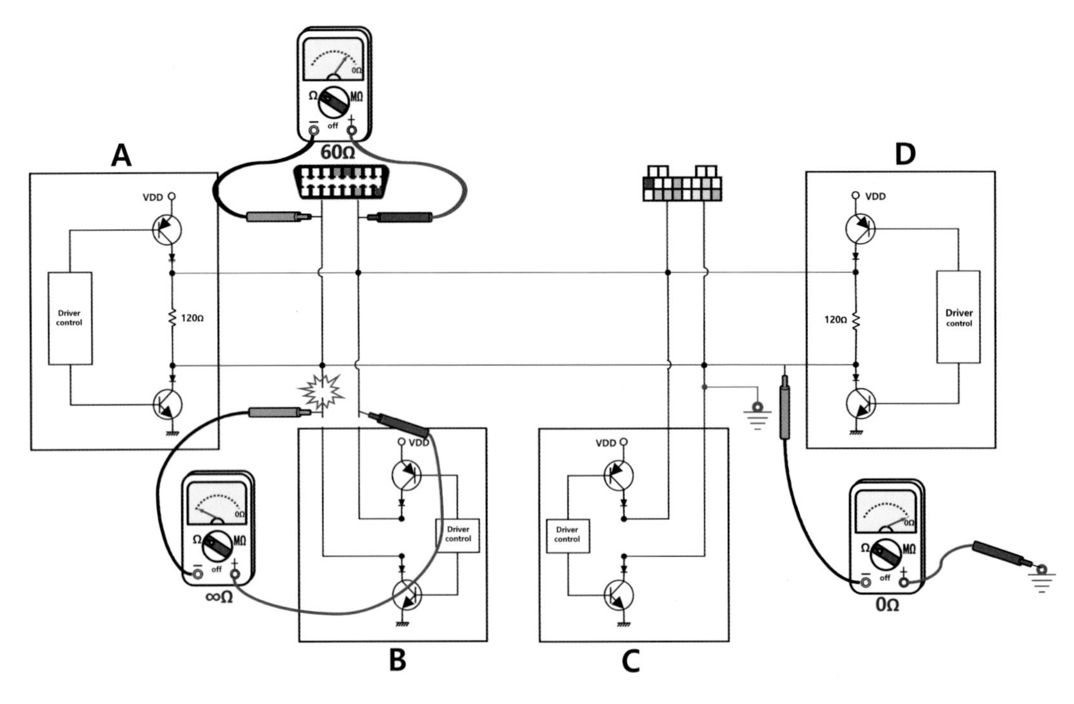

그림 Ⅱ - 57 종단 저항의 측정 사례

2) 차동 전압(differential voltage)

CAN 버스 라인의 전압은 유휴 상태일 때 공통적으로 2.5V이지만 신호가 송신될 때 CAN-H는 3.5V로 상승하고, CAN-L는 1.5V로 낮아진다.

각 컨트롤러와 노드는 한 쌍의 전압을 입력받아 CAN-H 측의 전압과 CAN-L 측 전압의 차이값인 차동 전압을 인식하게 되어져 있다.

즉, 두 개의 입력단을 가진 차동증폭기에 의해 두 라인의 차동 전압을 컨트롤러 내부로 전송한다. 유휴 상태일 때 버스 라인의 전압은 공통적으로 2.5V이기 때문에 차동 전압은 0V가 된다. dominant(우성) 신호를 송신할 때 CAN-H는 3.5V로 상승하고, CAN-L는 1.5V로 낮아진 관계로 차동 전압은 2V가 된다.

차동 전압에서 '1'과 '0'의 구분을 위한 threshold 전압은 그림 Ⅱ – 58과 같고, 차동 전압 기준 0.9~5V는 dominant(우성), 로직으로는 '0'에 해당한다. 한편 차동 전압 기준 –1~0.5V는 recessive(열성), 로직으로는 '1'의 값에 해당한다.

dominant와 recessive일 때 각각의 버스 전압 최대 · 최소값 한계는 표 Ⅱ – 4와 같다.

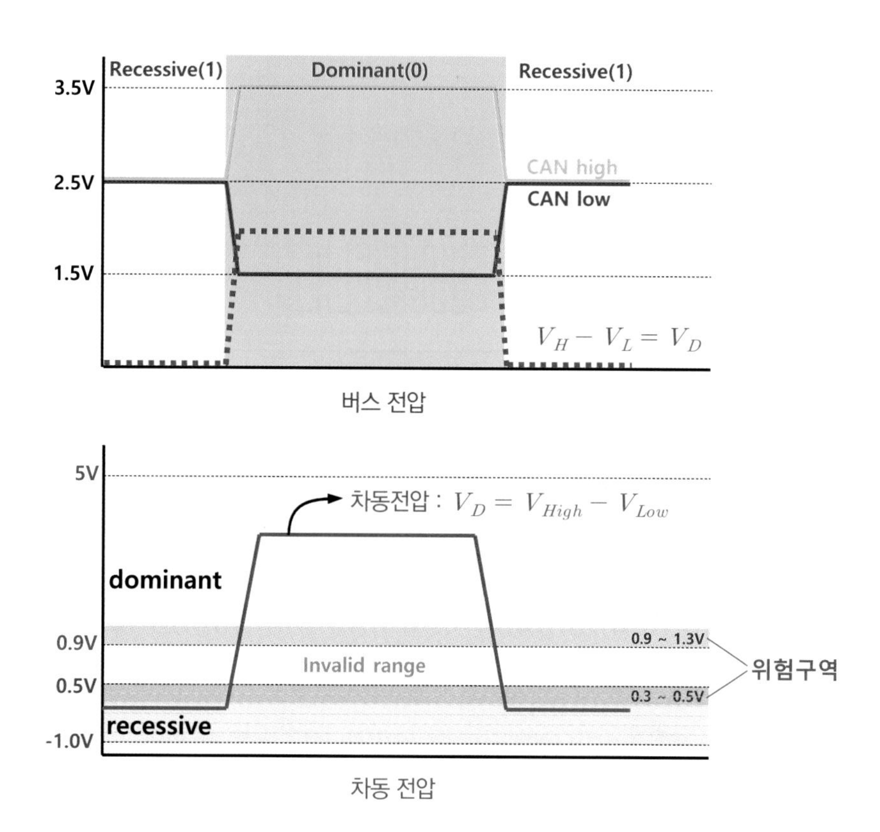

그림 Ⅱ – 58 **버스의 전압과 차동 전압**

표 Ⅱ – 4 CAN 라인의 전압

Signal	recessive state			dominant state		
	min	nominal	max	min	nominal	max
CAN-High	2.0V	2.5V	3.0V	2.75V	3.5V	4.5V
CAN-Low	2.0V	2.5V	3.0V	0.5V	1.5V	2.25V

(2) 주선 CAN-H 라인의 저항

CAN의 전기적 고장은 크게 **단선**(circuit open), **단락**(circuit short), **저항**(resistance) 발생 등 3가지 유형으로 나눌 수 있으며 자동차 정비 현장에서 가장 많은 고장은 CAN 라인에서 저항이 발생한 것이라 할 수 있다.

CAN 라인에서의 저항 발생은 dominant에 해당하는 최소 차동 전압인 0.9V를 고려하였을 때 주선의 경우 210Ω 이상, 지선의 경우 185Ω 이상일 때 송 · 수신 상 문제를 유발한다.

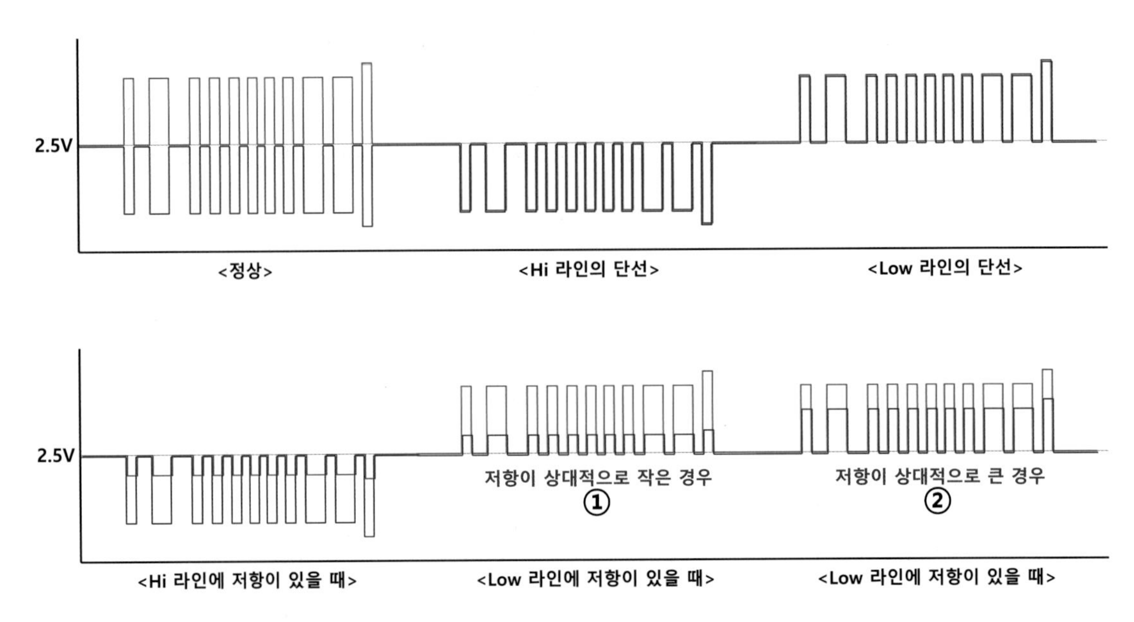

그림 Ⅱ－59 CAN 라인의 단선과 저항 발생 시 비교

CAN 라인에서의 단선($\infty\Omega$)은 CAN-H 파형과 CAN-L 파형이 동일한 범위(range)일 때 완벽히 겹치는 현상이 발생한다. 그러나 CAN 라인에 저항이 발생하면 일부만 겹치는 현상이 발생하며, 그림과 같이 CAN-H 라인에 저항이 발생하면 CAN-H 파형은 dominant일 때 유휴 상태 또는 recessive 상태의 전압보다 낮은 쪽으로 나타나 CAN-L 파형과 일부가 겹치는 것처럼 나타난다.

반대로 CAN-L 라인에 저항이 발생하면 CAN-L 파형은 dominant일 때 유휴 상태 또는 recessive 상태의 전압보다 높은 쪽으로 나타나 CAN-H 파형과 일부가 겹치는 것처럼 나타난다.

이때 라인에 발생한 저항이 크면 클수록 겹침 양이 많아지는 특징을 보인다. 그림에서 ①과 ②는 동일하게 CAN-L 라인에 저항이 발생한 것이지만 상대적으로 겹침이 많은 ②가 저항이 큰 것에 해당하며, 저항이 가장 큰 단선(∞Ω)일 때 완전 겹침 현상이 발생한다.

그림 Ⅱ-60은 주선의 CAN-H 라인에 210Ω의 저항이 발생한 상태에서 A 노드가 송신하는 경우이다.

$$\text{합성저항} : \frac{120\Omega \times (210\Omega + 120\Omega)}{120\Omega + (210\Omega + 120\Omega)} = 88\Omega$$

종단 저항을 측정하면 자기진단 커넥터뿐만 아니라 각 노드 측에서도 공통적으로 88Ω이 계측된다. 종단 저항 한쪽은 120Ω이고, 반대편은 210Ω과 120Ω이 직렬로 연결되어 330Ω이 됨에 따라 120Ω과 330Ω이 병렬로 연결되어진 상태이므로 합성저항은 88Ω이 되기 때문이다.

A 노드가 송신할 때 전압 분포는 분압 법칙에 따라 그림 Ⅱ-60과 같다. 종단 저항과 210Ω의 영향으로 CAN-H 라인의 전압은 3.74V, CAN-L 라인의 전압은 1.26V가 된다.

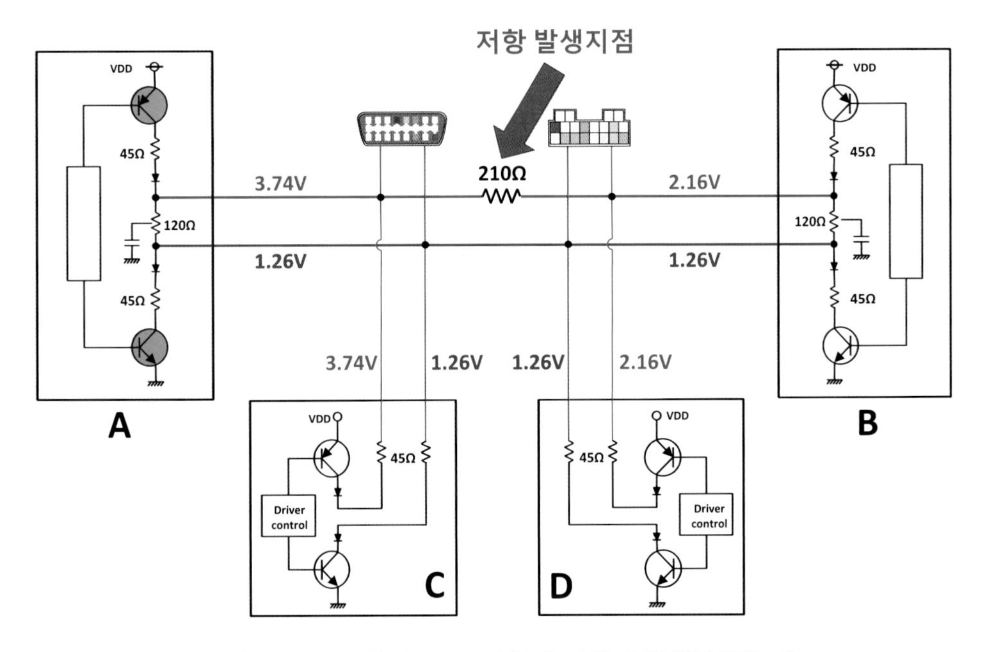

그림 Ⅱ-60 주선의 High 라인에 저항이 발생하였을 때

한편 210Ω으로부터 B 노드까지의 전압은 분압 법칙을 적용하였을 때 2.16V의 전압이 나타난다. CAN-H 라인의 전압 3.74V와 CAN-L 라인의 전압 1.26V 사이에서 210Ω과 120Ω으로 분압된 상태이고, 두 지점의 전압차인 2.48V의 전원에 두 개의 저항이 접지와 연결된 등가 회로에서 전압을 측정할 때 120Ω 양단에는 0.9V가 나타난다. 따라서 210Ω으로부터 B 노드까지의 전압은 CAN-L 라인의 전압보다 0.9V가 높은 2.16V가 된다. 각각의 전압은 그림 Ⅱ - 61과 그림 Ⅱ - 62에 보이는 바와 같다.

A 노드가 송신할 때 실내 측 자기진단 커넥터(16pin OBD 커넥터)에서 전압 파형을 측정한다면 recessive일 때 CAN-H와 CAN-L 모두 2.5V이나 dominant일 경우 CAN-H는 3.74V, CAN-L는 1.26V가 나타나 정상적인 파형과 비교하였을 때 진폭이 커진 것으로 나타난다.

한편 실외 측 자기진단 커넥터에서 측정하는 경우 recessive일 때 CAN-H와 CAN-L 모두 2.5V이나 dominant일 때 CAN-H는 2.16V로 오히려 유휴 상태의 전압보다 낮아진다. CAN-L은 1.26V로 나타나 그림 Ⅱ - 63과 같이 CAN-H의 파형은 사라진 것처럼 보이며 CAN-H 측 파형이 CAN-L 측 파형과 일부 겹쳐진 파형으로 나타난다.

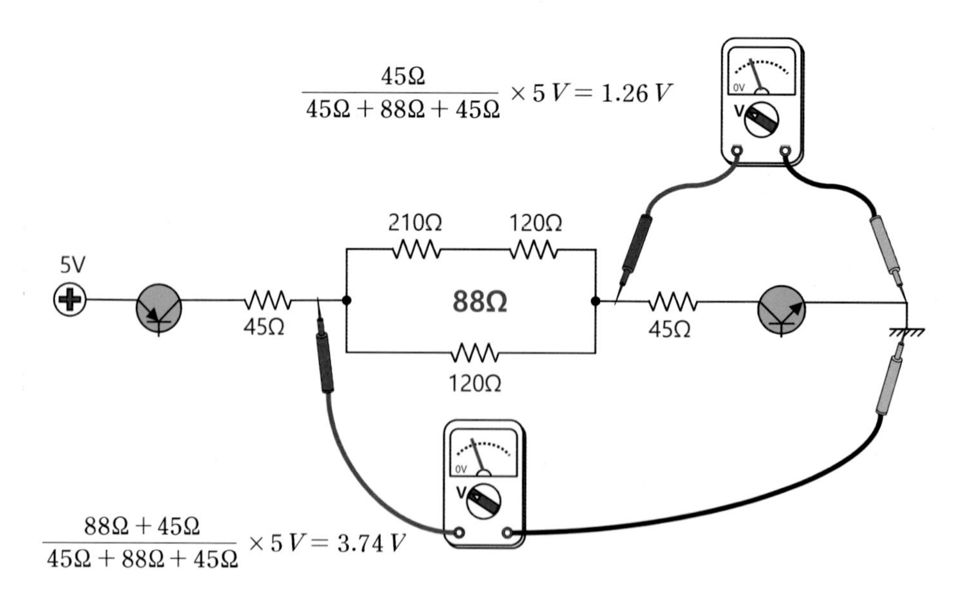

그림 Ⅱ - 61 CAN-H 라인과 CAN-L 라인의 전압

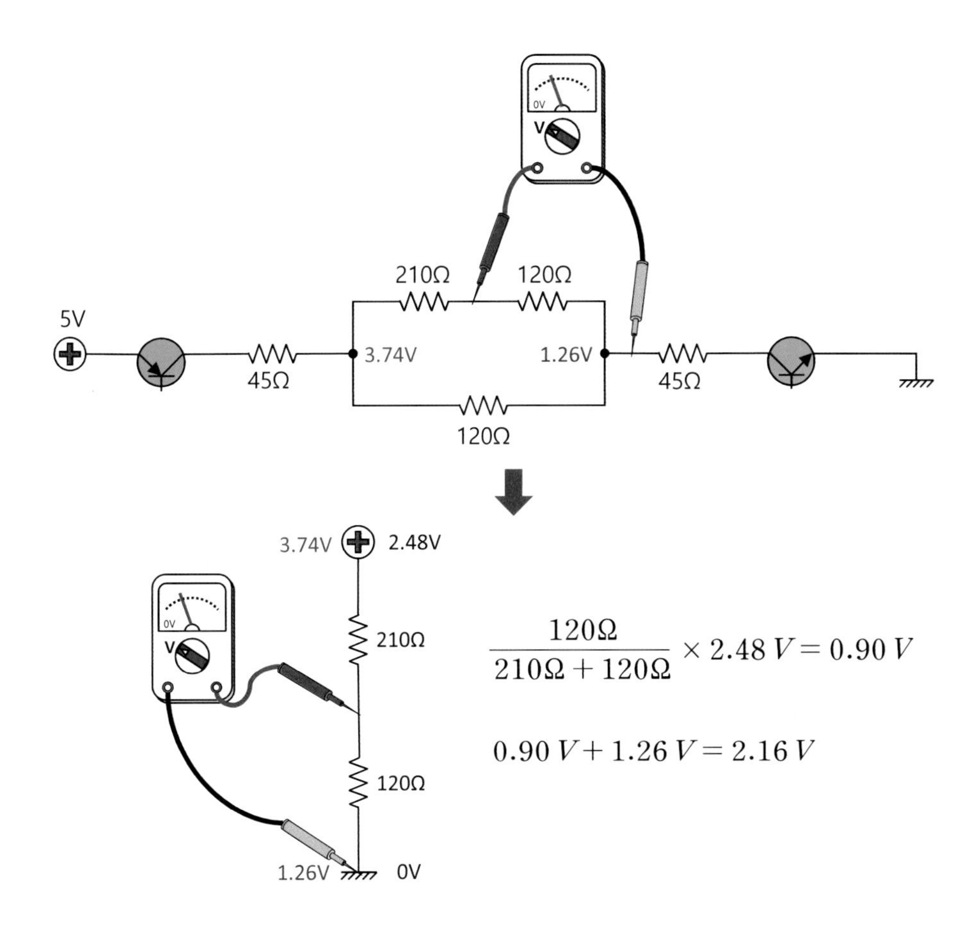

$$\frac{120\Omega}{210\Omega + 120\Omega} \times 2.48\,V = 0.90\,V$$

$$0.90\,V + 1.26\,V = 2.16\,V$$

그림 Ⅱ－62 210Ω으로부터 B 노드까지의 전압

결과적으로 A 노드가 dominant를 송신할 때 C 노드는 차동 전압이 2.48V이므로 정상적인 수신이 가능하지만, B 노드와 D 노드는 차동 전압이 0.9V이므로 이 전압이 조금만 낮아져도 dominant 신호를 인식하지 못할 수 있다.

B 노드가 dominant를 송신할 때 그림 Ⅱ－64와 같이 A 노드가 송신할 때와 반대의 전압 분포가 나타난다. 즉, 210*Ω* ~ A 노드까지 CAN－H 라인의 전압은 2.16V, B 노드 ~ 210*Ω* 저항까지의 전압은 3.74V가 된다. 한편 CAN－L 라인의 전압은 1.26V의 전압이 계측된다.

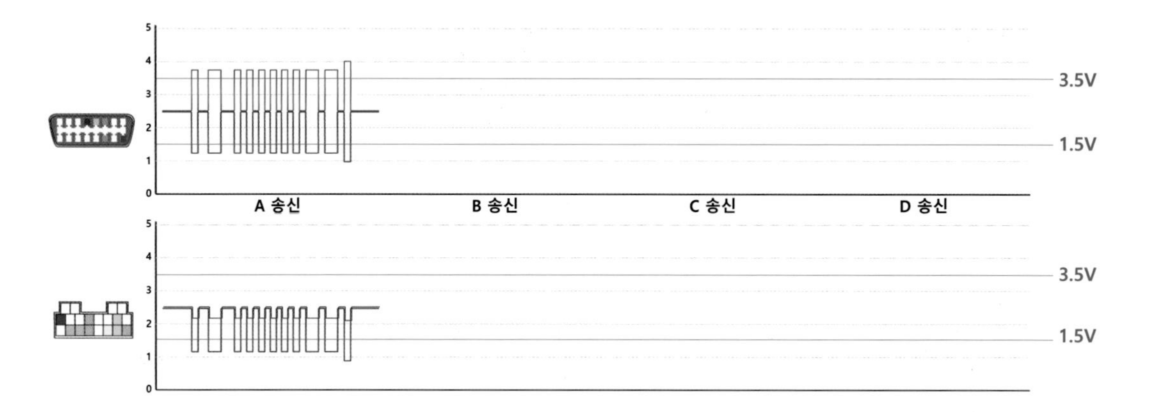

그림 Ⅱ – 63 A 노드가 송신할 때 전압 파형

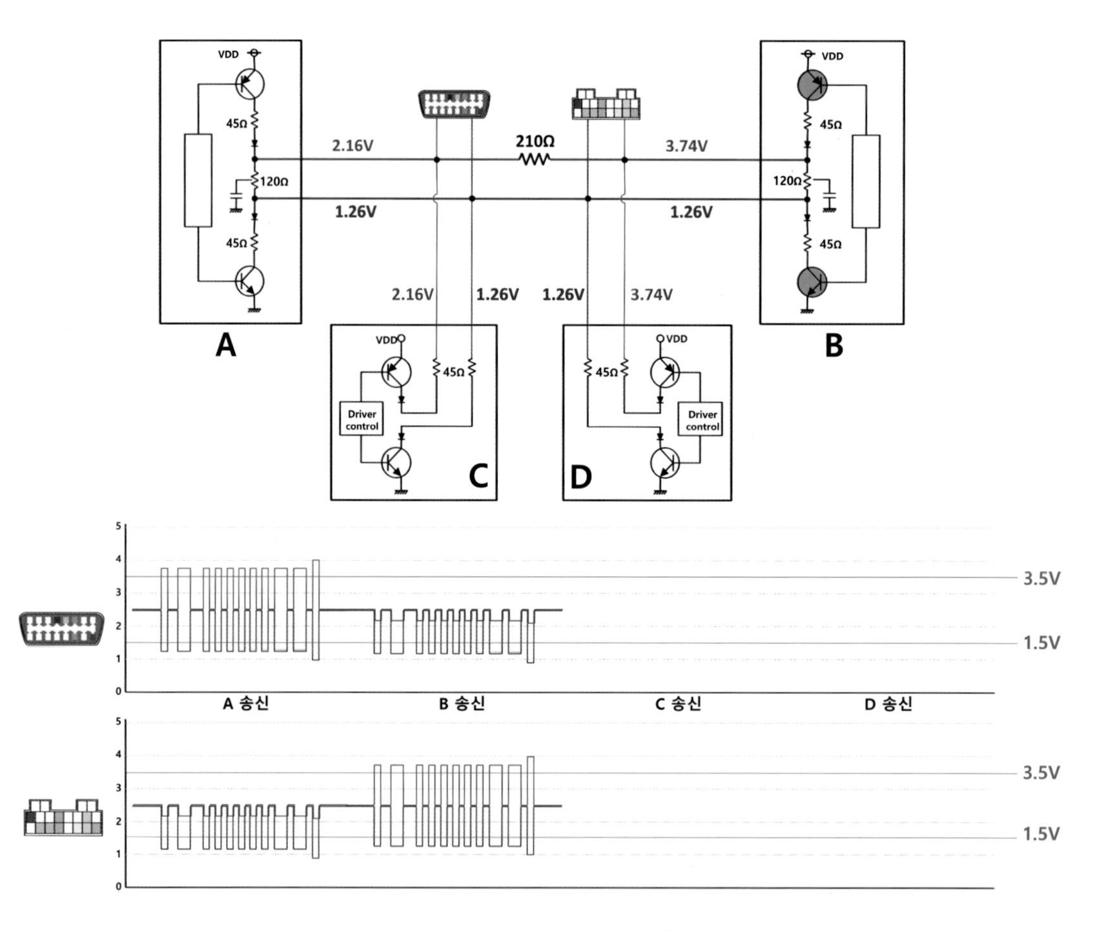

그림 Ⅱ – 64 B 노드가 송신할 때

실내 측 자기진단 커넥터에서 전압 파형을 측정하는 경우 recessive일 때 CAN-H와 CAN-L 모두 2.5V이다. 하지만 dominant일 때 CAN-H는 2.16V로 오히려 유휴 상태의 전압보다 낮아지고, CAN-L는 1.26V로 나타난다.

결과적으로 그림Ⅱ- 64와 같이 CAN-H의 파형은 사라진 것처럼 보이며 CAN-H 측 파형이 CAN-L 측 파형과 일부 겹쳐진 파형으로 나타난다.

한편 실외 측 자기진단 커넥터에서 측정하는 경우 recessive일 때 CAN-H와 CAN-L 모두 2.5V가 된다. 그러나 그림Ⅱ- 64와 같이 dominant일 때 CAN-H는 3.74V, CAN-L는 1.26V가 나타나 정상적인 파형과 비교하였을 때 진폭이 커진 것으로 나타난다.

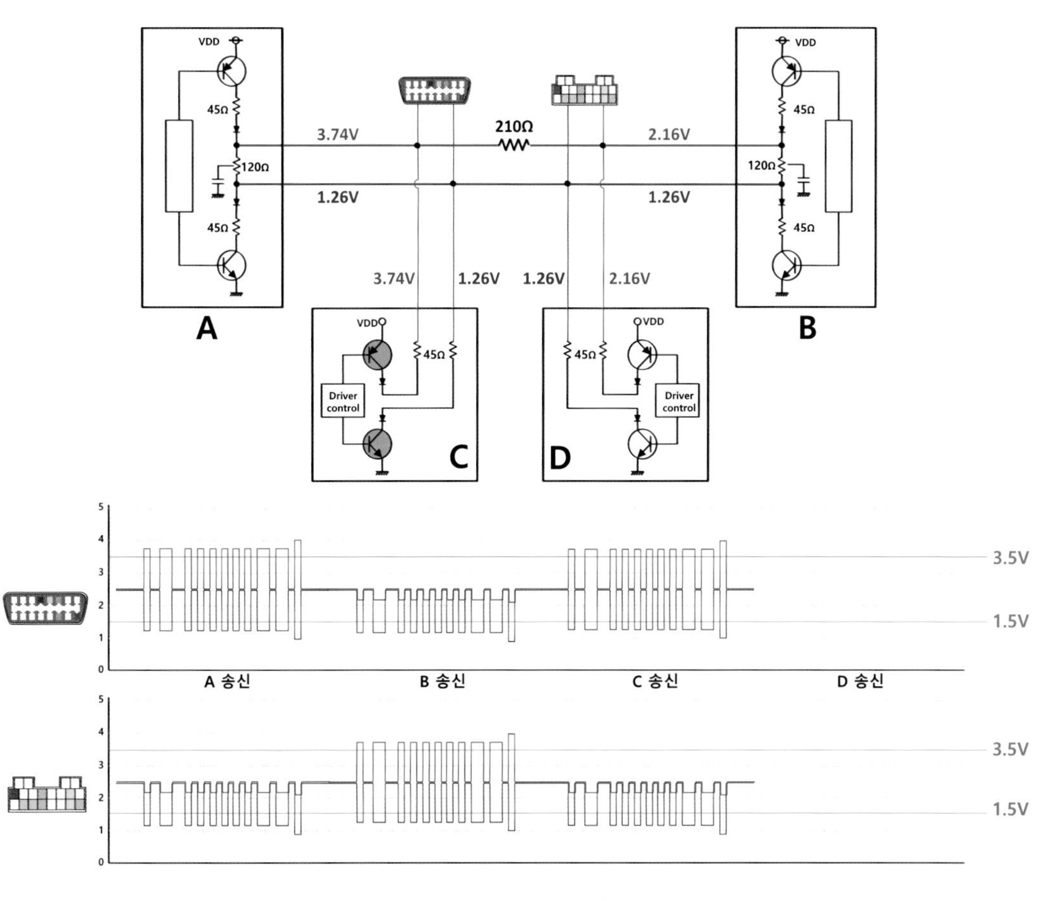

그림Ⅱ- 65 C 노드가 송신할 때

결과적으로 B 노드가 dominant를 송신할 때 D 노드는 차동 전압이 2.48V이므로 정상적인 수신이 가능하다. 하지만, A 노드와 C 노드는 차동 전압이 0.9V이므로 이 전압이 조금만 낮아져도 dominant 신호를 인식하지 못할 수 있다.

C 노드가 dominant를 송신할 경우 그림Ⅱ- 65와 같이 A 노드가 송신할 때와 같은 전압 분포가 나타난다.
즉, 210Ω ~ A 노드 또는 C 노드까지 CAN-H의 전압은 3.74V, B 노드 ~ 210Ω 저항까지의 전압은 2.16V가 된다. 한편 CAN-L 라인의 전압은 1.26V의 전압이 계측된다.

실내 측 자기진단 커넥터에서 전압 파형을 측정하는 경우 recessive일 때 CAN-H와 CAN-L 모두 2.5V가 된다. 하지만, dominant일 때 CAN-H는 3.74V, CAN-L는 1.26V가 나타나 정상적인 파형과 비교하였을 때 진폭이 커진 것으로 나타난다.
한편 실외 측 자기진단 커넥터에서 측정하는 경우 recessive일 때 CAN-H와 CAN-L 모두 2.5V이다. 그러나 dominant일 때 CAN-H는 2.16V로 오히려 유휴 상태의 전압보다 낮아진다. CAN-L는 1.26V로 나타나 그림Ⅱ- 65와 같이 CAN-H의 파형은 사라진 것처럼 보이며 CAN-H 측 파형이 CAN-L 측 파형과 일부 겹쳐진 파형으로 나타난다.

결과적으로 C 노드가 dominant를 송신할 때 A 노드는 차동 전압이 2.48V이므로 정상적인 수신이 가능하다. 그러나 B 노드와 D 노드는 차동 전압이 0.9V이므로 이 전압이 조금만 낮아져도 dominant 신호를 인식하지 못할 수 있다.

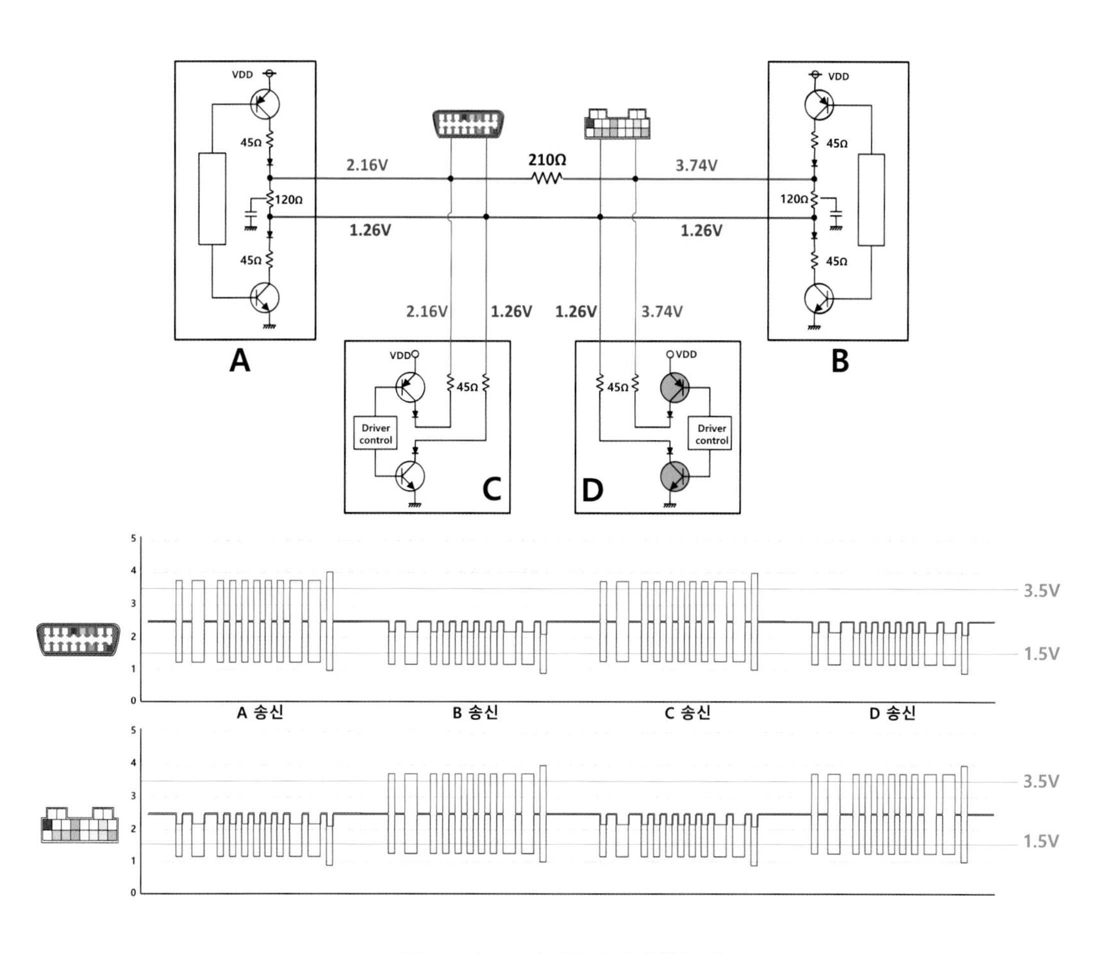

그림 Ⅱ – 66 D 노드가 송신할 때

D 노드가 dominant를 송신할 때 그림 Ⅱ – 66과 같이 B 노드가 송신할 때와 같은 전압 분포가 나타난다. 즉, 210*Ω* ~ B 노드 또는 D 노드까지 CAN–H의 전압은 3.74V, A 노드 ~ 210*Ω* 저항까지의 전압은 2.16V가 된다. 한편 CAN–L 라인의 전압은 1.26V의 전압이 계측된다.

실내 측 자기진단 커넥터에서 전압 파형을 측정하는 경우 recessive일 때 CAN–H와 CAN–L 모두 2.5V이다. 그러나 dominant일 때 CAN–H는 2.16V로 오히려 유휴 상태의 전압보다 낮아지고, CAN–L는 1.26V로 나타나 결과적으로 그림 Ⅱ – 66과 같이 CAN–H의 파형은 사라진 것처럼 보이며 CAN–H 측 파형이 CAN–L 측 파형과 일부 겹쳐진 파형으로 나타난다.

한편 실외 측 자기진단 커넥터에서 측정하는 경우 recessive일 때 CAN–H와

CAN-L 모두 2.5V이다. 하지만 그림 Ⅱ - 66과 같이 dominant일 때 CAN-H는 3.74V, CAN-L는 1.26V가 나타나 정상적인 파형과 비교하였을 때 진폭이 커진 것으로 나타난다.

결과적으로 D 노드가 dominant를 송신할 때 B 노드는 차동 전압이 2.48V이므로 정상적인 수신이 가능하지만, A 노드와 C 노드는 차동 전압이 0.9V이므로 이 전압이 조금만 낮아져도 dominant 신호를 인식하지 못할 수 있다.

(3) 주선 CAN-L 라인의 저항

CAN의 전기적 고장은 크게 단선(circuit open), 단락(circuit short), 저항(resistance) 발생 3가지 유형으로 나눌 수 있으며 현장에서 가장 많은 고장은 CAN 라인에서 저항이 발생한 것이라 할 수 있다.

CAN 라인에서의 저항 발생은 dominant에 해당하는 최소 차동 전압인 0.9V를 고려하였을 때 주선의 경우 210Ω 이상, 지선의 경우 185Ω 이상일 때 송 · 수신 상 문제를 유발한다.

CAN 라인에서의 단선(∞Ω)은 CAN-H 파형과 CAN-L 파형이 동일한 범위(range)일 때 완벽히 겹치는 현상이 발생한다. CAN 라인에 저항이 발생하면 일부만 겹치는 현상이 발생하며, 그림과 같이 CAN-H 라인에 저항이 발생하면 CAN-H 파형은 dominant일 때 유휴 상태 또는 recessive 상태의 전압보다 낮은 쪽으로 나타난다. CAN-L 파형과 일부가 겹치는 것처럼 나타나고, 반대로 CAN-L 라인에 저항이 발생하면 CAN-L 파형은 dominant일 때 유휴 상태 또는 recessive 상태의 전압보다 높은 쪽으로 나타나 CAN-H 파형과 일부가 겹치는 것처럼 나타난다. 이때 라인에 발생한 저항이 크면 클수록 겹침 양이 많아지는 특징을 보인다.

그림 Ⅱ - 67은 주선의 CAN-L 라인에 210Ω의 저항이 발생한 상태에서 A 노드가 송신하는 경우이다. 그림의 화살표가 가리키는 위치의 배선 또는 조인트 커넥터 부분에서 210Ω의 저항이 발생하였을 경우 종단 저항을 측정하면 자기진단 커넥터 또는 각 노드 측에서 측정한 경우 정상 범위를 넘어선 88Ω이 계측된다.

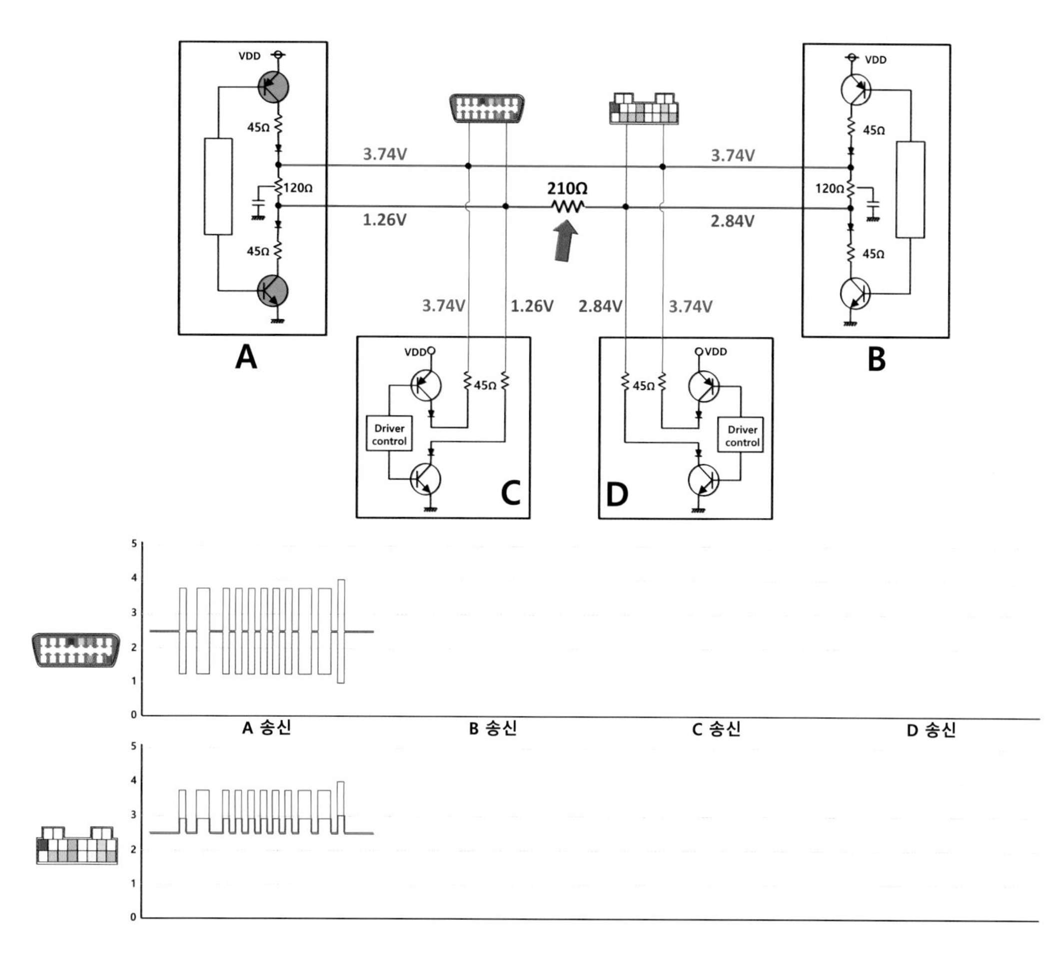

그림 Ⅱ – 67 주선의 Low 라인에 저항이 발생한 상태에서 A 노드가 송신할 때

종단 저항 한쪽은 120Ω이고, 반대편은 210Ω과 120Ω이 직렬로 연결되어 330Ω이 됨에 따라 120Ω과 330Ω이 병렬로 연결되어진 상태이므로 합성저항은 88Ω이 되기 때문이다.

$$합성저항 : \frac{120\Omega \times (210\Omega + 120\Omega)}{120\Omega + (210\Omega + 120\Omega)} = 88\Omega$$

A 노드가 recessive를 송신할 때 모든 라인에서의 전압은 2.5V이다. 하지만, 그림 Ⅱ – 67과 같이 dominant 신호를 송신할 때의 전압 분포는 분압 법칙에 따라 그림 Ⅱ – 67에 표시한 것과 같다. 종단 저항과 210Ω의 영향으로 A 노드 입구 CAN–H 라인의 전압은 3.74V, CAN–L 라인의 전압은 1.26V가 된다.

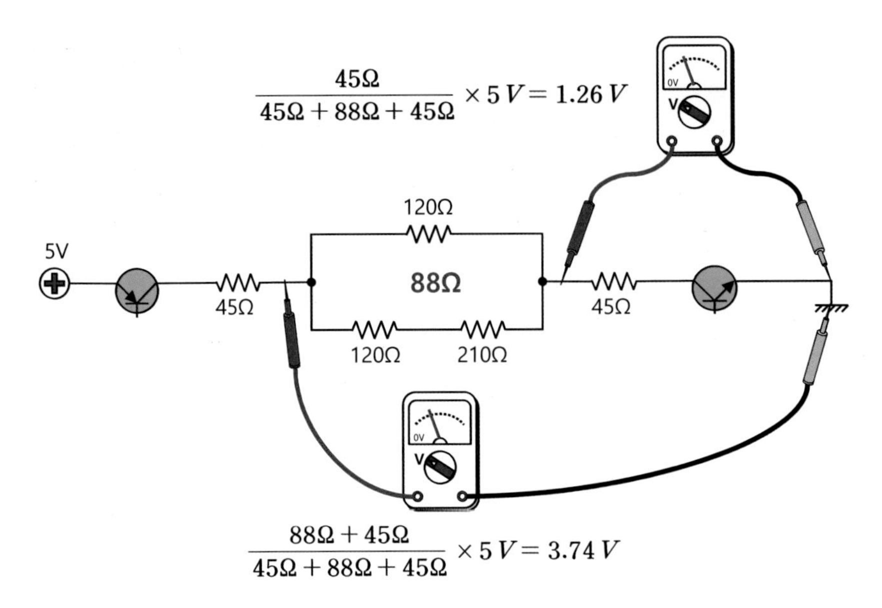

그림 Ⅱ – 68 CAN–H 라인과 CAN–L 라인의 전압

한편 210Ω으로부터 B 노드까지 CAN–L 라인의 전압은 그림 Ⅱ – 68과 같이 분압 법칙을 적용하였을 때 2.84V의 전압이 나타난다. CAN–H 라인의 전압 3.74V와 CAN–L 라인의 전압 1.26V 사이에서 210Ω과 120Ω으로 분압된 상태이다. 두 지점의 전압차에 해당하는 2.48V의 전원에 두 개의 저항이 직렬로 접지와 연결된 등가 회로에서 전압을 측정할 때 그림 Ⅱ – 69와 같이 210Ω 양단에는 1.58V가 나타난다.

따라서 210Ω으로부터 B 노드까지 CAN–L 라인의 전압은 A 노드 입구 CAN–L 라인의 전압보다 1.58V가 높은 2.84V가 된다.

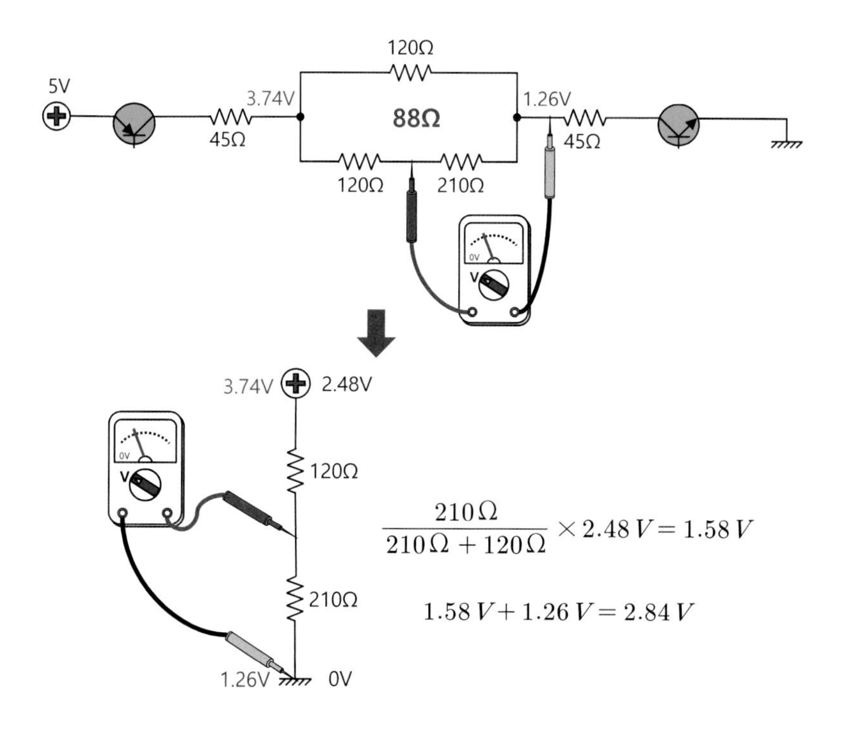

$$\frac{210\,\Omega}{210\,\Omega + 120\,\Omega} \times 2.48\,V = 1.58\,V$$

$$1.58\,V + 1.26\,V = 2.84\,V$$

그림 Ⅱ - 69 210Ω으로부터 B 노드까지의 전압

A 노드가 송신할 때 실내 측 자기진단 커넥터(16pin OBD 커넥터)에서 전압 파형을 측정한다. 이때 recessive일 때 CAN-H와 CAN-L 모두 2.5V이나, dominant일 때 CAN-H는 3.74V, CAN-L는 1.26V가 나타나 정상적인 파형과 비교하였을 때 진폭이 커진 것으로 나타난다.

한편 실외 측 자기진단 커넥터에서 측정하는 경우 recessive일 때 CAN-H와 CAN-L 모두 2.5V이다. dominant일 때 CAN-H는 3.74V로 정상 전압인 3.5V 보다 높게 나타나고, CAN-L 라인의 전압은 약 1.5V로 낮아지지 않고 오히려 유휴 상태인 2.5V의 전압보다 높아져 CAN-L 신호가 사라진 것처럼 나타난다.

즉, CAN-H의 신호는 recessive일 때 2.5V에 있다가 dominant일 때 정상 전압보다 높은 3.74V, CAN-L의 신호는 recessive일 때 2.5V에 있다가 dominant일 때 2.84V로 높아진 경우이다. 동일한 전압 레인지 조건으로 파형을 측정할 경우 그림 Ⅱ - 67의 하단부에 나타낸 것과 같이 CAN-H 측 파형과 CAN-L 측 파형의 일부가 겹친 형태로 나타난다.

결과적으로 A 노드가 dominant를 송신할 때 C 노드는 차동 전압이 2.48V이므로 정상적인 수신이 가능하지만, B 노드와 D 노드는 차동 전압이 0.9V(=3.74V-2.84V)이므로 저항이 조금만 더 커지거나 차동 전압이 조금만 낮아져도 dominant 신호를 인식하지 못할 수 있다.

B 노드가 recessive를 송신할 때 모든 라인에서의 전압은 2.5V이나 그림 Ⅱ - 70과 같이 dominant 신호를 송신할 때의 전압 분포는 분압 법칙에 따라 그림 Ⅱ - 70에 표시한 것과 같다. 종단 저항과 210Ω의 영향으로 B 노드 입구 CAN-H 라인의 전압은 3.74V, CAN-L 라인의 전압은 1.26V가 된다.

한편 210Ω으로부터 A 또는 C 노드까지 CAN-L 라인의 전압은 그림 Ⅱ - 69와 같이 분압법칙을 적용하였을 때 2.84V의 전압이 나타난다. CAN-H 라인의 전압 3.74V와 CAN-L 라인의 전압 1.26V 사이에서 210Ω과 120Ω으로 분압된 상태이다. 두 지점의 전압차에 해당하는 2.48V의 전원에 두 개의 저항이 직렬로 접지와 연결된 등가 회로에서 전압을 측정할 때 그림 Ⅱ - 69와 같이 210Ω 양단에는 1.58V가 나타난다. 따라서 210Ω으로부터 A 또는 C 노드까지 CAN-L 라인의 전압은 B 노드 입구 CAN-L 라인의 전압보다 1.58V가 높은 2.84V가 된다.

B 노드가 송신(그림 Ⅱ - 70)할 때 실외 측 자기진단 커넥터에서 전압 파형을 측정하는 경우, recessive일 때 CAN-H와 CAN-L 모두 2.5V이나 dominant일 때 CAN-H는 3.74V, CAN-L는 1.26V가 나타나 정상적인 파형과 비교하였을 때 진폭이 커진 것으로 나타난다.

한편 실내 측 자기진단 커넥터(16pin OBD 커넥터)에서 측정하는 경우 recessive일 때 CAN-H와 CAN-L 모두 2.5V이나, dominant일 때 CAN-H는 3.74V로 정상 전압인 3.5V보다 높게 나타난다. CAN-L 라인의 전압은 약 1.5V로 낮아지지 않고 오히려 유휴 상태인 2.5V의 전압보다 높아져 CAN-L 신호가 사라진 것처럼 나타난다.

즉, CAN-H의 신호는 recessive일 때 2.5V에 있다가 dominant일 때 정상 전압보다 높은 3.74V, CAN-L의 신호는 recessive일 때 2.5V에 있다가 dominant일 때 2.84V로 높아진 경우이다. 때문에 동일한 전압 레인지 조건으로 파형을 측정할 경우 그림 Ⅱ－70의 하단부에 나타낸 것과 같이 CAN-H 측 파형과 CAN-L 측 파형의 일부가 겹친 형태로 나타난다.

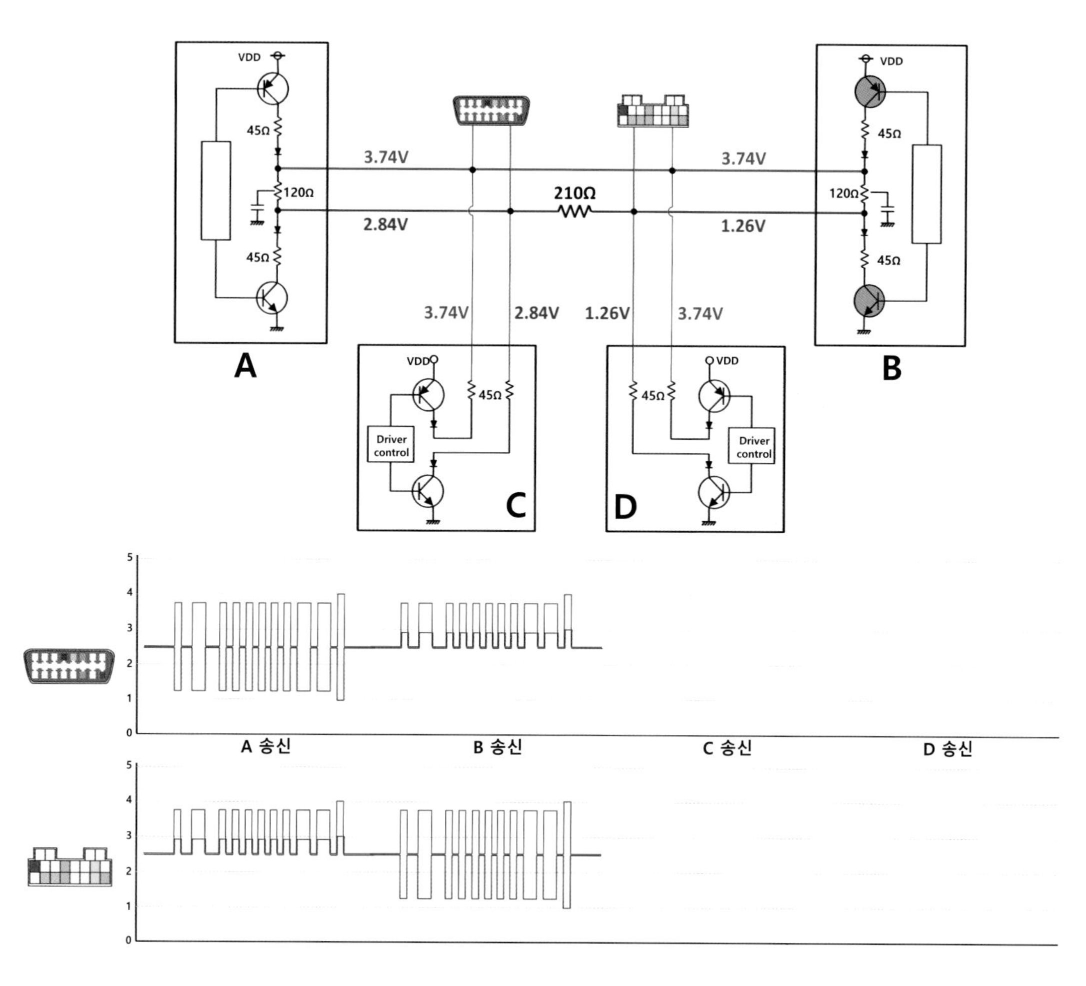

그림 Ⅱ－70 B 노드가 송신할 때

결과적으로 B 노드가 dominant를 송신할 때 D 노드는 차동 전압이 2.48V이므로 정상적인 수신이 가능하다. 그러나 A 노드와 C 노드는 차동 전압이 0.9V(=3.74V−2.84V)이므로 저항이 조금만 더 커지거나 차동 전압이 조금만 낮아져도 dominant 신호를 인식하지 못할 수 있다.

C 노드가 recessive를 송신할 때 모든 라인에서의 전압은 2.5V이나 그림 Ⅱ－71과 같이 dominant 신호를 송신할 때의 전압 분포는 분압 법칙에 따라 그림 Ⅱ－71에 표시한 것과 같다. 종단 저항과 210Ω의 영향으로 B 노드 입구 CAN-H 라인

의 전압은 3.74V, CAN-L 라인의 전압은 1.26V가 된다.

한편 210Ω으로부터 B 또는 D 노드까지 CAN-L 라인의 전압은 그림Ⅱ-68, 69와 같이 분압 법칙을 적용하였을 때 2.84V의 전압이 나타난다. CAN-H 라인의 전압 3.74V와 CAN-L 라인의 전압 1.26V 사이에서 210Ω과 120Ω으로 분압된 상태이다. 두 지점의 전압차에 해당하는 2.48V의 전원에 두 개의 저항이 직렬로 접지와 연결된 등가 회로에서 전압을 측정할 때 그림Ⅱ-69와 같이 210Ω 양단에는 1.58V가 나타난다. 따라서 210Ω으로부터 B 또는 D 노드까지 CAN-L 라인의 전압은 C 노드 입구 CAN-L 라인의 전압보다 1.58V가 높은 2.84V가 된다.

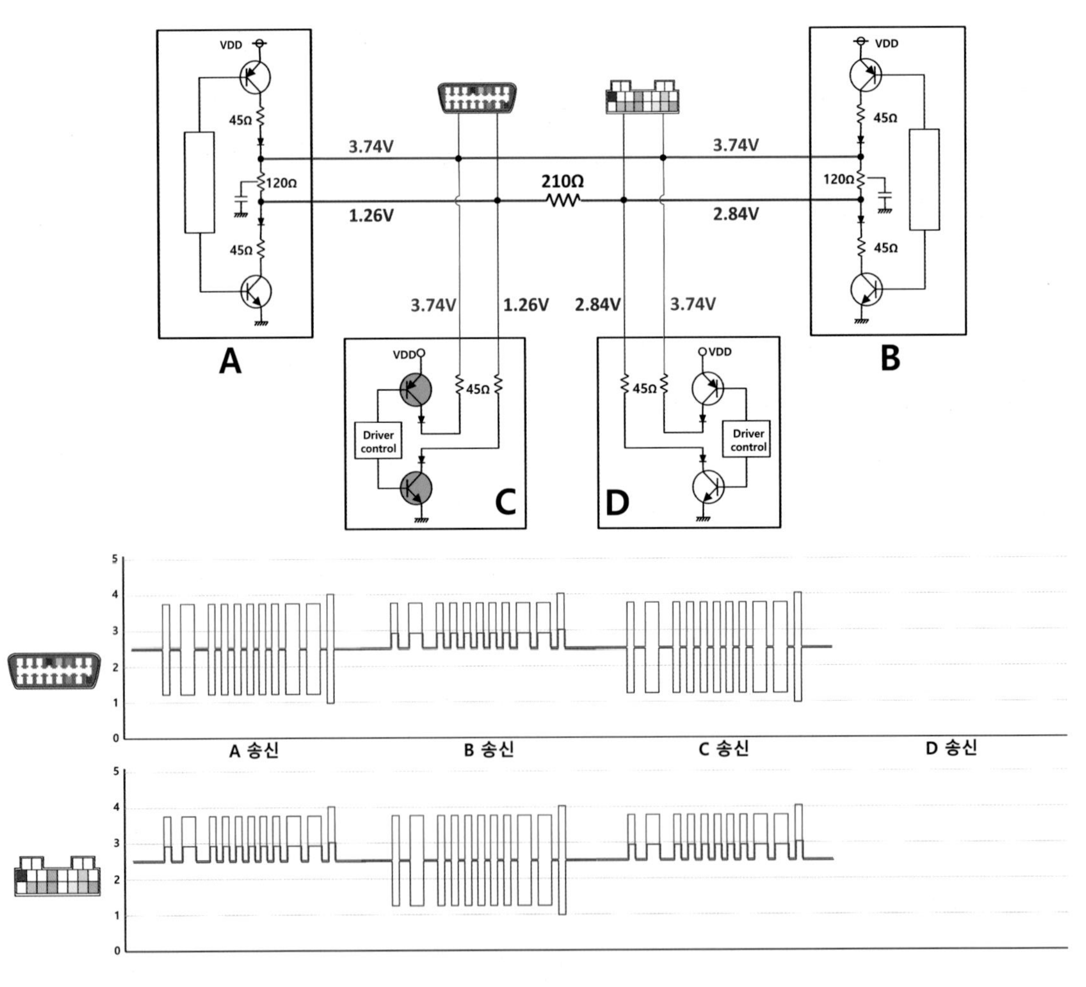

그림Ⅱ-71 C 노드가 송신할 때

C 노드가 송신할 때 실내 측 자기진단 커넥터(16pin OBD 커넥터)에서 전압 파형을 측정하면 recessive일 때 CAN-H와 CAN-L 모두 2.5V이나 dominant일 때 CAN-H는 3.74V, CAN-L는 1.26V가 나타나 정상적인 파형과 비교하였을 때 진폭이 커진 것으로 나타난다.

한편 실외 측 자기진단 커넥터에서 측정하는 경우 recessive일 때 CAN-H와 CAN-L 모두 2.5V이나, dominant일 때 CAN-H는 3.74V로 정상 전압인 3.5V보다 높게 나타난다. CAN-L 라인의 전압은 약 1.5V로 낮아지지 않고 오히려 유휴 상태인 2.5V의 전압보다 높아져 CAN-L 신호가 사라진 것처럼 나타난다.

즉, CAN-H의 신호는 recessive일 때 2.5V에 있다가 dominant일 때 정상 전압보다 높은 3.74V, CAN-L의 신호는 recessive일 때 2.5V에 있다가 dominant일 때 2.84V로 높아진 경우이므로 동일한 전압 레인지 조건으로 파형을 측정할 경우 그림 Ⅱ - 71의 하단부에 나타낸 것과 같이 CAN-H 측 파형과 CAN-L 측 파형의 일부가 겹친 형태로 나타난다.

결과적으로 C 노드가 dominant를 송신할 때 A 노드는 차동 전압이 2.48V이므로 정상적인 수신이 가능하지만, B 노드와 D 노드는 차동 전압이 0.9V(=3.74V-2.84V)이므로 저항이 조금만 더 커지거나 차동 전압이 조금만 낮아져도 dominant 신호를 인식하지 못할 수 있다.

D 노드가 recessive를 송신할 때 모든 라인에서의 전압은 2.5V이나 그림 Ⅱ - 72와 같이 dominant 신호를 송신할 때의 전압 분포는 분압 법칙에 따라 그림 Ⅱ - 72에 표시한 것과 같다. 종단 저항과 210Ω의 영향으로 D 노드 입구 CAN-H 라인의 전압은 3.74V, CAN-L 라인의 전압은 1.26V가 된다.

한편 210Ω으로부터 A 또는 C 노드까지 CAN-L 라인의 전압은 그림 Ⅱ - 68과 같이 분압 법칙을 적용하였을 때 2.84V의 전압이 나타난다.

CAN-H 라인의 전압 3.74V와 CAN-L 라인의 전압 1.26V 사이에서 210Ω과 120Ω으로 분압된 상태이다. 두 지점의 전압차에 해당하는 2.48V의 전원에 두 개의 저항이 직렬로 접지와 연결된 등가 회로에서 전압을 측정할 때 그림 Ⅱ - 69와 같이 210Ω 양단에는 1.58V가 나타난다.

따라서 210Ω으로부터 A 또는 C 노드까지 CAN-L 라인의 전압은 B 노드 입구 CAN-L 라인의 전압보다 1.58V가 높은 2.84V가 된다.

D 노드가 송신할 때 실외 측 자기진단 커넥터에서 전압 파형을 측정하면 recessive일 경우 CAN-H와 CAN-L 모두 2.5V이나 dominant일 때 CAN-H는 3.74V, CAN-L는 1.26V가 나타나 정상적인 파형과 비교하였을 때 진폭이 커진 것으로 나타난다.

한편 실내 측 자기진단 커넥터(16pin OBD 커넥터)에서 측정하는 경우 recessive 일 때 CAN-H와 CAN-L 모두 2.5V이나, dominant일 때 CAN-H는 3.74V로 정상 전압인 3.5V보다 높게 나타나고, CAN-L 라인의 전압은 약 1.5V로 낮아지

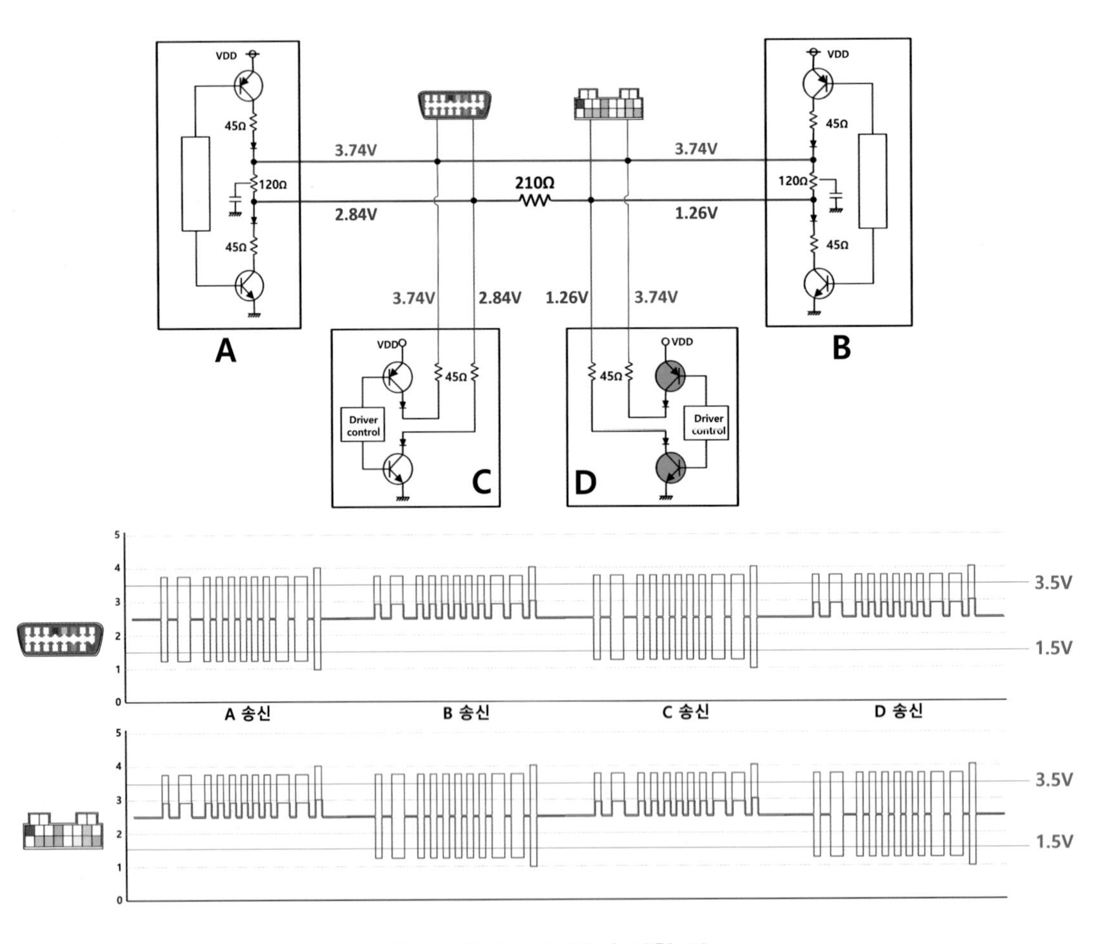

그림 Ⅱ-72 D 노드가 송신할 때

지 않고 오히려 유휴 상태인 2.5V의 전압보다 높아져 CAN-L 신호가 사라진 것처럼 나타난다. 즉, CAN-H의 신호는 recessive일 때 2.5V에 있다가 dominant일 때 정상 전압보다 높은 3.74V, CAN-L의 신호는 recessive일 때 2.5V에 있다가 dominant일 때 2.84V로 높아진 경우이므로 동일한 전압 레인지 조건으로 파형을 측정할 경우 그림Ⅱ- 70의 하단부에 나타낸 것과 같이 CAN-H 측 파형과 CAN-L 측 파형의 일부가 겹친 형태로 나타난다.

결과적으로 D 노드가 dominant를 송신할 때 B 노드는 차동 전압이 2.48V이므로 정상적인 수신이 가능하지만, A 노드와 C 노드는 차동 전압이 0.9V(=3.74V-2.84V)이므로 저항이 조금만 더 커지거나 차동 전압이 조금만 낮아져도 dominant 신호를 인식하지 못할 수 있다.

(4) 주선 라인에 저항이 있을 때 파형

같은 전압 레인지를 사용할 경우 단선된 측의 파형이 없어진 것처럼 CAN-H 파형과 CAN-L의 파형이 서로 완벽히 겹치는 것이 주선 단선의 가장 두드러진 특징이라면, 완벽한 겹침이 아닌 일부만 겹치는 것은 라인에 저항이 발생한 경우의 특징이라 할 수 있다. 물론 저항이 크면 클수록 겹침이 많아진다.

그림Ⅱ- 73에 보이는 파형은 CAN-H와 CAN-L 측 파형의 진폭이 정상보다 커졌으며, dominant일 때의 파형이 겹쳐지는 특징을 보이고 있어 주선에 저항이 발생한 것의 특징을 보이고 있다. 또한 dominant일 때 CAN-H 파형이 없어진 것처럼 보이므로 주선의 CAN-H 라인에 저항이 발생하였음을 알 수 있다.

그림Ⅱ- 74에 보이는 파형은 dominant일 때 CAN-L 파형이 없어진 것으로 CAN-L 라인에 문제가 있음을 알 수 있고, CAN-L 파형 dominant일 때 전압이 높아지면서 CAN-H와 일부 겹침이 보이므로 CAN-L 라인에 저항이 발생하였음을 알 수 있다. 또한 전체적인 진폭이 커진 것으로 보아 지선이 아닌 주선의 결함이라는 것을 알 수 있다.

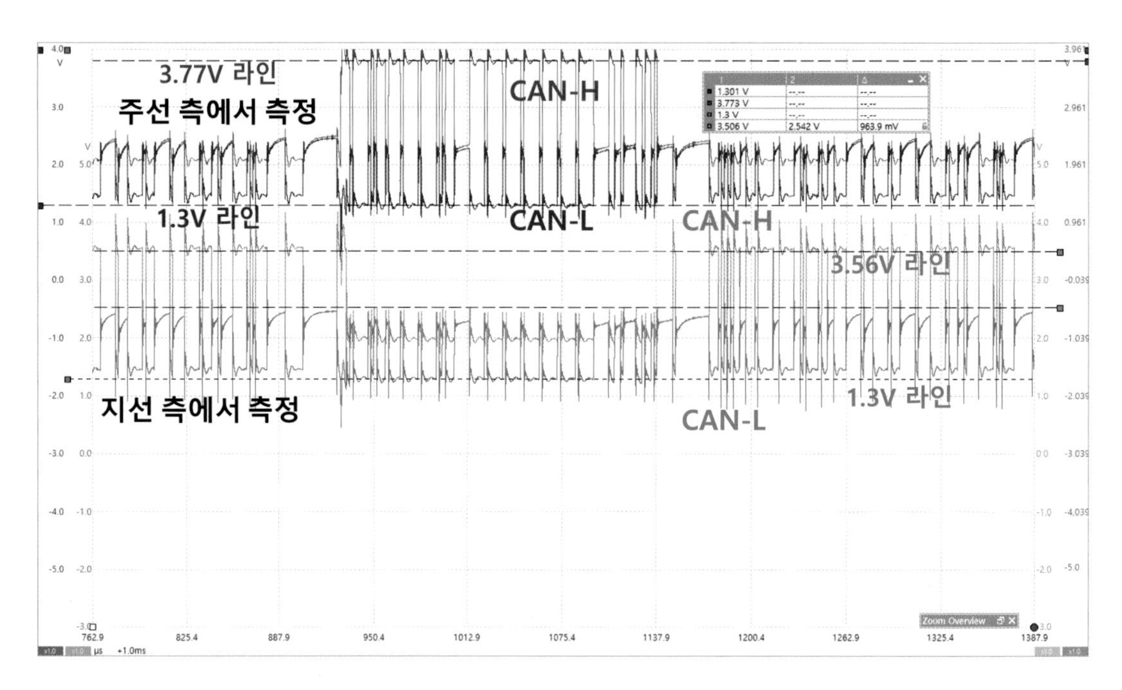

그림 Ⅱ – 73 CAN–H 라인에 저항이 발생하였을 때

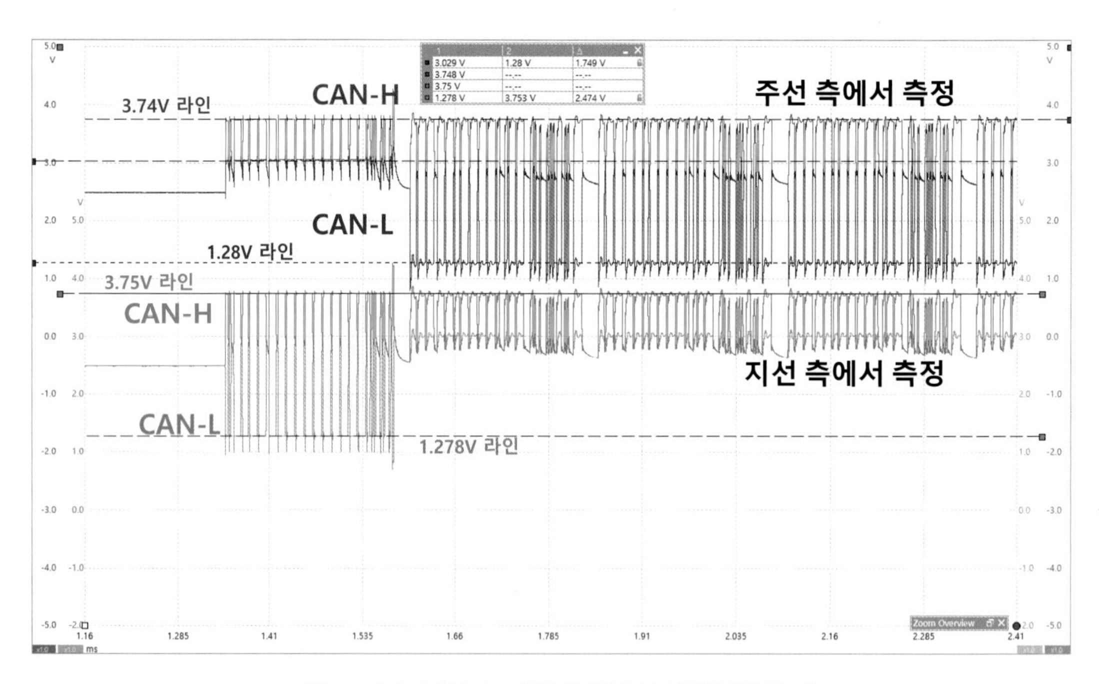

그림 Ⅱ – 74 CAN–L 라인에 저항이 발생하였을 때

라인에 저항이 존재할 때는 라인의 단선 때보다 상대적으로 진폭이 작지만 동일하게 주선 라인에 저항이 발생하는 결함이 있을 때 모든 신호가 비정상적인 상태로 나타난다. 즉 어떤 노드가 송신하여도 라인에서 계측되는 전압 파형은 정상적인 진폭이 아닌 것과 파형 측정 시 전압 레인지를 동일하게 설정했을 때 두 파형의 일부가 겹침 형태로 나타난다.

2 지선의 저항

(1) 지선 CAN-H 라인의 저항

지선 라인에서의 저항은 dominant 신호에 해당하는 최소 차동 전압 0.9V를 고려하였을 때 185Ω 이상일 때 송 · 수신 상 문제를 유발할 수 있다.

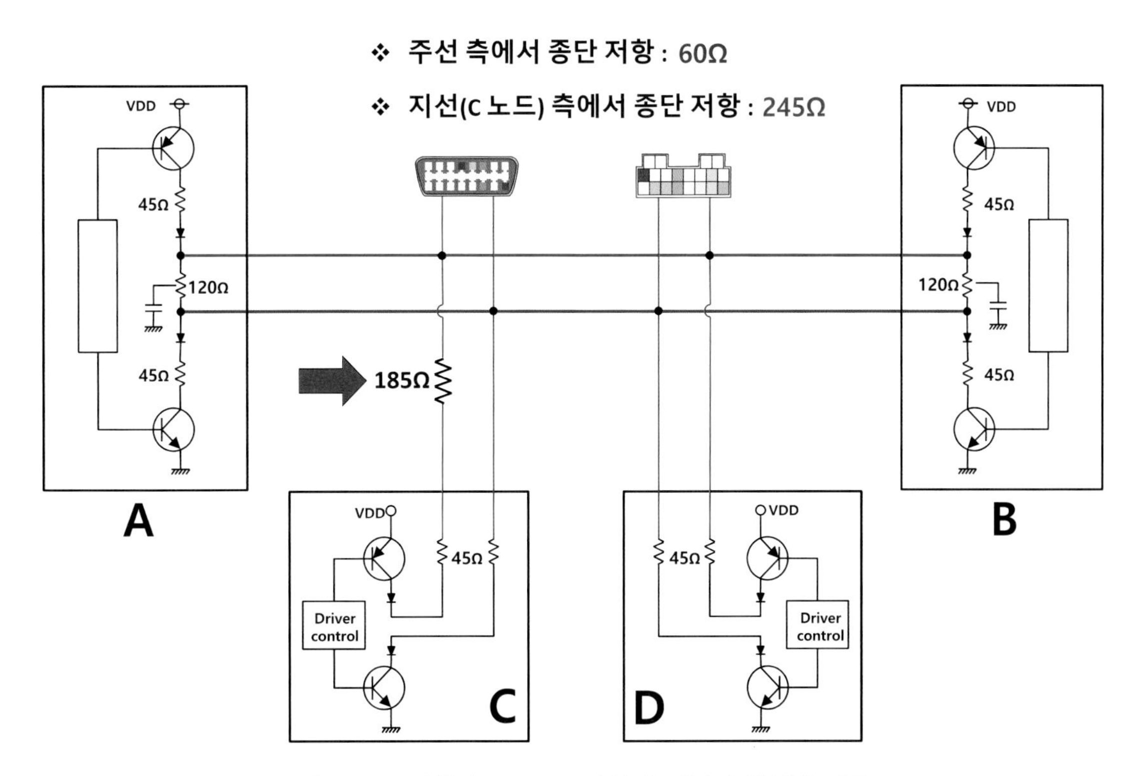

그림 Ⅱ – 75 지선의 CAN–H 라인에 저항이 발생한 경우

그림 Ⅱ－75는 C 노드의 CAN－H 라인 중 화살표가 가리키는 위치의 배선 또는 조인트 커넥터 부분에서 185Ω의 저항이 발생한 경우로 그림 Ⅱ－76의 ⑴과 같이 자기진단 커넥터 또는 각 노드 측에서 측정한 경우 정상적인 60Ω이 계측된다. 다만 그림 Ⅱ－76의 ②와 같이 저항이 발생한 C 노드 측에서 종단 저항을 측정하는 경우 그림 Ⅱ－76의 우측 그림과 같이 각 저항은 직 · 병렬로 연결된 상황이므로 ③의 계측기에는 245Ω의 저항값이 표시된다. 즉, 결함이 있는 C 노드 측에서 종단 저항을 측정한 경우 245Ω이 나타난다는 얘기이다.

A 노드가 recessive를 송신할 때 모든 라인에서의 전압은 2.5V이다. 그림 Ⅱ－77과 같이 dominant 신호를 송신할 때 분압 법칙에 따라 각 지점 또는 라인의 전압은 그림 Ⅱ－77에 표시한 것과 같아 정상적인 상태의 전압 분포와 파형이 나타난다.

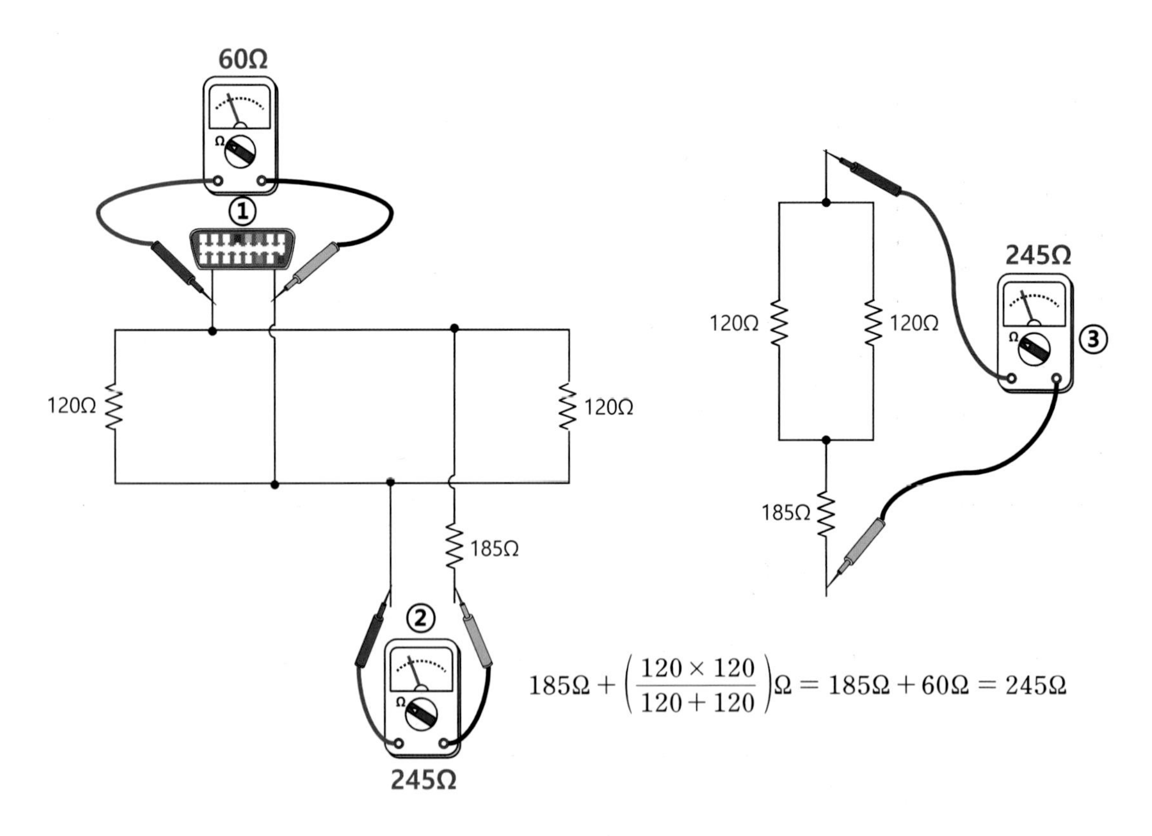

$$185\Omega + \left(\frac{120 \times 120}{120 + 120}\right)\Omega = 185\Omega + 60\Omega = 245\Omega$$

그림 Ⅱ－76 **종단 저항의 측정**

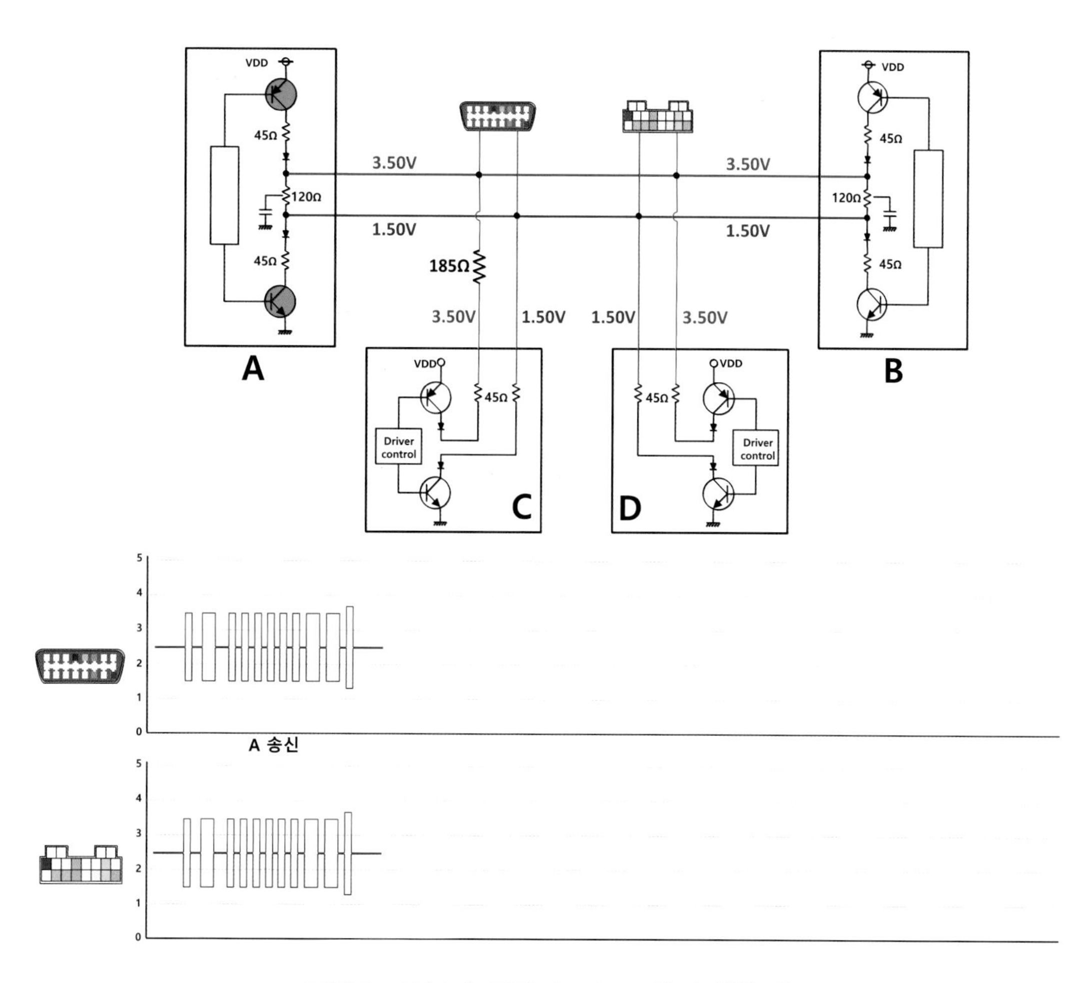

그림 Ⅱ – 77 A 노드가 dominant를 송신할 때

그림 Ⅱ – 77과 같이 A 노드가 dominant 신호를 송신할 때 전원 아래 45Ω의 저항을 지난 전류는 종단 저항에 해당하는 A 노드 내부 120Ω과 접지 쪽 45Ω의 저항을 통해 접지까지 A 노드의 내부로 전류가 흐른다. 한편 전원 아래 45Ω을 지난 전류는 A 노드 내부 종단 저항 120Ω 직전에서 주선인 CAN-H 라인을 통해 반대편 종단 저항인 B 노드의 120Ω에 연결된다. 다시 주선인 CAN-L 라인과 A 노드의 45Ω 저항을 통해 접지 쪽으로 전류가 흐르기 때문이다.

B 노드가 recessive를 송신할 때 모든 라인에서의 전압은 2.5V이다. 그러나 그림 Ⅱ – 78과 같이 dominant 신호를 송신할 때 분압 법칙에 따라 각 지점 또는 라인의 전압은 그림 Ⅱ – 78에 표시한 것과 같아 정상적인 상태의 전압 분포와 파형이 나타난다.

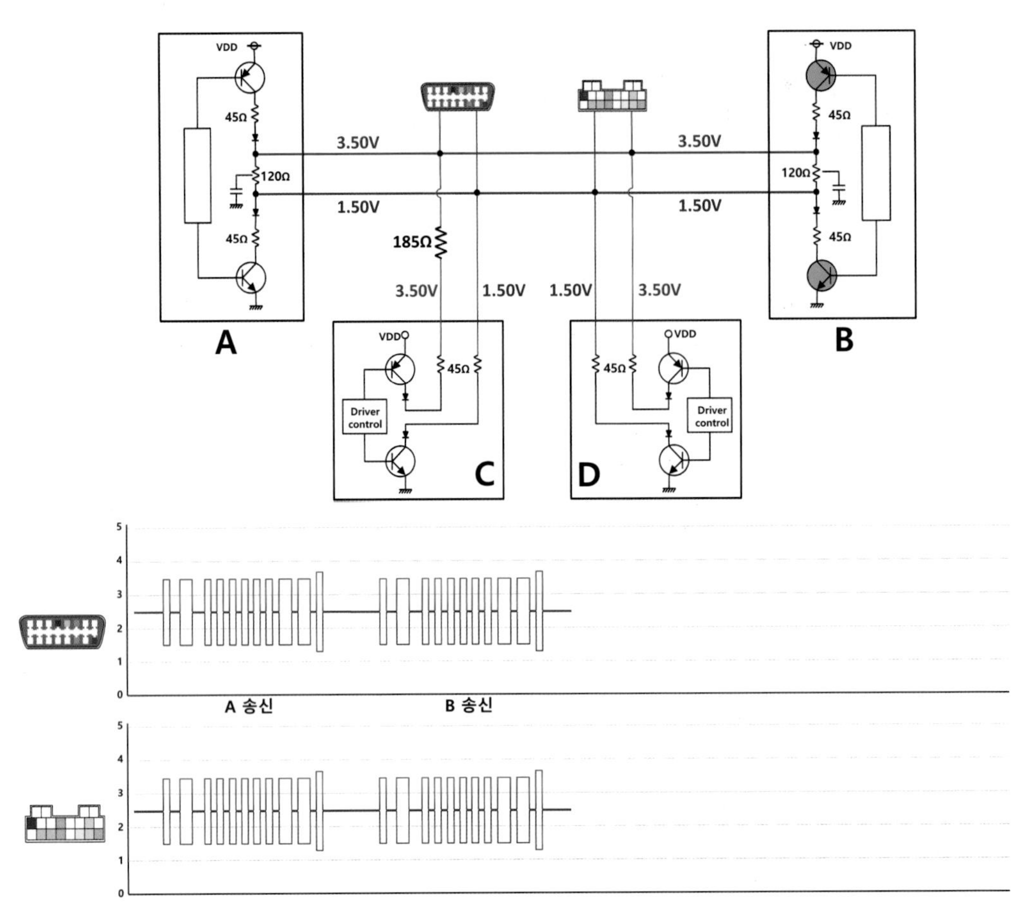

그림 Ⅱ – 78 B 노드가 dominant를 송신할 때

B 노드가 송신할 때 전원 아래 측 45Ω을 지난 전류는 종단 저항에 해당하는 B 노드 내부 120Ω과 접지 쪽 45Ω의 저항을 통해 접지까지 B 노드의 내부로 전류가 흐른다.

한편 전원 아래 45Ω을 지난 전류는 B 노드 내부 종단 저항 120Ω 직전에서 주선인 CAN-H 라인을 통해 반대편 종단 저항인 A 노드의 120Ω에 연결된다. 다시 주선인 CAN-L 라인과 B 노드의 45Ω 저항을 통해 접지 쪽으로 전류가 흐르기 때문이다.

C 노드가 recessive를 송신할 때 모든 라인에서의 전압은 2.5V이나 그림 Ⅱ – 79와 같이 dominant 신호를 송신할 때의 전압 분포는 분압 법칙에 따라 그림 Ⅱ – 79에 표시한 것과 같다.

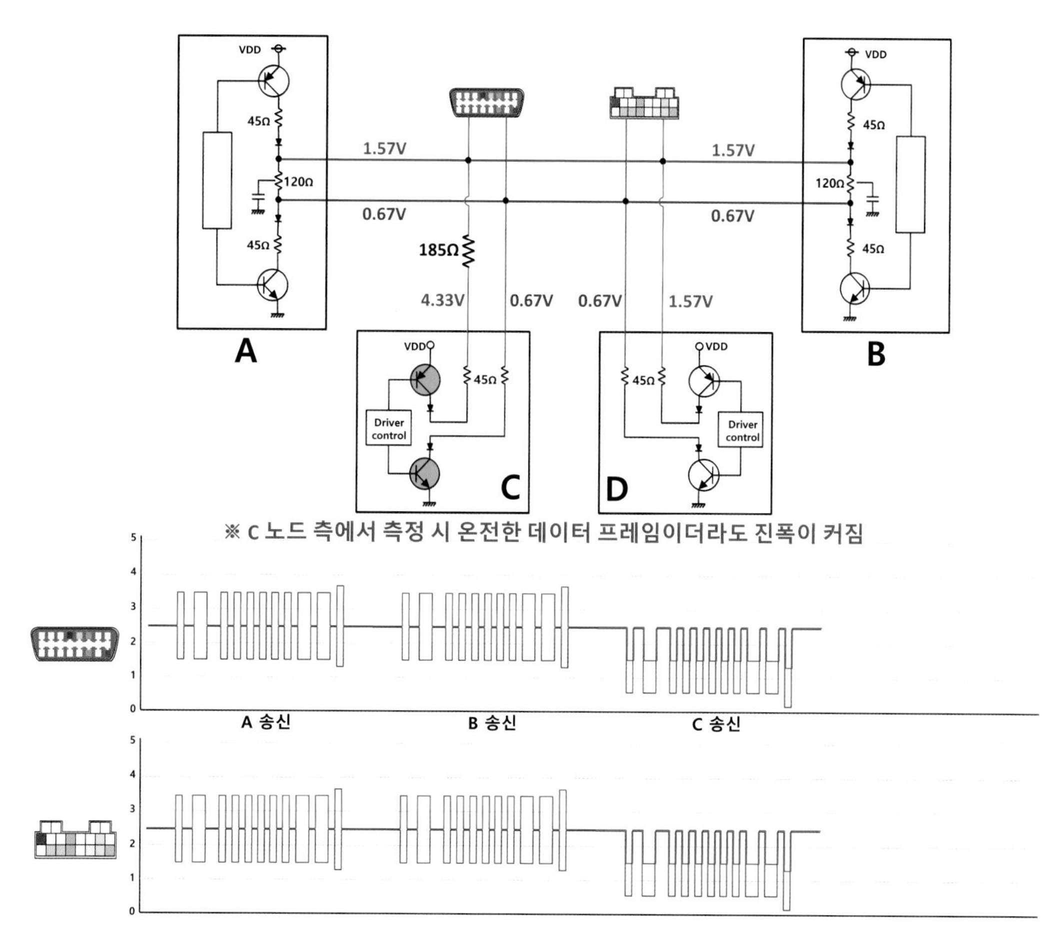

그림 Ⅱ – 79 저항이 발생한 C 노드가 dominant를 송신할 때

C 노드가 송신할 때 전원(5V) 이후 45Ω을 지난 전류는 지선 CAN-H 라인 185Ω의 저항과 주선의 CAN-H 라인을 통해 종단 저항에 해당하는 A와 B 노드의 내부 120Ω에 전달되고, 다시 주선의 CAN-L 라인과 지선인 C 노드의 CAN-L 라인을 지나 C 노드 접지 쪽 45Ω의 저항을 통해 접지까지 전류가 흐른다.

C 노드가 dominant 신호를 송신할 때, 그림 Ⅱ – 80의 (1)과 같이 C 노드에서 지선 CAN-H 라인에 있는 185Ω의 저항까지의 전압을 측정하는 경우 분압 법칙에 따라 4.33V가 나타난다.

한편 그림 Ⅱ – 80의 ②와 같이 185Ω 저항 이후 CAN-H 라인의 전압을 측정하면 분압 법칙에 따라 1.57V의 전압이 계측되며, 그림 Ⅱ – 81과 같이 CAN-L 라인의 전압을 측정하면 0.67V의 전압이 나타난다. 따라서 C 노드가 recessive와 dominant가 섞인 데이터를 송신할 때 측정 위치에 따라 그림 Ⅱ – 79의 하단에 있는 파형과 같이 나타난다.

즉 recessive를 송신할 때 모든 라인에서의 전압은 2.5V이나 dominant를 송신하는 경우 CAN–H 측 전압은 정상적인 상태라면 3.5V로 높아져야 할 것이다. 그러나 185Ω 저항의 영향으로 1.57V의 전압이 나타나고, CAN–L 라인의 전압은 정상적인 상태의 1.5V보다 더 낮아진 0.67V가 되어 마치 CAN–H 파형이 사라진 것처럼 보이면서 CAN–L 파형과 일부가 겹쳐진 파형으로 나타난다.

그림 Ⅱ – 79와 같은 상황에서 CAN–H와 CAN–L의 차동 전압이 0.9V(=1.57V–0.67V)가 되므로 185Ω의 저항이 조금만 커지더라도 A, B, D, 즉 주선과 지선의 모든 노드는 C 노드가 송신하는 dominant 신호를 인식하지 못할 수 있다.

이런 경우 C 노드가 송신하는 데이터를 수신할 수 없으므로 C 노드의 송신에도 불구하고 ACK 신호를 제공하지 않게 될 것이며, 대부분의 시스템에서 C 노드에 결함이 있음을 지시하게 된다.

C 노드가 데이터를 송신하는 그림 Ⅱ –79와 같은 상태에서 C 노드의 입구 측에서 파형을 측정하는 경우, dominant일 때 CAN–H는 4.33V, CAN–L는 0.67V가 되므로 그림 Ⅱ – 82와 83에서 보이는 바와 같이 정상적인 상태보다 파형의 진폭이 커진 것으로 나타난다.

D 노드가 recessive를 송신할 때 모든 라인에서의 전압은 2.5V이나, 그림 Ⅱ – 84와 같이 dominant 신호를 송신할 때 분압 법칙에 따라 각 지점 또는 라인의 전압은 그림 Ⅱ – 84에 표시한 것과 같아 정상적인 상태의 전압 분포와 파형이 나타난다.

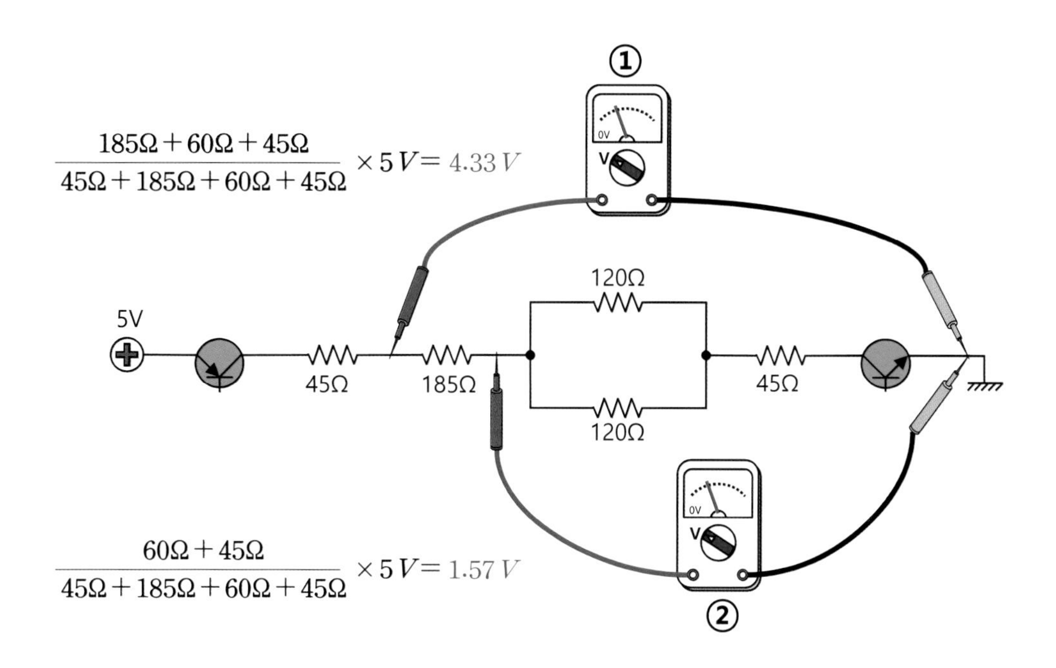

그림 Ⅱ - 80 C 노드가 dominant를 송신할 때 CAN-H 라인의 전압

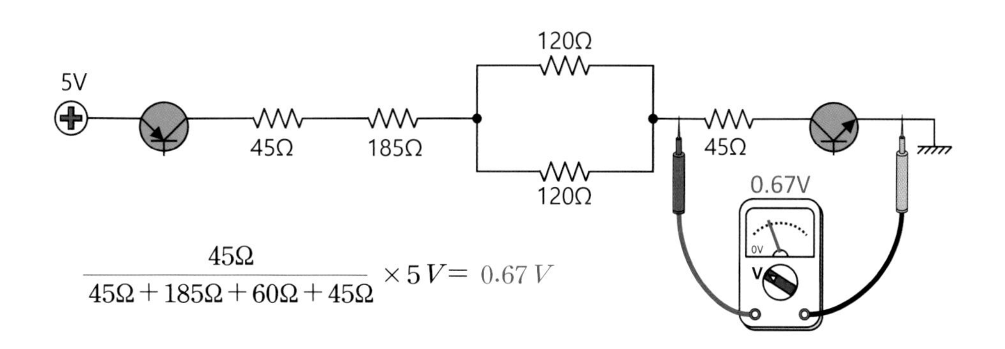

그림 Ⅱ - 81 C 노드가 dominant를 송신할 때 CAN-L 라인의 전압

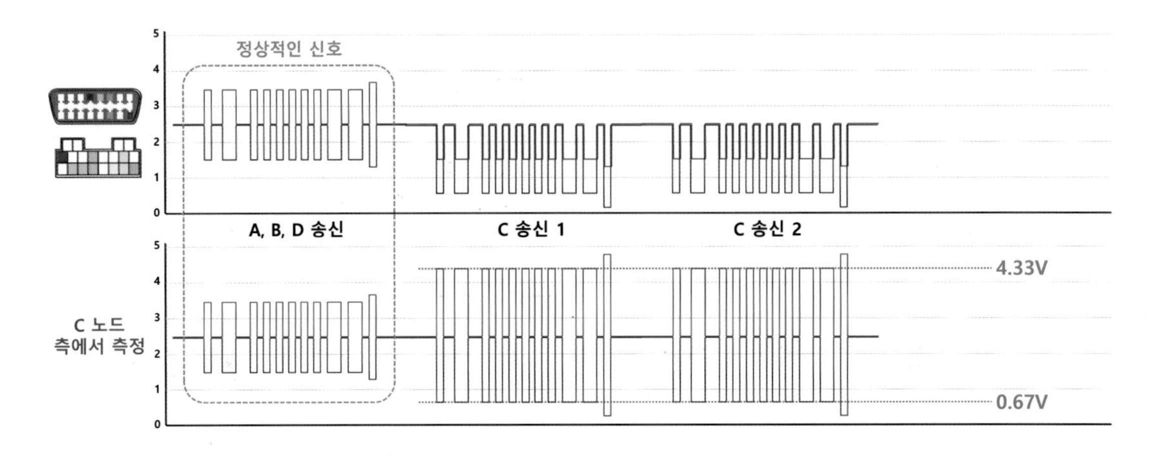

그림 Ⅱ – 82 C 노드가 송신할 때 측정 위치에 따른 전압 파형

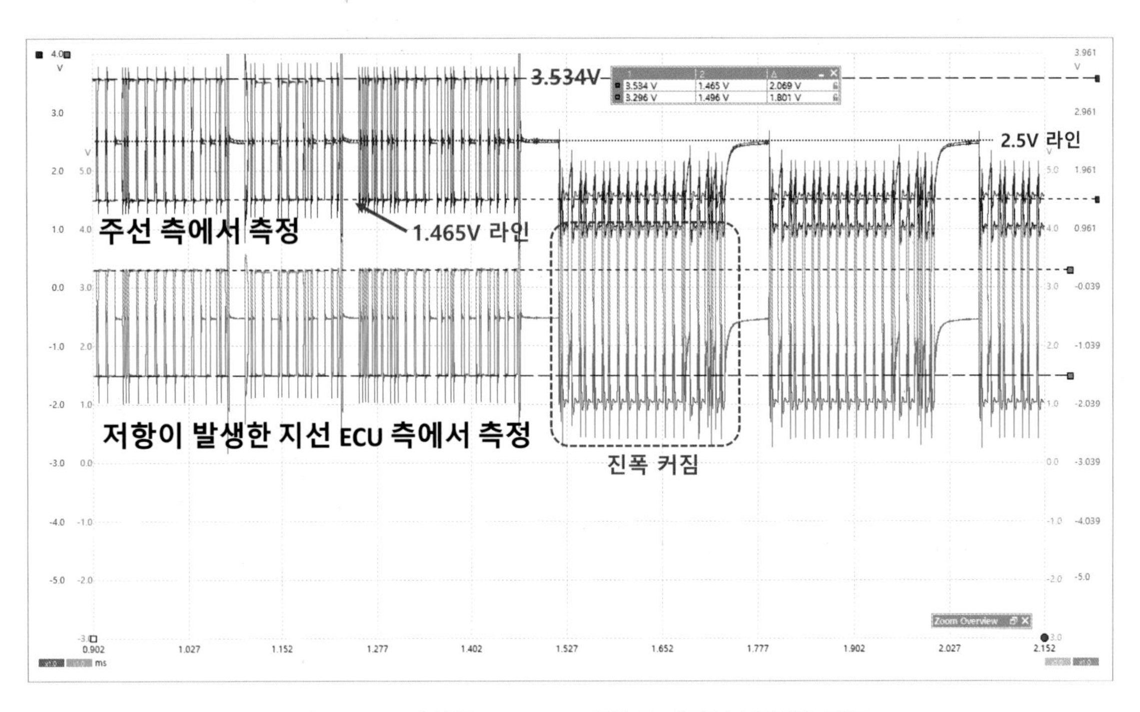

그림 Ⅱ – 83 지선의 CAN-H 라인에 저항이 발생한 경우

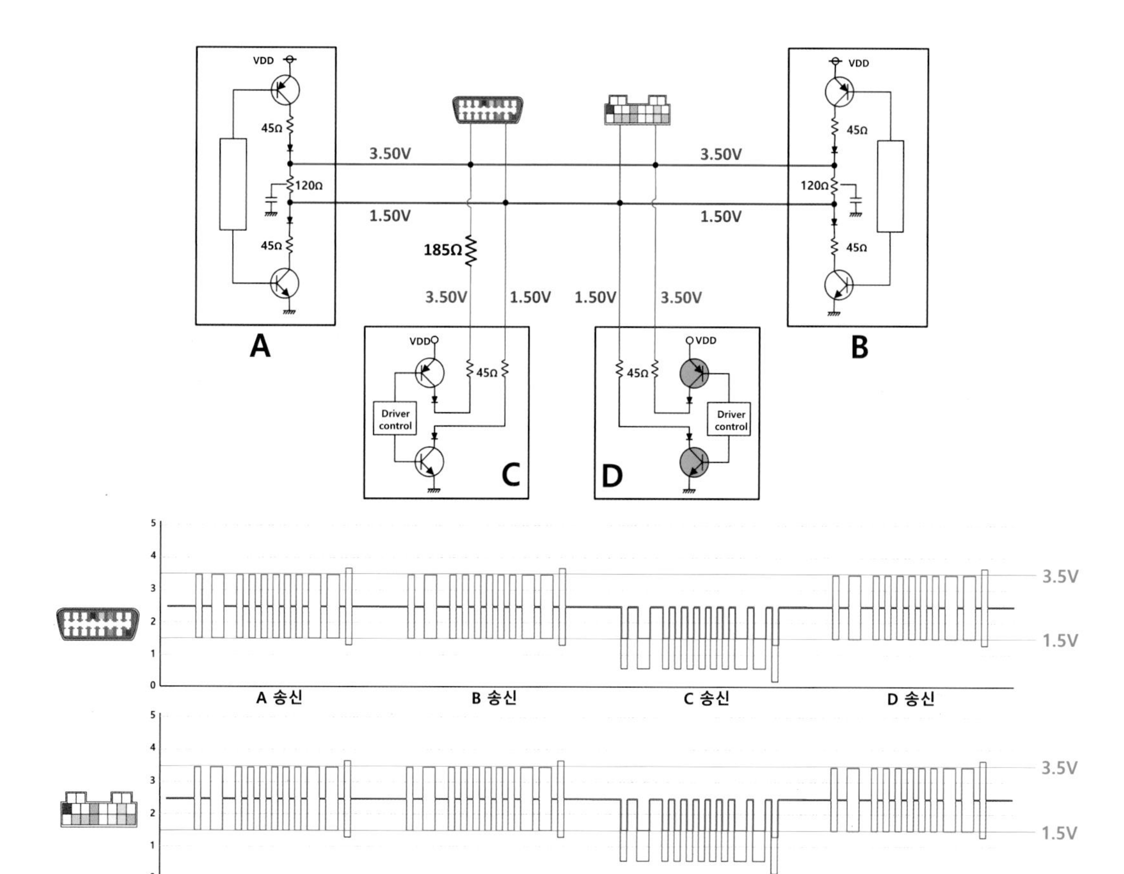

그림 Ⅱ – 84 D 노드가 dominant를 송신할 때

(2) 지선 CAN-L 라인의 저항

지선 라인에서의 저항은 dominant 신호에 해당하는 최소 차동 전압 0.9V를 고려하였을 때 185Ω 이상일 때 송 · 수신 상 문제를 유발할 수 있다.

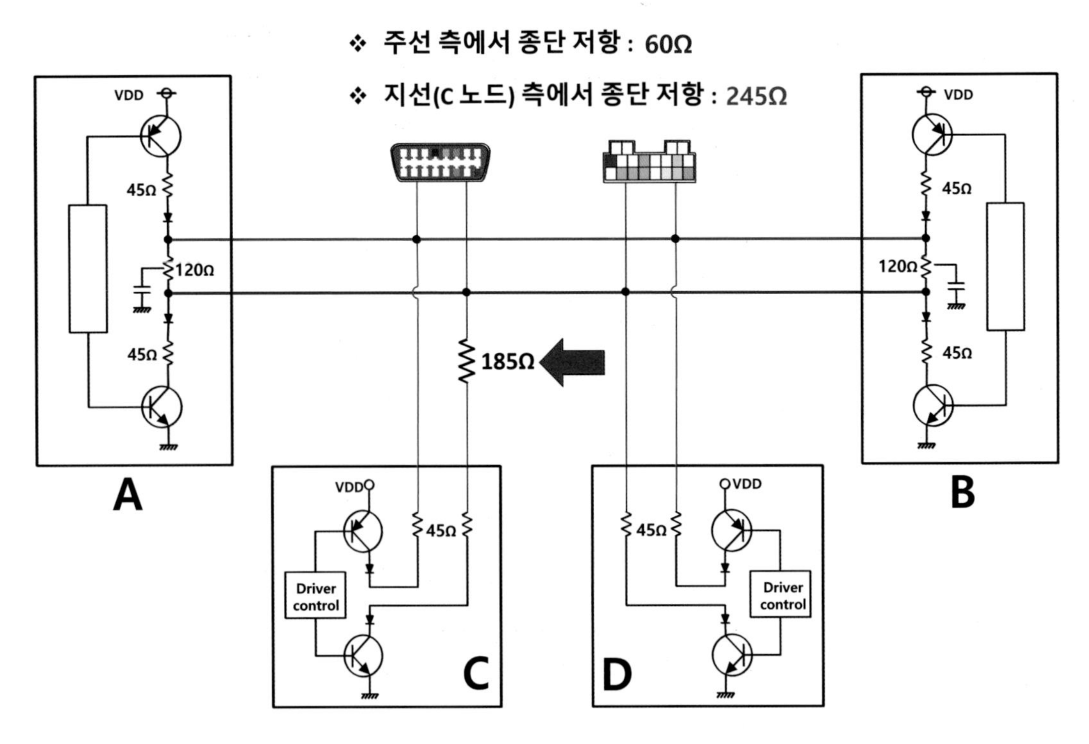

그림 Ⅱ - 85 지선의 CAN-L 라인에 저항이 발생한 경우

그림 Ⅱ - 85는 지선인 C 노드의 CAN-L 라인 중 화살표가 가리키는 위치의 배선 또는 조인트 커넥터 부분에서 185Ω의 저항이 발생한 경우이다.

그림 Ⅱ - 86의 ①과 같이 자기진단 커넥터 또는 각 노드 측에서 종단 저항을 측정한 경우 정상적인 60Ω이 계측된다. 다만 그림 Ⅱ - 86의 ②와 같이 저항이 발생한 C 노드 측에서 종단 저항을 측정하는 경우 그림 Ⅱ - 86의 우측 그림과 같이 각 저항은 직 · 병렬로 연결된 상황이므로 ②와 ③의 계측기에는 245Ω의 저항값이 표시된다. 즉 결함이 있는 C 노드측 에서 종단 저항을 측정한 때만 245Ω이 나타난다는 얘기이다.

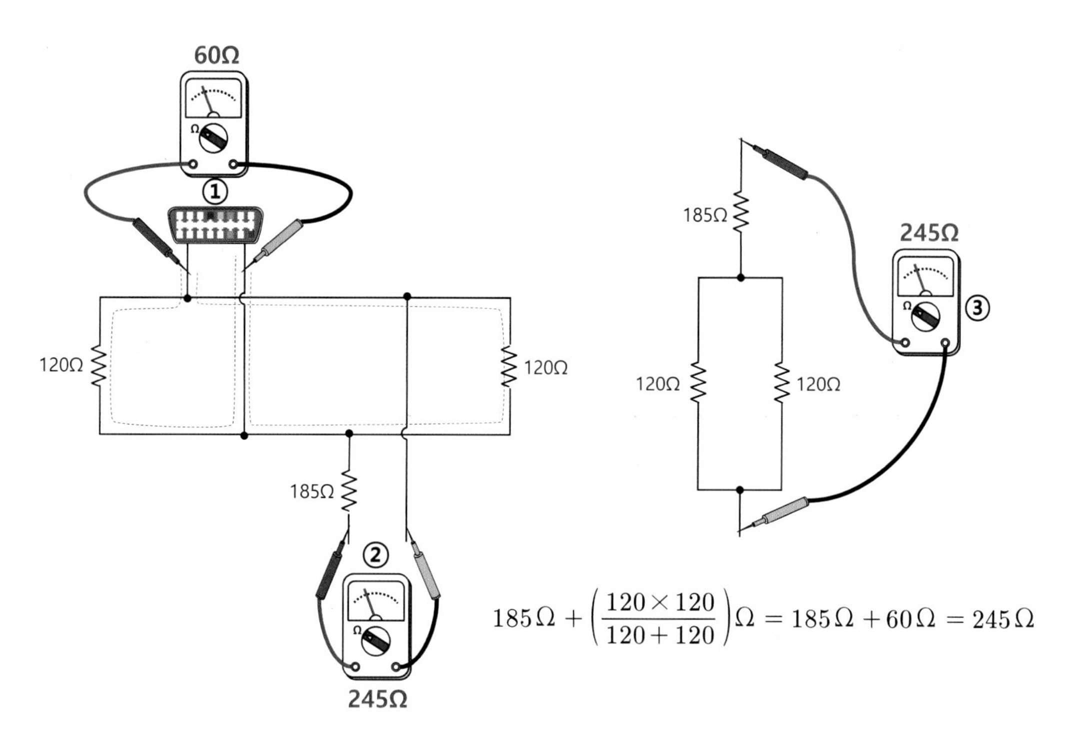

그림 Ⅱ – 86 종단 저항의 측정

A 노드가 recessive를 송신할 때 모든 라인에서의 전압은 2.5V이다. 그러나 그림 Ⅱ – 87과 같이 dominant 신호를 송신할 때 분압 법칙에 따라 각 지점 또는 라인의 전압은 그림 Ⅱ – 87에 표시한 것과 같아 정상적인 상태의 전압 분포와 파형이 나타난다.

A 노드가 송신할 때 전원 5V 아래 측 45*Ω*을 지난 전류는 종단 저항에 해당하는 A 노드 내부 120*Ω*과 접지 쪽 45*Ω*의 저항을 통해 접지까지 A 노드의 내부로 전류가 흐른다. 한편 전원 5V 아래 45*Ω*을 지난 전류는 A 노드 내부 종단 저항 120*Ω* 직전에서 주선인 CAN–H 라인을 통해 반대편 종단 저항인 B 노드의 120*Ω*에 연결되고, 다시 주선인 CAN–L 라인과 A 노드의 45*Ω* 저항을 통해 접지 쪽으로 전류가 흐르기 때문이다.

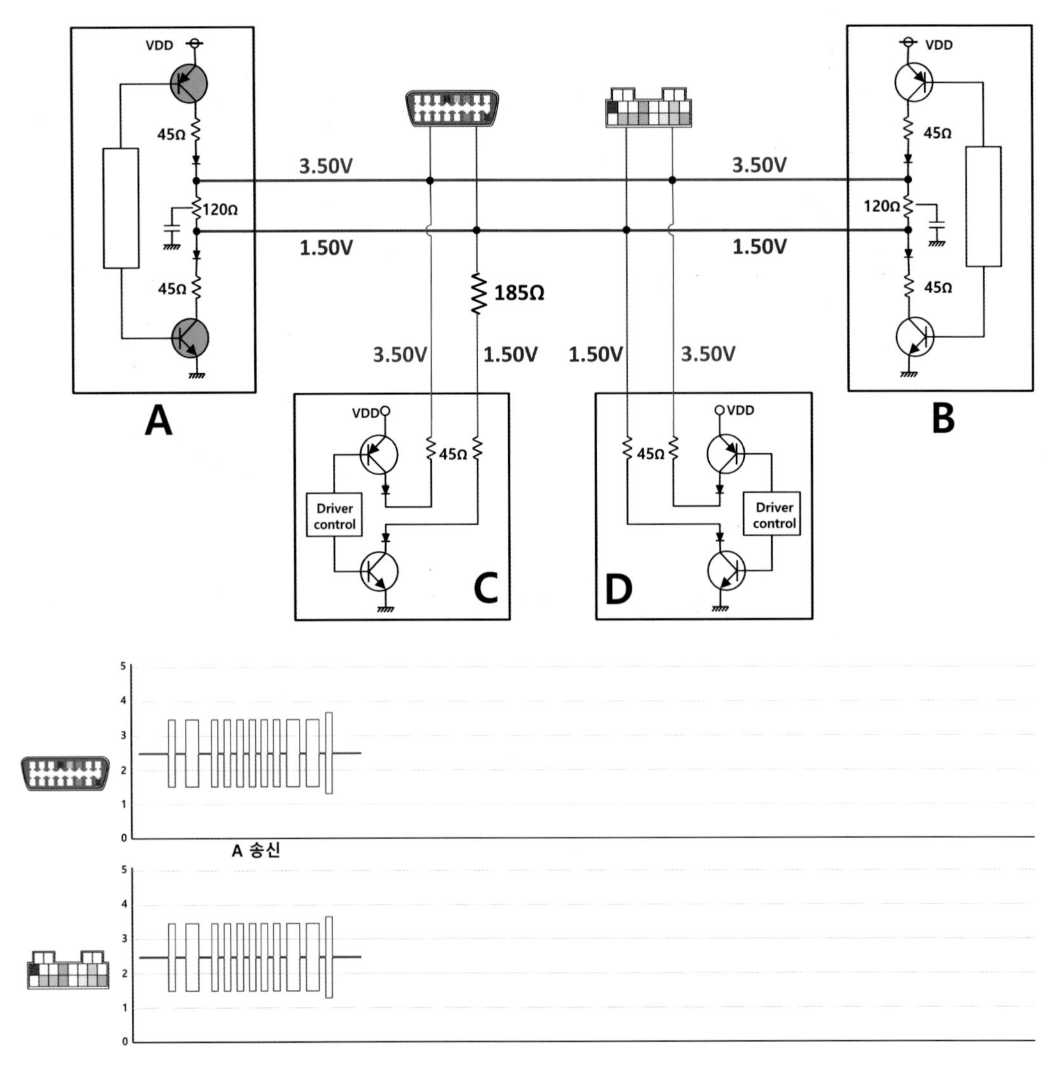

그림 Ⅱ - 87 A 노드가 dominant를 송신할 때

B 노드가 recessive를 송신할 때 모든 라인에서의 전압은 2.5V이다. 그러나 그림 Ⅱ - 88과 같이 dominant 신호를 송신할 때 분압 법칙에 따라 각 지점 또는 라인의 전압은 그림 Ⅱ - 88에 표시한 것과 같아 정상적인 상태의 전압 분포와 파형이 나타난다.

B 노드가 송신할 때 전원 5V 아래 측 45Ω을 지난 전류는 종단 저항에 해당하는 B 노드 내부 120Ω과 접지 쪽 45Ω의 저항을 통해 접지까지 B 노드의 내부로 전류가 흐른다.

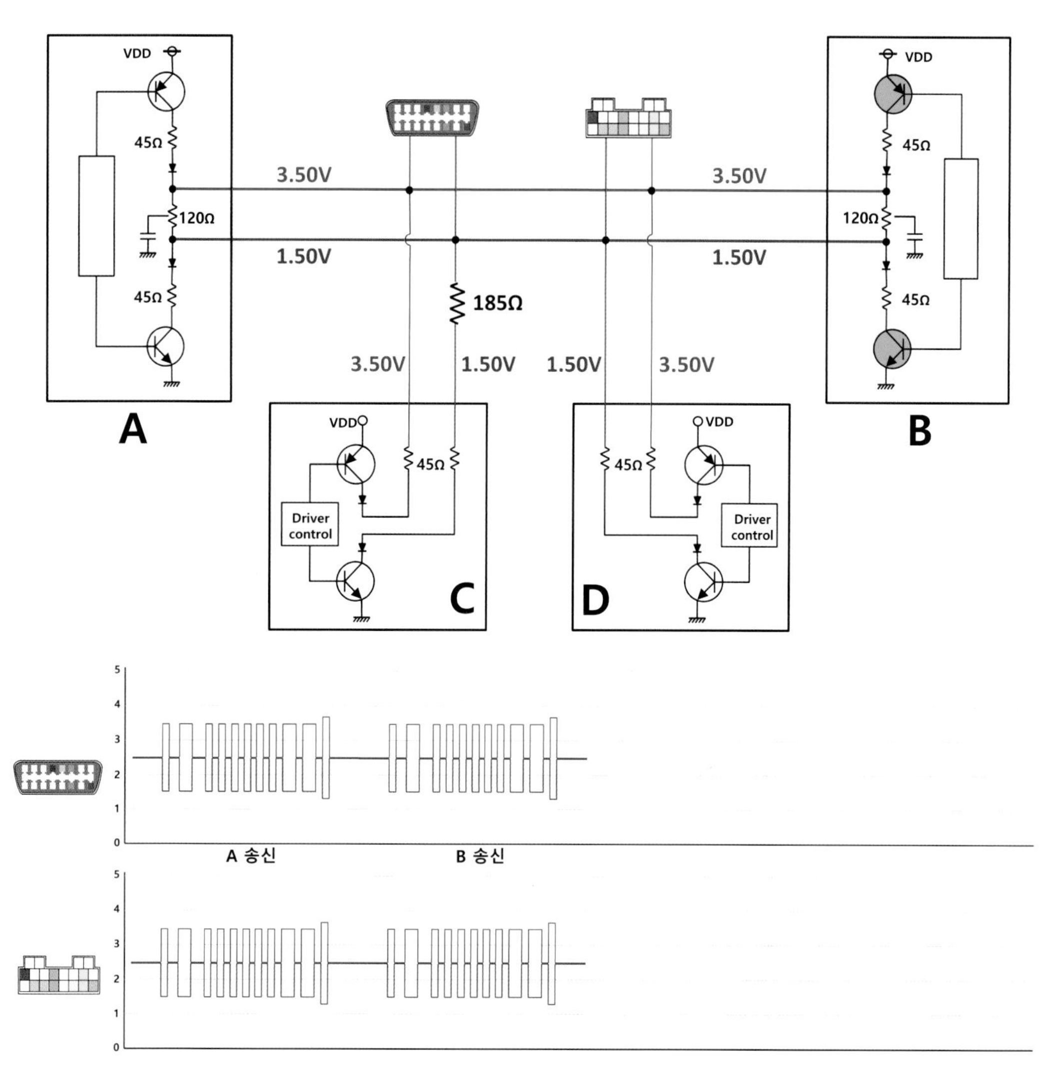

그림 Ⅱ－88 B 노드가 dominant를 송신할 때

한편 전원 5V 아래 측 45Ω을 지난 전류는 B 노드 내부 종단 저항 120Ω 직전에서 주선인 CAN－H 라인을 통해 반대편 종단 저항인 A 노드의 120Ω에 연결되고, 다시 주선인 CAN－L 라인과 B 노드의 45Ω 저항을 통해 접지 쪽으로 전류가 흐르기 때문이다.

C 노드가 recessive를 송신할 때 모든 라인에서의 전압은 2.5V이나, 그림 Ⅱ－89와 같이 dominant 신호를 송신할 때의 전압 분포는 분압 법칙에 따라 그림 Ⅱ－89에 표시한 것과 같다.

C 노드가 송신할 때 전원(5V) 이후 45Ω을 지난 전류는 지선 CAN-H 라인을 통해 주선의 CAN-H 라인을 지난다. 종단 저항에 해당하는 A와 B 노드의 각 내부 저항 120Ω에 전달되고, 다시 주선의 CAN-L 라인을 지나 C 노드의 CAN-L 라인에도 연결되며, 185Ω의 저항을 지나 C 노드 접지 쪽 45Ω의 저항을 통해 접지까지 전류가 흐른다.

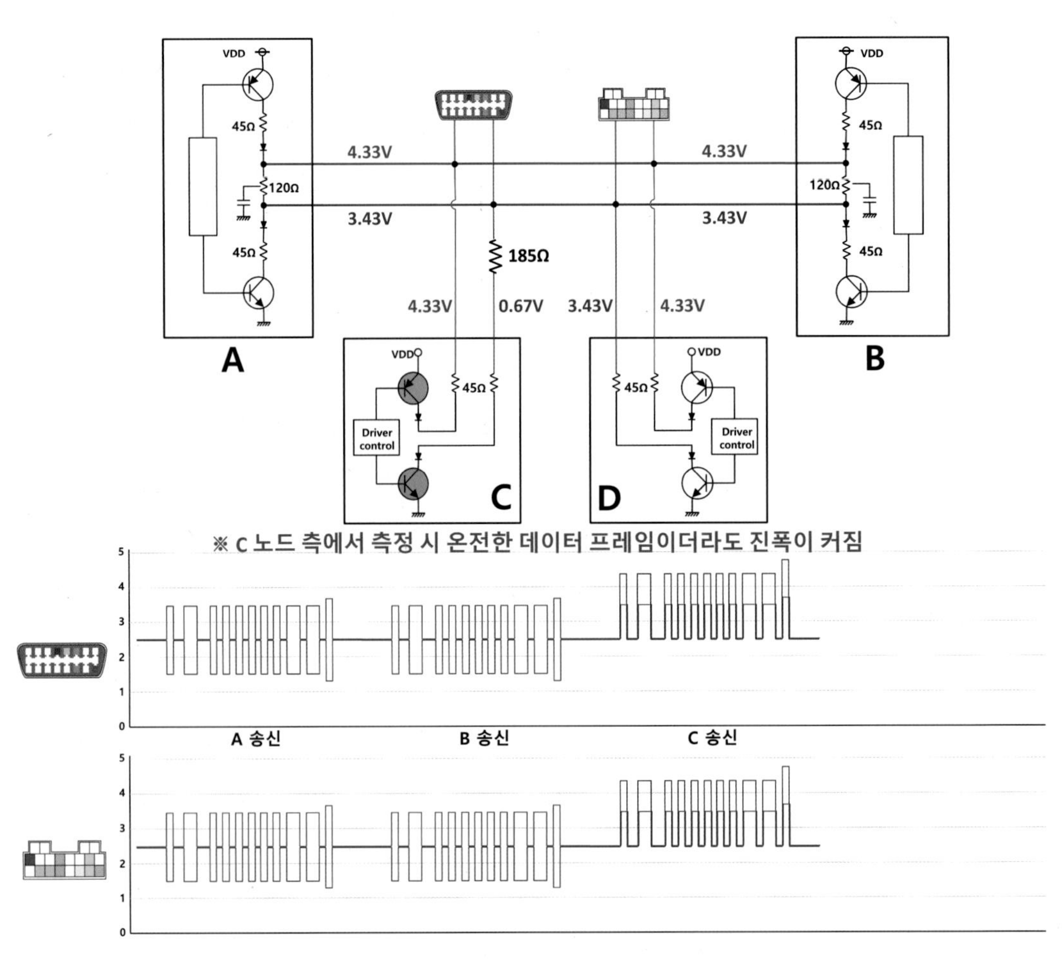

그림 Ⅱ – 89 저항이 발생한 C 노드가 dominant를 송신할 때

C 노드가 dominant 신호를 송신할 때, 그림 Ⅱ – 90의 ①과 같이 C 노드에서 주선의 CAN-H 라인까지 범위의 전압을 측정하는 경우 분압 법칙에 따라 4.33V가 나타난다.

한편 그림Ⅱ-90의 ③과 같이 측정 위치 안쪽에 185Ω 저항이 있는 상태, 즉 CAN-L 라인의 전압을 측정한다. 이때 분압 법칙에 따라 3.43V의 전압이 계측되며, 그림Ⅱ-90의 ②와 같이 CAN-L 라인의 전압을 측정하면 0.67V의 전압이 나타난다. 따라서 C 노드가 recessive와 dominant 상태의 신호가 섞인 데이터 프레임을 송신할 때 측정 위치에 따라 그림Ⅱ-89의 하단에 있는 파형과 같이 나타난다. 즉, recessive를 송신할 때 모든 라인에서의 전압은 2.5V이나, dominant를 송신하는 경우 CAN-H 측 전압은 정상적인 상태라면 3.5V로 높아져야 할 것이다.

그러나 185Ω 저항의 영향으로 4.33V의 전압이 나타나고, 종단 저항 이후인 CAN-L 라인의 전압은 정상적인 상태의 1.5V보다 더 높아진 3.43V가 나타난다. 185Ω의 저항이 있는 C 노드 CAN-L 라인 입구에서 0.67V의 전압이 나타나, 마치 CAN-L 파형이 사라진 것처럼 보이면서 CAN-L 신호가 CAN-H 파형과 일부가 겹쳐진 파형으로 나타난다.

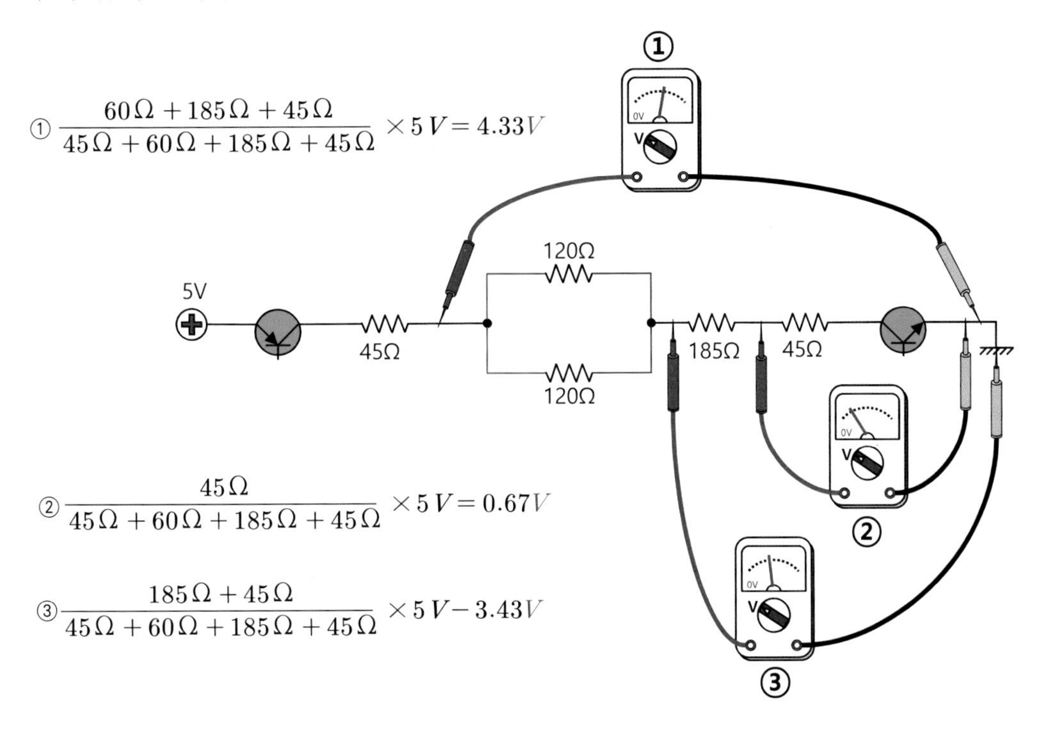

그림Ⅱ-90 C 노드가 dominant를 송신할 때 각 지점의 전압

그림 Ⅱ - 89와 같은 상황에서 CAN-H와 CAN-L의 차동 전압이 0.9V(=4.33V-3.43V)가 되므로 185Ω의 저항이 조금만 커지더라도 A, B, D, 즉 주선과 지선의 모든 노드는 C 노드가 송신하는 dominant 신호를 인식하지 못할 수 있다. 이런 경우 C 노드가 송신하는 데이터를 수신할 수 없으므로 C 노드의 송신에도 불구하고 ACK 신호를 제공하지 않게 될 것이며, 대부분 시스템에서 C 노드에 결함이 있음을 지시하게 된다.

실차 상태에서 그림 Ⅱ - 89와 같은 상황이 벌어졌을 때 해당 노드인 C 노드의 전원을 제거(퓨즈를 탈거)한 경우 C 노드가 더 이상 송신을 할 수 없으므로 불량 파형이 사라지고 정상적인 파형만 관측된다. 이런 방법은 라인에 저항이 있을 때뿐만 아니라 라인에서 단선되었을 때도 마찬가지 방법으로 유효한 점검이 가능하다.

한편 C 노드가 데이터를 송신하는 Ⅱ - 89와 같은 상태에서 C 노드의 입구 측에서 파형을 측정하는 경우, dominant일 때 CAN-H는 4.33V, CAN-L는 0.67V가 되므로 그림 Ⅱ - 91과 Ⅱ - 92에서 보이는 바와 같이 정상적인 상태보다 파형의 진폭이 커진 것으로 나타난다.

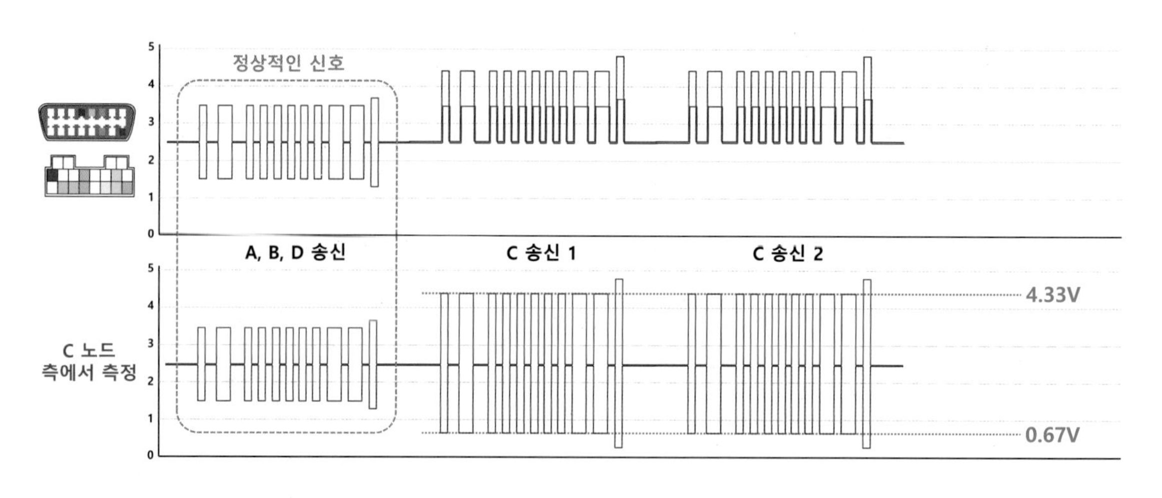

그림 Ⅱ - 91 C 노드가 송신할 때 측정 위치에 따른 전압 파형

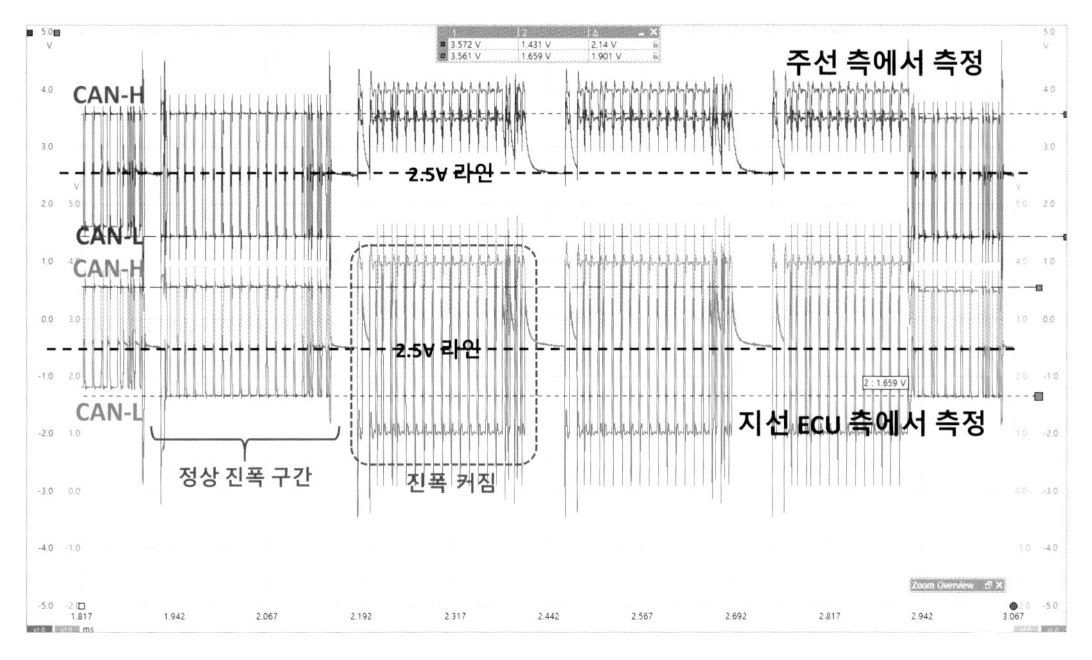

그림 Ⅱ－92 **지선의 CAN-H 라인에 저항이 발생한 경우**

D 노드가 recessive를 송신할 때 모든 라인에서의 전압은 2.5V이나, 그림 Ⅱ－93과 같이 dominant 신호를 송신할 때 분압 법칙에 따라 각 지점 또는 라인의 전압은 그림 Ⅱ－93에 표시한 것과 같아 정상적인 상태의 전압 분포와 파형이 나타난다.

D 노드가 송신할 때 전원 5V 아래 측 45Ω을 지난 전류는 지선 CAN-H와 주선의 CAN-H를 통해 종단 저항에 해당하는 A와 B 노드 내부 120Ω, 주선의 CAN-L와 지선인 D 노드의 CAN-L를 지나 D 노드 접지 쪽 45Ω의 저항을 통해 접지까지 전류가 흐른다. 따라서 정상적인 상태와 같은 전압 분포를 보인다.

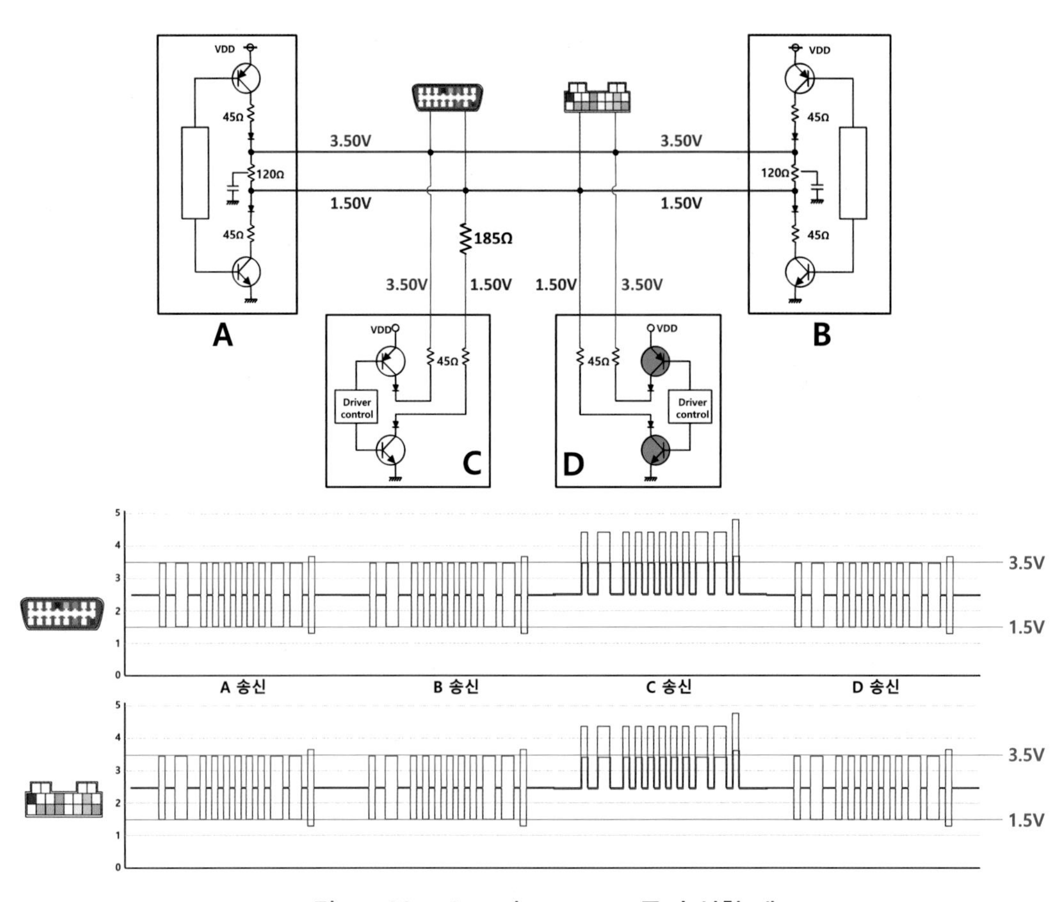

그림 Ⅱ-93 D 노드가 dominant를 송신할 때

특정 노드의 지선 라인에서 저항이 발생한 경우의 특징은 대부분의 노드가 결함이 있는 노드에서의 신호가 불안정하다는 진단 코드를 발생한다.

이 경우 파형을 측정하면 그림 Ⅱ-94와 같은 파형을 볼 수 있으나, 해당 노드의 전원을 차단한 경우 해당 노드가 송·수신을 할 수 없어 정상 파형만 관측될 수 있다.

또한 해당 노드가 에러 누적으로 bus off 상태까지 이르게 되면 수신만 가능하고, 송신이 불가하므로 네트워크 라인에서 파형을 측정한 경우 정상적인 신호만 관측될 수 있다.

주선 라인에 저항이 발생한 경우는 어떤 노드이든 주선을 통해야만 송·수신이 가능하므로 모든 신호가 불량(진폭 불량 또는 일부 겹침 불량)으로 나타난다. 반면 지선 노드에서 저항이 발생한 경우는 정상적인 진폭을 가진 프레임이 존재하고, 저항이 발생한 특정 노드에서의 신호만 진폭 불량과 겹침 불량이 나타난다.

그림 Ⅱ – 94에서 위쪽의 그림은 지선의 CAN–H 라인에 저항이 발생한 경우이다. 가장 두드러진 특징은 다른 프레임은 정상적인 진폭임에도 저항이 발생한 노드가 송신할 때 프레임의 CAN–H 파형에서 dominant 신호가 2.5V를 기준으로 위로 올라가지 않고 아래로 떨어져 CAN–L 파형과 같이 보인다는 것이다.

이때 저항이 크면 클수록 CAN–H의 dominant 신호 전압은 더 아래로 낮아져 겹침이 많아지고, 저항이 ∞Ω에 해당하는 단선일 때 CAN–H와 CAN–L 두 신호의 전압 레인지가 같고 0V점이 서로 동일하다면 두 파형이 CAN–L 신호 쪽으로 완전히 겹쳐지는 현상이 발생한다.

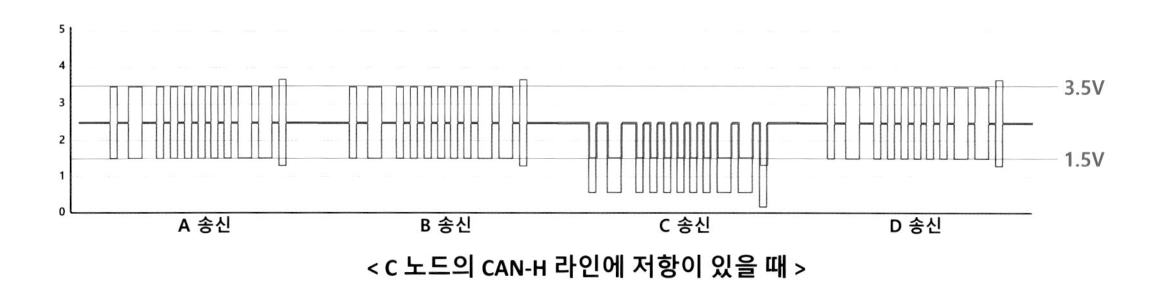

< C 노드의 CAN-H 라인에 저항이 있을 때 >

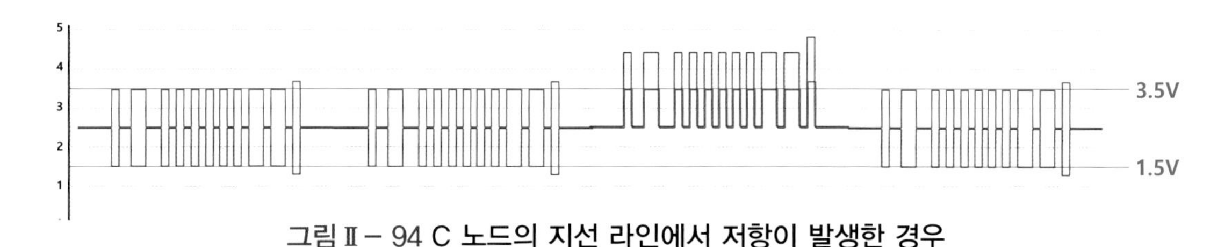

그림 Ⅱ – 94 C 노드의 지선 라인에서 저항이 발생한 경우

한편 그림 Ⅱ – 94의 아래에 그려진 파형은 지선의 CAN–L 라인에 저항이 발생한 경우이다. 다른 프레임은 정상의 진폭을 보임에도 불구하고 저항이 발생한 노드가 dominant 신호를 송신할 때마다 CAN–L 신호가 idle 상태 또는 recessive 상태의 전압 2.5V보다 낮아지지 않고 오히려 올라가는 특징을 보인다.

이때 마찬가지로 저항이 크면 클수록 CAN–L 신호의 전압이 더 높아져 CAN–H와 CAN–L 두 신호의 전압 레인지가 같고 0V점이 서로 동일하다면 두 파형이 CAN–H 신호 쪽으로 완전 겹쳐지는 현상이 발생한다.

CHAPTER 04

CAN 라인의 단락

1 단락의 특징

CAN 라인에서의 단선이나 저항의 경우는 문제가 발생한 위치에 따라 송 · 수신이 가능한 그룹이 존재한다. 그러나 라인의 단락은 주선에서의 단락 또는 지선에서의 단락 등 그 위치와 형태에 무관하게 해당 네트워크 전체 신호에 영향을 미쳐 모든 노드의 신호가 비정상적인 상태가 된다.

자기진단 커넥터 또는 라인에서 측정하는 종단 저항은 CAN-L ~ CAN-H 라인끼리 단락된 상태에서 완벽한 단락에 가까울수록 0Ω으로 나타날 것이다. 하지만, CAN-L 또는 CAN-H 라인이 차체 또는 12V(기타 전원) 라인과 단락된 상태의 종단 저항은 단락의 정도와 무관하게 정상과 같은 60Ω이 측정되니 주의가 필요하다.

CAN 라인이 차체와 단락되었을 것으로 의심되는 경우 종단 저항의 측정과 별개로 CAN 라인과 차체 또는 CAN 라인과 전원 라인 사이의 저항을 점검해야 한다.

〈표 Ⅱ - 5 단락이 있을 때 진단기와의 통신 가능 여부와 종단 저항〉

구분		진단기와 통신	종단 저항
차체 측과 단락	CAN-L ~ 차체 측	정상 송·수신 가능	60Ω
	CAN-H ~ 차체 측	통신 불가	60Ω
전원 측과 단락	CAN-L ~ 전원 측	통신 불가	60Ω
	CAN-H ~ 전원 측	통신 불가	60Ω
라인과 라인의 단락	CAN-L ~ CAN-H	통신 불가	0Ω

2 CAN 라인의 단락

(1) CAN-L 라인의 단락

1) 차체와 단락

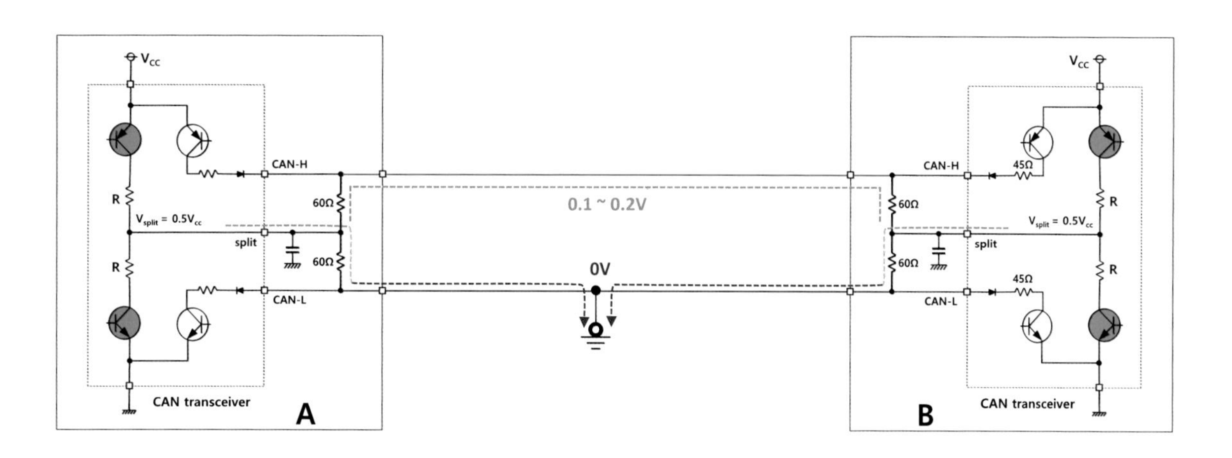

그림 Ⅱ – 95 CAN–L 라인이 차체와 단락된 상태에서 idle 상태일 때

CAN–L 라인이 차체와 단락된 상태에서 idle 상태일 때 차체와 단락된 CAN–L 라인은 0V이지만 CAN–H 라인의 전압은 CAN–L 라인의 전압보다 약 0.1 ~ 0.2V의 전압이 높게 나타난다.

단락이 없다면 CAN 송 · 수신 IC(transceiver) 내부 회로에서 분압된 2.5V 전압이 나타난다. 그러나 CAN–L 라인의 차체와 단락된 영향으로 트랜시버 내부 전원 전압이 내부 분할 저항을 2k*Ω*이라 할 때(그림 Ⅱ – 95에서 R = 2k*Ω*)과 종단 저항 60*Ω*을 지나 CAN–L 라인을 통해 접지로 전류가 흐르는 형태이다. 그러므로 CAN–L 라인의 전압을 측정하면 0V(그림 Ⅱ – 96의 전압계 ②)가 나타나고, CAN–H 라인은 그림 Ⅱ – 96에서와 같이 0V보다 0.14V 정도 높은 전압(그림 Ⅱ – 96의 하단부 전압계 ①)이 되기 때문이다.

그림 Ⅱ – 96에 대해 좀더 설명하면 상부의 그림은 CAN–L 라인이 차체와 단락된 상태를 보이고 있다. 이 회로가 하나의 전원(5V)을 공통으로 사용한다고 가정했을 때 등가회로를 그림 Ⅱ – 96의 중간에 도시하였다.

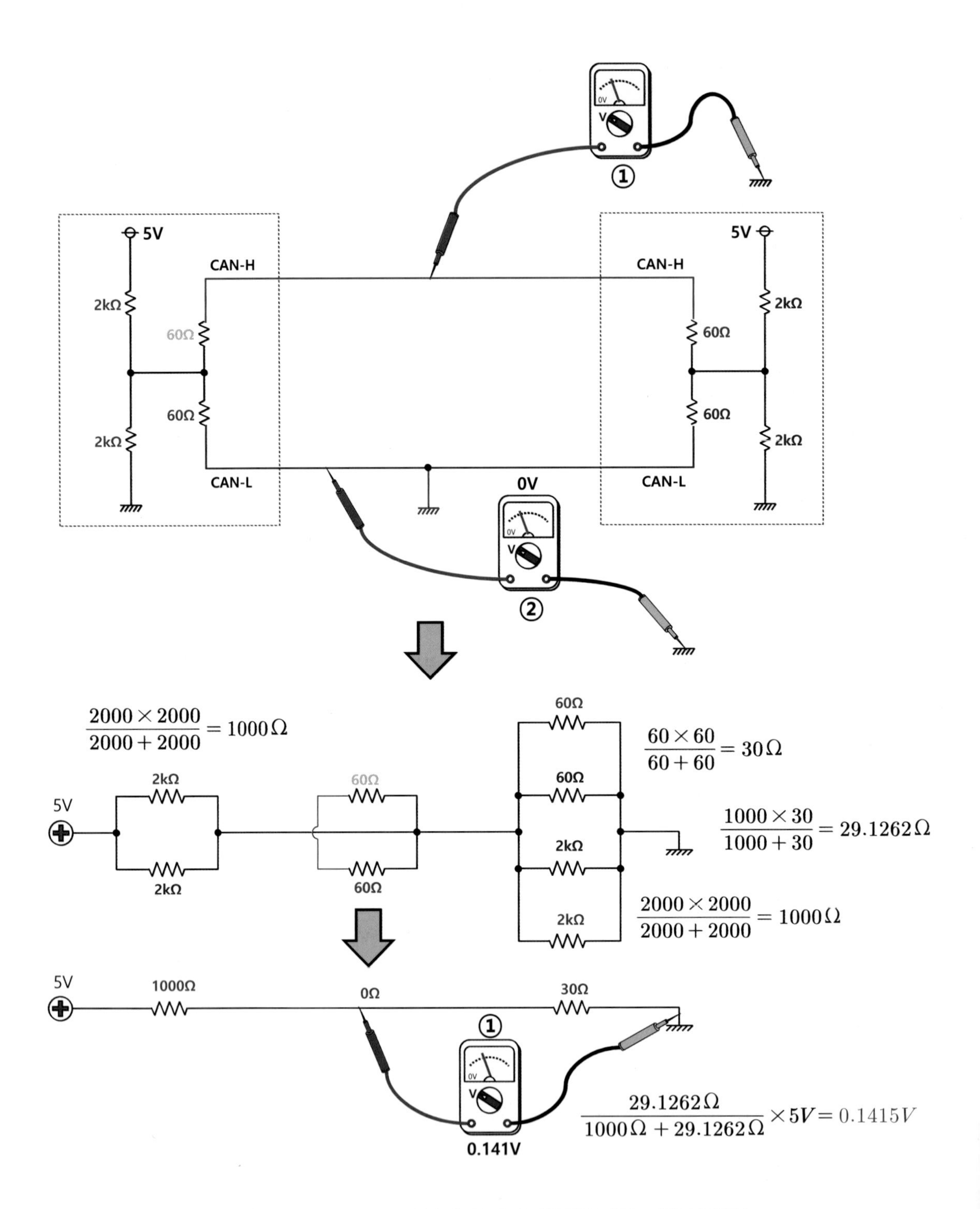

그림 Ⅱ – 96 CAN–L 라인이 차체와 단락된 경우 라인의 전압

전원 5V에 좌 · 우측 컨트롤러 전원 측 저항 2kΩ이 서로 병렬 연결이고, 접지와 연결된 좌 · 우측 컨트롤러 내부저항 2kΩ 2개와 종단 저항이 병렬로 연결되어 접지와 연결된 셈이 된다.

각 병렬회로의 합성저항을 구하면 2kΩ 2개의 합성저항은 1kΩ, 60Ω 2개의 합성저항은 30Ω이 되고, 1kΩ과 30Ω의 병렬연결의 합성저항을 약 29.13Ω이라 하면 그림 Ⅱ – 96의 맨 아래 저항의 직렬회로와 같다. CAN–H 라인의 전압을 측정한 그림 Ⅱ – 96에서 ①의 전압계는 약 0.14V의 전압을 지시하게 된다.

결과적으로 단락된 CAN–L 라인은 0V, 반대편 CAN–H 라인의 전압은 0V보다 높지만 거의 0V의 전압이 나타난다. 즉, 단락되지 않은 라인의 전압이 적으나마 높게 나타난다.

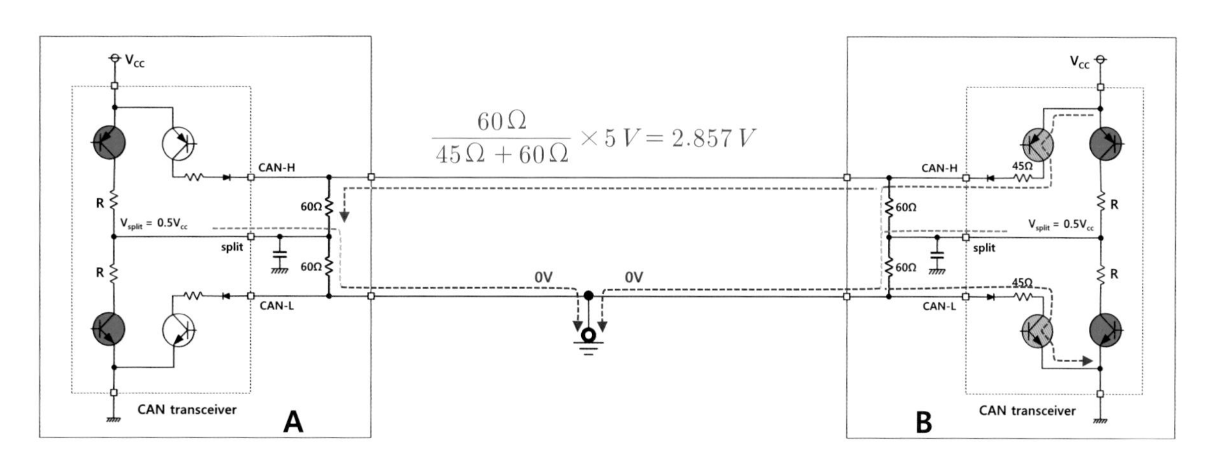

그림 Ⅱ – 97 CAN–L 라인이 차체와 단락된 상태에서 B 노드가 송신 시

CAN–L 라인이 차체와 단락된 상태에서 B 노드가 송신하는 경우 그림 Ⅱ – 97과 같이 CAN–L 라인은 0V의 전압이 계측된다. 하지만, CAN–H의 경우는 5V의 전압이 B 노드의 내부 저항을 지나 종단 저항 60Ω을 통해 차체로 전류가 흐르는 형태이므로 CAN–H 라인의 전압은 그림 Ⅱ – 97에서와 같이 약 2.9V의 전압이 계측된다.

B 노드가 송신하는 경우에 대한 파형은 그림 Ⅱ – 98과 같다. 가장 큰 특징은 CAN–H의 신호가 2.5V ↔ 3.5V의 변화가 아닌 약 0V에서 2.9V를 왕복한다

는 것과 CAN-L 신호는 2.5V ↔ 1.5V의 변화가 아닌 0V를 유지하고 있다는 것이다.

조금 더 구체적으로 살펴보면 CAN-L 신호는 idle 상태이거나 recessive일 때 0V이다. 하지만 B 노드가 송신할 때 dominant ↔ recessive로 변화하는 순간 반사파와 반사파의 링잉(ringing) 현상으로 노이즈처럼 보인다.

한편 CAN-H 신호는 동시에 여러 노드가 송신을 하는 중재 완료 직전까지의 ID 부분과 ACK 부분에서 전압이 높게 나타난다. dominant의 단일 비트 신호보다 dominant 신호가 연속되는 경우 콘덴서에 충전되는 전압이 높아지기 때문에 상대적으로 전입이 높게 나타난다. 콘덴서 충전의 영향으로 전압이 사선으로 상승하는 것을 볼 수 있다.

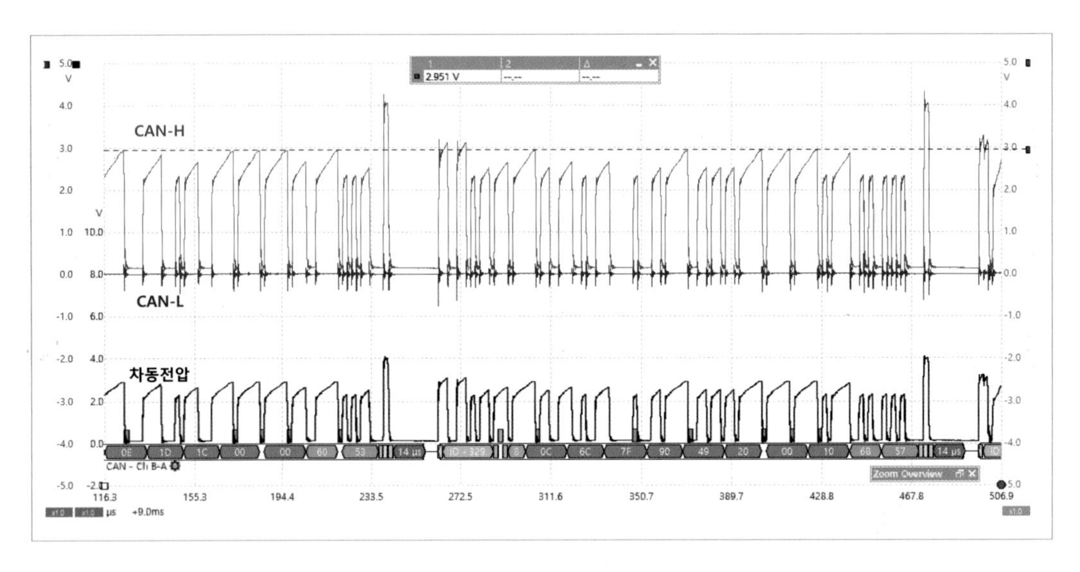

그림 Ⅱ - 98 CAN-L 라인이 차체와 단락된 경우의 파형

CAN-L 라인이 차체와 단락된 결과로 그림 Ⅱ - 98과 같은 비정상적인 신호 파형이 나타난다. 하지만, recessive일 때 CAN-L는 0V, CAN-H는 0.1 ~ 0.2V이므로 0.1 ~ 0.2V, dominant일 때 CAN-L는 0V, CAN-H는 2.9V이므로 두 신호라인의 차동 전압은 2.9V가 되어 그림 Ⅱ - 98의 맨 아래 파형과 같은 차동 전압이 나타난다.

결과적으로 단락의 고장에도 불구하고 차동 전압 기준 recessive(0.5 ~ -1V)와 dominant(0.9 ~ 5V)를 만족하므로 CAN 송 · 수신기(transceiver)는 정상적인 신호로 인식하므로 노드 간 또는 컨트롤러와 진단기 사이의 정상적인 송 · 수신이 가능한 상태라 할 수 있다.

그림 Ⅱ - 97과 같은 완벽한 단락이 아닌 그림 Ⅱ - 99의 상태와 같이 ①의 위치에서 접지 측과 미세 단락(저항을 통한 단락)이 발생한 경우 저항이 작으면 작을수록 그림 Ⅱ - 98에서와 같다.

CAN-H 파형은 recessive일 때 2.5V가 아닌 0V 쪽 가까이 나타나 진폭이 커진 형태로 나타난다. 하지만 단락된 CAN-L 라인의 전압은 점차 진폭이 작아지면서 0V 쪽으로 낮아지는 특징을 보인다.

또한 단락된 라인인 CAN-L 파형의 idle 전압과 recessive일 때의 전압이 CAN-H의 idle 전압 또는 recessive일 때의 전압보다 낮은 특징을 가진다.

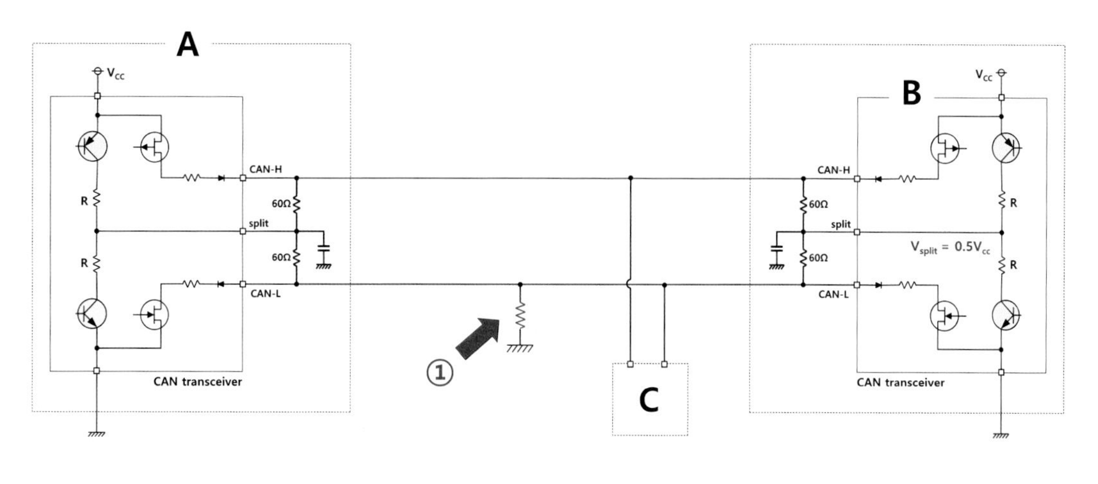

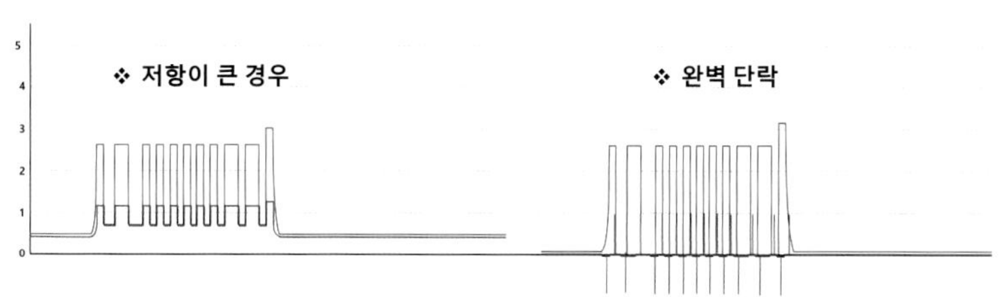

그림 Ⅱ - 99 CAN-L 라인이 차체 접지와 미세 단락된 경우

그림Ⅱ－100은 그림Ⅱ－98과 같은 완벽한 단락 직전의 상황을 모사하기 위해 CAN－L 라인과 차체 접지 사이에 약 20Ω의 저항을 삽입하여 실험한 것이다. CAN－H의 파형은 dominant일 때2.948V, recessive일 때 약 0V로 진폭이 커지고 있다. 그러나 CAN－L 파형은 dominant일 때 0.815V, recessive일 때 약 0V로 진폭이 작아지고 있는 상태이다.

즉, 접지와 단락된 저항이 작을수록 CAN－H 파형의 recessive 상태 또는 idle 상태의 전압은 0V에 가까워진다. dominant일 때는 3.5V보다 낮아지는 특징을 가지지만 전체적인 진폭은 커지는 상태가 된다.

한편 단락된 라인인 CAN－L 파형의 idle 전압(공통 전압)과 recessive일 때의 전압은 저항이 작을수록 점차 진폭이 작아지며 0V에 가까워지는 특징을 가진다.

Idle 전압 또는 recessive일 때의 전압은 단락된 CAN－L 측 파형의 전압이 CAN－H의 전압보다 낮은 특징을 가진다.

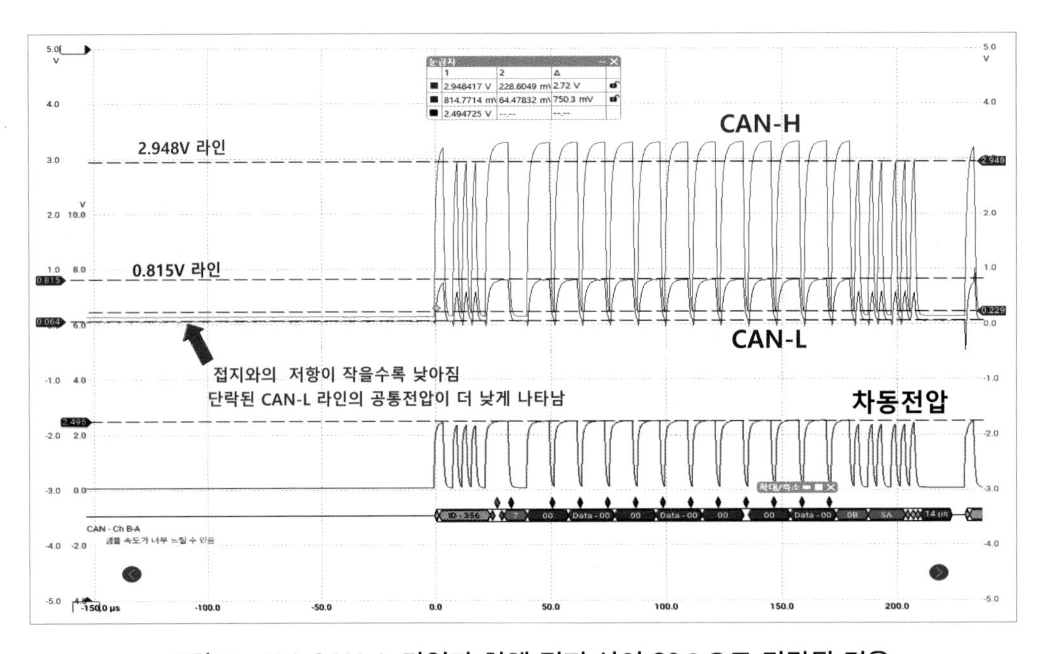

그림Ⅱ－100 CAN－L 라인과 차체 접지 사이 20Ω으로 단락된 경우

2) 타 전원과 단락

CAN–L 라인이 타 전원과 단락된 상태에서 단락된 CAN–L의 전압 파형은 idle 상태이거나 recessive 상태일 때 CAN–H 라인의 전압보다 약 0.1 ~ 0.2V의 전압이 높게 나타난다.

Idle 상태이거나 recessive 상태일 때 단락이 없다면 CAN 송 · 수신 IC(transceiver) 내부 회로에서 분압된 2.5V 전압이 나타난다. 그러나 CAN–L 라인의 타 전원과 단락된 영향으로 그림 Ⅱ – 101과 같이 CAN–L 라인과 종단 저항, 그리고 CAN 송 · 수신 IC(transceiver) 내부 분압 회로를 통해 접지까지 전류가 흘러 CAN –L 라인에는 단락된 전압원의 전압에서 단락된 저항에 분압된 전압을 뺀 나머지 전압이 나타난다.

따라서 타 전원 전압과 CAN–L 라인 간 단락된 저항값이 작으면 작을수록 단락의 정도는 심각하다. idle 상태일 때의 전압은 타 전원의 전압에 근접하여 높아지나, 상대적으로 단락된 CAN–L 라인의 전압이 더 높게 나오는 특징을 가진다.

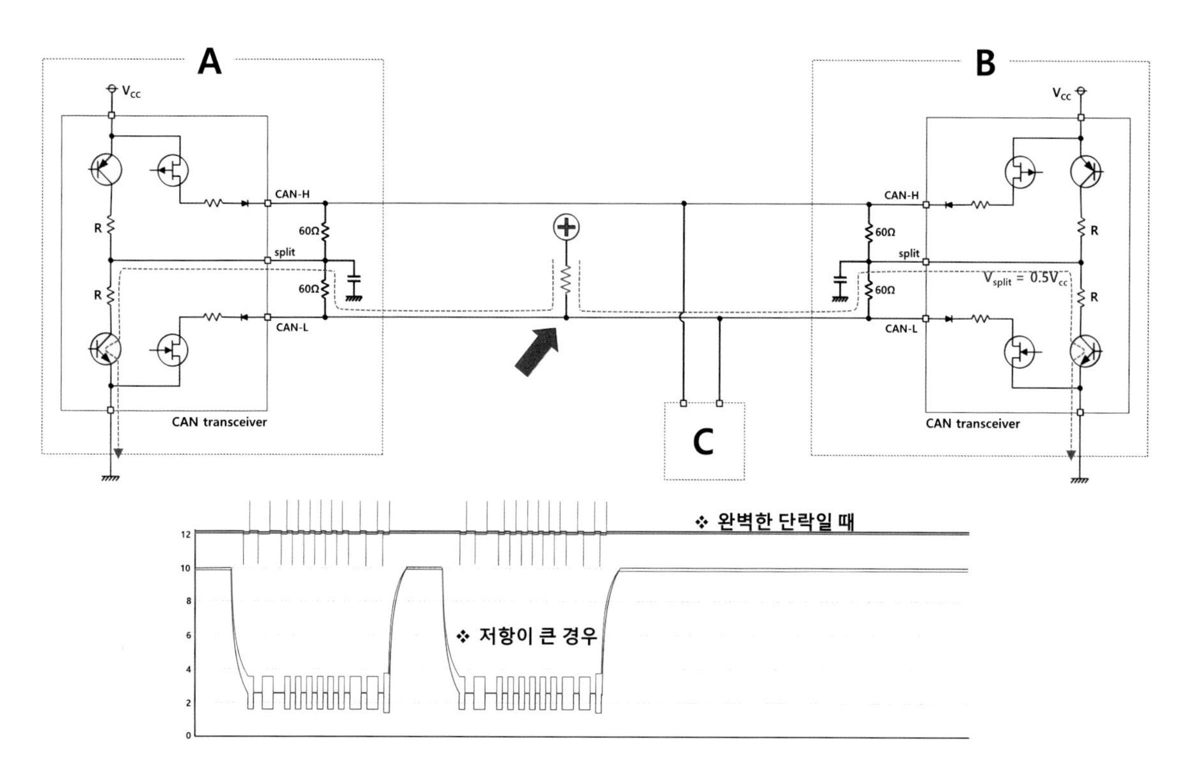

그림 Ⅱ – 101 CAN–L 라인이 타 전원 측과 미세 단락된 경우와 0Ω으로 단락된 경우

한편 타 전원 전압과 CAN-L 라인 간 단락된 저항값이 작으면 작을수록 CAN-H와 CAN-L 파형에서 dominant와 recessive의 진폭은 점차 진폭이 작아지면서 전원 전압에 가깝게 나타난다.

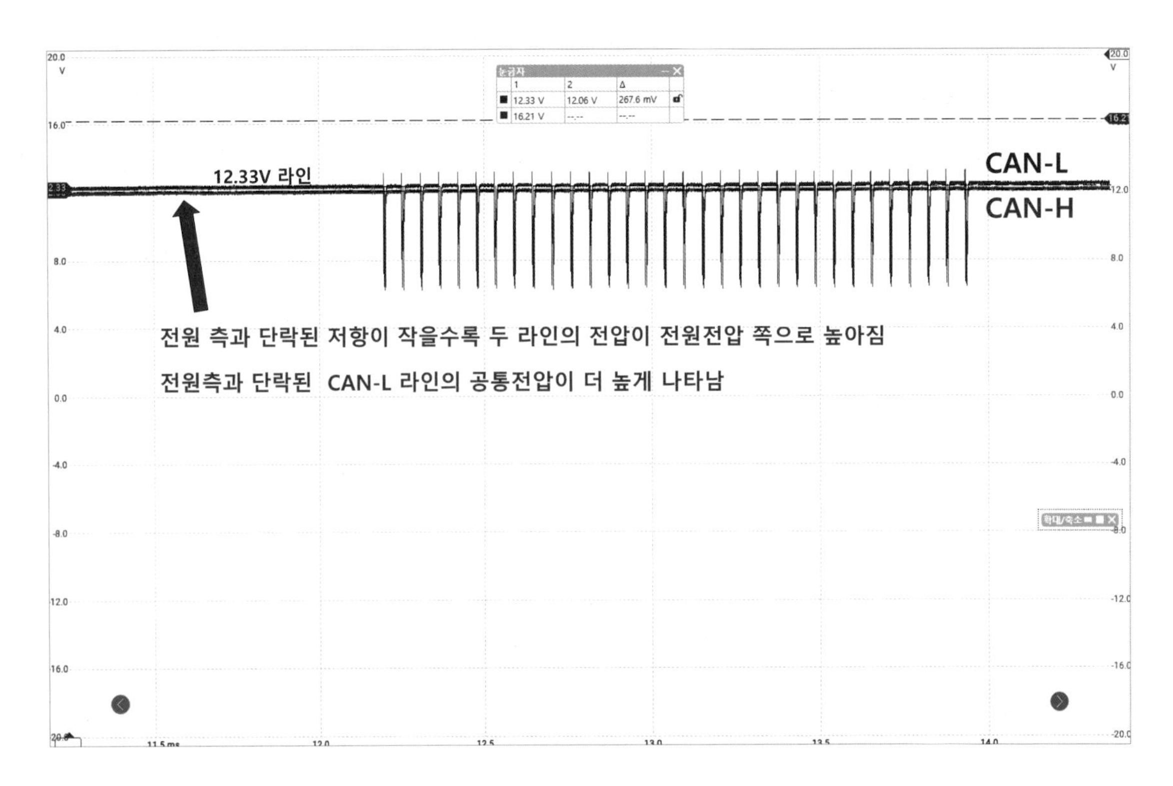

그림 Ⅱ - 102 CAN-L 라인과 전원 사이 0Ω으로 단락된 경우

그림 Ⅱ - 102는 CAN-L 라인이 타 전원(12V)과 완벽하게 단락된 상태로 CAN-L 라인의 진압과 CAN-H 라인의 전압 모두 전원 전압인 12V 측으로 높게 나타나고 있는 상태이다. idle 상태에서 12.33V 수준의 공통 전압이 나타나지만, 송신을 시도한 노드에 의해 반사파가 나타난 그림이다. 전원과 단락으로 공통 전압이 높게 형성되었지만 상대적으로 전원 전압과 단락된 CAN-L 측의 전압이 더 높게 나타남을 알 수 있다.

그림 Ⅱ - 103의 파형은 그림 Ⅱ - 101과 같은 상황을 모사한 상태의 파형으로 전원 전압은 12V, 단락 저항을 1kΩ으로 했을 때 파형이다.

단락 저항이 크기 때문에 완벽한 12V까지 상승하지 않은 상태이고, dominant와 recessive의 진폭이 작아지면서 진폭의 중심이 상승하기 직전인 상태로 차동 전압이 충분하여 파형을 부호화(decoding)하는데 문제없는 상태이다.

실험에 의하면 단락 저항의 값이 작아질수록 진폭이 작아지면서 그림 Ⅱ - 102의 형태로 나타났다. 약 100Ω까지는 차동 전압에 문제없었으나 그 이하에서 문제가 발생하기 시작한다.

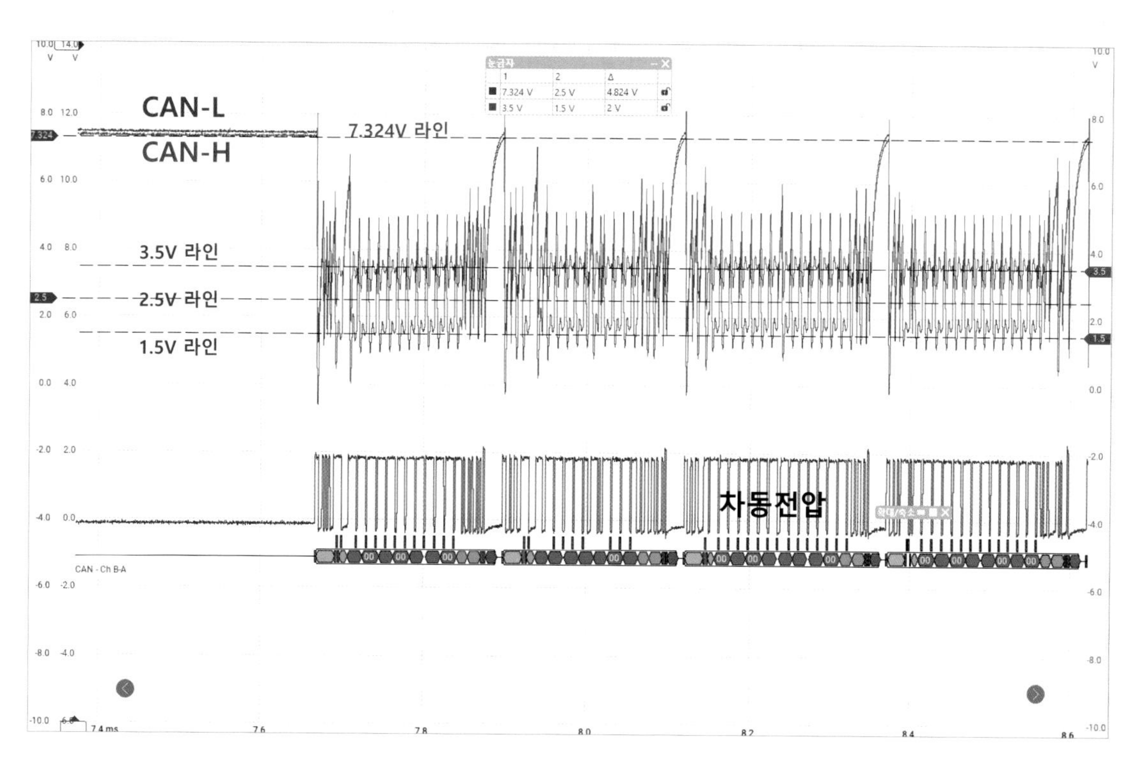

그림 Ⅱ - 103 CAN-L 라인과 전원 사이 1kΩ으로 단락된 경우

(2) CAN-H 라인의 단락

1) 차체와 단락

CAN-H 라인이 차체와 단락된 상태에서 idle 상태일 때 차체와 단락된 CAN-H 라인은 0V이지만 CAN-L 라인의 전압은 CAN-H 라인의 전압보다 약 0.1 ~ 0.2V의 전압이 높게 나타난다.

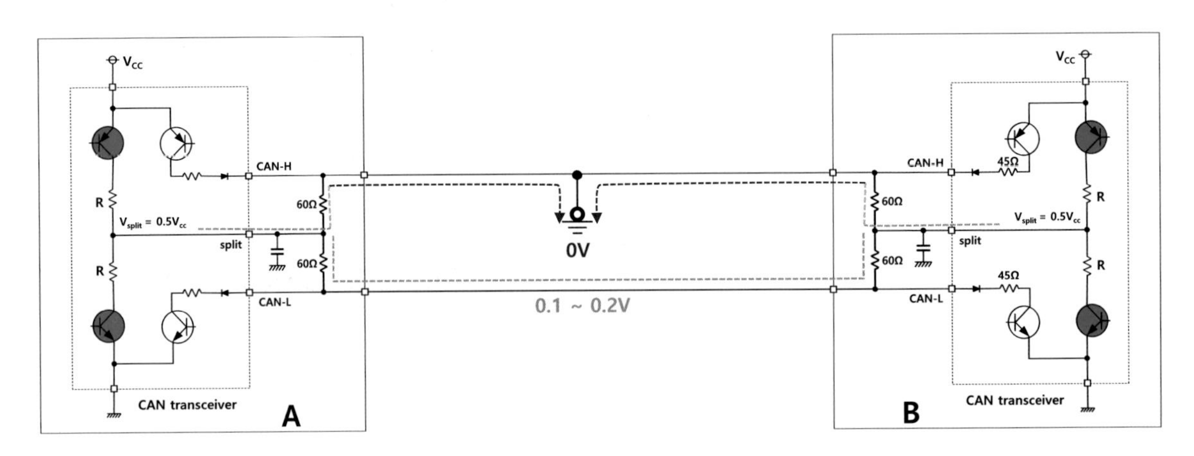

그림 Ⅱ - 104 CAN-H 라인이 차체와 단락된 상태에서 idle 상태일 때

단락이 없다면 CAN 송 · 수신 IC(transceiver) 내부 회로에서 분압된 2.5V 전압이 나타난다. 그러나 CAN-H 라인의 차체와 단락된 영향으로 그림 Ⅱ - 104에서와 같이 트랜시버 내부 전원 전압이 내부 분할 저항과 종단 저항 60Ω을 지나 CAN-H 라인을 통해 접지로 전류가 흐르는 형태이다.

Idle 상태에서 CAN-H 라인의 전압을 측정하면 0V(그림 Ⅱ - 105의 전압계 ①)가 나타나고, CAN-L 라인은 그림 Ⅱ - 105에서와 같이 0V보다 0.14V 정도 높은 전압(그림 Ⅱ - 105의 전압계 ②이 되기 때문이다. 단락된 라인이 CAN-H와 CAN-L만 바뀌었을 뿐 계산 방법은 그림 Ⅱ - 96에 제시된 내용과 동일하므로 생략한다.

결과적으로 단락된 CAN-H 라인은 0V, 반대편 CAN-L 라인의 전압은 0V보다 높지만 거의 0V의 전압이 나타난다. 즉, 단락되지 않은 라인의 전압이 적으나마 높게 나타난다.

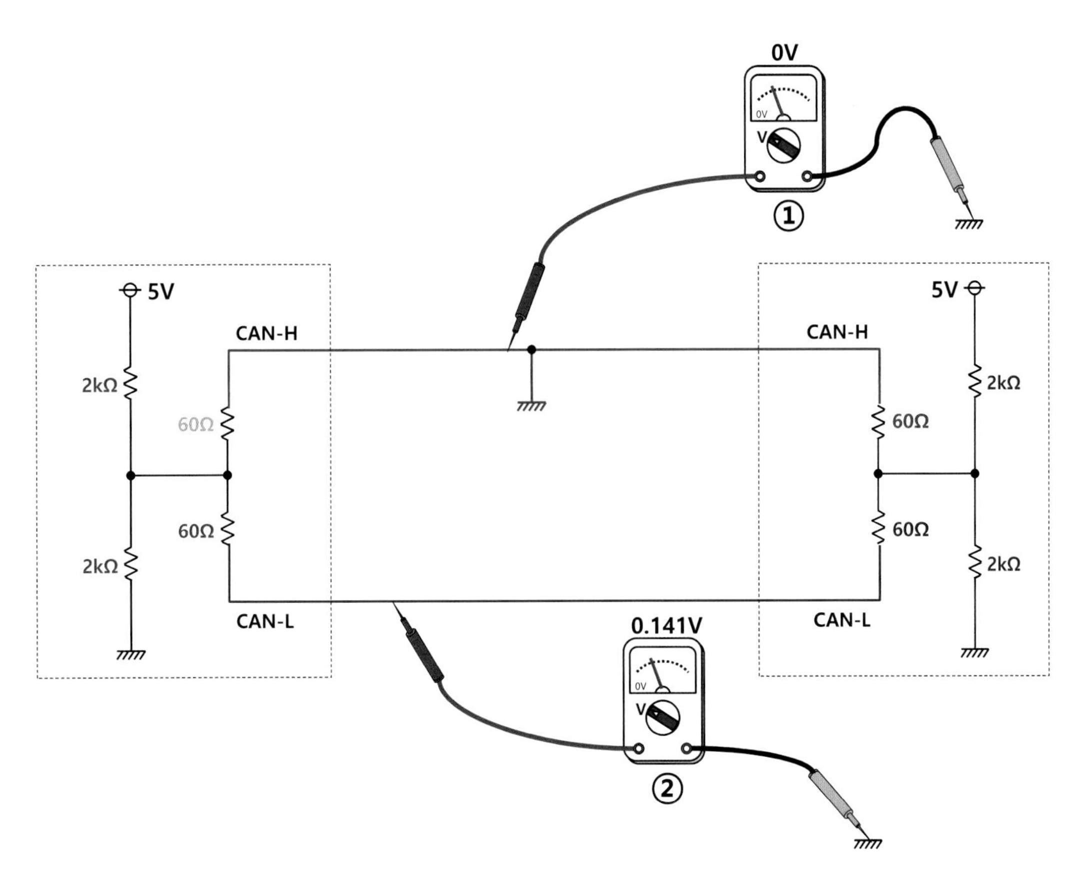

그림Ⅱ– 105 CAN–H 라인이 차체와 단락된 경우 라인의 전압

CAN–H 라인이 차체와 단락된 상태에서 B 노드가 송신하는 경우 그림Ⅱ–106과 같이 CAN–H 라인과 CAN–L 라인 모두 거의 0V의 전압이 계측된다.

CAN–H 라인은 차체와 단락된 관계로 0V가 당연하며, CAN–H 라인의 전압이 0V인 관계로 CAN–L 라인에 공급될 전압이 없다. CAN–L의 전압인 0.1 ~ 0.2V의 전압은 B 노드 내부의 TR이 on 상태임에도 B 노드 내부의 다이오드를 통과할 수 있는 전압(0.2 ~ 0.65V 이상)보다 낮은 관계로 CAN–L 라인은 idle 상태의 전압이 유지되기 때문이다.

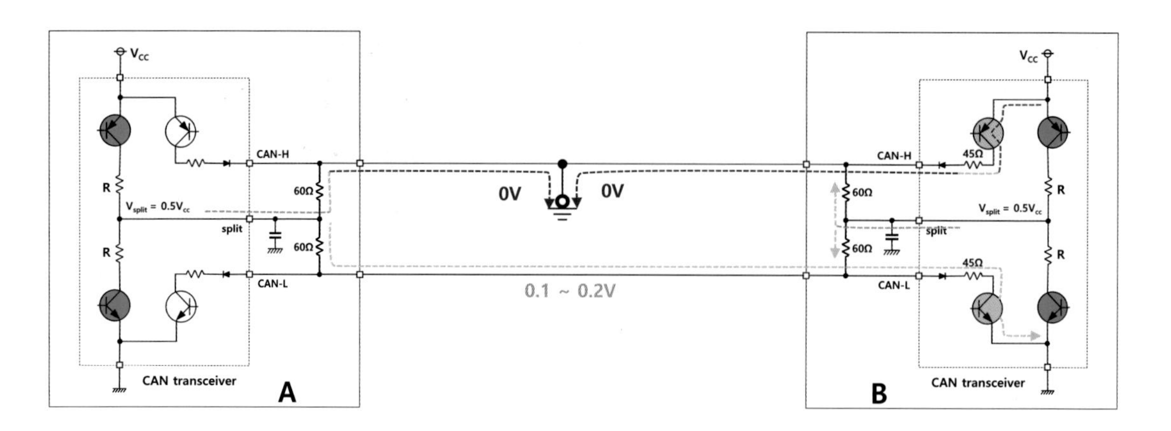

그림 Ⅱ- 106 CAN-H 라인이 차체와 단락된 상태에서 B 노드가 송신 시

CAN-H 라인이 차체와 단락된 결과로 그림 Ⅱ- 107과 같은 비정상적인 신호 파형이 출력된다. 가장 큰 특징은 CAN-L 라인과 CAN-H 라인의 신호 모두 거의 0V가 나타난다는 것이다. 다만 송신 구간에서 특정 노드가 송신할 때 dominant ↔ recessive로 변화하는 순간 반사파와 반사파의 링잉(ringing) 현상으로 송신 시도 시 노이즈와 같은 파형이 나타난다.

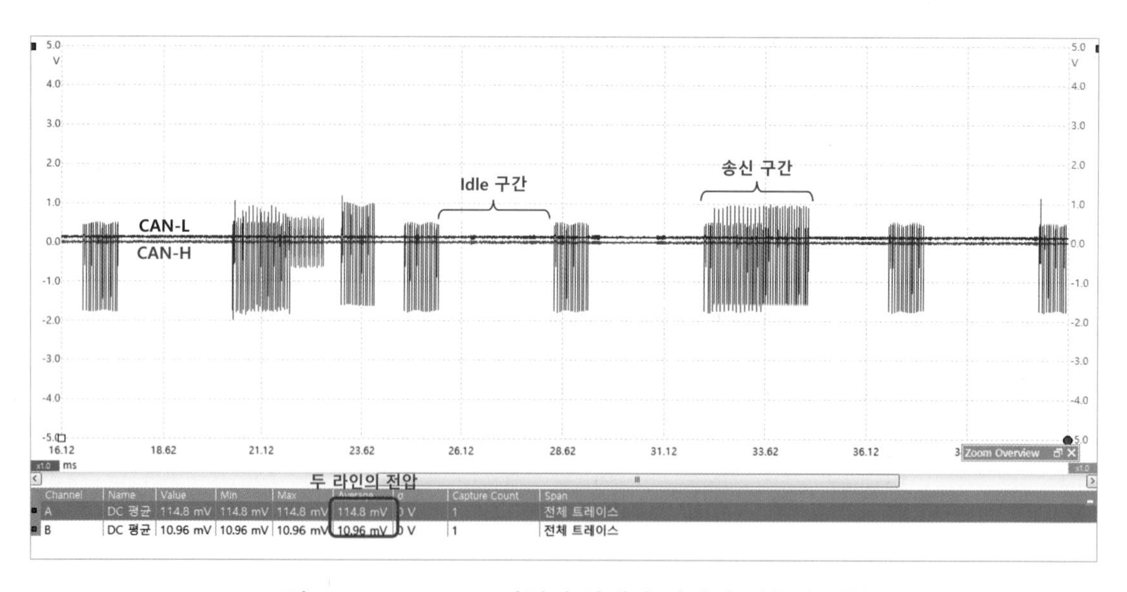

그림 Ⅱ- 107 CAN-H 라인이 차체와 단락된 경우의 파형

그림 Ⅱ－107의 파형과 같이 dominant와 recessive 상태에서 두 라인의 신호가 거의 0V로 나타나는 관계로 차동 전압이 거의 없다. 이 경우 각 컨트롤러에서 데이터 전송의 노력에도 불구하고 상호 송·수신할 수 없어 진단기를 연결 후 각 컨트롤러와 통신을 시도하여도 시스템과 진단기 사이의 통신 불가 상태가 된다.

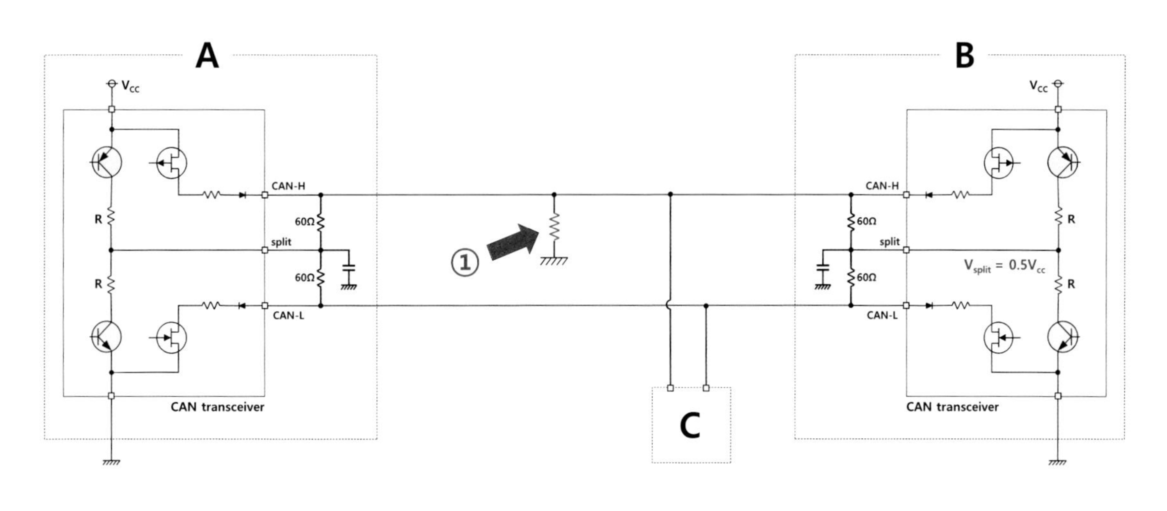

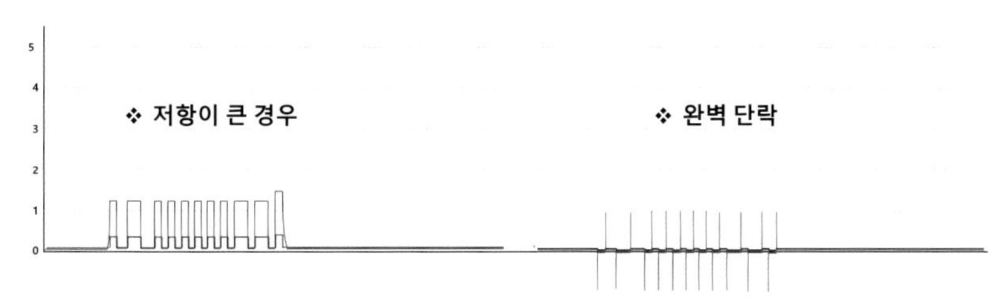

그림 Ⅱ－108 CAN－H 라인이 차체 접지와 미세 단락된 경우

그림 Ⅱ－108은 CAN－H 라인 ①의 지점에서 접지와 미세 단락이 발생한 경우를 표현한 것으로 완벽한 단락인 경우는 그림 Ⅱ－107과 같은 파형이 나타날 것이다. 그러나 단락의 저항이 0Ω이 아닌 경우는 그림 Ⅱ－108의 아래 좌측과 같은 파형이 나타난다.

완벽한 단락이 아닌 상태에서 누구도 송신하지 않는 idle 조건일 때 전압은 단락의 영향으로 CAN－H와 CAN－L 모두 0V에 가까운 전압이 나타난다. 송신 도중의 recessive 신호일 때도 마찬가지로 CAN－H와 CAN－L 모두 0V에 가까운 전압으로 나타난다.

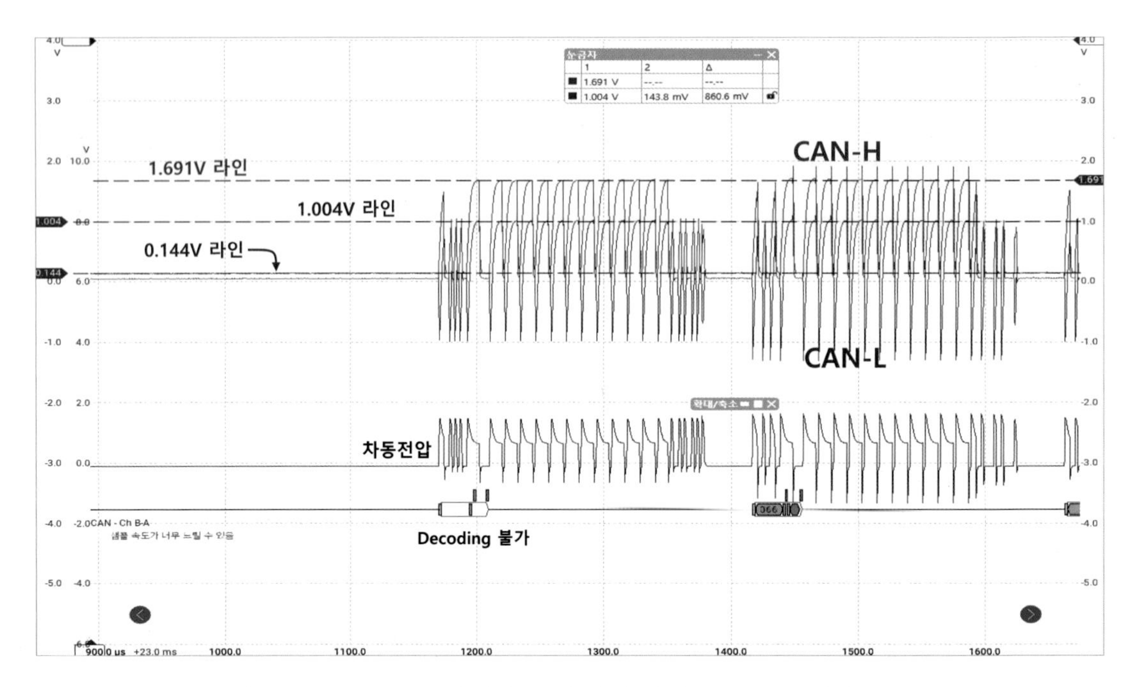

그림 Ⅱ-109 CAN-H 라인과 차체 접지 사이 20Ω으로 단락된 경우

한편 dominant와 recessive의 진폭은 CAN-H와 CAN-L 모두 진폭이 작아지면서 단락된 저항이 작으면 작을수록 진폭의 중심이 0V에 가까워지는 특징을 가진다. 다만 CAN-H 파형에 비해 CAN-L의 파형 진폭은 현저히 낮아지는 상태로 나타난다.

그림 Ⅱ-109는 그림 Ⅱ-108에서 ①지점의 저항이 약 20Ω일 때의 파형으로 완벽한 단락(0Ω)인 그림 Ⅱ-107과는 확연한 차이가 있다. 약간의 진폭이 있어 dominant와 recessive의 구분은 가능하지만 CAN-H와 CAN-L 모두 진폭이 낮아진 상태이다. 진폭의 중심이 0V에 가까워진 것을 확인할 수 있으며, 차동 전압이 충분하지 않아 부호화(decoding)도 불가한 상황을 알 수 있다.

2) 타 전원과 단락

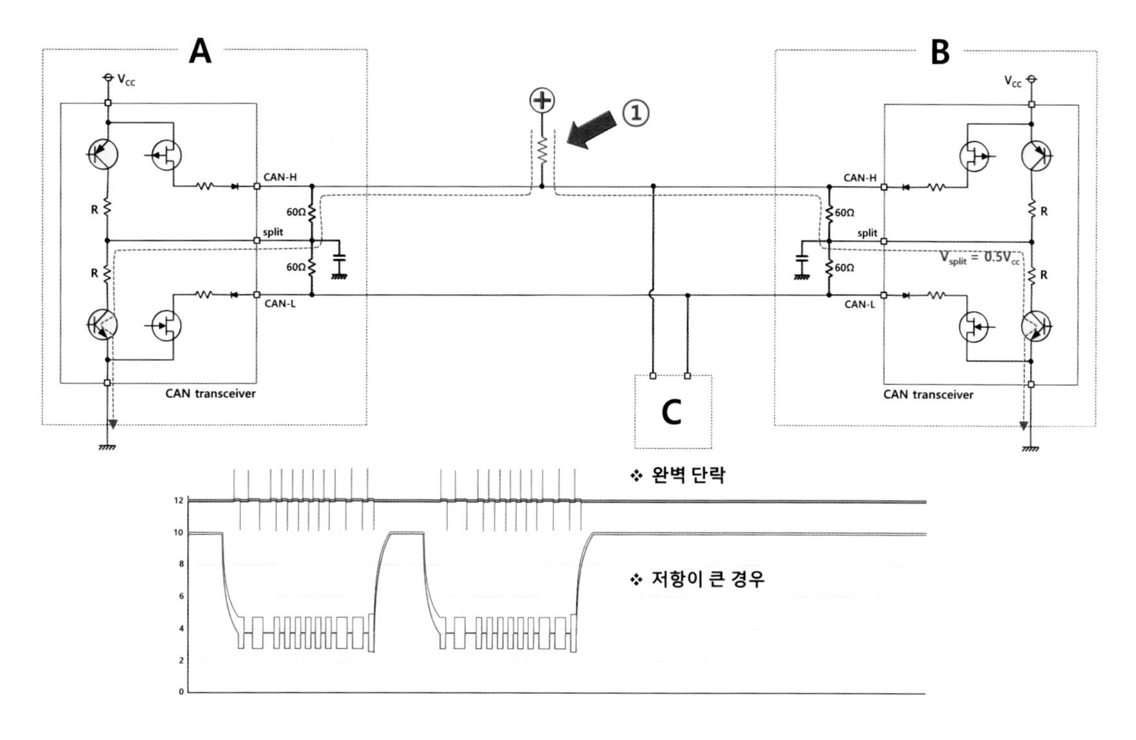

그림 Ⅱ-110 CAN-H 라인이 타 전원 측과 미세 단락된 경우와 0Ω으로 단락된 경우

CAN-H 라인에서 그림 Ⅱ-110과 같이 타 전원과 단락이 발생한 경우 idle 상태일 때 타 전원과 단락된 CAN-H 라인은 그림 Ⅱ-110 ①의 저항이 작으면 작을수록 완벽한 전원 전압에 가깝다.

CAN-L 라인의 전압은 CAN-H 라인의 전압보다 약 0.1 ~ 0.2V의 전압이 낮게 나타나는 특징을 가진다.

Idle 상태일 때 나타나는 공통 전압은 단락이 없다면 CAN 송 · 수신 IC(transceiver) 내부 회로에서 분압된 2.5V 전압이 나타난다. 그러나 CAN-H 라인이 타 전원과 단락된 영향으로 그림 Ⅱ-110에서와 같이 2개의 종단 저항과 트랜시버 내부저항을 지나 접지로 전류가 흐르는 형태이다.

CAN-H 라인의 전압은 그림 Ⅱ-110 ①에 위치한 단락 저항과 2개의 종단 저항 그리고 트랜시버 내부 분할 저항에 의해 분압된 전압이 나타난다.

즉, 그림 Ⅱ－110 ①에 위치한 단락 저항이 작으면 작을수록 단락 저항 양단의 전압이 낮아지므로 idle 상태에서 CAN-H 라인의 전압을 측정하면 타 전원 전압에 가깝게 나타난다.

반대로 단락 저항이 크면 클수록 idle 상태의 전압은 2.5V보다 높지만 단락된 타 전원 전압보다 낮아지는 상태가 된다. 한편 CAN-L 라인의 전압은 트랜시버 내부의 분할 저항 양단의 전압만큼 나타나는 특징으로 CAN-H 라인보다는 반드시 낮은 전압으로 나타난다.

그림 Ⅱ－110과 같은 상황에서 A 노드가 송신을 한다면 A 노드의 종단 저항을 통해 전류가 흐르는 관계로 전압은 다소 낮아진 상태에서 dominant와 recessive의 펄스파가 나타난다.

다만 그림 Ⅱ－110 ①에 위치한 단락 저항이 작으면 작을수록 그림 Ⅱ－111과 같은 파형으로 나타나고, 단락 저항이 크면 클수록 그림 Ⅱ－112과 같은 형태의 파형이 나타난다.

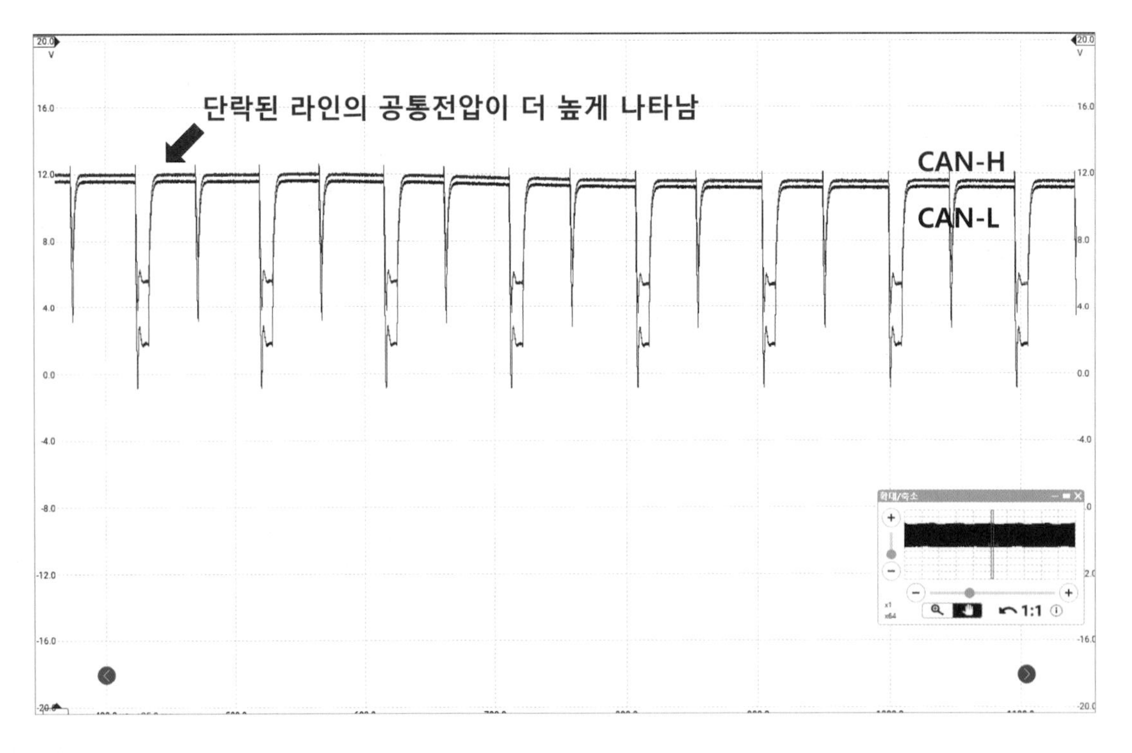

그림 Ⅱ－111 CAN-H 라인과 타 전원 사이 20Ω으로 단락된 경우

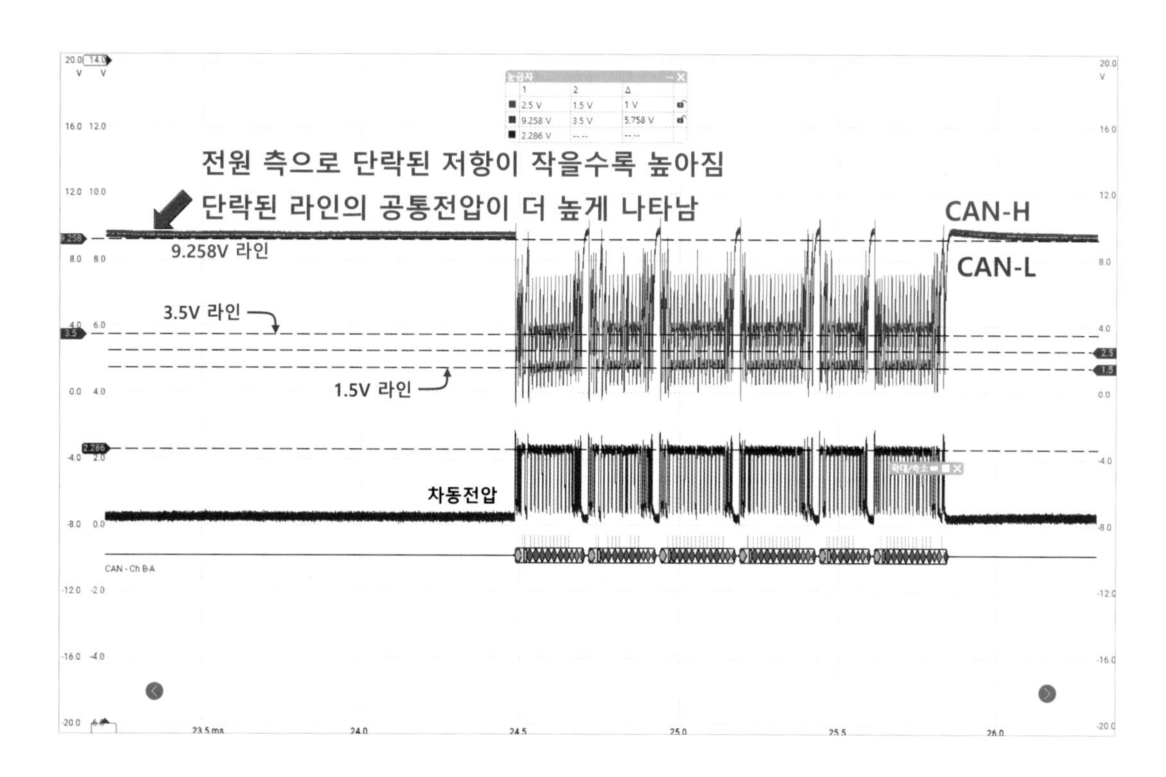

그림 Ⅱ－112 CAN–H 라인과 타 전원 사이 350Ω으로 단락된 경우

그림 Ⅱ－112는 그림 Ⅱ－110에서 ①지점의 저항이 약 350Ω일 때의 파형으로 완벽한 단락(0Ω)인 그림 Ⅱ－111과는 확연한 차이가 있다.

약간의 진폭이 있어 dominant와 recessive의 구분은 가능하지만 CAN–H와 CAN–L 모두 진폭이 낮아진 상태이다. 진폭의 중심이 2.5V보다 현저히 높아진 것을 확인할 수 있고, 차동 전압이 충분하지 않아 부호화(decoding)도 불가한 직전의 상황임을 알 수 있다.

(3) 라인과 라인의 단락

CAN–H 라인과 CAN–L 라인이 그림 Ⅱ – 113과 같이 단락된 상태임에도 idle 때 플로팅 상태를 예방한다. DC 환경에서 원활한 차동 전압을 얻을 수 있는 등의 이유로 CAN transceiver 측에서 출력하는 2.5V의 전압이 계측된다.

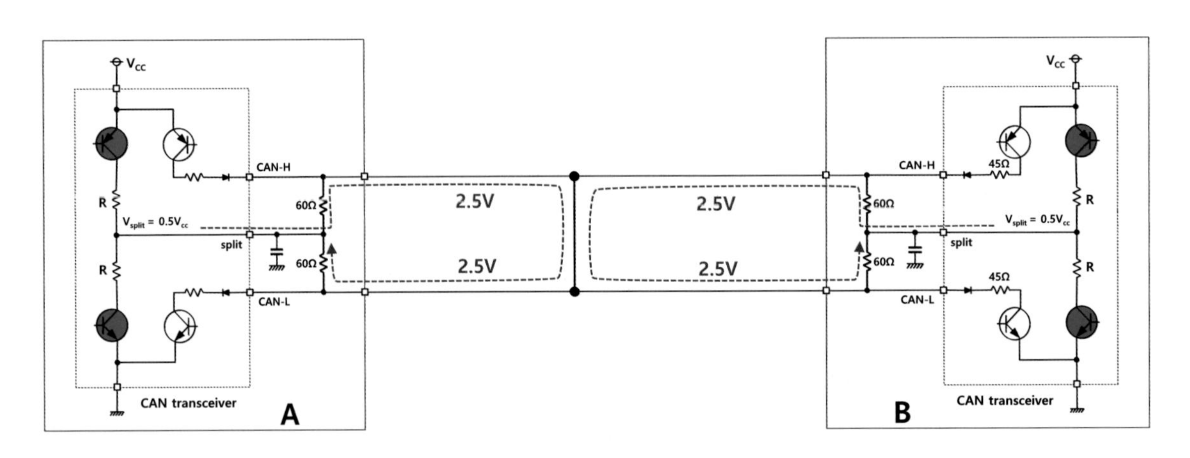

그림 Ⅱ – 113 CAN–H ~ CAN–L 라인이 단락된 상태에서 idle 상태일 때

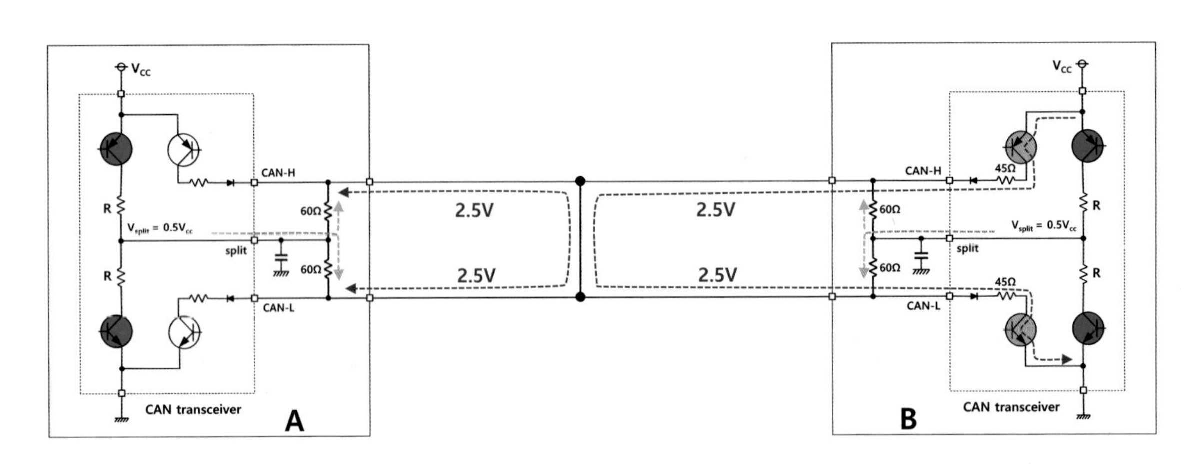

그림 Ⅱ – 114 CAN–H ~ CAN–L 라인이 단락된 상태에서 B 노드가 송신할 때

CAN–H 라인과 CAN–L 라인이 단락된 상태에서 그림 Ⅱ – 114와 같이 B 컨트롤러가 데이터를 송신하여도 두 라인이 단락된 상태에서 전원 측 저항과 접지 측 저항이 45Ω으로 같은 값이다. 그 중간에 두 라인이 있는 상태이므로 전원 전압 5V

의 1/2인 2.5V가 CAN-H 라인과 CAN-L 라인에서 계측된다.

두 라인이 단락된 상태에서 파형을 측정했다면 그림 Ⅱ - 115에 보이는 파형이 계측된다. 가장 큰 특징은 CAN-H 라인과 CAN-L 라인 모두 idle 상태와 같은 2.5V의 전압이 나타난다는 것이나, 어떤 컨트롤러가 송신을 시도하는 경우 dominant ↔ recessive로 변화하는 순간 2.5V를 중심으로 반사파와 반사파의 링잉(ringing) 파형이 관측된다.

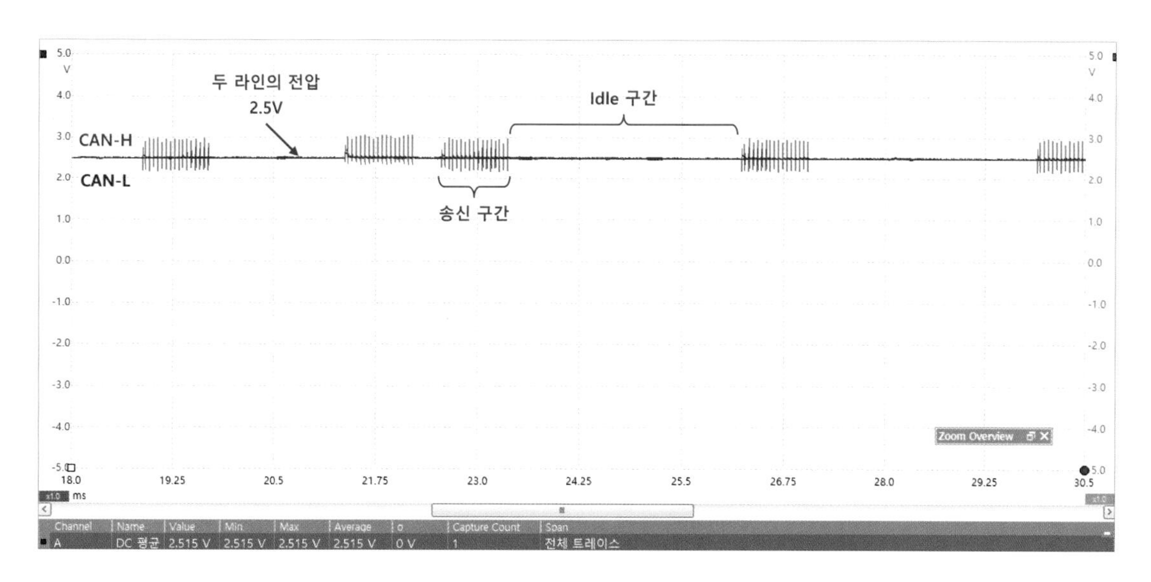

그림 Ⅱ - 115 CAN-H ~ CAN-L 라인이 단락된 상태의 파형

그림 Ⅱ - 116의 ①위치에서 CAN-H 라인과 CAN-L 라인이 완벽하게 단락된 경우 그림 Ⅱ - 115와 같은 파형이 나타난다. 하지만 그림 Ⅱ - 116 ①의 위치에 있는 단락 저항이 0Ω이 아니고 약간의 저항이 있다면 그림 Ⅱ - 117이나 그림 Ⅱ - 118과 같은 파형으로 나타날 수 있다.

그림 Ⅱ - 117은 단락 저항이 100Ω일 때이다. 그림 Ⅱ - 118는 단락 저항이 20Ω에 불과한 상태로 dominant 구간의 진폭이 더 작아져 차동 전압이 충분하지 않아 부호화(decoding)도 불가한 직전의 상황임을 알 수 있다.

라인 간 단락 정도를 저항으로 표현했을 때 저항이 작으면 작을수록 공통 전압인 2.5V를 중심으로 진폭이 작아지는 형태로 나타난다.

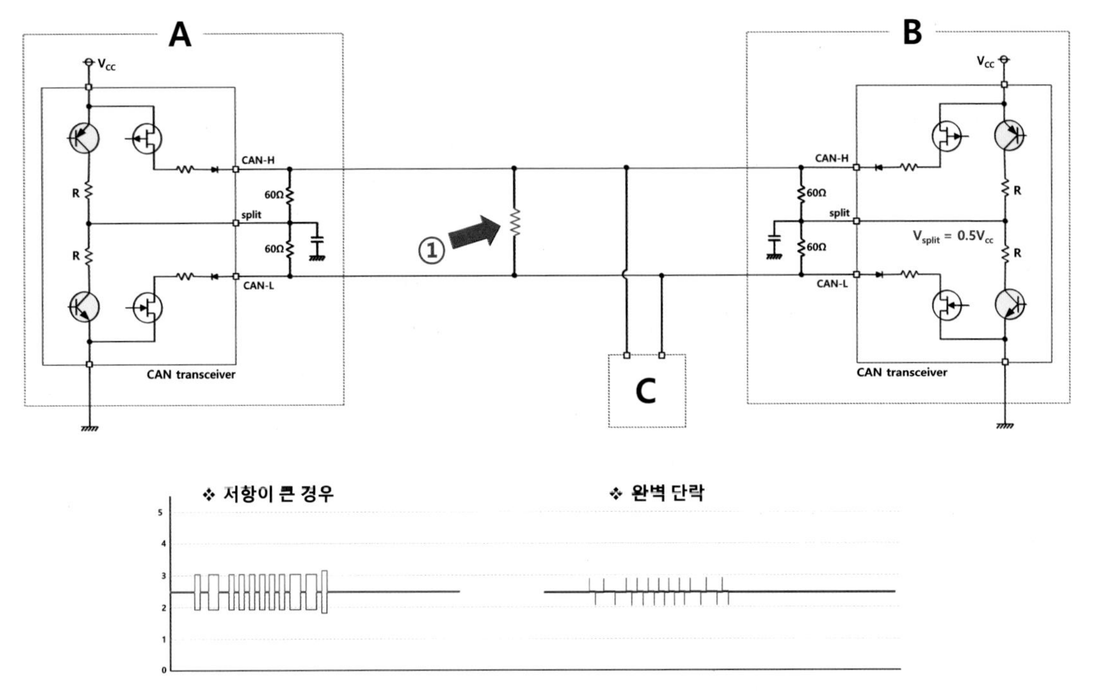

그림 Ⅱ – 116 CAN–H ~ CAN–L 라인이 미세 단락된 경우

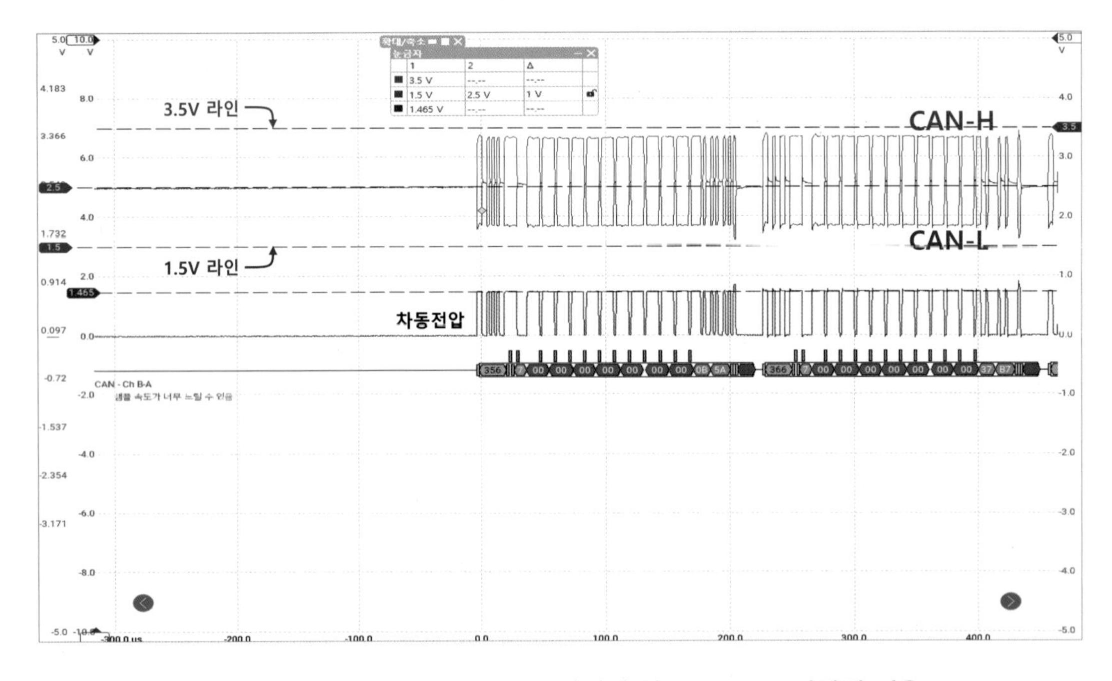

그림 Ⅱ – 117 CAN–H ~ CAN–L 라인이 약 100Ω으로 단락된 경우

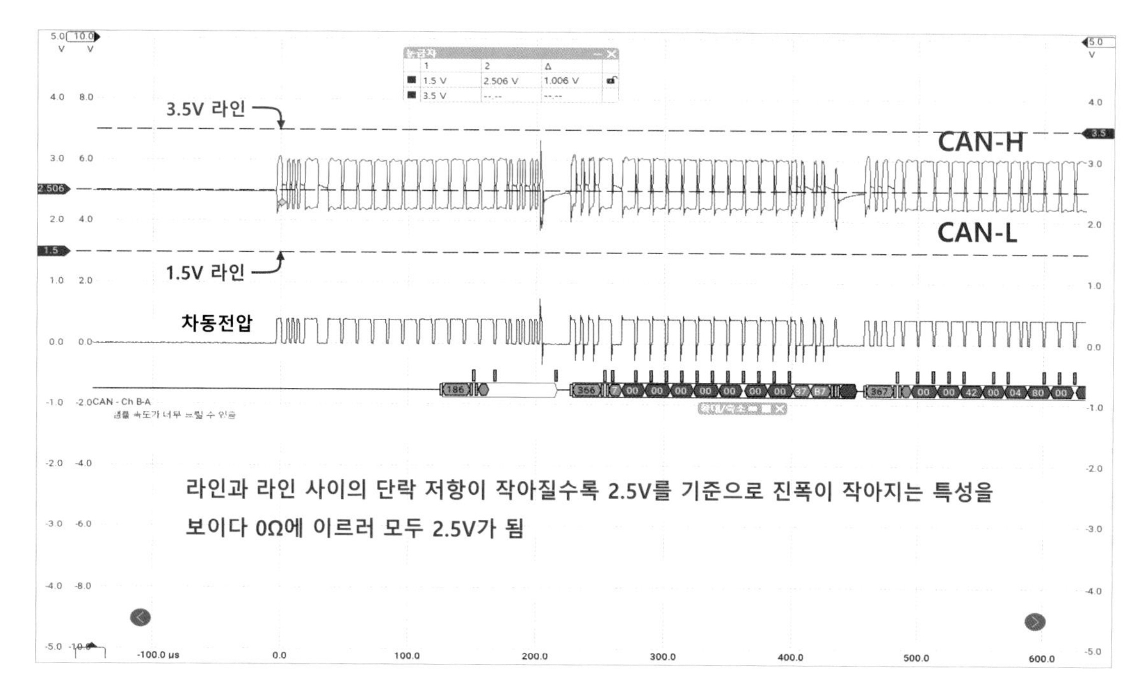

그림 Ⅱ – 118 CAN–H ~ CAN–L 라인이 약 20Ω으로 단락된 경우

CAN–H 라인과 CAN–L 라인이 차체와 단락된 경우 단락 저항의 크기에 따라 달라질 수 있다. 완벽한 단락을 가정하면 idle 상태와 recessive일 때 단락되지 않은 라인은 약 0.1 ~ 0.2V가 나타나지만 거의 0V로 볼 수 있다. idle 상태와 recessive일 때 두 라인의 차동 전압은 거의 0V라 할 수 있다. 같은 상황에서 dominant 신호이더라도 CAN–H 라인이 차체와 단락된 경우는 CAN–H와 CAN–L 모두 0에 가깝기 때문에 모든 노드의 송 · 수신이 불가한 상태가 된다.

하지만 표 Ⅱ – 6에 보이는 것과 같이 CAN–L 라인이 차체와 완벽하게 단락된 경우는 dominant 신호일 때 CAN–H 라인의 전압이 약 2.9V 정도의 전압으로 나타나 차동 전압이 충분하므로 통신이 가능하다.

CAN 라인이 타 전원과 단락된 경우도 마찬가지로 단락 저항의 크기에 따라 달라질 수 있지만 단락 저항이 작아질수록 진폭이 작아지고, 차동 전압이 거의 나타나지 않는 경우 일체의 송 · 수신이 불가한 상태가 된다.

타 전원과 단락된 라인의 전압이 타 전원 전압에 더 가까운 특징이 있으므로 단락된 라인의 구분은 상대적으로 전압이 높은 라인에서 문제가 발생한 것이라 할 수 있다.

CAN-H와 CAN-L 라인이 서로 단락된 경우 단락 저항이 작을수록 파형의 진폭이 작아지는 특징을 가지며 단락이 심한 경우 CAN-H와 CAN-L 라인의 전압은 idle 전압과 같은 값이 되기 때문에 일체의 송 · 수신이 불가하게 된다.

라인의 단선은 그 위치에 따라 특정 노드의 데이터가 나타나지 않는 특징이 있어 진단기와의 통신 가능 여부만으로도 단선된 위치를 특정할 수 있다. 그러나 단락의 경우는 주선과 지선 어디에서 문제가 발생하여도 동일한 증상으로 나타나고, 특히 시스템 간 송 · 수신뿐만 아니라 진단기와의 통신도 불가한 상황이 발생하므로 주의 깊게 살펴야 한다.

표 Ⅱ - 6 단락 위치별 라인의 전압과 데이터 송 · 수신 가능 여부

단락	라인	recessive	dominant	비고
CAN-L ~ 차체	CAN-H	약 0V (0.1 ~ 0.2V)	약 2.9V	송·수신 가능
	CAN-L	0V	0V	
CAN-H ~ 차체	CAN-H	0V	0V	송·수신 불가
	CAN-L	약 0V (0.1 ~ 0.2V)	약 0V (0.1 ~ 0.2V)	
CAN-L ~ 12V 전원	CAN-H	11.8 ~ 11.9V	11.8 ~ 11.9V	송·수신 불가
	CAN-L	12V	12V	
CAN-H ~ 12V 전원	CAN-H	12V	12V	송·수신 불가
	CAN-L	11.8 ~ 11.9V	11.8 ~ 11.9V	
CAN-L ~ CAN-H	CAN-H	2.5V	2.5V	송·수신 불가
	CAN-L	2.5V	2.5V	

CHAPTER

05

복수 노드의 전송

CAN에서는 하나의 노드가 송신할 때 네트워크 내의 다른 노드들은 멀티 마스터 방식임에도 수신만 가능하다. 송신하고자 하는 경우 송신하고 있는 노드의 송신이 완료될 때까지 기다린 후 송신이 가능하다. 따라서 정상적인 상태라면 두 개의 노드가 동시에 송신하는 일은 중재가 필요한 ID 영역 이외는 없다.

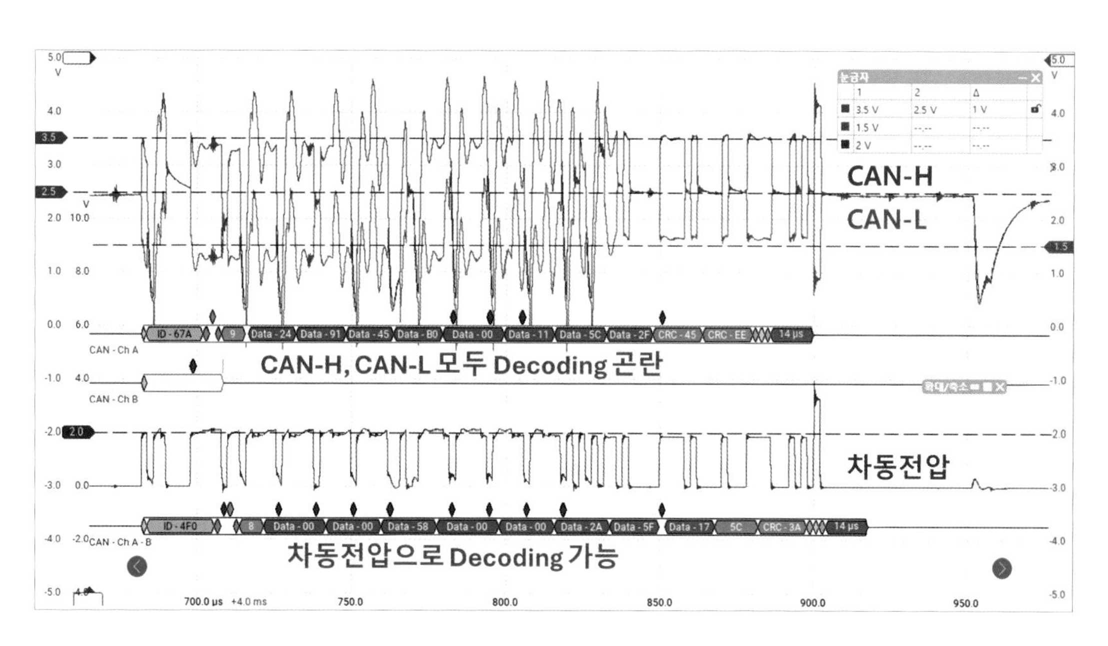

그림 Ⅱ – 119 CAN–H 라인이 단선된 상태에서 2개의 노드가 송신 시

CAN 라인이 단선된 상태에서 네트워크 구성 노드의 송신에도 불구하고 차동 전압이 없다. 네트워크가 idle 상태로 판단한 또 다른 노드가 송신을 시도할 수 있어 두 개의 노드가 CAN 라인에 송신하는 경우가 발생할 수 있다.

두 개의 신호가 겹치는 경우는 주로 라인의 단선과 같이 CAN–H와 CAN–L 라인 사이에서 차동 전압이 없는 경우에 나타날 수 있다.

그림 Ⅱ – 119에서 보이는 바와 같이 마치 노이즈 파형과 같이 보일 수 있다. 라인이 단선된 상태에서 CAN–H와 CAN–L 전압 레벨의 겹침 파형과 또 다른 노드에서 송신한 CAN–H와 CAN–L 전압 레벨이 합성되어 나타나기 때문이다.

두 개의 노드에서 송신한 데이터의 클록(clock) 차이에 따라 파형의 모양이 달라질 수 있다. 그러나 recessive 신호와 dominant 신호가 만나면 dominant 레벨의 전압이 나타나기 때문에 노이즈처럼 보이는 구간의 차동 전압을 확인하면 송·수신이 가능함을 알 수 있다.

1 CAN–H 라인이 단선된 상태

그림 Ⅱ – 120은 CAN–H 라인이 단선된 상태에서 2개의 노드가 동시에 송신한 경우이다. A 노드가 송신하였을 때 CAN–H 라인 단선의 영향으로 같은 전압 레인지를 사용한 경우이다.

그림 Ⅱ – 120에 표시된 측정 위치에서는 그림 Ⅱ – 121의 맨 위 파형과 같이 CAN–H 신호가 CAN–L 신호와 완벽히 겹쳐진 상태로 나타난다.

결과적으로 A 노드의 송신에도 불구하고 두 신호의 전압 레벨이 동일한 상태이므로 차동 전압이 없어 다른 노드들은 버스가 idle 상태로 판단하게 된다. 이때 그림 Ⅱ – 120의 B 노드는 버스가 idle 상태인 것으로 판단하고 송신을 시도한 상태이다.

A와 B 노드에서 송출한 신호는 CAN–H 라인이 단선된 영향으로 종단 저항이 하나이므로 정상적인 전압 레벨보다 진폭이 커진 상태로 나타난다. 또한 두 개 노드에서 송신한 신호는 CAN–H 라인과 CAN–L 라인에서 각각 합성된 형태로 나타난다.

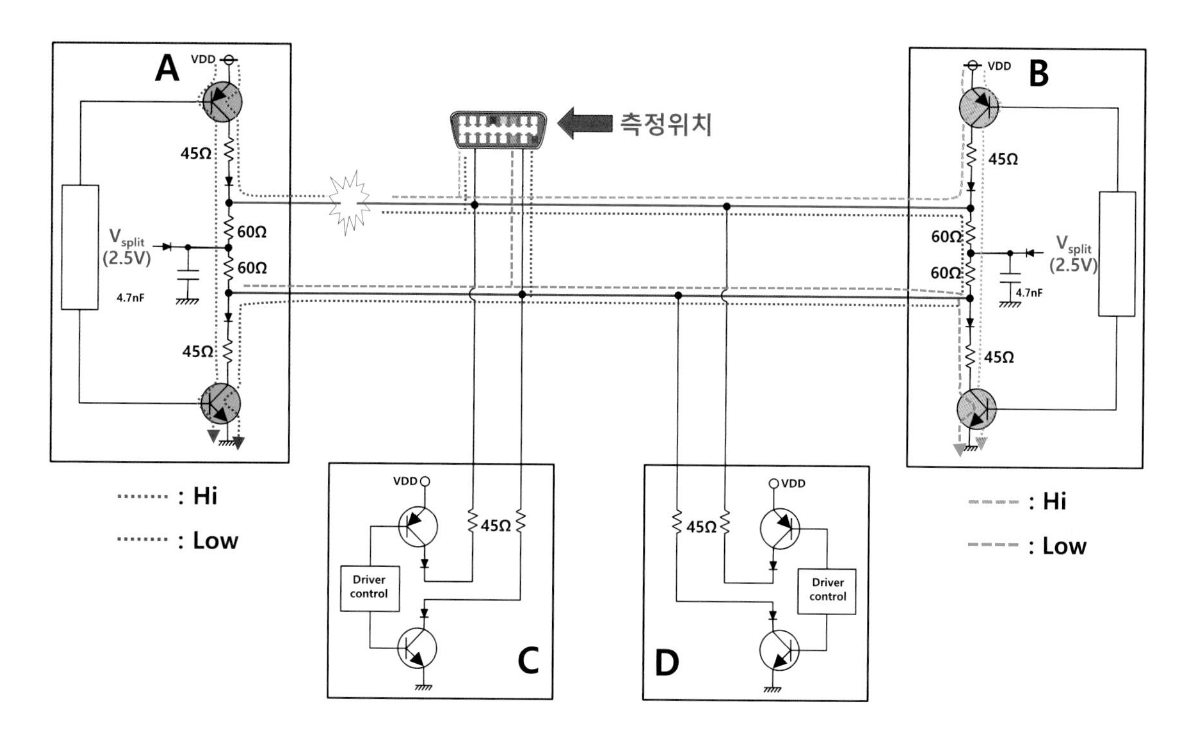

그림 Ⅱ－120 CAN–H 라인이 단선된 상태에서 2개 노드의 송신

그림 Ⅱ－121의 좌측 그림은 CAN–H 라인의 전압이 어떻게 합성되는지를 보여주고 있다. A 노드가 송신한 신호는 CAN–H와 CAN–L 신호의 전압 레벨이 동일한 상태이다. B 노드가 송신한 CAN–H dominant 신호는 전압 레벨이 정상보다 높은 상태로 출력된다.

①의 지점에서 B 노드의 신호는 idle 상태인 recessive이고, A 노드의 신호는 접지와 연결된 상태의 dominant 전압 레벨을 보이므로 합성되는 경우 전압 레벨은 CAN–L의 dominant 전압으로 낮아진다.

한편 ②의 지점의 직후는 두 신호가 상반된 dominant 레벨이다. A 노드가 송출한 CAN–L 레벨의 전압은 B 노드 내부의 120*Ω*를 지나 CAN–H 라인과 연결되었지만, B 노드가 내부 드라이버를 구동하여 5V의 전압이 45*Ω* ~ 120*Ω* ~ 45*Ω* ~ 접지까지 흐르게 된다. A 노드와 B 노드 사이의 CAN–H 라인에는 A 노드가 송출한 CAN–L 레벨의 전압은 없어지고, B 노드 내부에서 분압된 CAN–H dominant의 전압 레벨이 나타난다.

③의 지점에서 A 노드가 송출한 신호는 idle 상태인 recessive로 전환하였지만, B 노드의 CAN-H 신호는 dominant 상태를 유지하고 있다. 그러므로 합성된 전압 레벨은 B 노드가 송출한 CAN-H의 dominant 전압 레벨을 유지한다.

④의 지점에서 A 노드가 송출한 신호는 idle 상태인 recessive로 유지하고 있다. B 노드가 송출한 CAN-H의 전압 레벨은 dominant에서 recessive로 전환하였기 때문에 이후 합성 전압은 idle 상태인 recessive(2.5V)가 된다.

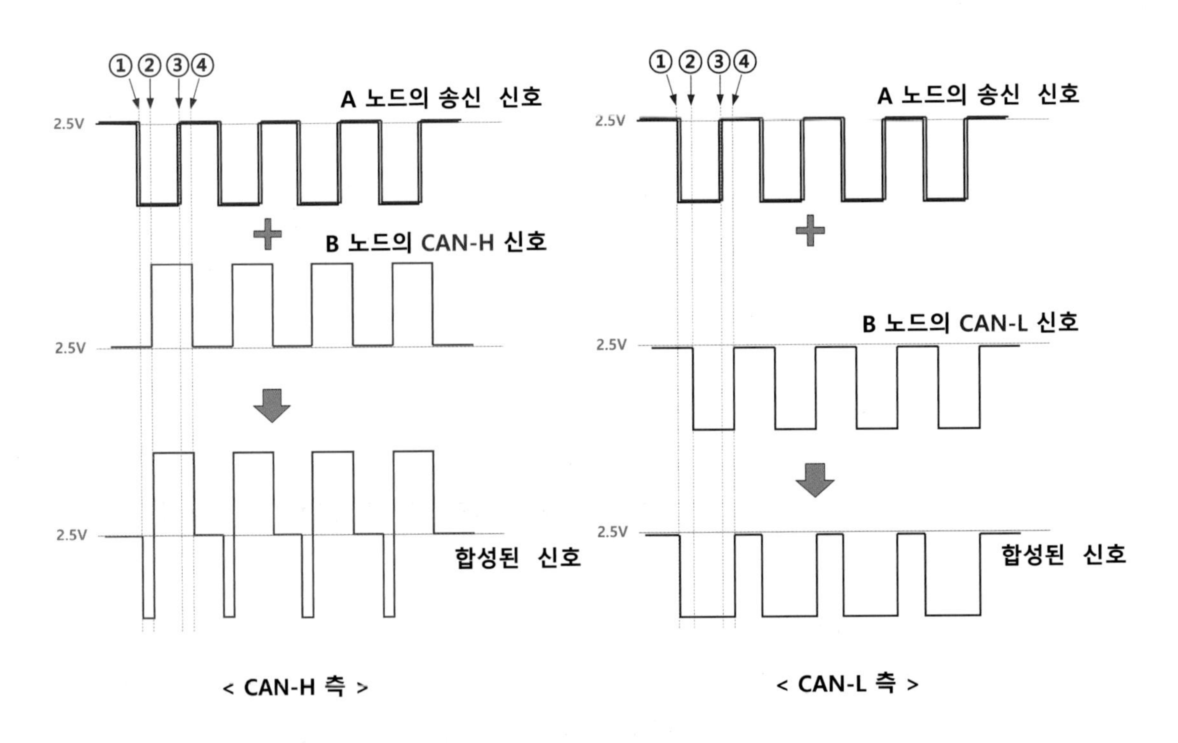

그림 Ⅱ - 121 CAN-H 라인의 단선 시 2개 노드에서 송신한 신호의 합성

그림 Ⅱ - 121의 우측 그림은 CAN-L 라인의 전압이 어떻게 합성되는지를 보여주고 있다. A 노드가 송신한 신호는 CAN-H와 CAN-L 신호의 전압 레벨이 동일한 상태이고, B 노드가 송신한 CAN-L dominant 신호는 전압 레벨이 정상보다 낮은 상태로 출력된다.

이 두 개의 신호 ①의 지점에서 B 노드의 신호는 idle 상태인 recessive이고, A 노드의 신호는 접지와 연결된 상태의 dominant 전압 레벨을 보이므로 합성되는 경우 전압 레벨은 CAN-L의 dominant 전압으로 낮아진다.

한편 ②의 지점에서는 두 신호가 CAN-L의 dominant 레벨이기 때문에 합성 전압 레벨은 CAN-L 신호의 dominant일 때 전압으로 나타난다.

③의 지점에서 A 노드가 송출한 신호는 idle 상태인 recessive로 전환되었으나 B 노드의 CAN-L 신호는 dominant 상태를 유지하고 있으므로 합성된 전압 레벨은 B 노드 송출한 CAN-L의 dominant 전압 레벨을 유지한다.

④의 지점에서 A 노드가 송출한 신호는 idle 상태인 recessive로 유지하고 있다. B 노드가 송출한 CAN-H의 전압 레벨은 dominant에서 recessive로 전환하였기 때문에 이후 합성 전압은 idle 상태인 recessive(2.5V)가 된다.

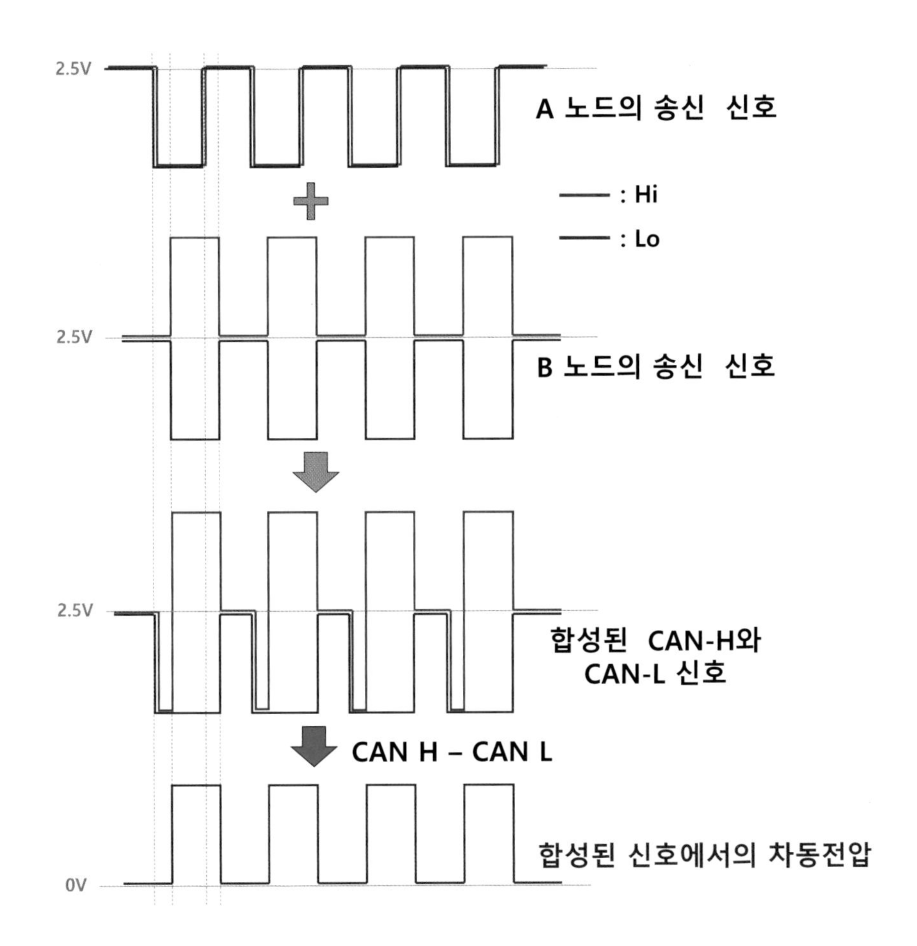

그림 Ⅱ – 122 Hi 라인 단선 상태에서 2개 노드가 송신한 신호의 합성 결과

최종적으로 CAN-H 라인이 단선된 상태에서 A와 B 2개의 노드가 동시에 신호를 전송하였을 때 클록(clock)이 일치한다. 송신 data가 일치하는 경우 측정 위치에서는 B 노드의 신호만 나타날 수 있다. 그러나 SOF 시점의 클록(clock)이 일치하여 두 신호의 시간의 차가 없더라도 송신 ID와 Data 등이 일치할 수 없으므로 실제로는 그림 Ⅱ - 122의 '합성된 CAN-H와 CAN-L 신호'와 같이 나타난다. 합성된 신호의 특징은 CAN-H 신호의 일부가 idle 상태인 2.5V보다 더 낮아져 CAN-L의 전압 레벨로 나타나는 것이다.

한편 그림 Ⅱ - 120의 상태와 같이 A와 B 2개의 노드가 동시에 신호를 전송한 경우 합성 신호의 차동 전압은 그림 Ⅱ - 122의 맨 아래 그림과 같이 B 노드가 송신한 데이터와 일치함을 알 수 있다. 따라서 그림 Ⅱ - 120의 상태에서 A 노드가 송신한 신호는 다른 노드들이 수신하지 못하지만, B 노드가 송신한 신호는 다른 노드들이 정상적으로 수신할 가능성이 높다.

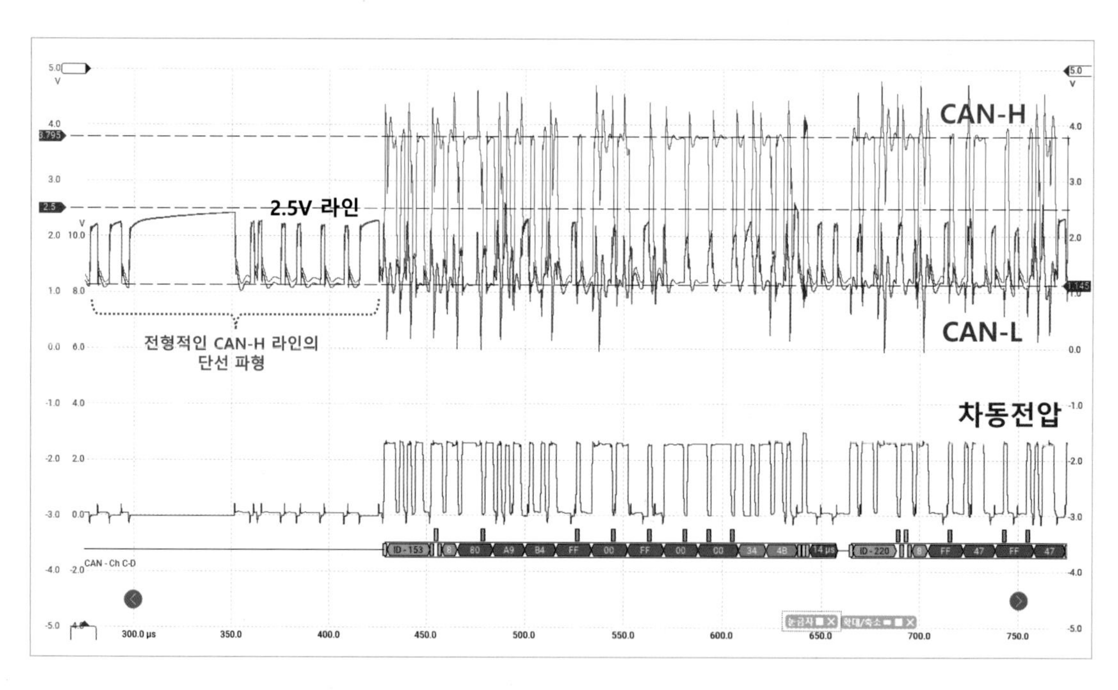

그림 Ⅱ - 123 Hi 라인 단선 상태에서 2개 노드가 동시에 송신한 경우

그림 Ⅱ - 123은 그림 Ⅱ - 120과 같은 상태에서 두 개의 노드가 동시에 CAN 버스에 데이터를 전송한 경우로 노이즈 신호처럼 보일 수 있지만 자세히 살펴보면 그

림 Ⅱ – 122의 '합성된 CAN-H와 CAN-L 신호'와 같이 CAN-H의 신호가 빈번하게 idle 전압인 2.5V 아래로 내려가는 것을 볼 수 있다. CAN-H와 CAN-L의 차동 전압을 decoding한 후 확인하면 SOF부터 ACK 신호까지 정상적으로 전송되고 있음을 알 수 있다.

2 CAN-L 라인이 단선된 상태

그림 Ⅱ – 124는 CAN-L 라인이 단선된 상태에서 2개의 노드가 동시에 송신한 경우이다. A 노드가 송신하였을 때 CAN-L 라인 단선의 영향으로 측정 위치에서는 같은 전압 레인지를 사용한 경우 그림 Ⅱ – 125의 맨 위 파형과 같이 CAN-L 신호가 CAN-H 신호와 완벽히 겹쳐진 상태로 나타난다. 결과적으로 A 노드의 송신에도 불구하고 두 신호의 전압 레벨이 동일한 상태이므로 차동 전압이 없어 다른 노드들은 버스가 idle 상태로 판단하게 된다. 이때 그림 Ⅱ – 124의 B 노드는 버스가 idle 상태인 것으로 판단하고 송신을 시도한 상태이다.

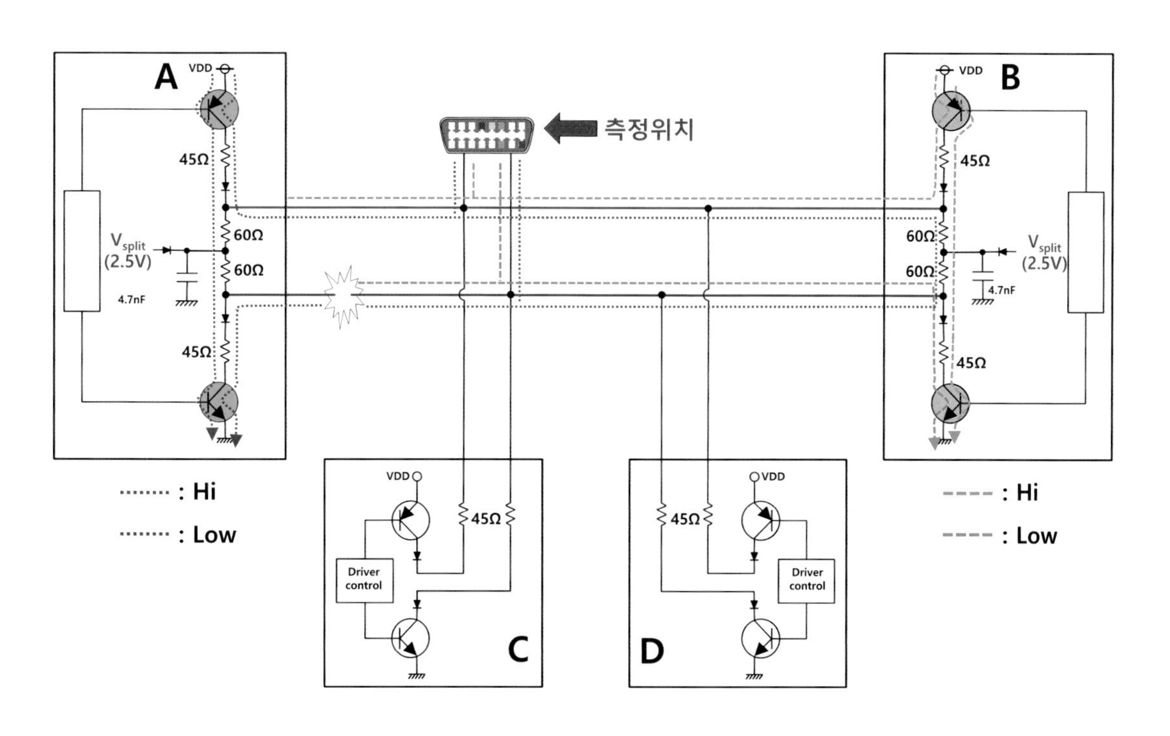

그림 Ⅱ – 124 CAN-L 라인이 단선된 상태에서 2개의 노드가 송신 시

A와 B 노드에서 송출한 신호는 CAN-L 라인이 단선된 영향으로 정상적인 전압 레벨보다 진폭이 커진 상태로 나타난다. 또한 두 개 노드에서 송신한 신호는 CAN-H 라인과 CAN-L 라인에서 각각 합성된 형태로 나타난다.

그림 Ⅱ - 125의 좌측 그림은 CAN-H 라인의 전압이 어떻게 합성되는지를 보여주고 있다.

A 노드가 송신한 신호는 CAN-H와 CAN-L 신호의 전압 레벨이 동일한 상태이다. B 노드가 송신한 CAN-H dominant 신호는 전압 레벨이 정상보다 높은 상태로 출력된다.

이 두 개의 신호 ①의 지점에서 B 노드의 신호는 idle 상태인 recessive이다. A 노드의 신호는 높은 전압의 dominant 전압 레벨을 보이므로 합성되는 경우 전압 레벨은 B 노드가 송출한 CAN-H의 dominant 전압으로 높아진다.

한편 ②의 지점에서는 두 신호가 CAN-H의 동일한 dominant 레벨이므로 CAN-H dominant 레벨의 전압이 나타난다.

③의 지점에서 A 노드가 송출한 신호는 idle 상태인 recessive로 전환하였지만, B 노드의 CAN-H 신호는 dominant 상태를 유지하고 있으므로 합성된 전압 레벨은 B 노드가 송출한 CAN-H의 dominant 전압 레벨을 유지한다.

④의 지점에서 A 노드가 송출한 신호는 idle 상태인 recessive로 유지하고 있다. B 노드가 송출한 CAN-H의 전압 레벨은 dominant에서 recessive로 전환하였기 때문에 이후 합성 전압은 idle 상태인 recessive(2.5V)로 나타난다.

그림 Ⅱ - 125의 우측 그림은 CAN-L 라인의 전압이 어떻게 합성되는지를 보여주고 있다. A 노드가 송신한 신호는 CAN-H와 CAN-L 신호의 전압 레벨이 동일한 상태이고, B 노드가 송신한 CAN-L dominant 신호는 전압 레벨이 정상보다 낮은 상태로 출력된다.

이 두 개의 신호 ①의 지점에서 B 노드의 신호는 idle 상태인 recessive이고, A 노드의 신호는 높은 전압의 dominant 전압 레벨을 보이므로 합성되는 경우 전압 레벨은 CAN-H의 dominant 전압으로 높아진다.

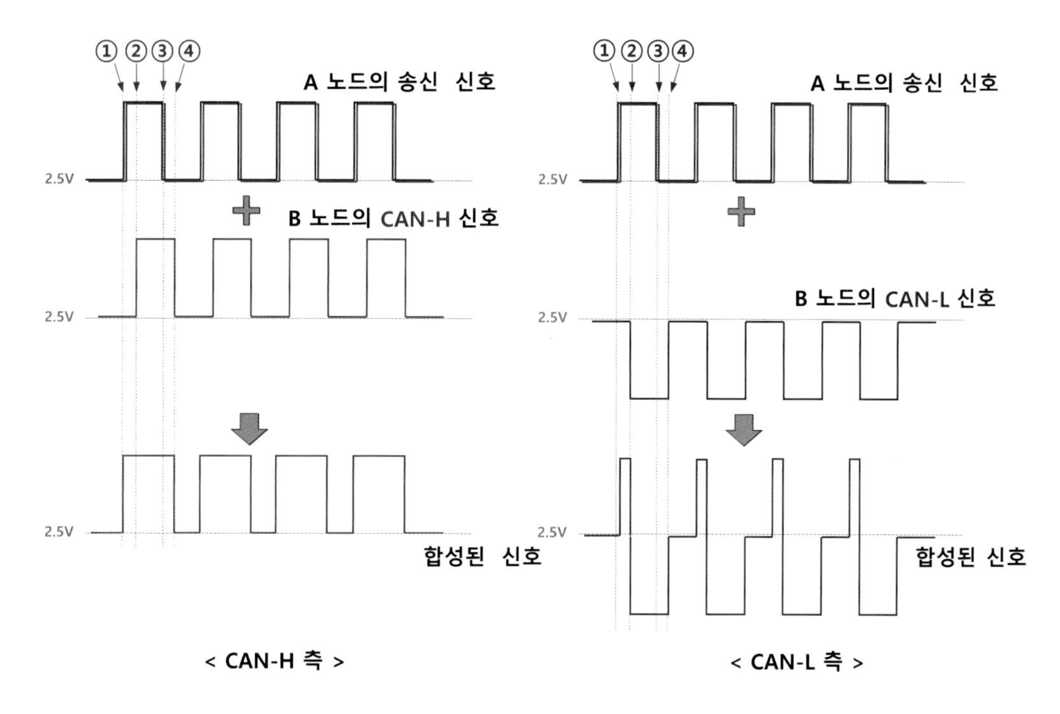

그림 Ⅱ – 125 CAN–L 라인의 단선 시 2개 노드에서 송신한 신호의 합성

한편 ②의 지점 직후는 두 신호가 상반된 dominant 레벨이다. A 노드가 송출한 CAN–H 레벨의 전압은 B 노드 내부의 120Ω를 지나 CAN–L 라인과 연결되었지만, B 노드가 내부 드라이버를 구동하여 5V의 전압이 45Ω ~ 120Ω ~ 45Ω ~ 접지까지 흐르게 된다. A 노드와 B 노드 사이의 CAN–L 라인에는 A 노드가 송출한 CAN–H 레벨의 전압은 없어지고, 접지와 연결된 B 노드 내부의 분압된 CAN–L dominant 레벨의 전압이 나타난다.

③의 지점에서 A 노드가 송출한 신호는 idle 상태인 recessive로 전환하였고, B 노드의 CAN–L 신호는 dominant 상태를 유지하고 있으므로 합성된 전압 레벨은 B 노드 송출한 CAN–L의 dominant 전압 레벨을 유지한다.

④의 지점에서 A 노드가 송출한 신호는 idle 상태인 recessive로 유지하고 있다. B 노드가 송출한 CAN–L의 전압 레벨은 dominant에서 recessive로 전환하였기 때문에 이후 합성 전압은 idle 상태인 recessive(2.5V)로 나타난다.

최종적으로 CAN–L 라인이 단선된 상태에서 A와 B 2개의 노드가 동시에 신호를 전송하였을 때 클록(clock)이 일치한다. 송신 data가 일치하는 경우 측정 위치에서는 B 노드의 신호만 나타날 수 있다. 그러나 SOF 시점의 클록(clock)이 일치하더라도 송신 ID와 Data 등이 일치할 수 없으므로 실제는 그림 Ⅱ – 126의 '합성된 CAN–H와 CAN–L 신호'와 같이 나타난다.

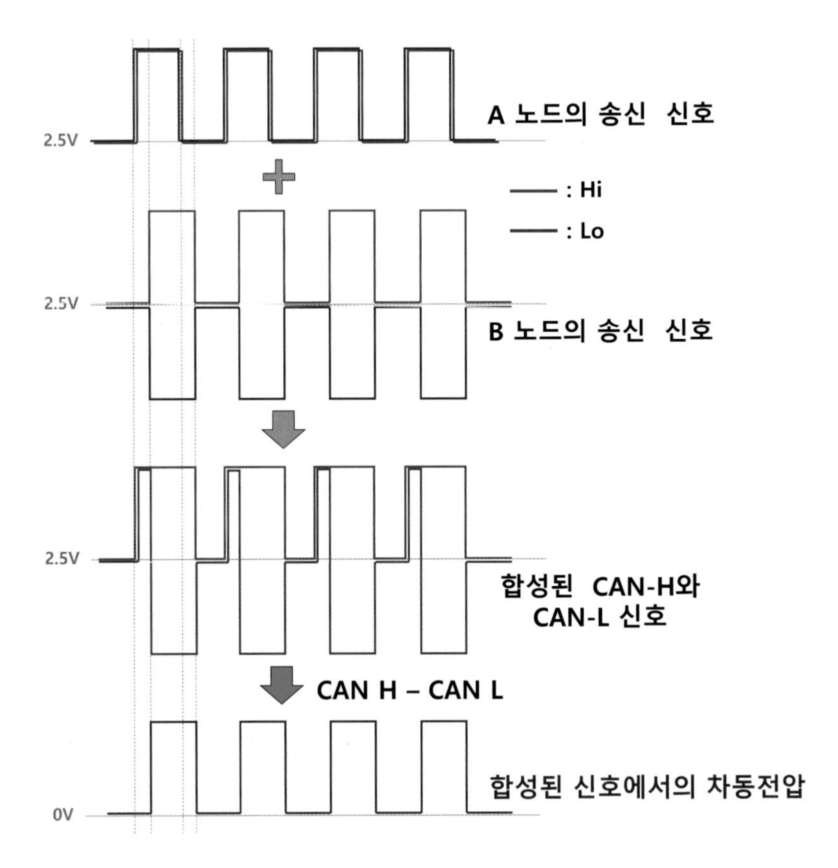

그림 Ⅱ – 126 Low 라인 단선 상태에서 2개 노드가 송신한 신호의 합성 결과

합성된 신호의 특징은 CAN–L 신호의 일부가 idle 상태인 2.5V보다 너 높아져 CAN–H의 전압 레벨로 나타나는 것이다. 한편 그림 Ⅱ – 124의 상태와 같이 A와 B 2개의 노드가 동시에 신호를 전송한 경우 합성 신호의 차동 전압은 그림 Ⅱ – 126의 맨 아래 그림과 같이 B 노드가 송신한 데이터와 일치함을 알 수 있다. 따라서 그림 Ⅱ – 124의 상태에서 A 노드가 송신한 신호는 다른 노드들이 수신하지 못하지만, B 노드가 송신한 신호는 다른 노드들이 정상적으로 수신할 가능성이 높다.

그림 Ⅱ – 127은 그림 Ⅱ – 124와 같은 상태에서 두 개의 노드가 동시에 CAN 버스에 데이터를 전송한 경우로 노이즈 신호처럼 보일 수 있다. 하지만 자세히 살펴보면 그림Ⅱ－126의 '합성된 CAN－H와 CAN－L 신호'와 같이 CAN－L의 신호가 빈번하게 idle 전압인 2.5V보다 더 높게 올라간 것을 볼 수 있다. CAN－H와 CAN－L의 차동 전압을 decoding한 후 확인하면 SOF부터 ACK 신호까지 정상적으로 전송되고 있음을 알 수 있다.

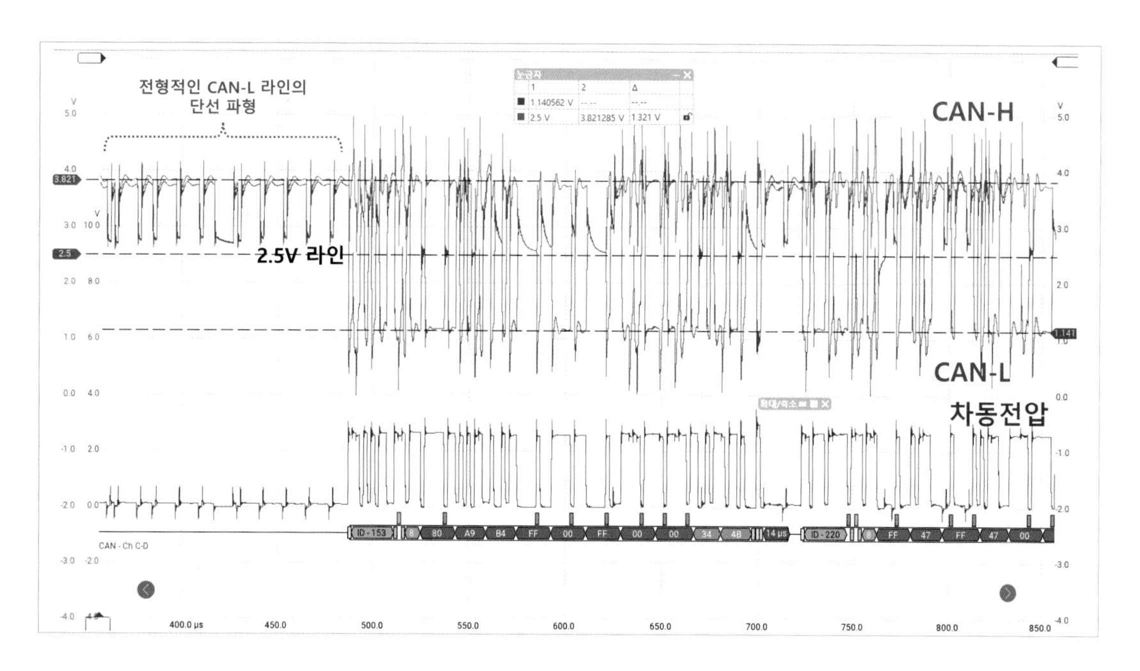

그림Ⅱ－127 Low 라인 단선 상태에서 2개 노드가 동시에 송신한 경우

3 합성 신호의 특징과 진단

그림Ⅱ－128은 컨트롤러 내부 Hi 라인의 드라이버 회로가 단선된 상태를 모사한 것으로 A 노드가 송신을 시도할 때 전원과의 연결이 차단된 상태이므로 Low측 드라이버만 작용할 수 있다.

이 경우 내부 전원과 차단된 상태이므로 CAN－H와 CAN－L 라인의 전압은 동시에 낮아진다. 단선이 없었다면 드라이버 작동으로 콘덴서에는 전원(5V) ~ 접지까지의 사이에서 분압된 전압 2.5V가 충전될 것이다. 그러나 전원과 차단된 상태이므로 드라이버 작동 시 콘덴서는 방전하며, dominant 신호가 많을수록 방전의 심도는 깊어진다.

콘덴서의 방전 시 재충전 시간은 그림 Ⅱ - 129에서와 같이 1bit의 시간보다 길다. 때문에 내부 드라이버가 off 되어 전압이 idle 또는 recessive 상태로 복귀 전에 재차 dominant 신호를 송출하기 위해 드라이버가 구동되면 전압은 2.5V로 올라가지 못하게 된다. 결과적으로 그림 Ⅱ - 128의 좌측 하단부의 파형과 같이 나타난다.

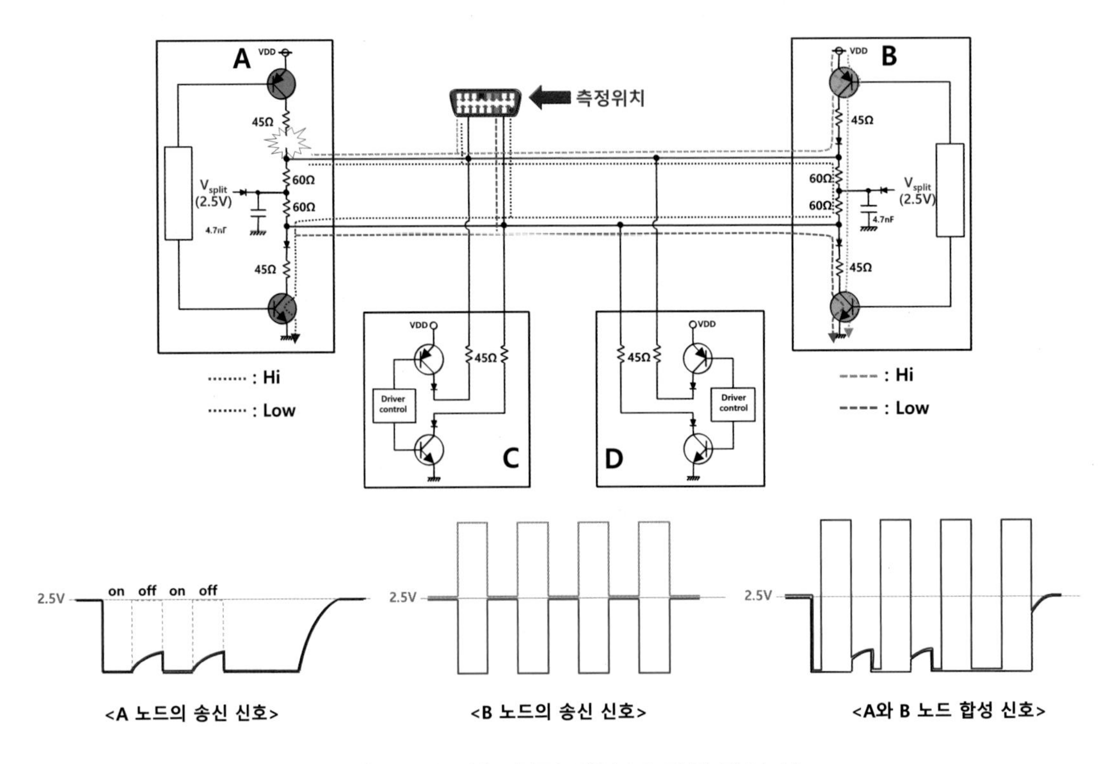

그림 Ⅱ - 128 컨트롤러 내부 Hi 라인 단선 시

또한 그림 Ⅱ - 129에서 3 bit의 dominant 신호 이후 recessive를 송신하고자 하였으나 CAN-L 라인의 콘덴서 충전 파형으로 인해 1 bit의 시간을 초과하는 기간 동안 두 신호 간 차동 전압은 0.9V 이상으로 나타나는 상황이 벌어진다. 따라서 송신 노드는 송신하고자 했던 recessive 신호가 아닌 dominant 신호를 감지하게 되면서 중재 구간에서 다른 노드에 의해 dominant가 감지된 것으로 판단하고 우선 송신 규칙에서 뒤지므로 더 이상의 송신을 포기한다. 이런 상황은 지선 노드 라인에서 단선일 때도 마찬가지 경우라 할 수 있다.

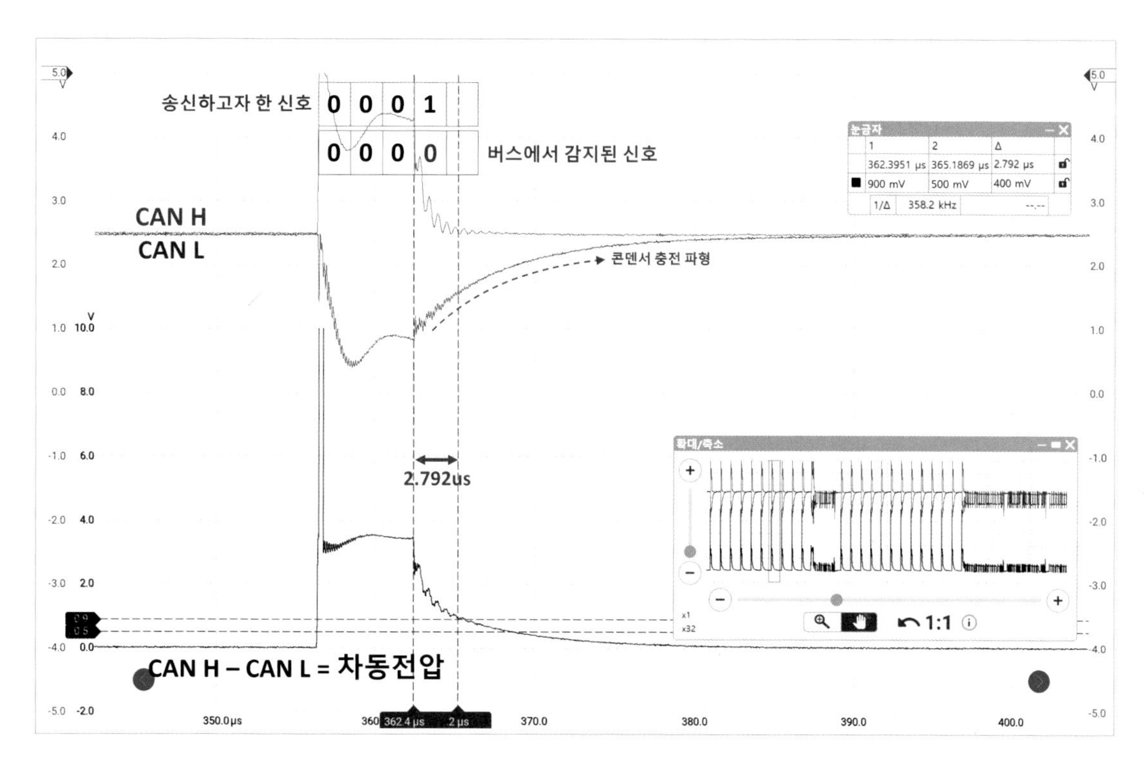

그림 Ⅱ – 129 500kbps 시스템의 콘덴서 재충전 시간

그림 Ⅱ – 130은 그림 Ⅱ – 128과 반대의 경우로 컨트롤러 내부 Low 라인의 드라이버 회로가 단선된 상태를 모사한 것이다. A 노드가 송신을 시도할 때 접지와 연결이 차단된 상태이므로 Hi 측 드라이버만 작용할 수 있다.

이 경우 접지와 차단된 상태이므로 CAN–H와 CAN–L 라인의 전압은 동시에 높아진다. 단선이 없었다면 드라이버 작동으로 콘덴서에는 전원(5V) ~ 접지까지의 사이에서 분압된 전압 2.5V가 충전될 것이다. 그러나 접지와 차단된 상태이므로 드라이버 작동 시 콘덴서 충전 전압은 과도해진다. 충전된 콘덴서의 방전 시간 또한 1bit의 시간보다 길기 때문에 내부 드라이버가 off 된다.

전압이 idle 또는 recessive 상태로 복귀 전에 재차 dominant 신호를 송출하기 위해 드라이버가 구동되면 전압은 2.5V로 내려가지 못하게 된다. 결과적으로 그림 Ⅱ – 130의 좌측 하단부의 파형과 같이 나타난다.

그림 Ⅱ – 128의 상황에서 A 노드에 의해 CAN–H와 CAN–L 라인은 그림 Ⅱ – 128의 좌측 하단부의 파형이 형성된다. 차동 전압이 없는 관계로 CAN 버스 라인이 idle 상태인 것으로 판단한 B 노드가 송신을 시도한다면 결과적으로 CAN-H와 CAN-L 라인의 신호는 그림 Ⅱ - 128의 우측 하단부의 파형과 같이 나타난다.

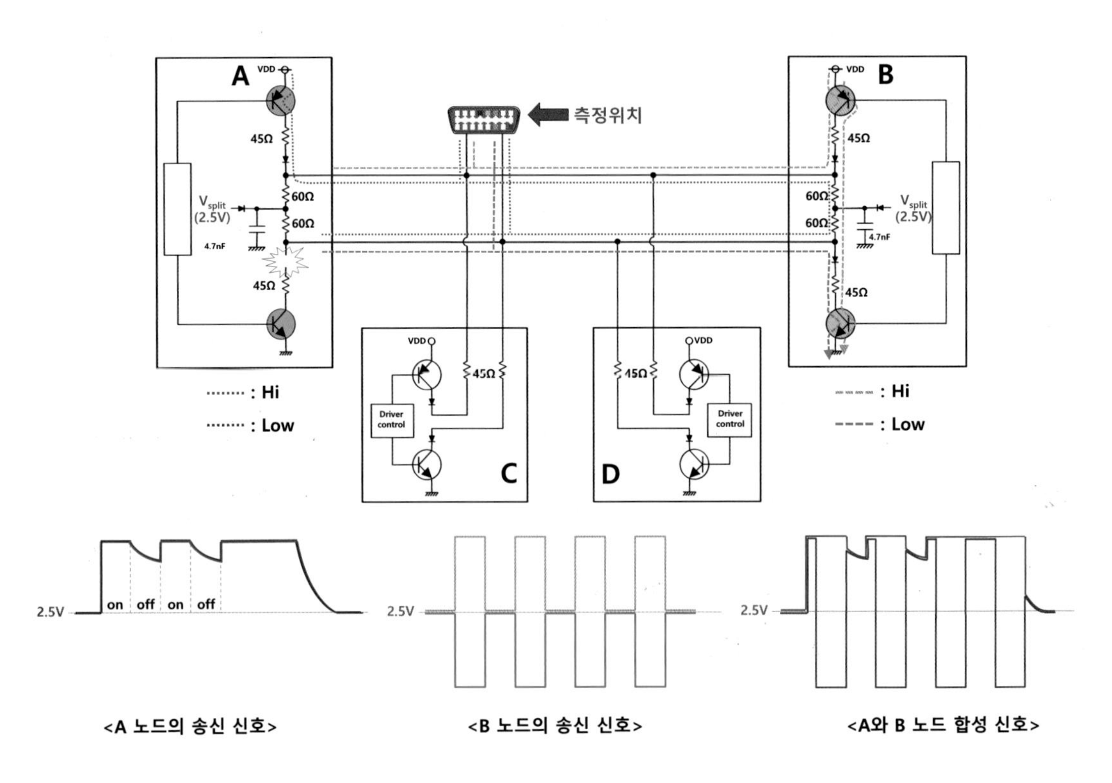

그림 Ⅱ - 130 컨트롤러 내부 Low 라인 단선 시

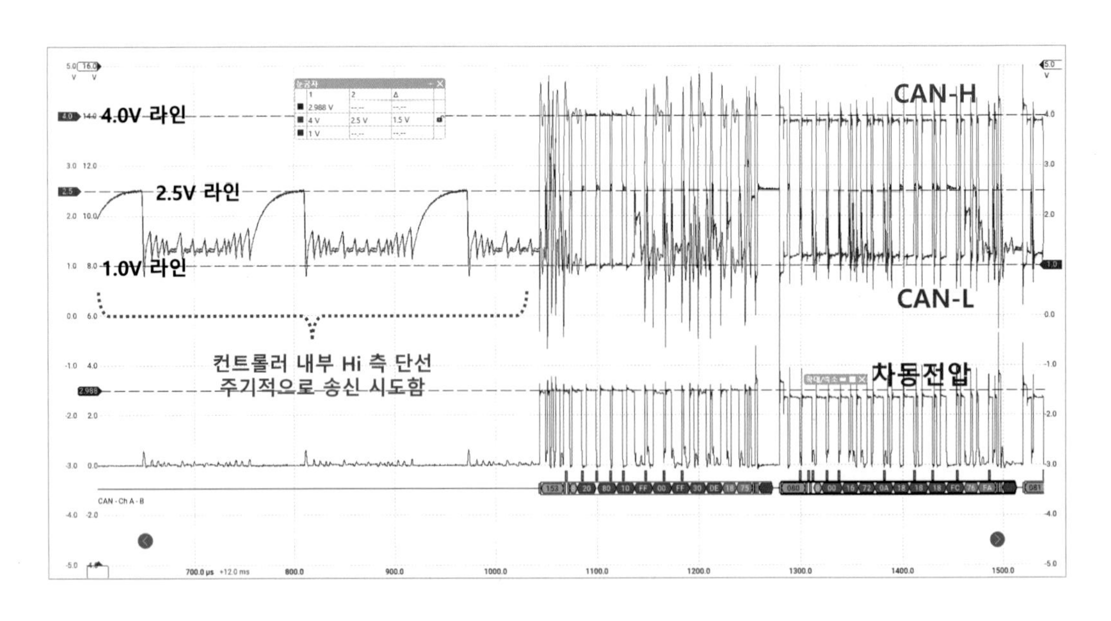

그림 Ⅱ - 131 컨트롤러 내부 Hi 측 드라이버 라인 단선 시

또한 그림Ⅱ-130의 상황에서 A 노드에 의해 CAN-H와 CAN-L 라인은 그림Ⅱ-130의 좌측 하단부의 파형이 형성된다. 차동 전압이 없는 관계로 CAN 버스 라인이 idle 상태인 것으로 판단한 B 노드가 송신을 시도한다면 결과적으로 CAN-H와 CAN-L 라인의 신호는 그림Ⅱ-130의 우측 하단부의 파형과 같이 나타난다.

그림Ⅱ-131은 그림Ⅱ-128과 같은 상태에서 2개의 노드가 동시에 신호를 전송한 사례이다. 컨트롤러 내부가 손상된 노드가 주기적으로 송신을 시도하고 있는 파형(그림Ⅱ-131의 좌측 파형)과 다른 노드에서 전송한 펄스파가 합성되어 출력(그림Ⅱ-131의 우측 파형)된 것을 볼 수 있다.

차동 전압은 송·수신에 무리 없는 레벨로 나타나므로 A 노드가 송신한 신호는 다른 노드들이 수신하지 못하지만, B 노드가 송신한 신호는 다른 노드들이 정상적으로 수신할 가능성이 높은 사례이다.

라인의 단선 상태와 같이 차동 전압이 없을 때 2개 노드가 동시에 송신하는 경우가 발생할 수 있다. CAN-H와 CAN-L 라인에서 계측되는 신호의 형태는 각 노드에서 단일로 송신했을 때 파형의 합성값으로 나타난다. 때문에 실무에서는 두 신호가 합성된 파형을 분석하기 보다 합성되기 전 단계의 단선 파형과 같은 두드러진 상태의 파형으로 진단하는 것이 더 유리하다.

2개 노드가 동시 송신한 상황의 합성된 파형만으로 진단할 경우라면 CAN-H 또는 CAN-L 신호 중 어느 것이 idle 또는 recessive 상태인 2.5V의 기준선을 넘어갔는지를 확인하는 것이 유효한 방법이다. 만약 CAN-H 신호가 idle 또는 recessive 상태인 2.5V 선을 넘어 CAN-L 신호 레벨의 전압으로 빈번하게 나타난다면 CAN-H 라인의 결함이라 할 수 있다.

CHAPTER

06 전파 지연

1 비트 타임

통신에서 최소 단위에 해당하는 bit로 통신 속도가 500kbps인 경우 1초에 50만 bit가 전송될 수 있다는 뜻으로 이때의 1bit는 1초(1,000,000us)를 500,000으로 나눈 셈이므로 1bit는 2us에 해당한다.

명목 비트 타임(nominal bit time)은 이상적인 상태에서의 이론적 값으로 비트의 명목적인 지속 기간과 동일하나 실제 부품들의 오차(특히 발진기, 오차 한계, 온도, 시간 변동 등) 때문에 비트의 실제 값은 항상 다르게 나타난다. 각 노드의 내부 발진 소자에서 발생하는 발진 신호인 클록(clock) 신호를 바탕으로 정해진 시스템 주기 진동수로부터 전자적으로 구성된다.

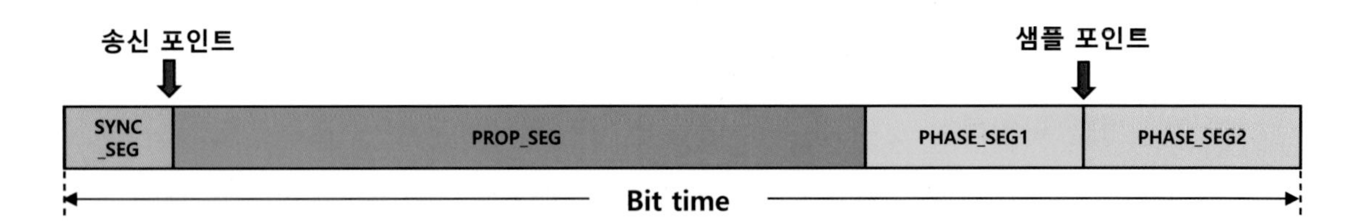

그림 Ⅱ – 132 1bit의 구성

1bit는 그림 Ⅱ – 132와 같이 크게 3개의 부분(segment)으로 나누어져 있다. **동기화 세그먼트**(SYNC_SEG : synchronization segment)는 버스 상에 있는 여러 노드를 동기화할 때 사용하는 비트 타임으로 1 time quantum(**퀀텀**〈물질의 최소 단위〉, 어떤 양을 한 단위량의 정수배로 나타낼 수 있을 때의 단위량)으로 구성된다. 동기

의 판정은 각 비트 하강 에지가 SYNC_SEG의 세그먼트 안에 들어 있는지의 여부로 판정한다.

전파 시간 세그먼트(PROP_SEG : propagation time segment)는 신호 전달 매체로 사용되는 전선의 신호 전파 현상과 네트워크의 기하학적 구성 때문에 발생하는 지연 시간을 고려하여 이를 상쇄시키기 위해 설계되었다. 매체 때문에 발생하는 전파 시간과 버스에 연결된 노드들의 입 · 출력 단계에서 발생하는 지연 시간의 총합을 2배(입력 + 출력)한 것과 같다. 전파 시간 세그먼트는 1 ~ 8 퀀텀으로 구성되어진다.

위상 세그먼트(PHASE_SEG 1, 2)는 1 ~ 8 퀀텀으로 구성되어져 있다. 각 위상에서의 다양한 변동, 에러나 변화 또는 매체 상에서의 변화 동안 발생할 수 있는 신호의 에지(Edge) 위치를 상쇄하기 위한 것이다. CAN-H 신호와 CAN-L 신호의 동기화를 위해 메커니즘에 의해 길어지거나 짧아지게 설계되어 있다.

위상 세그먼트는 PHASE_SEG 1과 PHASE_SEG 2로 나누어져 있으며 비트의 판정은 그림 Ⅱ - 133에서와 같이 PHASE_SEG 1과 PHASE_SEG 2의 경계에서 수행하며 샘플 포인트는 경계면 한 지점인 경우와 경계면 앞 · 뒤를 추가한 3개소에서 하는 경우가 있다. 샘플 포인트가 3개인 경우는 많은 쪽의 판단으로 결정한다. 비트의 하강이 SYNC_SEG보다 앞이면 PHASE_SEG 2가 짧아진다. SYNC_SEG보다 뒤쪽이면 PHASE_SEG 1을 길게하여 동기를 맞추며 하강이 발생할 때마다 bit 단위로 수행한다.

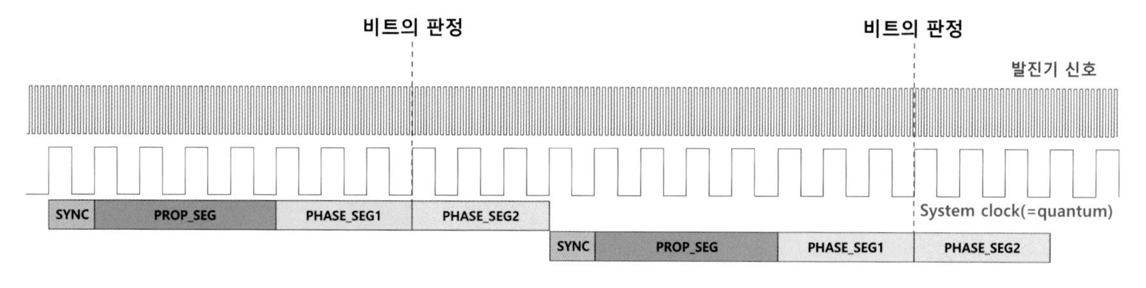

그림 Ⅱ - 133 **비트의 판정**

각 세그먼트의 기준이 되는 클록(clock) 신호는 수정(Quartz) 발진기(약 수 kHz ~ 약 200MHz)의 진동에 의해 발생한다. 노드의 기능을 제어하는 마이크로 컨트롤러로 입력되는 클록 신호의 수를 기준으로 각 퀀텀으로 분할(그림 Ⅱ – 133 참조)된다.

1bit는 8 ~ 25의 퀀텀으로 구성된다. 500kbps 조건에서 8 퀀텀인 경우 1개 퀀텀의 시간은 0.25us(= 1 ÷ 500,000 ÷ 8)에 해당하고, 같은 조건에서 25 퀀텀의 경우 0.08us(= 1 ÷ 500,000 ÷ 25)가 된다.

네트워크의 각 노드들은 개별 발진기를 가지고 있다. 동기화 세그먼트에 의해 동기를 맞춰 통신하고 있어 CAN은 비동기식으로 보이지만 동기를 맞추어 송신하는 셈이다.

2 전파 지연(Propagation delay)

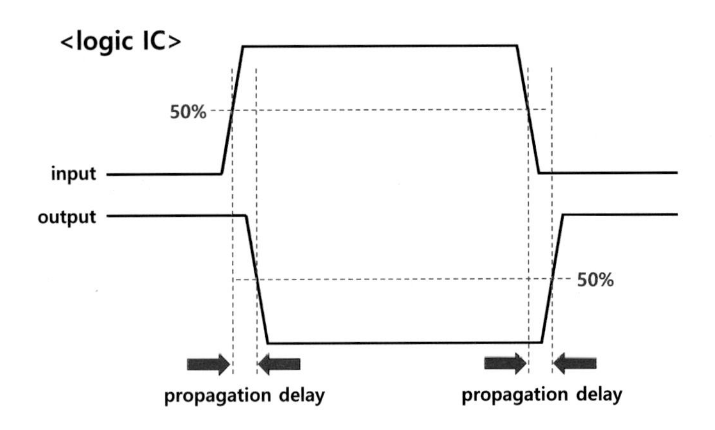

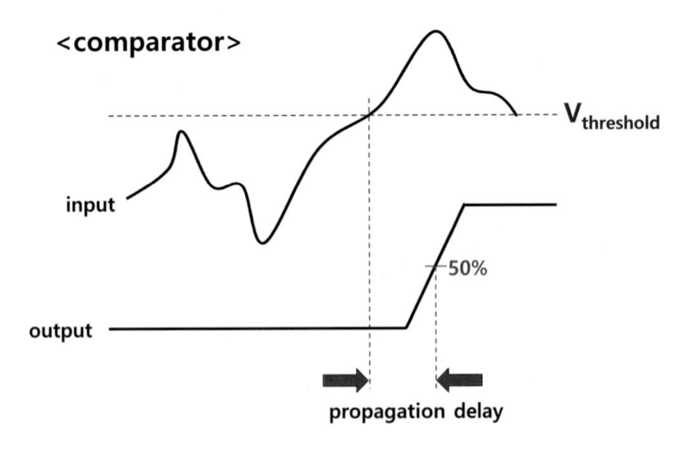

그림 Ⅱ – 134 **전파 지연**

전파 지연 또는 **게이트 지연**은 신호가 송신부를 떠나 수신부에 도달할 때까지의 시간으로 회로 속을 전파할 때 발생하는 지연 시간이다.

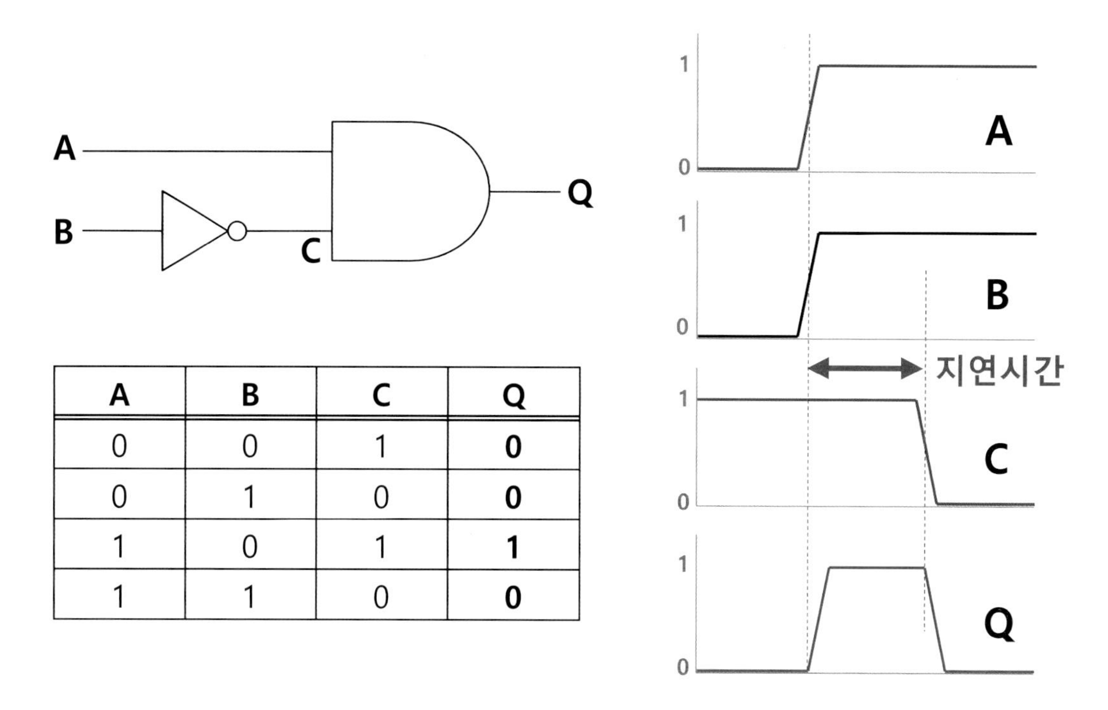

A	B	C	Q
0	0	1	**0**
0	1	0	**0**
1	0	1	**1**
1	1	0	**0**

그림 Ⅱ – 135 **논리 게이트 회로에서 지연의 위험성**

논리 게이트 IC(logic gate ic)의 경우 입력이 안정되고 변경이 유효해졌을 때부터 해당 논리 게이트의 출력이 안정되는 시간(그림 Ⅱ – 134의 좌측 그림)까지의 시간으로 게이트에 동작 속도라 할 수 있다.

입력이 최종 입력 수준의 50%로 변경되었거나 **임계**(threshold) 값에 도달된 후 출력이 최종 출력 수준의 50%에 도달할 때까지 필요한 시간을 의미한다.

증폭기(amplifier)로도 쓰이지만 두 입력 신호를 비교하고 한 입력 신호가 다른 입력 신호를 초과하면 출력하는 **비교기**(comparator)의 경우 임계(threshold)값에 도달된 후 출력이 최종 출력 수준의 50%에 도달할 때까지 필요한 시간이다.

그림 Ⅱ – 134의 우측 그림과 같이 임계(threshold) 값을 초과한 신호가 입력되더라도 신호가 출력에 도달하기 전에 내부 회로를 통과(전파)할 때 지연이 발생하기 때문이다.

전파 지연은 전하가 이동할 수 있는 속도에서 반도체의 경우 약 100,000 ~ 200,000m/s 정도이다. 그러나 전도성 물질의 저항은 온도에 따라 증가하는 경향이 있으므로 전파 지연은 작동 온도에 따라 증가하는 특징을 가진다.

와이어의 경우 대략적인 전파 지연은 매 15cm마다 1ns이다. 논리 게이트는 사용되는 기술에 따라 10ns 이상에서 수 ps 범위까지의 전파 지연을 가질 수 있는 것으로 알려져 있다.

신호가 와이어의 전체 길이를 이동하는데 너무 오랜 시간이 걸리면 전송 비트가 도달하기 전에 수신기가 전송을 시작하여 와이어에서 신호 지연 충돌 오류가 발생할 수 있어 통신 속도의 제약이 따른다.

저항성 소자에서 전자의 **열적불규칙운동**에 의해 발생하는 **열잡음**(thermal noise)의 영향은 온도가 10℃ 증가할 때마다 MOSFET(Metal Oxide Semiconductor Field Effect transistor, 산화막 반도체 전기장 효과 트랜지스터)의 구동 전류는 약 4% 감소하고, 상호 연결 지연은 5% 증가하는 것으로 알려져 있다.

그림 Ⅱ – 135는 논리 게이트 IC 입력단에서 전파 지연이 있을 때 위험성에 대한 내용으로 AND 게이트 IC 입력단에 NOT 회로가 구성된 사례이다.

그림에서 B와 C의 관계는 NOT의 논리이므로 C는 B의 반대 값이 된다. 즉 B가 1이면 C는 반대인 0이 되는 구조이다. 이 회로의 최종 출력인 Q는 AND 논리 회로의 출력이므로 A와 C의 입력이 둘 다 1일 때만 출력 Q가 1일 될 수 있다.

그림 Ⅱ – 135에서 우측 그림과 같이 A와 B 신호의 동시에 0에서 1로 변화했다면 NOT 회로로 인해 Q는 0을 출력해야 한다. 그럼에도 불구하고 NOT 게이트 회로의 전파 지연으로 인해 C의 신호가 뒤늦게 1에서 0으로 변화한다면 그림과 같이 지연된 시간만큼 AND 회로에서 짧은 시간이나마 Q의 신호가 1로 나타나 원하지 않은 신호가 출력될 수 있다. 이 신호를 기준으로 시스템에서 어떤 중요한 회로나 액추에이터가 동작한다면 의도치 않게 위험할 수 있다.

(1) Skew와 jitter

Skew는 **클록 위상**의 불확실성이고 jitter 현상은 **클록 주파수**의 불확실성이라 할 수 있다. 스큐는 '빗나가다'의 의미이고 지터는 '불안해서 떨리는 상태'를 뜻하는 것으로 둘 다 위상차가 발생하는 현상이라 할 수 있다.

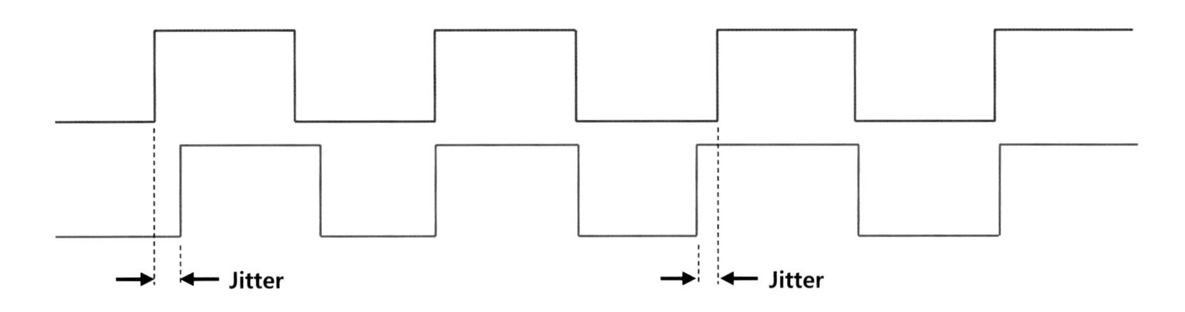

그림 Ⅱ - 136 두 신호 사이에서 지터

스큐는 동일한 또는 같은 위상의 신호가 도착점에서 지연되는 것으로 동일한 클록에서 생성된 여러 서브 클록 신호 간의 지연 차이로 발생한다. 클록 드라이버의 여러 출력 사이의 offset뿐만 아니라 PCB trace 오류로 인한 수신 단과 구동 단의 클록 신호 사이의 offset을 포함하여 다양한 형태로 나타난다. 때문에 항상 존재한다고 볼 수 있으나 한계를 초과하면 회로의 타이밍에 심각한 영향을 미친다.

지터는 두 클록 간의 차이로 클럭 스큐를 유발하는 원인이라 할 수 있다. 지터 현상은 클록 발생기 내부에서 발생하는 **수정 발진기** 또는 PLL(위상동기 회로, Phase-Locked Loop) 내부 회로와 관련이 있으며 배선은 크게 영향을 미치지 않는다고 볼 수 있다.

PLL은 입력된 신호에 맞춰 출력 신호의 주파수 조절의 목적으로 입력 신호와 출력 신호에 피드백된 신호와의 위상차를 이용해 출력 신호를 제어하는 시스템으로 위상 비교기와 위상 검출기로부터 나오는 두 신호 간 위상차의 고주파 성분을 제거하기 위한 LPF(Low-Pass Filter), 제어 전압에 따라 주파수를 발생시키는 발진기(VCO, Voltage Controlled Oscillator) 등으로 이루어져 있다.

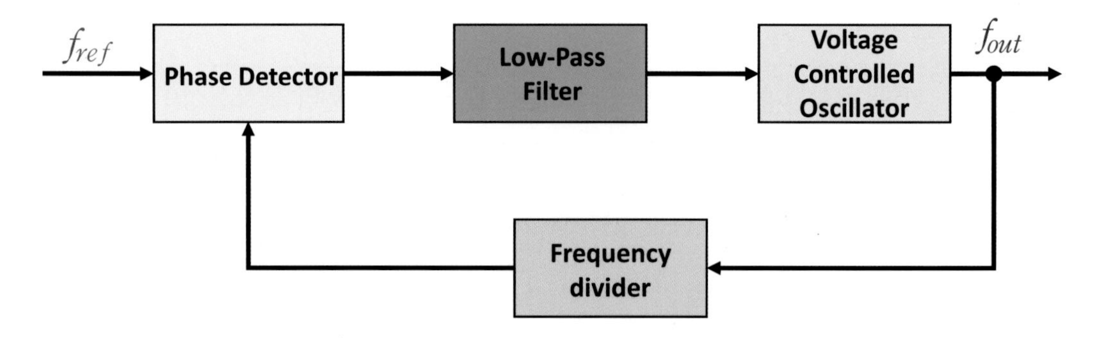

그림 Ⅱ – 137 Linear PLL의 구성

검출된 위상차가 LPF(Low-Pass Filter)를 거쳐 저주파 제어 전압으로 변환되어 피드백 함에 따라 입력 지터의 높은 주파수 성분을 억제하고 낮은 주파수 성분만 통과시킨다.

결과적으로 VCO 평균 주파수를 입력 평균 주파수에 정확히 일치시켜 신호의 위상차가 없도록 보상하는 시스템이다. 다만 VCO는 전원 및 온도 변동에 민감하고, 위상 비교기는 DC drift 효과에 민감한 특징을 가지고 있다.

데이터 펄스에서 발생하는 원치 않은 타이밍 편차(주로 동작 순간을 제공하는 타이밍 상의 편차)로 디지털 신호 파형이 시간 축 상으로 흐트러지는 현상인 지터는 네트워크에서 전송 데이터 유실의 원인으로 작용한다. 임의 지터가 발생하는 원인은 전원 노이즈(리플, 열잡음), 장치 내부의 열잡음, 외부로부터 유입된 노이즈, 신호원의 링잉 등으로 볼 수 있다.

일반적인 IC의 작동 온도 범위보다 CAN 트랜시버의 작동 온도는 상당히 높아 사용 주변 환경 기준 –40℃ ~ 125℃, 접점기준 –40℃ ~ 150℃로 되어 있다. 그러나 열잡음에 취약한 소자들이 많은 이유에서 그림 Ⅱ – 138과 같은 CAN 송 · 수신 IC(transceiver) 내부 회로에서 temperature protection 회로가 구성되어 있다.

이것은 과열 시 송 · 수신기의 동작을 중지(약 150℃ ~ 175℃)하는 역할을 하고 있으나 IC의 정상적인 작동 온도의 영역을 초과했음에도 송 · 수신은 중단되지 않을 수 있기 때문에 열잡음에 취약한 소자들의 영향으로 지터 현상이 언제든 발생할 수 있다.

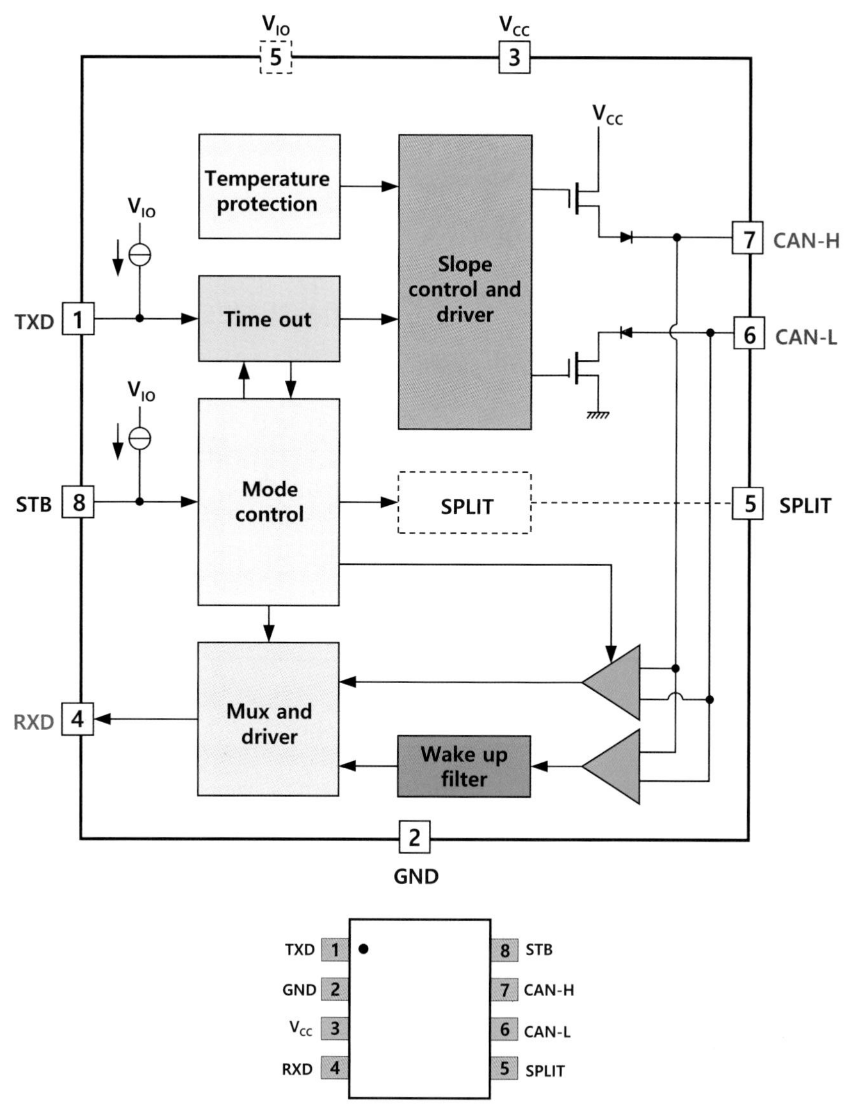

Pin	Symbol	Description
1	TXD	transmit data input
2	GRD	ground
3	V_{CC}	supply voltage
4	RXD	receive data output, reads out data from bus lines
5	SPLIT	common mode stabilization output
5	V_{IO}	supply voltage for I/O level adapter
6	CAN-L	Low level CAN bus line
7	CAN-H	High level CAN bus line
8	STB	standby mode control input

그림 Ⅱ – 138 N사의 CAN transceiver 개요도

(2) CAN 신호간 지연

1) CAN transceiver

CAN-H와 CAN-L 신호는 서로 대칭으로 전송하는 것이 정상이나 지터의 수준을 넘어 지연되는 경우가 종종 발생한다. 이 경우는 대부분 외부의 케이블의 결함보다 CAN transceiver(CAN 송 · 수신 IC) 내의 오류 또는 결함으로 많이 발생하기 때문에 CAN transceiver의 단자별 기능과 모드에 대하여 간단히 살펴본다.

그림 Ⅱ - 139는 그림 Ⅱ - 138과 같은 제조사인 N사의 CAN 송 · 수신 IC(CAN transceiver) 내부 동작을 소개한 block diagram으로 난사의 위치는 그림 Ⅱ - 138의 표와 같고, 기능적으로도 거의 비슷하다.

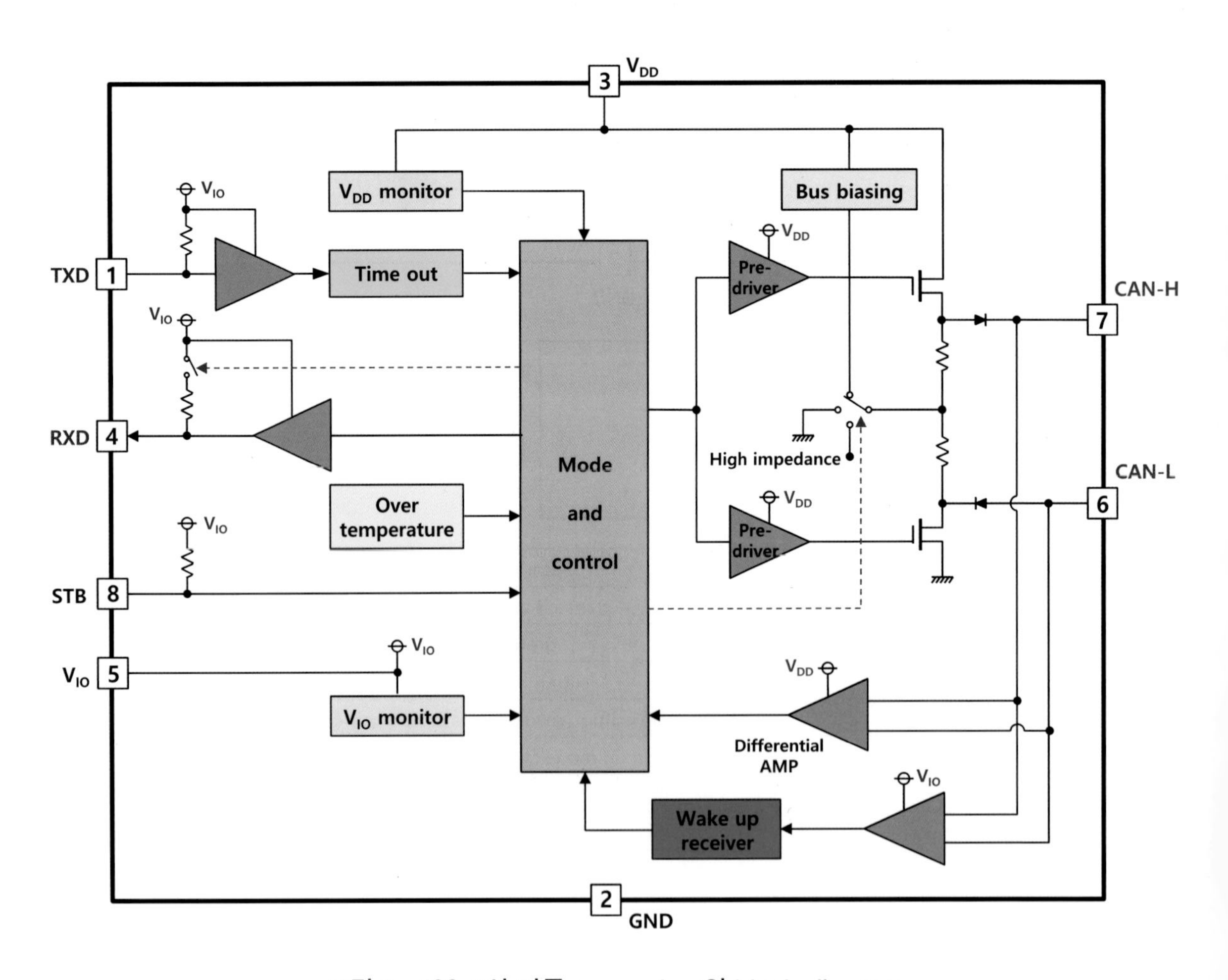

그림 Ⅱ - 139 N사 다른 transceiver의 block diagram

회로에서 V_{DD}는 CAN-H와 CAN-L, 버스 드라이버, 차동 증폭 수신기 및 버스 바이어스 전압 회로를 위한 전원으로 트랜시버가 대기 모드일 때 이 전원의 소비는 매우 적은 전력을 소비한다.

V_{IO}는 TXD(데이터를 송신하는 단자에 해당하나 트랜시버 입장에서 마이크로 컨트롤러로부터 수신하는 단자), RXD(데이터를 수신하는 단자를 이르나 트랜시버 입장에서 마이크로 컨트롤러로 송신하는 단자), STB 디지털 입 · 출력 단자를 위한 공급 전원, 저전력 차동 웨이크업 수신기와 필터 회로에 전원을 공급한다.

STB 단자는 트랜시버의 모드를 제어하는 단자로 이 단자로 입력되는 전압이 높거나 플로팅(floating) 상태이면 대기 모드, 전압이 낮으면 일반 모드로 설정된다.

TXD 단자는 CAN 버스 레벨을 제어하는 단자로 마이크로 컨트롤러의 송신 단자와 연결되어 있다. 이 단자의 전압이 높거나(0.7V 이상) 플로팅 상태이면 CAN-H와 CAN-L 드라이버는 off 되어 CAN 버스는 recessive 상태가 된다. 반대로 이 핀의 전압이 낮으면(0.3V 이하) CAN-H와 CAN-L는 dominant 상태가 된다.

TXD 단자의 내부에 임피던스 레벨이 서로 다른 두 회로 사이의 인터페이스 역할을 하는 buffer가 있다. 버퍼는 신호가 한 회로에서 다른 회로로 전송되는 동안 신호의 무결성이 유지되도록 보장한다. **버퍼 증폭기**는 입력 회로와 출력 회로 사이에 절연을 통해 입력 및 출력 임피던스가 다양한 여러 구성 요소를 연결할 때 회로가 독립적으로 작동하도록 보장하여 원치 않는 상호 작용으로 신호의 왜곡을 방지할 목적으로 사용한다.

RXD 단자는 버스 레벨 신호를 전달하는 단자로 마이크로 컨트롤러의 수신 단자와 연결된다. RXD 단자의 내부는 푸쉬 풀(push pull) 구조로 되어져 있어 버스가 recessive이면 이 단자의 전압은 높게 나타난다. 한편 대기 모드에서 푸시 풀 구조는 비활성화된다. 이 단자의 내부에도 신호의 무결성과 증폭을 위한 버퍼가 있다.

CAN-H와 CAN-L 단자는 트랜시버가 신호를 출력하는 단자로 내부에서 전류를 모니터링하고 있어 100mA 이상의 전류가 흐르는 경우 단락으로 판단하는 진단 기능이 포함되어 있다. 또한 과열 시는 송신이 차단된다. 컨트롤러가 FET를 직접 구동하지 않는 것이 안정적이므로 말단의 FET와 컨트롤러 사이에 드라이버(pre-driver)가 존재한다.

동작 모드는 일반 모드와 대기 모드가 기본이라 할 수 있으며 일반 모드는 STB 단자의 전압이 낮을 때 선택된다. TXD에서 버스로 송신할 정보를 수송하고 버스 레벨을 RXD 단자를 통해 마이크로 컨트롤러에 송신할 수 있는 상태이다. 한편 대기모드는 STB 단자의 신호가 높거나 플로팅 상태일 때 선택된다.

이 모드는 대기 모드이므로 버스로 정보를 전송할 수 없을 뿐만 아니라 버스의 정보를 마이크로 컨트롤러에 전송할 수 없다. 트랜시버는 RXD 토글 메커니즘을 통해서만 버스 웨이크업 이벤트를 전송할 수 있게 된다.

타임 아웃은 TXD로부터 너무 오랫동안 dominant를 유지하는 경우 이를 감지하여 CAN 드라이버를 비활성화함으로써 CAN 버스를 recessive 상태로 전환한다. 이것은 오류로 인해 TXD 입력이 영구적으로 낮은 전압 레벨로 입력되는 경우이다. 버스가 영구적으로 dominant 상태로 설정되는 것을 방지하기 위한 것으로 TXD가 높은 값으로 회복되면 타임 아웃은 해제된다.

과열 모드는 드라이버 온도가 임계값(약 150 ~ 175℃)을 초과하면 트랜시버를 보호하기 위해 드라이버를 off 하는 기능이다.

전압 모니터링은 V_{DD}의 전압이 3 ~ 4.5V 이하로 떨어졌을 때 트랜시버가 대기 모드로 설정된다. 다만 V_{IO}가 활성상태이면 버스의 웨이크업은 가능하다. V_{IO}의 전압이 2.8V 아래로 떨어지면 트랜시버는 전원이 공급되지 않은 무전원 상태로 설정(V_{DD}의 전압이 2.8V 이하일 때도 동일함)된다.

CAN 드라이버, 수신기 또는 버스 바이어스의 손실로 인해 예측 가능한 동작이 더 이상 작동할 수 없게 된다. V_{IO}는 별도 입력하지 않고, 내부적으로 V_{DD}와 연결되는 경우도 있어 이 모드는 V_{IO} 전압의 공급 방법에 따라 다를 수 있다.

CAN transceiver의 제조사가 다르더라도 앞에서 열거한 것과 거의 비슷한 기능과 모드를 가지고 있으므로 숙지하고 있으면 CAN 시스템의 이해와 진단에 도움이 된다.

2) CAN-H 신호와 CAN-L 신호의 지연

공급된 전력을 소비 · 축적 · 방출하는 기능을 가진 수동 소자뿐만 아니라 증폭이나 발진, 정류와 같은 기능을 가진 능동 소자에서 전하 이동 속도에 의한 전파 지연, 반도체 소자별 처리 시간 등 물리적 영향에 의한 **스큐나 지터 현상**은 PLL 기능과 비트 타임의 위상 세그먼트(PHASE_SEG 1, 2)의 가감으로 제어가 가능하다.

그럼에도 순간적 과도한 열잡음, 전원이나 접지의 리플, 버퍼의 지연 등의 원인으로 위상 세그먼트로 조정할 수 있는 범위를 초과하는 과도한 지연이 발생한 경우 네트워크의 데이터 송 · 수신에 있어 심각한 위상차 또는 지연이 발생할 수 있다.

CAN-H와 CAN-L 신호는 항상 대칭으로 나타나야 함에도 열잡음, 드라이버의 과도 지연, 내부 buffer의 지연이 한쪽으로 과도하게 치우치면 CAN-H와 CAN-L 신호는 대칭 신호로 나타나지 않을 수 있다.

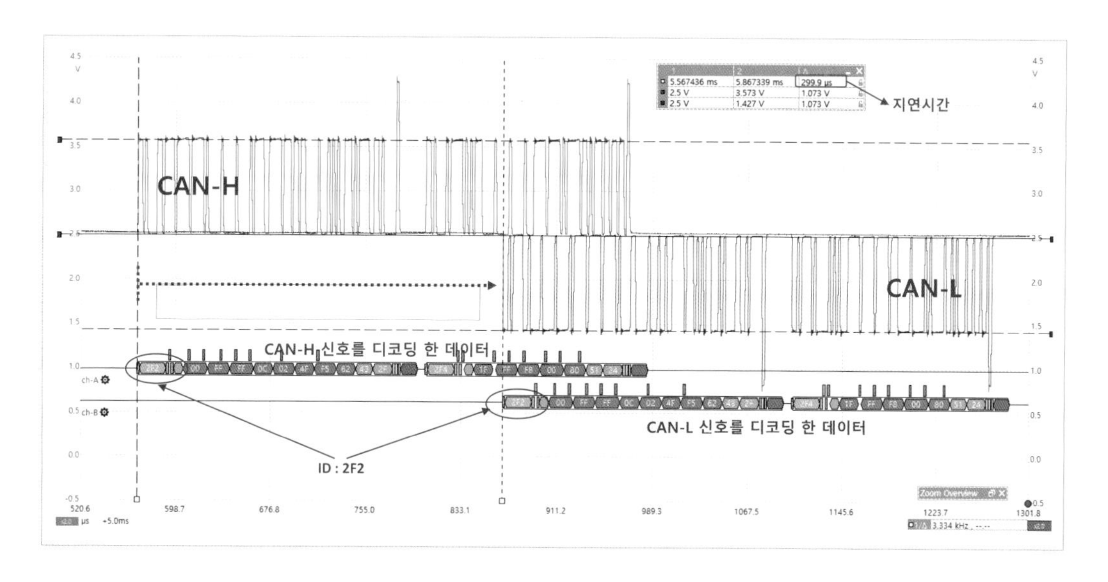

그림 Ⅱ – 140 프레임 시작점의 지연

그림 Ⅱ－140의 경우는 일정 시간 주행 후 CAN–L 신호가 CAN–H 신호에 비해 1개 프레임 이상 지연된 후 시작된 사례이다. 이 경우는 그림 Ⅱ－141에서와 같이 마이크로 컨트롤러에서 한 라인으로 CAN transceiver에 전송할 신호를 제공한다. 그러면 CAN transceiver 내부 회로에 의해 CAN–H와 CAN–L 신호를 출력하는 구조인 것을 감안하더라도 CAN transceiver에 결함이 발생한 것으로 볼 수 있다. 구체적으로는 말단에서 CAN 신호를 만들기 위해 FET를 구동하는 드라이버(그림 Ⅱ－139에서 CAN－L 측 pre–driver)의 문제로 볼 수 있다.

조금 더 살펴보면 recessive 상태에서 CAN transceiver에 공급되는 전원을 분할하여 CAN–H와 CAN–L 라인에 공급하는 전압(V_{split} = 공급 전압의 1/2)을 보았을 때 2.5V인 것은 CAN transceiver가 출력하는 분할 전압에 해당하므로 CAN transceiver에 공급된 전압은 5V이었음을 알 수 있다.

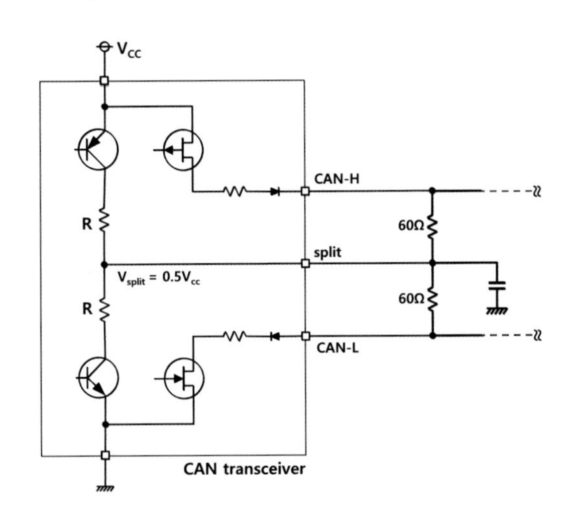

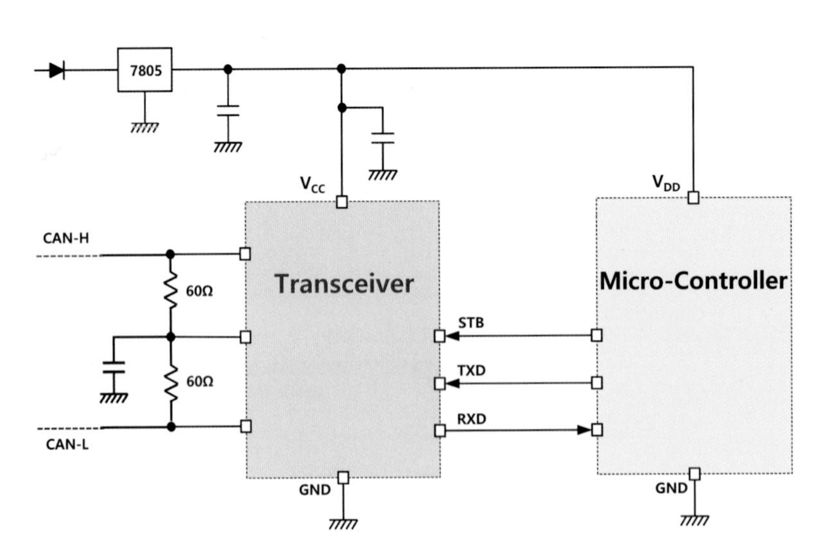

그림 Ⅱ－141 N사의 CAN transceiver 사용 예

따라서 CAN transceiver에 공급되는 전원에는 문제가 없었음을 의미한다. 또한 dominant 상태에서 CAN-H는 3.573V, CAN-L는 1.427V로 나타나 전압의 분압에 큰 문제가 없다는 것을 알 수 있다. 전압의 분압에 문제가 없다는 것은 외부의 전선이나 종단 저항에서의 주목할 만한 수준의 결함은 없다고 볼 수 있다.

결과적으로 그림 Ⅱ - 140과 같이 CAN-L 신호의 출력에서 과도한 지연이 발생한 원인은 CAN transceiver 내부의 driver나 buffer 회로의 in→out 과정에서 CAN-L 신호 출력에 대한 지연이 있었을 것으로 판단되므로 이런 경우는 CAN transceiver의 결함이라 할 수 있을 것이다.

pre-driver 뿐만 아니라 TXD와 RXD 입구의 buffer, 차동 증폭기는 대부분 OP-AMP(연산 증폭기, Operational amplifier) 회로를 기반으로 설명이 가능하다. 이 증폭기는 버퍼 기능 뿐만 아니라 비교기, 증폭기로 쓰일 수 있어 주요 요소 소자라 할 수 있다.

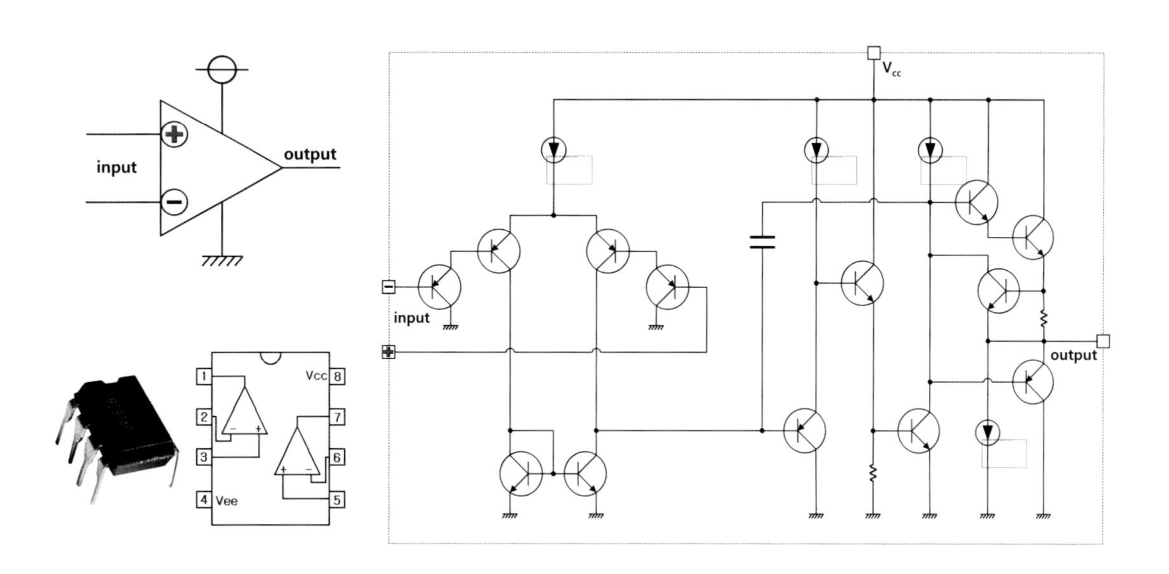

그림 Ⅱ - 142 LM2904 IC

그림 Ⅱ - 142는 대표적으로 흔히 볼 수 있는 LM2904라는 OP-AMP로 내부에 4개의 정전류 회로, 저항과 콘덴서 같은 수동소자와 TR과 같은 능동 소자 등이 집적회로로 구성되어져 있다. 이와 같지는 않더라도 유사한 회로를 가지고 있을 것으로 판단할 수 있다. 신호가 각 소자들을 통과해야만 최종 출력을 보낼 수 있을 것으로 각각의 소자에서 전파 지연이 누적된 경우라면 그림 Ⅱ - 140과 같은 현상이 발생할 수 있다.

즉 낮은 전압 · 전류의 특성을 가진 한 라인의 펄스 신호에 의해 CAN-H 측 pre-driver는 **비반전**(예를 들어, 설정된 전압보다 높은 전압의 입력일 때 출력이 '1') 증폭, CAN-L 측 pre-driver는 반전(예를 들어, 설정된 전압보다 높은 전압의 입력일 때 출력이 '0') 증폭을 통해 말단의 FET를 구동하여야 함에도 상대적으로 CAN-L의 pre-driver의 전파 지연 시간이 길었을 가능성이 높다.

비록 그림 Ⅱ - 140에서는 10,000분의 3초인 0.3ms의 아주 짧은 시간의 지연이 발생하였지만 500kbps의 통신 속도에서 2us, 1Mbps의 통신 속도에서 1us인 1bit에 해당하는 지연 시간이더라도 단순 on/off 신호가 아닌 정보를 가지고 있는 데이터를 전송하는 CAN에서는 심각한 오류를 만들기에 충분하다.

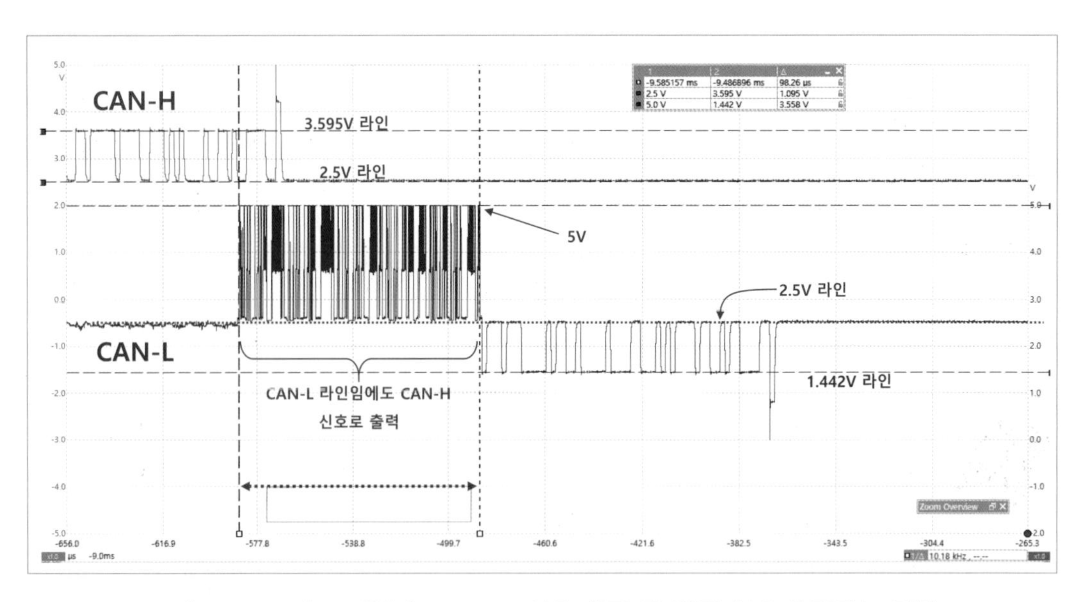

그림 Ⅱ - 143 **과도 지연과 CAN-L 신호 출력 중 반전 신호 출력하는 결함**

그림 Ⅱ - 143은 그림 Ⅱ - 140의 상태에서 CAN-L 신호의 출력이 CAN-H 신호처럼 반전되어 나타나는 것을 볼 수 있어 transceiver의 결함은 여러 가지 형태의 고장 사례가 나타날 수 있다.

그림Ⅱ-144는 종단 저항이 있는 노드의 접지 볼트가 풀려 접촉 저항이 커졌을 때의 파형이다. 두드러진 특징은 recessive 상태에서 CAN transceiver에 공급되는 전원을 1/2로 분할하여 CAN-H와 CAN-L 라인에 공급하는 전압이 2.5V가 아닌 약 3.81V 이상의 전압이 나타난 것을 보았을 때 CAN transceiver에 공급되는 전압이 과도하게 높거나 접지 측에 저항에 발생한 것을 알 수 있다.

CAN transceiver에 공급되는 전압이 과도하게 높다면 해당 노드가 dominant 신호를 출력할 때 CAN-H와 CAN-L 신호의 진폭이 전압이 높아진 만큼 커질 수 있으나 과전류로 인해 이미 회로가 파괴되거나 소손될 가능성이 높다. 접지 측 불량의 경우는 전압은 높아질 수 있으나 전류가 적어 전력이 약하므로 타거나 파괴되는 일과 거리가 멀다.

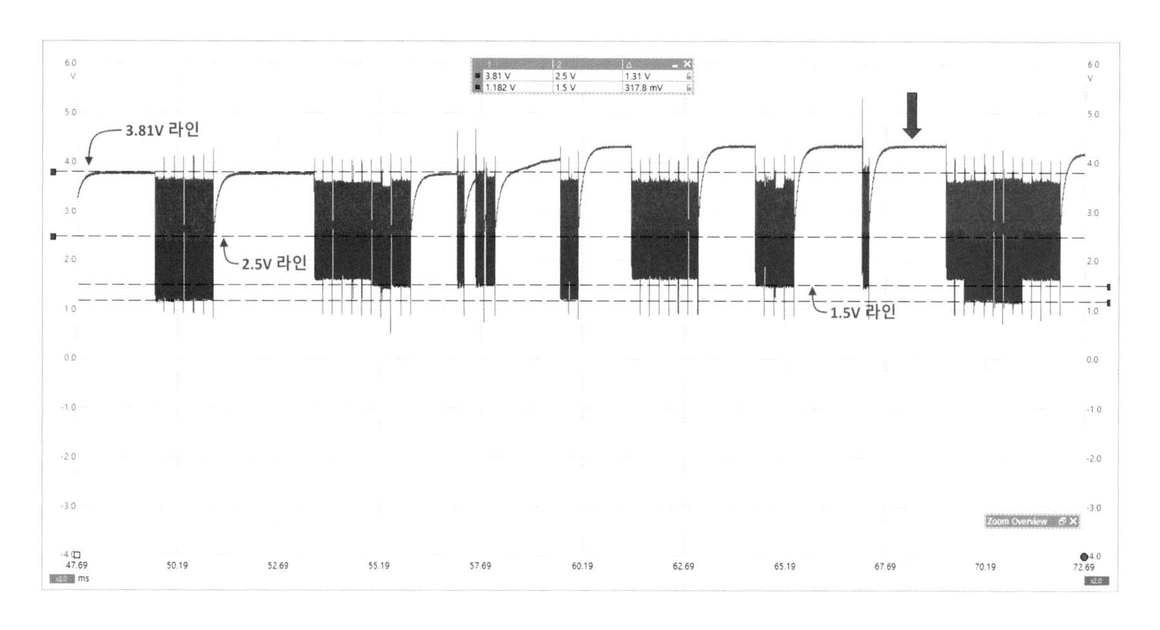

그림Ⅱ-144 **접지 측에 저항 발생 시**

접지 측에 저항이 발생한 경우는 dominant 신호를 출력 시 전체적인 진폭이 높아지는 방향으로 시프트될 것이나 과도한 접촉 불량은 해당 노드의 출력에도 불구하고 recessive 상태의 전압과 같아질 수 있다.

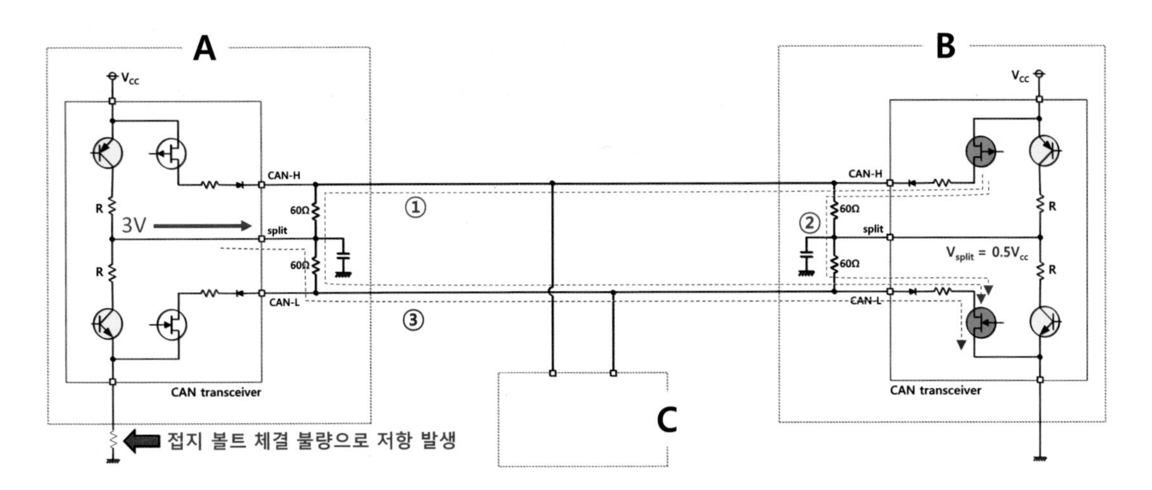

그림 Ⅱ - 145 **접지 볼트가 풀려 저항으로 작용한 경우**

그림 Ⅱ - 145는 접지 볼트가 풀린 상태에서 다른 노드(B)가 신호를 출력한 경우이다. A 노드가 송출한 recessive 상태(전류가 흐르지 않고 전압만 공급된 상태)의 전압에도 불구하고 CAN-L 라인이 B 노드의 접지 측으로 연결되기 때문에 dominant 신호의 전압에는 크게 영향을 미치지 않게 된다.

B 노드의 전원에서 A와 B 노드의 종단 저항을 통해 B 노드의 접지까지 전류가 흘러 각각의 저항에 전압이 분압되기 때문이다. 이때 전압은 dominant 상태의 전

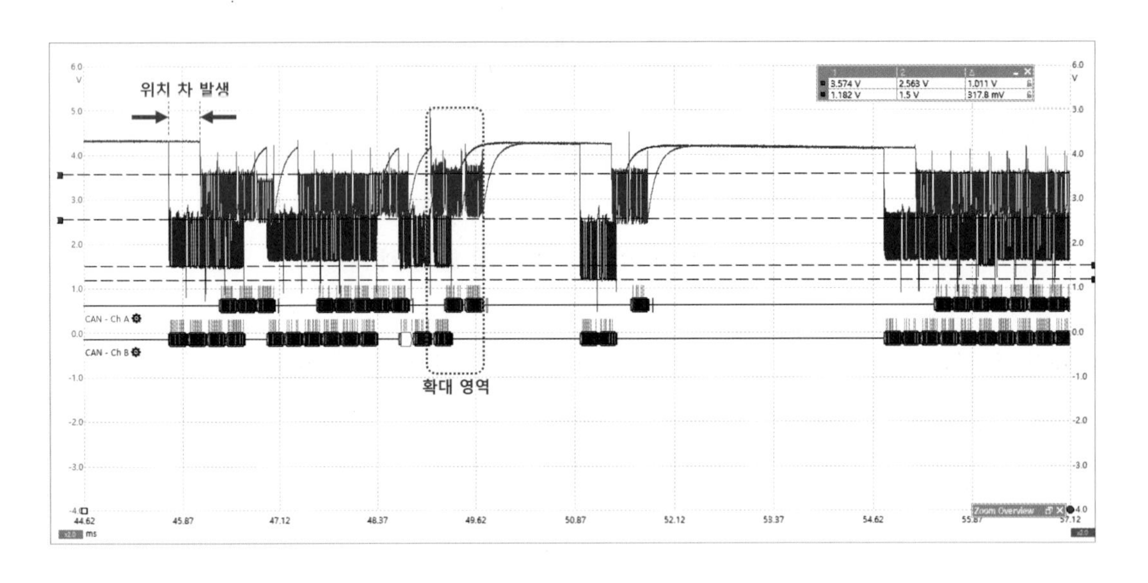

그림 Ⅱ - 146 **전원 공급이 불안정한 상태에서의 과도 지연**

압으로 완전 겹치거나 일부 겹침 없이 정상적인 펄스파와 큰 차이가 없음은 외부의 전선(CAN–H와 CAN–L 라인)이나 종단 저항에서의 주목할 만한 수준의 결함은 없다고 볼 수 있다.

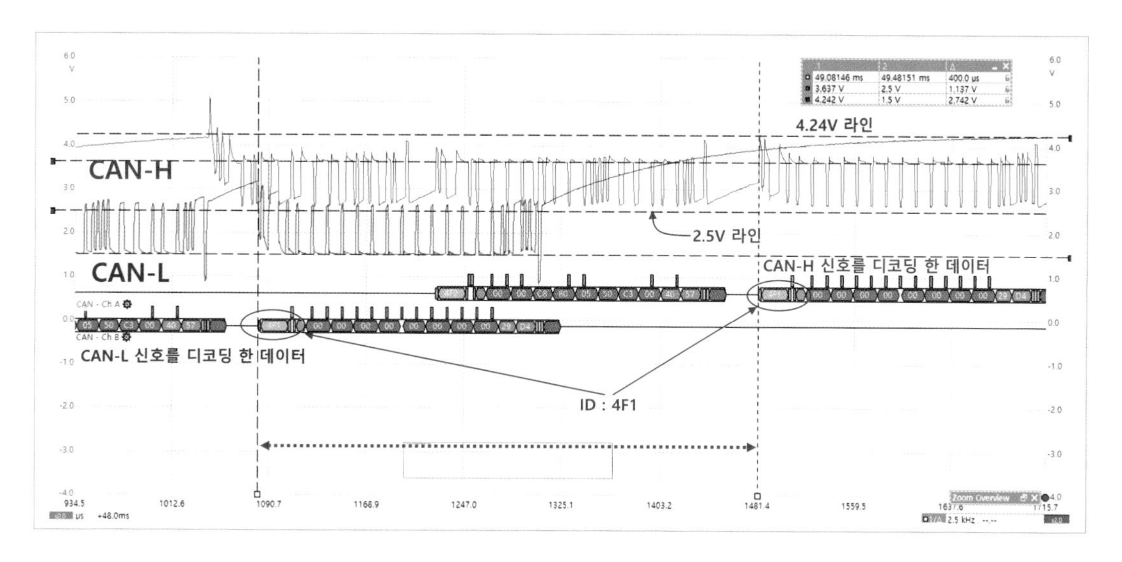

그림 Ⅱ – 147 CAN–H 신호가 과도하게 지연된 경우

접지 볼트의 접촉이 나쁜 그림 Ⅱ – 145와 같은 상황에서 전압의 공급이 불안한 상태인 관계이다. 그림 Ⅱ – 146과 같이 CAN–H 신호가 CAN–L 신호보다 과도 지연되는 현상이 발생하였으며, 그림 Ⅱ – 146에 표시한 확대 영역을 그림 Ⅱ – 147에 나타냈다. 그림 Ⅱ – 147의 하단부에는 각 파형에 대하여 16진수로 디코딩한 그림을 볼 수 있으며 동일한 ID인 0x4F1를 보았을 때 CAN–H 신호가 CAN–L 신호보다 0.4ms 지연됨을 알 수 있다.

두 사례에서 볼 수 있듯 트랜시버에서의 자체 오류뿐만 아니라 장시간 사용에 따른 자체 열잡음과 전원 관련 리플이 발생한 경우 CAN 트랜시버의 오작동 또는 신호의 과도 지연이 발생할 수 있으므로 주의를 요한다.

CHAPTER

07 CAN 파형의 디코딩

1 증폭기의 이해

(1) OP AMP

OP AMP(Operational Amplifier, 연산증폭기) 더하기, 빼기, 미적분 회로까지 구성이 가능하여 연산 증폭기라는 용어를 사용한다. 거의 모든 리니어 IC의 입력단에 기본적으로 사용한다고 볼 수 있는 소자이다.

용도는 비교기와 증폭기로 사용하고 있으며 신호의 입력단에 약방의 감초와 같이 버퍼(buffer)로 사용된다. 그림과 같은 이상적인 OP AMP는 입력 저항 ∞Ω, 출력 저항은 0Ω이다.

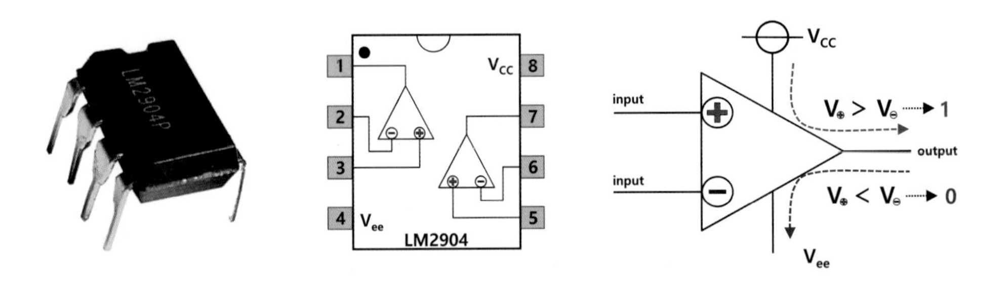

그림 Ⅱ – 148 LM2904 OP AMP

1) 비교기(comparator)

그림의 LM2904 IC는 두 세트의 비교기가 있으며 각 비교기는 두 개의 입력단자와 하나의 출력 단자를 가지고 있다. 비교기 기호는 그림에서 맨 우측 그림과 같고, 마치 오징어와 같은 형상을 하고 있으며, 머리 부분의 꼭지점에 연결된 단자가 출력단자에 해당한다.

비교기는 두 입력단자의 입력전압을 비교하여 비반전 단자(+)의 전압이 높을 때 출력이 '1', 반전 단자(–)의 전압이 높은 경우는 '0'을 출력한다. 출력 '1'은 출력단 측이 비교기 전원부 Vcc와 연결되고 출력 '0'은 출력단이 비교기의 '–' 전원에 해당하는 Vee와 연결되어 디지털 신호를 출력하는 특징을 가진다.

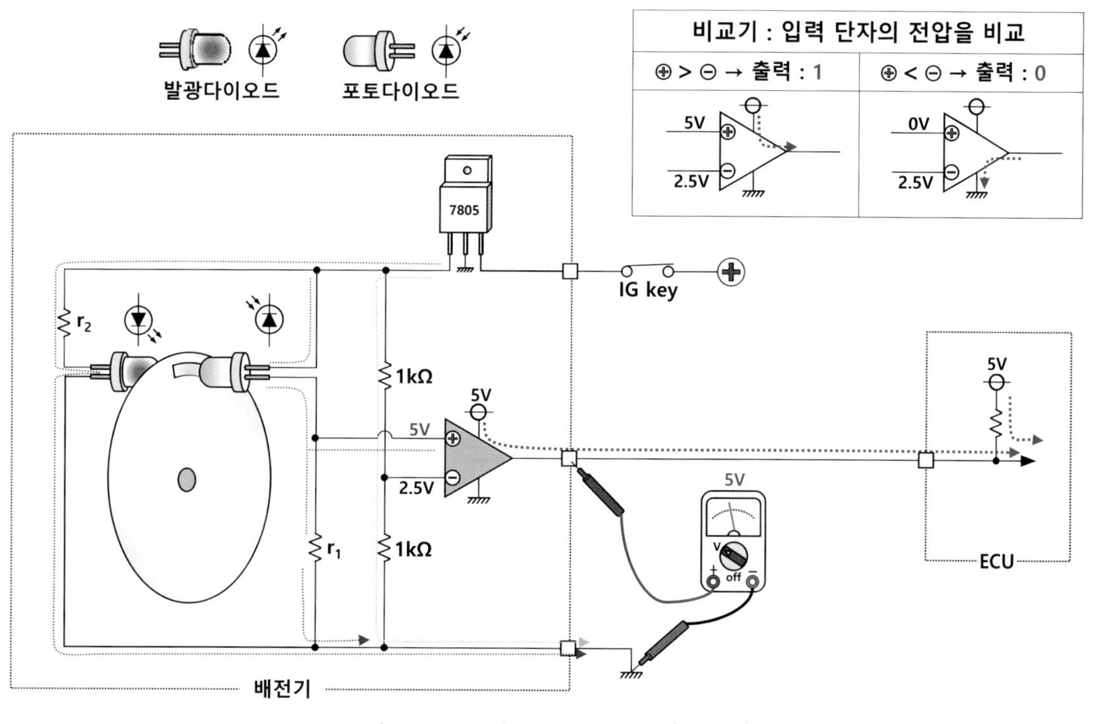

그림 Ⅱ – 149 비교기의 사용 예(출력 1)

비교기를 이용한 센서 중 가장 쉬운 예는 광학 방식의 **크랭크각 센서**와 **조향 휠 각속도 센서** 등이 대표적이다. 그림 Ⅱ – 149는 광학 방식의 크랭크각 센서의 개략도로 외부의 전원 입력에도 불구하고 내부의 정전압 IC(7805 IC)에 의해 배전기 내부의 전압은 모두 5V를 사용한다.

배전기 내부에서 1kΩ의 저항 2개를 지나 접지까지 전류가 흐를 수 있어 비교기의 '–'측 단자는 항상 2.5V가 공급된다. 따라서 비교기의 '–'측이 기준 전압이 되고 '+' 단자(비반전 단자) 입력에 따라 출력이 변화하는 비교기 회로이다.

비반전 단자('+' 측 단자)의 입력이 높으면 '1', 낮으면 '0'을 출력하는 비반전 비교기 회로이다.

저항 r_2를 지나 발광다이오드(실제는 적외선 다이오드를 사용)를 통해 접지까지 전류가 흐름에 따라 발광다이오드는 점등하게 된다. 발광다이오드 반대편에 있는 포토다이오드는 슬릿(slit)을 통해 빛이 쪼이게 됨에 따라 역방향으로 통전된다.

포토다이오드의 통전 시 전압강하가 없다면 전원 전압은 r_1까지 연결된다. 따라서 비교기 '+' 측 단자에 입력되는 전압은 5V가 된다. 비교기의 두 입력 단자 중 '+' 측은 5V, '–' 측은 0V이므로 비교기는 '1'를 출력하고, 출력 '1'은 비교기의 출력단을 비교기 전원 측과 연결하므로 ECU와 연결된 신호 라인의 전압은 5V가 된다.

한편 플레이트(plate)의 회전에 의해 빛이 슬릿(slit)을 통과할 수 없는 상태인 그림 Ⅱ – 150은 포토다이오드가 작동하지 못함에 따라 비교기의 '+' 측 단자의 전압은 전원과 차단되고 r_1을 통해 접지와 연결되는 관계로 0V가 된다.

상대적으로 '–' 측 단자의 전압이 높기 때문에 비교기의 출력은 '0'이 되어 비교기의 출력단은 접지와 연결되는 관계로 센서 출력선은 ECU 내부의 풀업 저항에도 불구하고 0V가 된다.

비교기는 이렇게 두 단자의 입력전압을 비교하여 출력을 '1'과 '0'의 디지털 신호로 출력하는 특성을 가진다. 한편 비교기는 ADC(Analog Digital Converter)에도 사용을 하고 있다. 가장 흔한 flash type ADC는 8bit(2^8 = 256)까지 사용하고 있으며 단계별 원활한 표본화를 위해 255개의 비교기가 필요하다.

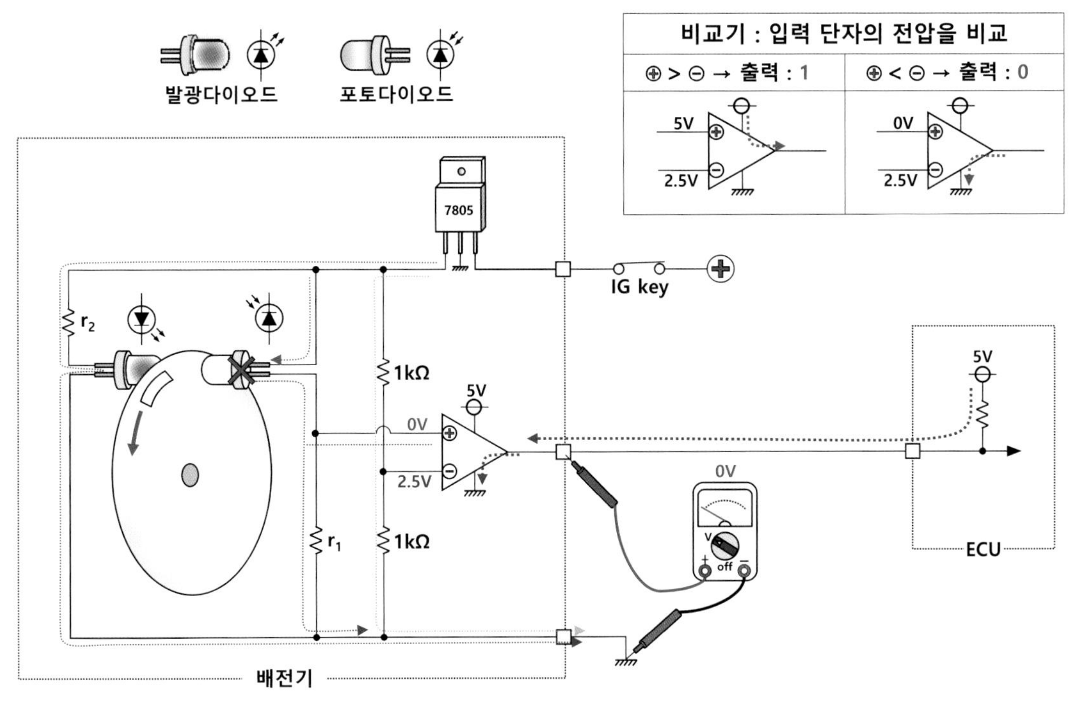

그림 Ⅱ – 150 비교기의 사용 예(출력 0)

2) 쉬미트 트리거(schmitt trigger)

쉬미트 트리거는 **히스테리시스**(hysteresis, 이력현상)를 갖는 비교기로 신호의 에지(edge)를 명확히 하거나 입력 신호의 노이즈 제거 목적으로 사용하고 있다. 출력을 입력단의 '+'단자로 되돌려주는 **정귀환**(positive feedback)으로서 구현한다. 참고로 **부귀환**(negative feedback) 방식은 증폭기 회로에 해당한다.

그림 Ⅱ – 151은 단순 비교기의 단점에 대한 내용으로 5V의 전압이 3kΩ과 2kΩ의 저항을 통해 접지로 연결되어진 관계로 비교기 '+' 측 입력단에는 2V의 전압이 인가된 상태이다. 즉 '+' 측 단자가 기준이 되고 '–' 측 단자의 입력에 따라 출력이 변화하는 회로로서 입력 전압이 높으면 '0', 입력 전압이 낮으면 '1'를 출력하는 반전(inverting) 비교기이다.

그림 Ⅱ – 151의 중간에 있는 '〈이상적인 상태〉'에서 **입력전압**이 기준 전압(threshold voltage, 문턱 전압)인 2V를 초과하는 순간 비교기의 출력은 '1'에서 '0'

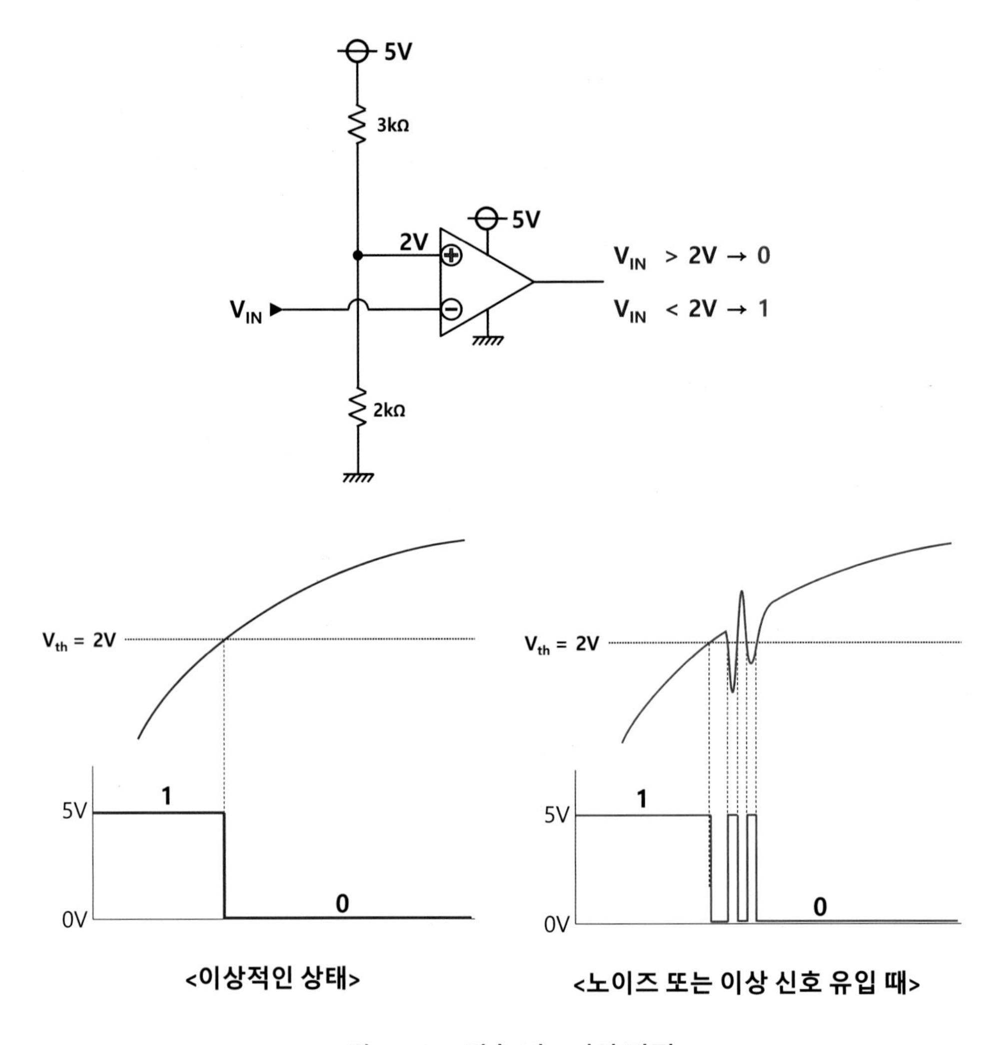

그림 Ⅱ – 151 단순 비교기의 단점

으로 낮아짐을 볼 수 있다. 그러나 맨 우측의 그림은 2V를 초과한 이후 입력전압이 2V보다 낮아졌다 높아지기를 반복하는 노이즈 또는 이상 신호가 입력된다. 이때 스레숄드 전압을 기준으로 트리거링(triggering) 하기 때문에 비교기는 여러 번의 출력 변화가 발생한다.

결과적으로 스레숄드 전압(V_{th})인 2V 부근에서 유지하는 상태에서 미세한 리플(ripple)이 존재하거나 노이즈의 유입에 따라 비교기의 출력이 빈번하게 변화할 수 있다.

비교기의 출력을 '+' 측 입력단으로 피드백시킨 그림 Ⅱ－152는 쉬미트 트리거 구성으로 2개의 트리거 포인트가 존재하게 되어 일정한 입력 변동에도 불구하고 비교기 출력은 변화하지 않는 히스테리시스를 갖기 때문에 일정한 크기의 리플이나 노이즈를 무시할 수 있게 된다.

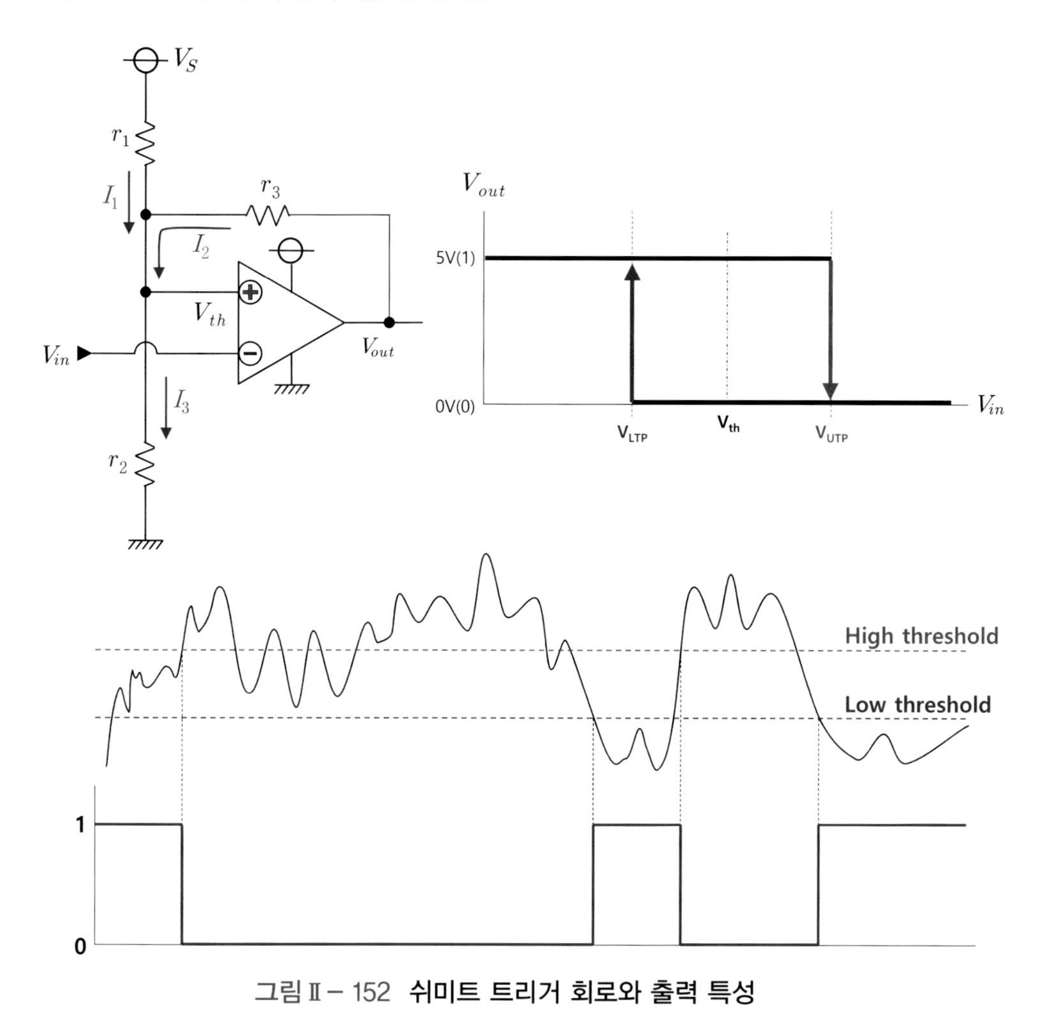

그림 Ⅱ－152 **쉬미트 트리거 회로와 출력 특성**

그림 Ⅱ－152에서 r_1을 지나는 전류를 I_1, r_3를 지나는 전류를 I_2, r_2를 지나는 전류를 I_3라 하였을 때 I_3는 두 개의 전류가 합해진 것에 해당한다.

$$I_1 + I_2 = I_3$$

r_2 양단의 전압은 V_{th}에 해당하고, r_1 양단의 전압은 전원 전압(V_s)에서 명목상 스레숄드 전압(V_{th})을 뺀 전압에 해당한다.

또한 r_3 양단의 전압은 비교기 출력전압(V_{out})으로부터 스레숄드 전압(V_{th})을 빼면 된다. 한편 각 전류는 각 저항 양단에 걸리는 전압을 각 저항으로 나누는 오옴의 법칙을 통해 구할 수 있다.

$$I_1 = \frac{V_S - V_{th}}{r_1},\ I_2 = \frac{V_{out} - V_{th}}{r_3},\ I_3 = \frac{V_{th}}{r_2}$$

$$\rightarrow\ I_1 + I_2 = I_3 \ \rightarrow\ \frac{V_S - V_{th}}{r_1} + \frac{V_{out} - V_{th}}{r_3} = \frac{V_{th}}{r_2}$$

위 식을 정리하면 스레숄드 전압(V_{th})을 구하는 일반식이 도출된다.

$$\frac{V_S}{r_1} - \frac{V_{th}}{r_1} + \frac{V_{out}}{r_3} - \frac{V_{th}}{r_3} = \frac{V_{th}}{r_2} \ \rightarrow\ \frac{V_S}{r_1} + \frac{V_{out}}{r_3} = \frac{V_{th}}{r_1} + \frac{V_{th}}{r_2} + \frac{V_{th}}{r_3}$$

$$\rightarrow\ \frac{V_S}{r_1} + \frac{V_{out}}{r_3} = V_{th}\left(\frac{1}{r_1} + \frac{1}{r_2} + \frac{1}{r_3}\right)$$

$$\frac{V_S}{r_1} + \frac{V_{out}}{r_3} = V_{th}\left(\frac{r_2 \cdot r_3 + r_1 \cdot r_3 + r_1 \cdot r_2}{r_1 \cdot r_2 \cdot r_3}\right) \ \rightarrow\ \frac{r_2 \cdot r_3 \cdot V_S + r_1 \cdot r_2 \cdot V_{out}}{r_1 \cdot r_2 \cdot r_3}$$

$$= V_{th}\left(\frac{r_2 \cdot r_3 + r_1 \cdot r_3 + r_1 \cdot r_2}{r_1 \cdot r_2 \cdot r_3}\right)$$

$$r_2 \cdot r_3 \cdot V_S + r_1 \cdot r_2 \cdot V_{out} = V_{th}(r_2 \cdot r_3 + r_1 \cdot r_3 + r_1 \cdot r_2)$$

$$\therefore\ V_{th} = \frac{r_2 \cdot r_3}{r_2 \cdot r_3 + r_1 \cdot r_3 + r_1 \cdot r_2} V_S + \frac{r_1 \cdot r_2}{r_2 \cdot r_3 + r_1 \cdot r_3 + r_1 \cdot r_2} V_{out}$$

위 스레숄드 전압을 구하는 일반식을 이용하여 비교기의 출력이 1 → 0인 조건 즉 비교기 출력전압(V_{out})이 높은 상태에서 낮은 값으로 변화하는 트리거 전압과 비교기의 출력이 0 → 1로 변화하는 조건의 트리거 전압을 구할 수 있다.

그 결과는 그림 Ⅱ－152에서의 V_{UTP}(Upper Trigger Point, High threshold)와 V_{LTP}(Lower Trigger Point, Low threshold)로 나타나며, V_{UTP}에서 V_{LTP} 사이는 히스테리시스 값이 된다.

그림 Ⅱ－152에 있는 3개의 저항이 모두 동일($r_1 = r_2 = r_3$)한 상태에서 비교기의 출력이 0 → 1로 변화하는 조건의 스레숄드 전압은 위 일반식에 대입했을 때 V_{out} = 0V이므로 전원 전압의 1/3이 되고, 이 전압보다 낮으면 비교기는 1을 출력한다.

$$\rightarrow \ I_1 + I_2 = I_3 \ \rightarrow \ \frac{V_S - V_{th}}{r_1} + \frac{V_{out} - V_{th}}{r_3} = \frac{V_{th}}{r_2}$$

반대로 3개의 저항이 모두 동일($r_1 = r_2 = r_3$)한 상태에서 비교기의 출력이 1 → 0으로 변화하는 조건의 스레숄드 전압은 위 일반식에 대입했을 때 $V_{out} = V_s$이므로 전원 전압의 2/3가 되고, 이 전압보다 높으면 비교기는 0을 출력한다.

$$V_{th} = \frac{r^2}{r^2 + r^2 + r^2} V_S + \frac{r^2}{r^2 + r^2 + r^2} V_S = \frac{2}{3} V_S$$

한편 3개의 저항이 모두 동일($r_1 = r_2 = r_3$)한 조건에서 0 → 1, 1 → 0으로 전환하는 조건의 전압이 각각 전원 전압의 1/3과 2/3이므로 출력단에 NOT 논리 게이트를 취하면 CMOS IC의 로직 레벨 특성과 일치함을 알 수 있다.

3) 증폭기(amplifier)

증폭기는 출력단을 입력단의 '－' 단자에 피드백하는 구조를 가지고 있으며, 입력 신호를 어디에 연결하느냐에 따라 구분된다. 입력 신호를 '+' 측에 입력하면 **비반전 증폭기**, '－' 측에 입력하면 **반전 증폭기**라 한다.

증폭기 해석 전 알아야 할 것은 입 · 출력 임피던스로 이상적인 입력 임피던스는 ∞Ω, 출력 임피던스는 0Ω이다. 그림 Ⅱ－153의 두 회로에서 I_3는 내부 임피던스가 ∞Ω이므로 전류가 흐르지 않아 0A에 해당한다.

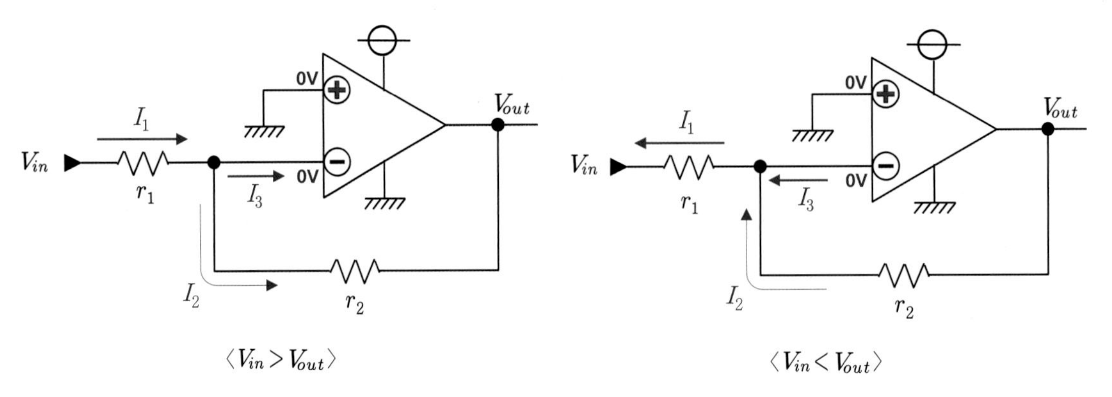

그림 Ⅱ – 153 반전 증폭기의 해석

따라서 두 회로에 표시된 I_1과 I_2는 서로 같은 값이 된다. 한편 증폭기 내부적으로 입력단은 서로 연결되어진 상태라 할 수 있어, 입력단 '+' 측이 접지와 연결되어져 있다면 입력단 '–' 측 단자도 항상 0V가 된다.

그림 Ⅱ – 153의 좌측 회로와 같이 I_1의 전류가 흐른다면 출력전압보다 입력전압이 높은 상태에 해당한다. I_1과 I_2는 서로 같은 값이지만 전류는 다음과 같다.

$$I_1 = \frac{V_{in} - 0V}{r_1},\ I_2 = \frac{0V - V_{out}}{r_2}$$

I_1과 I_2는 서로 같은 값임을 이용하여 입 · 출력 전압의 관계를 풀어보면 출력전압은 입력전압에 r_1과 r_2의 비율만큼 반전 증폭됨을 알 수 있다.

$$I_1 = I_2 \rightarrow$$

$$\frac{V_{in} - 0V}{r_1} = \frac{0V - V_{out}}{r_2} \rightarrow \frac{V_{in}}{r_1} = \frac{-V_{out}}{r_2} \rightarrow -\frac{r_2}{r_1} = \frac{V_{out}}{V_{in}} \rightarrow$$

$$\therefore\ -\frac{r_2}{r_1} V_{in} = V_{out}$$

그림 Ⅱ – 153의 우측 회로와 같이 I_1의 전류가 흐른다면 입력전압보다 출력전압이 높은 상태에 해당한다. I_1과 I_2는 서로 같은 값이지만 전류는 다음과 같다.

$$I_1 = \frac{0V - V_{in}}{r_1},\ I_2 = \frac{V_{in} - 0V}{r_2}$$

I_1과 I_2는 서로 같은 값임을 이용하여 입 · 출력 전압의 관계를 풀어보면 출력전압은 입력전압에 r_1과 r_2의 비율만큼 반전 증폭됨을 알 수 있다.

$$I_1 = I_2 \rightarrow$$

$$\frac{0V - V_{in}}{r_1} = \frac{V_{out} = 0V}{r_2} \rightarrow \frac{-V_{in}}{r_1} = \frac{V_{out}}{r_2} \rightarrow -\frac{r_2}{r_1} = \frac{V_{out}}{V_{in}} \rightarrow$$

$$\therefore\ -\frac{r_2}{r_1} V_{in} = V_{out}$$

그림 Ⅱ – 154는 출력단을 입력단의 '–'측에 피드백하고 입력신호를 '+' 측 단자에 입력하는 **비반전 증폭기**(non-inverting amplifier) 회로이다. 좌측에 있는 회로는 출력단 전압을 r_1과 r_2의 직렬저항에 각각 분압되어 입력단 '–' 측에 입력된다. 다만 입력단 '+'측에 입력된 전압(V_{in})은 증폭기 '–' 측 입력단과 구조적으로 연결된 관계로 서로의 전압이 같으므로 r_1과 r_2의 저항 중간의 전압은 V_{in}의 값과 같다.

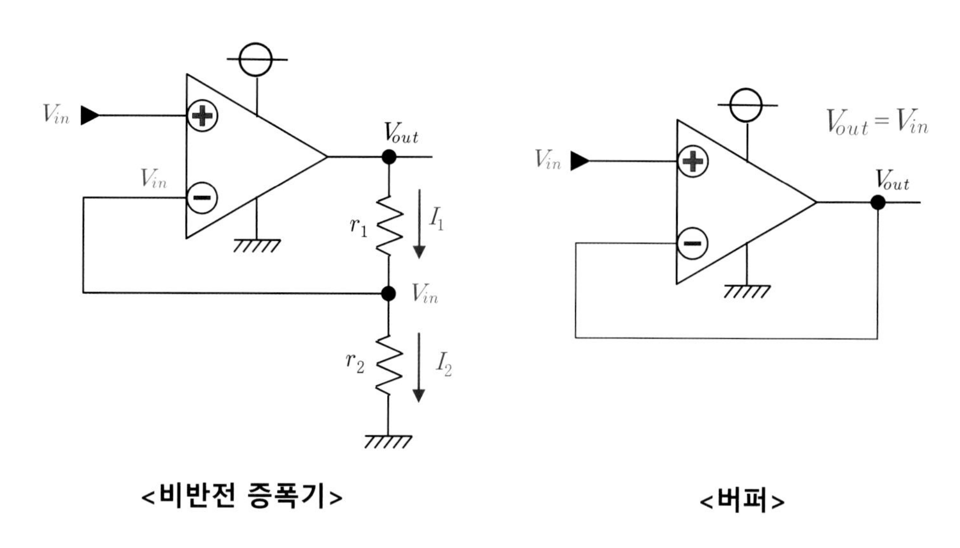

그림 Ⅱ – 154 **비반전 증폭기의 해석**

r_1과 r_2의 저항은 직렬로 연결되어 있으므로 I_1과 I_2는 서로 같은 값으로 다음과 구한다.

$$I_1 = \frac{V_{out} - V_{in}}{r_1}, \quad I_2 = \frac{V_{in} - 0\,V}{r_2}$$

I_1과 I_2는 서로 같은 값임을 이용하여 입 · 출력 전압의 관계를 풀어보면 다음과 같다.

$$I_1 = I_2 \rightarrow$$

$$\frac{V_{out} - V_{in}}{r_1} = \frac{V_{in} - 0\,V}{r_2} \rightarrow r_2 \cdot V_{out} - r_2 \cdot V_{in} = r_1 \cdot V_{in} \rightarrow r_2 \cdot V_{out} = r_1 \cdot V_{in} + r_2 \cdot V_{in}$$

$$\rightarrow V_{out} = \frac{r_1 \cdot V_{in}}{r_2} + \frac{r_2 \cdot V_{in}}{r_2} \rightarrow \therefore V_{out} = \left(\frac{r_1}{r_2} + 1\right) V_{in}$$

결과 식으로부터 입력전압에 대한 출력전압을 알 수 있지만, 특징적인 것은 최소 1배 이상의 증폭도를 가진다는 것을 알 수 있다.

그림 Ⅱ - 154의 우측 그림은 **버퍼**(buffer)의 **회로**로 출력단을 입력단의 '−' 측에 직접 연결한 회로이기 때문에 입력전압과 출력전압은 항상 같은 값이 되는 특징을 가진다.

버퍼는 임피던스 레벨이 서로 다른 두 회로 사이의 **인터페이스**(interface) 역할을 하는 증폭기이다. 신호가 한 회로에서 다른 회로로 전송되는 동안 신호의 무결성이 유지되도록 보장하는 역할을 한다. 입력 및 출력 임피던스가 다양한 여러 구성요소를 연결할 때 버퍼는 각 회로가 독립적으로 작동하도록 보장하여 원치 않는 상호 작용을 방지하는 역할로도 쓰인다. 때문에 아날로그 신호의 입력단뿐만 아니라 디지털 신호의 입력단 또는 출력단에 약방의 감초처럼 사용하는 필수 소자이다.

그림 Ⅱ – 155와 같은 출력부(센서, 컨트롤러 등)와 입력부로 구성된 회로에서 각각의 임피던스에 의한 **부하효과**(부하가 회로에 영향을 미치는 것)로 입력되는 신호의 레벨은 출력부의 전압보다 낮아지게 된다.

그림에서 보이듯 송신 측 임피던스(R_S)와 입력 측 임피던스(R_L)가 직렬로 연결된 상태이므로 분압에 의해 입력부의 입력전압(V_L)은 출력부에서 송출한 전압(V_S)보다 항상 작아지는 현상이 발생하고 입력부 임피던스(R_L)가 작을수록 전압은 더 낮아지는 효과로 작용한다.

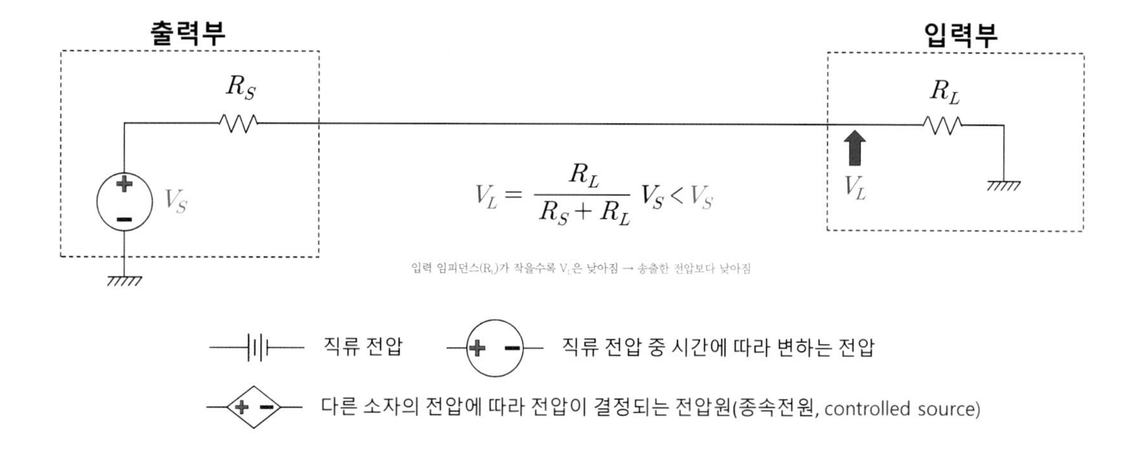

그림 Ⅱ – 155 **부하효과**(Load effect)

이상적인 상태는 송신 측 전압(V_S)이 수신 측 전압(V_L)과 같아야 함에도 불구하고 부하효과에 의해 전압의 차이가 발생한다. 이런 현상을 방지하기 위해 그림 Ⅱ – 156와 같이 출력부와 입력부 사이에 버퍼를 둔다.

버퍼는 입력 임피던스(R_{in})가 $\infty\Omega$이므로 전류가 흐르지 않으며, 버퍼의 입력부 전압은 출력부에서 송출한 전압 모두 검출된다. 버퍼의 출력 임피던스(R_S)는 0Ω이므로 입력부 임피던스(R_L) 양단의 전압은 버퍼가 출력한 전압이 그대로 나타난다.

이때 버퍼는 그림 Ⅱ – 154의 우측 그림과 같이 입력전압(V_{in})과 출력전압(V_{out})이 동일한 특징에 따라 결과적으로 버퍼에 입력된 전압은 그대로 버퍼의 출력으로 송출되어 1:1 증폭기라 할 수 있다.

이렇게 버퍼는 송 · 수신 라인의 중간에서 신호의 **부하효과**를 회피할 수 있게 해주는 중요한 소자이다.

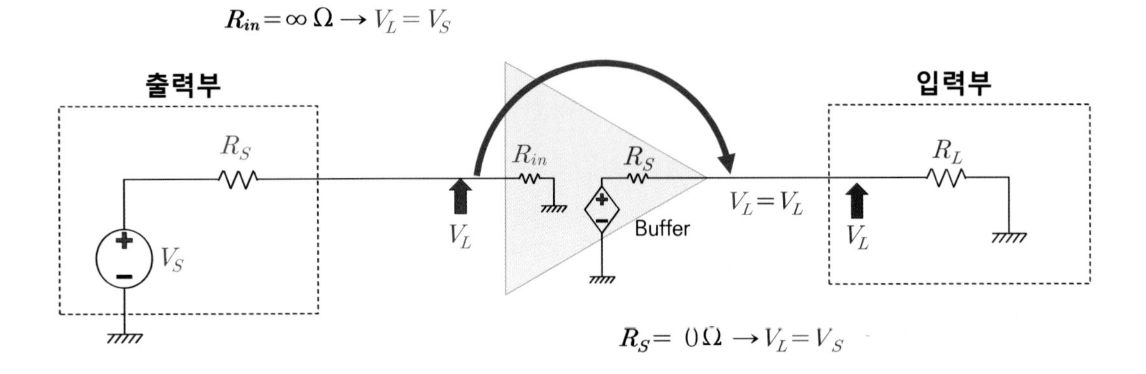

그림 Ⅱ – 156 **버퍼의 기능**

부하효과에서 부하는 저항만 있는 것이 아니라 용량성부하도 있다. 커패시터 성분이 들어 있는 회로에 낮은 주파수를 가하거나 높은 주파수를 가할 때 영향을 끼치는 정도가 다르게 나타나는 특징이 있어 주의를 요한다.

회로에 사용하는 기호는 내부 회로와 주변 회로를 표시하지 않고 간단하게 표시하고 있으며, 그림 Ⅱ – 157에 각각 표시한 것과 같다.

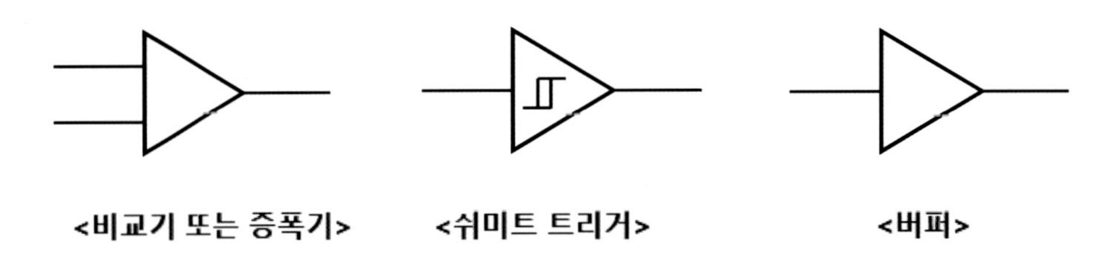

<비교기 또는 증폭기> **<쉬미트 트리거>** **<버퍼>**

그림 Ⅱ – 157 **회로 기호**

4) 차동증폭기(differential amplifier)

그림 Ⅱ – 158은 차동증폭기 회로로 두 개의 입력이 모두 사용되는 회로이며 출력단은 입력단 '–' 측에 피드백된 상태이다.

입력 V_2는 r_2와 r_3을 지나 접지까지 연결되어져 있다. r_2와 r_3의 직렬저항에 의해 분압된 V_x의 전압은 증폭기의 입력단 '+' 측에 입력된다. 이 전압은 다시 입력단 '−' 측과 연결된 관계로 저항 r_1과 r_2 사이의 전압 또한 V_x가 된다.

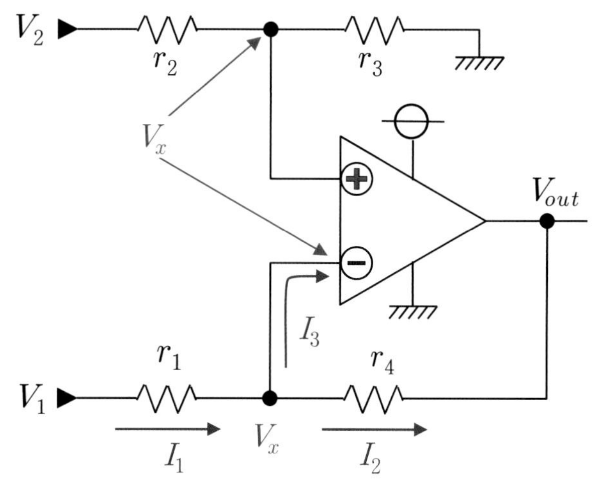

그림 Ⅱ – 158 **차동증폭기**

$$V_x = \frac{r_3}{r_2 + r_3} V_2$$

V_1과 V_{out}에 의해 I_1과 I_2가 흐르지만 입력 임피던스가 무한대에 가까운 관계로 전류가 흐를 수 없어 I_3는 0A이다. 따라서 I_1과 I_2는 어느 방향으로 흐르든 서로 같은 값의 전류로 나타나며 다음과 같이 구할 수 있다.

$$I_1 = \frac{V_1 - V_x}{r_1}, \quad I_2 = \frac{V_x - V_{out}}{r_4}$$

I_1과 I_2가 서로 같은 값인 것을 이용하여 정리하면 다음과 같다.

$$I_1 = I_2 \rightarrow \frac{V_1 - V_x}{r_1} = \frac{V_x - V_{out}}{r_4} \rightarrow r_4 . V_1 - r_4 . V_x = r_1 . V_x - r_1 . V_{out}$$

$$\rightarrow r_4 . V_1 + r_1 . V_{out} = r_1 . V_x + r_4 . V_x \rightarrow r_4 . V_1 + r_1 . V_{out} = (r_1 + r_4) V_x$$

위의 식에 V_x를 구하는 식을 대입하여 정리하면 다음과 같다.

$$r_4 \cdot V_1 + r_1 \cdot V_{out} = (r_1 + r_4)\frac{r_3}{r_2 + r_3} V_2 \rightarrow r_1 \cdot V_{out} = \frac{r_1 \cdot r_3 + r_3 \cdot r_4}{r_2 + r_3} V_2 - r_4 \cdot V_1$$

위의 식에서 양변을 r_1으로 나누면 이 증폭기 회로의 출력전압을 계산하는 일반식이 완성된다.

$$V_{out} = \frac{r_1 \cdot r_3 + r_3 \cdot r_4}{r_1 \cdot r_2 + r_1 \cdot r_3} V_2 - \frac{r_4}{r_1} V_1$$

만약 그림 Ⅱ - 158의 회로에서 $r_1 = r_2 = r_3 = r_4 = r$이라면 출력전압은 두 입력단의 편차가 되고, 결국 입력단의 '+' 측 전압(V_2)에서 '-' 측 전압(V_1)을 뺀 값만큼만 출력하는 차동증폭기가 된다. 이것은 CAN 통신에서 CAN H - CAN L 값을 취하는 차동증폭기와 같은 원리이다.

$$V_{out} = \frac{r_1 \cdot r_3 + r_3 \cdot r_4}{r_1 \cdot r_2 + r_1 \cdot r_3} V_2 - \frac{r_4}{r_1} V_1 \rightarrow V_{out} = \frac{r^2 + r^2}{r^2 + r^2} V_2 - \frac{r}{r} V_1 \rightarrow$$

$$\therefore V_{out} = V_2 - V_1$$

그림 Ⅱ - 158의 회로에서 $r_1 = r_2$, $r_3 = r_4$이라면 r_1과 r_4의 비율로 증폭비를 조정할 수 있는 차동증폭기가 된다. 일반식에서 r_2 대신 r_1, r_3 대신 r_4를 대입하면 다음과 같이 되기 때문이다.

$$V_{out} = \frac{r_1 \cdot r_3 + r_3 \cdot r_4}{r_1 \cdot r_2 + r_1 \cdot r_3} V_2 - \frac{r_4}{r_1} V_1 \rightarrow V_{out} = \frac{r_1 \cdot r_4 + r_4^2}{r_1^2 + r_1 \cdot r_4} V_2 - \frac{r_4}{r_1} V_1$$

$$= \frac{r_4(r_1 + r_4)}{r_1(r_1 + r_4)} V_2 - \frac{r_4}{r_1} V_1$$

$$\therefore V_{out} = \frac{r_4}{r_1}(V_2 - V_1)$$

(2) CAN 파형의 디코딩(decoding)

인코딩(Encoding)은 입력한 문자나 기호들을 컴퓨터가 이용할 수 있는 신호로 만드는 것을 말한다. **디코딩**은 복호화 또는 부호화된 정보를 부호화되기 전으로 되돌리는 처리 혹은 그 처리 방식을 말한다. 보통은 부호화의 절차를 역으로 수행하면 복호화가 된다. 간단히 말하면 인코딩은 컴퓨터가 이해하는 언어로 바꾸는 작업이고, 디코딩은 사람이 이해하는 문자로 바꾸는 작업을 말한다.

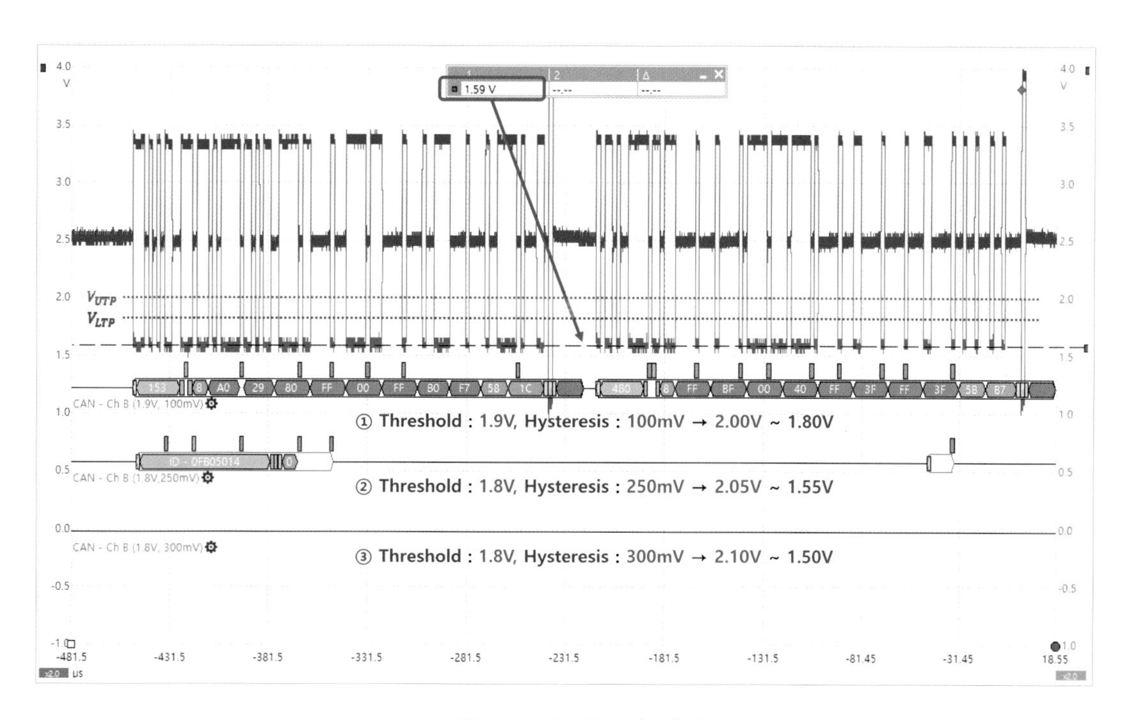

그림 Ⅱ – 159 **디코딩 사례**

CAN 파형을 디코딩하는 이유는 어떤 신호가 송 · 수신 되는지, 각 프레임의 전압 레벨에 문제가 없는지 등을 검사할 수 있다. 하지만 컨트롤러 마다 특정 ID를 송신 또는 수신하기 때문에 네트워크상에서 특정 컨트롤러가 송신해야 할 신호가 없거나 결함이 있음을 확인하면 진단 시 점검 범위가 매우 적어지기 때문이다.

CAN 파형을 디코딩하는 것은 파형을 측정하는 오실로스코프마다 설정이 다를 수 있으나 한 가지만 소개하고자 한다.

그림 Ⅱ – 159는 CAN–L 파형을 16진수로 디코딩한 것으로 CAN–L 신호는 idle

상태이거나 recessive(1)일 때 2.5V, dominant(0)일 때 1.5V까지 낮아지기 때문에 스레숄드 전압을 1.5 ~ 2.5V 사이에 설정해야 한다.

또한 히스테리시스는 아날로그 신호와 같이 노이즈가 적고 쉬미트 트리거에서와 같은 작용을 하므로 가급적 작은 진폭을 유지하는 것이 좋으며, V_{UTP}와 V_{LTP}가 신호의 최고 전압 또는 최하 전압 범위를 벗어나지 않도록 설정해야 한다.

디코딩 설정이 필요한 이유는 어느 지점을 1 → 0 또는 0 → 1로 읽어야 하는지에 대한 규칙을 설정해 주어야만 오류가 없기 때문이다.

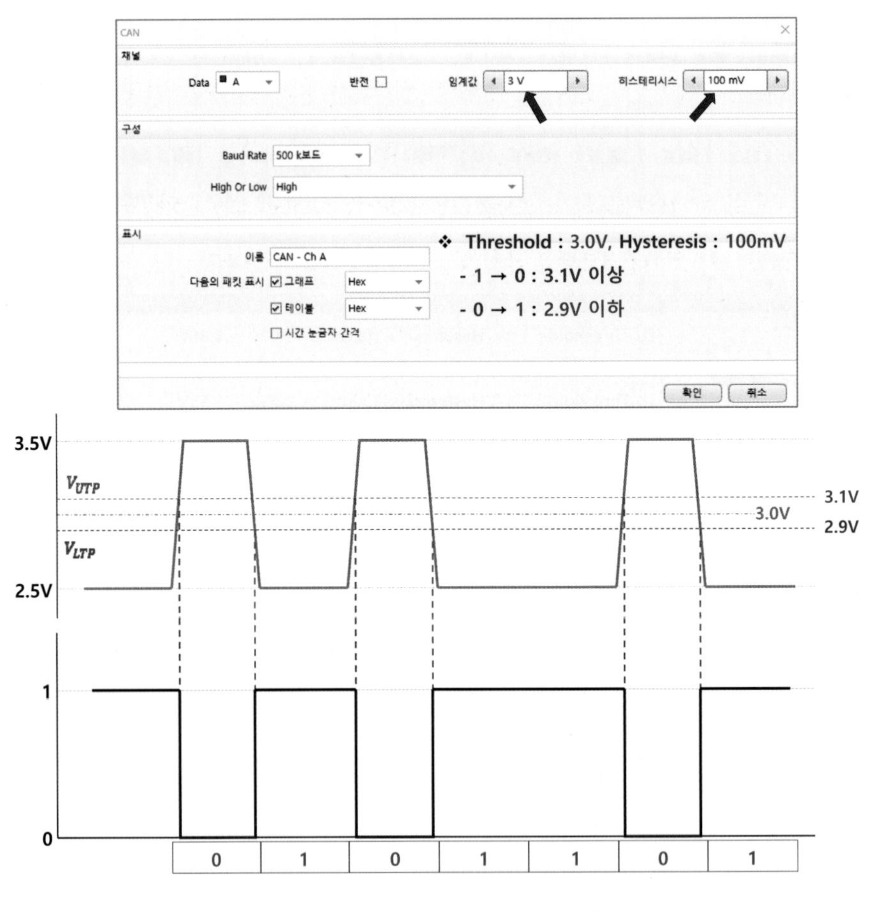

그림 Ⅱ – 160 디코딩 설정의 이해

그림 Ⅱ – 159의 ①의 경우는 CAN–L 신호에 대하여 스레숄드(threshold) 전압 1.9V, 히스테리시스(hysteresis)는 100mV로 설정한 경우로 V_{UTP}는 2.0V, V_{LTP}는 1.8V가 되어 안정적인 디코딩이 가능하다.

②의 경우는 스레숄드(threshold) 전압 1.8V, 히스테리시스(hysteresis)는 250mV로 설정한 경우로 V_{UTP}는 2.05V, V_{LTP}는 1.55V가 된다.

실제 파형은 그림에서 보이듯 약 1.59V에서 최하점의 중간지점으로 보이기 때문에 V_{UTP}는 만족한다. 그러나 V_{LTP}는 일부가 만족할 수 없어 일부는 디코딩이 가능하지만 대부분 디코딩이 되지 않은 것을 볼 수 있다.

③의 경우는 스레숄드(threshold) 전압 1.8V, 히스테리시스(hysteresis) 300mV로 설정한 경우이다. V_{UTP}는 2.10V, V_{LTP}는 1.50V가 되어 V_{UTP}는 만족하지만 V_{LTP}는 신호의 범위를 벗어나기 때문에 전혀 디코딩이 되지 않음을 알 수 있다.

그림 Ⅱ-160은 CAN-H 신호에 대한 디코딩 설정과 반응이 어떻게 나타나는지 알 수 있는 그림이다. 우선 스레숄드(threshold) 값은 3.0V, 히스테리시스(hysteresis)를 100mV로 설정하였기 때문에 1 → 0으로 디코딩 값이 바뀌는 시점인 V_{UTP}는 3.1V이고, 0 → 1로 디코딩 값이 변화하는 시점인 V_{LTP}는 2.9V가 된다.

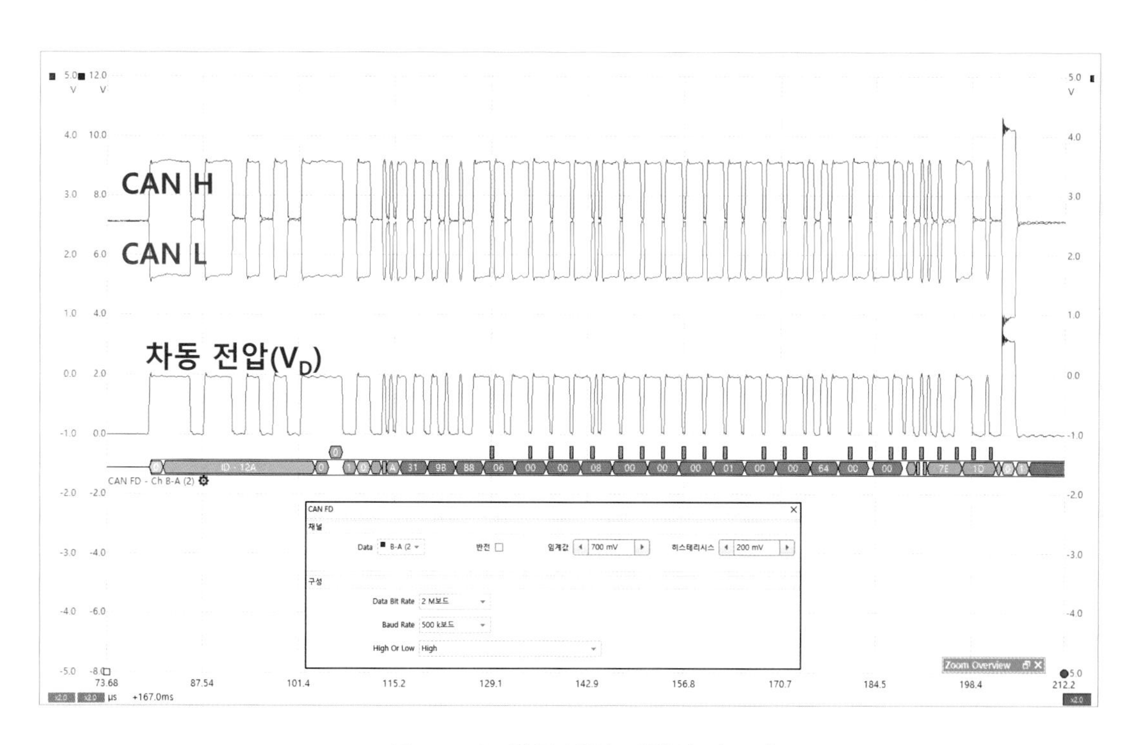

그림 Ⅱ-161 **차동 전압 파형의 디코딩**

그림Ⅱ－161은 CAN FD 신호의 차동 전압 파형을 디코딩한 화면으로 CAN은 차동 전압 기준 dominant(0) 범위는 0.9V ~ 5V, recessive(1) 범위는 0.5V ~ −1.0V이다.

때문에 스레숄드 값을 0.7V, 히스테리시스는 0.2V로 설정하면 컨트롤러가 수신 후 판단하는 기준으로 디코딩 값을 확인할 수 있다.

참고로 CAN−H와 CAN−L의 차동 전압 파형을 디코딩할 경우는 CAN−H 신호를 디코딩하는 것으로 선택해야 한다.

CHAPTER 08

에러 프레임 전송

1 CAN 에러 프레임

CAN은 고속이면서 노이즈에 강한 데이터의 무결성 전송을 위해 차동 전압 인식 방식을 사용하고 있다. 또한 메시지 송 · 수신 중 오류에 대한 검출 기능을 가지고 있어 송신 노드 또는 수신 노드 중 에러를 발견한 노드는 즉시 상대에게 오류가 있음을 전송하고, 에러가 있는 메시지는 재전송하는 특성을 가지고 있다.

(1) 메시지 전송 프레임의 종류

메시지 프레임은 데이터를 전송하는 **데이터 프레임**(data frame), 데이터 전송을 요청하는 **리모트 프레임**(remote frame), 에러 발견 시 전송하는 **에러 프레임**(error frame), 버퍼 용량을 초과하거나 수신된 데이터 처리에 시간이 더 필요한 경우 전송하는 **과부하 프레임**(overload frame), 앞서 보낸 프레임과 데이터 프레임이나 원격 프레임을 분리하기 위한 **인터 프레임**(intermission frame) 등이 있다.

1) 데이터 프레임

하나의 송신 노드로부터 1개 또는 2개 이상의 노드에게 데이터를 전송하는 프레임으로 그림 Ⅱ – 162와 같이 CAN 2.0 표준 메시지 프레임은 SOF, RTR, ACK 신호는 각각 1bit로 반드시 dominant, CRC delimiter와 ACK delimiter는 반드시 recessive로 나타나야 한다. 또한 SOF부터 CRC까지는 스터핑(stuffing) 규칙을 만족해야 한다.

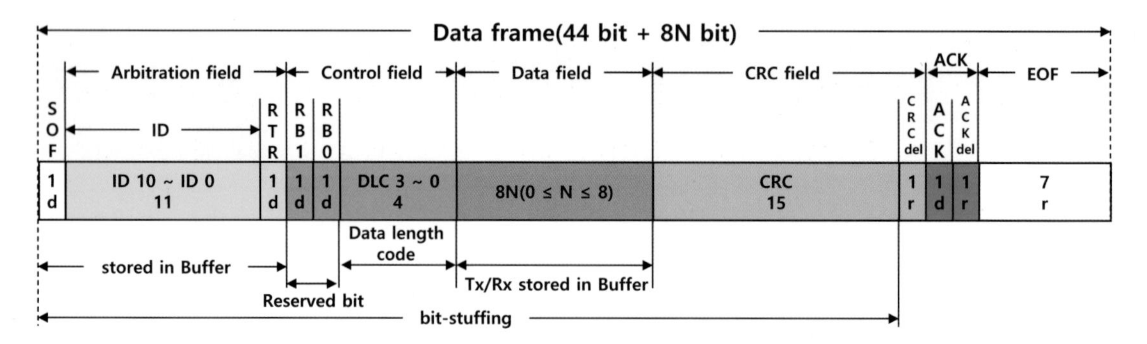

그림 Ⅱ – 162 CAN 2.0A 표준 메시지 프레임

2) 리모트 프레임

버스 상에서 활성화된 노드가 원격 프레임의 ID와 같은 값을 가진 데이터 프레임의 데이터 전송을 요청하기 위해 보내는 프레임으로 요청 직후 응답 메시지 프레임이 전송된다.

이 프레임은 데이터를 요청하는 것이기 때문에 Data 필드가 없다. 리모트 프레임인 것을 구분하기 위해 ID 필드의 맨 끝인 RTR(Remote Transmission Request) 비트를 recessive로 전송하기 때문에 데이터 프레임과 동시에 송신될 경우 데이터 프레임의 RTR 비트가 dominant이므로 데이터 프레임이 우선하여 전송된다.

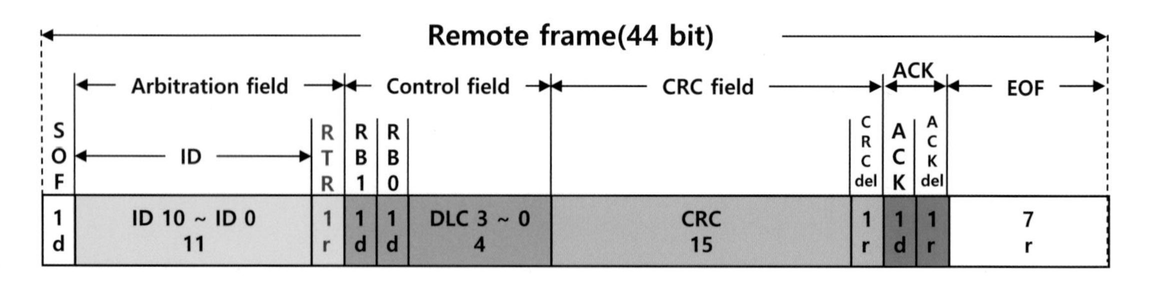

그림 Ⅱ – 163 리모트 프레임의 구조

3) 에러 프레임

버스 상에서 에러가 검출되자마자 버스 상에 있는 어떤 노드든지 에러 프레임을 전송한다. 다만 active 에러 플래그와 passive 에러 플래그를 보낼지는 노드의 상태에 따라 달라질 수 있다.

4) 과부하 프레임

앞서 보낸 데이터 프레임과 그 후 보내는 데이터 프레임이나 원격 프레임 간에 추가 시차를 요청하기 위해 사용된다. 버퍼 용량을 초과하거나 수신된 데이터의 처리에 시간이 필요함을 알리는 프레임으로 시스템에서 잘 사용되지는 않는다.

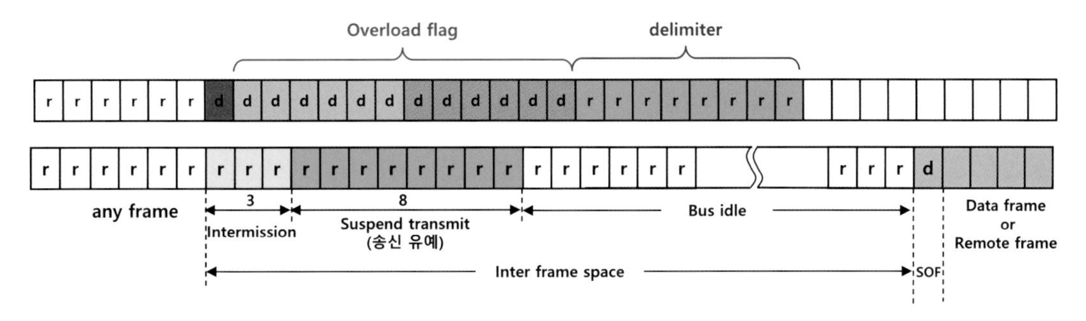

그림 Ⅱ – 164 overload 프레임

추가 시간이 필요한 경우 전송 방법은 overload가 예상되는 intermission(휴식 기간)의 첫 번째 비트에서만 시작하며, intermission(휴식 기간, 3bit) 중 dominant 신호를 수신한 경우 dominant 신호 감지 후 첫 번째 bit를 시작한다.

(2) 에러 유형과 감지 범위

에러의 유형에 따른 송신 노드와 수신 노드의 감지 범위는 그림 Ⅱ – 165와 같다.

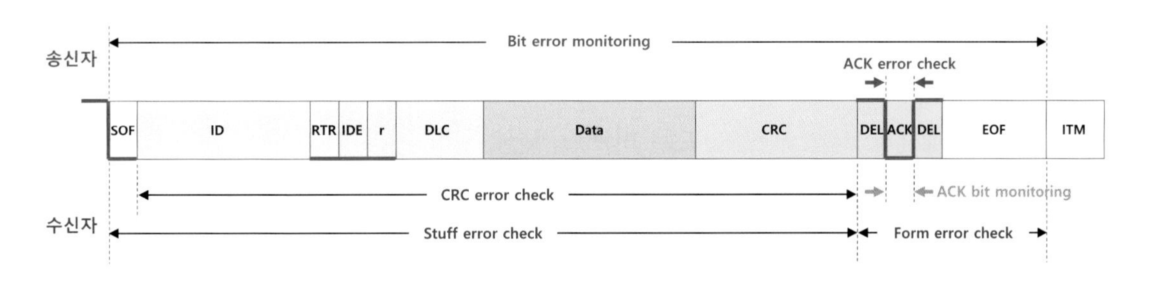

그림 Ⅱ – 165 송 · 수신 노드별 에러 감지 범위

1) bit error[송신자]

송신 노드 자신이 전송하는 모든 비트를 다시 읽어 자신이 전송한 것과 다른 데이터 비트 수준을 읽는 경우 송신기는 이를 비트 오류로 감지하여 감지 직후 에러 플래그(flag)를 전송한다.

다만 중재(ID 필드) 동안 비트 불일치가 발생하더라도 다른 노드와 송신 경쟁 상태일 수 있으므로 비트 오류로 해석하지 않는다. ACK slot의 경우는 송신 노드가 송신한 recessive bit를 수신 노드가 dominant로 덮어쓸 것을 요구하기 때문에 자신이 송신한 recessive bit와 다르더라도 에러로 판단하지 않는다.

2) ACK error[송신자]

송신 노드가 메시지를 보낼 때 recessive bit를 전송할 ACK 필드가 포함된다. 모든 수신 노드는 메시지 수신을 확인하기 위해 이 필드에서 dominant bit를 송신해야 함에도 송신 노드 입장에서 ACK 슬롯에서 dominant bit가 나타나지 않는 경우 송신기는 이를 ACK 오류로 판단한다.

3) bit stuffing error[수신자]

스터핑 규칙이 맞지 않을 때 내용으로 동일한 논리 레벨의 6bit 이상의 시퀀스(sequence)가 CAN 메시지 내의 버스(SOF와 CRC 필드 사이)에서 관찰되는 경우 수신 노드는 bit stuffing error(일명 Stuff error)로 판단한다. 6bit의 동일한 논리 레벨로 연속되는 것을 에러 플래그로 사용하는 이유이기고 하다.

4) form error[수신자]

CAN 메시지의 특정 필드 또는 비트가 항상 특정 논리 수준이어야 함에도 그러하지 않은 때 발생한다. 특히 SOF는 dominant이어야 하고, EOF 필드는 모두 recessive 이어야 한다.

ACK 및 CRC 구분자(delimiter) 또한 recessive 이어야 한다. 수신 노드가 이러한 bit 중 하나라도 유효하지 않은 논리 수준임을 발견한 경우 수신 노드는 이를 형식 오류(form error)로 판단한다.

5) CRC error[수신자]

모든 CAN 메시지는 15bit의 순환 중복 체크섬 필드를 포함되며 송신 노드가 CRC 값을 계산하여 메시지에 추가하고, 모든 수신 노드는 자체적으로 CRC를 계산하여 수신된 CRC 값과 일치하지 않는 경우 수신 노드는 CRC 오류로 감지한다.

2 에러 카운트와 노드의 상태

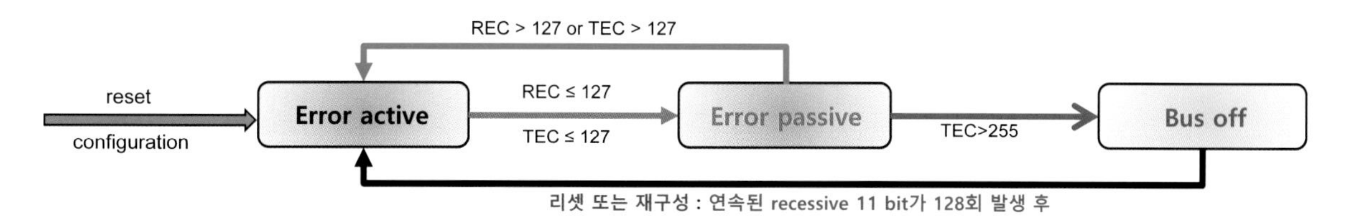

그림 Ⅱ – 166 에러 카운트 관리

CAN에 참여하는 노드들은 상대편 송신의 에러를 판단할 수 있을 뿐만 아니라 스스로 진단하여 자신의 상태에 따라 버스 상 에러에 대하여 적극적으로 대응하거나, 소극적으로 수신만 할 수 있다. 또한 에러가 너무 많은 경우 해당 노드가 네트워크에 영향을 주지 않도록 스스로 네트워크에서 일정 기간 단절(bus off)하는 제어를 한다.

각 노드는 데이터의 송 · 수신이 정상적으로 이루어졌는지 판단하기 위해 버스를 상시 감시하고 있으며 에러의 발생 횟수에 따라 그림 Ⅱ – 166과 같이 3가지 모드로 관리된다. 각 노드는 REC(Receive Error Counter)와 TEC(Transmit Error Counter)의 8bit 레지스터를 내장하고 있어 에러가 검출되면 그 내용에 따라 카운터 값을 증감하지만 외부에서의 확인은 곤란하다.

카운트 값은 에러가 발생한 경우 8점씩 증가한다. 하지만 에러 없이 1회 송신 또는 수신을 완료한 경우 TEC 또는 REC를 1점씩 감소시키는 방식으로 에러 카운트를 관리한다.

일반적으로는 송신 노드의 에러가 있을 확률이 높다. 그러나 상대편의 송신 에러를 발견하고 에러가 있음을 적극적으로 알린 노드가 모든 메시지에 대하여 에러를 전송하는 등 에러를 감지한 노드 자신이 결함을 가지고 있을 수 있기 때문에 1점의 에러 카운트를 부여한다.

error active 상태는 에러 카운트가 127점 이하로 정상적인 송 · 수신이 가능한 상태이다. 모든 노드의 기본 상태라 할 수 있으며, dominant(0)는 recessive(1)보다 우선하기 때문에 오류 감지 시 CAN traffic을 무력화한다. 어떤 신호보다 우선할 수 있는 error active flag(dominant 6bit)를 전송할 수 있는 상태이다.

error passive 상태는 에러 카운트가 128 ~ 255점으로 여전히 데이터를 전송할 수 있다. 하지만 오류 감지에도 불구하고 적극적인 error flag를 전송할 수 없는 상태로 오류 검출 시 다른 노드의 송 · 수신 데이터를 방해하지 않도록 error passive flag(연속된 recessive 6bit)를 전송한다.

error active 상태의 노드는 EOF 다음 3bit의 ITM(intermission, 막간 휴식) 직후 데이터를 전송할 수 있다. 그러나 error passive 상태에서는 그림 Ⅱ – 167에 보이는 바와 같이 데이터를 전송하거나 원격 프레임을 보내고자 할 때 다른 노드가 bus를 차지할 수 있도록 **전송 중지 기간**(suspend transmission)인 8bit의 시간을 추가로 기다린 후 전송할 수 있다.

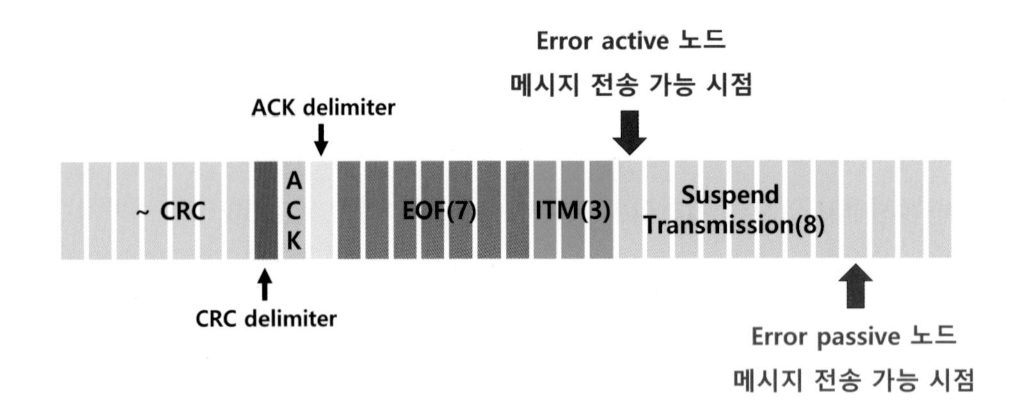

그림 Ⅱ – 167 노드 상태별 전송 가능 시점

CAN 컨트롤러가 고장 나거나 에러가 과도 누적되어 에러 카운트가 255점을 초과한 경우이다. 네트워크에 영향을 주지 않도록 스스로 bus off 상태(데이터 또는 에러 플래그 전송 중지됨)로 전환되며, CAN 노드는 CAN 버스에서 연결이 단절된다.

이 경우 11bit(= error delimiter 8bit + intermission 3bit 값에 해당) 길이의 recessive 신호를 128회 감지한다. 또는 하드웨어의 재설정을 통해 **오류 활성**(error active) **상태**로 재진입이 가능하다.

일반적으로 bus off 상태가 감지되면 레지스터를 리셋하여 초기화한다. 그러나 일정 횟수 이상으로 bus off가 반복되면 에러 원인을 와이어링 불량이나 하드웨어 문제 등으로 판단하여 고장 코드를 저장하고, 경우에 따라 **림프 홈**(limp home) 모드로 진입할 수 있다.

림프 홈 모드에서는 최소의 정보를 공유하는 제한적 기능을 수행하고 수신해야 할 변수들은 기본값으로 대체할 수 있다.

에러를 유발한 노드는 에러 카운트가 8점씩 증가하기 때문에 16회의 에러만으로 에러 카운트 128점에 도달하여 **오류 수동**(error passive) 상태로 진입할 수 있고, 총 32회의 에러가 발생한 경우 bus off 상태로 진입할 수 있다.

오류 수동(error passive) 상태에서는 정상적인 송 · 수신이 완료된 것을 인지할 때마다 1점씩 감소하여 더 낮은 단계인 오류 활성(error active) 상태로 진입할 수 있다.

에러 신호는 노드의 상태에 따라 연속한 6개 이상의 dominant 또는 recessive 신호를 송신한다. 결국 똑같은 값을 가진 6개 이상의 비트가 전송될 경우 이 신호를 수신한 노드는 에러가 있는 것으로 판단한다. 이런 이유 때문에 일반적인 프레임에서는 한 가지 값만으로 6개 bit 이상의 신호를 전송하지 않는 규칙을 가지고 있다.

송신 노드는 전송하고자 하는 bit 흐름에 있어 dominant 또는 recessive 신호가 5개 연속으로 같은 값을 가질 경우 자동적으로 전송 중인 비트 흐름에 반대 값의 비트를 채워 넣는다.

이것을 **스터핑**(stuffing : 채워넣기)이라 하며, 똑같은 값의 5개 비트 이후 연속적인 같은 값의 리듬을 끊어주기 위해 인위적으로 반대 값을 가진 비트를 채워 넣는다.

표 Ⅱ – 7 에러 카운트

Transmit/receive error counter change conditions		Transmit error counter(TEC)	Receive error counter(REC)
1	수신 노드가 오류를 감지하였을 때	-	1
2	수신 노드가 에러 플래그를 전송한 후 수신된 첫 번째 비트에서 dominant를 검출한 경우	-	8
3	송신 노드가 에러 플래그를 송신한 경우	8	-
4	액티브 에러 플래그 또는 과부하 플래그 전송 시 송신 노드가 에러 비트를 감지한 경우	8	-
5	액티브 에러 플래그 또는 과부하 플래그 전송 시 수신 노드가 에러 비트를 감지한 경우	-	8
6	엑티브 에러 또는 과부하 플래그 시작에서 14개의 dominant를 감지한 경우 (각각의 경우에서 8 비트의 dominant를 감지한 경우)	For a transmit unit +8	For a receive unit +8
7	패시브 에러 플래그 후 8 비트의 dominant를 감지한 경우	For a transmit unit +8	For a receive unit +8
8	송신 노드가 정상적인 메시지를 송신한 경우 (ACK 신호가 받았고 EOF가 나올 때까지 오류 없음)	-1 ±0 when TEC = 0	-
9	수신 노드가 정상적인 메시지를 수신한 경우 (ACK 신호 끝날 때까지 오류 없음)	-	- 1 when 1 ≤ REC ≤ 127, ±0 when REC = 0, When REC 〉127 value between 119 to 127 is set in REC
10	버스 off 상태에서 11개의 recessive 비트가 128번 있는 경우	Cleared to TEC = 0	Cleared to REC = 0

3 에러 프레임 전송방법

오류를 발견한 노드는 스터핑 규칙과 상반되는 6개 이상의 연속적인 dominant 또는 recessive 신호의 error flag를 전송하여 bus traffic을 파괴한다. 다른 노드는 이 error flag 신호로 인해 스터핑 규칙을 위반한 것으로 판단하기 때문에 에러 플래그를 전송한다.

에러가 있는 메시지의 처리에서 오류가 있는 수신된 메시지는 폐기하며, 에러 데이터를 송신했던 노드는 데이터를 재전송하게 된다.

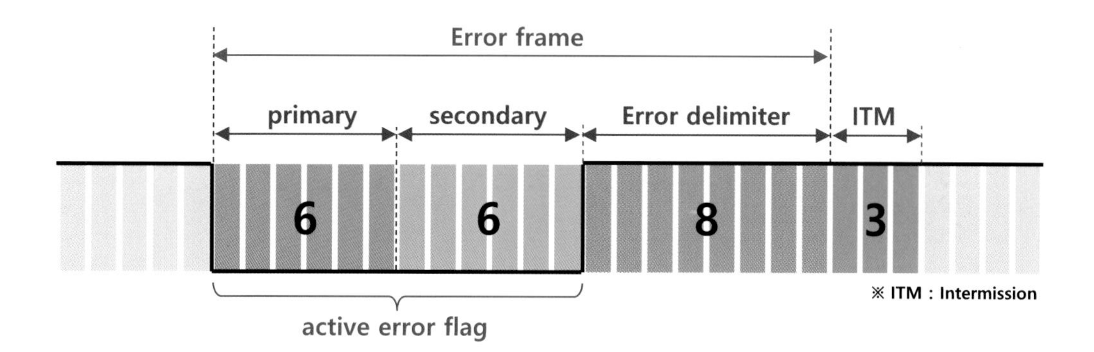

그림 Ⅱ – 168 Error frame

에러 프레임은 6 ~ 12bit의 dominant(0) error flag와 8bit의 recessive(1)인 error delimiter로 구성되며, delimiter 이후 3bit의 recessive(1)인 intermission(ITM, 막간 휴식 시간)이 추가된다.

에러 플래그 전송 방법의 사례로 그림 Ⅱ – 169의 경우는 송신 노드의 송신에도 불구하고 모든 노드가 메세지를 수신하지 못한 상태의 사례이다.

송신자는 SOF ~ CRC delimiter까지 전송 후 ACK 슬롯에서 dominant(0) 신호가 나타나야만 정상적으로 수신한 것으로 판단한다. 그럼에도 ACK 비트가 recessive(1)의 값으로 나타난 관계로 메시지 자체에 이상이 있어 모든 노드가 수신하지 못한 ACK 에러로 판단한다. 송신 노드는 ACK 비트 바로 뒤에 6bit의 dominant(0) error flag를 전송한다.

이때 수신 노드는 recessive(1) 값이어야 하는 ACK delimiter가 dominant(0)

값으로 나타난 것을 감지하게 된다. form error로 판단하여 ACK delimiter 후 6bit의 dominant(0)인 error flag를 전송한다. 한편 error flag 전송 직후 각 노드는 8bit의 recessive(1) 신호로 error delimiter를 추가 전송하여 에러 프레임을 완성하기 때문에 결과적으로 송 · 수신 노드에서 각각 송신한 신호가 합성되어 bus 상에는 ACK 슬롯 뒤에 그림 Ⅱ – 169의 맨 아래 그림과 같이 7bit의 dominant(0) 신호와 8bit의 recessive(1) 신호가 나타난다.

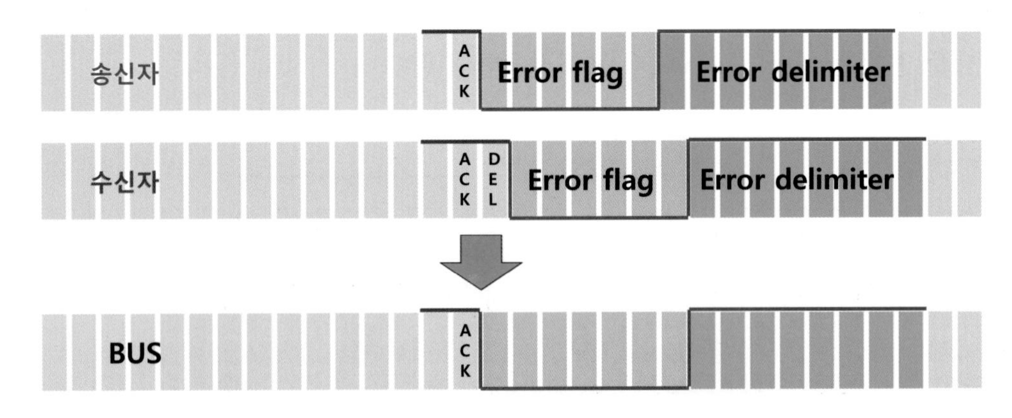

그림 Ⅱ – 169 모든 노드가 데이터를 수신하지 못한 경우

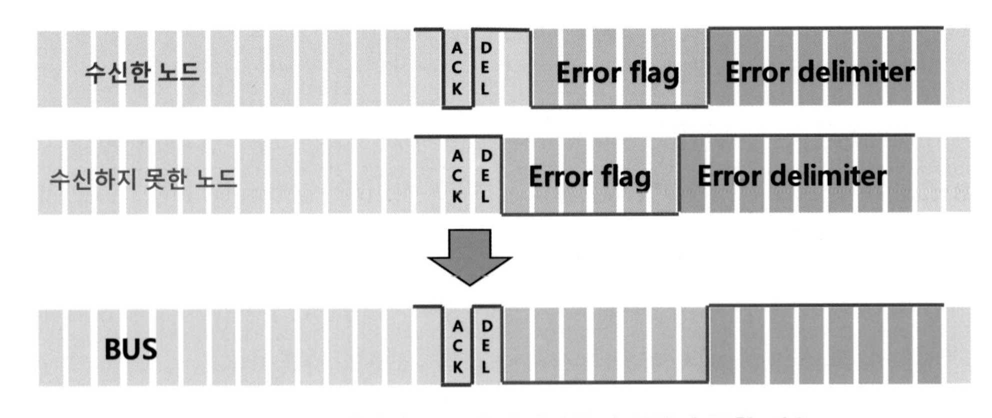

그림 Ⅱ – 170 하나의 노드가 데이터를 수신하지 못한 경우

그림 Ⅱ – 170의 경우 다른 노드는 정상적으로 수신했음에도 불구하고 1개의 노드만 데이터를 수신하지 못한 경우로 대부분의 노드가 데이터를 정상 수신하였기 때문에 CRC delimiter까지는 정상적으로 나타난다.

이후 데이터를 수신하지 못한 노드는 자신은 데이터 수신을 하지 못하였다는 상황을 알리기 위해 ACK delimiter 이후 6bit의 dominant(0) error flag를 전송한다.

하지만 정상적으로 수신한 다른 노드들은 recessive(1) 값을 가져야 할 EOF가 dominant(0)이므로 form error로 판단하여 해당 비트 뒤에 6bit의 dominant(0) error flag를 전송한다.

결과적으로 송 · 수신 노드가 각각 송신한 신호가 합성되어 bus 상에는 ACK delimiter 이후 그림 Ⅱ – 170의 맨 아래 그림과 같이 7bit의 dominant(0) 신호와 8 bit의 recessive(1) 신호가 나타난다.

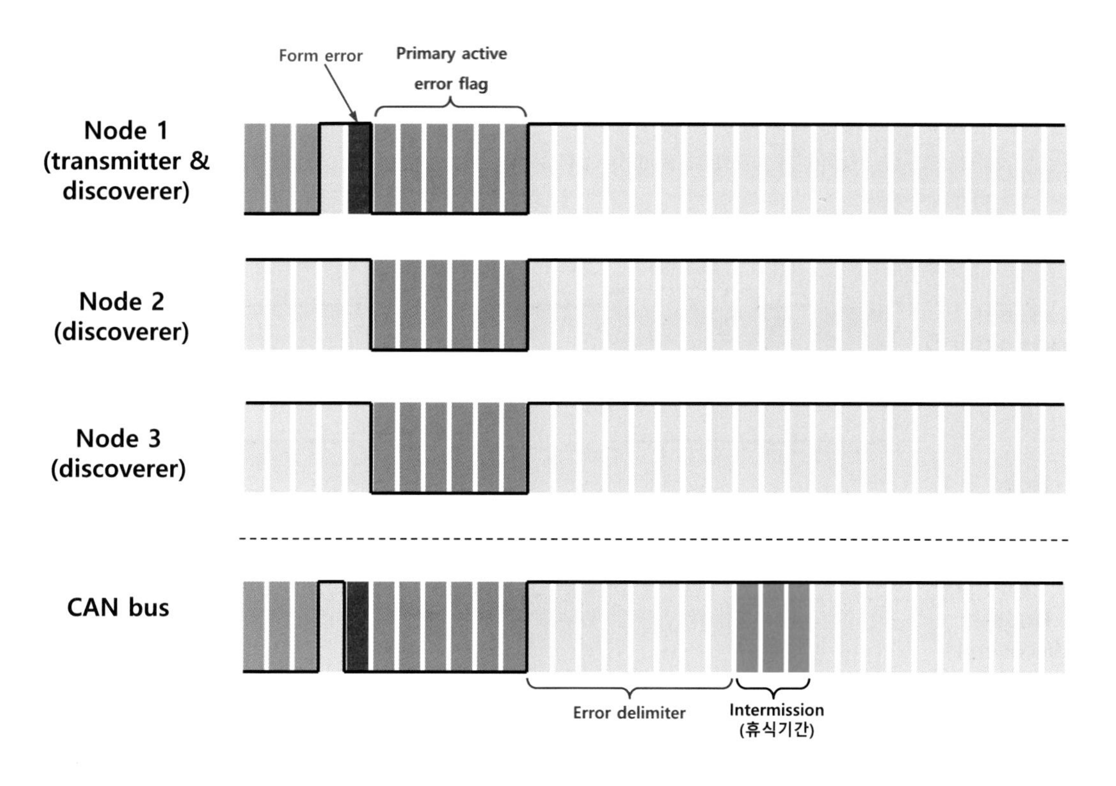

그림 Ⅱ – 171 form 에러를 동시에 감지하고 동시에 에러 플래그를 전송하는 경우

에러(예 : 항상 recessive(1)이어야 하는 CRC delimiter가 dominant(0)로 감지될 때)가 있음을 동시에 발견하고, active error flag를 동시에 송신하는 경우는 그림 Ⅱ – 171과 같다.

송신 노드이면서 에러를 발견한 노드 1은 form 에러를 감지한 직후 6bit의

dominant(0) error flag를 전송하지만 다른 노드들도 동시에 active error flag를 전송함에 따라 그림 Ⅱ – 171의 맨 아래 그림과 같이 form error bit와 6bit의 dominant(0) error flag가 합해진 결과가 버스 상에 나타난다.

error active 상태이면서 송신 노드인 노드 1이 recessive(1)를 송신하고자 하였으나 dominant(0)를 감지한 경우는 그림 Ⅱ – 172와 같다.

노드 1이 bit error를 감지한 직후 6bit의 dominant(0) error flag를 전송한다. 그러나 수신자에 해당하는 다른 노드들은 송신 노드가 정상적인 신호를 보내는 것인지 아니면 에러가 있는 신호인지를 모르기 때문에 bit error를 감지할 수 없으므로 error flag를 전송하지는 않는다.

다만 노드 1이 송신한 6bit의 dominant(0) error flag에 의해 stuffing error로 판단하여 추가로 6bit의 dominant(0) active error flag를 전송한다.

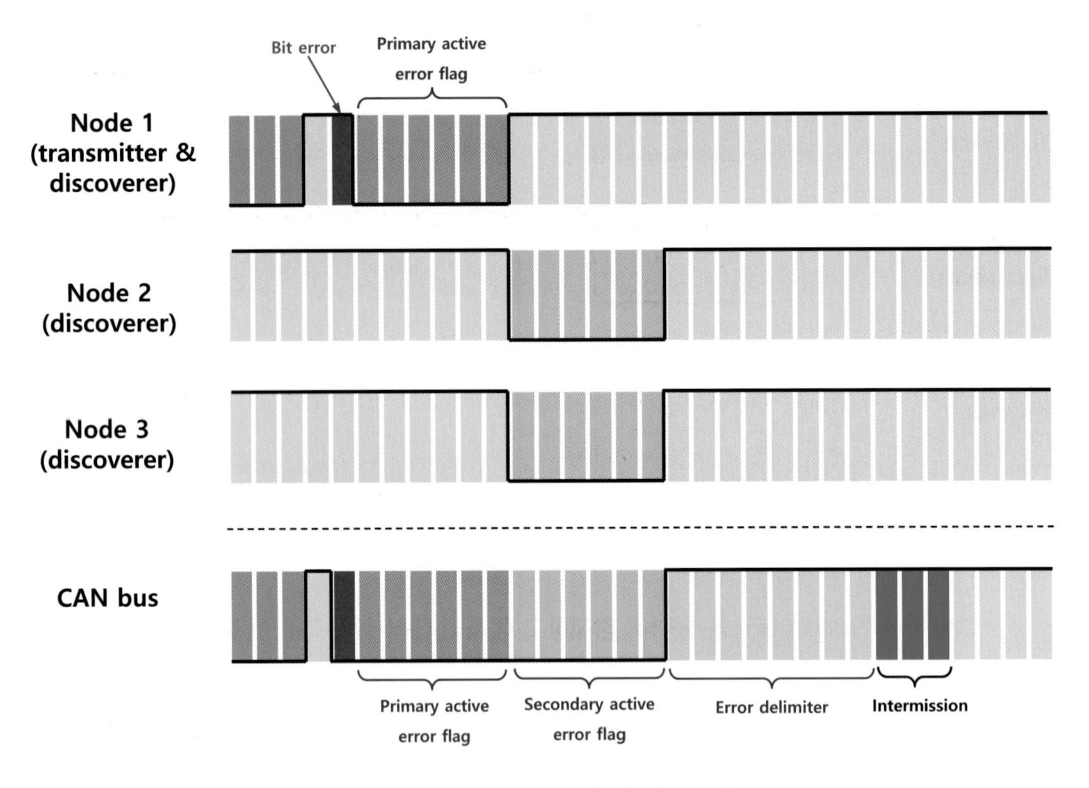

그림 Ⅱ – 172 **비트 에러 감지한 경우**

결과적으로 그림 Ⅱ – 172의 맨 아래 그림과 같이 송신 노드는 1차 active error flag를 전송하고, 다른 수신 노드들은 2차 active error flag를 전송한 셈이므로 총 12bit의 dominant(0) error flag가 발생한다.

error active 상태이면서 송신 노드인 노드 1이 recessive(1)를 송신하고자 하였으나 dominant(0)를 감지한 경우는 그림 Ⅱ - 173과 같다.

노드 1이 bit error를 감지한 직후 6bit의 dominant(0) error flag를 전송하나, 수신자에 해당하는 다른 노드들은 송신하고자 하는 데이터를 몰라 bit error를 감지할 수 없으므로 error flag를 전송하지 않는다.

그림 Ⅱ - 173과 같은 경우 bit error를 감지하기 전 2개의 dominant(0)를 전송하였고 3번째 bit를 recessive(1)로 송신하고자 하였으나 dominant(0)를 감지된 경우이다. 그러므로 송신 노드인 노드 1이 bit error를 감지한 직후 error flag를 전송한다.

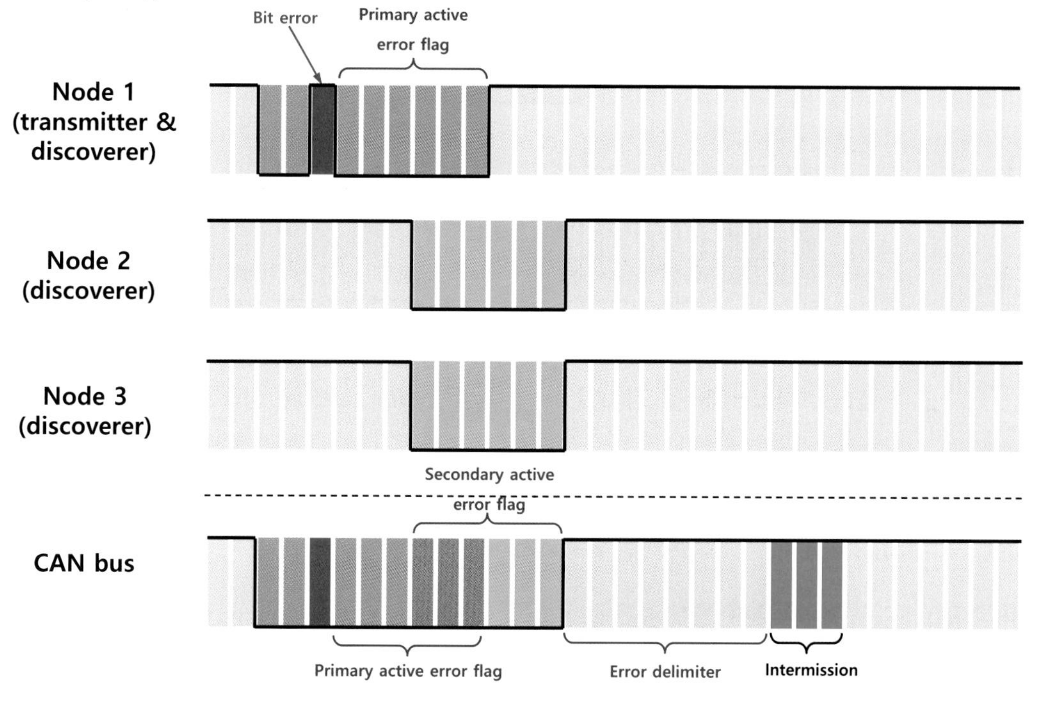

그림 Ⅱ - 173 bit 에러 감지 후 플래그 전송 중 다른 노드가 에러를 감지하는 경우

이후 노드 1에 의해 전송된 error flag 6bit 중 3번째 dominant(0) 이후부터는 이전에 전송한 3개 bit가 dominant(0)이므로 연속적인 dominant(0)가 6개 나타난 셈이 된다. 따라서 수신 노드들은 stuffing error로 판단하여 추가로 6bit의

dominant(0)인 active error flag를 전송한다.

결과적으로 그림 Ⅱ－173의 맨 아래 그림과 같이 송신 노드는 1차 active error flag를 전송한 셈이다. 다른 수신 노드들은 2차 active error flag를 전송한 것이나 1차와 2차 active error flag 중 3개 비트가 중복되는 상태가 된다.

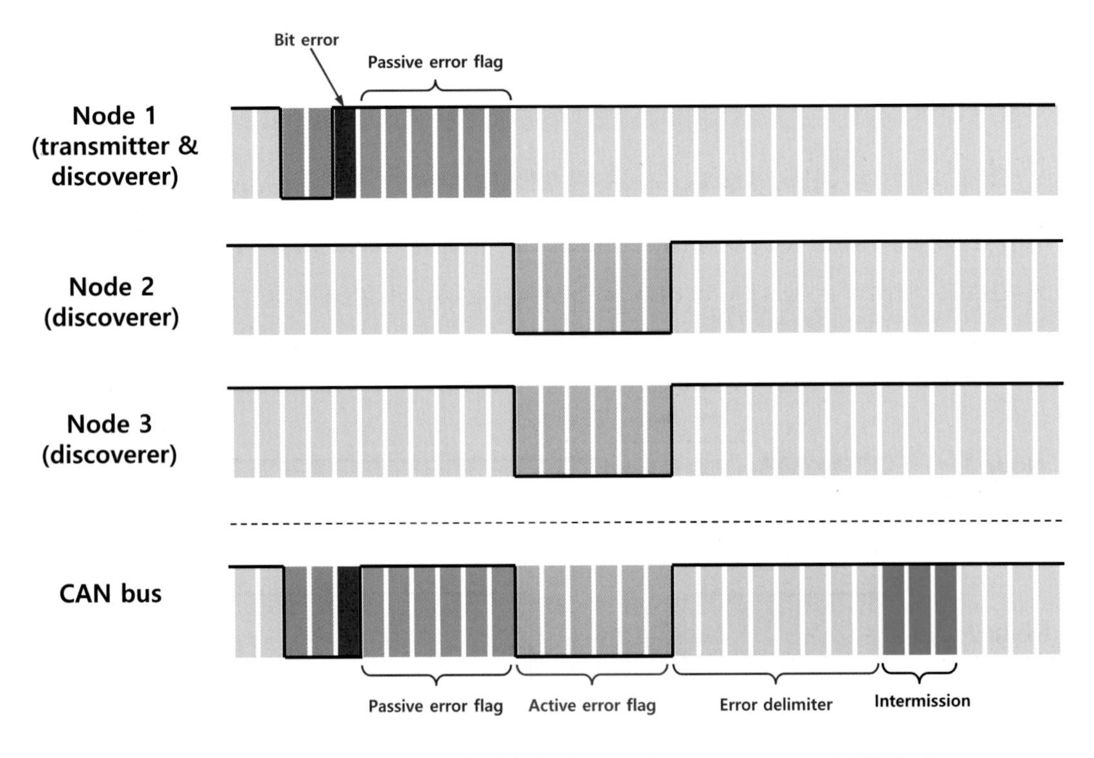

그림 Ⅱ－174 bit 에러를 감지한 송신 노드가 error passive 상태일 때

그림 Ⅱ－174는 다른 노드에게 error가 있음을 알리지 못하는 error passive 상태인 노드 1이 recessive(1)를 송신하고자 하였다. 그러나 dominant(0)를 감지하여 bit error를 판단한 경우로 에러 감지 직후 6bit의 recessive(1)인 passive error flag를 전송한다.

수신 노드들은 bit 에러가 있었음을 알 수 없지만 6bit의 recessive(1) 신호를 감지하는 순간 stuffing error로 판단하여 추가로 6bit의 dominant(0)인 active error flag를 전송한다.

결과적으로 그림 Ⅱ－174의 맨 아래 그림과 같이 6bit의 recessive(1) 이후 6bit의 dominant(0) 신호가 나타나는 결과를 가지게 된다.

그림 Ⅱ - 175는 다른 노드에게 error가 있음을 알리지 못하는 error passive 상태인 노드 2가 데이터 수신 중 에러를 발견한다. 6bit의 recessive(1)인 passive error flag를 전송하였지만 dominant(0)가 우선이므로 CAN bus에는 반영되지 않음을 알 수 있다.

즉 사실상 error passive 상태인 수신 노드가 더 이상 다른 CAN 노드에서 전송된 프레임을 파괴할 수 없음을 의미한다.

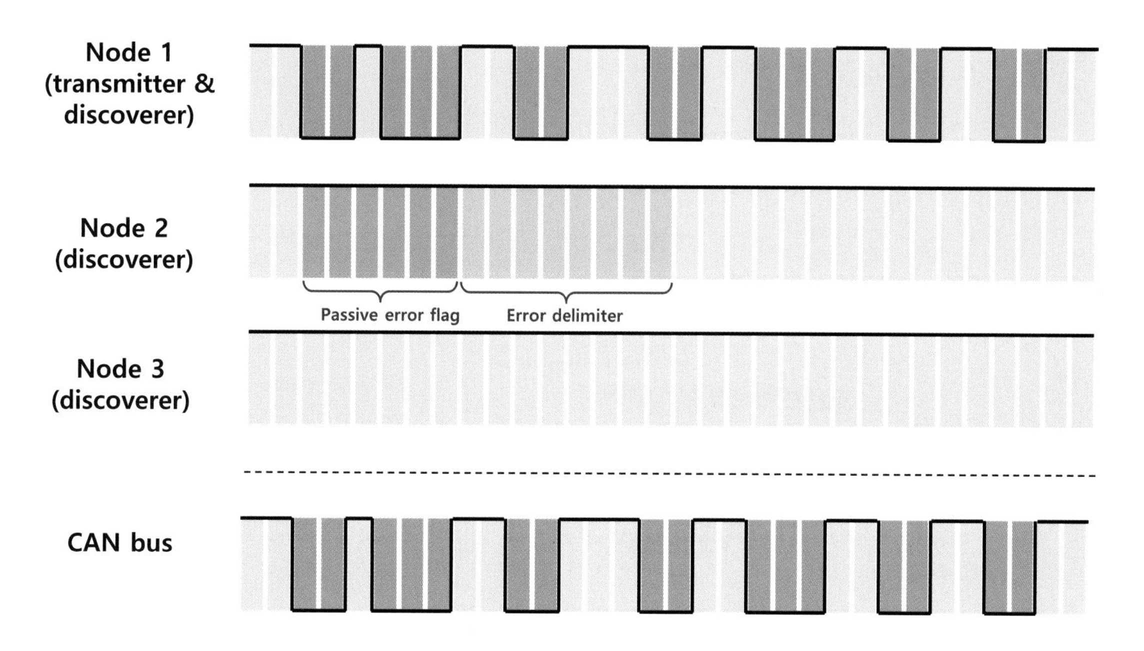

그림 Ⅱ - 175 수신 노드가 passive 상태일 때

4 에러 프레임 전송 사례

송 · 수신 중 에러가 발생하는 경우는 송신 또는 수신 노드 자신의 결함에 의해 발생할 수 있지만 다른 노드의 메시지 송신 방해로 에러가 발생할 수 있다.

그림 Ⅱ – 176에서 0x367 ID가 반복 전송됨을 볼 수 있다. 이것은 0x367 ID에서 에러를 감지하였기 때문에 0x367 ID를 재전송한 것으로 7bit의 recessive(1)로 구성되어야 할 EOF 필드에서 타 노드에 의해 dominant(0) 신호가 감지됨에 따라 form error로 판단했기 때문이다.

그림에서 ①의 영역은 14.17us가 검출됨에 따라 500kbps(1bit = 2us) 시스템에서 error bit 1개와 6bit의 dominant(0) error flag에 해당하는 시간이다.

더불어 ②의 영역은 8bit의 recessive(1)인 error delimiter와 3bit의 recessive(1)인 intermission이다.

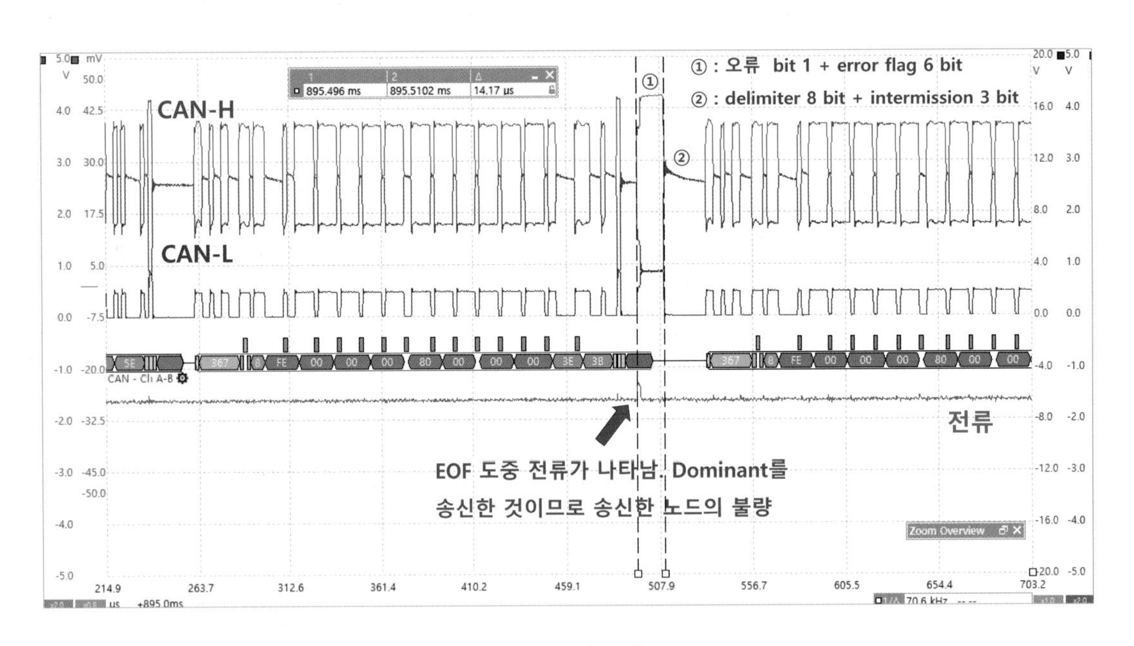

그림 Ⅱ – 176 EOF 필드의 form error

그림 Ⅱ – 176의 사례는 EOF 송신 중 1bit 시간에 해당하는 기간 동안 CAN 라인에서 전류가 검출된 것으로써 타 노드가 dominant를 송신한 것으로 볼 수 있다.

그림 Ⅱ – 177 또한 0x260 ID가 반복 전송됨을 볼 수 있다. 이것은 data 필드 전송 중 1bit 시간에 해당하는 기간 동안 CAN 라인에서 전류가 검출된 것으로 보아 타 노드가 dominant를 송신한 것에 해당한다 때문에 0x260 ID를 송신하는 노드가 recessive를 송신하려 했으나 타 노드가 송신한 dominant 신호(그림 Ⅱ – 177에서 전류 파형에서 화살표가 지시하는 부분의 신호) 때문에 bit error를 감지한 것으로 판단할 수 있다.

그림 Ⅱ – 178 또한 0x4F1 ID가 반복 전송됨을 볼 수 있다. 0x4F1 ID를 송신하는 노드가 recessive를 송신하려 했으나 타 노드가 송신한 dominant 신호 때문에 bit error를 감지하여 6bit의 dominant(0)인 active error flag를 전송하였다. 이것을 수신한 다른 노드들이 stuffing error로 판단하여 2차 active error flag를 전송한 사례이다.

따라서 ①은 0x4F1 ID를 송신하는 노드에 의해 나타난 것이나 ②는 복수의 수신 노드들에 의해 나타나 전압의 진폭이 더 큰 것을 알 수 있다.

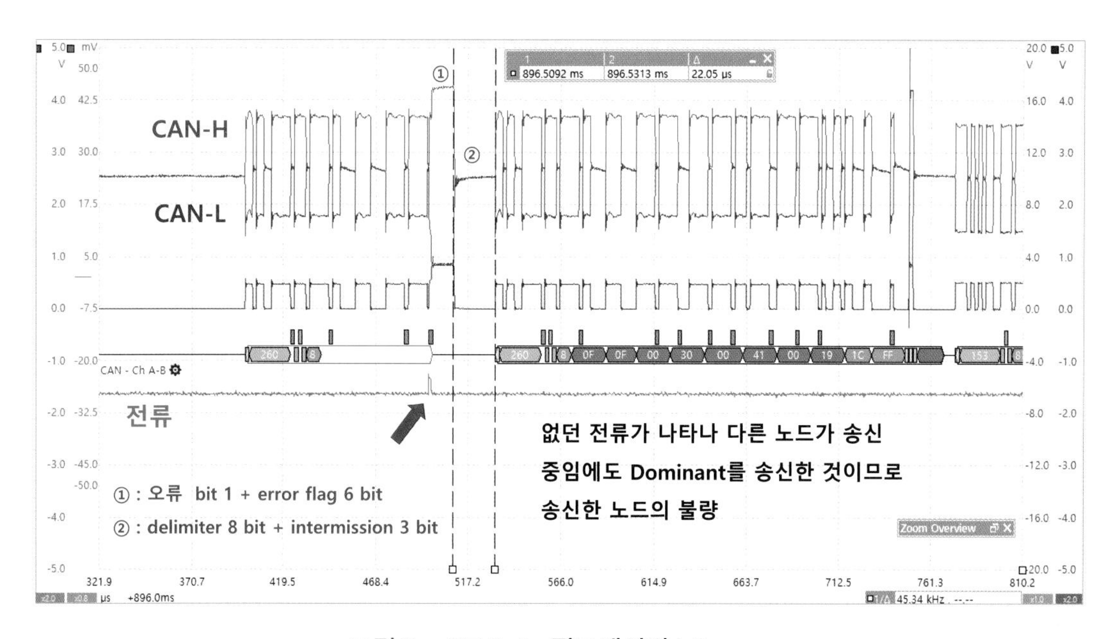

그림 Ⅱ – 177 Data 필드에서의 bit error

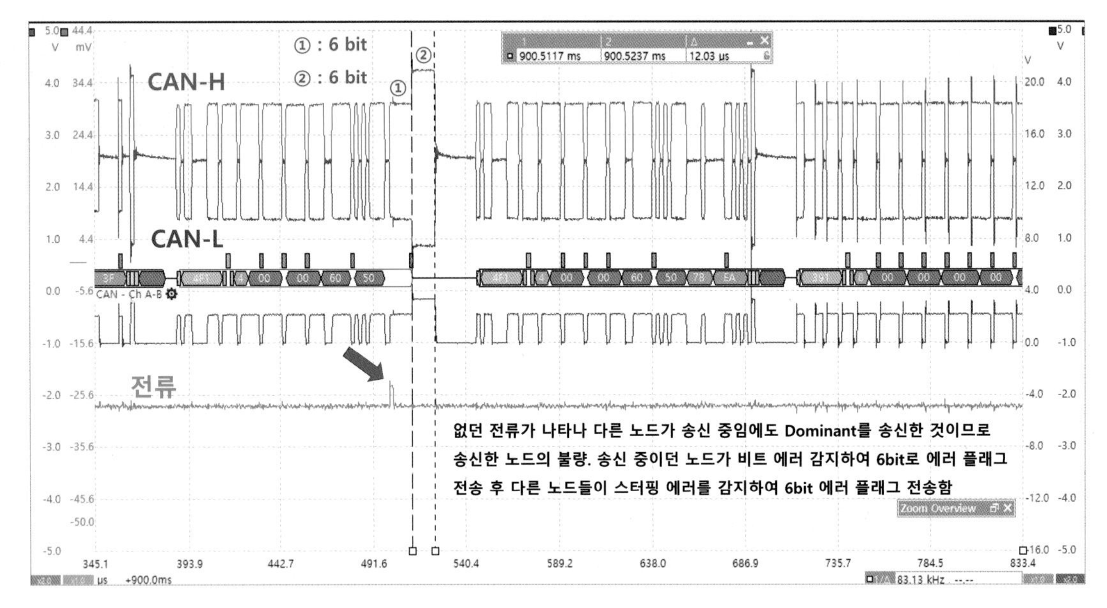

그림 Ⅱ – 178 **연속한** active error flag **전송**

그림 Ⅱ – 176, 177, 178의 사례는 결함이 있는 노드가 임의 신호를 송신하여 문제가 발생한 사례이다. 결함이 있는 노드에서 recessive의 신호를 송출하였다면 dominant가 우선하므로 시스템에 영향이 없었을 것이다. 즉, recessive 또는 dominant를 송신하고자 할 때 타 노드가 recessive를 송출해도 영향이 없지만 recessive를 송신하고자 할 때 타 노드가 dominant를 송신한다면 에러를 유발한다.

이 경우 dominant를 송신하는 노드를 추적하여 원인을 제거해야 할 것이다. 추적하는 방법으로 각 노드의 CAN 라인에서 전류를 측정하며 중재 영역인 ID 필드와 ACK 슬롯 이외에서 전류가 나타나는지 확인하는 방법, 각 노드의 커넥터를 분리하거나 전원을 차단했을 때 동일한 ID가 반복되는 증상이 없어지는지 확인하는 방법과 문제를 일으킨 전류 파형이 사라지는지 확인하는 방법 등이 유효한 방법이라 할 수 있다.

유형별 진단과 수리

CHAPTER

09

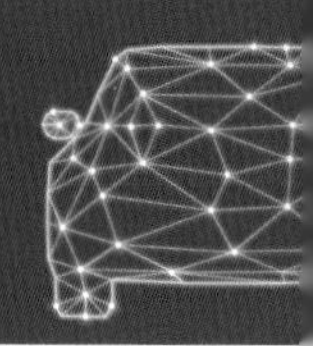

오실로스코프를 이용한 파형 분석에서 신호의 디코딩을 통해 특정 ID의 프레임을 분석하는 등 일부 CAN 애널라이저(analyzer) 역할도 가능하다. CAN 통신 파형분석의 주된 목적은 라인의 저항, 단선, 단락 등 전기적 고장 여부를 판단하는 것에 있다고 할 수 있다.

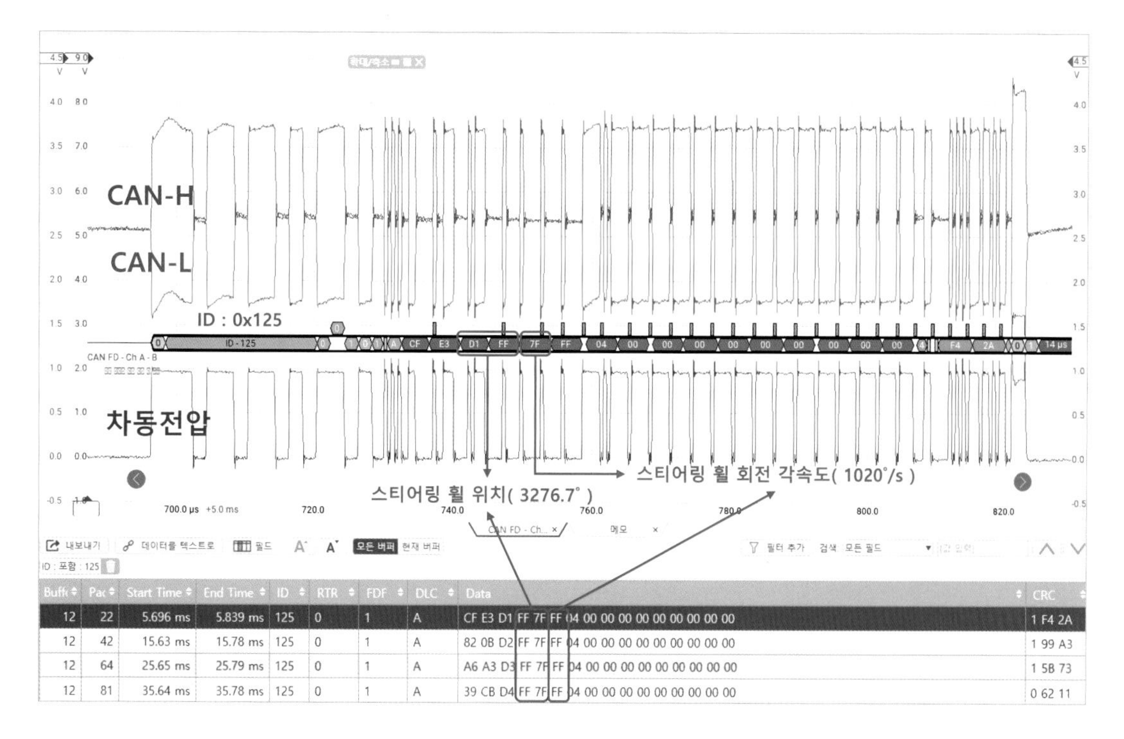

그림 Ⅱ – 179 **조향각도 센서의 결함으로 인한 오류 신호**

그림Ⅱ- 179는 같은 전압 레인지이고 동일한 접지 라인을 사용한 상태에서 CAN-H와 CAN-L 신호가 동일한 전압(겹침)으로 나타나지 않았다. 또한 진폭이 커지거나 ground 전압으로 떨어진 것이 없어 전기적 결함은 찾을 수 없다. 즉 정상적인 파형이라는 뜻이다.

다만 CAN 파형의 디코딩(decoding) 결과 센서 자체의 결함이 있었던 경우이다. 0x125 ID는 조향각 센서가 송신하는 데이터로 조향하지 않은 상태임에도 불구하고 최대 조향 위치와 최대 조향 각속도를 송출하고 있어 오류가 있음을 알 수 있다. 상대적으로 정상적인 상태(그림Ⅱ- 180)와 비교되는 그림이다.

이렇게 각각의 노드에서 송신하는 ID를 고주파 전류센서로 측정한 CAN 전류와 매칭시켜 본다. 또는 각 노드의 전원을 차단 후 없어진 ID를 구하는 등의 방법으로 각 노드가 송신하는 ID를 구분한 후 각 신호를 진단기 등의 실제 데이터와 비교하면 해당 신호의 바이트 위치와 환산식을 구할 수 있다. 이렇게 시간이 많이 소요되고 번거로운 과정을 거치지만 파형을 디코딩한 것으로도 애널라이저 기능의 일부를 수행할 수 있다.

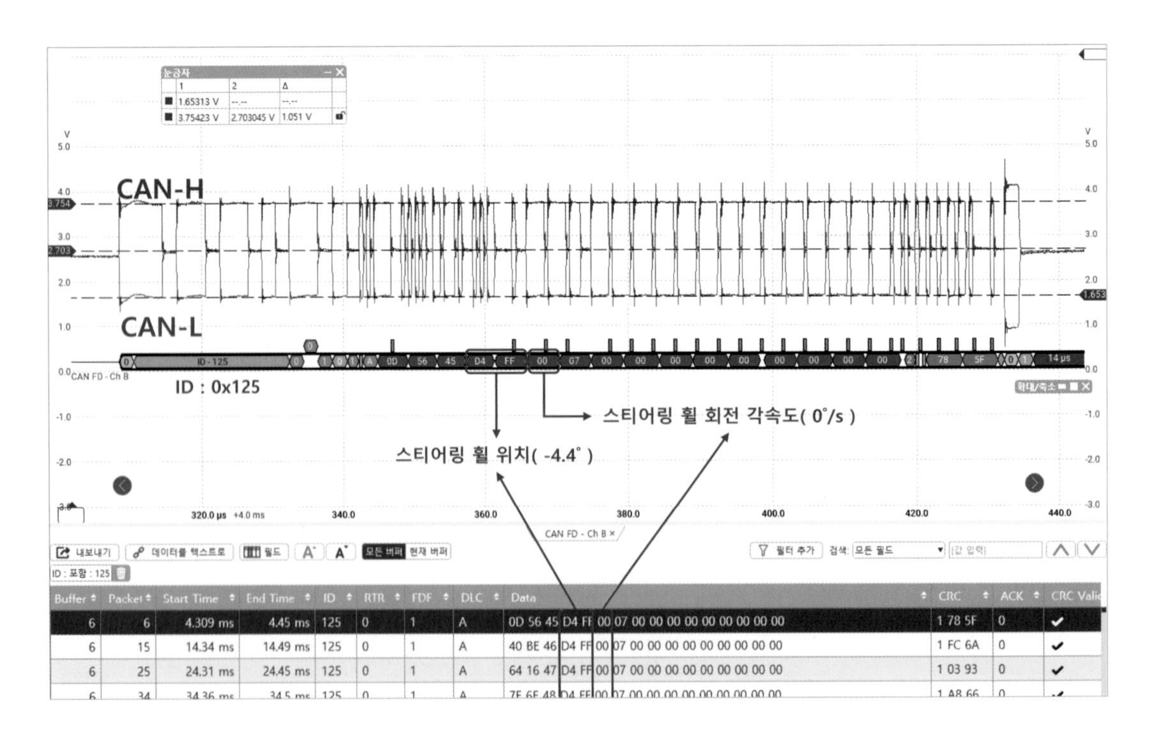

Buffer	Packet	Start Time	End Time	ID	RTR	FDF	DLC	Data	CRC	ACK	CRC Vali
6	6	4.309 ms	4.45 ms	125	0	1	A	0D 56 45 D4 FF 00 07 00 00 00 00 00 00 00 00 00	1 78 5F	0	✔
6	15	14.34 ms	14.49 ms	125	0	1	A	40 BE 46 D4 FF 00 07 00 00 00 00 00 00 00 00 00	1 FC 6A	0	✔
6	25	24.31 ms	24.45 ms	125	0	1	A	64 16 47 D4 FF 00 07 00 00 00 00 00 00 00 00 00	1 03 93	0	✔
6	34	34.36 ms	34.5 ms	125	0	1	A	7E 6F 48 D4 FF 00 07 00 00 00 00 00 00 00 00 00	1 A8 66	0	✔

그림Ⅱ- 180 조향하지 않는 상태의 정상 데이터

1 라인의 전기적 고장의 범위 특정

CAN–H와 CAN–L 파형을 측정하였을 때 라인의 저항, 라인의 단선, 라인에서의 단락 등 전기적 고장 시 파형의 특징은 이미 익힌 바와 같으므로 생략하고, 그 부위를 추정하는 방법에 대하여 살펴본다.

그림 Ⅱ – 181은 가장 단순한 고장으로 지선인 D 노드의 CAN–L 라인이 단선된 상황을 모사한 것으로 같은 전압 레인지이고 동일한 접지 라인을 사용한 상태이다.

지선 라인의 단선이기 때문에 종단 저항을 측정한 경우 단선된 D 노드 입구 이외의 장소에서 측정하면 모두 정상값으로 나타나므로 주의를 요한다.

파형을 측정하는 경우 ① 또는 ②의 위치 외 어느 위치에서 측정하든 다른 노드가 송신할 때는 정상적인 진폭을 보이고 있다. 그러나 CAN–L 라인이 단선된 D 노드가 송신할 때만 CAN–H와 CAN–L 신호가 CAN–H 신호만 있는 것과 같이 동일한 전압(겹침)으로 나타난다.

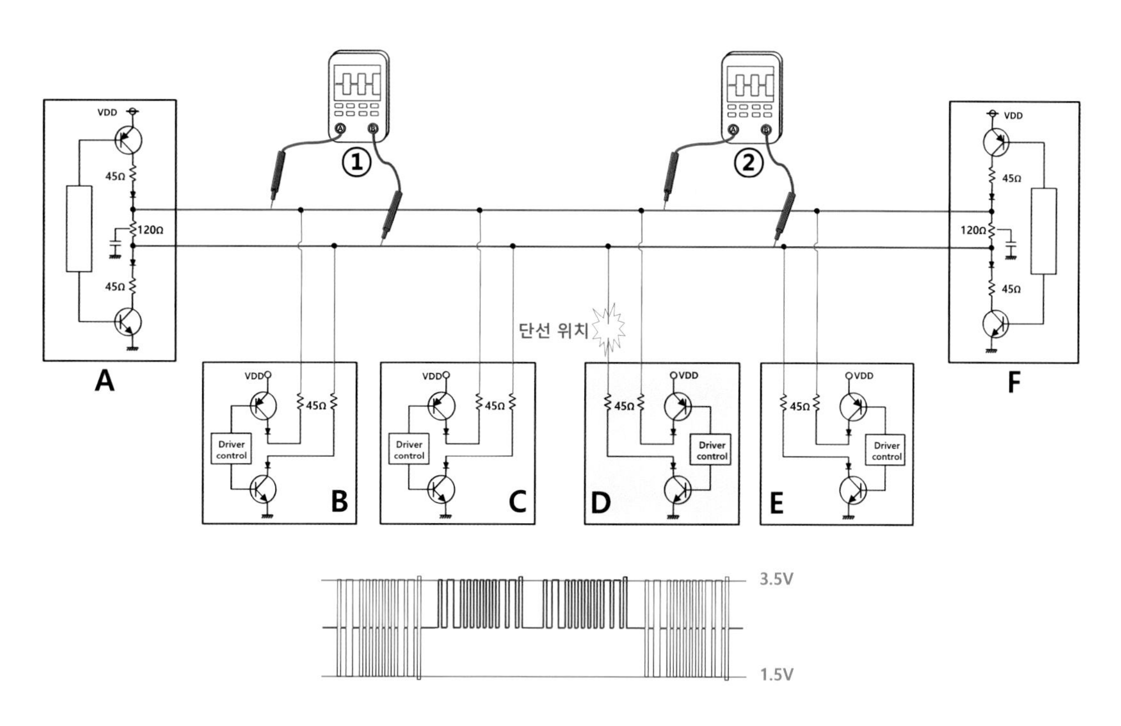

그림 Ⅱ – 181 지선의 CAN–L 라인이 단선되었을 때

그림 Ⅱ – 181의 아래 파형과 같이 동일한 전압(겹침)으로 나타난 파형을 접했을 때 해당 ID는 어느 노드가 송신하는지 알고 있다면 어디 부근에서 결함이 발생하였는지 쉽게 접근이 가능할 것이다. 또한 D 노드가 송신한 프레임만 차동 전압이 없기 때문에 다른 노드의 시스템에서 자기진단 시 집중적으로 D 노드의 신호가 없다는 고장 코드가 나타날 것이므로 DTC(Diagnostic Trouble Code)를 주의 깊게 보아야 할 것이다.

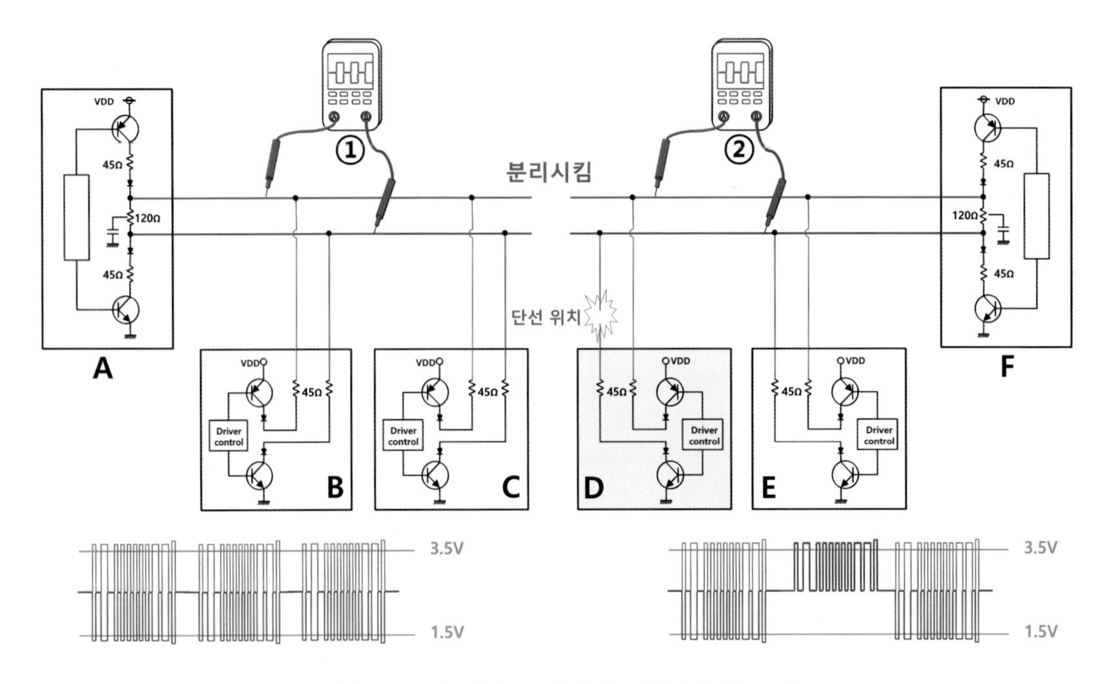

그림 Ⅱ – 182 조인트 커넥터를 분리하였을 때

고속 CAN은 주선에서 지선 노드까지의 거리(stub)를 30 ~ 50cm로 제한하고 있다. 네트워크 길이는 1Mbps 기준 최대 40m까지 허용하고 있으며 하니스(harness) 커넥터 또는 요소마다 네트워크와 분리가 가능한 조인트 커넥터를 두고 있다.

전기적 결함을 가지고 있는 네트워크의 진단에 있어 고장의 범위를 특정하는 방법으로 노드별 송신 ID를 모르는 상태라면 그림 Ⅱ – 182와 같이 네트워크를 분리하는 방법이 매우 유용하다.

와이어링 하니스 또는 조인트 커넥터가 분리되는 경우 종단 저항이 분리된 셈이 되어 모든 신호의 진폭이 커지는 특징을 가진다. 그러나 분리된 네트워크 내에 결함이 없는 경우 단선 또는 저항 발생 시 파형의 겹침, 접지와 단락 시 신호가 ground로 낮아지는 등의 파형이 사라지므로 분리한 네트워크의 결함 여부를 판단하는데 매우 유용한 방법에 해당한다.

그림 Ⅱ – 181에서 하나의 네트워크였던 것이 그림 Ⅱ – 182에서는 물리적으로 분리되어 A, B, C 노드가 하나의 네트워크로 구성되고, 다시 D, E, F 노드끼리 또 하나의 네트워크가 구성된 상태이다. 분리된 네트워크에서 네트워크 구성 노드의 수가 적어진 상태이므로 CAN 통신 프레임의 수는 적어질 것이다. 종단 저항은 120Ω 하나만 존재하므로 파형의 진폭은 모두 커지는 상태가 된다.

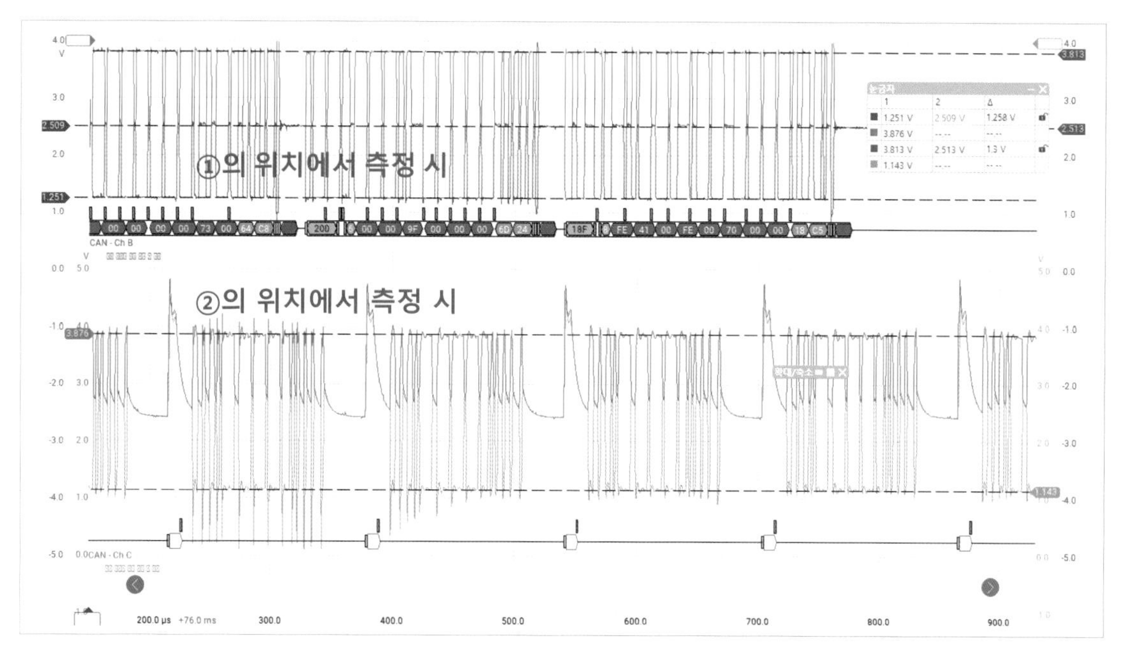

그림 Ⅱ – 183 **조인트 커넥터 분리 후 파형**

그림 Ⅱ – 182에서 ①의 오실로스코프는 A, B, C 노드로 구성된 네트워크, ②의 오실로스코프는 D, E, F 노드로 구성된 네트워크에서 파형을 측정하고 있다. 그림 Ⅱ – 181과 같이 하나의 네트에 연결된 경우 겹침 파형의 존재가 당연하다. 그러나 그림 Ⅱ – 182에서 ①의 오실로스코프는 네트워크 내에 결함이 없는 셈이므로 그림 Ⅱ – 182의 좌측 아래의 파형과 같이 주된 결함의 형태인 겹침 파형이 없어지게 된다.

반면 ②의 오실로스코프에서는 그림 Ⅱ – 182의 우측 아래의 파형과 같이 여전히 단선 시 나타나는 겹침 파형이 존재한다. 따라서 분리된 네트워크 중 D, E, F 노드로 구성된 네트워크에 단선의 결함이 숨어 있음을 알 수 있다.

그림 Ⅱ – 183은 그림 Ⅱ – 182의 ①과 ②의 위치에서 파형을 측정한 것으로 ②의 위치에서는 단선 파형이 있지만 ①위치의 파형에서는 단선의 파형이 없는 것을 확인할 수 있다.

결함이 있던 네트워크에서 네트워크를 분리 전과 비교하였을 때 진폭은 크지만, 네트워크 분리 전 존재하던 완전 겹침 또는 부분 겹침, 신호의 전압이 ground로 낮아지는 등의 파형이 없어진 것은 결함 부위와 격리된 상태임을 의미한다.

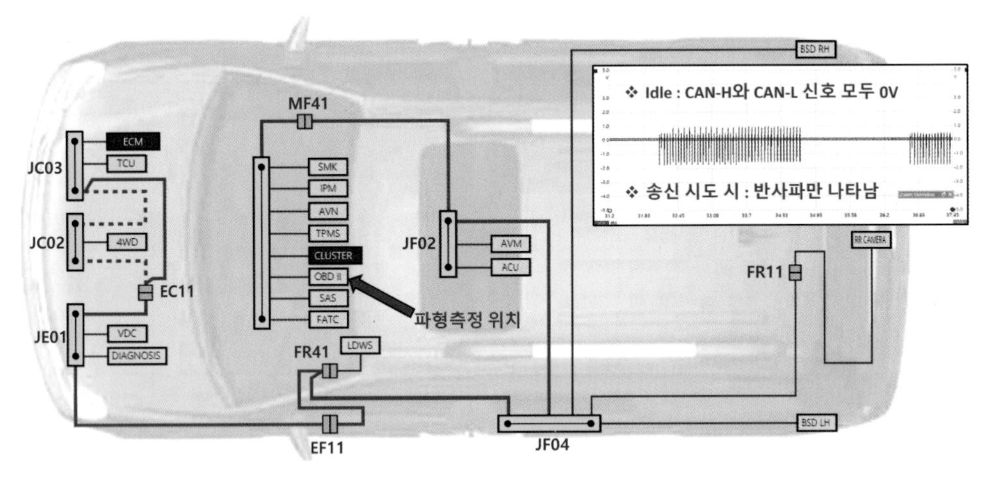

증상 : 자기진단 커넥터에서 C-CAN 통신 불량

ECM	ECM		
CLUSTER	계기판		
TCU	TCM		
4WD	4WD ECM		
DIAGNOSIS	다기능 체크 커넥터		
TPMS	타이어 압력 모니터링 모듈	ACU	에어백 컨트롤 모듈
IPM	IPM	AVN	A/V & 내비게이션 헤드 유닛
AVM	어라운드 뷰 모니터	BSD LH	후측방 경보 레이더LH
FATC	프런트 에어컨 컨트롤 모듈	RR CAMERA	테일 게이트 핸들 스위치 & 번호판등
VDC	VDC 모듈	OBD II	자기 진단 점검 단자
SMK	스마트 키 컨트롤 모듈	SAS	스티어링 앵글 센서
LDWS	차선 이탈 방지 유닛	BSD RH	후측방 경보 레이더RH

ECM : 종단 저항 부하
CLUSTER : 종단 저항 부하
VDC : 제어기 부품 명칭
: 조인트 커넥터
: 하네스 연결 커넥터
: 주선TWIST PAIR
: 주선TWIST PAIR (OPTION)
: SUB TWIST PAIR

그림 Ⅱ – 184 CAN–H 라인이 차체와 단락된 K사 M차량

이렇게 하나였던 네트워크의 물리적 분리(커넥터 분리 또는 해당 노드들의 전원 차단)를 통해 복수의 네트워크를 형성시킨 후 결함이 없는 부분 네트워크와 결함이 있는 부분 네트워크로 구분하는 방법은 라인의 단선, 라인의 저항, 라인의 단락, 라인과 라인의 단락 등 어떤 경우에도 유용한 방법에 해당한다. 다만 분리된 네트워크에 최소 1개 이상의 종단 저항이 존재해야 함은 기본이니 주의한다.

구체적인 사례로 그림 Ⅱ – 184는 K사 M 차량에서 CAN–H 라인이 접지 쪽과 단락된 상태이다. OBD 커넥터에서 모든 통신이 불가한 상태이며, 그림 Ⅱ – 184의 우측 상단부에 있는 파형과 같이 idle 상태에서 CAN–H와 CAN–L 모두 0V로 나타난다. 어떤 노드이든 송신 시도 시 반사파만 나타나는 상태로 CAN–H 라인이 접지 쪽과 단락된 전형적인 상태이다.

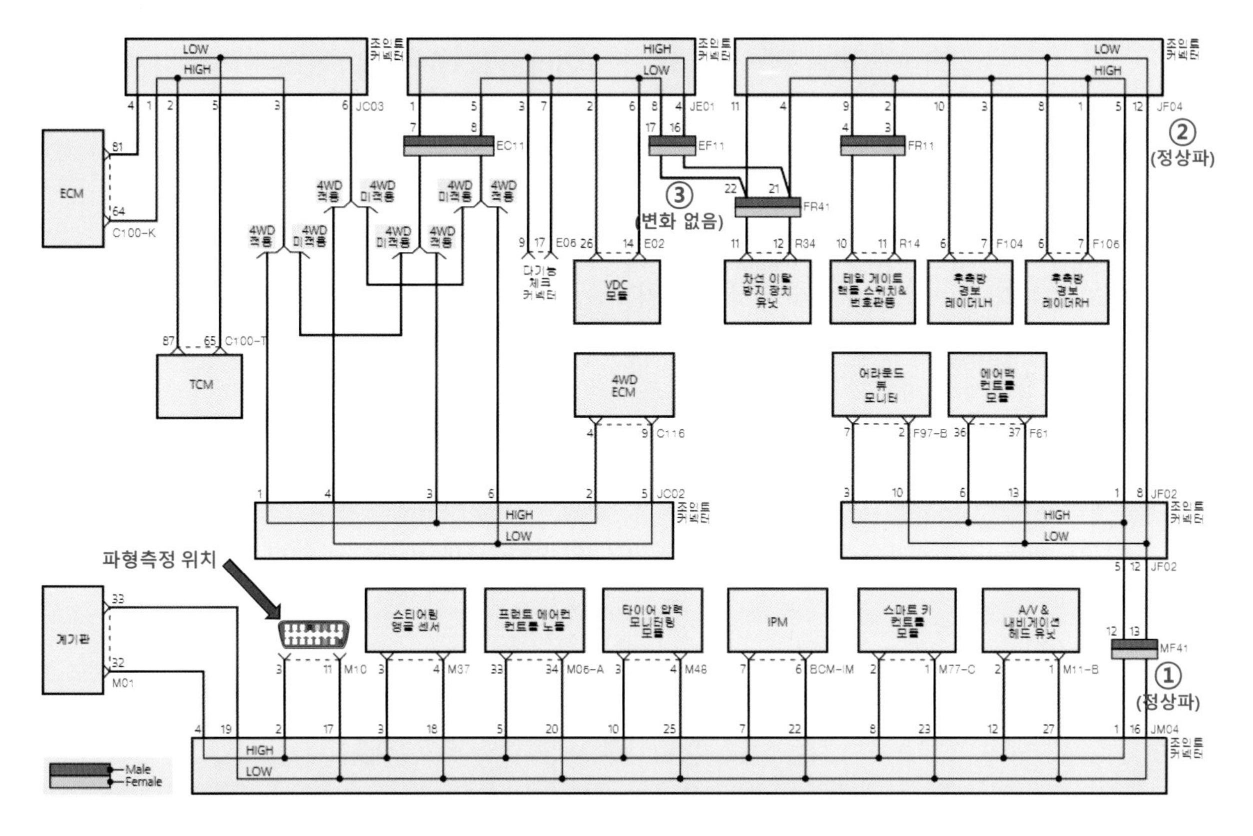

그림 Ⅱ – 185 커넥터 분리 시 변화

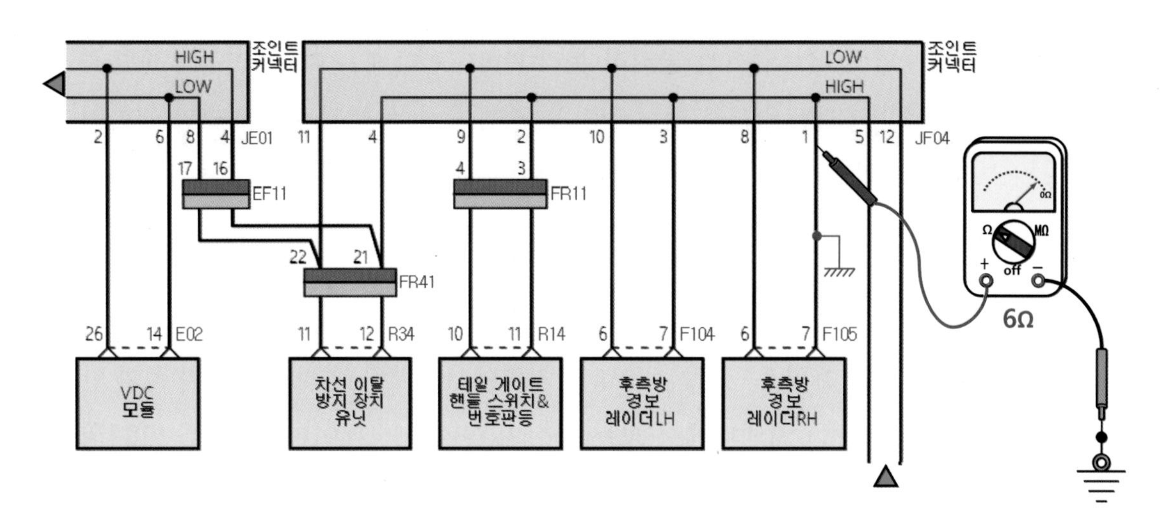

그림 Ⅱ – 186 단락된 CAN–H 라인과 접지 사이의 저항 측정

그림 Ⅱ – 184의 파형과 같이 나타난 상태에서 그림 Ⅱ – 185에 보이는 ①위치의 커넥터와 ②위치의 조인트 커넥터를 각각 분리하였을 때 진폭은 크지만 CAN–H와 CAN–L의 통신 파형이 나타났다. 그러나 ③의 위치에 있는 커넥터를 분리했을 때 그림 Ⅱ – 184의 파형과 같이 CAN–H 라인이 접지 쪽과 단락된 파형이 유지되고 있었다. 결과적으로 OBD 커넥터에서 ②위치의 조인트 커넥터까지 이상이 없고, ②위치의 조인트 커넥터에서 ③위치의 커넥터까지의 어딘가에서 CAN–H 라인이 접지 쪽과 단락된 부분이 존재한다는 뜻이 된다.

최종적인 점검은 그림 Ⅱ – 186과 같이 ②위치의 조인트 커넥터를 분리한 상태에서 접지와 각 CAN– H 라인 간 저항을 측정함으로써 원인을 찾을 수 있다. 이때 조심할 것은 단락이라도 0Ω에 가까울 뿐이지 완벽한 0Ω이 아닐 수 있다는 것이다.

2 라인의 전기적 고장의 응급조치와 수리

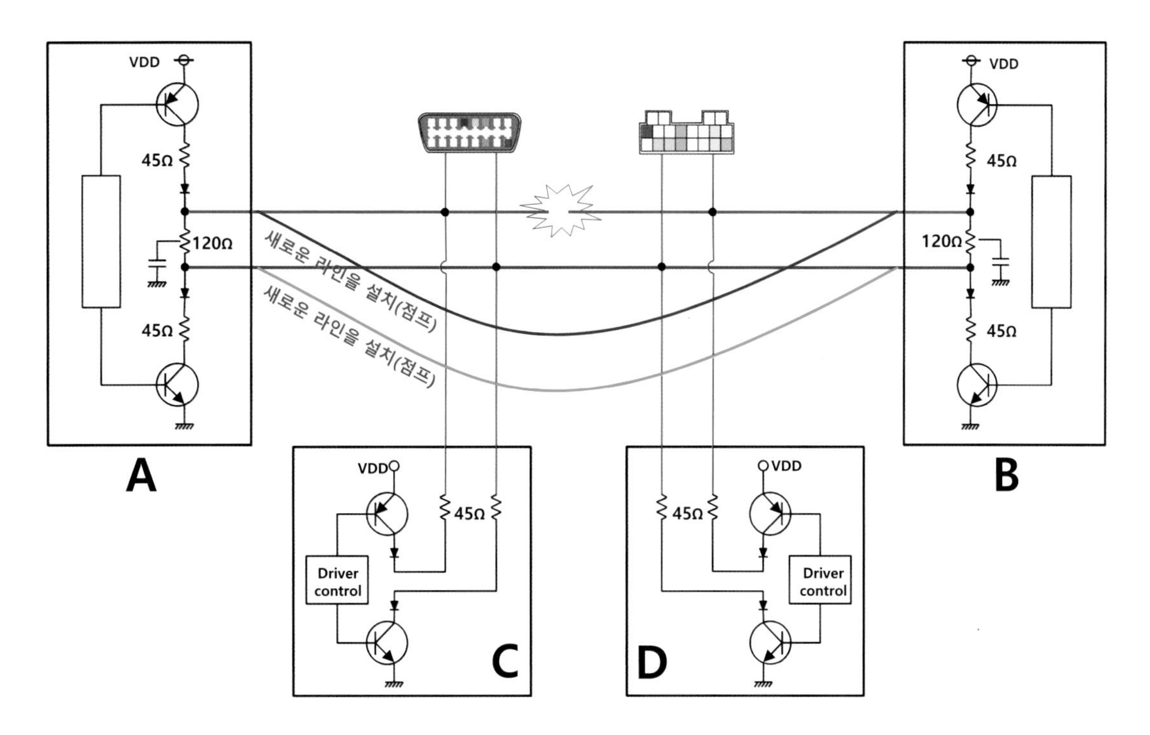

그림 Ⅱ – 187 **종단 저항 노드와 종단 저항 노드의 점프**

권장하는 수리 방법은 아니지만 현장에서 CAN 라인의 결함 발생 시 응급조치 방법으로 가장 유효한 방법은 점프하는 방법이다.

주선의 전기적 결함 중 단선 또는 저항이 존재하는 결함의 경우는 그림 Ⅱ – 187과 같이 종단 저항이 있는 노드끼리 점프, 지선에서 단선 또는 저항의 결함이 존재하는 경우는 주선과 해당 지선 노드 사이에 점프하는 방법이 있다.

다만 단락의 경우는 분리하는 방법이 우선이라 할 수 있어 점프의 방법은 유효하지 않다.

그림 Ⅱ – 188의 사례는 실내의 OBD 커넥터에서 진단기를 이용하였을 때 엔진과 변속기의 통신이 불가하고 나머지 시스템은 정상적으로 통신이 가능한 상태이다.

종단 저항은 청색으로 표시된 엔진 ECU와 계기판 내에 존재하는 시스템으로 회로에서 빨강색 라인은 주선, 노드를 표시한 직사각형 중 파랑색 바탕은 종단 저항이 있는 부분이다. 또한 주선 라인 도중 노랑색 바탕의 직사각형은 조인트 커넥터를 의미한다.

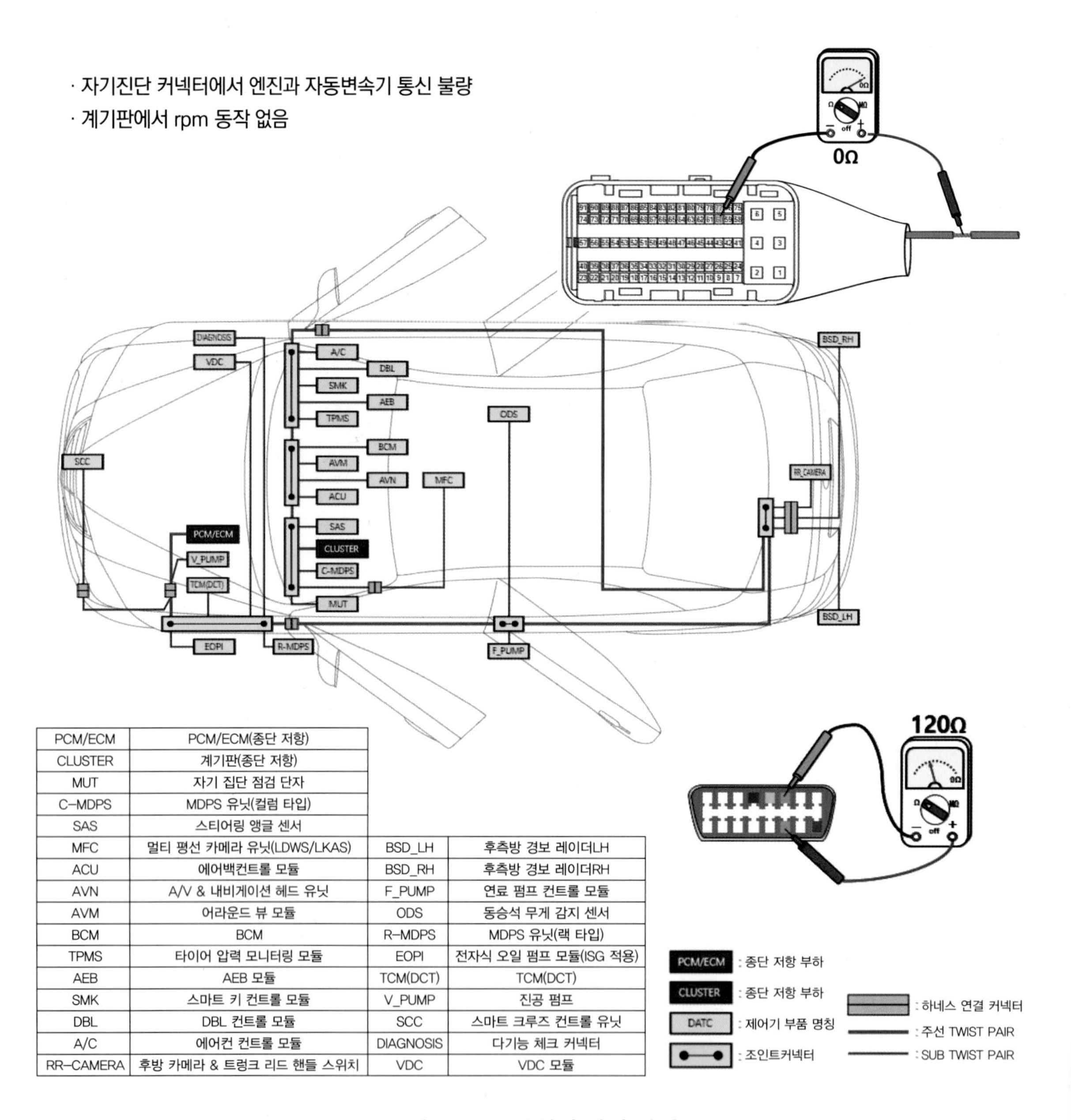

PCM/ECM	PCM/ECM(종단 저항)		
CLUSTER	계기판(종단 저항)		
MUT	자기 집단 점검 단자		
C-MDPS	MDPS 유닛(컬럼 타입)		
SAS	스티어링 앵글 센서		
MFC	멀티 펑션 카메라 유닛(LDWS/LKAS)	BSD_LH	후측방 경보 레이더LH
ACU	에어백컨트롤 모듈	BSD_RH	후측방 경보 레이더RH
AVN	A/V & 내비게이션 헤드 유닛	F_PUMP	연료 펌프 컨트롤 모듈
AVM	어라운드 뷰 모듈	ODS	동승석 무게 감지 센서
BCM	BCM	R-MDPS	MDPS 유닛(랙 타입)
TPMS	타이어 압력 모니터링 모듈	EOPI	전자식 오일 펌프 모듈(ISG 적용)
AEB	AEB 모듈	TCM(DCT)	TCM(DCT)
SMK	스마트 키 컨트롤 모듈	V_PUMP	진공 펌프
DBL	DBL 컨트롤 모듈	SCC	스마트 크루즈 컨트롤 유닛
A/C	에어컨 컨트롤 모듈	DIAGNOSIS	다기능 체크 커넥터
RR-CAMERA	후방 카메라 & 트렁크 리드 핸들 스위치	VDC	VDC 모듈

그림 Ⅱ – 188 주선의 단선 사례

그림 Ⅱ - 188의 경우 종단 저항 점검 시 120Ω이 나타나 주선의 단선이 의심되는 상황이다. 실제 파형에서 전체 신호의 진폭이 정상보다 컸으며, 완전 겹침 파형이 CAN-H 측으로 나타났다. 결과적으로 주선의 CAN-L 라인이 단선된 상황으로 구체적으로는 MDPS는 OBD에서 통신이 가능했기 때문에 엔진 ECU ~ MDPS 사이의 주선에서 CAN-L 라인이 단선된 상태라 할 수 있다.

현실적인 응급조치로 엔진 ECU에서 계기판이 아닌 OBD 커넥터(고장 부위를 점프하면서 가장 편한 곳)까지 점프하여 수리를 시도 하였으나 주선 라인의 점프에도 불구하고 지속적인 결함이 나타났다.

단선이 의심되는 구간의 배선에 대한 저항을 그림 Ⅱ - 188의 우측 상단과 같이 측정한 결과 0Ω으로 나타나 ECU 내부의 단선이거나 커넥터의 핀 불량으로 판단되는 상황까지 이르렀으나, 커넥터 핀의 헐거움이 원인이었다.

결과적으로 라인 간 점프의 방법이 만능은 아니라는 뜻으로 점프하였더라도 커넥터 핀 접점의 조치까지는 완료하지 않은 것이니 주의를 요한다.

CAN 라인에 사용할 전선은 ISO 11898 규격(신호 전파 시간 : 5 ns/m, 라인의 임피던스 1MHz에서 120Ω 등)을 만족하는 전선을 사용하는 것이 좋다. AWG 24(American Wire Gauge, 전선의 생산 시 24회 인발 공정을 거친 굵기의 전선) 수준의 전선을 사용하는 것이 좋다. Twist pair wire의 규정은 실무적으로 큰 문제는 없더라도 1m당 40회 꼬임선을 규정하고 있으니 규정을 지켜 주는 것이 바람직하다.

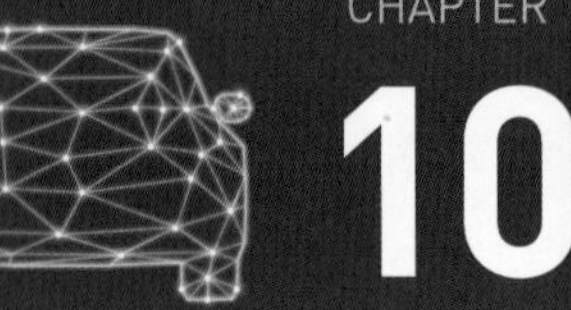

CHAPTER 10

송·수신 가능 여부 점검

1 송신 점검

그림 Ⅱ - 189는 CAN 노드(node)에 해당하는 컨트롤러 단품에 전원을 공급한 후 CAN-H 라인과 CAN-L 라인에 오실로스코프를 연결하여 점검하는 방법이다.

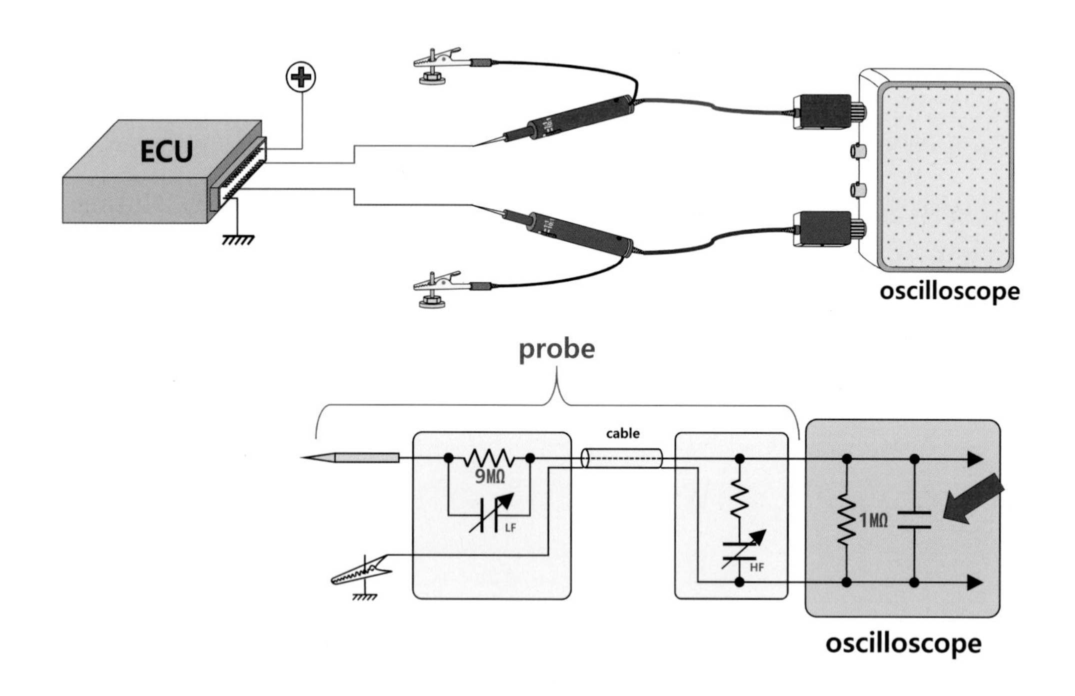

그림 Ⅱ - 189 **컨트롤러에 전원 공급 후 파형 측정**

해당 노드 또는 CAN 라인에 종단 저항이 없다면 오실로스코프의 콘덴서 때문에 그림 Ⅱ - 190과 같이 콘덴서 충 · 방전 파형이 있는 톱니파와 같은 파형이 나타난다.

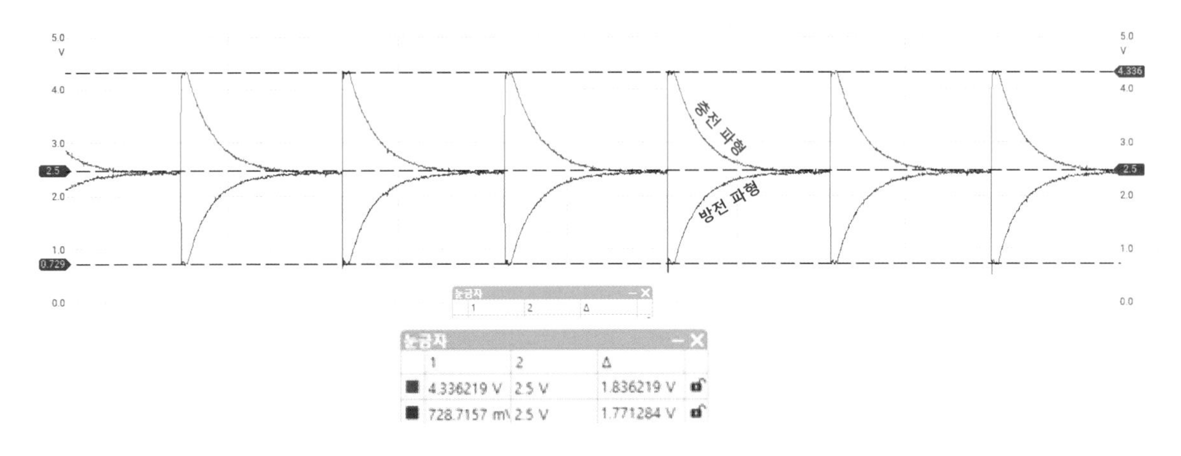

그림 Ⅱ - 190 **네트워크에 종단 저항이 없을 때 파형**

2.5V의 공통 전압이 나타나는 idle 상태에서 프레임의 시작에 해당하는 SOF를 전송하고, ID 필드에서 2진수 '0'에 해당하는 dominant가 아닌 2진수 '1'에 해당하는 recessive 신호를 송신하고자 할 때 라인의 전압이 오실로스코프 내부 콘덴서의 영향으로 CAN-H와 CAN-L 사이의 차동 전압은 일정 시간 0.9V 이상의 전압으로 나타나는 상태가 된다.

이 순간 해당 노드는 송신한 bit의 전압 레벨에 문제가 있음을 감지하기 때문에 송신을 포기한다.

또는 해당 노드가 송신하려던 ID보다 우선하는 ID가 나타난 것으로 판단하고 송신을 포기하는 상태가 된다. 잠시 후 아무도 bus에 데이터를 송신하지 않는 관계로 또다시 송신하려 하지만 오실로스코프 내부 콘덴서의 영향으로 충 · 방전 파형이 나타나 에러 또는 우선권을 가진 ID를 감지한 노드는 송신을 포기하는 과정을 반복하게 된다.

종단 저항이 없는 노드끼리 연결되거나 CAN 라인의 진단 실무에서 2개의 종단 저항과 단절된 상태로 파형을 측정한 경우, 다른 ID로 송신할 수 있어 dominant의 두께만 다를 뿐 그림 Ⅱ - 190에서 보이는 톱니와 같은 파형이 반복된다.

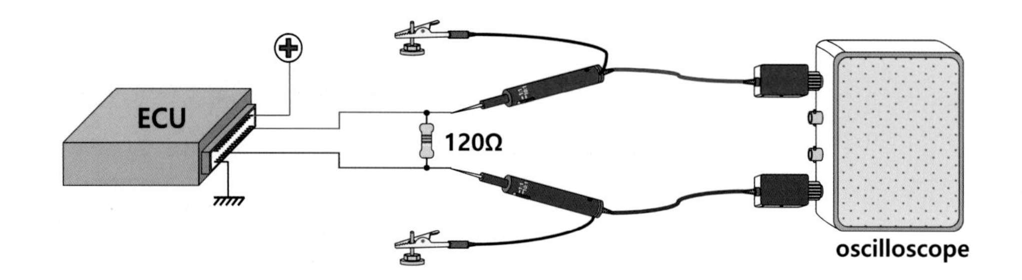

그림 Ⅱ - 191 120Ω의 저항을 연결

그림 Ⅱ - 189의 상황에서 그림 Ⅱ - 191과 같이 CAN-H와 CAN-L 라인의 사이에 120Ω의 저항으로 터미네이션(termination) 처리한 경우 그림 Ⅱ - 192와 같은 파형이 측정된다.

테스트하고자 하는 컨트롤러가 SOF부터 CRC까지의 데이터를 송신하지만 네트워크 내의 수신 노드가 정상적으로 수신하였음을 선언하는 ACK은 CRC 직후 ACK slot에 dominant 신호로 수신자가 전송해야만 프레임을 종료할 수 있다.

하지만 테스트하고자 하는 컨트롤러 단독으로 존재하기 때문에 그림 Ⅱ - 192의 파형에서는 수신자가 송신할 ACK 신호가 없음을 알 수 있다.

종단 저항에 의해 CAN 파형은 정상적으로 나타난다. 하지만 해당 데이터를 수신하고 ACK 신호를 송신할 또 다른 노드가 없는 관계로 데이터를 송신한 노드는 상대가 수신하지 못했을 것으로 판단하고 같은 내용의 데이터를 다시 전송한다.

결과적으로 그림 Ⅱ - 191과 같은 상황에서는 송신한 데이터를 수신할 노드가 없기 때문에 데이터는 하나의 ID에 해당하는 데이터만 무한 반복되는 상황이 된다.

노드의 데이터 송신 가능 여부를 점검할 때 그림 Ⅱ - 191과 같이 전원을 연결한 후 120Ω의 종단 저항을 CAN-H와 CAN-L 라인 사이에 연결(내장된 종단 저항이 있는 경우 제외)한다. 파형 측정 시 익숙한 CAN 통신 파형이 나타나면 정상적으로 송신이 가능한 것으로 판단할 수 있다.

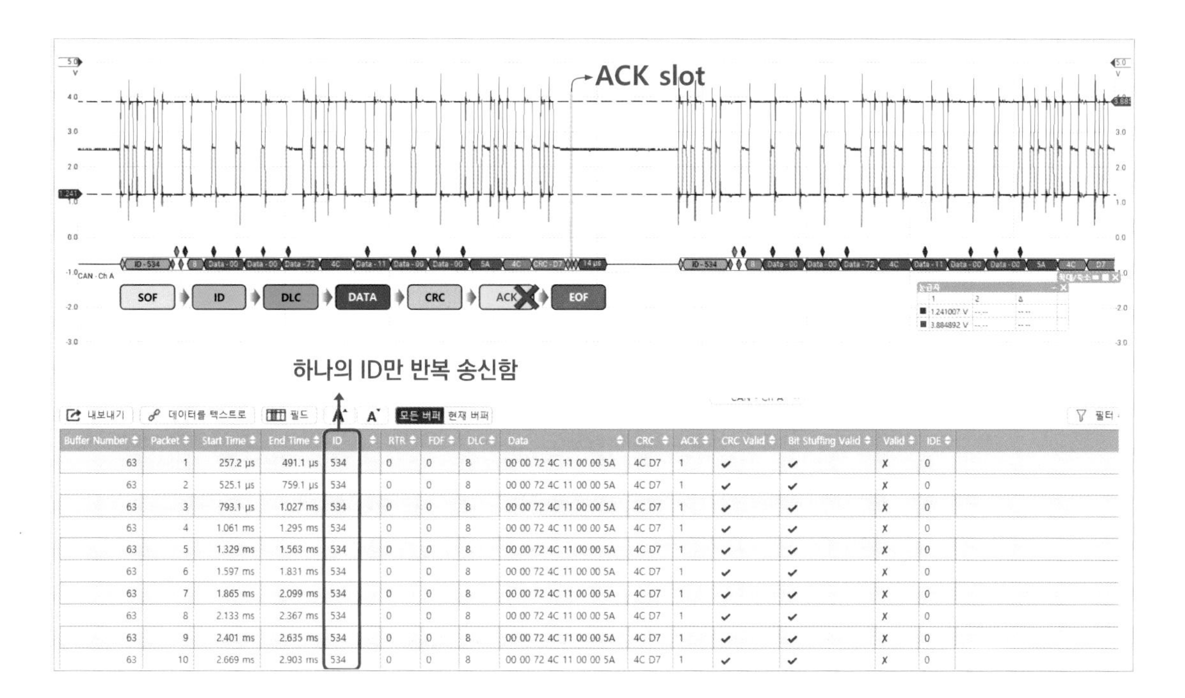

Buffer Number	Packet	Start Time	End Time	ID		RTR	FDF	DLC	Data	CRC	ACK	CRC Valid	Bit Stuffing Valid	Valid	IDE
63	1	257.2 µs	491.1 µs	534		0	0	8	00 00 72 4C 11 00 00 5A	4C D7	1	✔	✔	✗	0
63	2	525.1 µs	759.1 µs	534		0	0	8	00 00 72 4C 11 00 00 5A	4C D7	1	✔	✔	✗	0
63	3	793.1 µs	1.027 ms	534		0	0	8	00 00 72 4C 11 00 00 5A	4C D7	1	✔	✔	✗	0
63	4	1.061 ms	1.295 ms	534		0	0	8	00 00 72 4C 11 00 00 5A	4C D7	1	✔	✔	✗	0
63	5	1.329 ms	1.563 ms	534		0	0	8	00 00 72 4C 11 00 00 5A	4C D7	1	✔	✔	✗	0
63	6	1.597 ms	1.831 ms	534		0	0	8	00 00 72 4C 11 00 00 5A	4C D7	1	✔	✔	✗	0
63	7	1.865 ms	2.099 ms	534		0	0	8	00 00 72 4C 11 00 00 5A	4C D7	1	✔	✔	✗	0
63	8	2.133 ms	2.367 ms	534		0	0	8	00 00 72 4C 11 00 00 5A	4C D7	1	✔	✔	✗	0
63	9	2.401 ms	2.635 ms	534		0	0	8	00 00 72 4C 11 00 00 5A	4C D7	1	✔	✔	✗	0
63	10	2.669 ms	2.903 ms	534		0	0	8	00 00 72 4C 11 00 00 5A	4C D7	1	✔	✔	✗	0

그림 Ⅱ – 192 종단 저항은 있으나 수신할 상대가 없는 경우

2 송·수신 점검

CAN 노드는 통신 속도가 같은 경우 상대의 송신 데이터에 대한 ACK를 발송(CAN analyzer도 동일함)하기 때문에 별도의 코딩과 같은 처리 없이 네트워크 구성이 가능하다.

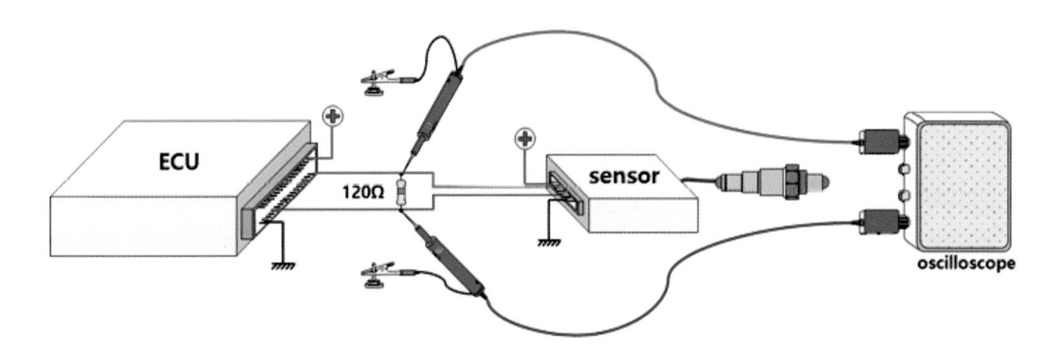

그림 Ⅱ – 193 **종단 저항이 없는 노드간 연결**

그림 Ⅱ – 193은 H사의 G8○ 차량의 에어백 ECU와 K사의 카니○ 차량의 PM 센서를 연결한 것을 보이고 있다. 서로 다른 차량과 다른 시스템에 존재하는 노드이지만 통신 속도가 500kbps로 같기 때문에 노드 간 연결 시 그림 Ⅱ – 194와 같이 송 · 수신 데이터를 확인할 수 있다.

여러 노드로 구성된 실제 자동차의 CAN 토폴로지(topology) 상황에서 CAN 통신 파형은 복수의 노드가 ACK를 송신하기 때문에 매 프레임의 ACK 신호는 SOF ~ CRC까지 bit의 전압 진폭보다 큰 것을 볼 수 있다. 그러나 그림 Ⅱ – 193과 같은 상황은 1:1 통신인 관계로 그림 Ⅱ – 194의 파형에서 ACK bit 전압 진폭이 다른 bit의 진폭과 같음을 알 수 있다.

그림 Ⅱ – 193과 같은 방법은 노드의 송수신 가능 여부의 점검뿐만 아니라 특정 컨트롤러의 송신 ID를 조사하고자 할 때 유용하다.

통신 속도가 같으며 어떤 ID의 데이터를 송신하는지 이미 알고 있는 노드를 준비한다. 어떤 ID를 송신하는지 조사할 컨트롤러와 1:1 연결하고, 파형을 측정하면 해당 컨트롤러의 송신 ID를 쉽게 파악할 수 있다.

또한 상대 송신 데이터에 대하여 ACK 발송 여부를 확인할 수 있어 실제 차량의 네트워크에 설치하였을 때 정상적 송 · 수신 가능 여부를 점검할 수 있다.

만약 CAN analyzer를 사용한다면 별도의 노드 필요 없이 조사하고자 하는 컨트롤러와 CAN analyzer를 1:1 연결만으로 손쉽게 송신 ID를 조사할 수 있다.

CAN analyzer도 하나의 노드에 해당하고, analyzer는 송신하지 않으면서 상대의 송신 데이터에 대하여 ACK 신호를 발송할 수 있기 때문이다.

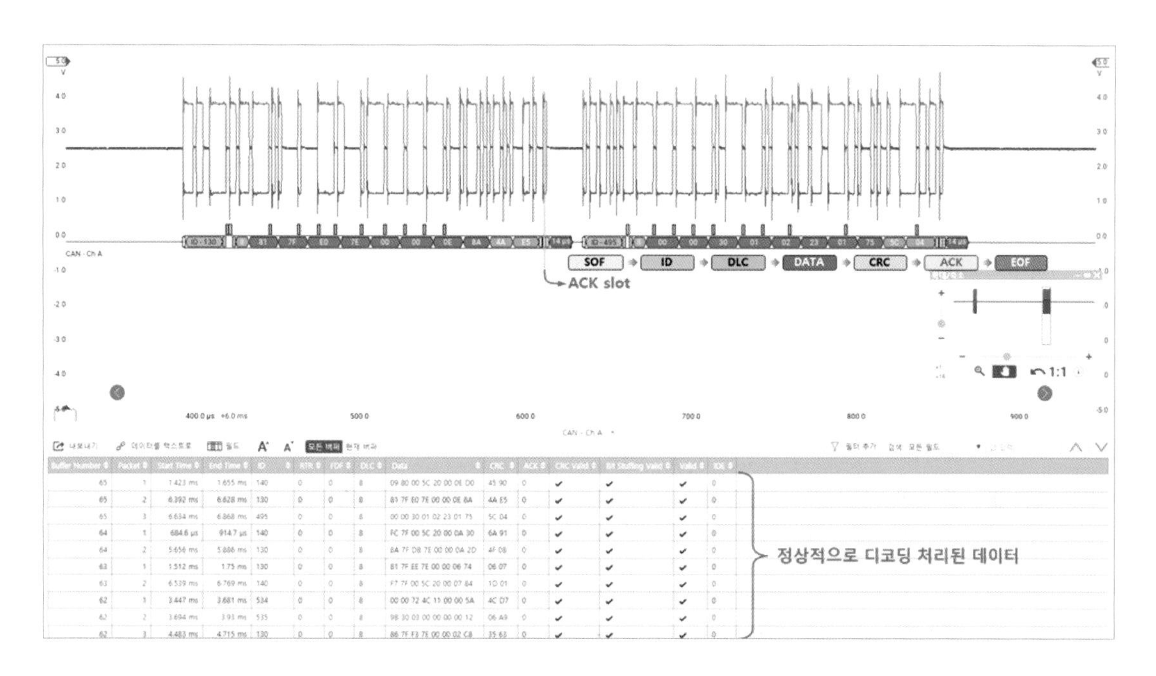

그림 Ⅱ – 194 **상호 ACK 발송으로 정상적인 송 · 수신 데이터를 보임**

CAN Communication Waveform Analysis & Reverse

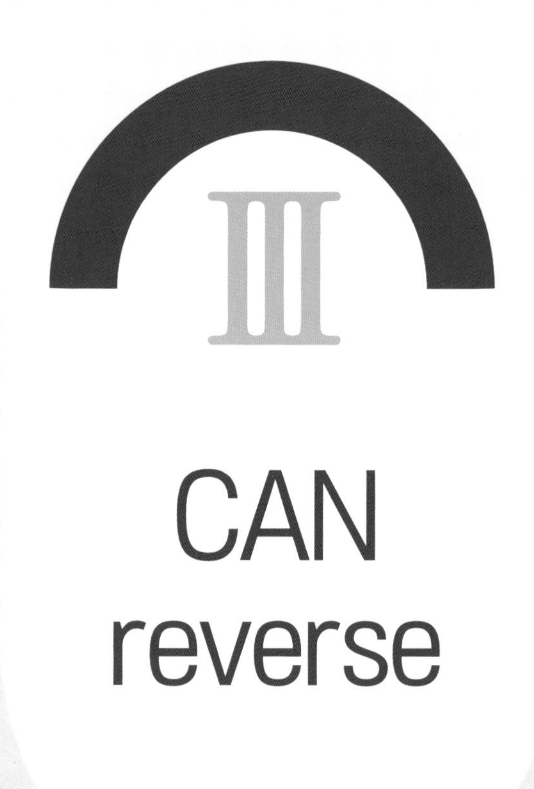

III CAN reverse

모든 통신은 2진법을 이용하여 송 · 수신하고 있다. 사양서나 analyzer 등에서는 16진수를 주로 사용하고, 사람은 10진수에 익숙하기 때문에 2진수 ↔ 10진수 ↔ 16진수의 변환 방법을 숙지해야만 한다.

CAN의 데이터 변환에서 $y = ax + b$의 1차 방정식을 이용하고 있어 데이터 변환 시 scale과 offset 값의 추정이 매우 중요하다.

데이터의 분석이나 해석에서 데이터 길이를 추정하는 것도 중요하지만 byte order에 따라 값이 달라질 수 있다. 또한 정수의 표현에서 sign형과 unsign형이 있음을 주의해야 한다.

CHAPTER 01 리버스를 위한 기초

멀티미터와 오실로스코프의 역할이 다르듯 자동차 진단기(scan-tool)와 CAN 애널라이저는 그 목적과 기능에서 서로 다르다.

자동차 진단기는 주로 DTC 읽기와 기록 삭제, 센서 데이터의 디스플레이, 강제구동, 시스템 업데이트 등 고장진단 및 수리에 특화된 장비이다. 그러나 CAN 애널라이저도 상대적으로 부족하나마 자동차 진단기가 할 수 있는 대부분 기능에 대한 구현이 가능하다.

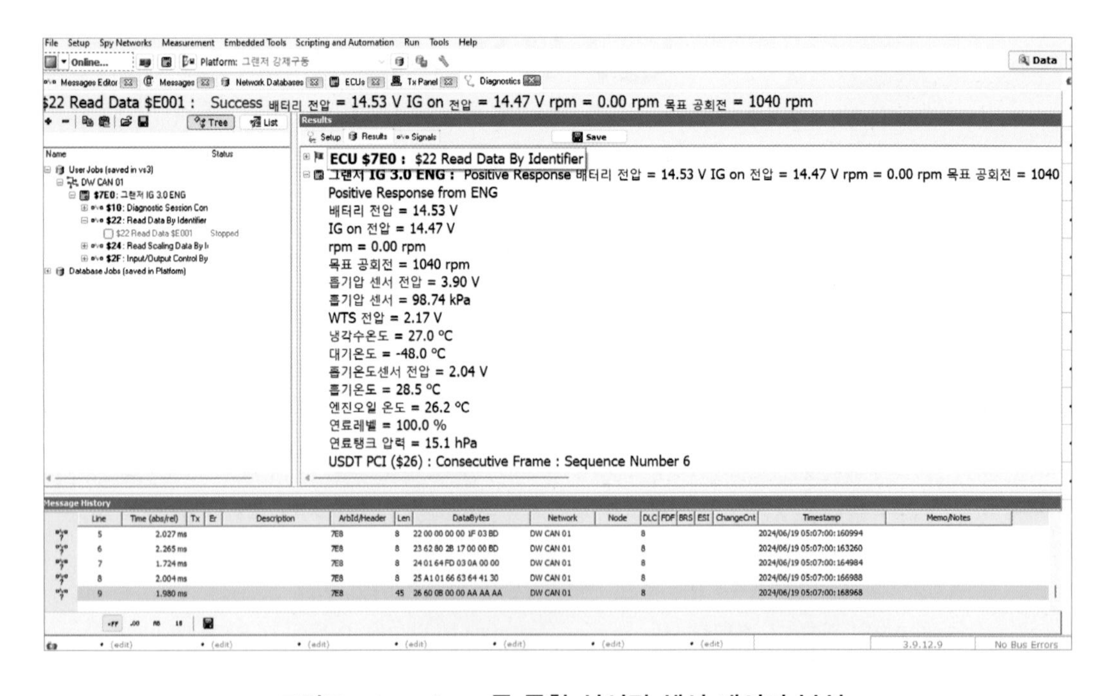

그림 Ⅲ-1 analyzer를 통한 실시간 센서 데이터 분석

모든 CAN 프로토콜을 사용하는 송 · 수신 데이터에 대하여 **스니핑**(sniffing) **기능**을 통한 트래픽(traffic)의 감시 또는 분석, 특정 ID 또는 특정 byte를 변경하여 전송할 수 있다. 여러 프레임에 대하여 임의 데이터를 전송하여 반응을 살펴보는 퍼징(Fuzzing) 기능 등을 이용하여 리버스 엔지니어링(reverse engineering)이 가능하고, DBC(CAN Database)를 작성하거나 비교할 수 있다.

ECU 내부 변수의 취득(Measurement)뿐 아니라 Calibration도 가능하여 제어 맵핑 데이터의 변경, 시스템 업데이트가 가능하다.

여러 채널로부터 동시에 들어오는 버스 트래픽을 관찰하고 장시간 기록 및 분석을 수행할 수 있을 뿐만 아니라 대화형 데이터를 구축할 수 있다. 동시에 여러 개의 ECU 대용으로 데이터의 송 · 수신이 가능하여 gateway 기능으로도 활용할 수 있다.

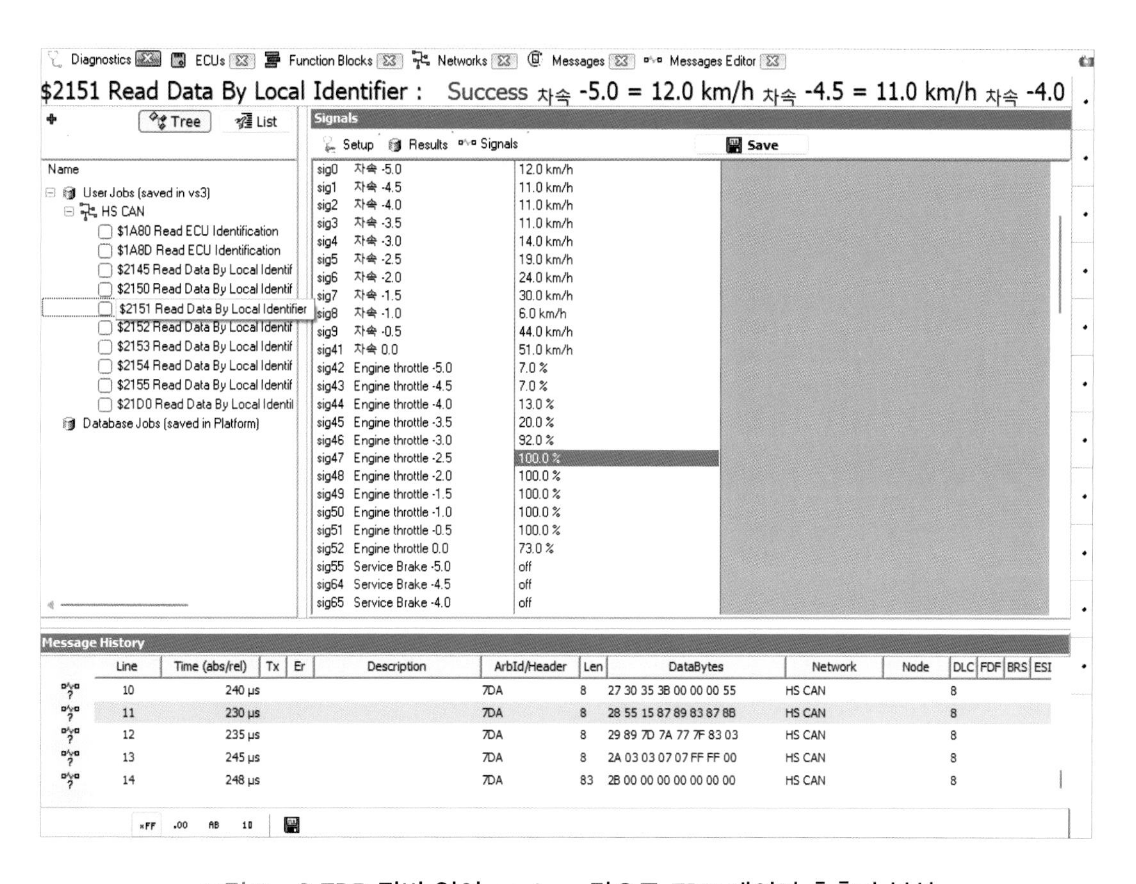

그림 Ⅲ - 2 EDR 장비 없이 analyzer만으로 EDR 데이터 추출과 분석

1 숫자의 표기법(Notation)

수를 표현할 때 약속된 기호(숫자, 문자)를 사용하며, 수를 헤아리거나 기록할 때 자릿수가 올라가는 단위를 기준으로 하는 셈의 진법을 사용한다.

우리는 일상적으로 **10진수**(decimal)의 진법을 사용하고 있으나 시계는 12진수와 60진수의 조합, 컴퓨터는 **2진수**(binary)와 8진수(octal), **16진수**(hexadecimal)가 있으나 주로 2진수와 16진수를 사용하고 있다.

CAN에서도 마찬가지로 실제 전송은 '1'과 '0'만으로 표현하는 2진법으로 신호를 송 · 수신한다. 하지만 2진수는 큰 수의 표현에서 자릿수를 많이 차지하므로 신호의 모니터, 전송, 사양, 분석 등에서는 16진수를 사용하고, 센서 데이터와 같이 사람에게 알려야 할 때 10진수로 환산하여 표시한다.

몇 진수인지 표시하고자 하는 경우 프로그래밍 언어인 C++에서와 같이 2진수는 숫자 앞에 '0b'를 추가한다. 예를 들어 10진수 12의 숫자를 2진수로 표기하면 '0b1100'이 된다.

8진수의 경우는 숫자 앞에 '0'을 추가하여 10진수 12는 '014'와 같이 표기한다. 한편 **16진수**의 경우는 숫자 앞에 '0x' 또는 '$'을 사용한다. 따라서 10진수 12의 경우 '0x0C' 또는 '$0C'로 표시한다.

정리하면 0으로 시작하는 숫자는 8진수, 십진수에서 맨 앞은 0을 쓰지 않으므로 1 ~ 9 사이의 숫자로 시작하면 10진수, 0x가 앞에 있으면 16진수이다. 2진수의 표현은 잘 사용하지 않지만 C++과 같은 언어에서 0b의 접두어를 사용한다.

표 Ⅲ-1 진수 변환

Decimal	Binary	Hexadecimal
0	0000	0
1	0001	1
2	0010	2
3	0011	3
4	0100	4
5	0101	5
6	0110	6
7	0111	7
8	1000	8
9	1001	9
10	1010	A
11	1011	B
12	1100	C
13	1101	D
14	1110	E
15	1111	F

표 Ⅲ－2 진법의 비교

구분	Binary	Decimal	Hexadecimal
단계	0 ~ 1 : 2단계	0 ~ 9 : 10단계	0 ~ 9, A ~ F : 16단계
용도	네트워크 신호 차동 전압 인식 각종 디지털 정보 (on/off 등)	스캔툴 데이터 DBC ID 정보 전달 디스플레이	각종 ID : SID, DID, PID, LID, MID 등 DTC 정보 사양 정보
표시법	10진수 100 : 0b01100100	100	10진수 100 : 0x64 또는 $64
4bit 최대값	1111 → 15	9999	0xFFFF → 65535

10진법은 각 자리의 숫자가 0 ~ 9까지 존재하고, 9 이후 1만큼 증가하면 한 자리를 늘려면서 10으로 표시한다. 마찬가지로 2진수는 0과 1만 존재하기 때문에 10진수 7에 해당하는 0b111 이후 1만큼 증가하면 한 자리 수를 늘려면서 0b1000으로 표시한다.

한편 16진수는 0 ~ 9까지는 10진수와 같지만 10진수의 9 이후부터는 대문자 알파벳을 사용하여 10은 A, 11은 B, 12는 C, 13은 D, 14는 E, 15는 F로 표현하여 10진수의 0 ~ 15까지를 0 ~ 9의 숫자와 알파벳 대문자 A ~ F까지 사용하여 1자리 숫자나 문자로 표현한다.

2 정보의 단위

Bit는 정보의 최소 단위로 0과 1을 표시하는 2진수의 1자리에 해당한다. 0과 1을 표시하는 자리가 4개인 nibble의 경우 4bit(2^4 = 16)이므로 구분의 단계가 16단계(0 ~ 15)에 해당하고 16진수의 1자리를 표현하기에 적합한 bit에 해당하여 실제 2진수를 16진수로 변환할 때 1개의 nibble(4bit) 단위로 처리한다.

그림 Ⅲ－3에서 4개의 S/W 동작에 따라 각 라인에 전압을 인가하거나 그러하지 않을 수도 있다. S/W on에 의해 전압이 인가된 경우 '1', 전압이 인가되지 않은 경우를 '0'이라 할 때 4개의 입력 라인은 각각의 bit에 해당한다.

각 라인은 '0'과 '1'의 2가지 경우 수가 존재하고, 4개의 라인이 존재하므로 경우 수는 2의 숫자에 bit 수 승수만큼의 경우 수가 발생한다. 따라서 4bit는 16단계 경우의 수가 발생한다. 그림Ⅲ- 3의 S/W 입력의 경우 위쪽이 상위 bit이고, 상위 bit부터 표시하면 0b1101이므로 10진수로는 13, 16진수로는 0x0D가 된다.

문자를 표현하는 최소의 단위에 해당하는 8bit(2^8 = 256)는 byte라 하며, 구분의 단계는 0b00000000(=0x00)부터 0b11111111(=0xFF)까지 256단계(0 ~ 255)에 이른다.

대부분의 문자는 ASCII(American Standard Code for Information Interchange) 코드를 기본으로 적용하고 있다. 한편 단어(Word)는 일반적으로 16bit, double word는 32bit, quad word의 경우는 64bit를 사용한다.

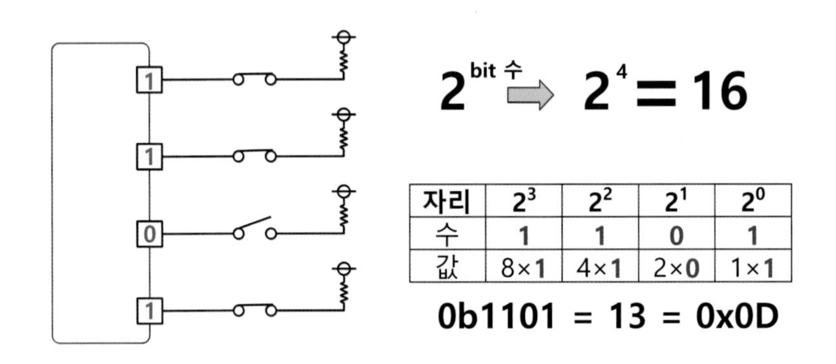

자리	2^3	2^2	2^1	2^0
수	1	1	0	1
값	8×1	4×1	2×0	1×1

그림Ⅲ- 3 4bit 신호

정보의 저장은 주로 문자나 숫자로 입력하여 저장하기 때문에 정보의 저장 능력을 byte 단위로 표현하는 것이 일반적이다.

메모리 또는 파일의 크기를 표현할 때 2^{10}byte는 1024byte이나 1kbyte라 표현한다. 2^{20}byte는 1,048,576byte이나 1Mbyte로 구분하고 있어 2^{30}byte는 1Gbyte라 표현하지만, 통신분야 또는 저장 장치 제조 업계에서는 10^9byte를 1Gbyte라 한다.

대부분의 통신 분야에서 8bit인 byte 단위로 전송하고 있다. CAN에서는 그림Ⅲ-4와 같이 **최상위 비트**(MSB, Most Significant Bit)를 좌측, **최하위 비트**(LSB, Least Significant Bit)는 우측에 둔다. 즉, MSB와 LSB는 어떤 데이터의 가장 왼쪽에 있는 비트인지 혹은 가장 오른쪽에 있는 비트인지에 대한 것을 의미한다.

표Ⅲ-3 bit 수와 경우의 수

bit	범위	단계
1	0 ~ 1	$2^1 = 2$
2	0 ~ 3	$2^2 = 4$
3	0 ~ 7	$2^3 = 8$
4	0 ~ 15	$2^4 = 16$
5	0 ~ 31	$2^5 = 32$
6	0 ~ 63	$2^6 = 64$
7	0 ~ 127	$2^7 = 128$
8	0 ~ 255	$2^8 = 256$
9	0 ~ 511	$2^9 = 512$
10	0 ~ 1023	$2^{10} = 1024$
11	0 ~ 2047	$2^{11} = 2048$
12	0 ~ 4095	$2^{12} = 4096$
13	0 ~ 8191	$2^{13} = 8192$
14	0 ~ 16383	$2^{14} = 16384$
15	0 ~ 32767	$2^{15} = 32768$
16	0 ~ 65535	$2^{16} = 65536$

이것은 CAN 리버스 엔지니어링에서 매우 중요한 내용으로 1byte 단위의 데이터 분석에서는 MSB와 LSB의 위치가 명확하지만 여러 byte를 사용하는 데이터 또는 byte 단위가 아닌 여러 bit를 사용하는 데이터의 분석에서 혼돈할 수 있다. protocol에 따라 MSB의 위치가 별도로 지정된 경우가 있어 주의를 요한다.

CAN 데이터에 실려있는 정보는 on/off 신호와 같은 디지털 신호, 수치로 표현되는 아날로그 신호, 제어 상태나 동작 상태 정보가 정의된 대한 데이터, 문자 코드 등이 송 · 수신된다.

디지털 신호는 on/off 신호로 대응되는 1bit의 데이터가 대부분이다. 그러나 nibble이나 byte 데이터 길이 중 1bit만을 사용하는 경우도 있다. 제어 상태나 동작 상태에 대한 정보는 경우 수에 맞게 코딩된 데이터가 전송될 것이므로 적게는 2bit 많게는 8bit가 될 수 있다.

사양 정보, S/W version, VIN(vehicle identification number) 등은 문자(ASCII 코드)로 전송되기 때문에 대부분 byte 단위로 전송된다.

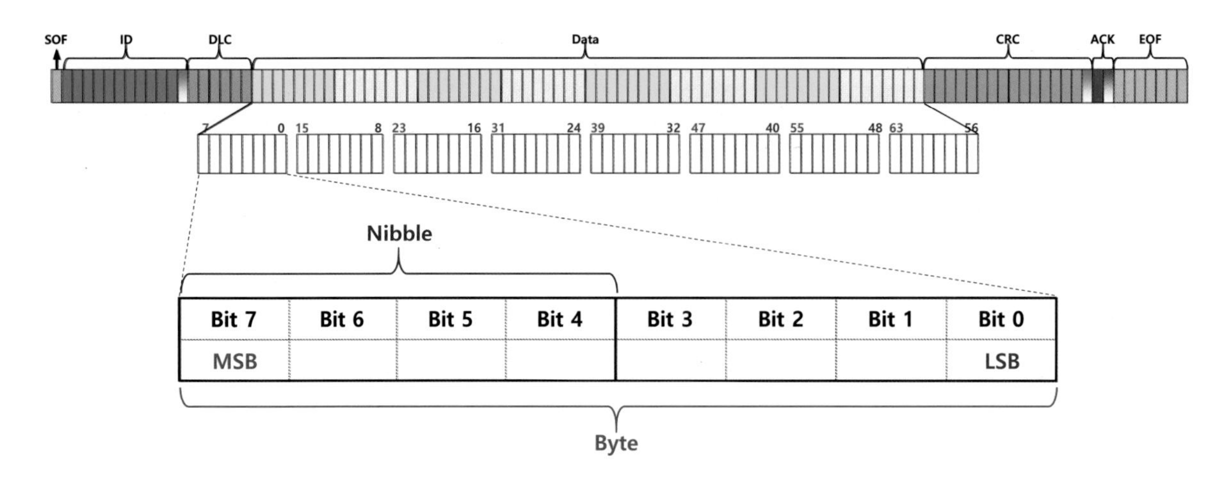

그림 Ⅲ－4 정보의 기본 단위

아날로그 신호는 제어시스템 또는 컨트롤러로 구성된 네트워크에서 정보의 정밀도에 따라 그 성능이 좌·우 될 것이므로 데이터의 요구 분해 정도에 따라 사용하는 데이터 bit 수가 결정된다.

참고로 센서와 컨트롤러 사이에서 사용되는 SENT(Single Edge Nibble Transmission)뿐만 아니라 대부분의 센서 신호 데이터는 12bit 이상의 분해능(resolution)을 가지고 있다.

표 Ⅲ－4 시간 데이터의 bit 사용 예시

구분	bit	최대값
년	12	0 ~ 4095
월	4	0 ~ 15
일	5	0 ~ 31
시	5	0 ~ 31
분	6	0 ~ 63
초	6	0 ~ 63
ms	10	0 ~ 1023

시간을 표시하는 데이터의 예로 표 Ⅲ－4와 같이 표시할 데이터의 범위에 따라 bit 수가 정해진다. 한편 기타 정보는 표 Ⅲ－5와 같은 분해능을 가지고 있다.

데이터의 분해능과 관련한 간단한 예로서 0 ~ 100%까지 표현하는 그림 Ⅲ－5의 APS(Accelerator Position Sensor) 신호를 1byte의 크기로 송·수신할 경우 0%는 0x00, 100%는 10진수의 255에 해당하는 0xFF로 대응될 것이므로 100 ÷ 255 = 0.3921568627이 되어 1단계의 수치가 높아지면 APS의 출력값은 약 0.39%의 수치가 증가한다.

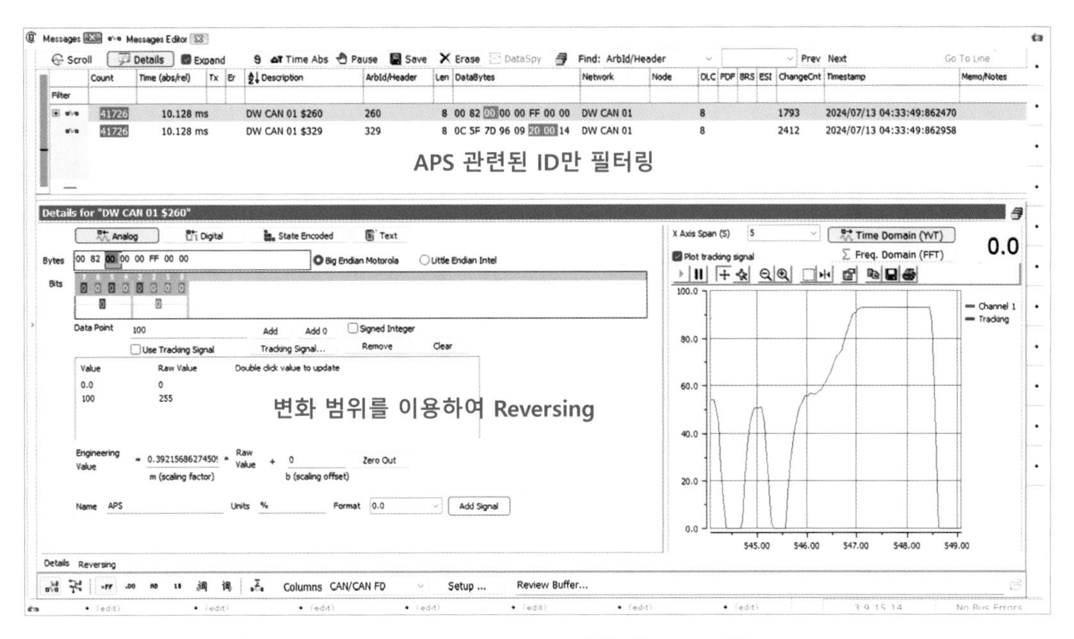

그림 Ⅲ-5 APS 신호가 있는 ID의 추출과 APS 신호 reversing

표 Ⅲ-5 일반적인 데이터 bit 사용 예

bit	범 위	용 도 (예)
1	0, 1	각종 on/off 정보
2	0 ~ 3	상태 정보(예 : 0(off), 1(좌측), 2(우측), 3(양방향))
3	0 ~ 7	상태 정보(예 : 변속 레버 위치 정보, 와이퍼 속도 정보)
4	0 ~ 15	상태 정보(예 : 블로워 모터 제어 상태, 변속단)
5	0 ~ 31	시간(일, 시)
6	0 ~ 63	S/V 전류, 시간(분, 초)
7	0 ~ 127	상태 정보, 각도, 거리
8	0 ~ 255	일반적인 신호
9	0 ~ 511	상태 정보(예 : 충·방전전류, EV 셀 전압)
10	0 ~ 1,023	상태 정보(예 : 총 주행 가능 거리, 정지거리)
11	0 ~ 2,047	전력(kW)
12	0 ~ 4,095	(분해능 12bit) 센서 정보
13	0 ~ 8,191	모터 토크(N·m)
14	0 ~ 16,383	DC 전류
15	0 ~ 32,767	충··방전전류(mA)
16	0 ~ 65,535	정밀을 요하거나 큰 수치의 일반적인 신호
20	0 ~ 1,048,575	구간 또는 총 주행거리
24	0 ~ 16,777,215	총 주행거리, kWh
32	0 ~ 4,294,967,295	총 운행시간(초)

3 자리값(Place value)

그림 Ⅲ- 3의 1nibble(4bit)을 표현한 2진수에서 맨 좌측은 2^3자리, 좌측으로부터 2번째는 2^2자리, 3번째는 2^1자리, 맨 우측은 2^0자리에 해당한다. 상위 bit에 해당하는 좌측으로 bit가 늘어날 때마다 bit 수가 n이라 할 때 2^{n-1}의 자리가 늘어나는 구조이다.

즉 **진수별 자리**(bit)가 늘어날수록 상위 bit에 해당하는 n번째 자리값은 진수를 밑으로 하는 n-1 승의 값이 된다.

10진수 1253은 최하위 자리가 $10^0 = 1$의 자리이고, 최상위 자리는 $10^3 = 1000$의 자리이다. 1253의 숫자는 '1'이 1253개가 있음을 의미하고, 1000이 1개, 100이 2개, 10이 5개, 1이 3개가 있다는 의미이기도 하다.

또한 4자리를 2자리씩 나누어 2자리 중 가장 낮은 자리의 숫자가 의미하는 크기에 대한 개수의 합으로도 해석된다. 즉 그림 Ⅲ- 6에 표시된 1253의 숫자는 2자리씩 나누었을 때 100이 12(A)개, 1이 53(B)개가 있다는 뜻이기도 하다.

결과적으로 $(A \times 10^2) + (B \times 10^0)$의 형태로도 해석할 수 있다. 다만 $10^0 = 1$이기 때문에 $(A \times 10^2) + B$ 형태로 계산한다.

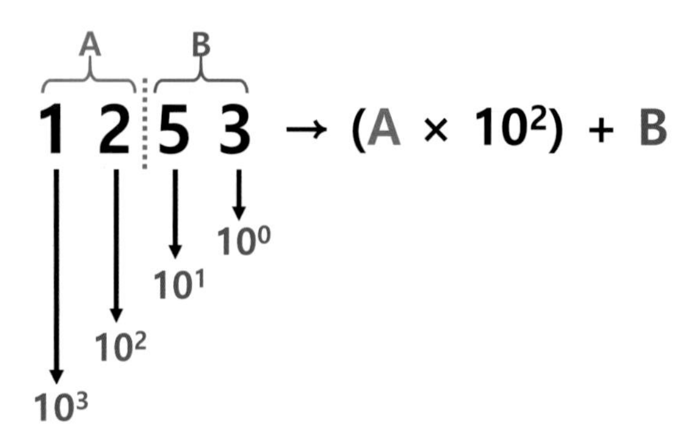

그림 Ⅲ- 6 **자리수의 분해**

그림 Ⅲ- 7은 일반적으로 많이 사용하고 있는 2byte의 데이터를 10진수로 변환하는 방법을 보이고 있다.

0b1001001111100110 = 0x93E6에 대한 10진수로의 환산에서 진법 계산기를

이용할 경우 16진수 그대로 입력했을 때 10진수로 자동 변환하겠지만 OBD Ⅱ PID(Parameter ID) 등의 환산식에서는 전송된 16진수를 byte 별 10진수로 환산 후 앞에서 설명한 $(A \times 16^2) + B$ 형태로 계산하는 것으로 표시되어져 있다. 그러나 표Ⅲ－6에 나타난 $(A \times 256) + B$ 형태의 계산식은 결국 16진수로 표시된 2byte의 데이터를 10진수 환산한다는 의미이다.

표Ⅲ－6 OBDⅡ 주요 PID의 환산식 예

PID	설 명	Min	Max	단위	데이터 환산식
0x04	Calculated engine load value	0	100	%	(A * 100) / 255
0x05	Engine Coolant Temperature	-40	215	° C	A - 40
0x0C	Engine RPM	0	16383.8	rpm	((A * 256) + B) / 4
0x0D	Vehicle speed	0	255	km/h	A
0x0E	Timing Advance(relative to #1 cylinder)	-64	63.5	°	(A/2) - 64
0x0F	Intake air Temperature	-40	215	° C	A - 40
0x10	MAF air flow rate	0	655.35	g/s	((A * 256) + B) / 100
0x11	Throttle Position	0	100	%	(A * 100) / 255

그림Ⅲ－7의 2진수 데이터는 16진수로 환산할 때 nibble 단위로 읽어 0x93E6가 된다. 16진수를 2자리씩 나누었을 때 A 영역은 0x93(=147)에 해당하고, 이 영역에서 2진수 bit의 최소 자리값은 28에 해당하므로 256의 값이 된다. 따라서 A 영역의 값은 0x93을 10진수로 환산한 값인 147에 256를 곱하여 37632가 된다.

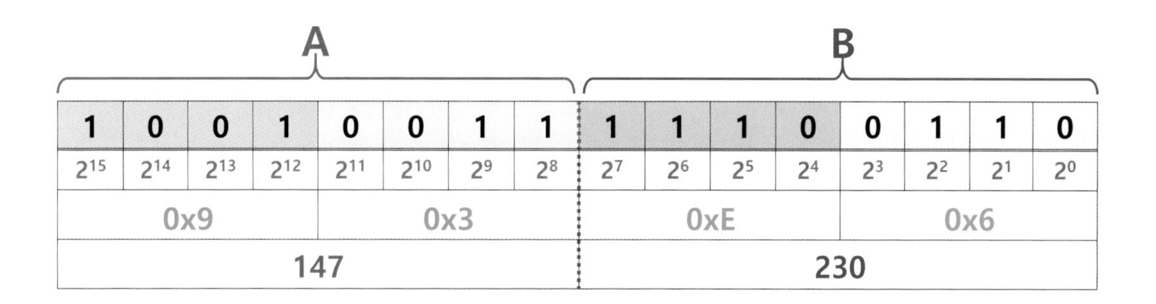

그림Ⅲ－7 0b1001001111100110 = 0x93E6의 구조와 환산 방법

한편 B(0xE6 = 230) 영역에 해당하는 2진수 bit의 최소 자리의 수는 2^0에 해당하므로 1의 값이 된다.

따라서 B 영역의 값인 0xE6(=230)를 10진수 환산한 값은 230에 1을 곱하여 230이 된다. 결과적으로 0x93E6은 A 영역과 B 영역의 합이므로 37862의 값이 된다.

$$(A \times 256) + B \rightarrow (147 \times 256) + 230 = 37862$$

4 엔디안(Endian)

엔디안은 계란의 뭉툭한 끝(big-end)을 먼저 깨느냐 아니면 뾰족한 끝(littel-end)을 먼저 깨느냐의 사소한 다툼을 벌이는 사람들에서 유래된 말이다. '끝'을 뜻하는 end와 '어떤 성질을 띄고 있다'는 의미의 -ian의 접미사로 구성된 단어로서 연속된 대상을 배열하거나 저장하는 방법을 뜻하여 컴퓨터 분야에서는 byte의 순서(byte order)로 불린다.

일반적으로 사람이 숫자를 쓰는 방법과 같이 큰 단위의 byte를 맨 앞에 위치하는 빅 엔디안(big-endian)과 작은 단위가 앞에 나오는 리틀 엔디안(little-endian)으로 나눌 수 있다. 그러나, 정보 통신에서는 최상위 비트(MSB, Most Significant Bit)가 있는 byte부터 읽는 것을 빅 엔디안(big-endian), 최하위 비트(least significant Bit)가 있는 byte부터 읽는 것을 리틀 엔디안(little-endian)이라 하고, 일반적으로는 byte order로 통용되지만 컴퓨터 뿐만 아니라 CAN과 같은 통신 분야 등에서 bit order의 데이터도 존재한다.

그림Ⅲ- 8은 big endian과 little endian의 이해를 돕기 위한 그림으로 bit order일 때 0b1100으로 전송된 정보에 대하여 big endian은 0b1100(=12), little endian으로 처리한 경우는 최하위 비트(least significant bit)부터 처리해야 하므로 0b0011(=3)이 된다.

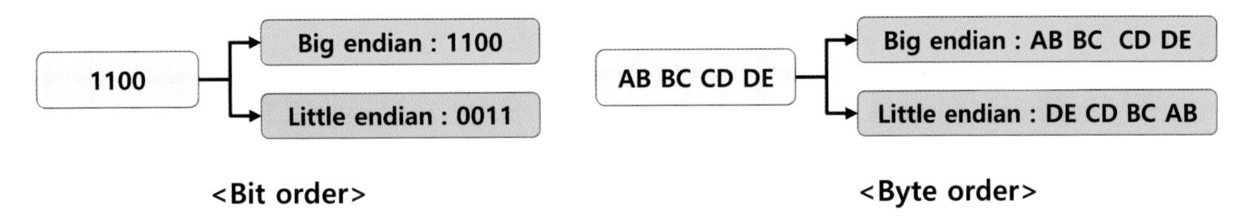

그림Ⅲ- 8 big endian과 little endian 처리 방식

반면 byte order의 경우는 0xABBCCDDE의 4byte로 구성된 1개의 데이터에 대하여 big endian은 좌측 byte부터 0xABBCCDDE로 된다. 하지만 little endian은 맨 뒤쪽 byte부터 처리하므로 0xDECDBCAB가 하나의 정보가 된다. 1byte로 구성된 데이터가 0xAB일 때 big endian과 little endian 무관하게 0xAB로 처리된다.

Byte order에서 8bit, 16bit, 24bit, 32bit 등으로 구성된 데이터는 byte 단위이므로 big endian과 little endian의 byte order의 해석이 용이하다. 다만 하나의 정보가 byte 단위가 아닌 9bit, 10bit, 11bit, 12bit 등 byte 경계를 초과하는 경우 읽는 방식에 따라 큰 차이가 발생할 수 있어 주의가 필요하므로 일반적인 해석방법을 알아본다.

CAN에서 정보의 시작 bit와 byte 순서를 고려하여 읽어야 한다. Byte 순서는 낮은 byte 번호부터 높은 byte 번호 순서로 전송하고, byte 내에서 MSB-first 방식(7-6-5-4-3-2-1-0)으로 전송한다. 10진수 1253에서 1000을 의미하는 최고 높은 자리의 수인 '1'을 맨 좌측에 표기하듯 CAN에서도 송 · 수신되는 데이터의 상위 byte와 상위 bit의 위치는 좌측에 있다.

정보의 분석에서 데이터의 시작 위치를 표시하는 시작 bit의 번호와 데이터 길이를 잘 파악해야만 올바른 데이터를 추출할 수 있다. 그림 Ⅲ-9는 시작 bit가 각각 0번 bit와 23번 bit, 데이터 길이는 동일하게 12bit일 때 사례로 0번 bit부터 시작하는 데이터는 little endian, 23번 bit부터 시작하는 데이터는 big endian의 데이터이다.

구분	#0 byte								#1 byte								#2 byte								#3 byte							
Bit 번호	7	6	5	4	3	2	1	0	15	14	13	12	11	10	9	8	23	22	21	20	19	18	17	16	31	30	29	28	27	26	25	24
Byte 내 bit 전송방법	7	6	5	4	3	2	1	0	7	6	5	4	3	2	1	0	7	6	5	4	3	2	1	0	7	6	5	4	3	2	1	0
Binary data	0	1	0	1	1	1	0	0	0	0	0	0	1	0	1	1	0	1	0	1	1	1	0	0	0	0	0	0	1	0	1	1
Hexadecimal	5C								0B								5C								0B							

■ : MSB ■ : LSB

❖ 시작 bit 0, 데이터 길이 12bit, little endian (0|12@1+)

구분	#0 byte								#1 byte							
Bit 번호	7	6	5	4	3	2	1	0	15	14	13	12	11	10	9	8
Byte 내 bit 전송방법	7	6	5	4	3	2	1	0	7	6	5	4	3	2	1	0
data 추출 순서	8	7	6	5	4	3	2	1					12	11	10	9
읽는 순서	5	6	7	8	9	10	11	12					1	2	3	4
Binary data	0	1	0	1	1	1	0	0	0	0	0	0	1	0	1	1
data	1011 0101 1100 → 0xB5C															

❖ 시작 bit 23, 데이터 길이 12bit, big endian (23|12@0+)

구분	#2 byte								#3 byte							
Bit 번호	23	22	21	20	19	18	17	16	31	30	29	28	27	26	25	24
Byte 전송방법	7	6	5	4	3	2	1	0	7	6	5	4	3	2	1	0
Data 추출 순서	1	2	3	4	5	6	7	8	9	10	11	12				
읽는 순서	1	2	3	4	5	6	7	8	9	10	11	12				
Binary data	0	1	0	1	1	1	0	0	0	0	0	0	1	0	1	1
data	0101 1100 0000 → 0x5C0															

그림 Ⅲ-9 bit order의 데이터 분석

데이터의 추출 방법에서 little endian은 시작 bit로부터 높은 bit 번호의 순으로 데이터 길이만큼 bit를 추출(LSB 기준 좌측으로 데이터 길이만큼 추출)한다. 반면 big endian은 시작 bit로부터 우측으로 데이터 길이만큼의 bit를 추출한다.

읽거나 해석하는 방법은 little endian의 경우 오른쪽 하위 byte부터 시작하고, 높은 bit 위치 번호부터 낮아지는 bit 위치 번호의 순으로 읽는다. big endian의 경우는 시작 bit 위치 번호로부터 우측으로 읽는다.

0번 bit에서 15번 bit까지 2byte로 구성된 0x5C0B의 송·수신 데이터에서 시작 bit 0번, little endian, 12bit 길이의 데이터 위치는 그림 Ⅲ-9의 중간 그림과 같고 그 결과는 0xB5C가 된다. 반면 16번 bit에서 31번 bit까지 2byte로 구성된 0x5C0B의 송·수신 데이터에서 시작 bit 23, big endian, 12bit 길이의 데이터 위치는 그림 Ⅲ-9의 맨 아래의 그림과 같고 그 결과는 0x5C0가 된다.

구분	#0 byte							
Bit 번호	7	6	5	4	3	2	1	0
Byte 내 bit 전송방법	7	6	5	4	3	2	1	0
Binary data	0	1	0	1	1	1	0	0
Hexadecimal	5C							

❖ **little endian**

구분	#0 byte							
Bit 번호	7	6	5	4	3	2	1	0
Byte 내 bit 전송방법	7	6	5	4	3	2	1	0
data 추출 순서	8	7	6	5	4	3	2	1
읽는 순서	1	2	3	4	5	6	7	8
Binary data	0	1	0	1	1	1	0	0
data	0101 1100→ 0x5C							

❖ **big endian**

구분	#0 byte							
Bit 번호	7	6	5	4	3	2	1	0
Byte 전송방법	7	6	5	4	3	2	1	0
Data 추출 순서	1	2	3	4	5	6	7	8
읽는 순서	1	2	3	4	5	6	7	8
Binary data	0	1	0	1	1	1	0	0
data	0101 1100→ 0x5C							

그림 Ⅲ－10 1 byte 데이터

그림 Ⅲ－10은 1byte의 데이터로 0b01011100이므로 0x5C의 데이터이다. 이 데이터는 big endian과 little endian의 bit 추출 방법과 무관하게 동일한 0x5C로 읽고 해석된다. 1개의 byte로 구성된 데이터이기 때문에 big endian과 little endian의 각 시작 bit 번호가 다르고 데이터 bit 추출 방향이 다르지만 1byte로 구성된 데이터는 그림 Ⅲ－10과 같이 그 결과가 동일하다.

5 정수(Integer)의 표현

숫자의 표현에서 정수라는 말은 '손대지 않은'을 의미하는 라틴어에서 유래한 것으로 in-('아님')과 tangere('만지다')의 합성어로 정수는 **양의 정수**(1, 2, 3, ..., n), **음의 정수**(-1, -2, -3, ..., -n), 0으로 구성된 수의 체계를 말한다.

개수 또는 수량 등의 정수 데이터 전송에서 상황에 따라 양의 수와 음의 수를 전송하여야 할 필요성에도 불구하고 2진 숫자 체계를 사용하는 bit 문자열 데이터의 변환에서 양의 수만 존재한다. 음수의 데이터를 전송하는 방법으로 크게 bit 열의 멘 앞 시퀀스(sequence)에 '+' 또는 '-'를 의미하는 부호를 표현하여 전송하는 sign형과 양의 정수만을 전송하여 데이터 수신 후 약속된 환산식의 옵셋(offset) 값에 의해 음수로 표현되는 unsign형이 있다.

(1) unsign type

Sign은 signum(라틴어로 '부호'를 의미)의 줄임말로 수학에서 주어진 실수의 부호가 양수인지 음수인지 또는 주어진 숫자 자체가 0인지에 따라 -1, +1 또는 0의 값을 갖는 **함수**이다.

부정을 뜻하는 접두사 'un-'이 있기 때문에 unsign형은 음수를 사용하지 않는다는 의미이다. unsign형은 양의 값인지 음의 값인지를 구분하는 부호 bit를 사용하지 않기 때문에 숫자의 표현에서 절대값 범위가 크고, 수신된 2진수 또는 16진수를 10진수로 환산하여 그대로 사용한다.

그림 Ⅲ-11에서 ①의 경우는 1byte(= 8bit)로 0 ~ 255까지 양의 수만을 전송하는 경우로 전체 변화량을 256단계로 분해하는 데이터이다.

한편 CAN 데이터의 환산은 대부분 1차 방정식을 이용한다. 예를 들어 0 ~ 5000mV까지 변화하는 전압 신호를 전송한 것이라면 1단계의 변화마다 약 19.6mV(= 5000 ÷ 255)로 scale(그림 Ⅲ-11의 1차 방정식에서 a) 값에 해당한다.

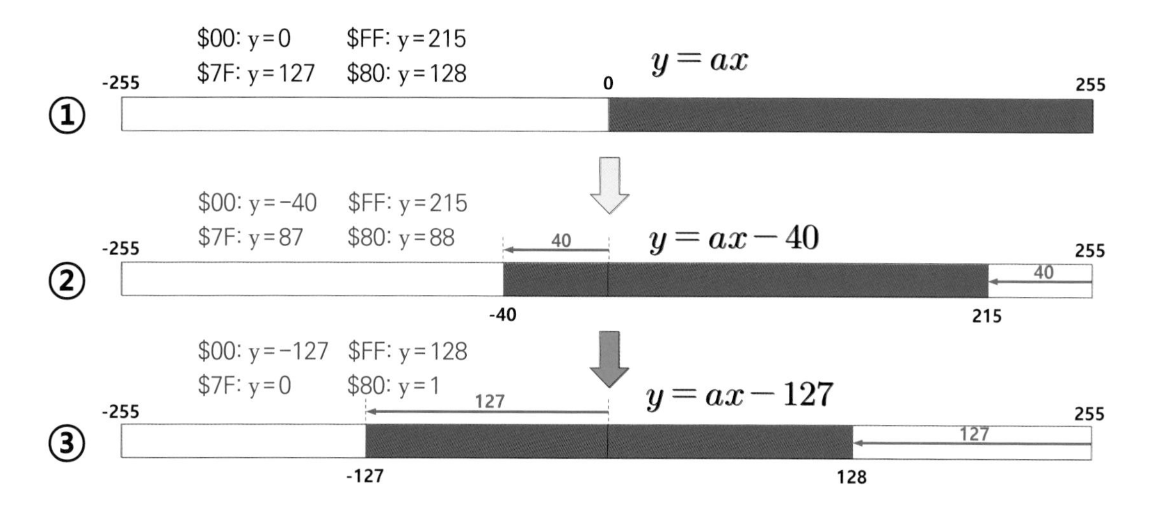

그림Ⅲ-11 8bit 데이터의 예

$y=ax+b$형태의 1차 방정식에서 offset(b = 0)이 없다고 가정했을 때 0x80(0x80 = 128 = x)의 값이 수신된 경우 수신된 전압 신호는 $y=ax+b$에 대입하면 약 2.5V (= $(19.6mV\times128)+0$)가 된다. 또 다른 예로 0 ~ 100%까지 변화하는 데이터의 경우 한 단계당 약 0.39215(= 100 ÷ 255)의 값이 scale 값에 해당하므로 0x1A(= 26)의 데이터가 전송된 경우 데이터 값은 약 10%(= 0.39215×26)에 해당한다.

②의 경우는 −40만큼 offset 시킨 경우로 주로 양의 값이지만 약간의 음수 영역이 필요한 냉각수 온도나 흡입 공기 온도 등과 같은 데이터의 전송에 사용하는 예이다.

온도 데이터로 전송된 값이 0x3C(= 60)이고, $y=ax+b$ 형태의 1차 방정식에서 x값이 1의 변화가 있을 때 y의 값도 1℃가 변화한다면 scale 값은 1이 된다. offset 값인 b는 −40이므로 방정식 $y=x-40$으로 표현할 수 있다. 이 방정식에 x의 값으로 0x3C(= 60)를 대입하면 $y=60-40=20$이므로 데이터의 환산값은 20℃가 된다.

③은 127만큼 offset한 경우로 −127 ~ 128까지 음의 값과 양의 값이 대칭적인 데이터 전송에 사용한다.

(2) sign type

sign 형식의 정수는 그림Ⅲ-12에 보이는 바와 같이 데이터의 맨 앞자리에 양의 수 또는 음의 수 여부를 0(양의 수)과 1(음의 수)로 표현하는 방식이다.

1byte의 데이터에서 맨 앞 bit를 부호로 사용하기 때문에 실제 숫자의 표현은 7bit(128단계)만으로 표현한다. 그러므로 맨 앞 부호 bit가 0인 상태에서는 0부터 127까지 128단계, 맨 앞 부호 bit가 1인 상태에서는 -128부터 -1까지 128단계가 존재한다.

표Ⅲ-7 sign형 데이터 범위

bit 수(n)		데이터 범위
8	$2^8 = 256$	-128 ~ 127
9	$2^9 = 512$	-256 ~ 255
10	$2^{10} = 1024$	-512 ~ 511
11	$2^{11} = 2048$	-1024 ~ 1023
12	$2^{12} = 4096$	-2048 ~ 2047
13	$2^{13} = 8192$	-4096 ~ 4095
14	$2^{14} = 16384$	-8192 ~ 8191
15	$2^{15} = 32768$	-16384 ~ 16383
16	$2^{16} = 65536$	-32768 ~ 32767

즉, 양의 데이터는 맨 앞 bit가 0이고, 나머지 7bit로 표현하되기 때문에 최소값은 0이 7개인 0000000이고, 최대값은 1이 7개인 1111111이므로 sign형의 1byte로 표현하면 2진수로 00000000 ~ 01111111까지의 128단계 범위가 된다.

음의 데이터는 맨 앞 bit가 1이고, 나머지 7bit로 표현되기 때문에 최소값은 0이 7개인 0000000이다. 최대값은 1이 7개인 1111111이므로 sign형 1byte로 표현하면 2진수로 10000000 ~ 11111111까지의 128단계 범위가 존재한다.

'0'의 경우는 '-' 부호를 사용하지 않으므로 1byte의 sign형에서 양의 데이터는 10진수로 0 ~ 127까지 존재한다. 반면 음의 데이터는 -128 ~ -1까지의 범위를 가진다.

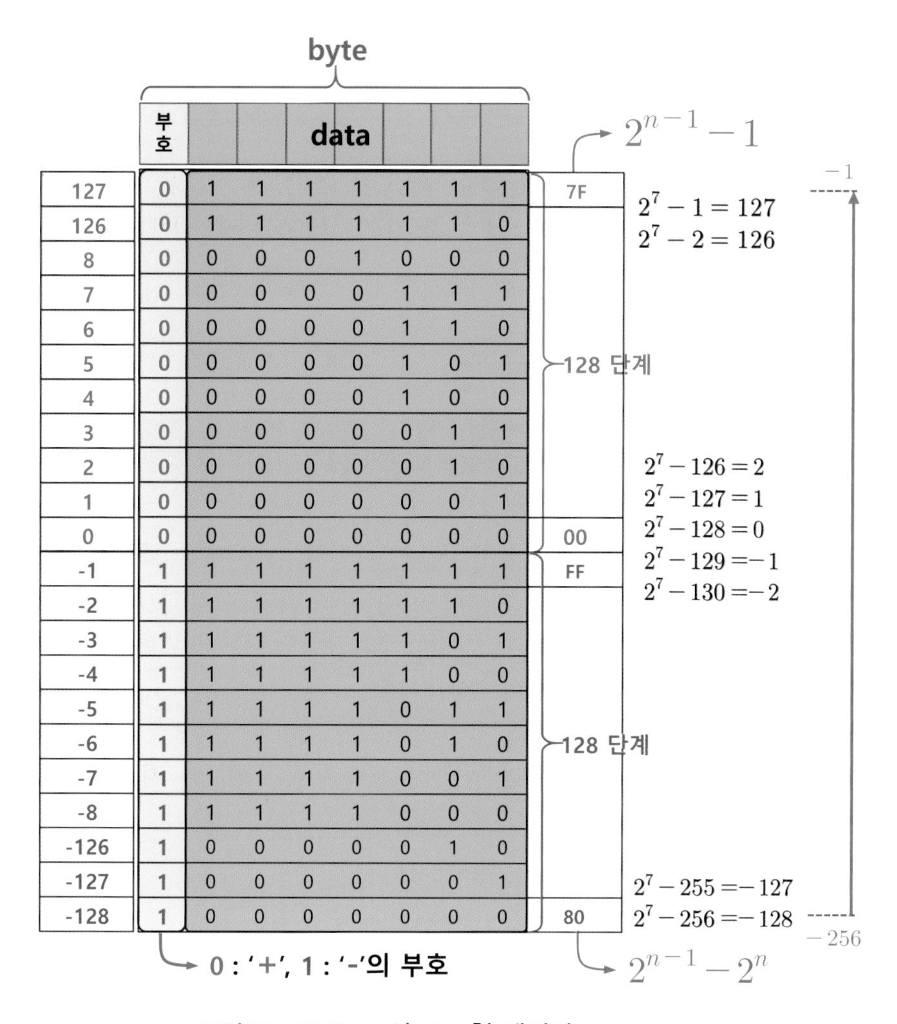

그림Ⅲ- 12 1byte의 sign형 데이터

부호 bit를 포함한 총 데이터 bit 수가 n개라고 할 때 그림Ⅲ- 12에서와 같이 전송되는 정수의 최대값은 $2^{n-1}-1$, 최소값은 $2^{n-1}-2^n$으로 표현된다.

그림Ⅲ- 12에서 1byte의 구성 중 맨 앞 bit는 부호를 나타내는 bit이므로 최대값인 127은 2진수로 01111111이고 16진수로는 0x7F이다. 한편 양의 bit 부호를 가진 값 중 가장 낮은 값은 0x00으로 10진수로는 0이 된다.

sign형 데이터에서의 최소값은 음의 수이므로 맨 앞 부호 bit가 1이지만 정수를 나타내는 데이터 부분은 모두 0이어야 하므로 2진수로 10000000이고 16진수로는 0x80, 10진수로는 -128이 된다. 한편 부호 bit가 1인 음의 수에서 가장 높은 수는 2진수로 11111111이므로 16진수로는 0xFF이지만 10진수로는 -1이 된다.

2byte(16bit)로 어떤 정수 데이터를 표현한다면 full scale 값에 대하여 총 65536 단계로 분해가 가능할 것이다. 데이터가 sign형 정수로 표현되었다면 최소값은 $\mathbf{2^{16-1}-2^{16}=-32768}$이고, 2진수로 1000000000000000이므로 16진수로는 0x8000이 된다. 최대값은 $\mathbf{2^{16-1}-1=32767}$이고, 2진수로 0111111111111111이므로 16진수로는 0x7FFF가 된다.

6 부동 소수(Float)

(1) 부동소수점과 지수

소수점이 있는 숫자의 표기법은 소수점의 위치에 따라 크게 고정 소수점 방식과 부동소수점(Float, 浮動小數點) 방식 2가지로 나뉜다.

고정 소수점 방식은 정수부와 소수부를 구분하는 점으로 고정되어 사용하는 방법으로 일상적인 소수점 사용 방법과 동일하고 소수점 이하 몇 자리까지 표시할지 미리 결정해야 한다.

계산에 사용하는 숫자들의 자릿수가 비슷하거나 정수 위주의 계산인 경우, 그리고 소수점 이하 자리에 큰 의미가 없을 때 유용하나 소수점 이하 자리가 0일 때에도 모든 소수부 전체가 표시되기 때문에 수식이 길어지는 단점이 있다.

- **일상의 표기법**(normal notation) : 0.0005
- **과학적 표기법**(SCI, Scientific Notation) : 가수(假數, mantissa, 부동소수에서 유효 자리 수) 부분은 1 ~ 10미만으로 사용하고 소수점 2째 자리까지 표시

$$0.0005 = 5.00 \times 10^{-4} = 5.00E-4,\ 50000 = 5.00 \times 10^{4} = 5.00E+4$$

- **공학적 표기법**(ENG, Engineering Notation) : 과학적 표기법과 비슷하나 G, M, k, m, u 등 단위 앞에 사용하는 접두어 사용 예와 같이 지수(n)를 3의 배수만 사용

$$0.0005 = 500 \times 10^{-6} = 500E-6,\ 50000 = 50 \times 10^{3} = 50E+3 = 50k$$

부동소수점 방식은 소수점의 위치가 자유롭게 변동되는 특징을 가진다. 예를 들어 소수점 여섯 번째 자리에 소수점이 찍힐 수도 있고, 뒤에 지수(exponential)의

형태($\times10^{-n}$, 또는 E로 표시)로 어떤 수가 곱해져 소수점 위치의 이동을 상쇄시킬 수 있다.

이것은 아주 큰 단위 또는 아주 작은 단위끼리 아니면 큰 단위와 작은 단위가 혼재되어 있는 연산에 유용하다. 또한 표시할 유효한 자릿수를 지정할 수 있고, 지정된 것보다 적은 유효 자릿수인 경우에는 적은 만큼만 표시되기 때문에 숫자를 보기에 편한 특징을 가진다.

$aEb = a\times10^b$의 형태에서 a는 가수(假數, mantissa, 부동소수에서 유효 자리의 수)이고, b는 10의 지수가 된다. E는 10진수에서 소수점의 위치를 이동시키는 것으로 볼 수 있어 E 다음에 +3이 나타나면 a의 소수점을 오른쪽으로 3칸 이동하고, −4가 나타나면 소수점을 왼쪽으로 4칸 이동시킨다. 한편 지수가 포함된 곱에서 2×10^9과 3×10^{-12}의 곱은 0.006으로 아래와 같이 표현할 수 있다.

$$2,000,000,000\times0.000000000003 = 0.006$$
$$\rightarrow 2E9\times3E-12 = (2\times3)E(9-12) = 6E-3 = 0.006$$

(2) 10진수 소수의 2진수 변환

그림Ⅲ-13에서와 같이 10진수의 소수점 첫 번째 자리는 10^{-1}자리이고, 두 번째 자리는 10^{-2}에 해당하듯 2진수의 소수점 첫 번째 자리는 2^{-1}(=0.5)자리, 두 번째 자리는 2^{-2}(=0.25), 세 번째 자리는 2^{-3}(=0.125)에 해당한다.

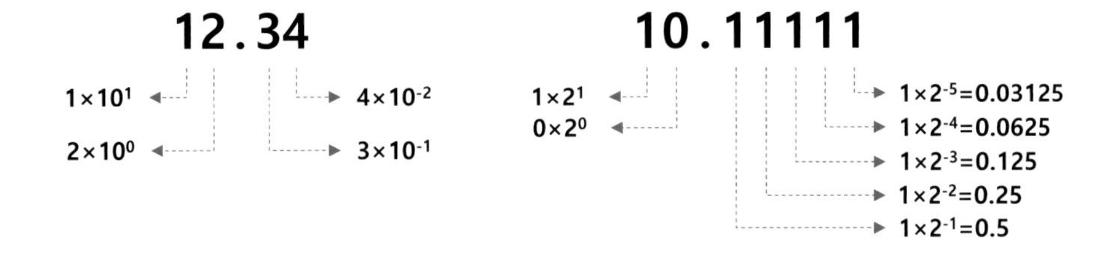

그림Ⅲ-13 10진수와 2진수의 소수점

0.90625의 10진수를 2진수로 변환한다고 했을 때 그림Ⅲ- 14와 같이 변환할 수 있다. 변환하고자 하는 소수에 2를 곱하여 정수와 소수 부분을 분리하여 정리한다. 즉 0.90625 × 2 = 1.8125에서 정수부분 1을 뺀 나머지 0.89125에 다시 2를 곱하는 방식이다.

$0.90625 \times 2 = 1.8125$

$\rightarrow 0.8125 \times 2 = 1.625$

$\rightarrow 0.625 \times 2 = 1.25$

$\rightarrow 0.25 \times 2 = 0.5$

$\rightarrow 0.5 \times 2 = 1.0$

$\rightarrow 0.11101$

그림Ⅲ- 14 10진수 소수의 2진수 변환

2를 곱한 결과에서 소수 부분의 값이 0이 될 때까지 2를 곱하는 것을 반복한다. 그리고 각 단계에서 계산한 정수 부분을 그림Ⅲ- 14에서와 같이 위에서 아래로 읽어(11101) 왼쪽에서 오른쪽 순으로 쓰되, 변환된 수의 앞에 소수점을 찍으면 2진수의 소수(0.11101)가 완성된다. 따라서 그림Ⅲ- 14와 같이 10진수의 0.90625는 2진수로 0.11101에 해당한다.

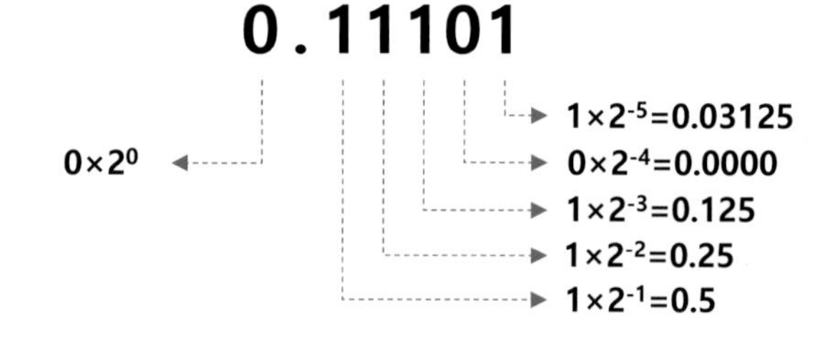

$0.5 + 0.25 + 0.125 + 0.03125 = 0.90625$

그림Ⅲ- 15 2진수 소수의 10진수 변환

2진수 0.11101를 10진수로 환산하는 경우는 그림Ⅲ- 15와 같이 소수점 각 자릿수를 더하면 된다.

(3) 부동소수의 표기법

부동소수점의 표기는 국제 표준으로 IEEE(Institute of Electrical and Electronics Engineers, 전기전자공학자협회)에서 개발한 IEEE 754를 따른다. IEEE 754의 부동소수점 표현은 그림Ⅲ- 16과 같이 크게 세 부분으로 구성된다.

최상위 비트는 양(0)과 음(1)의 부호를 표시하고, 다음으로 밑이 2인 지수의 크기를 나타내는 지수(exponent) 부분과 2진수 소수 부분을 표시하는 가수(fraction/mantissa) 부분으로 구성된다.

CAN에서는 주로 그림Ⅲ- 16과 같은 32bit 싱글 정밀도(single-precision)와 64bit의 더블 정밀도(double-precision)를 사용한다.

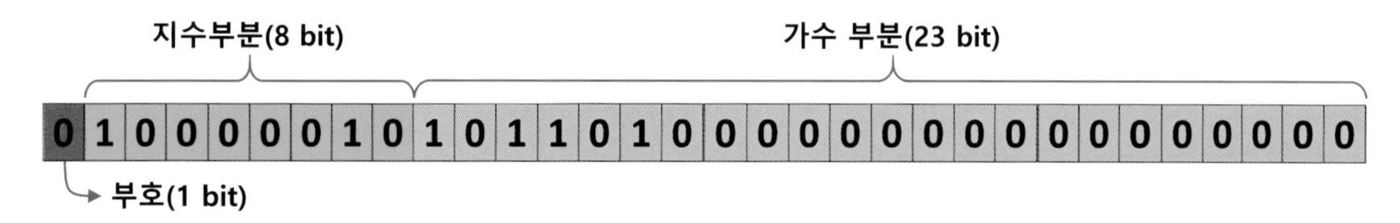

01000001 01011010 00000000 00000000 → 41 5A 00 00 → 13.625

그림 Ⅲ- 16 32bit single float

13.625의 10진수를 2진수로 변환하면 정수부분 13은 2진수로 1101이고, 소수 부분 0.625는 2진수로 0.101이기 때문에 1101.101이 된다. 이때 정수부분의 유효 수가 '1'이면서 1개 자리만 존재하도록 밑이 2인 지수의 형태로 나타내면 1.101101×2^3로 표현할 수 있다.

13.625(1.101101×2^3)에 대한 부동소수점의 코딩은 양의 수이므로 부호 bit는 '0'을 사용한다. 이후 지수 부분은 밑이 2인 지수의 값과 지수 부분을 나타내는 총 bit 수에서 -1bit로 표현 가능한 최대의 수를 더해주는 것으로 IEEE 754에서 규정하고 있다.

그림 Ⅲ- 16의 경우 지수 부분은 8bit이므로 1bit를 제외한 7bit로 표현할 수 있는 최대의 수는 2진수로 1111111(0x7F)이므로 127이 된다. 즉 1.101101×2^3에서 밑이 2인 지수 3에 127을 더한 값 130의 2진수인 10000010이 지수 부분에 채워 넣어야 할 값에 해당한다.

1.101101×2^3의 가수 부분인 1.101101에서 소수점 좌측의 1을 제외한 101101을 가수 부분의 좌측에 채워 넣은 후 나머지 bit는 모두 0을 채워 넣는다. 지금까지의 결과는 그림 Ⅲ- 16과 같이 16진수로 0x41 0x5A 0x00 0x00의 데이터로 코딩할 수 있다.

그림 Ⅲ-16과 같은 데이터를 수신하였을 때 10진수 환산하는 방법은 우선 부호가 0이므로 양의 수인 것을 알 수 있다. 다음으로 지수를 찾는 방법은 원래의 지수에 127를 더한 값으로 코딩되었기 때문에 지수 부분의 데이터인 10000010를 10진수로 환산한 값 130에서 127을 뺀다. 결과적으로 밑이 2인 지수의 값은 3이 된다.

한편 가수 부분 10110100000000000000000은 2진수의 소수 부분에 해당하고 코딩 당시 소수점 좌측의 1을 생략하였으므로 1.101101이 된다.

지금까지 내용을 정리하면 가수 부분 1.101101, 밑이 2인 지수는 3이므로 1.101101×2^3의 값이 전송된 것이다. 지수의 표현을 없애주면 1101.101이 된다. 2진수 정수부분 1101를 10진수로 환산하면 13이고, 소수부분 0.101은 $(1 \times 2^{-1}) + (0 \times 2^{-2}) + (0 \times 2^{-3}) = 0.5 + 0 + 0.125 = 0.625$이므로 결과는 그림Ⅲ-16과 같이 13.625가 된다.

7 Text의 표현

문자의 표현은 ASCII 코드를 사용한다. ASCII는 미국 ANSI(American National Standards Institute, 미국 국립 표준 협회)에서 표준화한 정보교환용 7bit 부호 체계로 알파벳의 대·소문자, 숫자, 특수 문자 등 각종 문자를 부호화하여 0x00(0)부터 0x7F(127)까지 총 128개의 부호가 지정되어 있다.

정보의 기본 단위인 1byte는 8bit임에도 통신 에러 검출을 위한 용도로 1개의 parity(수학에서 정수가 짝수 또는 홀수인지에 대한 속성) bit가 사용되므로 7bit 체계로 되어져 있다.

패리티(parity) bit는 7개의 비트 중 '1'의 신호 개수가 홀수면 '1', 짝수면 '0'으로 하는 식으로 패리티 bit를 추가하여 byte 단위로 전송하고, 전송 도중 신호가 변형된 경우 수신 측에서 에러를 검출할 수 있도록 한 일종의 체크섬(checksum)이라고 할 수 있으며, 패리티 검사는 짝수 패리티와 홀수 패리티가 있다.

참고로 ASCII는 총 128개인 7bit 인코딩의 한계가 있어 전 세계의 문자를 표현하는데 크게 부족한 상태이기 때문에 컴퓨터에서는 전 세계 모든 문자에 2byte의 고유 코드를 부여한 산업 표준의 유니코드(unicode)를 주로 사용하고 있다. 스마트폰 등에서 문자를 입력할 때 한 글자당 2byte로 처리되는 이유가 바로 유니코드를 사용하기 때문이다.

표 Ⅲ – 8 ISO 27145에서 규정된 ASCII 코드

	0	1	2	3	4	5	6	7	8	9	A	B	C	D	E	F
2	space	!	"	#	$	%	&	'	(	)	*	+	,	-	.	/
3	0	1	2	3	4	5	6	7	8	9	:	;	〈	=	〉	?
4	@	A	B	C	D	E	F	G	H	I	J	K	L	M	N	O
5	P	Q	R	S	T	U	V	W	X	Y	Z	[	\	]	^	_
6	`	a	b	c	d	e	f	g	h	i	j	k	l	m	n	o
7	p	q	r	s	t	u	v	w	x	y	z	{	|	}	~	nil

ASCII는 33개의 출력 불가능한 제어 문자(0x01 ~ 0x19, 0x80 ~ 0xFF)들과 공백을 포함한 95개의 출력 가능한 문자들로 총 128개로 이루어져 있다. 다만 출력이 불가한 제어 문자들은 역사적인 이유로 남아 있으며 대부분은 더 이상 사용되지 않는다.

CAN에서도 실제 송 · 수신에 사용하는 출력이 가능한 문자들은 표 Ⅲ – 8에 보이는 것과 같이 52개의 영문 알파벳 대 · 소문자(a ~ Z)와, 10개의 숫자(0 ~ 9), 32개의 특수 문자(@, #, $ 등), 그리고 하나의 공백 문자(null)로 이루어져 있으며, 별도로 0x00은 종료, 0x7F는 nil(無)의 의미로 사용한다.

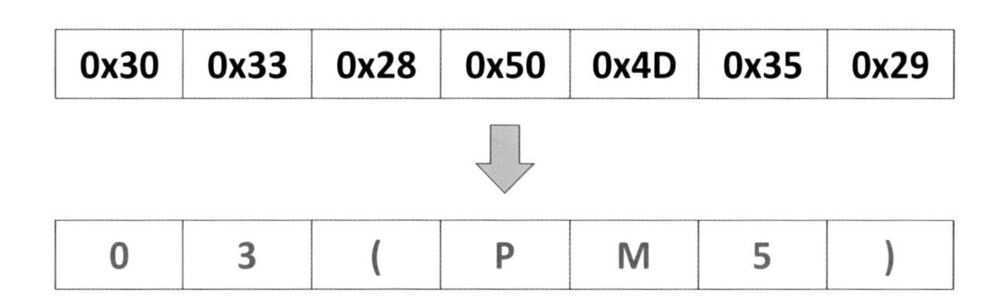

그림 Ⅲ – 17 ASCII 코드 변환

ASCII는 차대번호, 소프트웨어와 하드웨어 버전 등 특정 문자의 입 · 출력에 사용된다. 표 Ⅲ – 8에서 알파벳 대문자 'A'는 0x41, 대문자 'Z'는 0x5A로 대응된다. 따라서 그림 Ⅲ –17에 보이는 바와 같이 0x30, 0x33, 0x28, 0x50, 0x4D, 0x35, 0x29 7개 byte의 데이터가 수신된 경우 수신자는 '03(PM5)'으로 변환하게 된다(표 Ⅲ – 8 참조).

CHAPTER
02 OBD Ⅱ

1 OBD의 DLC

차량에 내장된 자체 진단 시스템인 OBD Ⅱ(On-Board Diagnostics)는 결함 발생 시 배출 가스가 인증된 규정치를 초과할 수 있는 부품들에 대한 고장, 노화, 열화 등을 감지하여 운전자나 정비사에게 알려주는 시스템이다. 촉매의 **성능 감지**(catalyst monitoring), **산소센서 감지**(O2 sensor monitoring), **EGR 제어장치 감지**(Exhaust Gas Recirculating system monitoring), **연료 장치 감지**(fuel system monitoring), **증발 가스 제어장치 감지**(EVAP system monitoring), **실화 감지**(misfire monitoring) 등의 기능뿐만 아니라 여러 **센서류의 단선**이나 **단락**, **신호의 적정성**을 검출한다. OBD Ⅱ 커넥터를 통해 자기 진단 코드(DTC)와 실시간 데이터를 추출할 수 있는 가장 기본이라 할 수 있는 표준화된 **프로토콜**(protocol)이다.

(1) OBDⅡ DLC

16핀으로 구성된 OBD Ⅱ DLC(Data Link Connector)를 사용하면 차량의 데이터에 쉽게 액세스(access)할 수 있다. 따라서 DLC와 CAN analyzer를 조합하면 전용 진단기와 같이 시스템의 진단, 센서 또는 제어데이터의 점검, 강제 구동, ECU 업데이트 등을 할 수 있어 자동차의 **리버스엔지니어링**(reverse engineering)에서 기본으로 사용된다.

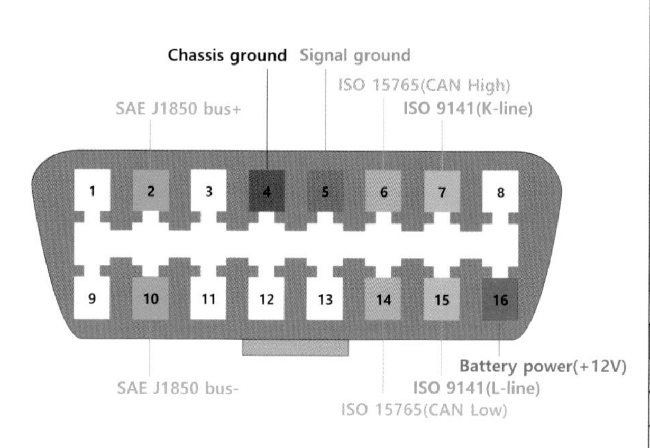

번호	일반 할당
1	제작사 재량
2	SAE J1850 Bus+
3	제작사 재량
4	Chassis ground
5	Signal ground
6	CAN-H(ISO 15765-4)
7	ISO 9141-2와 ISO 14230-4에 따른 K line
8	제작사 재량
9	제작사 재량
10	SAE J1850 Bus+
11	제작사 재량
12	제작사 재량
13	제작사 재량
14	CAN-L line(15765-4)
15	ISO 9141-2와 ISO 14230-4에 따른 L line
16	B+

그림 Ⅲ - 18 OBDⅡ 커넥터

OBDⅡ 커넥터의 형상이나 단자 위치, 사양 등에 대한 기준은 SAE J1962 또는 ISO 15031-3 표준에 명시되어 있다. OBDⅡ 커넥터 중 A type은 12V 차량에 사용되고, B type은 24V 차량에 사용된다. 엔진룸에 있는 OBD-I 커넥터와 달리 OBD-II 커넥터는 제작사가 면제를 신청한 경우를 제외하고 스티어링 휠에서 2ft (약 61cm) 이내에 있어야 한다.

OBDⅡ 커넥터의 두 유형은 유사한 OBDⅡ 핀 아웃을 공유하지만 두 가지 다른 **전원 공급 출력**(A형 : 12V, B형 : 24V)을 제공한다. 두 가지 유형의 OBDⅡ 커넥터를 물리적으로 구별하기 위해, 유형 B OBDⅡ 커넥터에는 중앙에 중단된 홈이 있다.

결과적으로 유형 B OBDⅡ 어댑터 케이블은 유형 A와 B 모두 호환되지만 유형 A는 유형 B 소켓에 맞지 않는다.

표 Ⅲ－9 OBD Ⅱ Data Link Connector 핀(SAE J1962, ISO 15031-3)별 기능

No	내용	No	내용
1	제작사 재량 - GM : J2411 GMLAN/SWC/단선 CAN - Audi : 점화가 켜져 있는지 진단기에 알리기 위해 +12로 전환 - VW : 점화가 켜져 있는지 진단기에 알리기 위해 +12로 전환. - Mercedes(K-Line): 점화 제어(EZS), 에어컨(KLA), PTS, 안전 시스템(에어백, SRS, AB) 및 기타	9	제작사 재량 - GM : 8192 baud(장착된 경우). - BMW : RPM 신호 - Toyota : RPM 신호 - Mercedes(K-Line) : ABS, ASR, ESP, ETS, BAS 진단
2	Bus positive Line SAE J1850 PWM 및 VPW	10	Bus negative Line SAE J1850 PWM만 해당 (SAE 1850 VPW는 해당없음)
3	제작사 재량 - 이더넷 TX+(IP를 통한 진단) - Ford DCL(+) 아르헨티나, 브라질(OBD-II 이전) 1997-2000, 미국, 유럽 등 - Chrysler CCD Bus(+) - Mercedes(TNA) : TD 엔진 회전 속도.	11	제작사 재량 - 이더넷 TX- (IP를 통한 진단) - Ford DCL(-) 아르헨티나, 브라질(OBD-II 이전) 1997-2000, 미국, 유럽 등 - Chrysler CCD Bus(-) - Mercedes(K-Line): 기어박스 및 기타 변속 장치 구성 요소(EGS, ETC, FTC).
4	섀시 접지	12	제작사 재량 - 이더넷 RX+(IP를 통한 진단) - Mercedes(K-Line): 모든 활동 모듈(AAM), 라디오(RD), ICS(및 기타)
5	신호 접지	13	제작사 재량 - 이더넷 RX- (IP를 통한 진단) - Ford : FEPS - PCM 전압 프로그래밍 - Mercedes(K-Line) : AB 진단 - 안전 시스템
6	CAN High ISO 15765-4 및 SAE J2284	14	CAN Low ISO 15765-4 및 SAE J2284
7	K 라인 ISO 9141-2 및 ISO 14230-4	15	L 라인 ISO 9141-2 및 ISO 14230-4
8	제작사 재량 - 이더넷 활성화(IP를 통한 진단) - BMW : OBD-II(바디/섀시/인포테인먼트)가 아닌 시스템을 위한 두 번째 K-라인. - 메르세데스 : 점화	16	배터리 전압 - A형 커넥터 : 12V - B형 커넥터 : 24V

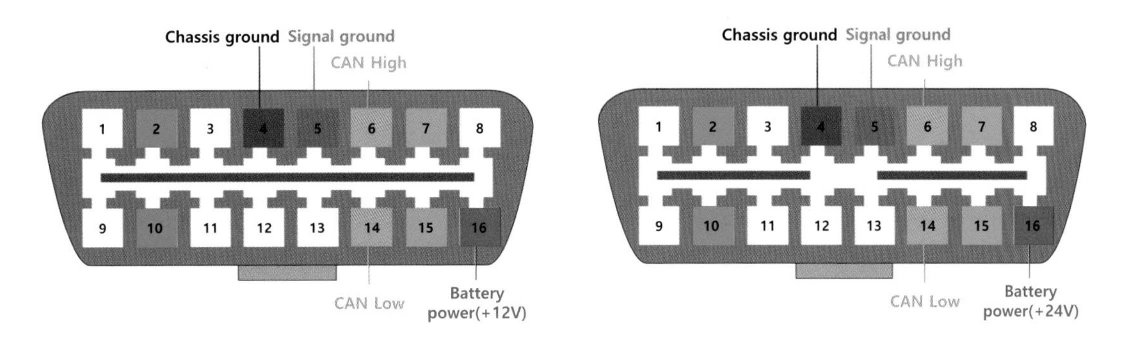

그림 Ⅲ- 19 OBD II 커넥터 종류(좌:A type, 우:B type)

4	3					2	1
12	11	10	9	8	7	6	5
20	19	18	17	16	15	14	13

No	단자명	역할
1, 2, 3, 4, 5, 7, 8, 10, 11, 13, 16, 18, 20	-	공란
6, 14	**CCP-CAN (high/low)**	CAN Calibration Protocol 컨트롤러 데이터 수집 또는 업그레이드를 위한 단자로 ECU 및 인젝터 드라이버에만 연결됨
9, 17	**CAN (high/low)**	
18	**Chassis K-line**	2012년 이전차량
19	**바디전장 K-line**	2011년 이후 일부차량
12	**B^+**	
15	**on/start 전원**	
13	**ground**	

그림 Ⅲ- 20 20p OBD 커넥터 핀 배열

(2) J1939 DLC

SAE J1939는 상용차와 중장비 분야의 네트워킹 및 통신을 위한 개방형 표준 프로토콜이다. 29bit의 ID를 사용하며, 지점 간 주소 지정(노드의 주소) 및 전역 주소가 지정(메세지 주소)되는 등의 특징을 가진 프로토콜로 주로 파워트레인의 네트워킹에 사용된다.

J1939 커넥터로 지정된 진단 커넥터는 9핀 **도이치**(deutsch) **커넥터**라고도 하며, 대부분의 중장비 차량의 J1939 네트워크와 인터페이싱을 위한 표준화된 방법으로

그림Ⅲ- 21과 같은 핀 배열로 되어져 있다. 녹색 type 2 케이블(J1939-14)은 수컷 커넥터의 핀 F가 작아 이전 버전인 type 1(J1939-13)과 호환되어 검정색과 녹색 커넥터 모두에 사용할 수 있다. 즉 J1939 type 2 암컷 커넥터는 물리적으로 이전 버전과 호환되는 반면, 유형 1 암컷 커넥터는 유형 1 수컷 소켓에만 연결되니 주의를 요한다.

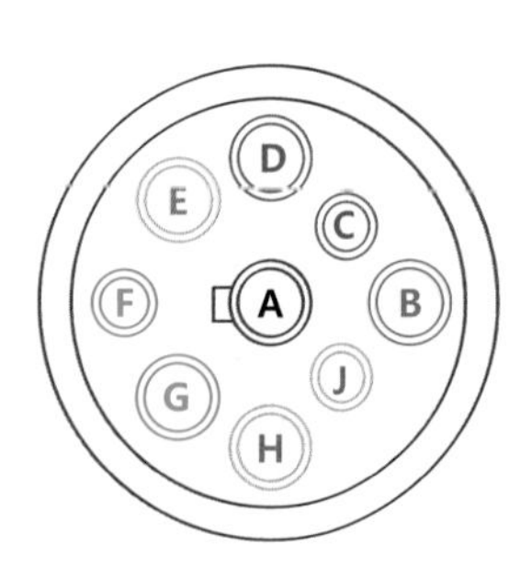

A : Ground
B : Battery power
C : CAN 1 H
D : CAN 2 L
E : CAN shield
F : J1708(+)/CAN 2 H
G : J1708(-)/CAN 2 L
H : OEM specific
J : OEM specific

❖ **Type 1(black) : CAN 1 → 250kbps**

❖ **Type 2(green) : CAN 1 → 500kbps**

그림Ⅲ- 21 **트럭 또는 건설기계 등에 사용하는 J1939 커넥터**

J1939에서 파생된 프로토콜은 농업 및 임업용 트랙터 및 기계류의 표준(ISO 11783), 보트, 요트 등과 같은 선박의 NMEA 2000(National Marine Electronic Association, N2K, IEC 61162-3), 견인 차량과 견인된 차량 간의 디지털 정보 교환을 위한 ISO 11992 등이 있다.

커넥터로는 NMEA 2000(N2K, IEC 61162-3), 산업용 CANopen 프로토콜에 사용하는 M12(5핀) 커넥터, DT06 커넥터 등이 있다.

2 OBDⅡ 데이터

CAN analyzer 이용한 리버스엔지니어링 관련 학습의 시작은 그림Ⅲ- 22에서와 같이 OBDⅡ 커넥터에 진단기와 애널라이저를 병렬로 연결한다. 애널라이저의 스니핑(sniffing) 기능을 통해 진단기의 요청에 대하여 시스템에서 어떻게 응답하는지를 확인하는 방법이 기초라 할 수 있다. OBDⅡ PID(Parameter ID)별 환산 방법을 인터넷상에서 손쉽게 구할 수 있고 데이터 프레임의 구조 또한 해설이 잘되어져 있기 때문이다.

그림Ⅲ-23은 0x7E0(진단기가 엔진 ECU에게 요청하는 ID)의 ID로 PID 0C(엔진 회전수)의 현재 데이터(mode : 01)를 요청한 프레임과 0x7E8(엔진 ECU가 진단기에게 응답하는 ID)의 ID로 응답한 단일 프레임을 보여주고 있다.

진단기와 통신하는 ID에서 모든 ECU에게 요청하는 11bit ID는 0x7DF, 29bit 형식의 ID는 0x18DB33F1이다. 표Ⅲ- 10에 보이는 바와 같이 0x7E0는 진단기가 해당 자동차의 ECU 중 가장 중요한 ECU 즉, 엔진 ECU에게 요청하는 ID이며 응답은 요청 ID에 8을 더해준 0x7E8로 규정되어져 있다. 또한 0x7E1은 진단기가 해당 자동차의 ECU 중 2번째로 중요한 ECU 즉, 변속기를 제어하는 TCU에게 요청하는 ID이며 응답은 8을 더한 0x7E9로 응답하는 규칙을 가지고 있다.

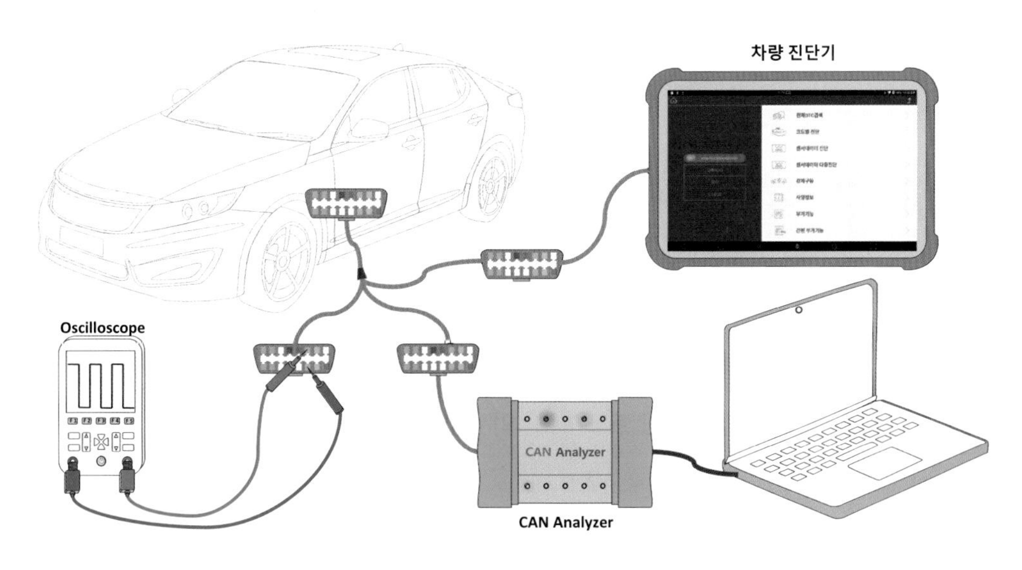

그림Ⅲ- 22 기초 reverse engineering 연결 개요도

표 Ⅲ - 10 규정된 OBD의 CAN ID의 예

CAN ID	Description
7DF	테스트 장비가 모든 ECU에게 요청하는 ID
7E0	외부 테스트 장비에서 ECU #1에게 요청하는 ID
7E8	ECU #1에서 테스트 장비로 응답하는 ID (엔진 ECU)
7E1	외부 테스트 장비에서 ECU #2에게 요청하는 ID
7E9	ECU #2에서 테스트 장비로 응답하는 ID
7E2	외부 테스트 장비에서 ECU #3에게 요청하는 ID
7EA	ECU #3에서 테스트 장비로 응답하는 ID
7E3	외부 테스트 장비에서 ECU #4에게 요청하는 ID
7EB	ECU #4에서 테스트 장비로 응답하는 ID
7E4	외부 테스트 장비에서 ECU #5에게 요청하는 ID
7EC	ECU #5에서 테스트 장비로 응답하는 ID
7E5	외부 테스트 장비에서 ECU #6에게 요청하는 ID
7ED	ECU #6에서 테스트 장비로 응답하는 ID
7E6	외부 테스트 장비에서 ECU #7에게 요청하는 ID
7EE	ECU #7에서 테스트 장비로 응답하는 ID
7E7	외부 테스트 장비에서 ECU #8에게 요청하는 ID
7EF	ECU #8에서 테스트 장비로 응답하는 ID
720	계기판 요청 ID
728	계기판 응답 ID
730	조향장치 요청 ID
738	조향장치응답 ID
760	브레이크제어 모듈 요청 ID
768	브레이크 제어 모듈 응답 ID

그림 Ⅲ - 23에서 요청 ID 7E0 이후 첫 번째 데이터인 0번 byte는 PCI(Protocol Control Information, 프로토콜 제어 정보)로 맨 앞의 **니블**(nibble) '0'은 ISO TP(transport layer) 표준(ISO 15765-2)에 의해 **단일 프레임**을 뜻한다.

이후의 2번째 니블은 **페이로드**(payload)로 실제 데이터 byte의 수를 표시한 것으로 '2'의 값이므로 2개 byte가 실제 유효한 데이터에 해당한다.

요청	ID	0 byte	1 byte	2 byte	3 byte	4 byte	5 byte	6 byte	7 byte
	7E0	02	01	0C	00	00	00	00	00
규칙	ID	PCI	SID(mode)	PID	padding				
분석	진단기가 ECU에게 요청	단일프레임 2 byte 유효	현재 데이터 요청 모드	엔진 회전수	padding				

응답	ID	0 byte	1 byte	2 byte	3 byte(A)	4 byte(B)	5 byte(C)	6 byte(D)	7 byte
	7E8	03	41	0C	0A	F0	AA	AA	AA
규칙	요청 ID + 8	PCI	요청 SID + 40	PID	0A	F0	padding		
분석	ENG ECU 응답	단일프레임 3 byte 유효	저장된 DTC 요청의 응답	엔진 회전수	0x0A = 10	0xF0 = 240	padding		

그림Ⅲ– 23 OBDⅡ PID에 대한 query와 response

표Ⅲ– 11 SAE J1979에 설명된 10개의 진단 서비스 모드(ISO 15031)

모드 (Hex)	내용
01	현재 데이터 표시
02	고정 프레임 데이터 표시
03	저장된 고장 코드 표시(결함을 식별하는 정확한 숫자)
04	명확한 진단 문제 코드 및 저장된 값, DTC및 프레임 고정 데이터 지우기
05	테스트 결과, 산소 센서 모니터링 (CAN이 아닌 경우에만 사용)
06	테스트 결과, 기타 구성 요소 / 시스템 모니터링 (테스트 결과, CAN 전용 산소 센서 모니터링)
07	(현재 또는 마지막 운전 주기 중 감지) 보류 중인 진단 문제 코드 표시
08	온 보드 구성 요소 / 시스템의 제어 작업
09	차량 정보 요청 : VIN(Vehicle Identification Number), ECU에 설치된 소프트웨어의 ID, 엔진의 옵션 내용 등
0A	영구 진단 문제 코드(삭제된 된 DTC 포함)

그림Ⅲ– 23에서 요청 ID 7E0의 데이터 중 1번 byte는 SID(Service ID)로 OBDⅡ에서는 mode라고 한다.

OBDⅡ에서의 모드는 10가지가 있으며 표Ⅲ– 11과 같다. 10가지 모드 중 특이한 모드는 0x0A 모드로 영구 고장 코드에 해당한다.

이 코드는 고장을 해결하지 않은 상태로 DTC만 삭제(0x04 모드)하고 출고하는 것을 방지할 목적으로 2009년 차량부터 도입된 모드이다. 진단기를 이용하여

DTC를 삭제하거나 배터리를 분리하는 등의 일반적인 방법으로 고장 코드를 삭제할 수 있다. 이 방법은 경고등과 현재 DTC는 나타나지 않게 할 수 있으나, 영구 DTC(Permanent DTC, PDTC)는 지워지지 않는 특징을 가진다.

보류 중인 DTC(Pending DTC, 0x07mode)는 시스템에서 고장 감지 조건을 1회 만족한 경우의 DTC이지만 추가로 고장이 감지된 경우 실제 고장으로 확정될 수 있어 경고등이 켜질 수 있다. 확정적 고장이 반복되는 경우 영구 고장 코드로 저장되며, 영구 DTC(Permanent DTC)를 삭제하는 유일한 방법은 원래 DTC와 해당 DTC의 근본적인 문제를 해결한 다음 차량이 해당 DTC 문제를 처음 감지하여 확정적 고장으로 판단할 수 있는 모니터 조건과 기간의 수준으로 충분한 주행 시간을 가져야만 자동 삭제된다.

표 Ⅲ - 12 OBD II 주요 PID의 환산식 예

Mode	PID	수신 크기	설명	Min	Max	단위	방정식
1	04	1	Calculated engine load value	0	100	%	(A * 100) / 255
1	05	1	Engine Coolant Temperature	-40	215	° C	A - 40
1	0C	2	Engine rpm	0	16383.8	rpm	((A * 256) + B) / 4
1	0D	1	Vehicle speed	0	255	km/h	A
1	0E	1	Timing Advance(relative to #1 cylinder)	-64	63.5	°	(A/2) - 64
1	0F	1	Intake air Temperature	-40	215	° C	A - 40
1	10	2	MAF air flow rate	0	655.35	g/s	((A * 256) + B) / 100
1	11	1	Throttle Position	0	100	%	(A * 100) / 255

그림 Ⅲ - 23에서 요청 ID 7E0의 데이터 중 1번byte는 SID(Service ID)로 OBD Ⅱ에서는 mode를 나타낸 것으로 '01'의 의미는 표 Ⅲ - 11에서와 같이 '현재 데이터를 표시'하라는 의미이다.

2번byte는 PID(Parameter ID, 공개되어 있어 인터넷 검색 가능)로 '0C'의 의미는 표 Ⅲ - 12에 명시된 내용과 같이 수신 데이터 크기 2byte의 'Engine rpm' 데이터에 해당한다.

이후의 데이터 byte는 CAN 표준 프레임과 OBD Ⅱ의 프레임이 8byte의 데이터 크기이므로 해당 칸을 채워주기 위한 padding 데이터이다.

결과적으로 진단기는 7E0의 ID로 PCI를 포함한 총 3byte의 단일 프레임을 통해 엔진 ECU에게 엔진 회전수의 현재 데이터를 요청한 것이다.

그림Ⅲ- 23의 아랫부분의 회신 데이터에서 엔진 ECU는 7E0의 ID에 8를 더해 7E8의 ID로 응답하였다. PCI byte가 03이므로 PCI 이후 데이터는 3byte인 단일 프레임을 뜻한다. 이후 요청 모드 01에 대한 회신임을 표시하기 위해 mode값에 0x40를 더해 0x41로 회신하였다.

OBD Ⅱ 뿐만 아니라 UDS(Unified Diagnostic Services, 통합 진단 서비스)와 KW-P(Keyword Protocol)2000 등의 송·수신 규칙에서 요청 ID에 +8, 요청 SID에 +40으로 회신하는 것을 규정하고 있기 때문이다. 한편 모드(SID) 뒤에 회신하는 PID를 표시하고, 이후 요청한 현재 데이터에 해당하는 2byte 값을 송신하였다.

그림Ⅲ- 23에서 engine rpm에 해당하는 값은 0x0AF0를 10진수로 변환하면 2800이고, 표Ⅲ- 12에 명시된 바와 같이 계산하면 engine rpm의 현재값은 700pm이 된다.

$$\frac{(A \times 256)+B}{4}\ [rpm] \rightarrow \frac{(10 \times 256)+240}{4} = \frac{2800}{4} = 700\ [rpm]$$

3 DTC

DTC(Diagnostic Trouble Code)는 ISO 15031-6, SAE J2012의 표준을 따르고 있다. 기본적으로 고장 코드 1개 당 2byte로 표현하였지만, 이후 정밀한 고장진단을 위해 4byte 체계로 바뀌었다.

(1) 2byte DTC

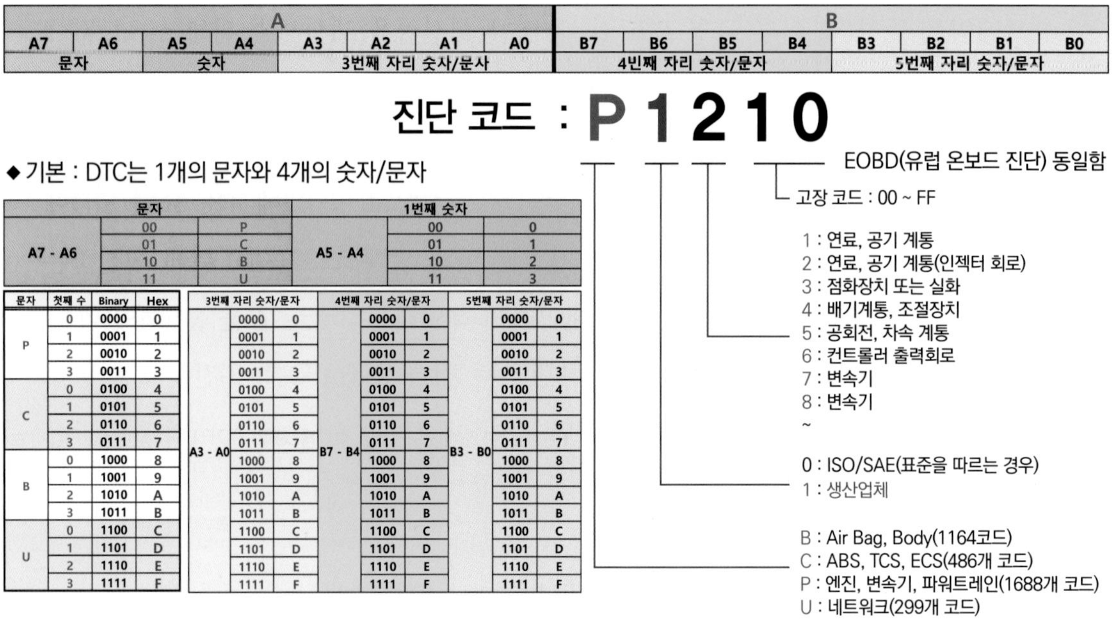

A								B							
A7	A6	A5	A4	A3	A2	A1	A0	B7	B6	B5	B4	B3	B2	B1	B0
문자		숫자		3번째 자리 숫사/문사				4빈째 자리 숫자/문지				5번째 자리 숫자/문자			

진단 코드 : P 1 2 1 0

◆ 기본 : DTC는 1개의 문자와 4개의 숫자/문자

문자			1번째 숫자		
A7 - A6	00	P	A5 - A4	00	0
	01	C		01	1
	10	B		10	2
	11	U		11	3

문자	첫째 수	Binary	Hex
P	0	0000	0
	1	0001	1
	2	0010	2
	3	0011	3
C	0	0100	4
	1	0101	5
	2	0110	6
	3	0111	7
B	0	1000	8
	1	1001	9
	2	1010	A
	3	1011	B
U	0	1100	C
	1	1101	D
	2	1110	E
	3	1111	F

3번째 자리 숫자/문자			4번째 자리 숫자/문자			5번째 자리 숫자/문자		
A3 - A0	0000	0	B7 - B4	0000	0	B3 - B0	0000	0
	0001	1		0001	1		0001	1
	0010	2		0010	2		0010	2
	0011	3		0011	3		0011	3
	0100	4		0100	4		0100	4
	0101	5		0101	5		0101	5
	0110	6		0110	6		0110	6
	0111	7		0111	7		0111	7
	1000	8		1000	8		1000	8
	1001	9		1001	9		1001	9
	1010	A		1010	A		1010	A
	1011	B		1011	B		1011	B
	1100	C		1100	C		1100	C
	1101	D		1101	D		1101	D
	1110	E		1110	E		1110	E
	1111	F		1111	F		1111	F

EOBD(유럽 온보드 진단) 동일함

고장 코드 : 00 ~ FF

1 : 연료, 공기 계통
2 : 연료, 공기 계통(인젝터 회로)
3 : 점화장치 또는 실화
4 : 배기계통, 조절장치
5 : 공회전, 차속 계통
6 : 컨트롤러 출력회로
7 : 변속기
8 : 변속기
~

0 : ISO/SAE(표준을 따르는 경우)
1 : 생산업체

B : Air Bag, Body(1164코드)
C : ABS, TCS, ECS(486개 코드)
P : 엔진, 변속기, 파워트레인(1688개 코드)
U : 네트워크(299개 코드)

그림 Ⅲ- 24 DTC 전송 규칙

그림 Ⅲ- 24는 2byte(4개 문자로 구성된 DTC)의 DTC 구조를 보여주고 있다. DTC의 첫 번째 byte에서 맨 앞 2개 bit는 표 Ⅲ- 13에 나타난 4가지 시스템의 유형을 표시한다.

2개 bit를 사용하고 있어 경우의 수는 00, 01, 10, 11의 4개가 존재하며 각각 Powertrain, Chassis, Body, Network 시스템을 의미한다.

DTC의 첫 번째 byte에서 3번째와 4번째 bit는 0 ~ 3까지의 숫자로 표 Ⅲ- 13에서와 같이 국제 표준을 따르는 코드인지 아니면 제작사가 정한 기준의 코드인지 여부를 나타낸다.

DTC의 첫 번째 byte에서 5번째 bit부터는 니블(nibble, 4bit) 단위로 구성되기 때문에 0 ~ F까지의 16진수로 읽힌다. 첫 번째 니블은 시스템에서의 고장 요소를 나타내며, 이후 2개의 니블은 고장 유형을 따라 지정된 코드이다.

표Ⅲ- 13 DTC의 시스템별 접두어 코드

System	DTC Prefix	Code categories	Hex value	Code	Controlled
Powertrain	P	P0xxx - P3xxx	0xxx - 3xxx	P0xx	ISO/SAE
				P1xx	제작사
				P2xx	ISO/SAE
				P3xx	제작사 및 ISO/SAE
Chassis	C	C0xxx - C3xxx	4xxx - 7xxx	C0xx	ISO/SAE
				C1xx	제작사
				C2xx	제작사
				C3xx	미지정
Body	B	B0xxx - B3xxx	8xxx - Bxxx	B0xx	ISO/SAE
				B1xx	제작사
				B2xx	제작사
				B3xx	미지정

표Ⅲ- 14 DTC 요청과 응답 예

유형	ID	0 byte	1 byte	2 byte	3 byte	4 byte	5 byte	6 byte	7 byte
진단기의 요청	7DF	01	03	00	00	00	00	00	00
ENG ECU 응답	7E8	06	43	02	01	07	C1	64	AA
TCU 응답	7E9	02	43	00	AA	AA	AA	AA	AA

표Ⅲ- 14는 진단기가 시스템에 진단 코드를 요청하고 시스템이 응답한 사례이다. 7DF의 ID는 진단기가 네트워크 내에 있는 모든 컨트롤러에게 요청하는 ID로 PCI 값이 '01'이므로 단일 프레임이며, PCI 이후 데이터는 1개 byte가 전송된다는 의미이다. 이후 모드는 '03'이므로 표Ⅲ- 13에서와 같이 저장된 고장 코드를 송신하라는 뜻이 된다. 따라서 진단기의 요청 메시지는 '네트워크 내의 모든 컨트롤러

는 저장된 고장 코드를 전송하라'는 의미로 해석된다.

진단기의 요청에 따라 각 컨트롤러는 응답을 하였으며 표에서는 2개만 보여주고 있다. 즉 자동변속기의 컨트롤러는 7E1에 대한 응답으로 8을 더한 7E9로 응답하여야 한다. 그러나 7DF의 요청에도 응답하여야 하므로 약속된 변속기 컨트롤러의 응답 전용 ID인 7E9로 회신하였고, 엔진 ECU는 7E8로 응답한 것이다.

자동변속기의 응답에서 PCI는 '02'이므로 PCI 이후의 데이터는 2byte인 단일 프레임이다. 이후 '03'모드를 요청하였기에 0x40를 더해 '43'을 회신한 것이며, 저장된 자기진단 코드(DTC)가 없다는 뜻으로 '00'을 회신했다.

다만 엔진 ECU는 단일 프레임이지만 PCI 이후 6개 byte가 있다는 뜻으로 PCI 코드로 '06'를 송신하였으며, 이후 '03'모드에 대한 회신이므로 0x40를 더해 '43'을 송신하였다.

저장된 DTC가 2개가 존재한다는 뜻으로 '02'를 송신하였고, 이후 2개의 DTC에 대한 4byte의 데이터(01 07 C1 64)를 연속 전송하였다.

'01 07'에서 맨 앞 니블 값은 '0'이므로 2진수로 0000에 해당하여 그림Ⅲ-24에 표시되어 있듯 맨 앞 2개의 bit가 00이므로 Powertrain을 의미하는 'P', 3번째와 4번째 bit가 00이므로 두 번째 코드는 '0', 따라서 'P0'를 의미한다.

이후 맨 앞의 니블 값 0을 제외한 '107'은 이미 16진수로 읽어진 값이고, 16진수 그대로 적용하므로 결과적으로 첫 번째 DTC는 P0107에 해당한다.

두 번째 DTC는 'C1 64'로 C는 2진수로 1100이고, 맨 앞 2개의 bit가 11이므로 네트워크(11 : U)의 결함을 의미하고, 이후 2개의 bit가 00이므로 'U0'의 코드가 된다. 따라서 두 번째 DTC 코드는 U0164가 된다.

(2) 4byte DTC

4byte의 DTC는 순수 DTC 데이터(고장이 발생한 구성 요소의 식별용 데이터) 전송용으로 2byte, ECU의 고장 유형 식별용 코드 1byte, 상태 정보 1byte 순으로 구성된다.

고장위치		고장유형	DTC 상태
DTC High Byte	DTC Middle Byte	DTC Low Byte	DTC status byte
0x01	0x07	0x13	0x88
0 0 0 0 0 0 0 1	0 0 0 0 0 1 1 1	0 0 0 1 0 0 1 1	1 0 0 0 1 0 0 0
P 0 1	0 7	1 3	8 8

그림 Ⅲ- 25 4byte DTC

표 Ⅲ- 15 FTB(Fault Type Byte) 코드별 고장 유형

FTB	고장 유형	FTB	고장 유형
0x00	하위 유형 정보 없음	0x49	내부 전자 오류
0x01	일반 전기 고장	0x4A	잘못된 구성 요소가 설치됨
0x02	일반 신호 실패	0x4B	과열
0x03	FM(주파수 변조)/PWM(펄스 폭 변조)고장	0x4C - 0x4F	ISO/SAE 예약됨
0x04	시스템 내부 오류	0x50	ISO/SAE 예약됨
0x05	시스템 프로그래밍 오류	0x51	프로그래밍되지 않음
0x06	알고리즘 기반 실패	0x52	활성화되지 않음
0x07	기계적 고장	0x53	비활성화됨
0x08	버스 신호 / 메시지 오류	0x54	교정 누락
0x09	구성 요소 오류	0x55	구성되지 않음
0A - 0F	ISO/SAE 예약됨	0x56	유효하지 않음 / 호환되지 않음
0x10	ISO/SAE 예약됨	0x57	유효하지 않음/호환되지 않는 소프트웨어
0x11	회로 접지 단락	0x58 - 0x60	ISO/SAE 예약됨
0x12	배터리에 대한 회로 단락	0x61	신호 계산 실패
0x13	회로 오픈	0x62	신호 비교 실패
0x14	회로가 접지에 단락되거나 개방됨	0x63	회로/구성 요소 보호 시간 초과
0x15	배터리에 단락 회로 또는 개방 회로	0x64	신호 타당성 실패

FTB	고장 유형	FTB	고장 유형
0x16	회로 전압 아래	0x65	신호에 전환/이벤트가 너무 적음
0x17	임계값 이상의 회로 전압	0x66	신호에 전환/이벤트가 너무 많음
0x18	임계값 아래의 회로 전류	0x67	이벤트 후 신호가 잘못됨
0x19	임계값 이상의 회로 전류	0x68	이벤트 정보
0x1A	임계값 아래의 회로 저항	0x69 - 0x6F	ISO/SAE 예약됨
0x1B	임계값 이상의 회로 저항	0x70	ISO/SAE 예약됨
0x1C	회로 전압이 범위를 벗어남	0x71	액추에이터가 멈춤
0x1D	회로 전류가 범위를 벗어남	0x72	액추에이더가 열려 있음
0x1E	회로 저항이 범위를 벗어남	0x73	액추에이터가 닫혀 고정됨
0x1F	회로 간헐적	0x74	액추에이터 미끄러짐
0x20	ISO/SAE 예약됨	0x75	비상 위치 도달 불가
0x21	신호 진폭 〈 최소	0x76	잘못된 장착 위치
0x22	신호 진폭 〉 최대	0x77	명령된 위치에 도달할 수 없음
0x23	신호가 낮음	0x78	정렬 또는 조정이 잘못됨
0x24	신호가 높게 멈춤	0x79	기계적 연결 실패
0x25	신호 형태 / 파형 오류	0x7A	유체 누출 또는 씰 고장
0x26	임계값 아래의 신호 변화율	0x7B	낮은 유체 수준
0x27	임계값 위의 신호 변화율	0x7C-0x7F	ISO/SAE 예약됨
0x28	신호 바이어스 레벨이 범위를 벗어남	0x80	ISO/SAE 예약됨
0x29	신호가 무효	0x81	잘못된 직렬 데이터를 받음
0x2A	신호가 범위 내에 갇힘	0x82	살아있음 / 시퀀스 카운터가 잘못됨 / 업데이트되지 않음
0x2B	신호 교차 결합	0x83	신호 보호 계산 값이 잘못됨
0x2C	ISO/SAE 예약됨	0x84	허용 범위 이하의 신호
0x2D	ISO/SAE 예약됨	0x85	허용 범위 이상의 신호
0x2E	ISO/SAE 예약됨	0x86	무효한 신호
0x2F	신호 불규칙	0x87	누락된 메시지
0x30	ISO/SAE 예약됨	0x88	버스가 꺼짐

FTB	고장 유형	FTB	고장 유형
0x31	신호 없음	0x89-0x8E	ISO/SAE 예약됨
0x32	신호가 낮은 시간 〈 최소값	0x8F	Erratic
0x33	신호가 낮은 시간 〉 최대	0x90	ISO/SAE 예약됨
0x34	신호 하이 시간 〈 최소	0x91	매개 변수
0x35	신호 최고 시간 〉 최대	0x92	성능 또는 부정확함
0x36	신호 주파수가 너무 낮음	0x93	작동 없음
0x37	신호 주파수가 너무 높음	0x94	예상치 못한 작업
0x38	신호 주파수가 올바르지 않음	0x95	잘못된 조립
0x39	신호 펄스가 너무 적음	0x96	구성 요소 내부 오류
0x3A	신호에 펄스가 너무 많음	0x97	구성 요소 또는 시스템 작동이 방해되거나 차단됨
0x3B-0x3F	ISO/SAE 예약됨	0x98	구성 요소 또는 시스템 과열
0x40	ISO/SAE 예약됨	0x99	ISO/SAE 예약됨
0x41	일반 체크섬 실패	0x9A	구성 요소 또는 시스템 작동 조건
0x42	일반 메모리 실패	0x9B-0xEF	ISO/SAE 예약됨
0x43	특수 메모리 오류	C2	ISO/SAE 예약됨
0x44	데이터 메모리 오류	C3	ISO/SAE 예약됨
0x45	프로그램 메모리 오류	C4	ISO/SAE 예약됨
0x46	교정/매개변수 메모리	C5	ISO/SAE 예약됨
0x47	Watchdog/ 안전 uC 실패	0xF0 ~ 0xFF	제조업체 정의
0x48	Supervision 소프트웨어 오류		

DTC 관련으로 그림Ⅲ- 25와 같은 데이터가 전송된 경우 고장 코드는 P0107, 고장 유형을 전송하는 byte인 FTB(Fault Type Byte)가 0x13인 것을 알 수 있다. 표Ⅲ- 15에서 FTB 0x13은 **'회로 오픈'** 즉, 단선 상태임을 나타낸다.

DTC 상태 byte는 0x88이므로 표Ⅲ- 16에서와 같이 경고등이 켜진 상태이고, 고장이 감지된 이벤트가 장기 메모리에 저장될 만큼 충분히 감지 되었음을 의미한다.

표Ⅲ- 16 DTC byte 4의 구조와 속성

bit No.		Hex	Description
0	Test failed	0x01	가장 최근 테스트 결과를 표시(실패 시 '1', 결함이 수동적이거나 산발적이면 '0')
1	Test Failed This Operation Cycle	0x02	활성 작업 주기 동안 이벤트가 실패한 것으로 규정되었는지 여부를 나타냄 현재 작동 주기 동안 결함이 발생한 경우 '1'
2	Pending DTC	0x04	이벤트가 보류 중인 경우 '1', 보류 중인 DTC는 특정 드라이브 주기에서 특정 횟수만큼 다시 발생하는 경우에만 활성화
3	Confired DTC	0x08	이벤트가 장기 메모리에 저장될 만큼 충분히 감지되었음을 나타냄
4	Test Not Completed Since Last Clear	0x10	오류 메모리가 지워진 후 이벤트가 통과 또는 실패 했는지 여부를 나타냄
5	Test Failed Since Last Clear	0x20	오류 메모리가 지워진 후 최소 한번 이상 작동 주기에서 테스트가 실패했다고 보고된 경우 '1'
6	Test Not Completed This Operation Cycle	0x40	이벤트가 활성 작업 주기 동안 통과 또는 실패했는지 여부를 나타냄 현재 작동 주기 동안 모니터링 루틴이 실행되지 않은 경우 '1'
7	Warning Indicator Requested	0x80	이벤트에 대한 경고 표시기가 활성 상태인지 여부를 나타냄 경고등이 켜진 상태이면 '1'
4번째 byte : DTC status byte			

Bit No.							
7	6	5	4	3	2	1	0

ISO-TP

J1979나 J1939를 이용한 진단기와의 통신에서는 **표준 프레임**(8byte의 data)에 1 ~ 2개의 데이터만 전송이 가능하여 대량의 데이터를 전송하기 부적합하다.

ISO-TP(Transport Protocol, ISO 15765-2)는 CAN을 통해 대량의 데이터를 전송하기 위한 국제 표준 프로토콜이다. KWP2000(Keyword Protocol 2000, ISO 14230) 및 UDS(Unified Diagnostic Services, ISO 14229)에 주로 사용하여 OBD Ⅱ 장착 차량에 진단 메시지를 전송하는 목적으로 사용한다. 차량 내 네트워크에 대한 대부분의 다른 통신 요구 사항과 호환되며, CAN 프로토콜 물리 계층이 허용(CAN : 8byte / CAN FD : 64byte / CAN XL : 2048byte)하는 것보다 더 긴 메시지를 보내야 하는 다른 애플리케이션별 CAN 구현에서도 폭넓게 사용된다.

ID	DLC	Byte 0	Byte 1	Byte 2	Byte 3	Byte 4	Byte 5	Byte 6	Byte 7
0x7E0	8	03	22	E0	01	00	00	00	00
0x7E8	8	10	2D	62	E0	01	9F	B7	FE
0x7E0	8	30	08	02	00	00	00	00	00
0x7E8	8	21	00	D1	CF	32	00	0E	5A
0x7E8	8	22	00	00	00	00	10	01	77
0x7E8	8	23	21	80	27	12	00	00	FC

그림 Ⅲ- 26 UDS에서 ISO-TP 이용 예

ISO-TP는 더 긴 메시지를 여러 프레임으로 분할하여 개별 프레임을 해석하고 수신자가 완전한 메시지 패킷으로 재조립할 수 있는 **메타데이터**(metadata, 메타

(Meta)는 일반적으로 "~에 관한"(about)이라는 의미로 사용된다. CAN-TP 헤더로 **속성 정보**라고도 하며, 대량의 정보 가운데에서 찾고 있는 정보를 효율적으로 찾아내어 이용하기 위해 일정한 규칙에 따라 부여되는 데이터)를 추가하여 전송한다.

최대 페이로드 길이는 4095byte였지만 ISO 15765-2 : 2016 버전부터 메시지 패킷 당 최대 $2^{32}-1$에 해당하는 4,294,967,295byte의 페이로드(payload)를 전송할 수 있다.

ISO-TP는 8byte CAN 프레임의 페이로드 데이터 앞에 하나 이상의 메타데이터(metadata) byte를 추가하여 페이로드를 프레임당 7byte 이하로 줄인다.

CAN에 사용하는 메타데이터는 1 ~ 3byte로 **프로토콜 제어 정보**(PCI, Protocol Control Information)라 할 수 있다. 초기 필드는 4bit의 데이터로써 프레임 유형을 나타낸다.

표에 보이는 바와 같이 데이터 필드에서 첫 번째 byte의 시작이 '0'으로 시작하면 전송할 데이터가 7byte 이하인 **단일 프레임**(SF)을 뜻한다.

'1'로 시작하면 전송할 데이터가 많아 여러 프레임으로 나누어 전송할 상황에서 여러 프레임 중 첫 번째 **프레임**(FF)을 뜻한다.

'2'로 시작하는 경우는 전송할 데이터들이 포함된 연이은 프레임(CF)이라는 뜻이다. '3'의 경우는 첫 번째 프레임 수신 이후 전송받고자 하는 컨트롤러가 나머지 데이터에 대한 전송 방법을 송신하는 프레임이다.

표 Ⅲ- 17 프레임의 유형

유형	코드	내용
Single Frame (SF)	0 *	단일 패킷 또는 프레임, 다음 4비트를 데이터 byte length로 해석
First Frame (FF)	1 *	긴 다중 프레임 메시지 패킷 중 첫 번째 프레임, 다음 12비트를 데이터 byte length로 해석
Consecutive Frame (CF)	2 *	다중 프레임 패킷에 대한 후속 데이터를 포함하는 프레임 (연이는 프레임)
Flow Control Frame (FC)	3 *	첫 번째 프레임 응답 이후 추가 연이은 프레임 전송을 위한 전송 방법에 대한 변수

첫 번째 byte의 시작 니블 값이 '0'으로 시작하는 PCI는 단일 프레임을 뜻하고, 이후 4bit는 해당 프레임에서 유효한 데이터 byte 수를 나타낸다.

그림Ⅲ-27에 보이는 바와 같이 단일 프레임의 첫 번째 byte는 PCI로 사용한 것이기 때문에 유효한 byte 수는 최대 7byte가 된다.

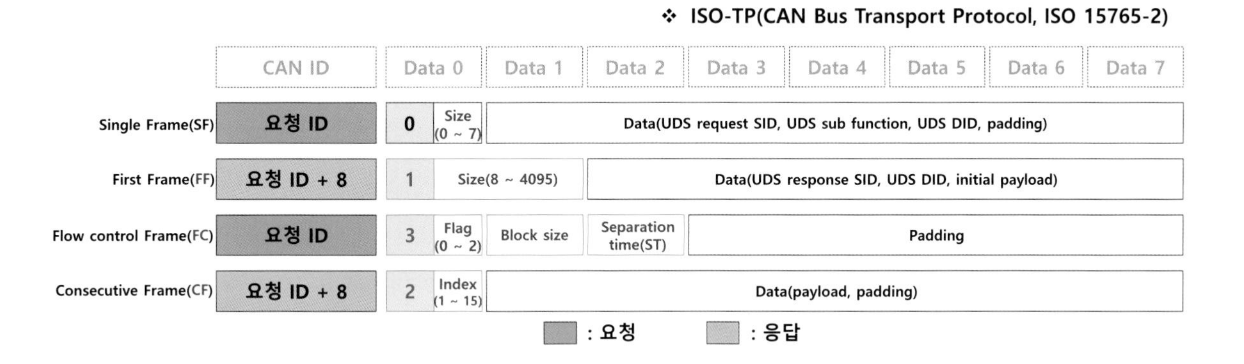

그림Ⅲ-27 ISO-TP의 구조

시작 니블 값이 1'로 시작하는 PCI는 전송할 데이터가 많아 여러 프레임으로 전송할 것이고, 그 중 첫 번째 프레임이라는 의미로 사용한다.

'1'을 표시한 4bit(nibble) 이후 12bit로써 전송할 유효 데이터의 크기를 알려준다. 12bit의 경우 최대값은 0xFFF이므로 4095byte까지 전송이 가능하다는 의미가 된다.

데이터가 많아 전송할 프레임이 여러 개 있는 경우 데이터를 요청한 노드의 흐름 제어를 수신한 경우에 한하여 다음 데이터 프레임을 전송한다.

시작 니블 값이 '3'으로 시작하는 PCI는 첫 번째 프레임(First Frame) 수신 이후 전송받고자 하는 컨트롤러가 나머지 데이터에 대한 전송 방법을 송신하는 프레임으로 전송 모드를 표시하는 flag는 표Ⅲ-18에서와 같이 계속 전송(0), 대기(1), 중지(2) 3가지가 있다.

데이터 전송 중 손상되지 않을 무결성과 데이터의 누락 등의 사고가 없어야 하는 안정성 등 때문에 데이터를 블록의 크기와 전송 방식을 설정한다.

중요한 기능에서 전송 과정 중 데이터가 손상되거나 누락되지 않도록 각 블록의 무결성을 확인하는 절차가 포함되어 있다.

전송 도중 문제가 발생할 경우 복구 절차가 마련되어 있어 데이터를 다시 전송하거나 중단된 부분부터 재개할 수 있다.

따라서 데이터 처리 능력에 따라 다음 흐름 제어 전까지 전송할 프레임의 수에 해당하는 block 사이즈를 지정할 수 있고, 그 값은 flow control flag 이후 2번째 byte에 탑재하여 전송한다.

표 Ⅲ – 18 flow control flag

코드		내용
3	0	지체 없이 계속 전송
	1	대기
	2	오버 플로우 / 중단

CAN bus를 이용하는 **데이터 트래픽**(traffic)과 처리 능력을 고려하여 여러 데이터 프레임 전송 중 프레임간 시간차를 지정하는 ST(Separation Time) 데이터는 3번째 byte에 전송한다.

ST 값의 0x00 ~ 0x7F는 10진수로 환산한 값과 대응되는 ms 단위로 0 ~ 127ms에 해당한다. 0xF1 ~ 0xF9는 100us 단위를 의미하여 0xF1의 경우 100us, 0xF9는 900us에 해당한다.

시작 니블 값이 '2'로 시작하는 PCI는 흐름 제어(FC)에 의해 프레임간 일정한 시간차를 두고 지정한 블록 단위로 전송한다. '2' 이후 4bit는 1-2-3 · · · 9-A-B-C-D-E-F-0-1-2 · · · 와 같은 순차적인 번호가 반복적으로 부여된다.

노드 간 데이터의 송 · 수신에서 단일 프레임의 요청에 대하여 단일 프레임으로 회신이 가능하다면 표준 프레임의 구조로도 충분히 송 · 수신이 가능하다. 하지만 그림 Ⅲ – 28의 경우는 두 노드간 많은 데이터를 송 · 수신 사례로 최초 A 노드가 B 노드에게 단일 프레임으로 데이터를 요청한다.

B 노드는 A 노드에게 여러 데이터 프레임 중 첫 번째 데이터 프레임을 전송하여 후속 데이터가 존재함을 알린다.

이후 A 노드는 흐름 제어를 통해 데이터를 계속 전송하되, 8개 블록 단위로 송신하고 프레임간 시간차를 지정한 상태이다.

따라서 B 노드는 데이터를 순서대로 21~28까지 8개 프레임을 전송 후 A 노드의 흐름 제어 값을 재수신 후 지속적인 데이터 전송을 하는 송 · 수신 흐름도이다.

그림 Ⅲ – 26에서 진단기는 0x7E0(진단기가 엔진 ECU에게 요청하는 ID)의 ID로 데이터를 요청하였고, PCI 값이 '03'이므로 단일 프레임이면서 PCI 이후 3개의 유효한 데이터 byte가 있다는 뜻이다.

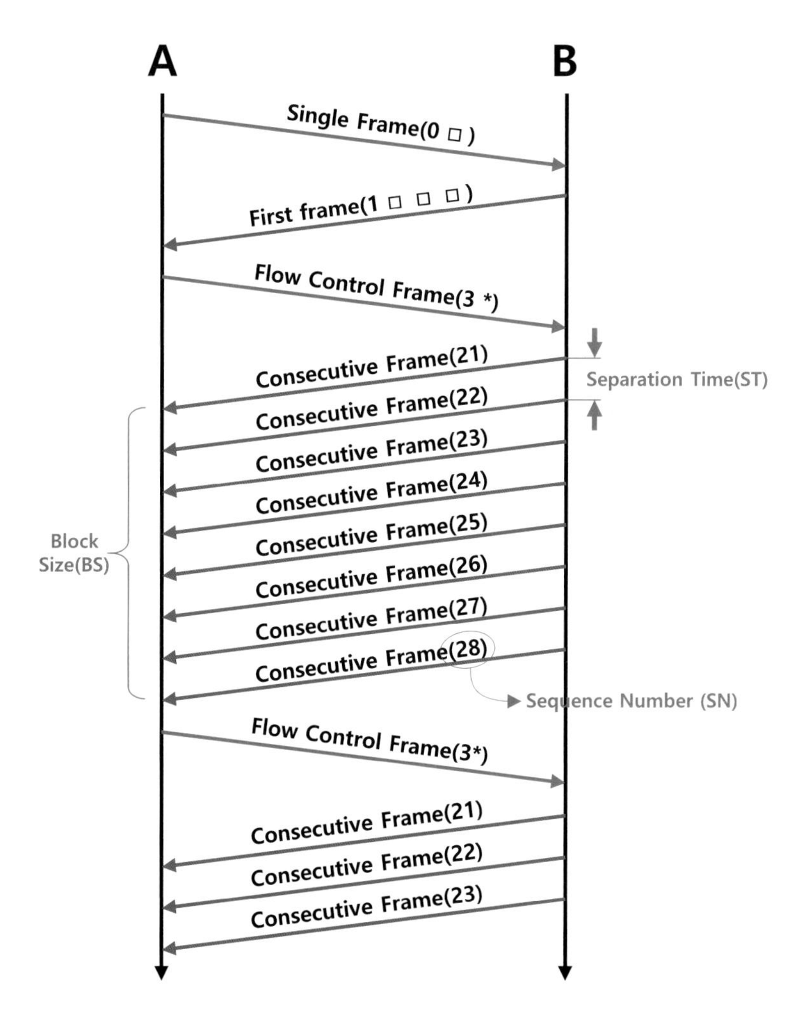

그림 Ⅲ – 28 ISO-TP를 이용한 데이터 송수신 예

그림Ⅲ- 26의 2번째 프레임은 진단기가 송신한 0x7E0의 요청에 대한 **회신 규칙**(회신 ID = 요청 ID + 8)에 따라 엔진 ECU가 0x7E8의 ID로 응답하였다.

PCI 값이 '1'로 시작하였기 때문에 많은 데이터 프레임 중 **첫 번째 프레임**이라는 뜻을 가지고 있다. '1' 이후 12bit 값인 '0x02D는 십진수로 45에 해당하므로 총 45개의 데이터 byte가 있음을 알리고 있다.

그림Ⅲ- 26의 **3번째 프레임**은 PCI 값이 '3'으로 시작하였기 때문에 데이터 량이 많은 것을 인지한 진단기가 0x7E0의 ID로 엔진 ECU에게 전송 방식을 지정한 것이다.

첫 번째 니블 값3 이후 '0'은 flow control flag 값으로 지체 없이 **계속 전송**하라는 뜻이고, 2번째 byte의 값 '0x08'은 8개 **블록 단위로 송신**하라는 뜻이다. 한편 3번째 byte 값 '0x02'는 송신하는 데이터 프레임간 2ms의 **시간차 간격**으로 송신하라는 의미이다.

연이은 프레임의 의미를 가진 PCI 값 '2'로 시작한 그림Ⅲ- 26의 4번째 프레임은 진단기의 flow control에 따라 엔진 ECU가 나머지 데이터를 전송하는 첫 번째 데이터 프레임이라는 뜻에서 PCI 값은 '0x21'이 된다.

이후 프레임을 ECU가 진단기에게 회신하는 것이므로 동일한 0x7E8의 ID로 회신하며 flow control에 따른 2번째 프레임이라는 의미로 '0x22'의 PCI 값을 가진다.

CHAPTER 04

UDS

UDS(Unified Diagnostic Services, 통합 진단 서비스) **프로토콜**은 기존의 배기가스 중심의 OBD 프로토콜의 한계를 넘어 보다 많은 진단 데이터와 기능을 수행하고자 만들어진 프로토콜이다. 2006년 처음 발표되고 지속적으로 개선되고 있다. ISO 15765-3(CAN), ISO 14230-3 (KWP2000), ISO 13400(DoIP), ISO 27145에 명시된 전 세계적으로 조화된 온보드 진단(WWH-OBD) 등이다.

뿐만 아니라 차량 내 네트워크에 대한 대부분의 다른 통신 요구 사항과도 호환되므로 기존 프로토콜의 한계를 극복하고, 더 많은 기능과 높은 유연성을 제공하고 있다.

표 Ⅲ- 19 UDS 프로토콜의 주요 내용

항목	내용
진단 세션 관리	ECU가 진단 모드로 전환될 때 사용됨. 일반적인 세션 외 프로그래밍 세션, 확장된 진단 세션 등이 있으며, 각 세션은 서로 다른 권한과 기능을 제공
ECU 리셋	- 소프트 리셋 : 일시적인 오류 상태에 있을 때 사용되며, 현재 실행 중인 프로그램을 중단하고 ECU를 재 부팅하여 정상 작동 상태로 복귀시킴 - 하드 리셋 : 심각한 오류 상태에 있거나, 소프트웨어 업데이트 후 새로운 설정을 적용할 때 초기화시킴
보안 접근	ECU와 외부 진단 장비 간의 인증을 통해 무단 접근을 방지하는 기능으로 인증이 성공하면 해당 세션에서 보호된 기능에 접근 가능
데이터 전송	안정적인 데이터 전송을 위해 대량의 데이터 전송 시 데이터 블록 전송을 관리
데이터 읽기 및 쓰기	ECU 내부 데이터를 읽거나 쓸 수 있는 기능으로 실시간 데이터 모니터링이나 특정 설정값을 변경할 수 있음
입력/출력 제어	특정 입·출력 기능을 제어하는 기능으로 특정 센서를 활성화하거나 액추에이터를 작동시킬 수 있음
진단 코드 관리	ECU에 저장된 고장 코드를 읽고, 초기화할 수 있는 기능

단순한 고장 코드를 읽고, 지우는 기능 이외 ECU 설정 변경, S/W 업데이트, 보안 접근 관리 등 다양한 진단과 관리 기능을 포함하고 있어 대부분 진단기에 적용한 **유지보수** 및 **진단용 프로토콜**이라 할 수 있다.

1 프레임 구조

UDS는 요청 기반 프로토콜이라 할 수 있으며 진단기가 ECU에게 요청하는 프레임 구조는 그림Ⅲ-29와 같다.

ECU 또는 **시스템별** ID(OBD Ⅱ와 동일)를 사용하고, 첫 번째 byte는 PCI, 두 번째 byte는 요청하는 기능이나 서비스 항목에 따라 지정된 SID(Service Identifier)를 전송한다.

SID에 따른 구체적인 하위 기능이 있는 경우는 3번째 byte에 탑재한다. SID 이후 실제 요청하는 구체적인 데이터 ID인 DID(Data Identifier, 2byte로 구성됨)를 전송한다.

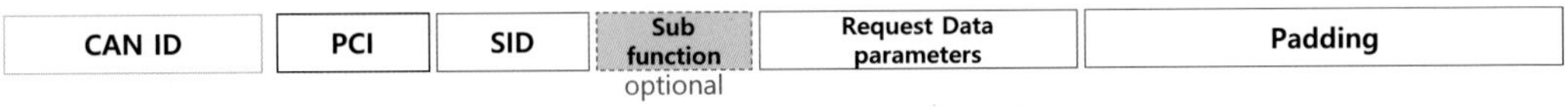

CAN ID	PCI	SID	Sub function (optional)	Request Data parameters	Padding

그림Ⅲ-29 UDS 요청 메세지

그림Ⅲ-30는 요청 메시지에 대한 응답의 구조를 보여주고 있다. 그림Ⅲ-30의 아래쪽 그림은 응답 메시지로 응답 시 사용하는 ID는 요청 메시지 ID에 8를 더한 값의 ID로 응답하는 규칙을 가지고 있다. 첫 번째 byte는 프레임의 종류와 유효 byte 수 정보의 PCI가 나타난다.

이후 요청하는 SID에 대한 회신을 표시하기 위해 요청한 SID에 0x40를 더한 값으로 회신하고, 이후 요청한 2byte의 DID와 전송할 데이터를 채워 송신한다.

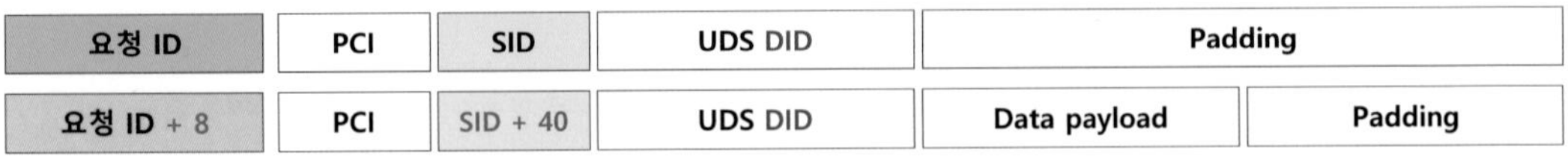

요청 ID	PCI	SID	UDS DID	Padding	
요청 ID + 8	PCI	SID + 40	UDS DID	Data payload	Padding

그림Ⅲ-30 요청 메시지와 응답 메시지

표Ⅲ-20은 UDS 프로토콜을 사용하는 진단기와 엔진 ECU의 송·수신한 데이터를 순차적으로 표시한 것이다. 요청 1에서 0x7E0의 ID를 이용해 엔진 ECU에게 요청한 것으로 첫 번째 데이터 byte가 '03'이므로 단일 프레임이며, 3개의 유효 byte를 전송한다는 의미이다.

이후 '0x22'의 SID는 '데이터를 읽는다'는 서비스 ID이고, 이후 2 byte의 DID는 '0xE001'이므로 결과적으로 DID 0xE001로 되어진 데이터를 읽을 수 있게 요청하는 프레임이 된다.

표Ⅲ-20 UDS 주요 데이터 전송 사례

<table>
<tr><th>구분</th><th>ID</th><th>0 byte</th><th>1 byte</th><th>2 byte</th><th>3 byte</th><th>4 byte</th><th>5 byte</th><th>6 byte</th><th>7 byte</th></tr>
<tr><td rowspan="2">요청 1</td><td rowspan="2">7E0</td><td>03</td><td>22</td><td>E0</td><td>01</td><td>00</td><td>00</td><td>00</td><td>00</td></tr>
<tr><td>SF,
3 byte 유효</td><td>SID : 0x22
데이터를 읽음</td><td colspan="2">DID : 0xE001</td><td colspan="4">Padding</td></tr>
<tr><td rowspan="2">응답 1</td><td rowspan="2">7E8</td><td>10</td><td>2D</td><td>62</td><td>E0</td><td>01</td><td>9F</td><td>B7</td><td>FE</td></tr>
<tr><td>FF</td><td>0x02D = 45</td><td>SID +
0x40</td><td colspan="2">DID</td><td colspan="3">ODX code</td></tr>
<tr><td rowspan="2">요청 2</td><td rowspan="2">7E0</td><td>30</td><td>08</td><td>02</td><td>00</td><td>00</td><td>00</td><td>00</td><td>00</td></tr>
<tr><td>FC</td><td>block size</td><td>ST</td><td colspan="5">Padding</td></tr>
<tr><td rowspan="2">응답 2</td><td rowspan="2">7E8</td><td>21</td><td>00</td><td>B0</td><td>AE</td><td>FF</td><td>22</td><td>1B</td><td>6A</td></tr>
<tr><td>CF 1</td><td>-</td><td>배터리 전압</td><td>IG on 전압</td><td>-</td><td colspan="2">엔진회전수</td><td>목표 공회전</td></tr>
<tr><td rowspan="2">응답 3</td><td rowspan="2">7E8</td><td>22</td><td>00</td><td>00</td><td>00</td><td>00</td><td>18</td><td>03</td><td>DF</td></tr>
<tr><td>CF 2</td><td>-</td><td>-</td><td>-</td><td>-</td><td colspan="2">흡기압센서 전압</td><td>흡기압센서</td></tr>
<tr><td rowspan="2">응답 4</td><td rowspan="2">7E8</td><td>23</td><td>61</td><td>40</td><td>2B</td><td>17</td><td>00</td><td>00</td><td>CC</td></tr>
<tr><td>CF 3</td><td>흡기압센서</td><td>-</td><td>-</td><td>-</td><td>-</td><td>-</td><td>WTS 전압</td></tr>
<tr><td rowspan="2">응답 5</td><td rowspan="2">7E8</td><td>24</td><td>01</td><td>61</td><td>FD</td><td>03</td><td>0A</td><td>C6</td><td>00</td></tr>
<tr><td>CF 4</td><td>WTS 전압</td><td>WTS</td><td>-</td><td>-</td><td>-</td><td>대기온도
센서</td><td>-</td></tr>
<tr><td rowspan="2">응답 6</td><td rowspan="2">7E8</td><td>25</td><td>FD</td><td>03</td><td>0A</td><td>61</td><td>64</td><td>BE</td><td>2F</td></tr>
<tr><td>CF 5</td><td colspan="2">흡기온센서전압</td><td>흡기온도</td><td>엔진오일
온도</td><td>연료레벨</td><td colspan="2">연료탱크 압력</td></tr>
<tr><td rowspan="2">응답 7</td><td rowspan="2">7E8</td><td>26</td><td>A0</td><td>0B</td><td>00</td><td>00</td><td>AA</td><td>AA</td><td>AA</td></tr>
<tr><td>CF 6</td><td>-</td><td>-</td><td>-</td><td>-</td><td colspan="3">Padding</td></tr>
</table>

응답 1은 엔진 ECU가 회신한 것으로 진단기가 송신한 0x7E0의 요청에 대한 **회신 규칙**(회신 ID = 요청 ID + 8)에 따라 엔진 ECU가 0x7E8의 ID로 응답하였다. PCI 값이 '1'로 시작하였기 때문에 많은 데이터 프레임 중 첫 번째 프레임이라는 뜻을 가지고 있다.

'1' 이후 12bit 값인 '0x02D는 십진수로 45에 해당하므로 총 45개의 데이터 byte가 있음을 알리고 있다.

이후 SID 0x22에 대한 응답임을 표시하기 위해 요청 SID에 0x40을 더한 0x62로 회신한다. 다음으로는 요청한 DID를 표시한 후 실제 데이터를 전송하는 규칙을 가지고 있다.

결과적으로 응답 1은 ECU가 진단기에게 전송하는 데이터로 진단기가 요청한 DID 0xE001의 데이터를 송신하고자 하는데 총 45개의 데이터 byte가 있으며 그 중 첫 번째 프레임만 회신한 것이다.

진단기는 응답 1에서 엔진 ECU가 송신할 데이터 45byte 중 6byte를 전송받았으므로 나머지 39byte에 대하여 요청 2로써 흐름 제어를 한다. 즉 요청 2에서 진단기는 0x7E0의 ID로 엔진 ECU에게 전송 방식을 지정한 것이다.

흐름 제어의 뜻인 첫 번째 니블 값3 이후 '0'은 flow control flag 값으로 지체 없이 **계속 전송**하라는 뜻이고, 2번째 byte의 값 '0x08'은 **8개 블록 단위**로 송신하라는 뜻이다. 한편 3번째 byte 값 '0x02'는 송신하는 데이터 프레임간 2ms의 **시간차 간격**으로 **송신**하라는 의미이다.

응답 2 ~ 7까지는 엔진 ECU가 진단기의 요청에 순서적으로 응답하는 것으로 한 프레임에서 첫 번째 byte는 PCI 값이기 때문에 데이터 byte 수에서 제외되므로 한 프레임에 7개의 데이터 byte를 전송할 수 있다.

따라서 전송할 데이터 byte 총 45개 중 FF에서 전송한 6개를 제외한 39개 byte를 전송하기 위해 연이은 프레임(CF)이 5개 이상이 필요하다. 21 ~ 26번 프레임까지 총 6개의 연이은 프레임을 전송하고, 마지막 프레임에서 유효 데이터 byte 이외의 자리는 표준 프레임의 골격을 유지하기 위해 padding 값으로 채워 넣는다.

2 SID

차량의 컨트롤러와 진단기의 통신에 사용하는 프로토콜은 J1979 이외 UDS(Unified Diagnostic Services), KWP2000, GMLAN(General Motors Local Area Network) 등이 있으나, 서비스 ID(SID)별 기능이 유사한 특징을 가지고 있다.

주요 SID는 표Ⅲ- 21과 같고, 고장 코드를 요청하는 SID는 0x19, DTC를 삭제하는 SID는 0x14, 센서 데이터 또는 각종 정보를 읽은 SID는 0x22, 강제구동 SID는 0x2F 등이 있다.

표Ⅲ- 21 UDS의 주요 SID

기능	요청	응답	서비스 내용
진단 및 통신관리	0x10	0x50	진단 세션 제어
	0x11	0x51	ECU 리셋
	0x27	0x67	보안 서비스 액세스
	0x28	0x68	통신 제어 on/off
	0x29	0x69	보안 서비스 인증
	0x3E	0x7E	오래 지났지만 테스트 중이라는 신호(절전 모드)
	0x83	0xC3	액세스 타이밍 매개 변수(시간 초과 시 연결 중단된 상태)
	0x84	0xC4	안전한 데이터 전송
	0x85	0xC5	DTC 설정 제어(고장 감지 on/off)
	0x86	0xC6	이벤트 응답
	0x87	0xC7	링크 제어 (전송속도 설정, 중앙 게이트웨이에서만 구현)
저장된 데이터 전송	0x14	0x54	명확한 진단 정보(저장된 모든 DTC 삭제)
	0x19	0x59	DTC 정보 읽기
데이터 전송	0x22	0x62	ID별 데이터 읽기(0~65535 DID(Data Identifier)에 연결
	0x23	0x63	주소별 메모리 데이터 읽기
	0x24	0x64	식별자별 스케일링 데이터 읽기
	0x2A	0x6A	주기적으로 ID별 데이터 읽기
	0x2C	0x6C	데이터 식별자를 동적으로 정의(데이터 ID를 구성, 수정)
	0x2E	0x6E	식별자별로 데이터 쓰기(2E F1 90 VIN 쓰기)
	0x3D	0x7D	주소별 메모리 쓰기(진단기가 ECU 정보를 쓸 수 있음)

기능	요청	응답	서비스 내용
업로드 다운로드	0x34	0x74	S/W 다운로드(S/W, 기타 데이터 지정된 제어장치로 다운로드)
	0x35	0x75	업로드 요청(제어 장치의 S/W가 지정된 테스터로 전송됨)
	0x36	0x76	데이터 전송(모든 데이터 도착까지 반복)
	0x37	0x77	요청 전송 종료(데이터 전송을 완료)
	0x38	0x78	요청 파일 전송(다운로드 또는 업로드)
입력/출력 제어	0x2F	0x6F	식별자별 입·출력 제어(내 외부 신호에 대한 시스템 개입)
일상적인 원격 활성화	0x31	0x71	일상적인 제어(시작, 중단, 결과), 모든 제어 서비스 루틴 수행
기타		0x7F	지원되지 않은 데이터 ID와 같은 서비스 요청 수행 불가

UDS의 여러 SID 중 고장진단 현장에서 많이 사용하거나 접할 수 있는 SID 위주로 설명한다.

(1) SID 10

0x10은 진단 세션 제어용 SID로 ECU에 설정된 세션(session)의 전환이 가능하다. 하위 기능으로 0x01은 기본 세션으로 진단기와 연결하면 **기본적인 세션**이라 할 수 있다. 일반적인 서비스 또는 가장 낮은 수준의 access 권한을 갖는 세션으로 DTC 지우기, DID별 데이터 읽기 등이 허용된다.

0x02는 프로그래밍 세션으로 업로드나 다운로드, 데이터 전송 등의 서비스에 대한 엑세스를 제공한다. 0x03은 확장 진단 세션으로 진단 및 통신관리 외에 데이터 전송, 입 · 출력 제어(강제 구동), 루틴 제어 활성화 서비스를 추가 제공할 수 있다.

0x04는 안전 시스템 진단 세션으로 0x03의 확장 진단 세션과 유사한 기능을 제공하지만, 보안 사항이거나 안전과 관련한 서비스는 제공하지 않는다.

표 Ⅲ－ 22 0x10 하위 기능

Hex		Description
UDS	00	ISO SAE Reserved
	01	default Session
	02	programming Session
	03	extended Diagnostic Session
	04	safety System Diagnostic Session
	05 - 3F	ISO SAE Reserved
	40 - 5F	vehicle Manufacturer Specific
	60 - 7E	system Supplier Specific
	7F	ISO SAE Reserved
일반적인 세션	81	표준 세션
	82	주기적 전송
	83 ~ 84	예약됨
	85	프로그래밍 세션
	86	Developmentsession
	87	Adjustment session
	88	예약됨
	89 ~ F9	제작사 사양
	FA ~ FE	시스템 공급업체별 사양
	FF	예약됨
제작사	81	표준 진단 모드
	85	ECU 프로그래밍 모드
	90	확장된 진단 모드

표 Ⅲ－ 23은 기본 세션에서 허용하는 SID와 기본 세션 이외의 세션을 활성화해야만 서비스가 제공되는 것을 정리한 것으로 일부 세션과 서비스는 **보안 액세스** 또는 **보안 서비스 인증**과 같은 서비스를 통한 권한이 필요할 수 있다.

강제 구동 모드에 해당하는 0x2F의 Input Output Control By Identifier SID는 기본 세션에서 구현이 되지 않고, 0x03 세션일 때 가능하다. 따라서 어떤 액추에이터를 강제 구동하고자 하는 경우 세션 제어를 통해 확장 세션 상태로 전환 후 실행해야 한다.

표 Ⅲ- 23 세션 동안 허용되는 서비스

Hex	Service	Default Session	non-default Session
10	Diagnostic Session Control	○	○
11	ECU Reset	○	○
14	Clear Diagnostic Information	○	○
19	Read DTC Information	○	○
22	Read Data By Identifier	△	○
23	Read Memory By Address	△	○
24	Read Scaling Data By Identifier	△	○
27	Security Access		○
28	Communication Control		○
2A	Read Data By Periodic Identifier		○
2C	Dynamically Define Data Identifier	△	○
2E	Write Data By Identifier	△	○
2F	Input Output Control By Identifier		○
31	Routine Control	△	○
34	Request Download		○
35	Request Upload		○
36	Transfer Data		○
37	Request Transfer Exit		○
3D	Write Memory By Address	△	○
3E	Tester Present	○	○
83	Access Timing Parameter		○
84	Secured Data Transmission		
85	Control DTC Setting		○
86	Response On Event	△	○
87	Link Control		○

표Ⅲ- 24는 진단기가 엔진 ECU(ID : 0x7E0)에게 기본 세션에서 확장 진단 세션으로의 전환을 요청하는 예이다.

PCI(Protocol Control Information) 값은 단일 프레임이며 PCI 이후 2개 byte가 유효하므로 0x02, 진단 세션을 제어하므로 SID는 0x10, SFP(Sub-Function Parameter)는 진단 모드를 확장하는 것이므로 0x03이 된다.

이후는 무효한 데이터이므로 표준 프레임 형태를 갖추기 위해 0x00의 값을 채워 넣어 전송했다. 진단기의 요청에 대한 긍정적 응답으로 ECU(ID : 0x7E8)는 PCI 0x02, SID 0x10에 대한 응답이라는 의미로 SID는 0x50, SFP는 0x03,으로 회신한다.

표Ⅲ- 24 진단기가 엔진 ECU에게 확장 기본 세션에서 진단 세션으로 전환을 요청하는 예

구분	ID	#0	#1	#2	#3	#4	#5	#6	#7
		PCI	SID	SFP	Padding				
요청	7E0	02	10	03	00	00	00	00	00
긍정 응답	7E8	02	50	03	00	00	00	00	00

(2) SID 11

컨트롤러가 오작동하거나 작동하지 않는 등 모든 상태에서 복구하는 기능으로 문제는 있지만 근본적인 원인을 모를 때 유용한 기능이다.

ECU가 리셋되면 기본 세션 모드로 돌아간다. ECU의 물리적 주소를 사용하여 직접 재설정할 수 있고, 또는 특정 ECU를 모르는 경우 전체 차량 또는 모든 ECU를 동시에 재설정할 수도 있다.

표Ⅲ- 25 0x10 하위 기능

Hex	Description
01	Hard Reset
02	Key Off On Reset
03	Soft Reset
04	Enable Rapid Power Shut Down
05	Disable Rapid Power Shut Down
06 - 3F	ISO SAE Reserved
40 - 5F	vehicle Manufacturer Specific
60 - 7E	system Supplier Specific
7F	ISO SAE Reserved

하드 리셋(0x01)은 ECU를 재설정하여 하드웨어 구성 요소를 다시 초기화하는 것이다. DID, DTC와 같은 모든 데이터와 영구 메모리에 저장되어야 하는 중요 데이터, 미래에 필요하거나 진단 목적의 비휘발성 메모리 등 모든 데이터가 비휘발성 메모리에 저장되지 않고 삭제되는 모드이다.

키 off on 리셋(0x02)은 이그니션 키 스위치를 off-on 프로세스에 불과한 것으로 프로세스나 마이크로 컨트롤러의 sleep wake-up 프로세스라 할 수 있다.

Boot 모드로 전환하여 모든 데이터를 프로세스의 영구 메모리에 저장한 다음 초기화 후 전원을 차단한다. 이후 전원이 공급되면 저장된 데이터를 다시 불러오기 때문에 중요 데이터를 잃지 않는 모드이다.

소프트 리셋(0x03)은 소프트웨어를 재시작하는 모드로 소프트웨어에서 중단되거나 잠금이 발생하여 실행이 중단되면 워치독(Watch-Dog)이 컨트롤러를 리셋하고 다시 메인 함수에서 시작하기 때문에 Watch-Dog 리셋이라고 할 수 있다.

0x04는 빠른 전원 종료 활성화 모드로 이그니션 키 off 직후에 기능을 실행하며, 요청 시 바로 또는 일정 시간 경과 후 절전모드로 전환한다.

(3) SID 14

ECU에 저장된 DTC를 삭제하는 모드로 PCI 이후 0x14 FF FF 33은 모든 배출가스 관련 DTC를 삭제, 0x14 FF FF FF는 모든 DTC를 삭제하는 기능이나, 나머지 기능은 제조사마다 다르게 적용된다.

(4) SID 19

차량에 오류가 발생할 때마다 오류에 해당하는 DTC가 ECU 오류 코드 메모리(FCM, Fault Code Memory)에 저장되며, 0x19 SID를 이용하여 DTC를 읽을 수 있다.

DTC 데이터 요청 시 심각도나 상태에 대한 옵션을 추가로 요청할 수 있다. 예를 들어 상태 마스크별 DTC 요청(0x02)이고, status 코드가 0b10001010인 경우

status 옵션 코드는 0x8A에 해당한다.

경고등 점등(#7bit : 1)이 요청되었고, 확인된 고장(#3 bit : 1)이며, 이번 작동 주기 중 발생한 고장(#1 bit : 1)에 대한 코드를 요청한 것이다. 표 Ⅲ- 26과 같이 SID는 0x19, SFP(Sub-Function Parameter)는 0x02, 상태 옵션 0x8A로 데이터를 요청한다.

표 Ⅲ- 26 진단기가 엔진 ECU에게 상태 마스크별 DTC 요청

구분	ID	#0	#1	#2	#3	#4	#5	#6	#7
	ID	PCI	SID	SFP	Option	Padding			
요청	7E0	03	19	02	8A	00	00	00	00

표 Ⅲ- 27 UDS SID 0x19의 하위 기능(SBF)

SID	SBF	내용
0x19	0x00	ISO SAE 예약됨
	0x01	상태 마스크별 DTC 번호 보고
	0x02	상태 마스크로 DTC 보고
	0x03	DTC 스냅샷 식별 보고
	0x04	DTC 번호별 DTC 스냅샷 기록 보고
	0x05	레코드 번호별 DTC 저장 데이터 보고
	0x06	DTC 번호별 DTC 외부 데이터 레코드 보고
	0x07	심각도 마스크 레코드별 DTC 번호 보고
	0x08	심각도별 DTC 보고 마스크 기록
	0x09	DTC의 심각도 정보 보고
	0x0A	지원되는 모든 DTC 보고
	0x0B	첫 번째 테스트 실패 DTC 보고
	0x0C	첫 번째 확인된 DTC 보고
	0x0D	최근 테스트 실패 DTC 보고
	0x0E	가장 최근에 확인된 DTC 보고
	0x0F	상태 마스크별 미러 메모리 DTC 보고
	0x10	DTC 번호별 미러 메모리 DTC 확장 데이터 레코드 보고서
	0x11	상태 마스크별 미러 메모리 DTC 번호 보고
	0x12	상태 마스크별 배출량 OBD DTC 보고
	0x13	상태 마스크별 배출 OBD DTC 보고

SID	SBF	내 용
0x19	0x14	DTC 오류 감지 카운터 보고
	0x15	영구 상태로 DTC 보고
	0x16	레코드 번호별 DTC 확장 데이터 레코드 보고
	0x17	상태 마스크별 사용자 정의 메모리 DTC 보고
	0x18	DTC 번호별 사용자 정의 메모리 DTC 스냅샷 레코드 보고
	0x19	DTC 번호별 사용자 정의 메모리 DTC 확장 데이터 레코드 보고
	0x1A - 0x41	ISO SAE 예약됨
	0x42	마스크 기록에 의한 WWH OBD DTC 보고서
	0x43 - 0x54	ISO SAE 예약됨
	0x55	영구 상태로 WWH OBD DTC 보고
	0x56 - 0x7F	ISO SAE 예약됨

표 Ⅲ- 28 0x19의 하위 기능에 따른 옵션

# bit	심각도(Serverity)	상태(status)
7	즉시 확인 필요	경고등 점등 요청됨
6	다음 정지 시 검사 필요	이번 작동 주기 중 테스트 미완료
5	유지 관리만 요청	삭제 후 재고장
4	할당되지 않음	삭제 이후 테스트 미완료
3	할당되지 않음	고장이 확인된 DTC
2	할당되지 않음	보류 중인 DTC
1	할당되지 않음	이번 작동 주기 중 고장
0	할당되지 않음	테스트 실패(고장남)

(5) SID 22

UDS 프로토콜의 Read Data by Identifier(0x22) 서비스는 단일 또는 여러 DID의 값이나 기록값을 읽고자 할 때 사용되는 서비스 코드로 주로 센서 데이터 요청에 사용된다.

표 Ⅲ- 29는 DID 0xF190을 이용하여 엔진 ECU에게 차대번호 데이터를 요청한 사례이다.

표 Ⅲ- 29 진단기가 엔진 ECU에게 차대번호를 요청하는 메세지

구분	ID	#0	#1	#2	#3	#4	#5	#6	#7
		PCI	SID	DID		Padding			
요청	7E0	03	22	F1	90	00	00	00	00

(6) SID 2F

UDS 프로토콜에서 Input Output Control By Common ID(0x2F) 서비스는 외부에서 시스템에 개입할 수 있는 서비스로 진단기에서 주로 강제 구동으로 사용한다.

표 Ⅲ- 30 0x2F 데이터 구조

구분	ID	#0	#1	#2	#3	#4	#5	#6	#7
		PCI	SID	DID		옵션	상태	활성값	
요청	xxx	xx	2F	00~FF	00~FF	00~FF	00~FF	00~FF	00~FF

표 Ⅲ- 31 0x2F 옵션

Hex	옵션 내용
00	ECU로 제어권 반환
01	기본값으로 재설정
02	현재 상태로 고정
03	단기 조정
04-FF	ISO 예약

제어 옵션은 4가지가 있으며 0x00은 언급된 신호의 제어권을 반환한다는 의미이다. 0x01은 요청한 신호를 시스템에 저장된 기본값으로 **재설정**하라는 메시지이다. 0x02는 현재 신호 값을 고정하라는 명령이고, 0x03은 단기적이지만 제공된 신호 값을 **사용**하라는 의미이다.

예를 들어 웜업 후 차속이 없는 조건에서 공회전 속도(0x0132)를 기본값인 750rpm으로 조정하고자 하는 경우 표 Ⅲ- 32에서와 같이 PCI 값 이후, 입·출력 제어를 의미하는 SID 0x2F를 전송한다.

표 Ⅲ- 32 엔진 회전수 조정

구분	ID	#0	#1	#2	#3	#4	#5	#6	#7
		PCI	SID	DID		옵션	상태	활성값	
기본값(750rpm)	7E0	04	2F	01	32	01	00	00	00
현재값(800rpm)으로 고정	7E0	04	2F	01	32	02	00	00	00
1000rpm으로 조정	7E0	05	2F	01	32	03	64	00	00
원상태로 복원	7E0	04	2F	01	32	00	00	00	00

다음으로 제어하고자 하는 DID 0x0132를 전송하고, 옵션은 기본값으로 재설정한다는 뜻의 0x01를 전송한다.

가속을 통해 엔진 회전수를 800rpm으로 상승시킨 후 현재 값을 그대로 유지하고자 하는 경우는 표 Ⅲ- 32의 두 번째 사례와 같이 PCI 값 이후, 입 · 출력 제어를 의미하는 SID 0x2F를 전송한다. 다음으로 제어하고자 하는 DID 0x0132를 전송한 후 현재값으로 고정한다는 의미의 0x02를 전송한다.

엔진 회전수를 특정한 값인 1000rpm으로 고정하고 싶다면 엔진 회전수는 한 단계당 10rpm이므로 상태 값을 10진수 100을 뜻하는 0x64를 추가하면 된다.

따라서 표 Ⅲ- 32의 세 번째 사례와 같이 PCI 값 이후, 입 · 출력 제어를 의미하는 SID 0x2F를 전송한다.

다음으로 제어하고자 하는 DID 0x0132를 전송한 후 단기적으로 제어한다는 의미의 0x03을 전송하고, 제어값 1000rpm을 뜻하는 0x64를 전송한다.

이 경우 목표한 값인 1000rpm이 되기 전까지 엔진 회전수는 목표값보다 낮은 값을 회신할 수 있다.

표 Ⅲ- 33 SMK ECU에게 IG 1 릴레이 강제 구동 요청

구분	ID	#0	#1	#2	#3	#4	#5	#6	#7
		PCI	SID	DID		옵션	상태	활성값	
구동 요청	7A0	07	2F	B1	09	03	0A	0A	05
구동 해제	7A0	04	2F	B1	09	00	00	00	00

더 이상 엔진 회전수를 제어하지 않고 제어권을 엔진 ECU에게 되돌려줄 때는 표Ⅲ-32의 맨 아래 사례와 같이 옵션값을 0x00으로 전송하면 된다.

표Ⅲ-33은 H사 자동차에서 스마트 키 모듈(SMK, ID : 0x7A0)에게 IG 1 릴레이를 구동하라는 지령으로 PCI 값 이후, 입·출력 제어를 의미하는 SID 0x2F를 전송한다.

다음으로 제어하고자 하는 IG 1 릴레이 DID인 0xB109를 전송한 후 단기적으로 제어한다는 의미의 0x03를 전송한다. 한 단계당 0.1초에 해당하므로 1초 동안 on 상태를 유지하기 위해 제어 값 1초를 뜻하는 0x0A(10진수로 10)를 전송하고, 다시 1초 동안 off 상태를 유지하도록 하는 옵션으로 0x0A를 추가 전송한다.

이후 IG 1 릴레이의 구동(on/off) 횟수를 5회만 제어하기 위해 맨 마지막 byte 값을 0x05를 전송한다. 단기 조정이지만 한 단계당 0.1초이므로 on/off 유지 시간의 최대 시간은 한 byte의 최대값이 0xFF(10진수 255)이므로 25.5초가 될 수 있다.

마찬가지로 1byte의 최대값이 255이므로 on/off 제어를 행하는 숫자 또한 최대 255회까지 입력이 가능하지만 실제 지원하는지는 시스템에 따라 다를 수 있다.

더 이상 IG 1 릴레이를 제어하지 않고 제어권을 SMK에게 되돌려줄 때는 표Ⅲ-33의 맨 아래 사례와 같이 옵션값을 0x00으로 전송하여 제어권을 반환하면 된다.

(7) SID 3E

Tester Present(0x3E)는 진단기와 차량을 연결했음에도 장시간 아무런 조작이 없을 때 진단 모드가 해제될 수 있다. 때문에 여전히 진단기가 차량에 연결되어 있음을 알리고 이전에 활성화된 특정 진단 서비스 또는 통신이 활성 상태로 유지될 수 있도록 하는 SID이다. 옵션으로는 응답을 요청하는 0x00, 응답을 요구하지 않는 경우는 0x80을 사용한다.

표 Ⅲ- 34 엔진 ECU에게 아직 진단기가 있음을 알림

구분	ID	#0	#1	#2	#3	#4	#5	#6	#7
		PCI	SID	SFP	Padding				
요청	7E0	02	3E	00	00	00	00	00	00
긍정 응답	7E8	02	7E	00	00	00	00	00	00

(8) 부정응답 7F

0x7F는 Negative Response Codes(NRC)로 요청에 대한 거부 또는 수행할 수 없음을 표시하는 메시지로 상세 코드는 표 Ⅲ- 35와 같다.

표 Ⅲ- 35 NRC 상세 코드

NRC	설명	NRC	설명
0x10	일반 거부	0x37	필요한 시간 지연이 만료되지 않음
0x11	지원되지 않는 서비스	0x38	안전한 데이터 전송이 필요함
0x12	하위 기능이 지원되지 않음	0x39	보안 데이터 전송이 허용되지 않음
0x13	잘못된 메시지 길이 또는 잘못된 형식	0x3A	보안 데이터 검증에 실패함
0x14	응답이 너무 길음	0x50	인증서 검증에 실패(기간이 잘못됨)
0x21	바쁘다, 반복 요청	0x51	인증서 검증에 실패(서명이 잘못됨)
0x22	조건이 올바르지 않음	0x52	인증서 검증에 실패(신뢰 체인이 잘못됨)
0x24	요청 시퀀스 오류	0x53	인증서 검증에 실패(유형이 잘못됨)
0x25	서브넷 구성 요소에서 응답이 없음	0x54	인증서 검증에 실패(형식이 잘못됨)
0x26	실패로 인해 요청된 작업이 실행되지 않음	0x55	인증서 검증에 실패(콘텐츠가 잘못됨)
0x31	요청이 범위를 벗어남	0x56	인증서 검증에 실패(범위가 잘못됨)
0x33	보안 액세스가 거부됨	0x57	인증서 검증에 실패(인증서가 잘못됨)
0x34	인증에 실패함	0x58	소유권 확인에 실패
0x35	잘못된 키	0x59	Challenge 계산에 실패
0x36	시도 횟수 초과	0x5A	접근 권한 설정에 실패
0x5A	접근 권한 설정에 실패	0x85	엔진 작동 시간이 너무 짧음
0x5B	세션 키 생성/파생에 실패	0x86	온도가 너무 높음
0x5C	구성 데이터 사용에 실패	0x87	온도가 너무 낮음
0x5D	인증 해제에 실패	0x88	차량 속도가 너무 빠름

NRC	설명	NRC	설명
0x70	업로드 다운로드가 허용되지 않음	0x89	차량 속도가 너무 낮음
0x71	데이터 전송이 중단됨	0x8A	스로틀/페달이 너무 높음
0x72	일반적인 프로그래밍 실패	0x8B	스로틀/페달이 너무 낮음
0x73	잘못된 블록 시퀀스 번호	0x8C	전송 범위가 중립이 아님
0x78	요청이 정상적으로 수신되었으나 응답이 보류 중	0x8D	변속 범위가 기어에 맞지 않음
0x7E	활성 세션에서는 하위 기능이 지원되지 않음	0x8F	브레이크 스위치가 닫히지 않음
0x7F	활성 세션에서는 서비스가 지원되지 않음	0x90	변속 레버가 주차 위치에 없음
0x81	RPM이 너무 높음	0x91	토크 컨버터 클러치 잠김
0x82	RPM이 너무 낮음	0x92	전압이 너무 높음
0x83	엔진이 작동 중임	0x93	전압이 너무 낮음
0x84	엔진이 작동하지 않음	0x94	리소스가 일시적으로 사용할 수 없음

SID에 대한 긍정적 응답은 SID에 0x40을 더한 값을 송신하지만, 부정응답의 경우는 표Ⅲ- 36에서와 같이 SID 값을 그대로 전송한다.

표에서 PCI 이후 부정응답을 의미하는 0x7F 이후 요청한 SID와 부정응답의 상세 코드(0x12 : 하위 기능이 지원되지 않음)를 추가하여 전송한다.

표Ⅲ- 36 엔진 ECU에게 확장 기본 세션에서 진단 세션으로 전환을 요청하는 예

구분	ID	#0	#1	#2	#3	#4	#5	#6	#7
요청	7E0	02	10	03	00	00	00	00	00
긍정 응답	7E8	02	50	03	00	00	00	00	00
부정 응답	7E8	03	7F	10	12	00	00	00	00

3 DID

UDS에서의 DID는 2byte로 되어져 있어 65535개의 데이터를 구분할 수 있다. 표Ⅲ- 37과 같은 표준화된 DID를 제외하면 UDS는 진단 통신을 위한 표준화된 구조를 제공하고 있다. 그럼에도 불구하고 실제 내용이라 할 수 있는 DID는 차량 제조사 또는 ECU 제조업체의 독점적인 경우가 대부분이다. 따라서 표에 적시되지 않은 DID는 제작사 자체의 DID이므로 실제 차량에서 리버스를 통해 분석해야만 한다.

참고로 OBD Ⅱ에 지정된 PID는 앞에 0x4F를 추가하면 UDS의 DID가 된다. 즉 OBD Ⅱ 에서 엔진 회전수의 PID는 0x0C이므로 UDS DID는 0xF40C가 된다.

표 Ⅲ - 37 표준화된 DID

번호(Hex)	내 용
0000 - 00FF	ISO SAE 예약됨
0100 - A5FF	기록 데이터 식별자와 서버 요구 사항 내의 입력/출력 식별자
A600 - A7FF	입법 용도로 예약됨
A800 - ACFF	기록 데이터 식별자와 서버 내 입력/출력 식별자
AD00 - AFFF	입법 용도로 예약됨
B000 - B1FF	기록 데이터 식별자와 서버 내 입력/출력 식별자
B200 - BFFF	입법 용도로 예약됨
C000 - C2FF	기록 데이터 식별자와 서버 내 입력/출력 식별자
C300 - CEFF	입법 용도로 예약됨
CF00 - EFFF	기록 데이터 식별자와 서버 내 입력/출력 식별자
F000 - F00F	트랙터 트레일러 데이터 식별자에 대한 네트워크 구성 데이터
F010 - F0FF	기록 데이터 식별자와 서버 내 입력/출력 식별자
F100 - F17F	식별 옵션 특정 데이터 식별자
F180	부팅 소프트웨어 식별 데이터 식별자
F181	응용 소프트웨어 식별 데이터 식별자
F182	애플리케이션 데이터 식별 데이터 식별자
F183	부팅 소프트웨어 지문 데이터 식별자
F184	응용 소프트웨어 지문 데이터 식별자
F185	애플리케이션 데이터 지문 데이터 식별자
F186	활성 진단 세션 데이터 식별자
F187	예비 부품 번호 데이터 식별자
F188	ECU 소프트웨어 번호 데이터 식별자
F189	ECU 소프트웨어 버전 번호 데이터 식별자
F18A	시스템 공급자 식별자 데이터 식별자
F18B	ECU 제조 날짜 데이터 식별자
F18C	ECU 일련 번호 데이터 식별자
F18D	지원되는 기능 단위 데이터 식별자
F18E	키트 조립 부품 번호 데이터 식별자
F18F	ISO SAE 예약됨 표준화됨

번호(Hex)	내 용
F190	VIN 데이터 식별자
F191	ECU 하드웨어 번호 데이터 식별자
F192	ECU 하드웨어 번호 데이터 식별자
F193	ECU 하드웨어 버전 번호 데이터 식별자
F194	ECU 소프트웨어 번호 데이터 식별자
F195	ECU 소프트웨어 버전 번호 데이터 식별자
F196	배기 규정 또는 형식 승인 번호 데이터 식별자
F197	시스템 이름 또는 엔진 유형 데이터 식별자
F198	수리점코드 또는 테스터 일련 번호 데이터 식별자
F199	프로그래밍 날짜 데이터 식별자
F19A	교정 수리점코드 또는 교정 장비 일련 번호
F19B	교정 날짜 데이터 식별자
F19C	교정 장비 소프트웨어 번호 데이터 식별자
F19D	ECU 설치 날짜 데이터 식별자
F19E	ODX 파일 데이터 식별자
F19F	보안 데이터 전송을 위한 엔터티데이터 식별자
F1A0 - F1EF	차량 옵션 식별
F1F0 - F1FF	차량 시스템 옵션 식별
F200 - F2FF	주기적 데이터 식별자
F300 - F3FF	동적으로 정의된 데이터 식별자
F400 - F4FF	OBD II 데이터 식별자(F4+PID)
F500 - F5FF	OBD II 데이터 식별자
F600 - F6FF	OBD II 모니터 데이터 식별자
F700 - F7FF	OBD II 모니터 데이터 식별자
F800 - F8FF	OBD II 정보 유형 데이터 식별자
F900 - F9FF	운행기록계 데이터 식별자
FA00 - FA0F	에어백 전개 데이터 식별자
FA10	EDR 장치 수
FA11	EDR 식별
FA12	EDR 장치 주소 정보
FA13 - FA18	EDR 항목
FA19 - FAFF	안전 시스템 데이터 식별자
FB00 - FCFF	향후 입법 요구 사항을 위해 예약됨
FD00 - FEFF	기록 데이터 식별자 및 입력/출력 식별자
FF00	UDS 버전 데이터 식별자
FF01 - FFFF	ISO SAE 예약됨

CHAPTER

05 UDS data reverse

1 UDS의 Reverse Engineering

(1) data 취득

CAN에서 송 · 수신된 데이터를 실제 센서 데이터나 제어 데이터의 물리적 수치로 환산할 때 $y = ax + b$ 형태의 1차 방정식을 사용한다.

진단기와 CAN 애널라이저가 연결되어진 경우 애널라이저에서 데이터를 송신한 값과 진단기에 표시되는 값을 비교하면 센서 데이터나 제어 데이터로 환산하기 위한 1차 방정식을 쉽게 취득할 수 있다.

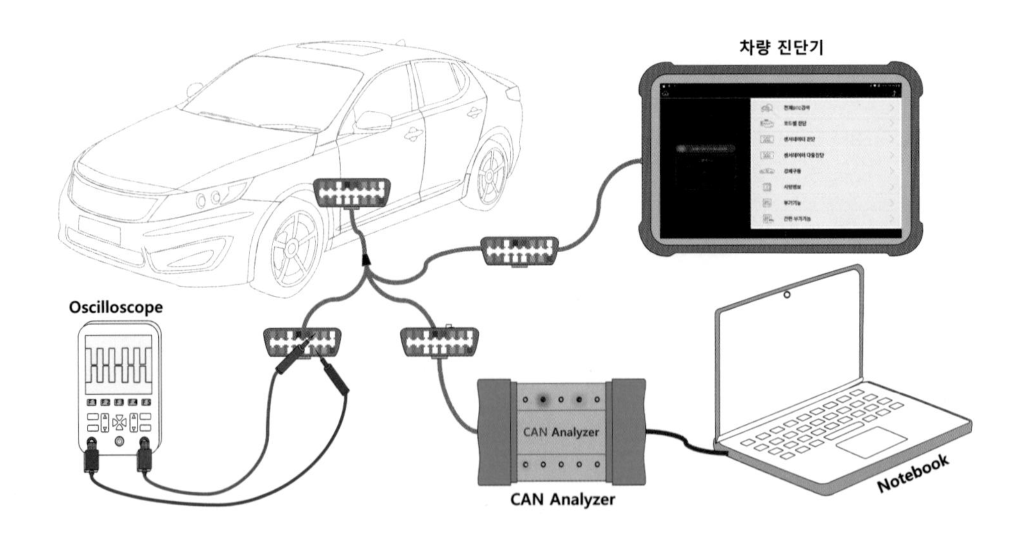

그림 Ⅲ – 31 UDS 프로토콜의 리버스를 위한 장치의 설치 예

차량의 OBDⅡ 커넥터에 1:3의 'Y'형 OBD 케이블을 이용하여 진단기, CAN 애널라이저, 오실로스코프를 병렬로 연결한다.

진단기와 컨트롤러 사이의 송 · 수신 데이터를 CAN 애널라이저와 오실로스코프를 이용하여 sniffing 방법으로 raw data 취득한다.

이후 컨트롤러와의 연결은 해제하고, 진단기와 CAN 애널라이저만 연결한 상태에서 컨트롤러가 전송할 데이터를 CAN 애널라이저에서 진단기의 요청 신호에 맞춰 응답할 수 있게 설정한다.

진단기에서 안정적인 데이터가 표시되고 있음을 확인한 후 CAN 애널라이저에서 데이터 어드레스별 임의값을 전송한다. 이때 CAN 애널라이저에서 전송한 임의 값에 대응하여 진단기가 표시하는 값을 상호 비교하면 데이터의 어드레스, 데이터 bit 수, 데이터의 인코딩 방법 또는 환산 방정식의 스케일 및 옵셋 등을 취득할 수 있다.

(2) 환산식

CAN에서의 **데이터 환산**은 1차 방정식을 이용하고 있어 UDS로 송 · 수신된 데이터는 10진수로 환산 후 센서값이나 제어값으로 환산하기 위한 1차 방정식에 대입하여 연산하면 실제 제어값으로 환산할 수 있다.

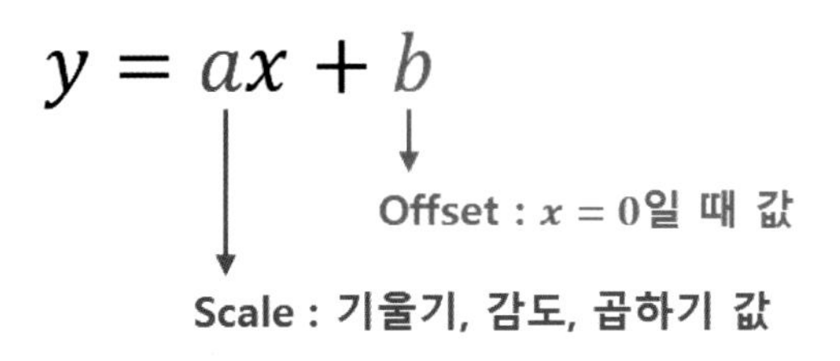

그림Ⅲ- 32 CAN 데이터의 환산 방정식

기울기 값을 모르는 상태에서 1차 방정식을 유도하기 위해서는 최소한 두 개의 좌표가 필요하다. 'r'을 송 · 수신한 CAN 데이터, 's'를 진단기에 표시된 물리적 수치이거나 센서 데이터라 할 때 $(r_1,\ s_1)$, $(r_2,\ s_2)$의 두 상태에 대한 1차 방정식은 다음과 같이 유도할 수 있다.

$$\text{방정식 : } y = \frac{s_2 - s_1}{r_2 - r_1}(x - r_1) + s_1$$

유도된 공식에서 x는 송 · 수신 데이터의 10진수 값에 해당하고, y는 x값에 대응하는 물리적 수치이거나 센서 데이터에 해당한다.

따라서 유도된 1차 방정식을 이용하여 CAN data(x값)에 대한 제어값 또는 센서 데이터(y값)를 구하는 환산식으로 사용할 수 있다.

송 · 수신되는 CAN 데이터는 x값에 해당하므로 애널라이저에서 데이터 bit 수의 최소값(r_1)과 최대값(r_2)을 입력하여 진단기의 디스플레이값과 비교함으로써 스케일과 옵셋 값을 취득하여 1차 방정식을 완성한다.

(r_1, s_1), (r_2, s_2)의 두 상태에서 $r^1=0$으로 입력하는 경우 환산식은 다음과 같이 매우 단순해진다.

$$y = \frac{s_2 - s_1}{r_2 - r_1}(x - r_1) + s_1 \xrightarrow{r_1 = 0} y = \frac{s_2 - s_1}{r_2}x + s_1$$

한편 (r_1, s_1), (r_2, s_2)의 두 상태에서 $r^1=0$으로 입력했을 때, s_1이 0으로 나타난 경우, 식은 다음과 같이 더욱더 단순해진다.

$$y = \frac{s_2 - s_1}{r_2 - r_1}(x - r_1) + s_1 \xrightarrow{r_1 = 0} y = \frac{s_2 - s_1}{r_2}x + s_1 \xrightarrow{s_1 = 0} y = \frac{s_2}{r_2}x$$

1byte 단위의 데이터 항목에 대한 방정식을 취득하는 방법으로 (1) 특정 byte의 값을 0x00를 입력했을 때 진단기에 표시된 값은 offset 값에 해당한다. (2) 해당 byte 값의 최대값인 0xFF를 입력했을 때 진단기에 표시된 값을 입력했던 최대값(10진수)으로 나누면 scale 값에 해당한다. 다만 (2) 의 단계에서 해당 byte에 최대값을 입력하였음에도 불구하고 음수가 나타나면 sign형에 해당하므로 sign형 최대값(0x7F = 127)을 재입력하였을 때의 디스플레이 값을 입력한 최대값(127)으로 나눈 값이 scale 값에 해당한다.

표 Ⅲ- 38 환산식 취득 순서와 방법

순	입력(Hex)	이유	비고
①	00	offset 값 추출	$x=0$일 때, y값은 offset 값
②	FF	최대값으로 scale 추정	최대 출력값 ÷ x 최대값 = scale
③	01	full scale 유도 시 '–'값이 나온 경우 재차 full scale 확인	단 단위 변화값(scale)을 알기 위해서 필요
	7F		sign형의 최대값
	80		sign형의 최소값

특정 byte 값을 0x00으로 입력했을 때 진단기에 표시된 값이 다른 것은 변화가 없으나 흡기온도 센서의 값이 −48℃로 변화한 경우 해당 byte는 흡기온도 센서에 대한 데이터임을 알 수 있고, 0x00을 입력했기 때문에 1차 방정식에서의 offset = −48임을 알 수 있다.

흡기온도 센서로 추정되는 어드레스의 byte를 최대값에 해당하는 0xFF(= 255)를 입력했을 때 진단기에 표시된 흡기온도 센서값이 143.2℃로 변한 경우, (0, −48), (255, 143.2)이므로 위 방정식 유도 방법을 이용하여 환산식을 다음과 같이 구할 수 있다.

$$\frac{143.2-(-48)}{255-0}(x-0)+(-48) \rightarrow y=0.7498x-48$$

유도된 방정식을 이용하여 흡기온도 센서값을 90℃로 표시될 수 있게 하기 위한 입력값은 0xB8(= 184)이므로, 유도된 공식이 정확한지 재확인을 위한 방법으로 활용할 수 있다.

$$y=0.7498x-48 \rightarrow 90=0.7498x-48 \rightarrow x=184.049 \approx 0\text{xB8}$$

(3) 데이터 환산

표는 H사의 IG ○○○ 차량의 엔진 센서 데이터로 진단기에서 DID 0xE001 데이터를 요청하였고, 엔진 ECU가 응답한 데이터이다. 각 어드레스에 대한 환산식은 다음과 같이 얻을 수 있다.

표 Ⅲ – 39 UDS 주요 데이터 전송 사례

구분	ID	0 byte	1 byte	2 byte	3 byte	4 byte	5 byte	6 byte	7 byte
요청 1	7E0	03	22	E0	01	00	00	00	00
		SF	SID	DID : 0xE001		Padding			
응답 1	7E8	10	2D	62	E0	01	9F	B7	FE
		FF	0x02D = 45	SID + 0x40	DID		ODX code		
요청 2	7E0	30	08	02	00	00	00	00	00
		FC	block size	ST	Padding				
응답 2	7E8	21	00	B0	AE	FF	22	1B	6A
		CF 1	–	배터리 전압	IG on 전압	–	엔진회전수		목표 공회전
응답 3	7E8	22	00	00	00	00	18	03	DF
		CF 2	–	–	–	–	흡기압센서 전압		흡기압센서
응답 4	7E8	23	61	40	2B	17	00	00	CC
		CF 3	흡기압센서	–	–	–	–	–	WTS 전압
응답 5	7E8	24	01	61	FD	03	0A	C6	00
		CF 4	WTS 전압	WTS	–	–	대기온도센서	–	–
응답 6	7E8	25	FD	03	0A	61	64	BE	2F
		CF 5	흡기온센서전압		흡기온도	엔진오일 온도	연료레벨	연료탱크 압력	
응답 7	7E8	26	A0	0B	00	00	AA	AA	AA
		CF 6	–	–	–	–	Padding		

* ID 0x7E8, PCI 21로 시작하는 프레임(응답 2)의 #2byte : 배터리 전압(0xB0=176 →12.0V)

$$y = 0.06823x \rightarrow 0.06823 \times 176 = 12.00848\text{V}$$

표 Ⅲ- 40 배터리 전압 환산 방정식

순	입력	표시값	단위	유도 방정식
1	0x00	0	V	$y=\frac{17.4-0}{255-0}(x-0)+0\approx 0.06823x$
2	0xFF	17.4		

* ID 0x7E8, PCI 21로 시작하는 프레임(응답 2)의 #3byte : IG on 전압(0xAE=174 → 11.9V)

$$y=0.06823x \rightarrow 0.06823 \times 174 = 11.87\text{V}$$

표 Ⅲ- 41 IG on 전압 환산 방정식

순	입력	표시값	단위	유도 방정식
1	0x00	0	V	$y=\frac{17.4-0}{255-0}(x-0)+0\approx 0.06823x$
2	0xFF	17.4		

* ID 0x7E8, PCI 21로 시작하는 프레임(응답 2)의 #5 ~ 6byte : 엔진 회전수 (0x1B22=6946 → ≈ 1737rpm)

$$y=0.25x \rightarrow 0.25 \times 6946 = 1736.5\text{rpm}$$

표 Ⅲ- 42 엔진 회전수 환산 방정식

순	입력	표시값	단위	유도 방정식
1	0x0000	0	rpm	$y=\frac{16384-0}{65535-0}(x-0)+0\approx 0.250004x$
2	0xFFFF	16384		
3	0xFF00	64		
4	0x00FF	16320		

2byte를 사용하는 신호로 0x0000 입력 시 0rpm이 나오기 때문에 offset은 0이 된다. 2byte의 최대값인 0xFFFF(=65535)를 입력했을 때 16384rpm이 나오기 때문에 scale 값은 0.250004가 된다.

한편 10진수 65280에 해당하는 0xFF00를 입력했을 때 16320(= 65280 × 0.25) rpm이 나와야 함에도 0x00FF값에 해당하는 64rpm(64 ÷ 0.25 = 255 = 0x00FF)이 나오는 것으로 보았을 때 높은 수의 자리가 뒤쪽에 있음을 알 수 있다.

따라서 엔진 회전수의 데이터는 2byte이면서 데이터의 최상위 비트(MSB, Most Significant Bit)가 뒤쪽에 있는 little-endian 데이터인 것을 알 수 있다. 따라서 0x221B의 수는 0x1B22로 해석해야 한다.

* 0x7E8 21로 시작하는 프레임(응답 2)의 #7byte : 목표 공회전(0x6A=106 → 1060rpm)

$$y = 10x \rightarrow 10 \times 106 = 1060\text{rpm}$$

표 Ⅲ- 43 목표 공회전 rpm 환산 방정식

순	입력	표시값	단위	유도 방정식
1	0x00	0	rpm	$y = \frac{2550-0}{255-0}(x-0)+0 = 10x$
2	0xFF	2550		

* ID 0x7E8, PCI 22로 시작하는 프레임(응답 3)의 #5 ~ 6byte : 흡기압 센서 전압 (0x0318=792 → $\approx$ 3.9V)

$$y = 0.004883x \rightarrow 0.004883 \times 792 \approx 3.867\text{V}$$

표 Ⅲ- 44 흡기압 센서 전압 환산 방정식

순	입력	표시값	단위	유도 방정식
1	0x0000	0	V	$y = \frac{320-0}{65535-0}(x-0)+0 = 0.004883x$
2	0xFFFF	320		
3	0xFF00	1.2		
4	0x00FF	318.7		

2byte를 사용하는 신호로 0x0000 입력 시 0V가 나오기 때문에 offset은 0이 된다.

2byte의 최대값인 0xFFFF(=65535)를 입력했을 때 320V가 나오기 때문에 scale 값은 0.004883이 된다.

한편 10진수 65280에 해당하는 0xFF00를 입력했을 때 318.755(≈ 65280 × 0.004883)V가 나와야 함에도 0x00FF(= 255)값에 해당하는 1.245(= 255 × 0.004883) V가 나오는 것으로 보았을 때 높은 수의 자리가 뒤쪽에 있음을 알 수 있다.

따라서 흡기압센서 전압의 데이터는 2byte이면서 데이터의 최상위 비트(MSB, Most Significant Bit)가 뒤쪽에 있는 little-endian 데이터인 것을 알 수 있다. 따라서 0x1803의 수는 0x0318로 해석해야 한다.

*** ID 0x7E8, PCI 22로 시작하는 프레임(응답 3)의 #7byte에서 ID 0x7E8, PCI 23로 시작하는 프레임(응답 4)의 #1byte : 흡기압 센서(0x61DF=25055 → ≈ 97.9kPa)**

$$y = 0.003906x \rightarrow 0.003906 \times 25055 \approx 97.872\text{kPa} = 978.72\text{hPa}$$

표 Ⅲ- 45 흡기압력 환산 방정식

순	입력	표시값	단위	유도 방정식
1	0x0000	0	kPa	$y = \frac{256-0}{65535-0}(x-0)+0 = 0.003906x$
2	0xFFFF	256		
3	0xFF00	0.1		
4	0x00FF	255.0		

2byte를 사용하는 신호로 0x0000 입력 시 0kPa이 나오기 때문에 offset은 0이 된다. 2byte의 최대값인 0xFFFF(=65535)를 입력했을 때 256kPa이 나오기 때문에 scale 값은 0.003906이 된다.

한편 10진수65280에 해당하는0xFF00를 입력했을 때 255.0(≈65280 × 0.003906) kPa이 나와야 함에도 0x00FF(= 255)값에 해당하는 0.1(≈ 255 × 0.003906)kPa이

표시되는 것으로 보았을 때 높은 수의 자리가 뒤쪽에 있음을 알 수 있다.

따라서 흡기압 센서 전압의 데이터는 2byte이면서 데이터의 최상위 비트(MSB, Most Significant Bit)가 뒤쪽에 있는 little-endian 데이터인 것을 알 수 있다. 따라서 0xDF61의 수는 0x61DF로 해석해야 한다.

* ID 0x7E8, PCI 23으로 시작하는 프레임(응답 4)의 #7byte에서 ID 0x7E8, PCI 24로 시작하는 프레임(응답 5)의 #1byte : WTS 전압(0x01CC=460 → ≈ 2.2V)

$$y = 0.004883x \rightarrow 0.004883 \times 460 \approx 2.246\text{V}$$

표 Ⅲ- 46 WTS 전압 환산 방정식

순	입력	표시값	단위	유도 방정식
1	0x0000	0	V	$y = \frac{320-0}{65535-0}(x-0)+0 = 0.004883x$
2	0xFFFF	320		
3	0xFF00	1.2		
4	0x00FF	318.7		

2byte를 사용하는 신호로 0x0000 입력 시 0V가 나오기 때문에 offset은 0이 된다. 2byte의 최대값인 0xFFFF(=65535)를 입력했을 때 320V가 나오기 때문에 scale 값은 0.004883이 된다.

한편 10진수 65280에 해당하는 0xFF00를 입력했을 때 318.755(≈ 65280 × 0.004883)V가 나와야 함에도 0x00FF(= 255)값에 해당하는 1.245(= 255 × 0.004883) V가 나오는 것으로 보았을 때 높은 수의 자리가 뒤쪽에 있음을 알 수 있다.

따라서 WTS 전압의 데이터는 2byte이면서 데이터의 최상위 비트(MSB, Most Significant Bit)가 뒤쪽에 있는 little-endian 데이터인 것을 알 수 있다. 따라서 0xCC01의 수는 0x01CC로 해석해야 한다.

* ID 0x7E8, PCI 24로 시작하는 프레임(응답 5)의 #2byte : WTS(0x61=97 → 24.8℃)

$$y = 0.7498x - 48 \rightarrow \ (0.7498 \times 97) - 48 \approx 24.730℃$$

표 Ⅲ- 47 냉각수 온도 환산 방정식

순	입력	표시값	단위	유도 방정식
1	0x00	-48	℃	$y = \frac{143.2-(-48)}{255-0}(x-0)-48 \approx 0.74980x-48$
2	0xFF	143.2		

* ID 0x7E8, PCI 24로 시작하는 프레임(응답 5)의 #5byte : 대기온도 센서(0x0A=10 → -40.5℃)

$$y = 0.7498x - 48 \rightarrow \ (0.7498 \times 10) - 48 = -40.502℃$$

표 Ⅲ- 48 대기 온도 환산 방정식

순	입력	표시값	단위	유도 방정식
1	0x00	-48	℃	$y = \frac{143.2-(-48)}{255-0}(x-0)-48 \approx 0.74980x-48$
2	0xFF	143.2		

* ID 0x7E8, PCI 25로 시작하는 프레임(응답 6)의 #1byte에서 #2byte : 흡기온도 센서 전압(0x03FD =1021 → ≈ 5.0V)

$$y = 0.004883x \rightarrow 0.004883 \times 1021 \approx 4.985V$$

표 Ⅲ- 49 흡기온도 센서 전압 환산 방정식

순	입력	표시값	단위	유도 방정식
	0x0000	0	V	$y = \frac{320-0}{65535-0}(x-0)+0 = 0.004883x$
2 1	0xFFFF	320		
3	0xFF00	1.2		
4	0x00FF	318.7		

2byte를 사용하는 신호로 0x0000 입력 시 0V가 나오기 때문에 offset은 0이 된다. 2byte의 최대값인 0xFFFF(=65535)를 입력했을 때 320V가 나오기 때문에 scale 값은 0.004883이 된다.

한편 10진수 65280에 해당하는 0xFF00를 입력했을 때 318.755(≈ 65280 × 0.004883)V가 나와야 함에도 0x00FF(= 255)값에 해당하는 1.245(= 255 × 0.004883) V가 나오는 것으로 보았을 때 높은 수의 자리가 뒤쪽에 있음을 알 수 있다.

따라서 흡기온도센서 전압의 데이터는 2byte이면서 데이터의 최상위 비트(MSB, Most Significant Bit)가 뒤쪽에 있는 little-endian 데이터인 것을 알 수 있다. 따라서 0xFD03의 수는 0x03FD로 해석해야 한다.

* ID 0x7E8, PCI 25로 시작하는 프레임(응답 6)의 #3byte : 흡기온도(0x0A= 10 → -40.5℃)

$$y = 0.7498x - 48 \rightarrow (0.7498 \times 10) - 48 = -40.502℃$$

표 Ⅲ- 50 흡기온도 환산 방정식

순	입력	표시값	단위	유도 방정식
1	0x00	-48	℃	$y = \frac{143.2-(-48)}{255-0}(x-0)-48 \approx 0.74980x-48$
2	0xFF	143.2		

* ID 0x7E8, PCI 25로 시작하는 프레임(응답 6)의 #4byte : 엔진오일 온도(0x61= 97 → 24.7℃)

$$y = 0.7498x - 48 \rightarrow (0.7498 \times 97) - 48 \approx 24.731℃$$

표 Ⅲ- 51 엔진오일 온도 환산 방정식

순	입력	표시값	단위	유도 방정식
1	0x00	-48	℃	$y = \frac{143.2-(-48)}{255-0}(x-0)-48 \approx 0.74980x-48$
2	0xFF	143.2		

* ID 0x7E8, PCI 25로 시작하는 프레임(응답 6)의 #5byte : 연료레벨(0x64=100 → 100%)

$$y = x \rightarrow (1 \times 100) = 100\%$$

표 Ⅲ- 52 연료 레벨 환산 방정식

순	입력	표시값	단위	유도 방정식
1	0x00	0	%	$y = \frac{255-0}{255-0}(x-0)+0 = x$
2	0xFF	255		

* ID 0x7E8, PCI 25로 시작하는 프레임(응답 6)의 #6byte에서 #7byte : 연료탱크 압력(0x2FBE=12222 → 14.9hPa = 1.5kPa)

$$y = 0.001221x \rightarrow (0.001221 \times 12222) \approx 14.919\text{hPa} = 1.4919\text{kPa}$$

표 Ⅲ- 53 연료탱크 압력 환산 방정식

순	입력	x 값	표시값	단위	유도 방정식
1	0x0000	0	0.0	hPa	$y = \frac{40-0}{32767-0}(x-0)+0 = 0.001221x$
2	0xFFFF	-1	-0.0		
3	0x7FFF	-129	-0.1		
4	0xFF7F	32767	40.0		
5	0x0080	-32768	-40.0		
6	0x8000	128	0.1		

2byte를 사용하는 신호로 0x0000 입력 시 0.0hPa이 나오기 때문에 offset은 0이 된다. 2byte의 최대값인 0xFFFF(=65535)를 입력했을 때 -0.0hPa로 나타나는 것으로 sign형 데이터임을 알 수 있다.

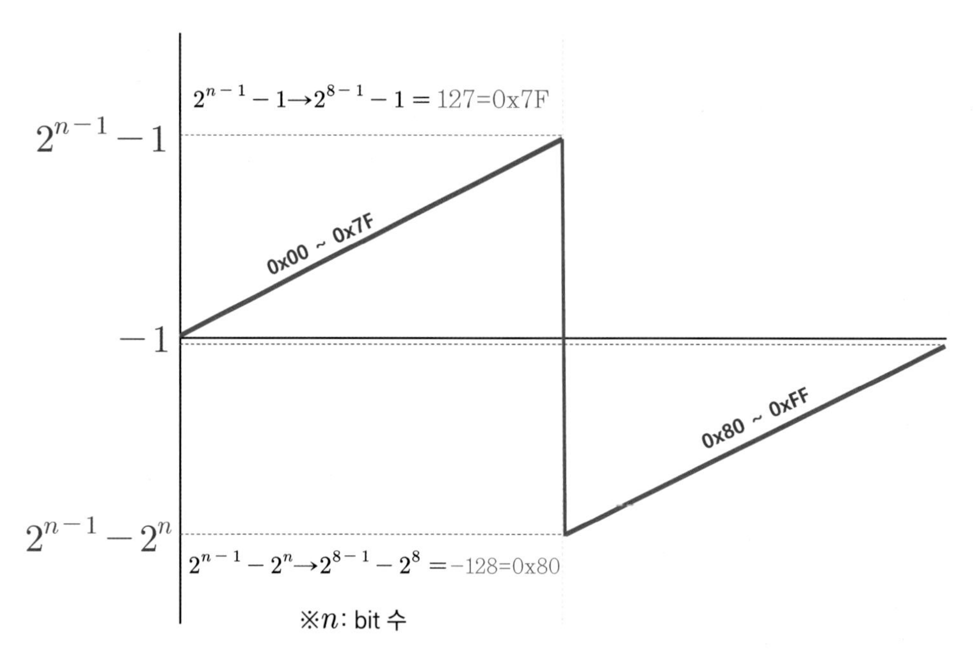

그림 Ⅲ – 33 nbit일 때 sign형 데이터

그림 Ⅲ – 33은 8bit를 이용한 sign형 데이터 특성을 보여주고 있다. 기초에서 이미 다루었듯이 sign형 데이터는 nbit를 사용하는 경우 맨 좌측 bit는 '0'일 때 양의 수, '1'일 때 음의 수를 뜻하는 기호로 사용된다.

sign형의 수에서 최대값은 $2^{n-1}-1$이고, 최소값은 $2^{n-1}-2^{n}$이 된다.

양의 수는 그림 Ⅲ – 33에서와 같이 0부터 양의 수 최대인 $2^{n-1}-1$까지 증가하고, 음의 수는 최소값은 $2^{n-1}-2^{n}$에서 -1까지 증가하는 것이 특징이다.

따라서 1byte(n = 8bit)의 숫자가 sign형 데이터일 때 x의 최대값은 0x7F ($2^{8-1}-1=127$)이고, 최소값은 0x80($2^{8-1}-2^{8} = -128$)이 된다.

같은 방법으로 2byte(n = 16bit)의 숫자가 sign형 데이터일 때 x의 최대값은 0x7FFF($2^{16-1}-1 = 32767$), 최소값은 0x8000($2^{16-1}-2^{16} = -32768$)이 된다.

한편 0x0000은 10진수 0에 해당하고, 0xFFFF는 10진수 −1에 해당한다.

2byte의 sign형 데이터의 최대값은 0x7FFF(= 32767)이고, 최소값은 0x8000(= −32768)임을 이용하여 endian 형식을 구분할 수 있다.

0x7FFF를 입력했을 때 −0.1hPa, 0xFF7F를 입력했을 때 40.0hPa의 값이 나타난 것으로써 이 데이터는 big-endian이 아닌 little-endian의 데이터임을 알

수 있다.

즉, 입력값 0x7FFF가 아닌 0xFF7F일 때 최대값이 나타났으므로 입력값 0xFF7F가 10진수로 32767인 것이다. 데이터의 전송은 0xFF7F로 했으나 little-endian이기 때문에 환산에서는 0x7FFF로 해석한다는 의미이다.

Scale은 입력값 기준 최대값에 해당하는 0xFF7F(= 32767)일 때 나타난 40hPa를 이용하여 구한다. 따라서 scale 값은 0.001221(= 40 ÷ 32767)이 된다.

한편 최소값에 해당하는 0x0080(= −32768)을 입력하였을 때 −40.0hPa이 나타난 것으로 little-endian이면서 sign형 데이터임을 재차 확인할 수 있다. 따라서 0xBE2F의 수는 0x2FBE, 10진수로는 12222로 해석해야 한다.

만약 연료탱크의 압력 데이터가 0x00C0로 나타났다면 위와 같이 little endian인 경우 0xC000으로 해석해야 한다. sign형 데이터 조건이면 맨 앞 부호를 나타내는 bit가 '1'로 시작하는 데이터이므로 음의 수임을 알 수 있다.

양의 수를 계산할 때는 16진수를 10진수 그대로 환산하면 되지만 음의 수를 계산하는 법은 환산할 값에서 bit 수에 해당하는 경우의 수를 빼주면 된다.

sign형 데이터를 음의 부호가 있는 10진수로 환산하는 방법 : 환산할 값 $-\ 2^{bit수}$

따라서 0xC000은 16bit로 구성된 데이터 수치이고, 10진수로 49152이므로 $-16384(=49152-2^{16})$가 된다. scale 값 0.001221과 offset 0을 적용하면 0xC000는 −20hPa이 된다.

$$y = 0.001221x \rightarrow (0.001221 \times -16384) \approx -20.004\text{hPa} = -2.00\text{kPa}$$

그림Ⅲ- 34는 진단기가 자동차의 엔진 ECU와 송·수신하는 과정을 기록 후 진단기의 요청에 엔진 ECU가 응답해야 한다. 이때 차대번호, SID에 대한 응답, 각 DID 요청에 대한 응답 데이터들을 적시에 회신할 수 있도록 설정한 상태에서 CAN 애널라이저와 진단기가 서로 송·수신한 데이터를 순서대로 나열한 것이다.

Line	Time (abs/rel)	Tx	Er	Description	ArbId/Header	Len	DataBytes	Network	N...	D.	F	F	Timestamp (UTC+09:00)
3	4 µs			DW CAN 01 $7E2	7E2	8	03 22 F1 90 00 00 00 00	DW CAN 01		8			2024/12/12 18:04:19:151835
4	70.011 ms			Message DW CAN 01 7	7DF	8	02 09 02 00 00 00 00 00	DW CAN 01		8			2024/12/12 18:04:19:221846
5	1.345 ms			Tx Message DW CAN 01 6	7E8	8	10 14 49 02 01 4B 4D 48			8			2024/12/12 18:04:19:223191
6	807 µs			DW CAN 01 $7E0	7E0	8	30 00 00 00 00 00 00 00			8			2024/12/12 18:04:19:223998
7	1.187 ms			DW CAN 01 $7E8	7E8	8	21 46 33 34 31 45 42 48			8			2024/12/12 18:04:19:225186
8	235 µs			DW CAN 01 $7E8	7E8	8	22 41 30 33 33 34 39 39	DW CAN 01		8			2024/12/12 18:04:19:225420
9	33.555177 s			Message DW CAN 01 2	7DF	8	02 10 81 00 00 00 00 00	DW CAN 01		8			2024/12/12 18:04:52:780597
10	1.230 ms			Tx Message DW CAN 01 2	7E8	8	02 50 81 00 00 00 00 00	DW CAN 01		8			2024/12/12 18:04:52:781827
11	94.238 ms			Message DW CAN 01 8	7DF	8	01 20 00 00 00 00 00 0(			8			2024/12/12 18:04:52:876065
12	1.091 ms			Tx Message DW CAN 01 7	7E8	8	01 60 AA AA AA AA AA			8			2024/12/12 18:04:52:877156
13	508.743 ms			Message DW CAN 01 4	7E0	8	02 10 03 00 00 00 00 00	DW CAN 01		8			2024/12/12 18:04:53:385899
14	1.321 ms			Tx Message DW CAN 01 3	7E8	8	02 50 03 00 00 00 00 00	DW CAN 01		8			2024/12/12 18:04:53:387220
15	41.762 ms			Message DW CAN 01 6	7E0	8	02 3E 00 00 00 00 00 00	DW CAN 01		8			2024/12/12 18:04:53:428982
16	1.193 ms			Tx Message DW CAN 01 4	7E8	8	02 7E 00 00 00 00 00 00	DW CAN 01		8			2024/12/12 18:04:53:430176
17	45.901 ms			Message DW CAN 01 6	7E0	8	02 3E 00 00 00 00 00 00			8			2024/12/12 18:04:53:476076
18	697 µs			Tx Message DW CAN 01 4	7E8	8	02 7E 00 00 00 00 00 00			8			2024/12/12 18:04:53:476773
19	46.937 ms			Message DW CAN 01 6	7E0	8	02 3E 00 00 00 00 00 00			8			2024/12/12 18:04:53:523710
20	918 µs			Tx Message DW CAN 01 4	7E8	8	02 7E 00 00 00 00 00 00	DW CAN 01		8			2024/12/12 18:04:53:524627
21	353.256 ms			Message DW CAN 01 1	7E0	8	03 22 E0 01 00 00 00 00	DW CAN 01		8			2024/12/12 18:04:53:877884
22	1.055 ms			Tx Message DW CAN 01 8	7E8	8	10 2D 62 E0 01 9F B7 FE	DW CAN 01		8			2024/12/12 18:04:53:878939
23	893 µs			DW CAN 01 $7E0	7E0	8	30 08 02 00 00 00 00 00	DW CAN 01		8			2024/12/12 18:04:53:879832
24	1.858 ms			DW CAN 01 $7E8	7E8	8	21 00 B0 AE FF 22 1B 6A			8			2024/12/12 18:04:53:881690
25	3.534 ms			DW CAN 01 $7E8	7E8	8	22 00 00 00 00 18 03 DF			8			2024/12/12 18:04:53:885224
26	3.078 ms			DW CAN 01 $7E8	7E8	8	23 61 40 2B 17 00 00 CC			8			2024/12/12 18:04:53:888302
27	3.016 ms			DW CAN 01 $7E8	7E8	8	24 01 61 FD 03 0A C6 00	DW CAN 01		8			2024/12/12 18:04:53:891318
28	3.502 ms			DW CAN 01 $7E8	7E8	8	25 FD 03 0A 61 64 B2 2F	DW CAN 01		8			2024/12/12 18:04:53:894821
29	2.906 ms			DW CAN 01 $7E8	7E8	5	26 A0 0B 00 00	DW CAN 01		5			2024/12/12 18:04:53:897727
30	39.720 ms			Message DW CAN 01 9	7E0	8	03 22 E0 03 00 00 00 00			8			2024/12/12 18:04:53:937447
31	4.258 ms			Tx Message DW CAN 01 9	7E8	8	10 0C 62 E0 03 1F 00 00			8			2024/12/12 18:04:53:941705
32	925 µs			DW CAN 01 $7E0	7E0	8	30 08 02 00 00 00 00 00			8			2024/12/12 18:04:53:942630
33	1.264 ms			DW CAN 01 $7E8	7E8	7	21 00 06 FF FF FF FF	DW CAN 01		7			2024/12/12 18:04:53:943893
34	29.364 ms			Message DW CAN 01 10	7E0	8	03 22 E0 04 00 00 00 00	DW CAN 01		8			2024/12/12 18:04:53:973257
35	1.315 ms			Tx Message DW CAN 01 10	7E8	8	10 19 62 E0 04 FF FF 03	DW CAN 01		8			2024/12/12 18:04:53:974572
36	887 µs			DW CAN 01 $7E0	7E0	8	30 08 02 00 00 00 00 00	DW CAN 01		8			2024/12/12 18:04:53:975459
37	1.038 ms			DW CAN 01 $7E8	7E8	8	21 00 FB D0 C0 70 F1 72	DW CAN 01		8			2024/12/12 18:04:53:976497

그림Ⅲ- 34 진단 모드 초기 진입부터 센서 데이터 요청과 응답

결과적으로 진단기의 요청에 따라 엔진 ECU가 응답해야 할 데이터를 CAN 애널라이저가 응답한 셈이다.

진단기와 차량의 통신에서 차량의 제원을 표시하기 위해 진단기는 우선 차대번호를 요청하고, 진단 세션을 제어한다. 잠시 진단기 화면 전환 등을 위해 일정 시간을 대기할 것을 요청하고, 선택한 시스템의 DID별 데이터를 요청하는 순서로 작동한다.

그림Ⅲ- 34의 라인 3에서 진단기가 ID 0x7E2로 차대번호(0xF190)를 요청했으나 응답하지 않았다. 이후 라인 4의 모든 컨트롤러에 요청하는 ID 0x7DF로 0x09(OBD Ⅱ에서 차량 정보 요청 모드) 0x02(차대번호) 요청에 대하여 라인 5와 같이 엔진 ECU의 ID(0x7E8)로 응답할 수 있도록 처리한 상태이다.

라인 6은 엔진 ECU의 응답(라인 5)에 대응하여 진단기가 엔진 ECU에만 요청하는 ID(0x7E0)로 흐름 제어한 것이다. 라인 7과 8은 0x7E0의 흐름 제어에 따라 나머지 차대번호를 전송한 것이다.

라인 9는 진단기가 모든 컨트롤러에 요청하는 ID 0x7DF로 SID 0x10(session 제어)과 0x81(표준 진단 세션)를 요청하였고, 라인 10에서 엔진 ECU의 응답 ID인 0x7E8만 응답하는 것으로 처리하였다.

이후 진단 세션을 열었다면 닫힘에 대해서도 동작하는지 확인하기 위해 라인 11과 같이 진단기가 0x7DF로 진단 세션 종료(0x20)를 선언하였고, 라인 12와 같이 엔진 ECU(0x7E0)가 긍적적 회신을 하도록 하였다.

라인 13에서 진단기는 세션 제어(0x10)를 통해 여러 가지 기능적 서비스가 가능한 확장 진단 세션(0x03)을 엔진 ECU에게 요청하였고, 대응하여 확장 진단 모드가 준비되었다는 회신을 라인 14와 같이 전송하도록 하였다.

라인 15, 17, 19는 진단기가 엔진 ECU에게 아직 진단기가 존재하고 있음을 알리는 SID인 0x3E를 전송하였고, 0x3E의 신호가 나타나면 매번(라인 16, 18, 20) 엔진 ECU의 회신 ID로 회신하도록 처리하였다.

라인 21은 진단기가 엔진 ECU에게 SID 0x22(데이터를 읽음)를 요청한 것으로 DID 0xE001의 데이터를 요청한 것이다.

진단기가 송신한 이 메시지를 감지한 CAN 애널라이저는 라인 22와 같은 신호를 전송하게 하였고, 이후 흐름 제어에도 반응하여 회신하도록 처리하였다.

더불어 그림Ⅲ- 34에서는 진단기의 또 다른 DID에 대한 요청에도 엔진 ECU ID로 회신할 수 있도록 설정한 상태이다.

진단기의 요청에 모든 데이터의 응답이 존재하기 때문에 진단기는 엔진 ECU와의 정상적인 통신 상태로 판단한다. DID 0xE001에 대한 센서 데이터를 진단기 화면에 그림 Ⅲ – 35 또는 36과 같이 디스플레이 한다.

그림 Ⅲ – 35 임의 데이터 전송 시 센서 데이터 1

그림 Ⅲ – 36 임의 데이터 전송 시 센서 데이터 2

이 과정에서 CAN 애널라이저가 회신할 특정 위치의 숫자를 변경하고 변경된 센서 데이터와 비교함으로써 데이터의 address, 환산식의 scale과 offset 값, endian, sign type 여부 등을 알아낼 수 있다. 이런 정보를 알아내는 과정이 CAN 리버스 엔지니어링의 기초라 할 수 있다.

그림Ⅲ- 35와 36은 엔진 ECU가 진단기의 DID 0xE001 데이터 요청에 대한 응답을 표Ⅲ- 39와 동일한 값으로 그림Ⅲ- 34와 같이 전송했을 때의 결과물로 앞에서 계산한 값과 동일함을 알 수 있다.

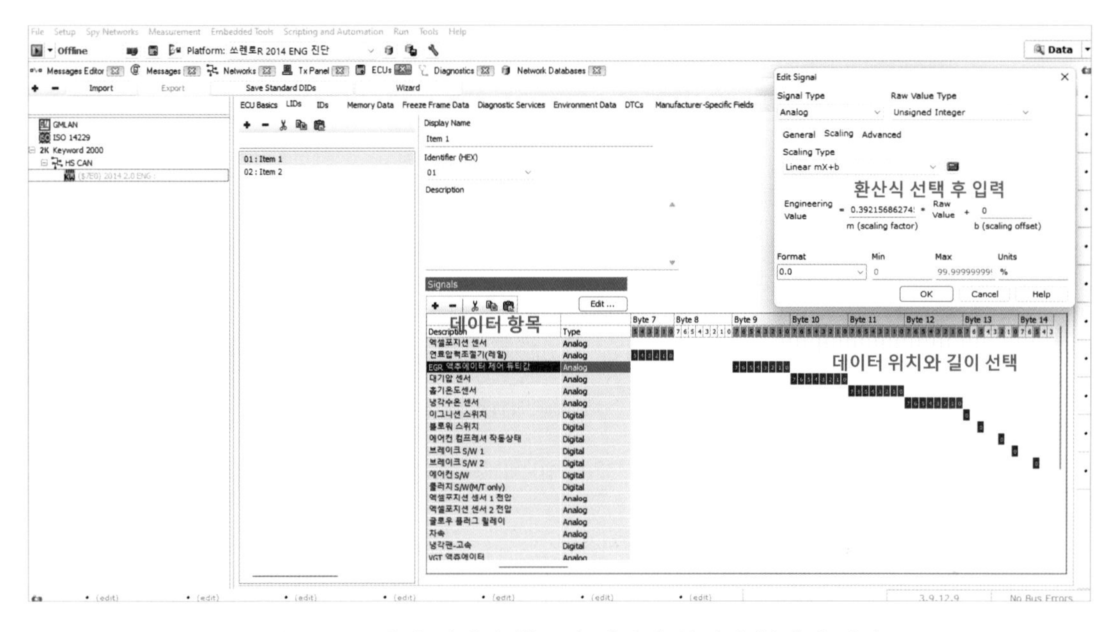

그림Ⅲ- 37 **센서 데이터 항목별 데이터 위치와 환산식 입력**

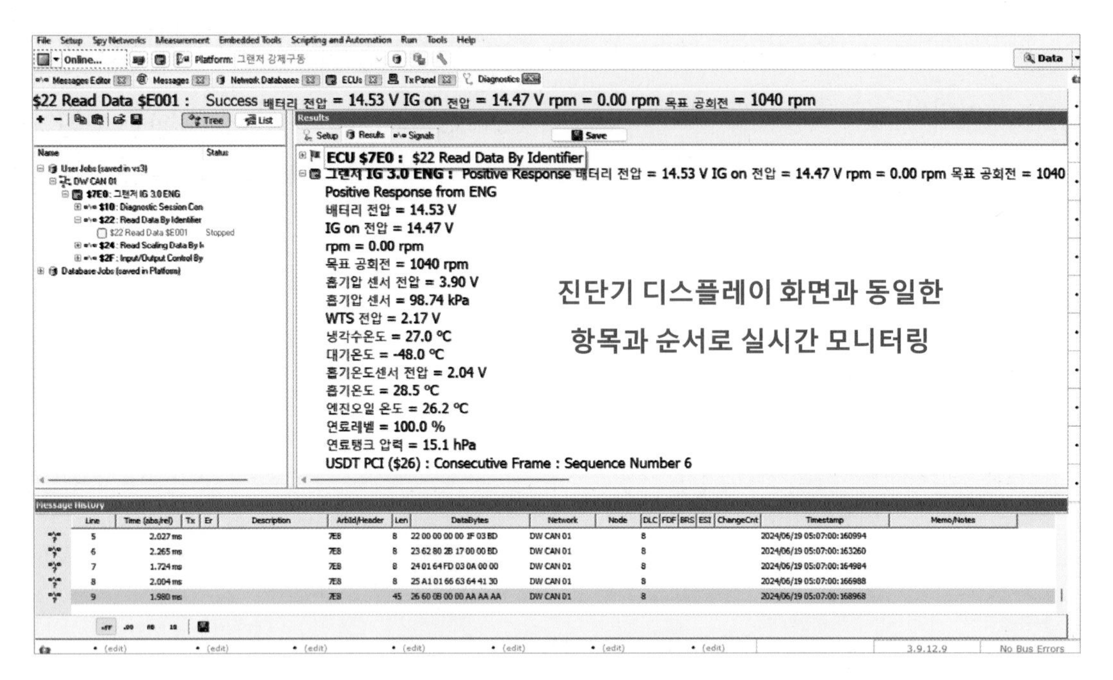

그림 Ⅲ-38 애널라이저 **프로그램에서의 실시간 센서 데이터**

그림 Ⅲ- 37은 애널라이저 프로그램 내에서 센서 데이터 항목별 위치와 환산식을 입력하는 그림으로 모두 입력이 끝나면 진단기 없이 CAN 애널라이저와 차량을 연결한 상태이면 그림 Ⅲ- 38과 같이 마치 진단기와 같이 실시간 센서 데이터를 확인할 수 있다.

뿐만 아니라 다소 번거롭고 불편한 점이 있어도 DTC 요청과 삭제, 강제 구동, 차대번호 입력, 데이터 기록 등 진단기로 할 수 있는 모든 것을 CAN 애널라이저 프로그램에서 구현이 가능하다.

CHAPTER

DBC 06

DBC는 CAN database로 Data Base Container(또는 CAN)의 앞 글자를 딴 것이다.

네트워크에서 송 · 수신 데이터를 물리적 값 또는 사람이 읽을 수 있는 형식으로 디코딩하기 위한 정보들로 구성된 텍스트 파일을 말한다.

프로토콜마다 송 · 수신 데이터를 물리적 값 또는 사람이 읽을 수 있는 형식으로 디코딩하기 위한 정보가 있다. LIN 통신에서는 LDF(LIN Description File)라 하고, FlexRay에서는 자동차용 네트워크를 표현하는데 사용되는 XML(Extensible Markup Language) 기반 표준화된 형식인 FIBEX(Field Bus Exchange Format)라 한다.

CAN DBC는 데이터의 식별 및 변환을 관리하는 매우 일반적인 방법으로 vector 사에서 개발하여 사용한 파일 형식(파일 확장자 : *.dbc)이나 지금은 거의 표준화 수준으로 사용하고 있다. CAN 프레임 내에서 전송되는 데이터의 이름, scale, offset 및 정의 정보 등을 담고 있다.

1 DBC 구조

CAN DBC는 그림Ⅲ– 39와 같은 키워드 객체(object)와 구문(syntax) 등으로 구성되어 있다. 그림Ⅲ– 39에서 '〈 · · · 〉'는 필수적으로 있어야 하는 필드를 의미하고, '[· · ·]' 대괄호 안은 선택 필드에 해당한다.

```
VERSION " "

NS_ :
    BS_
    CM_
    BA_DEF_
    BA_
    VAL_
    . . .

BS_ :

BU_ :

BO_ <CAN-ID> <Message Name>: <Message Length> <Sending Node>
 SG_ <Signal Name> [M|m<Multiplexer Identifier>] : <Start Bit>|<Length>@<Endianness><Signed> (<Factor>,<Offset>) [<Min>|<Max>] "[Unit]" [Receiving Nodes]
 SG_ <Signal Name> [M|m<Multiplexer Identifier>] : <Start Bit>|<Length>@<Endianness><Signed> (<Factor>,<Offset>) [<Min>|<Max>] "[Unit]" [Receiving Nodes]

CM_ [<BU_|BO_|SG_> [CAN-ID] [Signal Name]] "<Description Text>";

BA_DEF_ [BU_|BO_|SG_] "<Attribute Name>" <Data Type> [Config];

BA_DEF_DEF_ "<Attribute Name>" ["]<Default Value>["];

BA_ "<Attribute Name>" [BU_|BO_|SG_] [Node | CAN-ID] [Signal Name] <Attribute Value>;

VAL_ <CAN-ID> <Signals Name> <Val Table Name | Val Table Definition>;

VAL_TABLE_ <Value Table Name> <Value Table Definition>;

BO_TX_BU_ <CAN-ID> : [BU_ seperated by commas]

SIG_GROUP_ <CAN-ID> <IntValue> : [Signal];
```

- <…> : 필수 필드
- […] : 대괄호 안은 선택 필드

그림 Ⅲ – 39 DBC 구조

CAN DBC에 사용하는 심볼은 대문자만 사용하고 있다. 그 외에는 대소문자를 혼용하지만 단어와 단어 사이의 띄어쓰기가 없어 연결된 단어는 대문자로 구분하고 있다.

표 Ⅲ – 54 DBC 구문(syntax) 기호

기 호	의 미
=	=의 왼쪽 이름은 오른쪽의 구문(구문 규칙)을 사용하여 정의
;	semicolon은 정의를 종료(마침)한다는 의미
|	vertical bar는'또는(or)'의 의미로 대안(대책)을 나타냄
[…]	대괄호 안의 정의는 선택 사항으로 0개 또는 1개 발생)
{ … }	중괄호 안의 정의가 반복(0회 또는 여러 번 발생)
(…)	괄호는 그룹화된 요소를 정의함
' … '	하이픈(hyphens) 안의 텍스트는 정의된 대로 표시되어야 함
(* … *)	comment
( )	한정된 범위의 택일 ' | '와 함께 쓰임

한편 DBC에 사용하는 구문은 표Ⅲ- 54와 같은 확장형 BNF(Backus-Naur Form, 프로그래밍 언어, 데이터 직렬화 형식 등 기계가 읽을 수 있는 형식의 문법을 명확히 정의 또는 표준화하기 위해 사용 표기법을 사용하고 있다.

VERSION : DBC 버전 정보
NS_ : (New Symbol) DBC 파일에 사용되는 모든 symbol, 이름, 형식을 표시함
BS_ : (Bit Speed) can 통신 속도(kbit/s)를 표시
BU_ : (Node) 공백으로 구분되며, DBC 파일에 사용되는 모든 노드(ecu) 표시
BO_ : (Message) Bus Object 메시지 정보를 표시(id, message name : length,sending node)
SG_ : (Signal) 메시지 하위로 속하며, 메시지에 대한 signal들을 표시
EV_ : 모든 데이터 유형에 대한 환경 변수(Environment variables)
CM_ : (Comment) 메시지 / 시그널에 대한 주석
BA_ : 속성
BA_DEF_ : (Attribute definition) 속성의 정의
BA_DEF_DEF_: (Attribute default value definition) 속성의 기본값 정의
VAL_ : (Value Table) 신호값으로 최종 결과(신호의 값)를 판정하는 테이블
VAL_TABLE_ : 신호에 대한 값의 정의 테이블, 공백으로 구분된 쌍으로 구성됨
BO_TX_BU_ : (Transmitter for signals) 신호의 송신기
SIG_GROUP_ : 하나의 ID에 할당된 그룹 신호

DBC에 사용하는 심볼은 여러 가지가 있지만 10가지 정도만 알고 있어도 활용하는데 충분하다.

① 우선 'VERSION'은 DBC 파일의 버전이나, 해단 란에 아무것도 없이 공백으로 있어도 무관하다.

② 'NS_'는 New Symbol의 의미로 해당 DBC 파일에 사용되는 모든 키워드 객체인 심볼을 나열한 것이다.

③ 'BS_'는 CAN 통신 속도(kbit/s)로 심볼은 필수지만 내용은 공백으로 있어도 무관하다.

④ 'BU_'는 Bus control Unit의 의미로 네트워크 통신에 참여하여 DBC 파일에 사용되는 모든 노드를 표시한다.

⑤ 'BO_'는 10진수의 ID, 메시지 이름, 메시지 길이(byte 수), 메시지 전송자의 정보를 표시한다.

⑥ 'BO_'의 시작보다 한 칸 들여쓰기 되어 'BO_'에 포함된 하위 내용에 해당하는 'SG_'는 한 프레임에 숨어있는 신호들의 이름, 신호 시작 bit 위치, 신호의 bit 길이, 신호를 읽는 방향에 해당하는 endian, sign과 unsign의 형식, 신호의 물리적 수치로 환산하기 위한 scale 값과 offset 값, 신호의 최소값과 최대값, 수치 뒤에 사용하는 단위, 신호를 수신하는 수신 노드의 정보로 구성된다.

⑦ 'CM_'은 메시지나 신호에 대한 해설(주석)이 있는 곳으로 어떤 신호가 특별한 암호와 같은 머리글자(Initials)로 되어져 있다면 이 부분에 어떤 의미를 가지고 있는지 풀어져 있다. 메시지 ID 또는 신호 이름에 1~255자의 주석으로 추가 정보를 제공할 수 있기 때문이다.

⑧ 'BA_'는 속성(Attribute)으로 DBC 파일의 개체 속성을 확장하는 수단이다. 추가 속성은 속성 기본값이 있는 속성 정의를 사용하여 정의해야 하며, 속성에 정의된 값을 가진 각 객체에 대해 속성값 항목을 정의해야 한다. 만약 정의되지 않은 경우 객체의 속성값은 속성의 기본값이 된다.

⑨ 'VAL_'은 'VAL_TABLE'은 특정 신호에 대한 공백으로 구분된 쌍으로 구성되어 가능한 값과 그에 대응하는 의미나 설명을 나열한다.

예를 들어 특정 위치의 값이 '0'이면 off, '1'이면 좌측, '2'이면 우측, '3'이면 양측으로 해석한다는 설명 등이 각 신호에 대해 독립적으로 정의되는 정보가 이곳에 숨어있다. 'SG_'에서 1 : 1 매칭되는 전체의 값을 표시하기 곤란하기 때문이다.

2 메시지와 신호

DBC 파일의 핵심은 CAN 메시지와 신호를 디코딩하는 방법을 설명하는 규칙에 있다.

그림Ⅲ- 40에서 메시지의 의미를 가진 'BO_' 이후 '790'은 ID를 표시한 것으로 10진수로 표시하게 되어져 있다. 따라서 16진수로 환산하면 ID는 0x316이 된다.

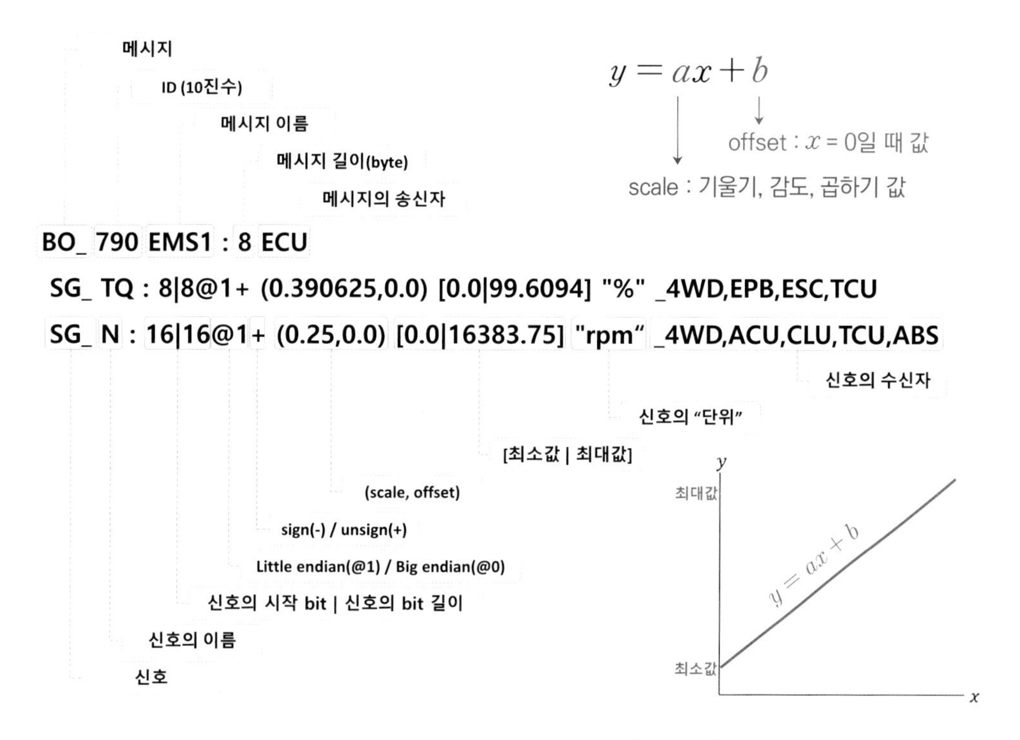

그림Ⅲ- 40 메시지와 신호 구문(syntax)

ID 이후는 이 메시지의 이름이 따라오며, ID와 메시지 이름은 해당 DBC 내에서 고유한 값이어야 하고, 이름의 경우 32자 이내의 알파벳 대·소문자, 숫자, 밑줄을 사용할 수 있다.

메시지 ID와 이름 이후 메시지의 크기를 byte 단위의 정수로 표시하며, 이후는 메시지를 송신하는 노드의 이름을 쓴다. 송신 노드는 만약 메시지를 전송하는 노드의 이름을 모르거나 사용이 가능한 이름이 없는 경우는 공통적으로 사용할 수 있는 'Vector XXX'로 대체할 수 있다.

그림Ⅲ- 40의 메시지는 엔진 ECU가 송신하는 메시지로 ID는 0x316(= 790)이며, 메시지 길이는 8byte, 메시지 이름은 'EMS1'이라는 뜻이다. 여기서 EMS는 Engine Management System을 의미한다.

'BO_'의 하위 내용이라는 의미로 'BO_' 아래 줄에서 한 칸 들여 쓴 'SG_'는 ID 0x316(= 790)에 포함된 신호라는 뜻이다. 이후 뒤따라오는 것은 신호의 이름으로 그림Ⅲ- 40에서는 'N'이 적혀 있으나 해당 라인의 뒤쪽에 'rpm'이라는 단위를 사용하는 것을 보았을 때 이 신호는 엔진 회전수가 유력하지만, 실제 의미에 대한 것은 'CM_' 쪽에 해설이 존재한다.

해당 이름을 가진 신호를 어떻게 해석하는지에 대한 정보는 신호에 대한 이름의 뒤쪽에 나타난다. 그림Ⅲ- 40에서 '16 | 16'의 의미는 0x316 ID를 가진 프레임의 Data 필드에서 16번 bit부터 엔진 회전수 신호이다.

엔진 회전수 신호는 16bit로 구성되었다는 의미로 ' | '를 기준으로 좌측은 신호의 시작 bit, 우측은 신호의 길이를 뜻한다. 따라서 그림Ⅲ- 41에서와 같이 엔진회전수를 뜻하는 'N'의 신호는 16 ~ 31번 bit까지 총 16개 bit라는 의미이다.

신호의 시작과 길이 정보 이후 '@1'의 의미는 표Ⅲ- 55와 같이 little endian을 뜻한다. 엔디안 뒤쪽에 나타난 '+'는 데이터가 양의 수만 존재하는 unsign형 데이터라는 의미이다.

데이터 유형 이후 괄호를 사용한 '(0.25,0.0)'은 쉼표(comma)를 기준으로 좌측은 데이터 환산식의 scale(또는 factor)이고, 우측은 offset 값에 해당한다. 즉 송 · 수신된 데이터를 환산하는 방정식은 $y = 0.25x + 0.0$이라는 뜻이다.

표Ⅲ- 55 endian과 부호

형식	구문	부호
Big endian	@0+	unsign (+)
	@0-	sign (+, -)
Little endian	@1+	unsign (+)
	@1-	sign (+, -)

대괄호가 있는 '[0.0 | 16383.75]'는 ' | '를 기준으로 좌측은 최소값, 우측은 최대값을 의미하므로 전송할 수 있는 **엔진 회전수의 최대값은** 16383.75rpm이라는 뜻이다.

데이터 범위 정보 이후는 데이터의 단위를 쓴다. 그림 Ⅲ– 40에서 'rpm'이라는 것은 해당 신호를 환산하였을 때 단위는 'rpm'이라는 의미이다.

데이터의 단위 이후 '_4WD,ACU,CLU,TCU,ABS'의 의미는 해당 신호의 수신 노드를 의미한다. 즉, 엔진 ECU가 보유하고 있는 엔진 회전수 데이터를 엔진 ECU가 0x316 ID로 송출하면 해당 데이터(엔진 회전수)가 필요하다.

수신하는 노드는 4WD(4 Wheel Drive) ECU, ACU(Air bag Control Unit), CLU(–Cluster, 계기판), TCU(Transmission Control Unit), ABS(Antilock Brake System) ECU라는 뜻이다. 메시지의 송신은 하나의 노드가 송신하지만 메시지 속에 있는 개별 신호에 대한 수신은 1:1의 송 · 수신이 아니라면 대부분 복수의 노드가 존재한다.

DBC가 그림 Ⅲ– 40과 같은 상태에서 실제 데이터가 그림 Ⅲ– 41과 같이 전송되었다면 엔진 회전수 데이터는 16 ~ 31번 bit까지 총 16개 bit이므로 0x5C0B가 엔진 회전수 데이터이다.

읽는 순서인 byte order가 little endian이므로 0x0B5C로 해석하고, unsign형 데이터이므로 10진수로 0x0B5C = 2908이 된다. 한편 데이터 환산을 위한 scale은 0.25, offset은 0.0이므로 엔진 회전수는 727rpm이 된다.

ID	Data							
316	05	1F	5C	0B	1F	1A	00	7C
	0	8	16	24	32	40	48	56

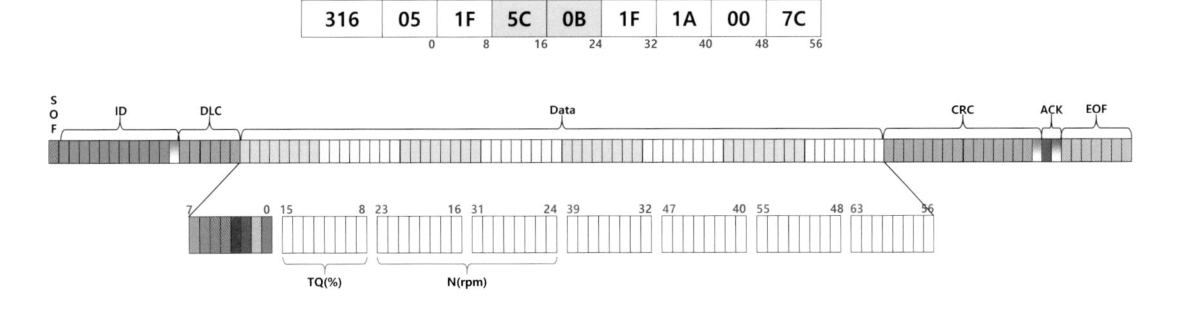

그림 Ⅲ– 41 **엔진 회전수 데이터 위치**

$$y = 0.25x + 0.0 \xrightarrow{x=2908} y = (0.25 \times 2908) + 0.0 = 727 \ [rpm]$$

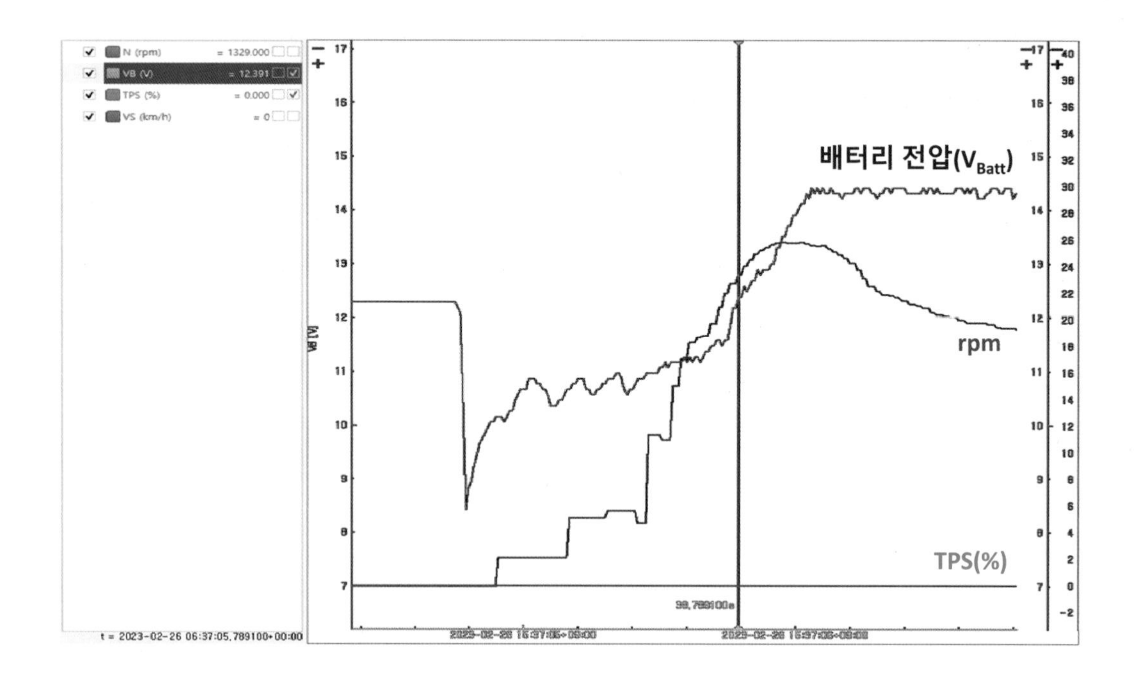

그림 Ⅲ－42시동 시 데이터 모니터링

그림 Ⅲ－42는 크랭킹부터 시동 직후까지 0x316 ID를 포함하여 다른 ID에 숨겨진 신호들을 조합하여 데이터를 기록한 것이다.

각 데이터의 위치와 환산식을 알고 있다면 제어 데이터의 실제값을 실시간 모니터가 가능할 뿐만 아니라 몇 개월 이상의 데이터를 기록하여 사후분석도 가능하다.

3 Multiplexing

다중화(multiplexing)된 메시지는 단일 메시지 ID를 이용하여 프레임에 탑재가능한 데이터 byte 이상을 전송하고자 할 때 사용하는 방법이다.

멀티플렉싱된 메시지는 멀티플렉서 신호 값에 따라 다른 신호를 가질 수 있는 메시지로 멀티플렉서 신호는 선택기 역할을 하며 메시지 내에서 어떤 신호를 전송할지 결정한다. 멀티플렉싱된 신호를 만들 때 신호에 M 키워드를 사용하며, 이 키워드의 값은 나머지 신호를 어떻게 디코딩할지 결정하며 키워드 m0, m1 등을 사용하면 선택 신호의 값을 나타내어 동일한 ID임에도 다른 신호가 전송된다.

예를 들어 동일한 ID이지만 때에 따라 운전석 데이터, 동반석 데이터, 전방 데이터로 사용하고자 할 때 사용하는 방식이다.

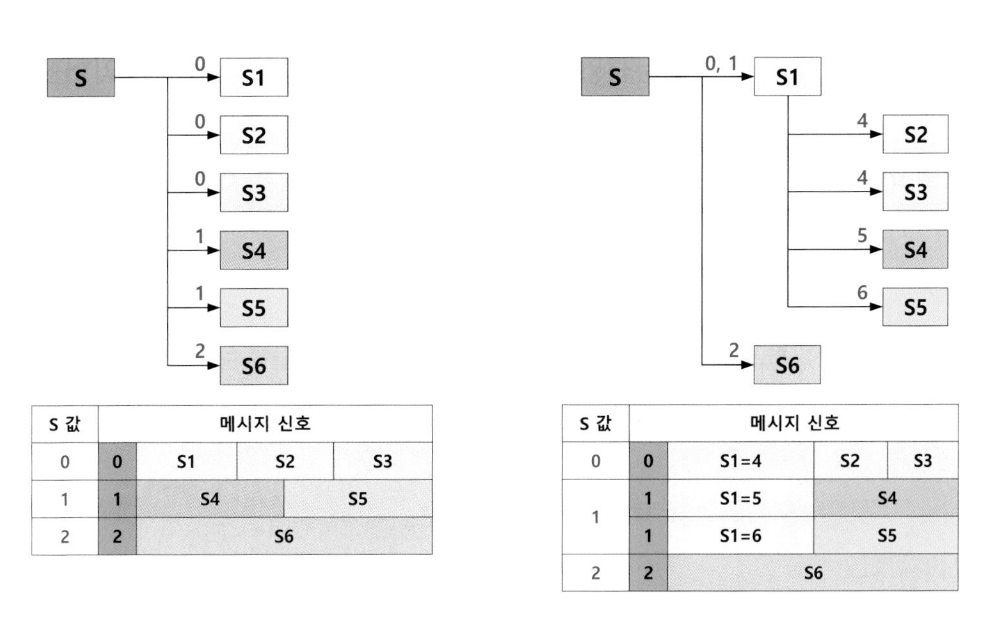

그림 Ⅲ- 43 multiplexing 개요

그림 Ⅲ- 43은 멀티플렉싱에 대한 설명을 위한 그림으로 좌측 그림에서 멀티플렉싱 신호값이 '0'인 경우 신호는 S1+S2+S3가 되고, 멀티플렉싱 신호값이 '1'인 경우 신호는 S4+S5, 멀티플렉싱 신호값이 '2'인 경우 신호는 S6이 된다.

그림Ⅲ- 43의 우측 그림은 좀 더 복잡한 형태로 멀티플렉싱 신호값이 '2'인 경우 신호는 S6이 된다. 하지만 멀티플렉싱 신호값이 '0' 또는 '1'인 경우는 두 번째 멀티플렉싱(S1) 값에 따라 달라진다. 두 번째 멀티플렉싱 값이 4인 경우 신호는 S1+S2+S3이고, 5인 경우 신호는 S1+S4, 6인 경우는 S1+S5의 값이 된다.

```
BO_ 809 EMS12: 8 EMS
 SG_ MUL_CODE M : 6|2@1+ (1.0,0.0) [0.0|3.0] ""  _XXX
 SG_ CAN_VERS m0 : 0|6@1+ (1.0,0.0) [0.0|7.7] ""  _XXX
 SG_ CONF_TCU m1 : 0|6@1+ (1.0,0.0) [0.0|63.0] ""  _XXX
 SG_ OBD_FRF_ACK m2 : 0|6@1+ (1.0,0.0) [0.0|63.0] ""  _XXX
 SG_ TQ_STND m3 : 0|6@1+ (10.0,0.0) [0.0|630.0] "Nm"  _XXX
```

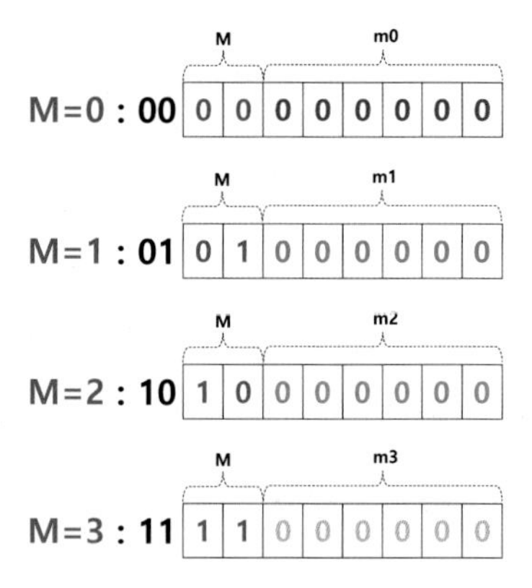

그림Ⅲ- 44 **다중화 메시지**

그림Ⅲ- 44는 다중화 메시지 DBC 사례로 ID는 809이므로 0x329이다. 메시지 이름은 EMS12이고, 데이터 길이는 8byte이며, 메시지 송신자는 EMS(Engine Management System) 즉 엔진 ECU인 것을 알 수 있다.

'SG_ MUL_CODE M'에서 MUL_CODE는 멀티플렉싱 코드라는 의미이다. 대문자 M 값이 멀티플렉싱에 해당하며 6번 bit에서 시작하여 2bit의 길이임을 알 수 있다. 따라서 M은 0 ~ 3까지 존재할 수 있다.

byte order가 little endian이면서 양의 수만 존재하는 unsign형 데이터이다. 이 M의 값이 '0'인 경우 실제 신호는 'm0'이 있는 'CAN_VERS' CAN 버전의 데이터가 된다. M의 값이 '1'인 경우 실제 신호는 'm1'이 있는 'CONF_TCU'인 변속기 구성 값이 된다.

한편 M의 값이 '2'인 경우 실제 신호는 'm2'가 있는 'OBD_FRF_ACK' 웜업 사이클 상태 및 주행 사이클 상태의 데이터이다. M의 값이 '3'인 경우 실제 신호는 'm3'이 있는 'TQ_STND'인 엔진 토크 값이 된다. m이 있는 신호들은 공통적으로 0번 bit에서 시작하고 데이터 길이가 6개 bit로 되어져 있다. 8개 byte 중 첫 번째

byte를 사용하고 있음을 알 수 있다. 즉 6번과 7번 bit는 M 값이고, 이 M 값에 따라 나머지 0 ~ 5번 bit 신호의 이름이 결정된다.

그림Ⅲ- 45는 실제 신호를 분석한 것으로 ID 0x329(= 809)의 데이터 중 첫 번째 byte의 값이 0xD9(= 0b11011001)로 나타났다. 따라서 M 값은 6번과 7번 bit가 동시에 '1'이므로 M = 3이 된다.

M 값이 3이므로 이 데이터가 나타난 당시의 첫 번째 byte의 데이터는 'TQ_STND'인 엔진 토크 값이 된다.

엔진 토크의 신호 값은 0번 bit부터 6개 bit이므로 M 값에 해당하는 6번과 7번 bit는 제외한 데이터이다. 따라서 실제 신호 값은 0b011001 = 0x19 = 25에 해당한다.

Scale 값은 10.0이고 offset은 0.0이므로 환산식($y = 10.0x + 0.0$)에 25를 대입하면 엔진 토크는 250Nm인 것을 알 수 있다.

```
BO_ 809 EMS12: 8 EMS
 SG_ MUL_CODE M : 6|2@1+ (1.0,0.0) [0.0|3.0] ""  _XXX
 SG_ CAN_VERS m0 : 0|6@1+ (1.0,0.0) [0.0|7.7] ""  _XXX
 SG_ CONF_TCU m1 : 0|6@1+ (1.0,0.0) [0.0|63.0] ""  _XXX
 SG_ OBD_FRF_ACK m2 : 0|6@1+ (1.0,0.0) [0.0|63.0] ""  _XXX
 SG_ TQ_STND m3 : 0|6@1+ (10.0,0.0) [0.0|630.0] "Nm"  _XXX
```

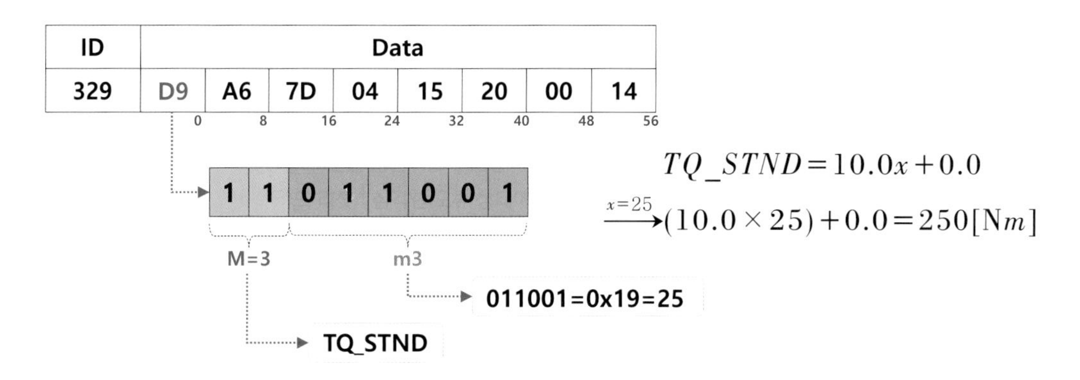

그림Ⅲ- 45 다중 메시지의 분석

4 E2E protocol

E2E는 End To End communication protection의 줄임말로 End란 하나의 제어기 어플리케이션을 의미한다. E2E Protocol은 한마디로 메시지 전송 중 에러가 발생한 경우, 이를 감지하는 메커니즘(mechanism)을 정의한 프로토콜이다.

노드 간 메시지를 송·수신하는 과정에서 발생할 수 있는 데이터 내용의 변경(corrupt), 데이터 전달의 누락(loss), 데이터 전달의 순서 오류(incorrect sequence), 동일한 메시지의 반복 전송(repetition), 인증되지 않은 송신자의 메시지 송신(masqucrading) 등이 발생할 수 있으며 이런 문제가 발생하였을 때 감지할 수 있는 로직을 정의한 것이 E2E Protocol이다.

제어 데이터(특히 안전과 관련된 데이터)를 송신할 때 CRC(Cyclic Redundancy Check)와 SC(Sequence Counter, Message counter, alive counter)를 첨부하는 방식을 취하여 감시하고 있다.

CRC는 데이터 전송에서 널리 사용되는 오류 감지 기술의 수학적 알고리즘(Algorithm)이다. CRC는 데이터를 다항식으로 처리하여 작동하며 각 비트는 계수를 나타내며, 송신 노드와 수신 노드는 동일한 CRC 다항식을 이용한다.

CRC를 수행하기 위해 전송될 데이터는 CRC 생성 다항식에서 1을 뺀 차수와 동일한 개수의 0으로 채운다. 예를 들어, 8비트 데이터가 있고 CRC-8 다항식을 사용하는 경우 데이터 뒤에 7개의 0을 채운다는 뜻이다.

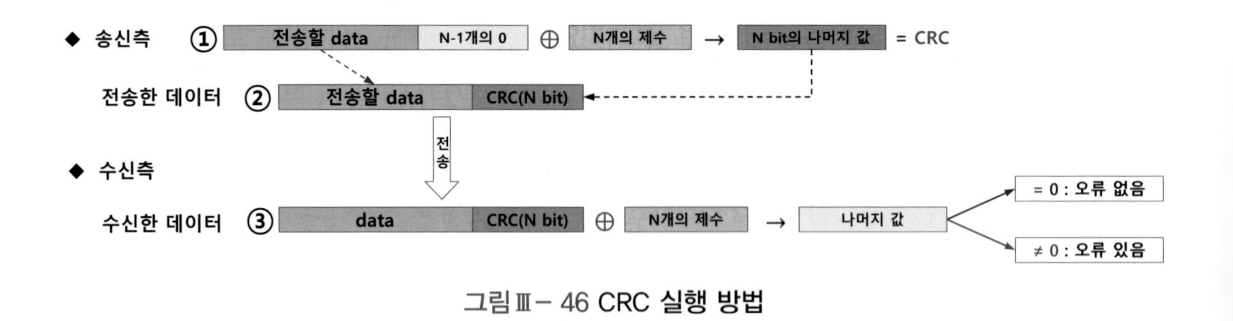

그림 Ⅲ- 46 CRC 실행 방법

송신 노드는 그림Ⅲ- 46의 ①과 같이 데이터와 생성 다항식에 대해 일련의 **비트별** XOR(Exclusive-OR, 배타적 논리합, 2개 중 하나만 참인 경우를 판단) 연산을 수행하여 나머지를 생성한다.

이 나머지, 체크섬 또는 CRC 값을 그림Ⅲ- 46의 ②와 같이 전송하려 했던 원본 데이터에 추가하여 송신한다. 이럴 경우 수신 노드는 그림Ⅲ- 46의 ③에 보이는 바와 같이 수신된 데이터를 동일한 CRC 다항식을 사용하여 XOR 연산을 수행했을 때 나머지가 0이면 전송 중 에러가 없었던 것으로 판단하지만, 0이 아닌 경우는 에러가 있는 데이터로 판단한다.

이 방법은 CAN 표준에서 프레임을 구성하는 데이터들에 대한 검증(프레임 전체의 검증)용으로 사용한다. 그러나 E2E는 프레임 내에서 안전과 관련된 특정 데이터를 보호하거나 무결성 데이터임을 보장하기 위한 방법으로 별도의 CRC를 사용하는 것이라 볼 수 있다.

CRC **다항식**은 데이터 전송을 위한 체크섬을 생성하는 데 사용되는 수학적 함수로 일반적으로 그 길이가 길수록 더 높은 수준의 오류 감지 기능을 제공할 수 있다.

다항식의 가장 중요한 속성으로 다항식의 길이는 다항식 중 가장 큰 차수(지수) + 1의 값을 가지며, 다항식의 간단한 표현법으로 가장 높은 차수가 생략된 이진수로 표시하기도 한다.

CRC의 중요한 알고리즘은 XOR 연산으로 컴퓨터 프로그래밍에서는 XOR, xor, ⊕, ^ 등의 기호가 사용된다.

XOR은 그림Ⅲ- 47의 진리표와 같이 두 개의 입력이 다를 때 1, 두 개의 입력이 같을 때 0을 출력한다. XOR은 bit 연산에서 특정 bit를 반전시키는 특징을 가지고 있어 그림Ⅲ- 47의 아래 좌측 그림과 같이 2회 반복할 때 원래 상태가 되는 특징을 가진다.

표 Ⅲ- 56 각종 CRC

이름	용도	다항식	
CRC-8-SAE J1850	오디오	0x1D	$X^8+X^4+X^3+X^2+1$ → 0b100011101
CRC-8-AUTOSAR	자동차 통합	0x2F	$X^8+X^5+X^3+X^2+X+1$ → 0b100101111
CRC-11	FlexRay	0x385	$X^{11}+X^9+X^8+X^7+X^2+1$ → 0b101110000101
CRC-15	CAN	0x4599	$X^{15}+X^{14}+X^{10}+X^8+X^7+X^4+X^3+1$ → 0b1100010110011001
CRC-16-CCITT	블루투스 외	0x1021	$X^{16}+X^{12}+X^5+1$ → 0b10001000000100001
CRC-17-CAN	CAN FD	0x1685B	$X^{17}+X^{16}+X^{14}+X^{13}+X^{11}+X^6+X^4+X^3+X+1$
CRC-21-CAN	CAN FD	0x102899	$X^{21}+X^{20}+X^{13}+X^{11}+X^7+X^4+X^3+1$
CRC-32	이더넷	0x04C11DB7	

XOR을 이용한 CRC 구현 방법은 그림 Ⅲ- 47의 아래 우측 그림과 같다. 다항식 0x03의 조건에서 송신할 데이터 0b1101에 대한 CRC 값은 송신 데이터 뒤에 0의 값 4개를 추가한 후 높은 자리부터 낮은 자리로 다항식을 이용하여 연산한다.

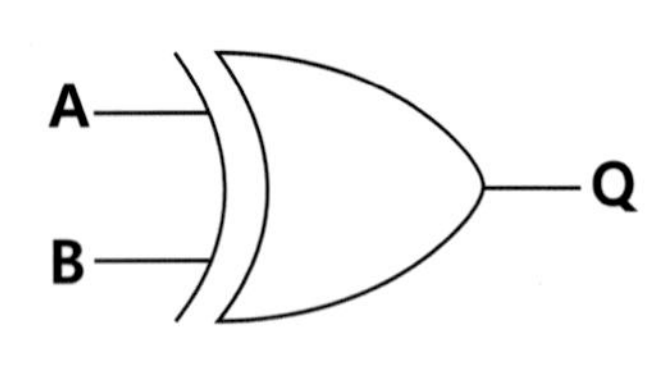

input		output
A	B	Q
0	0	0
1	0	1
0	1	1
1	1	0

❖ bit 반전 사례

· **암호를 만들 때:** 0011 ⊕ 1011 → 1000

· **암호 해독할 때:** 1000 ⊕ 1011 → 0011

```
  0011
⊕ 1011
  1000
⊕ 1011
  0011
```

❖ CRC 사례

· **다항식:** $g(x) = X^4 + X + 1 \rightarrow 0b10011$

· **송신할 신호:** 1101

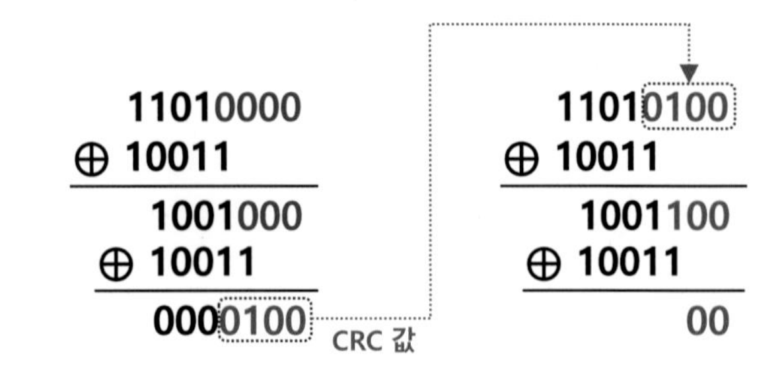

그림 Ⅲ- 47 XOR의 진리표와 사례

최종적으로 4bit 이하의 나머지 값이 얻어지면 이것은 바로 송신할 데이터 뒤에 붙여줄 CRC 값이 된다. 그림에서 얻어진 CRC 값은 0b0100으로 전송할 데이터인 0b1101의 뒤에 붙여서 전송한다.

수신 노드는 수신된 데이터 0b11010100를 CRC 연산 다항식을 이용하여 4bit 이하의 수가 나올 때까지 높은 자리부터 낮은 자리로 연산한 결과가 CRC 값 생성 당시의 '0'이 나타나면 정상으로 판단한다. 즉 전송 도중에 유실되거나 다른 신호가 유입되지 않았음을 의미한다.

E2E는 송신 측에서 메시지 전송 시 수신 노드가 데이터 변조, 누락 등을 감지할 수 있도록 보호하고자 하는 데이터에 대한 CRC와 약속된 Message counter(또는 alive counter)를 메시지 프레임 내에 전송함으로써 상태를 감지할 수 있는 비교적 간단한 개념을 가지고 있다.

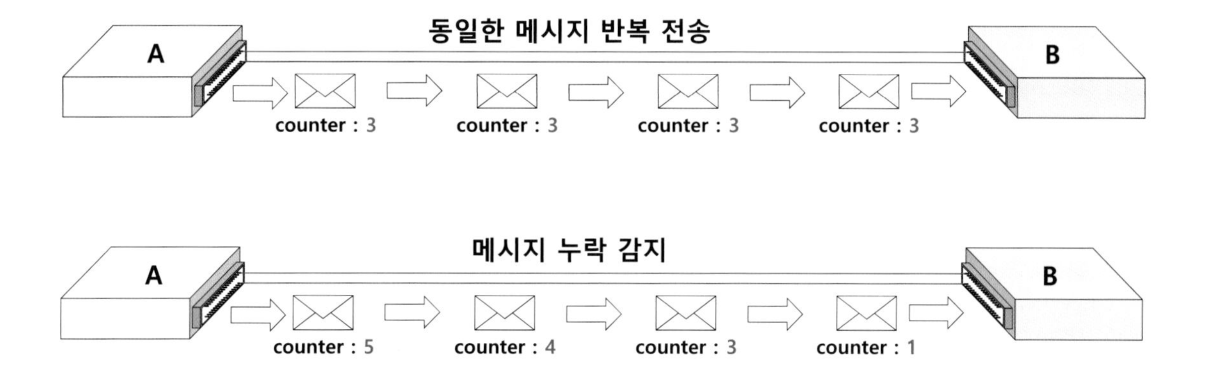

그림 Ⅲ－48 counter 값을 이용한 감시 방법

Counter는 메시지 전송 횟수만큼 1씩 증가하는 방식과 시간차만큼 증가하는 alive counter가 있다. 메시지 송신 시 특정 위치 counter byte의 값을 1씩 증가시킨 후 송신하려면 증가한 값에 따라 프레임의 CRC 값도 달라지기 때문에 수신 노드에서 CRC로 데이터의 변조 여부를 판단할 수 있다. 또한 수신 노드는 수신 메시지의 counter 값과 직전 수신한 메시지 간 카운터 값을 비교함으로써 같은 메시지 반복되었는지, 주기적인 메시지가 누락되었는지 등을 감지하는 방식이다.

A 노드가 송신하고 B 노드가 수신하는 그림Ⅲ- 48과 같은 상황에서 그림Ⅲ- 48 위쪽의 그림은 메시지 카운터 값이 매번 3으로 동일한 메시지가 전달되고 있음을 감지하게 된다.

그림Ⅲ- 48 아래의 그림은 받은 메시지 카운터가 1이었고 다음 메시지의 카운터는 2임에도 3으로 나타나 메시지 1개가 누락 되었음을 감지할 수 있게 된다.

E2E Protocol은 자동차 관련 분야의 세계적 개발 파트너십인 AUTOSAR(AUTomotive Open System ARchitecture)에서 제공하는 E2E 관련 문서에 정의되어 있다.

적용 방법이나 시스템에 따라 CRC의 크기가 다르거나, CRC 크기는 같더라도 CRC 로직이 다를 수 있어서 CRC를 구하는 방식이 상이할 수 있다.

또한 메시지 카운터의 최대값이 다르거나 데이터 프레임 안에서 CRC와 메시지 카운터의 위치가 다를 수 있고, 카운터에 대한 판단 로직 또한 다를 수 있으니 주의깊게 살펴야 한다.

표Ⅲ- 57 E2E Profile 1을 사용하여 감지할 수 있는 오류

메커니즘	감시 항목
counter	반복, 손실, 삽입, 잘못된 순서, 차단
주기적인 전송	타임 아웃 모니터링을 통해 손실, 지연, 차단
Data ID + CRC	위장 및 잘못된 주소 지정, 삽입
CRC	변질, 비대칭 정보

CAN 데이터 점검 중 특정 ID의 메시지 중 일부 데이터가 내 · 외부 조건의 변화가 없음에도 불구하고 매번 데이터가 달라진다면 E2E의 CRC 값일 가능성이 높고, 매번 데이터의 수치가 증가하는 방향으로 변화한다면 counter일 가능성이 높다.

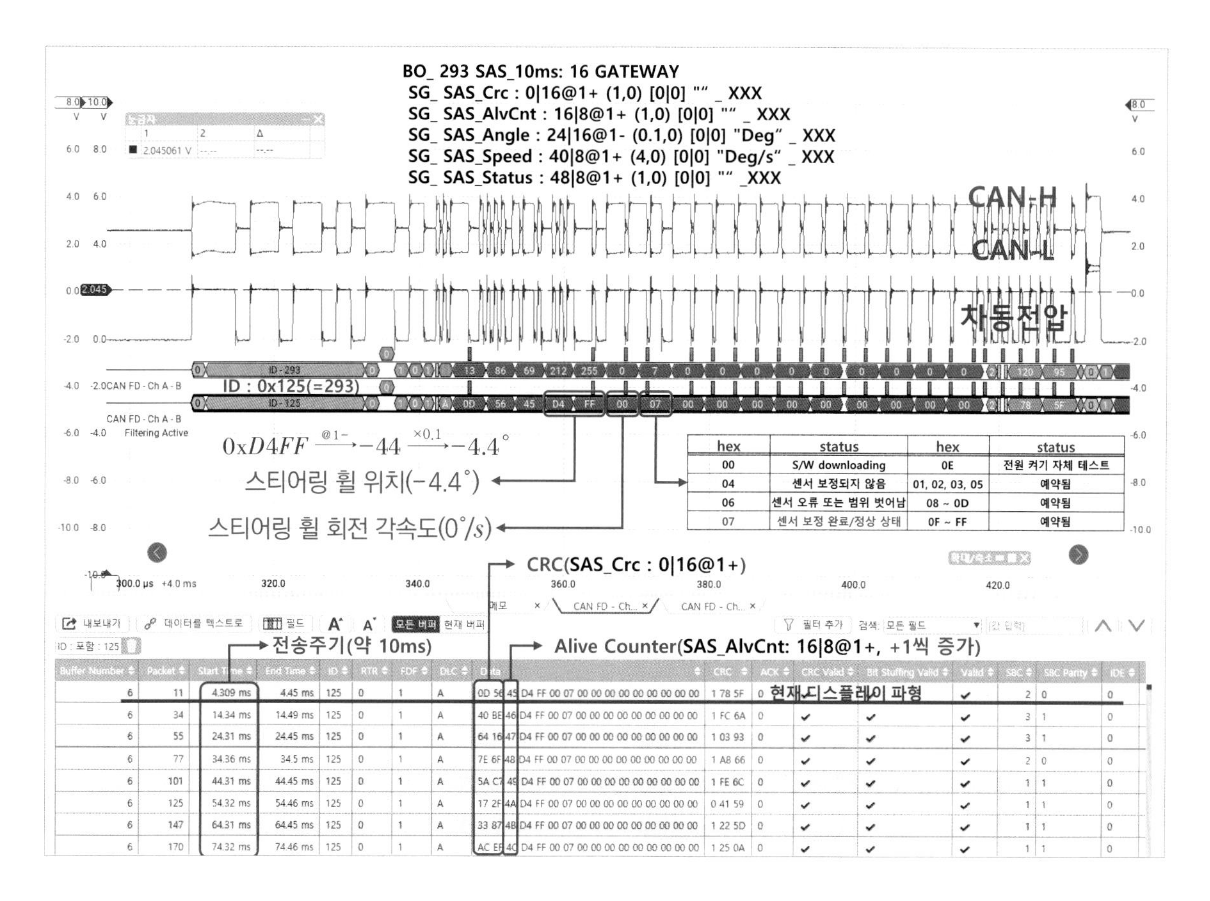

그림Ⅲ- 49 CRC와 Alive counter 적용 사례

그림Ⅲ- 49는 SAS(Steering Angle Sensor)에 대한 메시지 전송 사례로 이전 프레임 전송 후 새로운 프레임이 시작되는 시점(프레임간 시간차)을 비교하였을 때 약 10ms마다 주기적으로 전송하는 메시지인 것을 알 수 있다.

DBC를 보았을 때 첫 번째와 두 번째 byte(SAS_Crc: 0|16@1+)는 CRC이고, 3번째 byte(SAS_Crc: 0|16@1+)가 counter로 전송할 때마다 1씩 증가함을 알 수 있다.

조향 휠의 현재 위치 정보는 3~4번째 byte(SAS_Angle: 24|16@1-)이므로 그림Ⅲ- 49에서 조향 휠 각도 데이터는 0xD4FF이고, little endian이므로 0xFFD4로 해석해야 한다.

한편 sign형 데이터이고 0xFFD4의 수는 맨 앞 부호를 나타내는 bit가 '1'로 시작하는 데이터이므로 음의 수임을 알 수 있다.

양의 수를 계산할 때는 16진수를 10진수 그대로 환산하면 되지만 음의 수를 계산하는 법은 환산할 값에서 bit 수에 해당하는 경우의 수를 빼주면 된다.

sign형에서 음의 부호를 가진 10진수로 환산하는 방법 : 환산할 값 $- 2^{bit수}$

따라서 0xFFD4는 16bit로 구성된 수치이고, 10진수로 65492이므로 sign형 데이터는 -44(**65492** $- 2^{16} = -44$)가 된다. scale 값이 0.1이고 단위는 °이므로 실제 값은 -4.4°가 된다. 한편 각도 표시에서 반시계 방향이 +, 시계 방향은 -로 설정되어져 있어 중립 점을 기준으로 시계 방향 4.4°의 위치에 있음을 알 수 있다.

조향 속도(SAS_Speed: 40|8@1+) 실제 데이터로의 환산에서 scale은 4, offset이 0이지만 전송된 데이터 수치가 0x00(=0)이므로 현재의 조향 속도는 0°/s가 된다.

CHAPTER 07

CAN reverse

1 컨트롤러별 송신 ID 특정

시스템마다 고유의 입 · 출력 신호가 있기 때문에 특정 데이터에 대한 원본이 어디에 있는지 짐작할 수 있다. 컨트롤러별 송신하는 ID를 정리해 두면 고장진단이나 리버스 엔지니어링(reverse engineering)에서 큰 도움이 된다.

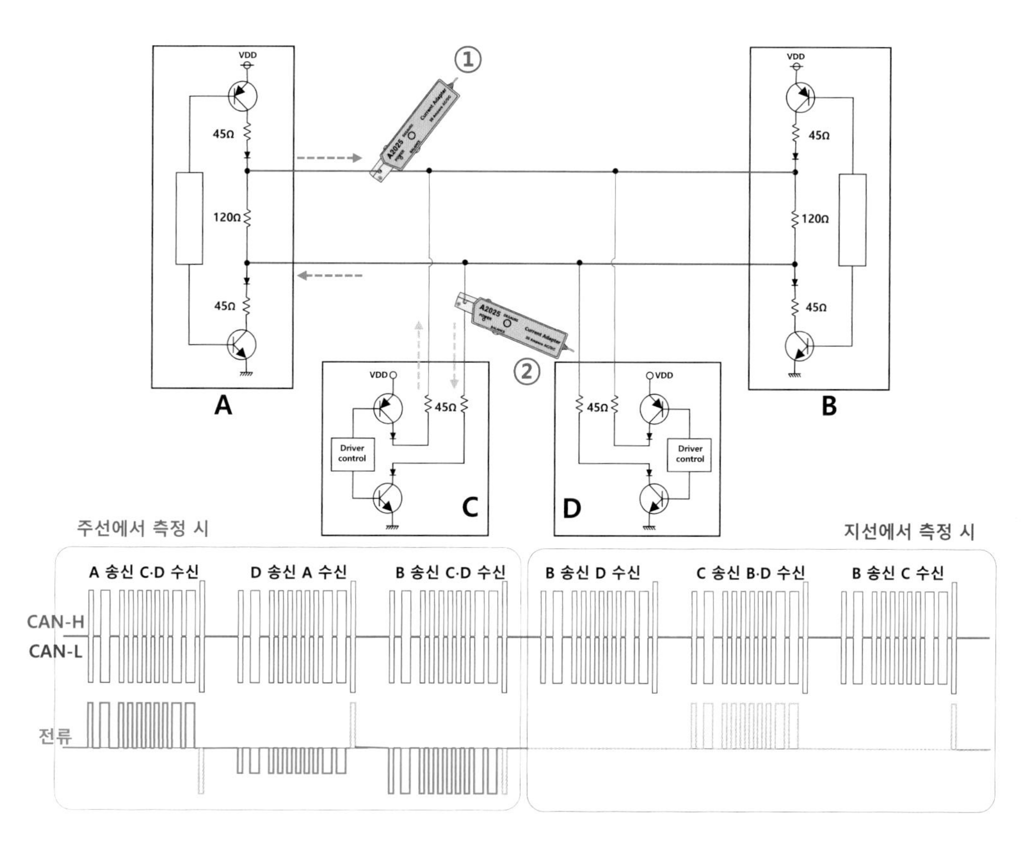

그림Ⅲ－50 고주파 전류센서를 이용한 CAN 전류 파형의 측정

예를 들어 엔진 회전수나 가속 페달 위치의 정보 등은 엔진 제어 시스템의 입력 신호에 의해 발생하므로 해당 정보에 대한 원본은 엔진 ECU에서 발생한 것이다.

따라서 엔진 회전수나 가속 페달 위치의 정보가 다른 시스템에서는 정상이나 자동변속기 측 센서 데이터에서만 엔진과 다른 값을 가지고 있다면 변속이 컨트롤러 자체에 문제가 발생한 것이라 할 수 있다.

컨트롤러별 송신 ID를 추출하는 방법은 크게 **오실로스코프**(oscilloscope)를 이용하는 방법과 CAN 애널라이저를 이용하는 방법이 있다. 두 방법에서 공통적인 것은 어떤 컨트롤러의 커넥터를 탈착하거나 컨트롤러에 전원을 공급하는 퓨즈를 제거하였을 때 네트워크에서 사라지는 ID만을 추출하는 방법이다.

(1) 오실로스코프 이용 방법

오실로스코프에서는 그림Ⅲ- 50과 같이 컨트롤러 입구에서 전류를 측정하는 방법이 있다. CAN 전류 파형을 측정할 때 주안점의 첫 번째는 **전류의 방향**이다.

주선과 지선 공통으로 컨트롤러 입장에서 송신하는 데이터는 CAN-H 라인으로 전류가 나가고, CAN-L 라인을 통해 들어오기 때문에 전류센서의 장착 방향을 유의해야 한다.

두 번째는 **차동 전압**을 인지하는 방식이기 때문에 주선에서는 어떤 노드가 송신하여도 전류가 나타나지만 지선에서는 해당 지선 노드가 송신할 때만 전류가 나타난다는 것이다.

그림Ⅲ- 50의 ①과 같이 A 노드의 앞 CAN-H 라인에서 A 노드가 송신할 때 순방향 전류가 계측될 수 있도록 전류센서를 설치하였다고 가정하자.

A 노드가 송신하고 C와 D 노드가 수신하는 경우 그림Ⅲ- 50의 아랫부분 첫 번째 파형과 같이 SOF ~ CRC까지는 **순방향 전류**가 나타나지만 ACK의 경우는 **역방향 전류**가 나타난다. 송신 노드는 CRC까지만 송신하고 수신 노드가 ACK 신호를 발생하기 때문이다.

A 노드가 송신한 데이터를 정상적으로 수신하였다는 C와 D 노드는 ACK 신호를 전송하기 위해 CAN-H 라인에는 공통 전압보다 높은 전압, CAN-L 라인에는

공통 전압보다 낮은 전압을 가해 회로에 전류가 흐른다.

ACK 신호에 의한 전류는 종단 처리된 A 노드와 B 노드의 CAN-H 라인과 종단 저항, 그리고 CAN-L 라인을 통해 C와 D 노드로 흐르기 때문에 A 노드의 앞 CAN-H 라인에 있는 전류센서는 역방향 전류가 계측되는 상황이 된다. 결과적으로 SOF ~ CRC까지는 순방향 전류, ACK 위치에서는 **역방향 전류**가 나타난다.

지선인 D 노드가 송신하고 A 노드가 수신하는 경우는 D 노드의 송신 전류(예 : 33.33mA는 터미네이션되어진 A 노드와 B 노드로 분리되어 흐른다.

때문에 ①의 위치에서 감지되는 전류(예 : 16.66mA)는 D 노드에서 송신하는 전류의 1/2만 나타나며, A 노드가 송신하는 경우가 아니므로 역방향의 전류로 나타난다. 다만 A 노드가 수신하므로 ①의 위치에 있는 전류센서 입장에서 ACK bit의 전류는 **순방향 전류**로 감지된다.

①의 위치에서 전류 파형 측정 시 B 노드가 송신하고 C와 D 노드가 수신하는 경우 전류는 B 노드 내부와 A 노드로 흐르므로 역방향 전류가 나타나며, C와 D 노드의 ACK bit 전류 또한 **역방향**으로 나타난다.

그림Ⅲ- 50의 ②와 같이 지선인 C 노드 측 CAN-L 라인에서 C 노드가 송신할 때 순방향 전류가 나타나도록 전류센서를 설치하고 전류 파형을 측정하였다. 이때 C 노드가 송신하지 않는 상태에서는 전류가 감지되지 않을 것이므로 B 노드가 송신하고 D 노드가 수신하는 경우와 같은 상태에서는 일체의 전류가 감지되지 않는다.

그림Ⅲ- 50의 ②위치에서 전류를 측정하는 상태에서 C 노드가 송신하고 B와 D 노드가 수신하는 경우 C 노드가 송신하므로 SOF ~ CRC까지의 전류는 **순방향 전류**가 나타난다.

ACK bit의 전류는 터미네이션 된 주선 라인과 D 노드의 CAN 라인에만 전류가 나타나므로 ②의 위치에서는 전류가 나타나지 않는다.

그림Ⅲ- 50의 ②위치에서 전류를 측정하는 상태이다. B 노드가 송신하고 C 노드가 수신하는 경우라면 B 노드의 송신에 의해 흐르는 전류는 B 노드 내부와 주선을 통해 A 노드에만 전류가 흐르므로 (2) 의 위치에서는 전류가 나타나지 않는다.

다만 C 노드가 해당 신호를 수신하였을 때 송신하는 ACK bit에서만 전류가 나타난다.

이렇게 고주파 전류센서를 특정 노드 입구에 설치한다. 전류 파형을 측정하면 나타나는 전류의 방향과 ACK bit 전류 파형의 존재 여부와 방향으로써 송신 ID와 수신 ID를 분리하고 구분할 수 있다. 리버싱(reversing) 뿐만 아니라 시스템의 진단 때도 큰 도움이 된다.

2 애널라이저 이용 방법

	Count	Time (abs/rel)	Tx	Er	Description	ArbId/H...	Len	DataBytes	Network	Node	DLC	FDF	BRS	ESI	ChangeCnt	Timestamp (UTC+09:00)	Memo
Filter																	
	437	1:27.564443			DW CAN 01 $120	120	4	00 00 00 00	DW CAN 01		4				0	2025/01/11 16:51:32:269490	
	4998	50.299322 s			DW CAN 01 $153	153	8	A0 21 B0 FF 00 FF 80 EF	DW CAN 01		8				4997	2025/01/11 16:50:55:004368	
	437	1:27.604365			DW CAN 01 $18	18	8	00 00 00 60 00 00 24 50	DW CAN 01		8				0	2025/01/11 16:51:32:309411	
	8744	1:27.739247			DW CAN 01 $18F	18F	8	00 2D 15 00 00 37 00 00	DW CAN 01		8				1679	2025/01/11 16:51:32:444294	
	2498	50.284395 s			DW CAN 01 $1F1	1F1	8	09 00 00 00 00 00 00 00	DW CAN 01		8				0	2025/01/11 16:50:54:989441	
	4997	50.294152 s			DW CAN 01 $220	220	8	05 04 14 04 00 00 24 10	DW CAN 01		8				2877	2025/01/11 16:50:54:999198	
	8744	1:27.739483			DW CAN 01 $260	260	8	05 15 00 30 FF D4 67 33	DW CAN 01		8				8743	2025/01/11 16:51:32:444530	
	8743	1:27.729692			DW CAN 01 $2A0	2A0	8	C2 00 78 9D 0C 3F FE 0C	DW CAN 01		8				8742	2025/01/11 16:51:32:434738	
	8745	1:27.738208			DW CAN 01 $2B0	2B0	5	3E 00 00 07 82	DW CAN 01		5				8744	2025/01/11 16:51:32:443255	
	1203	1:27.723625			DW CAN 01 $30	30	8	14 B3 00 39 5F C2 00 00	DW CAN 01		8				1067	2025/01/11 16:51:32:428671	
	8744	1:27.739009			DW CAN 01 $316	316	8	31 15 96 08 15 13 00 7F	DW CAN 01		8				5349	2025/01/11 16:51:32:444055	
	8743	1:27.729924			DW CAN 01 $329	329	8	40 C2 81 0C 11 25 00 32	DW CAN 01		8				1461	2025/01/11 16:51:32:434970	
	88	1:27.624294			DW CAN 01 $34	34	8	01 00 00 00 00 00 00 00	DW CAN 01		8				0	2025/01/11 16:51:32:329341	
	4372	1:27.723861			DW CAN 01 $350	350	8	05 20 64 43 53 00 00 51	DW CAN 01		8				4371	2025/01/11 16:51:32:428907	
	8373	1:27.740172			DW CAN 01 $354	354	7	00 69 14 08 00 00 D7	DW CAN 01		7				7880	2025/01/11 16:51:32:435191	
	8744	1:27.736224			DW CAN 01 $370	370	8	FF 20 00 00 FF 00 00 20	DW CAN 01		8				8743	2025/01/11 16:51:32:441270	
	4372	1:27.741146			DW CAN 01 $380	380	8	00 01 01 04 01 00 00 10	DW CAN 01		8				2405	2025/01/11 16:51:32:426285	
	4372	1:27.740416			DW CAN 01 $382	382	8	40 FE 0F 00 00 79 00 04	DW CAN 01		8				4371	2025/01/11 16:51:32:425070	
	4372	1:27.730613			DW CAN 01 $384	384	8	6E 00 FF 00 40 00 91 01	DW CAN 01		8				3224	2025/01/11 16:51:32:435659	
	2498	50.280805 s			DW CAN 01 $385	385	8	07 00 00 00 00 00 00 63	DW CAN 01		8				2497	2025/01/11 16:50:54:985851	
	4371	1:27.723383			DW CAN 01 $388	388	8	C0 00 00 02 00 00 00 4E	DW CAN 01		8				4370	2025/01/11 16:51:32:428429	
	1749	1:27.740665			DW CAN 01 $3A0	3A0	8	01 80 00 00 00 00 00 00	DW CAN 01		8				0	2025/01/11 16:51:32:395447	
	3644	1:27.731029			DW CAN 01 $3F9	3F9	5	82 82 84 8A AA	DW CAN 01		5				2964	2025/01/11 16:51:32:436075	
	437	1:27.603873			DW CAN 01 $40	40	8	0F 00 00 00 00 00 00 00	DW CAN 01		8				0	2025/01/11 16:51:32:308919	
	88	1:27.604119			DW CAN 01 $42	42	8	00 FF 00 FF 00 00 FF 00	DW CAN 01		8				0	2025/01/11 16:51:32:309165	
	4371	1:27.724101			DW CAN 01 $420	420	8	00 D0 FF E3 7F 1E 40 00	DW CAN 01		8				4370	2025/01/11 16:51:32:429148	
	88	1:27.604605			DW CAN 01 $43	43	8	04 00 00 34 C3 08 F1 00	DW CAN 01		8				0	2025/01/11 16:51:32:309652	
	2498	50.281039 s			DW CAN 01 $430	430	8	14 44 38 00 14 94 15 00	DW CAN 01		8				2497	2025/01/11 16:50:54:986085	

그림 Ⅲ – 51 애널라이저를 이용한 송신 ID 찾는 방법의 예

CAN analyzer를 이용한 방법은 여러 가지가 있을 수 있다. 하지만 그림 Ⅲ – 51 에 보이는 방법은 네트워크 전체 ID를 analyzer로 수신 중 특정 노드의 커넥터를 분리하거나 전원 퓨즈를 제거하는 경우 해당 노드에서 송신하는 ID만 네트워크에서 사라지는 것을 이용하여 쉽게 구분할 수 있다.

이 방법은 오실로스코프에서도 동일한 방법으로 구현할 수 있다. 정상적인 상태에서의 디코딩한 데이터와 퓨즈 제거 이후의 데이터를 비교하면 없어진 ID가 바로 해당 노드가 송신하는 ID에 해당한다.

그림Ⅲ－51은 H사에 ○○차량에서 애널라이저를 이용하는 방법의 예로 정상 상태에서 데이터를 기록하는 도중 VDC/ECS 퓨즈를 제거한 상태이다.

이때 다른 ID는 지속적으로 데이터가 갱신됨에도 불구하고 밑줄이 그러진 ID는 퓨즈 제거 이후 데이터가 더 이상 수신되지 않는 상태로 된다. 그러나 시간이 흐름에도 불구하고 갱신되지 않아 데이터 전송회수에 해당하는 count 값이 정지되어 있다. 그리고 갱신되는 데이터들에 비해 count 값에 회색 강조 표시가 사라진 상태임을 알 수 있다.

송 · 수신 ID를 구분하는 요령은 전류센서를 이용하는 방법이 송신 ID뿐만 아니다. 아울러 수신 ID까지 구분할 수 있어 이상적인 방법이라 할 수 있으나 애널라이저를 이용하는 방법은 송신 ID만 구분할 수 있다.

애널라이저를 활용하는 방법 중 또 다른 방법은 특정한 조건을 제공하는 방법이 있다. 어떤 신호의 원천은 그 시스템이 관장하고 있는 컨트롤러가 보유하고 있다.

CAN은 정보를 타 노드 또는 시스템에 공유 · 제공 · 요청하는 구조이므로 시스템의 주요 신호에 대한 조건 제공(예: 도어 오픈 가속페달 조작, 조향, 강제 구동, 차량 접근 등) 시 변화하는 byte를 가진 ID를 찾는 방법도 있다. 다만 직접 제공한 신호, 조건입력에 따른 제어값 전송, 특정 기능의 작동으로 인한 신호값 입력 및 전송이 혼재되어 있으므로 각각을 구분하는 요령이 필요하다.

이렇게 컨트롤러 또는 노드별 송신 ID를 구분하면 CAN 데이터의 리버싱(reversing) 뿐만 아니라 라인의 단선 시 진단에도 유용할 수 있다.

주선의 단선 시 단선된 위치에 따라 별개의 네트워크가 구성되는 상황이 벌어지거나 차동 전압이 없어 같은 네트워크임에도 라인의 단선 영향 때문에 측정 위치에 따라 서로 다른 ID가 검출된다.

또한 진단기로 데이터 요청 시 단선 위치 건너편에 있는 시스템에 대한 접속이 불가하거나 데이터가 전송되지 않는 상태가 된다. 단선 위치 건너편에 구성된 새로운 네트워크에서 CAN 라인에 진단기를 연결하고 데이터 요청 시 단선 위치 너머에 있는 시스템에 대한 접속이 불가하거나 데이터가 전송되지 않는 상태가 된다.

지선 라인에서 단선된 경우는 퓨즈를 제거한 것과 같은 효과가 나타나기 때문에 진단기로 해당 네트워크의 모든 시스템에서 정상적인 데이터 송 · 수신이 가능함에도 단선된 지선 노드의 시스템만 접속이 불가하다. CAN 애널라이저를 이용하는 경우는 네트워크에서 해당 노드의 송신 ID만 없어지게 된다.

또한 CAN 라인에 단선이 존재하는 상태에서 전압 파형의 디코딩 시 노드별 ID를 알고 있다면 고장 부위를 예측하는 것에 큰 도움이 된다.

3 CAN 데이터 reverse

네트워크에서 공유하거나 요청하는 모든 데이터와 ID를 그림Ⅲ- 51과 같이 시간의 흐름에 따라 기록한다. 때문에 모든 데이터를 한눈에 볼 수 있어 네트워크의 이상이나 기타 문제를 빠르게 식별할 수 있게 도움을 주는 기능을 **스니퍼**(sniffer)라 한다.

스니핑(snipping) 시 상대적으로 전송 주기가 빠른 ID는 그만큼 제어에 중요한 신호에 해당하고 전송 주기가 긴 것은 상대적으로 긴급하지 않은 신호에 해당하므로 리버스 과정에 참고한다.

또한 스니핑 시 외부 환경이나 제어 조건이 변하지 않았음에도 특정 범위를 주기적으로 반복하는 것은 E2E 데이터라 할 수 있다. E2E 데이터 위치, 길이, 범위에 대한 정보를 기억하고, 특정 신호를 찾고자 할 때는 배제한다.

(1) 임의 데이터 전송 방법

CAN 데이터의 임의 조작은 오작동으로 사고를 유발할 수 있으므로 반드시 주의가 필요하다. CAN 데이터를 리버스하는 방법이 여러 가지가 있겠으나, 전문적인 프로그램을 사용하지 않고 진단기와 애널라이저 등 최소한의 장비를 사용하고 사고 위험이 적은 정적인 상태에서의 리버스 방법을 소개한다.

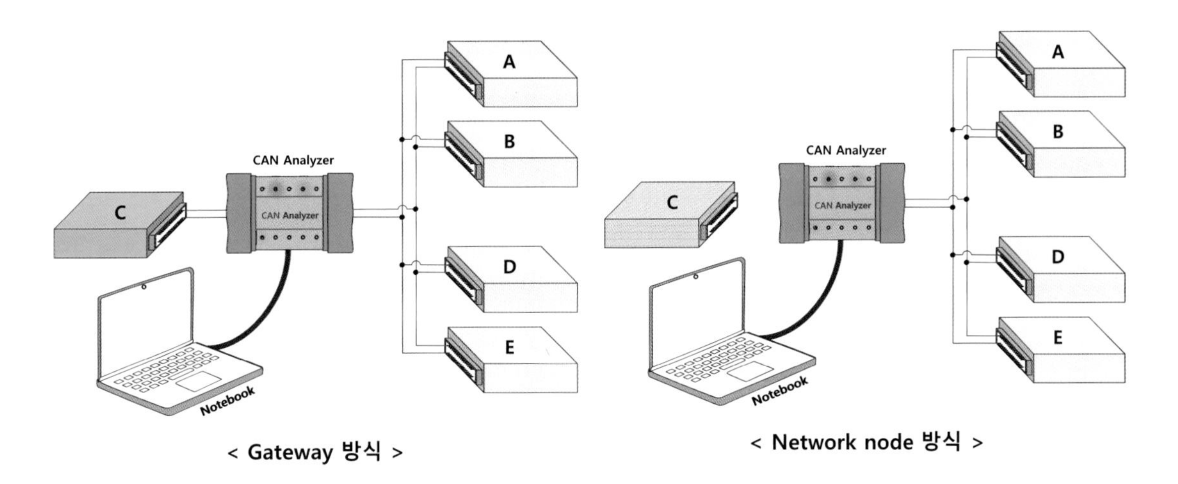

그림Ⅲ- 52 gateway 또는 node 방식

① **첫 번째 방법**으로 애널라이저를 gateway 또는 하나의 노드로 활용하는 방법이 있다. 게이트웨이 방식은 그림Ⅲ- 52의 좌측 그림과 같이 특정 노드와 네트워크 사이에 애널라이저를 설치하여 분리된 노드가 송신하는 신호는 애널라이저가 수신한다.

그러나 네트워크에 전송할 신호는 애널라이저가 송신하는 방법으로 특정 위치의 값을 변경하면서 신호의 위치와 길이, 환산식 등을 추적하는 방법이다.

애널라이저를 노드로 활용하는 방법은 그림Ⅲ- 52의 우측 그림과 같이 노드를 네트워크에서 제거한다. 해당 노드가 송신할 ID와 데이터를 애널라이저로 송신하여 타 노드에서의 변화를 확인하면서 신호의 위치와 길이, 환산식 등을 추적하는 방법이다.

② **두 번째 방법**은 리버스에서 많이 사용하는 방법 중 하나로 그림Ⅲ- 53과 같이 애널라이저를 네트워크의 노드로 사용하는 방법이다.

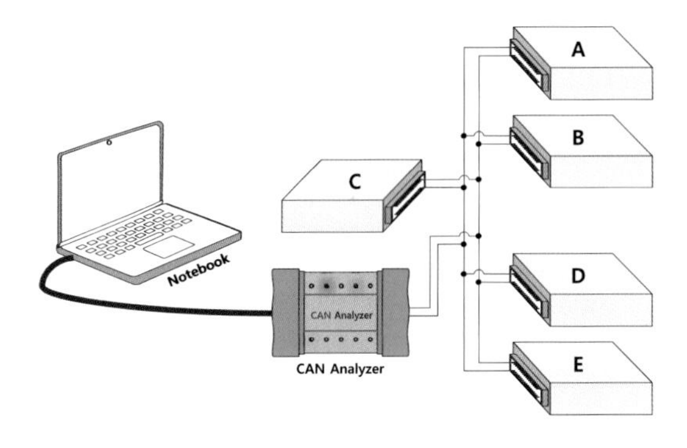

그림Ⅲ- 53 애널라이저의 제3 노드화

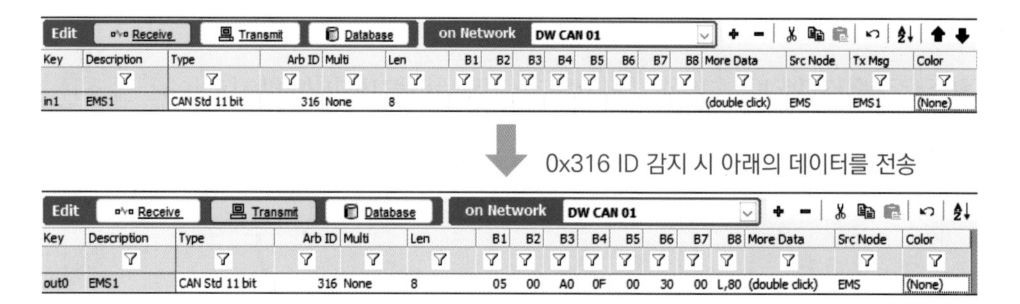

그림Ⅲ- 54 **특정 신호 수신 시 대체 데이터를 전송**

특정 ID(또는 데이터)를 수신함과 동시에 같은 ID이지만 임의 작성한 데이터를 선송하여 네트워크에는 임의 전송한 신호가 나타나도록 하는 방법(그림Ⅲ- 54), 그림Ⅲ- 55와 같이 특정 ID와 데이터를 원래의 전송 주기보다 더 짧은 주기로 임의 신호를 주입하는 방법, 특정 ID가 수신되었을 때 임의 데이터로 송신하고자 하는 또 다른 ID를 전송하는 방법(예 : 0x329 ID 수신했을 때 임의 수정한 0x316 ID를 전송하는 방법) 등이 있다.

③ 세 번째 방법 또한 많이 사용하는 방법으로 그림Ⅲ- 53과 같은 상태에서 특정 기능의 조작이나 조건을 제공(예: 리모컨 휴대상태에서 단계별 도어 오픈, 가속 페달 조작량 조정, 조향각도 조정, 강제 구동 등)했을 때 변화하는 ID만 추출하여 신호 위치와 데이터 길이 추출하는 방법이다.

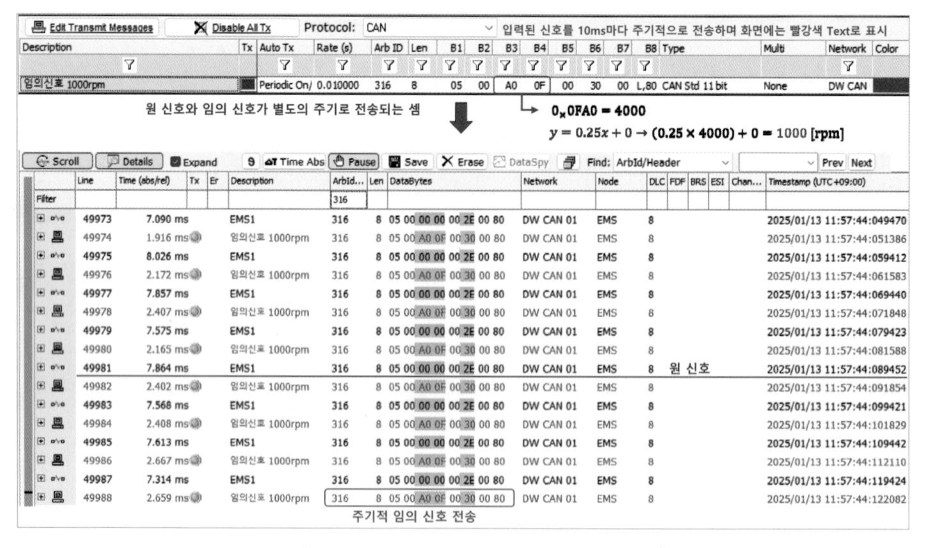

그림Ⅲ- 55 **임의 신호의 주기적 전송**

(2) 변경된 데이터 확인 방법

자동차의 CAN은 그 목적에 따라 크게 3가지 종류가 있다. 자동차 시스템의 진단을 목적으로 하는 **진단용 CAN**, 시스템 운용을 목적으로 하는 **제어 CAN**, 제어 모듈의 맵핑(mapping), 캘리브레이션(calibration), 업데이트 등에 사용하는 **유지 · 보수 · 관리 목적의 CAN**이 있다.

유지 · 보수 · 관리 목적의 CAN은 제작사의 절대적 보안에 의해 접근조차 어렵지만 제어 CAN은 CAN 라인에서 쉽게 접할 수 있다.

제어 CAN의 주요 내용이라 할 수 있는 제어 모듈 또는 시스템 간 송 · 수신 데이터는 보유하고 있는 시스템 내 정보 또는 제어 데이터 및 신호를 타 제어 모듈 또는 시스템에 공유함으로써 타 시스템이나 제어 모듈의 제어에 필요한 데이터나 신호를 전송하는 특성이 있다.

○ 제어 CAN 데이터

- 입·출력 신호에 의해 직접적으로 생성되는 데이터(예 : 가속페달, 도어개폐, 차량의 접근 등)
- 입·출력 신호에 의해 병행하여 제어 및 생성되어야 할 신호(예 : 리모컨 조작 시 도어록, 비상등, 혼 등)
- 직접 모니터하지 않지만 입·출력 신호의 조합에 의해 생성되는 데이터(예 : 전력량, 위상차,연비 등)
- 능동적 제어 환경의 변화로 생성되는 데이터(예 : 엔진 요구 토크, 엔진의 부하, 엔진 회전수목표값등)
- 카운터 또는 적산하는 데이터(예 : 총 주행거리, 총 가동시간 등)

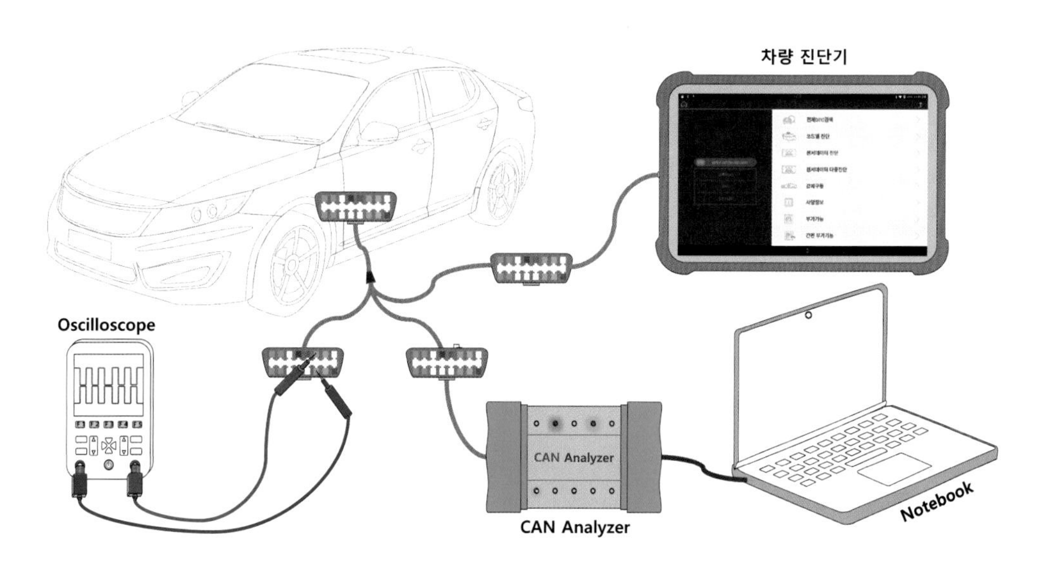

그림 Ⅲ – 56 **리버스를 위한 장치의 설치 예**

반면 진단기에서 보여주는 센서 데이터는 시스템의 진단을 목적으로 하는 진단 프로토콜을 이용하여 제어 모듈간 공유 데이터 뿐만 아니라 시스템에서 검출했거나, 시스템 제어 중 제어 모듈이 자체 생산한 세부 데이터가 나타난다.(단, 진단기에서 제공하는 데이터 이외는 볼 수 없음).

한편 T사와 같이 UDS와 같은 진단 프로토콜을 사용하지 않는 경우 모듈간 공유데이터(네트워크에서 송 · 수신하는 데이터)에서 진단기 제조사가 검증한 DBC를 이용하여 시스템별 센서 데이터를 표출하는 경우도 있다.

특정 데이터를 임의 값으로 조정하였을 때 어떤 항목이 어떤 값으로 변했는지 확인하는 방법에서 차량 내 계기 또는 실제 동작 상태 등을 확인하는 방법도 있다. 하지만 가장 좋은 방법은 시스템에서 검출했거나, 시스템 제어 중 제어 모듈이 자체 생산한 세부 데이터까지 나타나기 때문에 진단기의 센서 데이터를 확인하는 방법이다.

따라서 CAN 리버스 작업 시 임의 변경한 데이터가 어떤 항목이고 어떤 값으로 변화하였는지 확인하는 방법으로 그림Ⅲ- 56과 같이 진단기를 연결한 상태로 작업하는 것이 매우 유리하다.

다만 해당 시스템의 정보를 타 시스템이나 모듈에 공유하는 CAN 시스템의 특성상 제어 CAN 데이터를 임의 데이터로 변경한 경우 해당 시스템의 센서 데이터에서 나타나지 않기 때문에 타 시스템에서 확인해야 한다.

예를 들어 엔진 ECU가 송신하는 엔진 회전수(rpm) 데이터는 엔진 ECU가 검출한 rpm 정보를 제어에 필요로 하는 타 시스템이나 제어 모듈에 제공하는 것이다. 그러므로 제어 CAN의 데이터 중 엔진 회전수 값을 임의값으로 변경 시 엔진 자체의 정보를 변경하거나 타 모듈로부터 수신하는 데이터를 변경한 것은 아니다.

즉 엔진이 타 시스템에 제공하고 있는 데이터를 변경한 꼴이므로 엔진 시스템의 센서 데이터에서는 확인되지 않고 변속기나 ABS와 같은 타 시스템에서 확인할 수 있다.

그림 Ⅲ - 57 **그림 Ⅲ - 54와 55의 데이터 변경 시 자동변속기 시스템 데이터**

그림 Ⅲ - 57은 그림 Ⅲ - 54와 55와 같이 엔진 ECU가 송신하는 제어 CAN 데이터 중 엔진 회전수 데이터를 임의 값(0x0FA0 = 1000rpm)으로 변경한 결과를 자동변속기 시스템에서 확인한 그림이다. 엔진 회전수 데이터는 엔진 ECU가 검출하여 송신하지만, 자동변속기가 수신하기 때문이다.

(3) 리버스 방법

CAN 프레임에 실어 보내는 데이터의 종류는 표 Ⅲ - 58에 있는 것과 같이 대부분 센서의 물리적 값을 나타낸다. 아날로그 데이터, on/off와 같이 2분법으로 표현하는 디지털 신호, 어떤 상태 정보를 정해진 규칙에 의해 암호화한 state encode, 주로 ASCII로 표현되는 text, 고장진단 코드, 그리고 특정 연산이나 정해진 값을 리퍼런스(reference)로 사용하는 table lookup 등이 있다.

특정 데이터가 포함된 프레임의 ID, 데이터 위치를 추적할 때 그림 Ⅲ - 51과 같이 네트워크에서 송 · 수신하는 모든 데이터가 표출되는 스니핑(snipping) 상태에서 외부 환경이나 제어 조건이 변하지 않았음에도 특정 범위를 주기적으로 반복하는 것은 E2E 데이터라 할 수 있다.

비주기적이지만 제어 조건의 미세 변화에 의해 수시로 변화하는 데이터는 특정 데이터를 찾고자 할 때 배제한다. 즉 특정 조건을 제공했을 때만 변화하는 데이터를 관찰한다는 의미이다.

표 Ⅲ – 58 데이터의 종류

종류	설명	비고
analog	물리적 값(physical value)으로 표현되는 데이터	Endian. Sign/unsign, Scale, offset 등의 정보 필요
digital	0과 1의 2분법으로 표현되는 데이터	on/off, yes/no, passed/failed, open/colse, up/down, active/inactive, valid/invalid
state encode	논리적인 값(logical value)에 의해 정의되는 값	예) 0 : off, 1 : 좌측 방향등 위치, 2 : 우측 방향등 위치, 3 : 비상등 on
text	ASCII, UTF-16, 숫자를 1:1 변환 가능한 16진수	ASCII 또는 1byte는 1:1로 1개의 숫자 예) 0x01 =1
DTC	고장진단 코드	
table lookup	특정한 표에서 데이터 추출	

특정 조건을 제공하지 않았음에도 수시로 변화하는 데이터를 배제한 후 시스템에 특정 조건을 제공했을 때 변한 ID와 데이터 위치 등을 자동으로 표시하고 저장하는 기능을 가진 애널라이저가 있어 리버스에 큰 도움이 된다.

참고로 그림Ⅲ – 51에서 사용한 애널라이저는 특정 범위를 반복하는 경우 회색, 최근에 변화하는 데이터는 청색으로 강조한다.

그림Ⅲ – 58은 스니핑 상태에서 수시로 변화하는 데이터뿐만 아니라 변화하지 않는 데이터 모두 희미하게 표시 후 대기하다 특정 조건을 제공한 순간 변화한 데이터의 byte만 강조하는 기능을 사용한 결과이다.

브레이크 페달을 밟았을 때 변화한 byte를 확인한 것으로 0x329 ID의 5번째 byte의 값이 0x14로 대기하던 중 0x16으로 32번과 33번 bit가 변화한 것을 알 수 있다. 따라서 브레이크 페달의 작동 여부는 0x329 ID의 다섯 번째 byte에 숨어 있으며, 2bit로 구성되어 있음을 알 수 있다.

또한 데이터는 브레이크 페달을 밟았을 때 big endian 기준 0x02, 브레이크 페달을 놓았을 때 0x01이 송신되는 2 bit의 state encode 데이터라 할 수 있다.

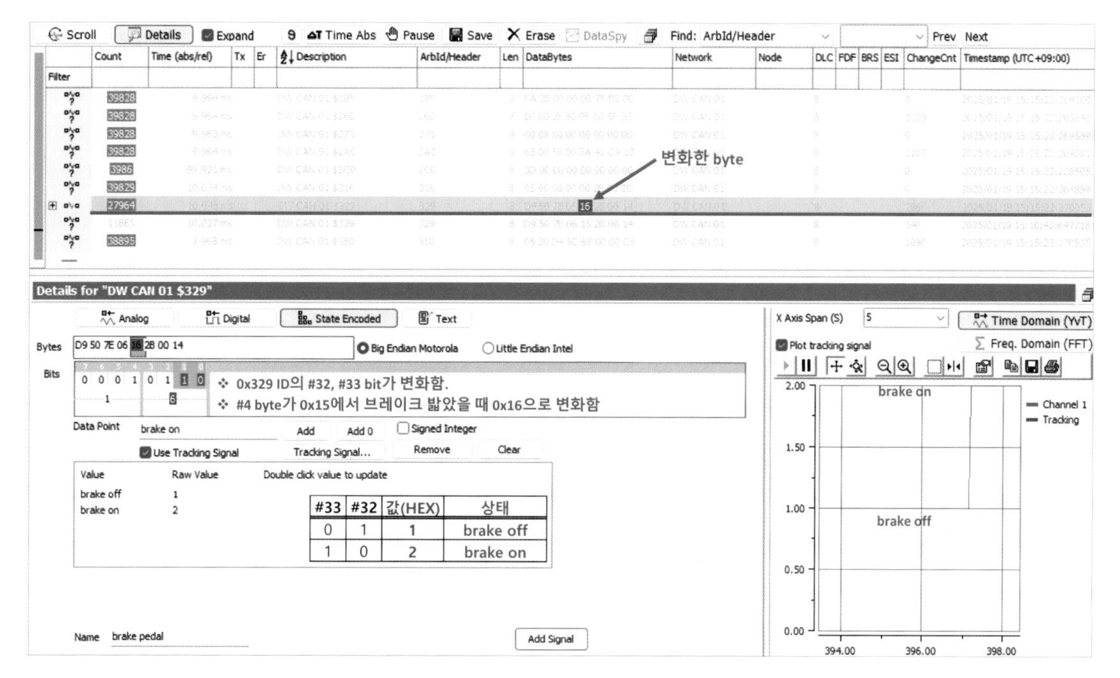

그림 Ⅲ - 58 브레이크 신호의 추적

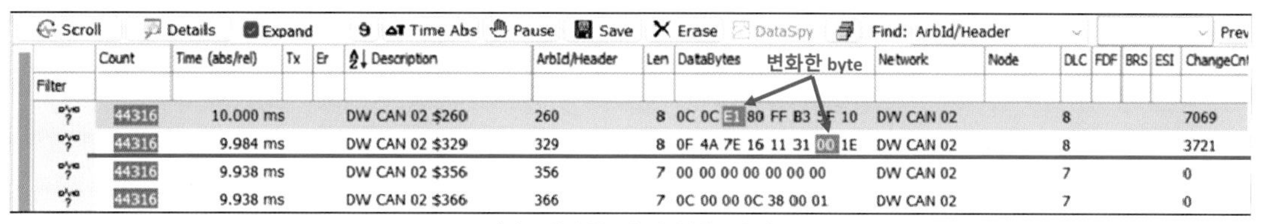

가속 페달을 밟지 않은 상태

가속 페달을 밟은 상태

그림 Ⅲ - 59 가속 페달을 밟기 전과 후의 변화

그림 Ⅲ - 59는 가속 페달의 조작으로 아날로그 신호인 APS 데이터가 숨어 있는 ID와 byte 위치를 추적하는 과정을 보이고 있으나 가속 페달을 주기적으로 조작 시 두 개의 ID에서 변화하는 byte가 감지된 상태이다.

0x260은 가속 페달을 조작하지 않은 상태일 때 0xE1(= 225)이고, 가속 페달을

거의 끝까지 밟았을 때 0xC9(= 201)로 변해 가속 페달과 관련된 데이터이지만 직접적인 APS 신호는 아닌 것을 알 수 있다.

0x329 ID의 7번째 byte는 가속 페달을 조작하지 않은 상태일 때 0x00(= 0)이고, 가속 페달을 거의 끝까지 밟았을 때 0xDE(= 222)까지 가속 페달을 밟은 양과 비례하여 움직이는 것을 볼 수 있어 해당 byte가 APS 신호임을 알 수 있다.

APS 데이터 byte의 위치를 특정한 후 진단기에 표출되는 APS 값과 비교하여 전송되는 데이터를 실제 센서 데이터로 변환하는 1차 방정식을 그림Ⅲ- 60과 같이 리버스 기능을 통해 얻을 수 있다. 그림에서는 APS 데이터 byte 값이 0x00(= 0)일 때 진단기에 나타나는 APS 값 0%, 0x86(= 134)일 때 진단기에 나타나는 APS 값 52.3%를 이용해 방정식이 유도된 것이다.

진단기에 나타나는 데이터가 소수점 첫 번째 자리까지만 표현하는 관계로 유도된 방정식에 오차가 있을 수 있으나 반복 시험하여 평균을 취하면 오차를 더욱 줄일 수 있다.

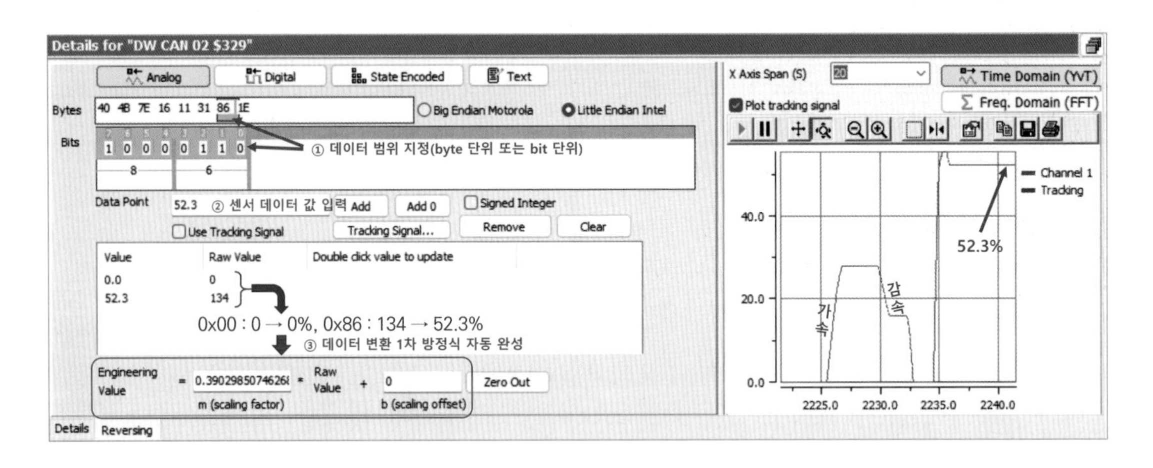

그림Ⅲ- 60 APS 신호의 리버스

그림Ⅲ- 55와 같이 엔진 회전수 데이터(ID 0x316의 3번째와 4번째 byte)는 APS와 다르게 회전수를 최대까지 가속하며, 데이터 위치와 길이를 찾는 경우 자칫 엔진이 손상될 가능성 때문에 회피하는 것이 좋다.

추적하는 방법은 엔진 회전수 변동 시 변화하는 byte를 조사하여 대략적인 데이터 위치를 추정한 후 각 bit 별 데이터를 변경하면서 결과값(엔진 rpm)과 비교하면 데이터의 길이와 endian, 환산하는 방정식을 특정할 수 있다.

Bit 번호별 0의 값을 1로 변경했을 때 31번 bit에서 가장 높은 결과를 얻을 수 있다. 즉 연이은 3개 byte 값을 0x008000을 입력했을 때 엔진 회전수는 8192rpm으로 가장 높게 나타났다.

순	Bit	#2 byte	#3 byte	#4 byte	Hex	DEC(#2,3)	결과(rpm)
1	23	10000000	00000000	00000000	800000	32768	32
2	22	01000000	00000000	00000000	400000	16384	16
3	21	00100000	00000000	00000000	200000	8192	8
4	20	00010000	00000000	00000000	100000	4096	4
5	19	00001000	00000000	00000000	080000	2048	2
6	18	00000100	00000000	00000000	040000	1024	1
7	17	00000010	00000000	00000000	020000	512	0
8	16	00000001	00000000	00000000	010000	256	0
9	31	00000000	10000000	00000000	008000	128	8192
10	30	00000000	01000000	00000000	004000	64	4096
11	29	00000000	00100000	00000000	002000	32	2048
12	28	00000000	00010000	00000000	001000	16	1024
13	27	00000000	00001000	00000000	000800	8	512
14	26	00000000	00000100	00000000	000400	4	256
15	25	00000000	00000010	00000000	000200	2	128
16	24	00000000	00000001	00000000	000100	1	64
17	39	00000000	00000000	10000000	000080	0	0
18	38	00000000	00000000	01000000	000040	0	0
19	37	00000000	00000000	00100000	000020	0	0
20	36	00000000	00000000	00010000	000010	0	0
21	35	00000000	00000000	00001000	000008	0	0
22	34	00000000	00000000	00000100	000004	0	0
23	33	00000000	00000000	00000010	000002	0	0
24	32	00000000	00000000	00000001	000001	0	0

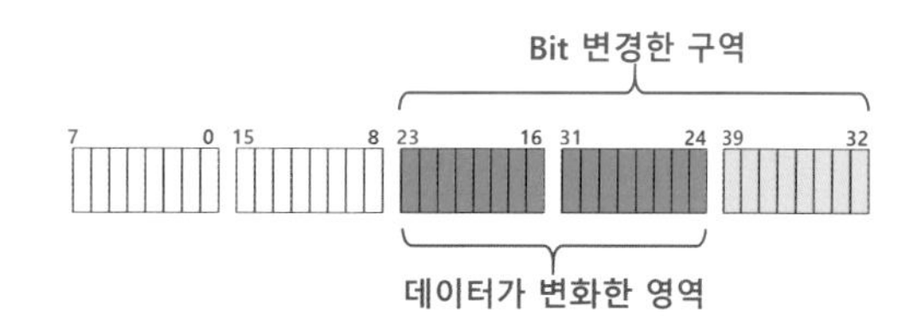

❖ 전송한 신호

#2 byte								#3 byte							
23	22	21	20	19	18	17	16	31	30	29	28	27	26	25	24
0	0	0	0	0	0	0	0	1	0	0	0	0	0	0	0
00								80							

- **Little endian** 0x8000 = 32768 → 8192rpm

  $8192+32768=0.25\ y=ax+b \rightarrow y=0.25x+0$

- **Big endian** 0x0080 = 128 → 8192rpm

  $8192+128=64\ y=ax+b \rightarrow y=64x+0$

그림Ⅲ- 61 bit 데이터 변경과 결과값 비교

한편 그림Ⅲ- 61의 표와 같이 모든 bit를 0으로 설정한 상태에서 bit 값을 변경한 구역의 3번째 byte의 어떤 bit를 1로 변경하여도 엔진 회전수는 0rpm으로 나타났다.

즉 0과 1의 bit 값을 변경한 구역의 3번째 byte인 32 ~ 39번 bit는 엔진 회전수와 무관하다는 것을 의미한다.

엔진 회전수와 관련된 데이터는 16 ~ 31번 bit인 3번째(#2) byte와 4번째(#3) byte에 해당함을 알 수 있다.

2개 byte 중 맨 좌측 bit만 1로 변경한 경우 그림Ⅲ- 61의 표와 같이 진단기에서 32rpm을 표시하였다. 4번째(#3) byte 맨 좌측 bit만 1로 변경한 경우 8192rpm의 최대 rpm이 나타났다.

byte order가 big endian이라면 2개 byte 중 맨 좌측 bit를 1로 변경한 상태가 가장 높은 회전수로 나타났어야 한다. 하지만 4번째(#3) byte 맨 좌측 bit를 1로 변경했을 때 높은 값이 나타나는 것을 보았을 때 #3-#2 byte 순으로 읽어야 할 little endian 형식임을 알 수 있다.

한편 최대값 8192rpm이 나타났을 때 입력값은 little endian이므로 0x8000(= 32768)을 입력했을 때이다.

그림Ⅲ- 61의 표와 같이 엔진 회전수와 관련된 두 개 byte를 0x0000(= 0)으로 입력한 순번 17 ~ 24까지는 모두 0rpm이 나타났다. 따라서 입력값(x)에 대한 출력값(y)을 구하는 1차 방정식은 $y = 0.25x$가 된다.

$$y = ax + b \rightarrow y = \left(\frac{y_2 - y_1}{x_2 - x_1}\right) + y_1 \rightarrow y = \left(\frac{8192 - 0}{32768 - 0}\right) + 0 \rightarrow y = 0.25x$$

결과적으로 엔진을 제어하는 EMS 시스템에서 8byte로 송신하는 ID 0x316(= 790)의 3번째와 4번째, 2개의 byte(16 ~ 31번 bit까지 16개 bit)는 엔진 회전수 데이터이다. little endian이면서 환산식은 $y = 0.25x$이며, 단위는 rpm을 사용하므로 DBC로 표현한다면 다음과 같다.

```
BO_ 790 EMS_Data: 8 EMS
SG_ EngineRpm : 16|16@1+ (0.25,0.0) [0.0|16383.75] "rpm" _XXX
```

지금까지 전문적인 소프트웨어를 사용하지 않고 CAN analyzer만을 이용하여 손쉽게 따라 할 수 있는 데이터들에 대하여 간단하게 리버스 방법을 소개했다.

CAN 데이터 리버스 방법을 개념적으로 보면 그림Ⅲ- 62와 같은 순서로 이해하고 접근할 수 있으므로 참고 바란다. CAN 데이터의 리버스 난이도로 보면 text, digital, state encode, analog 순으로 어렵다고 할 수 있으나 리버스 방법을 이해하고 반복 연습하면 어렵지 않게 접근할 수 있다.

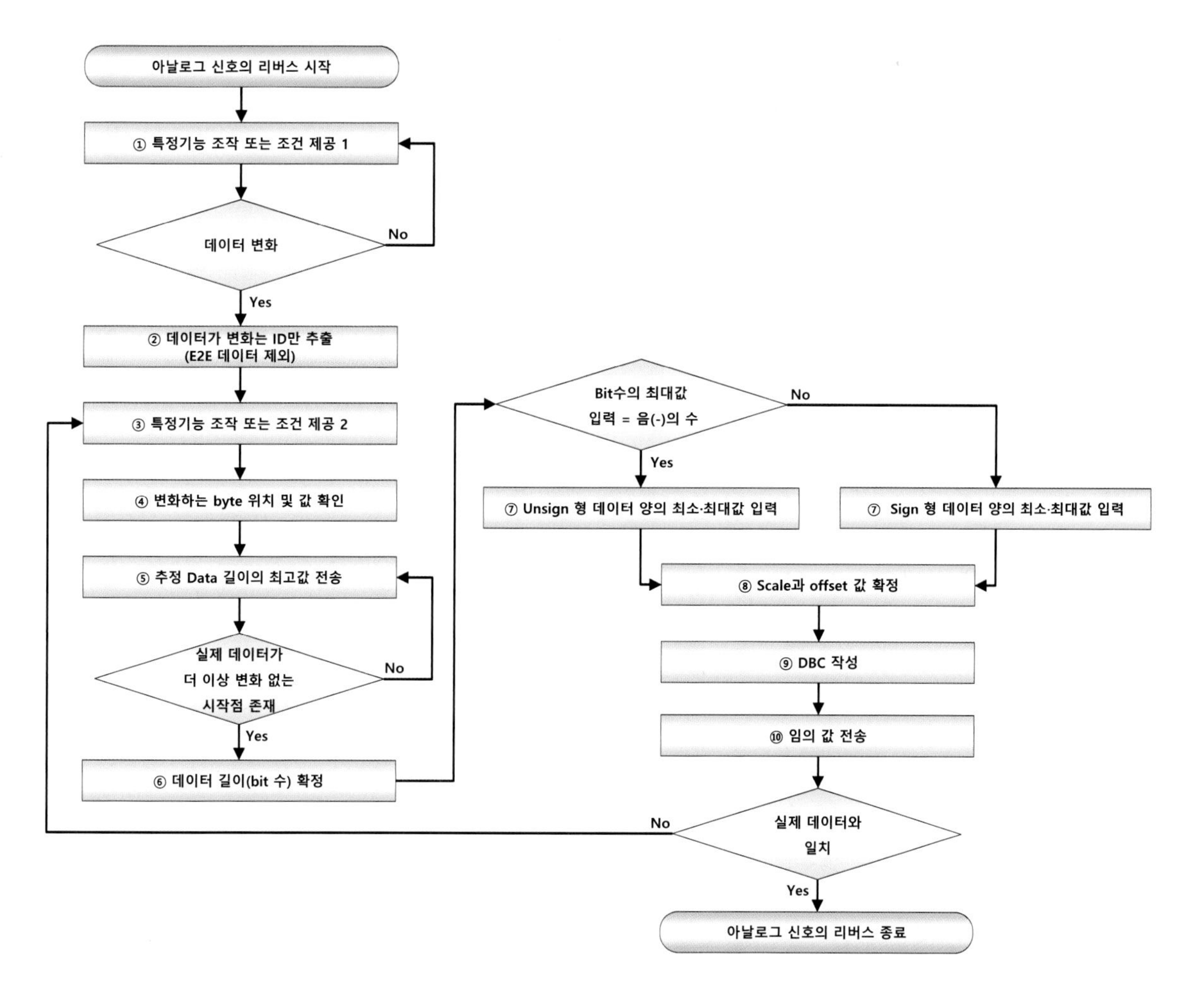

그림Ⅲ- 62 **리버스 순서도**

(4) 리버스 데이터의 응용 사례

CAN 데이터의 리버스 목적은 CAN 데이터 자체의 이해에도 있지만 특정 데이터들을 조합하여 장시간 기록하고 재생하는 방법으로 난해하거나 간헐적인 고장을 추적하는 것에도 사용할 수 있다. 필요한 데이터만을 추출하여 자동차의 옵션에 없는 새로운 시스템이나 장치를 개발할 때도 유용하다.

표Ⅲ-59 변속 레버가 'P' 위치일 때

ID	#0	#1	#2	#3	#4	#5	#6	#7	송신자
0x370	FF	20	00	00	FF	00	00	alive	TCU
0x43F	00	40	60	FF	40	00	00	00	
0x59B	00	00	00	00	00	00	00	alive	

간단한 사례로 표Ⅲ-59는 K사 쏘ㅇㅇR 차량의 변속 레버의 위치 관련 데이터로 TCU가 송신하지만 기능과 수신자에 따라 3개의 ID가 존재하는 것으로 나타났다. 변속 레버 위치에 따라 굵은 글자로 표시된 부분의 데이터가 변화한다. 또한 표Ⅲ-60은 변속 레버의 조작 시 각 ID의 변속 레버 관련 데이터가 어떤 값으로 변화하는지 보여주고 있다.

표Ⅲ-60 변속 레버 위치별 데이터 변화

ID	P	R	N	D	Manual	up shift	down shift	비고
0x370	00	E0	00	10	10	20	10	
0x43F	00 40	07 47	00 46	01 45	01 48	02 48	01 48	#0 : 변속단, #1 : 레버 위치
0x59B	00	07	06	05	08	-	-	

표Ⅲ-61은 T사의 모델ㅇ 차량에서 스마트 키 조작으로 잠금과 잠금 해제할 때 나타나는 신호로 도어의 열림과 닫힘, 비상등 점등과 소등, 혼 작동 여부 등의 신호가 포함되어 있다.

표Ⅲ-61 스마트 키 조작 시 데이터

ID	기능	#0	#1	#2	#3	#4	#5	#6	#7
0x339	Lock	00	10	02	8F	00	01	50	00
	Unlock	C0	20	FE	90	00	01	88	00

표Ⅲ-62는 K사 Eㅇ6 차량의 도어 및 트렁크 관련 신호로 특이한 점은 트렁크 록킹 시스템의 구조적 제어 신호들로 인해 트렁크 열림 시 하나의 ID이지만, 3개의 데이터를 순서적으로 전송해야만 정상적으로 열림 제어가 가능하다.

표Ⅲ-62 도어 록 기능과 트렁크 열림 신호

<table>
<tr><th>기능</th><th>ID</th><th>#0</th><th>#1</th><th>#2</th><th>#3</th><th>#4</th><th>#5</th><th>#6</th><th>#7</th><th colspan="2">비고</th></tr>
<tr><td>Door lock</td><td>0x392</td><td>40</td><td>60</td><td>01</td><td>00</td><td>40</td><td>01</td><td>00</td><td>00</td><td colspan="2" rowspan="2">스마트 키 조작 시</td></tr>
<tr><td>Door unlock</td><td>0x392</td><td>C5</td><td>B0</td><td>04</td><td>00</td><td>40</td><td>01</td><td>00</td><td>00</td></tr>
<tr><td rowspan="3">Trunk open</td><td rowspan="3">0x424</td><td>CC</td><td>10</td><td>05</td><td>00</td><td>00</td><td>02</td><td>00</td><td>00</td><td colspan="2" rowspan="3">위에서 아래의 순서대로 전송 시
Trunk open</td></tr>
<tr><td>2D</td><td>90</td><td>00</td><td>00</td><td>00</td><td>00</td><td>00</td><td>00</td></tr>
<tr><td>B6</td><td>30</td><td>03</td><td>00</td><td>08</td><td>02</td><td>00</td><td>00</td></tr>
<tr><td rowspan="7">Trunk close</td><td rowspan="7">0x424</td><td>CC</td><td>10</td><td>05</td><td>00</td><td>00</td><td>02</td><td>00</td><td>00</td><td>40ms</td><td></td></tr>
<tr><td>2D</td><td>90</td><td>00</td><td>00</td><td>00</td><td>00</td><td>00</td><td>00</td><td>40ms</td><td rowspan="2">완전 닫힐 때까지 3회
반복, 1회차 신호</td></tr>
<tr><td>B6</td><td>30</td><td>03</td><td>00</td><td>08</td><td>02</td><td>00</td><td>00</td><td>900ms</td></tr>
<tr><td>2D</td><td>90</td><td>00</td><td>00</td><td>00</td><td>00</td><td>00</td><td>00</td><td colspan="2" rowspan="2">2회차 신호</td></tr>
<tr><td>B6</td><td>30</td><td>03</td><td>00</td><td>08</td><td>02</td><td>00</td><td>00</td></tr>
<tr><td>2D</td><td>90</td><td>00</td><td>00</td><td>00</td><td>00</td><td>00</td><td>00</td><td colspan="2" rowspan="2">3회차 신호</td></tr>
<tr><td>B6</td><td>30</td><td>03</td><td>00</td><td>08</td><td>02</td><td>00</td><td>00</td></tr>
<tr><td>Buglar alarm on</td><td>0x3E0</td><td>BC</td><td>90</td><td>12</td><td>04</td><td>00</td><td>00</td><td>00</td><td>00</td><td colspan="2">작동 시간에 따라 음량 조정 가능</td></tr>
<tr><td>Hazard</td><td>0x3A6</td><td>D9</td><td>92</td><td>41</td><td>10</td><td>0C</td><td>10</td><td>00</td><td>06</td><td colspan="2">비상등 1회 점등</td></tr>
</table>

반대로 닫힘으로 제어 시에는 트럼크 제어 시작 신호 이외 2개의 프레임을 3회 반복해야만 정상적으로 닫힘 제어가 가능하다.

이런 방법은 자동차에 존재하는 기능을 조합하여 새로운 장치를 개발하거나 특정 조건에서 옵션 제어를 가능하게 할 수 있다. 외부 제3의 위치에서 원격으로 자동차 상태를 감시하거나 제어하는 방법으로 활용할 수 있다.

그림Ⅲ-63은 실제 도로에서 약 60km/h의 속도로 주행 중 사거리에서 40km/h 이상의 속도로 좌회전 당시 차량의 자세에 어떤 변화가 있었는지 분석하는 화면이다.

차량 내 · 외부 GPS, 3축 가속도 센서, 자이로 스코프, 카메라의 동영상 신호 등을 조합하여 동시에 애널라이저 등에 기록하여 분석하면 차량 내 · 외부 환경과 실제 도로를 어떻게 주행했는지 등을 확인할 수 있다.

급제동 여부와 정지까지의 제동거리, 과속 방지턱이나 노면 돌기부 주행 시 차체의 자세는 물론 차선 변경 여부까지도 감시할 수 있다.

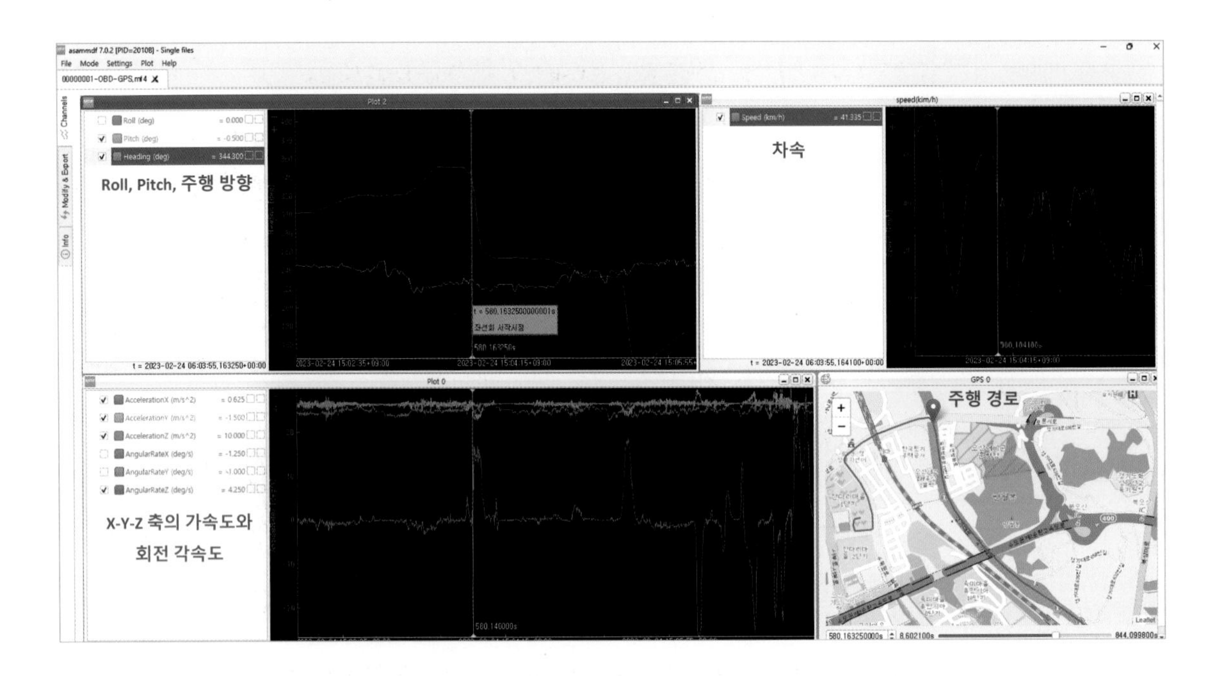

그림 Ⅲ-63 GPS, 자이로, 가속도 데이터를 이용한 진단(좌회전 순간의 분석)

부록

용어해설 및 약어 풀이

1. 차량 네트워크 통신

용어	분류	설명
CAN (Controller Area Network)	프로토콜	차량 내 ECU 간 통신을 위한 직렬 통신 프로토콜. 고신뢰성, 실시간성 보장성
CAN 2.0A / 2.0B	표준	CAN 프로토콜의 기본 버전. 2.0A는 11비트 ID, 2.0B는 29비트 ID 지원
CAN FD (Flexible Data-rate)	표준	CAN의 확장형. 데이터 필드를 최대 64바이트까지 지원하며 속도도 향상됨
ISO 11898	국제 표준	CAN 프로토콜의 물리 계층 및 데이터 링크 계층을 규정한 국제 표준
ECU (Electronic Control Unit)	장치	엔진, 브레이크, 조향 등 차량 기능을 제어하는 전자 장치
Bus (버스)	네트워크	여러 장치가 공유하는 통신 선로. CAN은 2선식 차동 버스를 사용
CAN High / CAN Low	물리 계층	CAN의 두 차동 신호선. 노이즈에 강함
Identifier (ID)	프로토콜	메시지의 우선순위를 결정하는 식별자 11비트 또는 29비트 사용
Arbitration(중재)	프로토콜	동시에 여러 노드가 전송 시, ID 우선순위로 충돌 없이 하나의 메시지를 선택하는 메커니즘
Frame / Message	프로토콜	하나의 데이터 전송 단위. ID, DLC, 데이터 등으로 구성됨
DLC (Data Length Code)	프로토콜	전송할 데이터의 바이트 수를 나타내는 코드
ACK (Acknowledge)	프로토콜	수신 확인 신호. 메시지 수신 시 ACK 비트를 통해 송신자에 알림
Bit Stuffing	프로토콜	안정적 동기화를 위해 연속된 동일 비트를 제한하는 기술
Termination Resistor	하드웨어	CAN 버스 양 끝에 연결되는 120Ω 저항. 반사파를 방지하여 신호 안정화
Bus Off	오류 처리	노드가 반복적인 오류 발생 시 자동으로 네트워크에서 제외되는 상태
CANopen	응용 계층	산업 자동화용 CAN 통신 표준. 프로토콜 위에 구조화된 통신 정의
SAE J1939	응용 계층	상용차, 트럭 등에서 사용하는 CAN 기반 프로토콜
OBD-II (On-Board Diagnostics)	진단	차량 자체 진단 시스템. CAN을 기반으로 함
UDS (Unified Diagnostic Services)	진단	ISO 14229에 정의된 차량 진단용 표준 서비스. CAN 또는 Ethernet 위에서 작동.

용어	분류	설명
LIN (Local Interconnect Network)	프로토콜	저속, 저비용 차량 네트워크. 단순한 센서, 액추에이터 제어에 사용
ISO 17987	국제 표준	LIN 통신의 국제 표준
FlexRay	프로토콜	고속, 실시간성 보장하는 통신 시스템. 주로 섀시 제어에 사용
Ethernet (Automotive Ethernet)	프로토콜	고속 대역폭을 필요로 하는 차량 통신 (예: ADAS, 카메라)에 사용
100BASE-T1 / 1000BASE-T1	물리 계층	차량용 이더넷의 표준. 단일 쌍으로 고속 전송 지원
TSN (Time-Sensitive Networking)	확장 기술	Ethernet에서 실시간성과 시간 동기화 보장을 위한 기술
MOST (Media Oriented Systems Transport)	프로토콜	차량 내 멀티미디어(오디오/비디오) 데이터 전송용 통신 규격
Gateway (게이트웨이)	장치	서로 다른 프로토콜(LIN-CAN, CAN-Ethernet 등) 간 데이터를 변환/연결하는 장치
Vector CANoe / CANalyzer	툴	CAN 및 기타 통신 분석 및 시뮬레이션 소프트웨어 (Vector사 제품)
Vehicle Spy	툴	Intrepid사에서 제공하는 차량 네트워크 분석 및 스크립팅 툴

2. 통신 관련 일반

용어	분류	설명
Protocol (프로토콜)	통신 규약	두 장치 간 데이터를 송수신하기 위한 약속된 규칙
Bandwidth (대역폭)	통신 성능	데이터가 전송될 수 있는 최대 용량. 단위는 보통 bps(bit per second)
Latency (지연 시간)	성능 지표	데이터가 송신지에서 수신지까지 도달하는 데 걸리는 시간
Throughput (처리량)	성능 지표	일정 시간 동안 실제로 전송된 데이터의 양
Baud Rate	전송 속도	초당 전송되는 신호 변화 수. 종종 비트레이트와 혼용됨
Bit Rate	전송 속도	초당 전송되는 비트 수. 예: 1 Mbps = 1,000,000 bps
MAC (Media Access Control)	계층 구조	데이터 링크 계층의 하위 계층으로, 장치 식별(MAC 주소)과 전송 제어 담당
IP (Internet Protocol)	계층 구조	네트워크 계층 프로토콜. 데이터의 주소 지정과 라우팅을 담당
TCP (Transmission Control Protocol)	프로토콜	연결 기반의 신뢰성 있는 데이터 전송 프로토콜
UDP (User Datagram Protocol)	프로토콜	비연결 기반의 빠른 데이터 전송 프로토콜. 오류 검출은 있지만 보정은 없음
OSI 7 Layer Model	계층 구조	네트워크 통신을 7개의 계층으로 나눈 모델. 각 계층은 특정 역할을 담당
Firewall	보안	네트워크 접근을 제어하고 보호하는 보안 시스템
Router	장비	다른 네트워크 간의 데이터 전송을 중계하는 장치
Switch	장비	같은 네트워크 내 여러 장치를 연결하고 효율적으로 데이터 흐름을 관리
Gateway	장비	서로 다른 네트워크를 연결하고 프로토콜 변환을 수행하는 장치
DNS (Domain Name System)	서비스	도메인 이름을 IP 주소로 변환해주는 시스템
HTTP / HTTPS	응용 계층	웹 데이터 전송 프로토콜 / 보안 웹 프로토콜 (SSL/TLS 사용)
Socket	개발	네트워크 상에서 통신을 수행하기 위한 종단점
Packet	단위	네트워크를 통해 전송되는 데이터의 기본 단위
Checksum	오류 검출	데이터 오류를 검출하기 위한 간단한 무결성 검사 값

3. 프로토콜

용어	분류	설명
Protocol (프로토콜)	기본 정의	통신에 참여하는 장치 간에 정보를 교환하기 위한 일련의 규칙
Handshake	동기화	통신 세션 시작 전에 송수신 장치 간 연결 설정 과정
Encapsulation	데이터 처리	상위 계층 데이터에 하위 계층 헤더를 추가하여 전송하는 과정
Decapsulation	데이터 처리	수신 시 하위 계층 헤더를 제거하고 상위 계층에 전달하는 과정
Header	구조 요소	데이터 앞부분에 추가되는 제어 정보로, 송수신 주소, 길이, 오류 검출 정보 등이 포함됨
Trailer	구조 요소	데이터 뒷부분에 붙는 제어 정보. 주로 오류 검출용
Stateful Protocol	연결 관리	연결 상태 정보를 유지하는 프로토콜. 예: TCP
Stateless Protocol	연결 관리	연결 상태를 저장하지 않는 프로토콜. 예: HTTP
Synchronous Protocol	타이밍	송수신 장치가 같은 시계로 동기화되어 데이터 전송. 실시간 통신에 적합
Asynchronous Protocol	타이밍	별도의 동기 신호 없이 데이터를 전송. 속도는 느리지만 유연함
TCP (Transmission Control Protocol)	전송 계층	신뢰성 있는 연결 지향형 데이터 전송 프로토콜
UDP (User Datagram Protocol)	전송 계층	비연결형 데이터 전송 프로토콜로 빠르지만 신뢰성 보장은 없음
IP (Internet Protocol)	네트워크 계층	장치 간 데이터 전송을 위한 주소 지정과 라우팅 수행
ICMP (Internet Control Message Protocol)	네트워크 계층	네트워크 진단 및 오류 메시지 전송용 프로토콜. 예: ping
FTP (File Transfer Protocol)	응용 계층	파일을 송수신하는 데 사용되는 프로토콜
SMTP (Simple Mail Transfer Protocol)	응용 계층	이메일 전송용 프로토콜
HTTP (HyperText Transfer Protocol)	응용 계층	웹 브라우징용 프로토콜. 비연결, 비상태 기반
HTTPS (HTTP Secure)	응용 계층	HTTP에 SSL/TLS 암호화를 추가한 보안 통신 프로토콜
DHCP (Dynamic Host Configuration Protocol)	응용 계층	IP 주소 및 네트워크 설정을 자동으로 할당하는 프로토콜
DNS (Domain Name System)	응용 계층	도메인 이름을 IP 주소로 변환하는 시스템
TLS/SSL	보안 계층	전송 계층 보안 프로토콜로, HTTPS 등에 사용되어 데이터 암호화 및 인증 제공

4. 반사파

용어	분류	설명
Reflection (반사)	신호 특성	신호가 임피던스 불일치 지점에서 되돌아오는 현상. 통신 오류의 주요 원인 중 하나
Impedance Mismatch	원인	송수신 회로나 전송선로 간 임피던스 차이로 반사가 발생하는 상황
Standing Wave	파형 현상	반사된 신호와 원래 신호가 겹쳐 고정된 간섭 무늬를 만드는 현상
Return Loss	측정 지표	입력된 신호 대비 반사되어 돌아온 신호의 비율을 데시벨(dB)로 표현한 값. 클수록 정합이 좋음
VSWR (Voltage Standing Wave Ratio)	측정 지표	서 있는 파의 전압 비율. 1:1이면 완전 정합
Reflection Coefficient	계산 지표	임피던스 차이에 따른 반사비. -1~+1 범위. 0은 완전 정합
Open Circuit	특수 상황	전송선의 끝이 열려있는 상태. 반사 계수는 +1, 반사파가 동일 방향
Short Circuit	특수 상황	전송선의 끝이 단락된 상태. 반사 계수는 -1, 반사파가 반대 방향
Partial Reflection	부분 반사	일부만 반사되고 나머지는 통과하는 경우. 임피던스가 약간 다를 때 발생
TDR (Time Domain Reflectometry)	진단 기법	반사파를 시간 축으로 분석하여 결함 위치를 파악하는 기술
Echo	통신 현상	반사된 신호가 재수신되어 생기는 신호 중첩. 이더넷이나 무선 통신에서 오류 유발
Termination	해결책	전송선 끝단에 저항을 연결하여 반사를 최소화하는 기술
Matched Impedance	설계 조건	전송선과 부하가 동일한 임피던스를 가지는 상태로, 반사 없이 최대 전력 전달 가능
Rise Time Degradation	파형 왜곡	반사로 인해 신호의 상승 시간이 느려지거나 찌그러지는 현상
Eye Diagram Closure	분석 방법	반사파 등으로 인해 아이 다이어그램이 닫히는 현상. 신호 품질 저하의 지표

5. 네트워크 케이블 손상 및 단선 검사

용어	분류	설명
TDR (Time Domain Reflectometry)	측정 기법	전송 라인의 반사파를 분석하여 장애 위치나 임피던스 불일치를 찾는 테스트 방법
Incident Wave	파형	측정 장치에서 전송 라인으로 보내는 초기 전압 또는 전류 파형
Reflected Wave	파형	전송 라인에서 임피던스 불일치 지점에서 반사되어 돌아오는 파형
Reflection Coefficient	측정 지표	반사파의 세기를 나타내는 값. -1에서 +1 사이. 0은 완전 정합
Open Fault	장애 유형	전송 라인이 끊어진 경우. 반사 계수는 +1, 파형은 위로 튀어오름
Short Fault	장애 유형	전송 라인이 단락된 경우. 반사 계수는 -1, 파형은 아래로 떨어짐
Impedance Discontinuity	신호 특성	전송 라인 중간에 임피던스가 달라지는 구간. 반사 발생 원인
Characteristic Impedance	신호 특성	전송 라인의 고유 임피던스. 일반적으로 twisted pair는 약 120Ω
Rise Time	파형 특성	전압 신호가 낮은 상태에서 높은 상태로 올라가는 데 걸리는 시간. 빠를수록 해상도 증가
TDR Pulse	파형 신호	TDR 장비에서 사용하는 테스트용 짧은 펄스 신호
Time Base	설정	파형을 시간 축으로 관찰하기 위한 기준. 거리 계산과 연관
Velocity Factor	매질 특성	신호가 매질에서 진행하는 속도의 비율. 일반적으로 0.6~0.8
Distance to Fault	측정 결과	반사파 도달 시간과 전파 속도를 바탕으로 계산한 장애까지의 거리
Differential TDR	측정 방식	차동 신호에 기반한 반사 측정 방식. CAN, Ethernet 등 차동 라인에서 사용
Single-ended TDR	측정 방식	단일 선로에 대해 반사를 측정하는 방식
Cable Testing	응용	통신 케이블의 불량, 단선, 단락 등을 검사하는 데 사용
Connector Reflection	장애 원인	커넥터에서 임피던스 불일치가 발생해 반사가 생기는 경우
TDR Scope	장비	TDR 기능이 포함된 오실로스코프 또는 전용 측정기

6. CAN 통신 송·수신기

용어	분류	설명
CAN Transceiver	하드웨어	CAN 프로토콜의 논리 신호를 실제 전기 신호로 변환하여 송수신하는 물리 계층 장치
TXD (Transmit Data)	신호 핀	마이크로컨트롤러에서 트랜시버로 데이터를 전송하는 입력 핀
RXD (Receive Data)	신호 핀	트랜시버에서 마이크로컨트롤러로 데이터를 출력하는 핀
CAN-H / CAN-L	신호 라인	차동 신호 전송을 위한 고전압(CAN-H), 저전압(CAN-L) 선
Differential Signaling	신호 방식	두 선 간의 전압 차이를 이용한 전송 방식. 노이즈에 강함
Dominant State	신호 상태	CAN-H 〉 CAN-L (예: 3.5V vs 1.5V)일 때. 논리 0으로 해석
Recessive State	신호 상태	CAN-H ≈ CAN-L (예: 2.5V)일 때. 논리 1로 해석
Silent Mode	저전력 모드	트랜시버가 수신만 하고 송신을 중단하는 상태. 네트워크 분석 시 사용
Standby Mode	저전력 모드	트랜시버가 저전력 대기 상태로 진입. 웨이크업 조건에서 복귀 가능
Normal Mode	운영 모드	트랜시버가 정상적으로 송수신하는 상태
Loopback Mode	진단 모드	트랜시버 내부에서 송신 신호를 수신 회로로 되돌리는 테스트 모드
Wake-up	기능	슬립 상태의 트랜시버가 외부 이벤트(신호 변화 등)로 인해 다시 활성화되는 기능.
Common Mode Voltage(공통전압)	전기 특성	CAN-H, CAN-L의 평균 전압. 일반적으로 2.5V 수준
Bus Fault Protection	보호 기능	과전압, 단락, 반전 연결 등으로부터 트랜시버를 보호하는 기능
ESD Protection	보호 기능	정전기 방전(ESD)으로 인한 손상 방지를 위한 보호 회로
TXD Dominant Timeout	보호 기능	TXD가 오랫동안 dominant 상태에 있을 때 자동으로 송신을 중단하는 기능
Bit Rate Support	성능 지표	트랜시버가 지원하는 최대 통신 속도 (예: 1 Mbps, 5 Mbps 등)
CAN FD Support	호환성	CAN FD 확장 데이터 전송 기능을 지원하는 트랜시버 여부
Fail-safe	신뢰성	버스 오류나 단선 시 안정적인 상태로 유지되는 회로 설계

7. CAN 통신 분석기

용어	분류	설명
CAN Analyzer	도구	CAN 통신을 실시간으로 모니터링, 송수신, 기록, 분석할 수 있는 장치 또는 소프트웨어
Capture	기능	네트워크 상의 모든 CAN 메시지를 실시간으로 수집하는 기능
Transmit / Injection	기능	사용자가 지정한 CAN 메시지를 네트워크로 송신하는 기능
Filter	분석 기능	특정 메시지 ID 또는 조건에 따라 표시되는 메시지를 제한하는 기능
Trigger	분석 기능	지정된 조건이 만족될 때 캡처를 시작하거나 이벤트를 기록하는 기능
Logging	기능	CAN 메시지를 파일로 저장하여 이후 분석에 활용
Trace Window	UI 요소	시간순으로 수신된 CAN 메시지를 나열하여 보여주는 창
Signal View	UI 요소	메시지 내 신호를 해석하여 인간이 이해할 수 있는 값으로 보여주는 뷰
Bus Load	성능 측정	CAN 버스의 사용률을 퍼센트로 표시. 100%에 가까우면 혼잡 상태
Bitrate Auto Detect	편의 기능	네트워크의 통신 속도를 자동으로 감지하는 기능
DBC File Import	기능	DBC 파일을 불러와 메시지와 신호를 해석 가능하게 함
Symbolic Mode	기능	메시지를 ID나 헥사 값 대신 의미 있는 이름(신호 이름 등)으로 표시
Replay	분석 기능	기록된 메시지를 시간 순서대로 재생하여 상황 재현 가능
Scripting	자동화	CAN 메시지를 자동으로 분석하거나 송신하는 사용자 정의 스크립트 기능
Diagnostics Panel	기능	UDS, OBD-II 등의 진단 서비스를 GUI로 테스트할 수 있는 기능
CAN FD Support	호환성	CAN FD 확장 메시지 전송 및 수신을 지원하는 여부
Bus Error Monitoring	진단 기능	에러 프레임, Bus Off, 에러 상태 등을 감지하고 기록
Live Graph	시각화	신호 값을 시간에 따라 그래프로 표시해 변화 분석에 도움
Compare Logs	분석 기능	서로 다른 캡처 로그를 비교하여 차이점 분석

8. CAN 통신 에러

용어	분류	설명
CAN Error Frame	에러 프레임	통신 오류가 감지되면 네트워크에 전송되는 특수 프레임. 송수신 노드가 모두 감지함
Bit Error	오류 유형	전송한 비트 값과 네트워크에서 읽힌 비트 값이 다를 때 발생
Stuff Error	오류 유형	CAN의 비트 스터핑 규칙(5개 연속 동일 비트 후 반대 비트 삽입)을 위반했을 때 발생
CRC Error	오류 유형	수신 측에서 계산한 CRC 값과 전송된 CRC가 일치하지 않을 때 발생
Form Error	오류 유형	프레임 형식이 규칙을 따르지 않을 경우 발생 (예: EOF, ACK의 길이 위반 등)
Acknowledgement Error	오류 유형	수신자가 ACK 비트를 보내지 않아 송신자가 수신 실패로 인식
Bus Error	총칭	CAN 네트워크에서 발생하는 모든 종류의 전송 오류를 지칭
Error Passive	에러 상태	에러 카운터가 일정 수준 이상 증가하면 해당 노드는 오류 발생 시 에러 프레임을 보내지 않음
Error Active	에러 상태	정상적인 통신 상태. 오류가 발생하면 에러 프레임을 적극적으로 전송
Bus Off	에러 상태	에러 카운터가 임계치를 초과하면 노드는 통신에서 제외됨. 재시작 전까지 통신 불가
Transmit Error Counter (TEC)	에러 관리	송신 중 발생한 오류를 누적하는 카운터.
Receive Error Counter (REC)	에러 관리	수신 중 발생한 오류를 누적하는 카운터
Error Recovery	복구 절차	Bus Off 상태에서 노드가 일정 시간 후 자동 또는 수동으로 재시작하는 절차
Arbitration Lost	충돌 오류	다른 노드의 메시지가 우선순위에서 앞설 경우 전송이 중단됨
Dominant / Recessive Error	신호 오류	신호선에 예상과 다른 전압 수준이 나타날 때 발생
Overload Frame	타이밍 보호	수신 장치가 바쁠 때 다음 프레임 전송을 지연시키기 위한 특별한 프레임

9. CAN 리버스 엔지니어링

용어	분류	설명
CAN Reverse Engineering	개념	문서화되지 않은 CAN 메시지의 의미를 분석하여 각 신호와 기능을 추출하는 작업
Raw CAN Log	데이터 형태	시간, ID, 데이터 등이 포함된 원시 CAN 메시지 기록 파일
CAN Sniffing	기술	네트워크를 모니터링하여 실시간으로 CAN 메시지를 수집하는 작업
Symbolic Decoding	분석 기법	DBC 파일 또는 수동 분석을 통해 CAN 데이터의 의미를 해석하는 과정
Heuristic Analysis	분석 기법	경험적 규칙을 기반으로 데이터 패턴과 변화 등을 통해 신호를 추정하는 방법
Bit-level Analysis	분석 기법	CAN 데이터의 개별 비트를 관찰하여 의미 있는 변화 추출
Byte-level Analysis	분석 기법	데이터를 바이트 단위로 나누어 신호를 추적하는 방법
Differential Logging	기법	조건 변화 전후의 로그를 비교하여 관련된 메시지를 추출하는 기법
Signal Extraction	분석 과정	메시지 내에서 개별 신호를 분리하고 의미를 부여하는 과정
Human Interaction Mapping	기법	버튼 누름, 창문 조작 등 물리적 동작과 메시지 변화를 연관 짓는 기법
Time Correlation	기법	이벤트 발생 시간과 메시지 발생 시간의 상관관계를 분석하여 신호 식별
CAN Injection	테스트 기법	추정된 메시지를 네트워크에 송신하여 실제 차량 반응을 확인하는 기법
Brute Force ID Scanning	탐색 기법	모든 가능한 메시지 ID에 값을 전송해 기능을 찾는 비효율적 방법
Replay Attack	검증 기법	기록된 메시지를 재전송하여 특정 기능이 재현되는지 확인
DBC Reconstruction	목표	역공학 분석을 통해 새로운 DBC 파일을 작성하는 것
Checksum Bypass	해킹 기술	메시지 내 무결성 검사를 우회하거나 수정하는 방법
Security Lockout	보안	일부 ECU는 비인가 메시지에 대해 응답하지 않거나 Bus Off를 유발할 수 있음
Filtering	기술	특정 ID 또는 패턴만 추려내어 분석 효율을 높이는 기법
CAN Database (DBC)	포맷	CAN 메시지 ID, 신호 이름, 단위, 비트 위치 등을 정의한 텍스트 파일 포맷
Visualization Tools	도구	CAN 데이터 분석을 돕는 그래프, 슬라이더, 값 비교 UI 등을 제공하는 도구

10. 종단 저항

용어	분류	설명
Termination (종단)	일반 개념	통신 회로의 끝단에 전기적 반사를 방지하기 위해 저항을 연결하는 것
Termination Resistor (종단 저항)	하드웨어	회선 말단에 연결되어 반사파를 흡수하고 신호의 안정성을 확보하는 저항. 일반적으로 120Ω 사용
Impedance Matching (임피던스 정합)	전기 특성	회로의 송수신단 임피던스를 일치시켜 반사를 최소화하는 설계 원칙
Reflection (반사)	신호 왜곡	임피던스 불일치로 인해 신호가 전송 라인 끝에서 되돌아오는 현상
Bus Topology	네트워크 구조	여러 장치가 하나의 전송 라인(버스)을 공유하는 구조. 종단저항 필수
Star Topology	네트워크 구조	중앙 허브를 중심으로 각 노드가 연결되는 구조. 종단저항이 필요 없는 경우가 많음
Stub (스텁)	물리 구조	메인 전송 라인에서 분기되는 짧은 배선. 너무 길면 반사의 원인이 됨
CAN Termination	통신 규격	CAN 버스의 양 끝에 120Ω 저항을 넣어야 안정적인 통신이 가능함
RS-485 Termination	통신 규격	RS-485 통신에서도 양 끝에 종단 저항이 필요. 일반적으로 120Ω 사용
Ethernet Termination	통신 규격	현대 이더넷은 종단저항이 내장된 트랜스포머를 사용함. 별도의 종단저항은 불필요
AC Termination	저항 방식	직류 차단 커패시터와 저항을 직렬로 연결하여 신호의 AC 성분만 흡수
DC Termination	저항 방식	단순히 저항을 접지 또는 전원에 연결하여 신호를 감쇠
Thevenin Termination	저항 방식	두 개의 저항을 통해 버스 라인을 기준 전압으로 유지하며 종단 기능 수행
Differential Signaling	신호 방식	두 개의 선로 간 전압차로 데이터를 전송하는 방식. 종단저항이 매우 중요
Line Impedance	신호 특성	전송 라인의 고유 임피던스. 통상 twisted pair는 약 120Ω
Oscilloscope Reflection Test	진단 방법	신호 반사를 확인하기 위해 오실로스코프를 사용하는 테스트 방법

11. UDS / OBD-Ⅱ / KWP2000 / DBC

용어	분류	설명
UDS (Unified Diagnostic Services)	진단 프로토콜	ISO 14229에 정의된 차량 진단용 표준 프로토콜. ECU 설정, 오류 진단, 프로그래밍 등에 사용
OBD-II (On-Board Diagnostics II)	차량 진단 시스템	미국 EPA 기준의 차량 자가진단 시스템. 엔진 및 배출가스 관련 정보 제공
DTC (Diagnostic Trouble Code)	진단 코드	ECU에서 발생하는 오류를 나타내는 고유 코드. 예: P0300 (실화 감지)
PID (Parameter ID)	OBD-II 파라미터	OBD-II 요청에 사용되는 데이터 항목 ID. 예: 차량 속도, 엔진 RPM 등
KWP2000 (Keyword Protocol 2000)	진단 프로토콜	ISO 14230에 정의된 차량 진단 프로토콜. CAN 또는 K-Line 위에서 사용
K-Line	물리 계층	단일 선(serial line)으로 ECU와 통신하는 방식. KWP2000, OBD-II에서 사용
Service ID (SID)	UDS 명령	UDS 또는 KWP2000에서 특정 서비스를 요청할 때 사용하는 명령 코드
Request / Response	통신 구조	진단 장치가 요청(Request)을 보내고 ECU가 응답(Response)을 제공하는 방식
Session Control	UDS 기능	ECU의 진단 세션 상태를 변경하는 서비스. 기본/확장/프로그래밍 세션 등이 있음
Security Access	보안 기능	보호된 ECU 기능에 접근하기 위해 인증을 요구하는 UDS 서비스
ReadDataByIdentifier	UDS 기능	ECU 내부의 특정 데이터를 읽는 명령 (SID: 0x22)
WriteDataByIdentifier	UDS 기능	ECU에 특정 데이터를 쓰는 명령 (SID: 0x2E)
ClearDTC	UDS 기능	저장된 고장 코드를 삭제하는 명령 (SID: 0x14)
DBC File	통신 설명 파일	CAN 메시지와 신호의 의미를 정의한 데이터베이스 파일. Vector, Vehicle Spy 등에서 사용
Message ID	DBC 구성요소	CAN 메시지를 구별하는 고유 식별자. DBC 파일에서 각 메시지에 연결됨
Signal	DBC 구성요소	메시지 내 데이터의 특정 의미를 지닌 필드. 단위, 오프셋, 배율 등을 가짐
Multiplexer	DBC 구성요소	하나의 메시지 내에서 조건에 따라 다른 신호 그룹을 전송할 때 사용
Value Table	DBC 구성요소	신호의 정수 값을 의미 있는 문자열로 변환하는 테이블. 예: 0=OFF, 1=ON
CAN Diagnostic Protocol	통신 유형	UDS, KWP2000 등이 CAN 상에서 동작하는 진단 프로토콜

차내 네트워크 트러블 점검 정비
CAN통신 파형분석과 리버스

초 판 발 행 | 2025년 6월 5일
제1판2쇄발행 | 2025년 7월 1일

저 자 | 김인옥
발 행 인 | 김길현
발 행 처 | (주) 골든벨
등 록 | 제 1987－000018호
ISBN | 979－11－5806－783－0
가 격 | **45,000원**

(우)04316 서울특별시 용산구 원효로 245(원효로 1가 53－1) 골든벨 빌딩 6F
• TEL : 도서 주문 및 발송 02－713－4135 / 회계 경리 02－713－4137
편집·디자인 02－713－7452 / 해외 오퍼 및 광고 02－713－7453
• FAX : 02－718－5510 • http : //www.gbbook.co.kr • E－mail : 7134135@naver.com